KB033338

바다인문학연구총서 004

대가야시대 한일 해양교류와 현대적 재현

이 저서는 2018년 대한민국 교육부와 한국연구재단의 지원을 받아 수행된 연구임(NRF-2018S1A6A3A01081098).

이 저서는 경상북도와 고령군의 대가야 해양교류사 재조명사업의 지원을 받아 출간되었음.

대가야시대 한일 해양교류와 현대적 재현

초판 1쇄 발행 2020년 6월 26일

편저자 | 김강식
펴낸이 | 윤관백
펴낸곳 | 도서출판 선인

등 록 | 제5-77호(1998.11.4)
주 소 | 서울시 마포구 마포대로 4다길 4, 곶마루빌딩 1층
전 화 | 02)718-6252 / 6257
팩 스 | 02)718-6253
E-mail | sunin72@chol.com
Homepage | www.suninbook.com

값 50,000원
ISBN 979-11-6068-388-2 93450

· 잘못된 책은 바꿔드립니다.

표지이미지
대가야의 실체를 한눈에 알 수 있는 고령 지산동고분군의 원경
(고령군청 제공)

바다인문학연구총서 004

대가야시대 한일 해양교류와 현대적 재현

김강식 편저

발간사

한국해양대학교 국제해양문제연구소는 2018년부터 2025년까지 한국연구재단의 지원을 받아 인문한국플러스(HK^{+})사업을 수행하고 있다. 그 사업의 연구 아젠다가 '바다인문학'이다. 바다인문학은 국제해양문제연구소가 지난 10년간 수행한 인문한국지원사업인 '해항도시 문화교섭연구'를 계승·심화시킨 것으로, 그 개요를 간단히 소개하면 다음과 같다.

먼저 바다인문학은 바다와 인간의 관계를 연구한다. 이때의 '바다'는 인간의 의도와 관계없이 작동하는 자체의 운동과 법칙을 보여주는 물리적 바다이다. 이런 맥락에서 바다인문학은 바다의 물리적 운동인 해문(海文)과 인간의 활동인 인문(人文)의 관계에 주목한다. 포유류인 인간은 주로 육지를 근거지로 살아왔기 때문에 바다가 인간의 삶에 미친 영향에 대해 오랫동안 그다지 관심을 갖지 않고 살아왔다. 그러나 최근의 천문·우주학, 지구학, 지질학, 해양학, 기후학, 생물학 등의 연구 성과는 '바다의 무늬'(海文)와 '인간의 무늬'(人文)가 서로 영향을 주고받으며 전개되어 왔다는 것을 보여준다.

바다의 물리적 운동이 인류의 사회경제와 문화에 지대한 영향력을 행사해 왔던 것은 태곳적부터다. 반면 인류가 바다의 물리적 운동을 과학적으로 이해하고 심지어 바다에 영향을 주기 시작한 것은 최근의 일이다. 해문과 인문의 관계는 지구상에 존재하는 생명의 근원으로서의 바다,

지구를 둘러싼 바다와 해양지각의 운동, 태평양진동과 북대서양진동과 같은 바다의 지구기후에 대한 영향, 바닷길을 이용한 사람 · 상품 · 문화의 교류와 종(種)의 교환, 바다 공간을 둘러싼 담론 생산과 경쟁, 컨테이너화와 글로벌 소싱으로 상징되는 바다를 매개로 한 지구화, 바다와 인간의 관계 역전과 같은 현상을 통해 역동적으로 전개되어 왔다.

이와 같은 바다와 인간의 관계를 배경으로, 국제해양문제연구소는 크게 두 범주의 집단연구 주제를 기획하고 있다. 인문한국플러스사업 1단계(2018~2021) 기간 중에 '해역 속의 인간과 바다의 관계론적 조우'를, 2단계(2021~2025) 기간 중에 바다와 인간의 관계에서 발생하는 현안해결을 통한 '해역공동체의 형성과 발전 방안'을 연구결과로 생산할 예정이다.

다음으로 바다인문학의 학문방법론은 학문 간의 상호소통을 단절시켰던 근대 프로젝트의 폐단을 극복하기 위해 전통적인 학제적 연구 전통을 복원한다. 바다인문학에서 '바다'는 물리적 실체로서의 바다라는 의미 이외에 다른 학문 특히 해문과 관련된 연구 성과를 '받아들이다'는 수식어의 의미로, 바다인문학의 연구방법론은 학제적 · 범학적 연구를 지향한다. 우리의 전통 학문방법론은 천지인(天地人) 3재 사상에서 알 수 있듯이, 인문의 원리가 천문과 지문의 원리와 조화된다고 보았다. 천도(天道), 지도(地道) 그리고 인도(人道)의 상호관계성의 강조는 자연세계와 인간세계의 원리와 학문 간의 학제적 연구와 고찰을 중시하였다. 그런데 동서양을 막론하고 전통적 학문방법론은 바다의 원리인 해문이나 해도(海道)와 인문과의 관계는 간과해 왔다. 바다인문학은 천지의 원리뿐만 아니라 바다의 원리를 포함한 천지해인(天地海人)의 원리와 학문적 성과가 상호 소통하며 전개되는 것이 해문과 인문의 관계를 연구하는 학문의 방법론이 되어야 한다고 제안한다. 바다인문학은 전통적 학문 방법론에서 주목하지 않았던 바다와 관련된 학문적 성과를 인문과 결합한다는 점에서 단순한 학제적 연구 전통의 복원을 넘어서는 것으로 전적으로 참신하다.

마지막으로 '바다인문학'은 인문학의 상대적 약점으로 지적되어 온 사회와의 유리에 대응하여 사회의 요구에 좀 더 빠르게 반응한다. 바다인문학은 기존의 연구 성과를 바탕으로 바다와 인간의 관계에서 발생하는 현안에 대한 해법을 제시하는 '문제해결형 인문학'을 지향한다. 국제해양문제연구소가 주목하는 바다와 인간의 관계에서 출현하는 현안은 해양 분쟁의 역사와 전망, 구항재개발 비교연구, 중국의 일대일로와 한국의 북방 및 신남방정책, 표류와 난민, 선원도(船員道)와 해기사도(海技士道), 해항도시 문화유산의 활용 비교연구, 인류세(人類世, Anthropocene) 등이다.

이상에서 간략하게 소개하였듯이 '바다인문학 : 문제해결형 인문학'은 바다의 물리적 운동과 관련된 학문들과 인간과 관련된 학문들의 학제적·범학적 연구를 지향하면서 바다와 인간의 관계를 둘러싼 현안에 대해 해법을 모색한다. 이런 이유로 바다인문학 연구총서는 크게 두 유형으로 출간될 것이다. 하나는 1단계 및 2단계의 집단연구 성과의 출간이며, 나머지 하나는 바다와 인간의 관계에서 발생하는 현안을 다루는 연구 성과의 출간이다. 우리는 이 총서들이 상호연관성을 가지면서 '바다인문학 : 문제해결형 인문학' 연구의 완성도를 높여가길 기대한다. 그리하여 이 총서들이 국제해양문제연구소가 해문과 인문 관계 연구의 학문적·사회적 확산을 도모하고 세계적 담론의 생산·소통의 산실로 자리매김하는데 일조하길 희망한다. 물론 연구총서 발간과 그 학문적 수준은 전적으로 이 프로젝트에 참여하는 연구자들의 역량에 달려 있다. 연구·집필자들께 감사와 부탁의 말씀을 동시에 드린다.

2020년 5월
국제해양문제연구소장
정 문 수

‖ 차례 ‖

2부 조선시대 한반도와 류큐의 해양교류

3부 제주도와 오키나와의 문화와 민속

서문

대가야 해양교류사의 재조명

I. 대가야 해양교류사 재조명 사업의 기획

대가야 해양교류사 재조명 사업은 경상북도, 고령군 그리고 한국해양대학교가 공동으로 기획 추진하고 있다. 2018년 10월 14일 일요일이었다. 고령군과 경상북도의 관계자들이 필자가 연구소장으로 있는 한국해양대학교의 국제해양문제연구소를 방문하였다. 방문 목적은 고대 대가야 국제교류 뱃길 재현을 구상하고 있는 관계자들이 대학연구자들과의 협업 여부를 타진하기 위한 것이었다. 사전에 자료를 검토하고 전문가들의 의견을 청취한 결과, 대가야가 5~6세기에 바닷길을 이용하여 일본 및 중국과 교류하고 있었던 것은 분명해 보였다.

브레인스토밍 과정에서, 대가야 해양교류사 재조명 사업을 2019년부터 연차별로 3년에 걸쳐 진행하자는 의견이 제시되었다. 1년차에서는 아광조개국자와 연관된 고령-오키나와 뱃길 복원 및 탐사, 2년차는 일본 내 가야 유적 발견도시와 연관된 고령-후쿠오카 뱃길 복원 및 탐사,

3년차는 청자계수호와 남제 건국 축하사절단과 연관된 고령-난징 뱃길 복원 및 탐사로 기획하자는 것이었다. 고령군은 2018년 11월 「고대 대가야 국제교류 뱃길 재현사업」 세부 추진계획을 수립하였고, 2019년 3월에 「대가야 해양교류사 재조명사업」(이하 재조명사업)으로 변경하였다.

2019년 5월 8일 고령군에서 「재조명사업」 사전협의회의가 열렸다. 여기서 결정된 세부사업은 크게 세 가지였다. 첫 번째는 고령-오키나와 고대뱃길 재현사업(한국해양대학교 실습선 한바다 호 이용, 10월), 두 번째는 학술포럼(실습선의 오키나와 나하 입항 일정인 10월) 및 학술서적 발간(2020년 2월), 세 번째는 전통현악기 가야금과 산신 합동문화공연(10월)이었다. 세부사업 실행을 위해 2019년 상반기에 경상북도 - 고령군 - 한국해양대학교의 MOU 체결과 오키나와 사전답사(고령군 1회, 국제해양문제연구소 2회), 그리고 국제해양문제연구소의 고령 현지 방문 워크숍이 진행되었다.

그런데 변수가 발생하였다. 2019년 7월 1일 일본정부가 반도체와 스마트폰 디스플레이에 사용되는 핵심부품의 한국수출을 7월 4일부터 규제한다고 발표하였다. 이 조치는 2018년 10월에 있었던 한국 대법원의 일제 강점기 강제징용 배상 판결에 대한 일본 정부의 보복 성격이 강하였다. 한국에서는 반일감정과 일본상품 불매운동이 들불처럼 일어났다. 일본에서도 사정은 비슷하였다. 한 · 일관계의 급변으로 인해 기획되고 계획된 행사는 일단 취소할 수밖에 없었다. 이와 같은 곡절을 겪은 후 많은 사람들의 반대가 있었지만 류큐대학에서 예정된 국제학술포럼은 예정대로 진행하였다.

한국해양대학교, 류큐대학교, 경상북도, 고령군이 공동주관한 국제학술대회(「대가야시대의 해양교류와 고대뱃길 재현의 현대적 의미」)가 10월 19일과 20일 양일 동안 오키나와 류큐대학에서 개최되었다. 학술대회에서는 대가야시대의 문헌자료와 고고학 성과를 근거로 4~5세기에 한·일 간 바다를 통한 교류가 활발했다는 것을 입증하는 발표(경북대 박천수 교수, 인제대 이영식 교수, 국립해양박물관 백승옥 연구원, 류큐대 이케다 요시우미 교수, 구마모토대학 신자토 아키토 교수), 표류민 연구를 통한 근세 류큐왕국과 조선 사이의 인적 물적 교류를 입증하는 발표(한국해양대 김강식 교수, 류큐대 조은지 박사과정생)와 고대 뱃길에 이용된 선박 및 항로 등에 관한 토론이 진행되었다.

개회사와 토론에서 필자는 다음과 같은 내용을 강조하였다. 고령군과 오키나와 난조시는 글로컬 시대인 21세기의 지방자치 활성화와 도시와 도시 간 경계를 넘는 교류 활성화의 주체이다. 21세기가 요구하는 보편 다양성의 가치 실현은 민족주의와 국익에 감금되어 있는 국가보다는 지자체가 더 잘 할 수 있다. 대가야에서 오키나와에 이르는 고대 뱃길을 통한 물적 인적 교류와 상호영향의 역사를 복원하는 이유는 단순한 역사 고증의 의미 이상이다. 한·일이라는 국가를 분석단위로 하는 시각과 방법론에서 벗어나 방법론적 해항도시에 기대면(정문수 외, 『해항도시 문화교섭 연구방법론』 선인, 2014), 근대프로젝트를 넘어서는 21세기의 비전을 고령군과 난조시가 공유할 뿐만 아니라 선도할 수 있다. 이것이 고대뱃길 복원과 그 현대적 재현의 의미이다. 행사를 공동주관한 류큐대학교의 쓰하 다카시 명예교수도 비슷한 취지의 발언을 하였다. 한·일 관계가 정치·경제적 측면에서 최악이지만 학자와 문화연구자들의 교류는 필요하고 그래서 주변의 우려에도 불구하고 학술대회를 예정대로 열기로 결단하였다. 문화와 경제는 함께하는 것이므로 이번학술대회가 한·일 관계의 개선에도 도움이 될 것으로 확신한다고 말했다.

학술대회가 끝나고 나서 국제해양문제연구소의 이수열 교수 등은 대만중앙연구원의 류서풍 교수를 비롯하여 학술대회에 참여하지는 않았지만 사계의 전문가들에게 원고를 위탁하였다. 일본어와 중국어 원고를 한글로 번역하고 교정 작업을 거쳐 다소 인내력을 요하는 과정을 겪은 후 책이 출간될 수 있었다.

Ⅱ. 대가야와 바다를 통한 물적·인적 교류

역사의 기록은 대개의 경우 승자의 것만 남는다. 한반도의 고대 역사 기록은 신라가 압도적으로 많고, 백제와 고구려에 관한 기록이 많은 편이지만, 이에 비해 대가야의 기록이 거의 없다. 따라서 대가야의 해양교류사는 한국의 기록보다 『일본서기』나 『남제서』를 참조해야 하고, 기록이 부실하니 고고학적인 발굴의 성과에 의존해야 한다. 지금까지 대가야 해양교류사는 모르긴 해도 이런 방식으로 규명되어 왔을 것이다.

1977년 발굴된 경상북도 고령군 지산동 44호 고분은 대가야의 사회상을 복원할 수 있는 단서를 제공한다. 이 고분의 주인공인 왕(주군)은 상당한 권력을 지녔던 것 같다. 여기서 발굴된 유물 중에는 오키나와 근처에서 생산되는 야광조개로 만든 국자가 있었고, 이 고분에는 왕과 함께 순장한 최소 37명 이상의 추종자들의 존재가 확인되었기 때문이다(주보돈, 「묻혀 있던 우리 역사 "이젠 햇빛 속으로"」 『잃어버린 왕국 대가야』, 창해 2004).

1982년 처음 시작된 전라북도 남원 월산리 고분 발굴은 발굴단의 당초 예상과는 달리 백제의 것이 아니라 가야의 고분이라는 것을 알려주었다. 고대사학계를 충격에 빠뜨린 고고학적 성과였다. 2010년에 재개된 월산리 고분 M5 발굴에서는 청자계수호가 발굴되었다. 청자계수호는 차를 마시는 데 쓰인 다기로 한반도에서는 당시 생산되지 않았기 때문에 중국(남제)으로부터 직접 구입했을 것으로 판단된다(곽장근, 「남원 월산리 고분에 현판 달자」, 새전북 신문, 2019년 10월 27일자).

순장은 권력자의 죽음을 뒤따라 추종자들이 스스로 목숨을 끊거나, 강제로 죽여서 권력자 시신과 함께 묻는 고대의 장례 습속이었다. 『삼국사기』 신라본기 지증왕 3년(502) 조에 "매년 3월 전왕이 죽으면 남녀 각 5인을 순장하던 행위를 금한다"는 기록이 있는 것으로 보아, 5세기까지 순장이 일반적인 관행이었던 것으로 보인다. 부산 복천동 고분군, 김해 대성동, 합천 옥전 고분군에서도 가야 시대의 순장 풍습을 찾을 수 있다. 그런데 다른 곳의 고분에서의 순장 인원은 5 ~ 10인이었다. 순장 규모의 비교를 통해 우리는 5세기에 전성기를 맞이한 대가야의 왕권이 상대적으로 막강했다는 것을 짐작할 수 있다. 대가야의 인구가 어느 정도인지 정확하게 가늠하기 힘들지만 대가야의 왕의 막강한 권력은 중국 및 일본과 사람, 정보, 물자의 교류의 네트워크의 작동과 연관이 있어 보인다.

479년 대가야의 국왕은 남제의 도읍지 남경에 건국 축하 사신을 파견했다(『남제서』 권58, 열전 39, 동남이). 고령에서 중국 양자강 하구의 남경까지는 어림잡아 3,000km 이상의 거리로 추산된다. 이영식 교수(이 책의 「대가야의 해상활동과 야광패의 길」 참조)는 고령에서 난징에 이르는 루트는 육로(고령→합천→함양→남원→구례→하동까지 170km), 해로(하동→해남→부안→황해도→황해(묘도열도)횡단→산동반도→양자강까지 2,800km), 그리고 수로(상해→남경까지 290km)로 이어졌다고 본다. 479년의 기록은 대가야가 남제의 건국이라는 동아시아의 정세 변화를 실시간으로 파악하고 있었고, 나아가 하동에서 양자강에 이르는 연안 항해를 감당할 수 있는 지리 정보와 항행능력을 가지고 있었다는 것을 유추할 수 있게 한다. 청자계수호는 대가야시대의 고령에서 남경에 이르는 사람, 정보, 물자의 교환 네트워크를 따라 한반도로 들어왔을 것이다.

오키나와와 한반도 남부 사이의 교류를 짐작하게 만드는 야광조개국자는 지산동 44호 고분에서만 출토된 것이 아니다. 대략 6세기 초 시기의 왕릉일 것으로 추정되는 경주 천마총에서도 야광조개국자가 출토되었다. 한반도 남부와 규슈 사이의 바다를 통한 사람과 물자의 교류는 기원전 3000년 전부터 시작되어 우리가 관심을 갖는 5~6세기에 이르기까지 활발했다. 1970년대에 발견된 후쿠오카의 요시다케 다카키 유적지에서 발굴된 토기, 마구, 재갈 등의 유물은 5세기 말을 기점으로 금관가야의 유형에서 대가야 유형으로의 전환을 보여준다(이 책의 박천수, 「고고학으로 본 가야와 왜」 참조). 그렇다면 고령에서 오키나와에 이르는 뱃길은 규슈를 중간 기항지로 삼아 연결되었을 가능성이 많아 보인다.

이영식 교수(이 책의 「대가야의 해상활동과 야광패의 길」 참조)는 야광조개국자는 류큐제도에서 규슈북안의 가라쓰 또는 하카타까지의 바닷길(류큐제도→규슈남단→야마토→규슈북안 루트, 류큐제도→규슈남단→규슈내륙→규슈북안 루트, 류큐제도→규슈서해안 · 동해안→규슈북안 루트)을 거쳐 한반도 남해안으로 이동되었을 것으로 추정한다. 야광조개국자의 남해안에서 고령까지의 루트는 하동→섬진강→남원→합천→고령 루트, 김해→낙동강→창녕→고령 루트, 그리고 고성 소가야→진주→남강→삼가→고령 루트를 추정한다. 그런데 5세기 초 광개토대왕의 낙동강 원정을 계기로 대가야는 낙동강 루트를 활용할 수 없었기 때문에 이때부터 섬진강 루트를 적극적으로 개발하고 이용한 것으로 보인다.

III. 선박과 항로

이상에서 살펴보았듯이 대가야시대의 항로는 문헌의 기록이 없어도 유적과 유물의 비교를 통해 추정 복원할 수 있다. 그런데 난제가 있다. 4~5세기의 해안선과 천연항의 입지가 지금의 그것들과는 다르기 때문이다. 난제를 줄이는 방안은 해양지질학자의 도움을 받아 4~5세기의 해안선과 포구를 실제에 가깝게 복원하는 것과 조선시대의 표류민들의 기록이나, 18세기 말의 부산과 류큐제도를 방문하였던 '프린스 윌리엄 헨리 호'의 항해기록이나 서천에서 류큐제도까지 항해한 '알세스트 호'와 '리라 호'의 항해일지를 참조하는 것이다.[1] 그렇다하더라도 또 다른 난제가 있다. 대가야시대의 국제교류에 활용된 선박이 어떤 유형인가하는 것이다. 대가야시대의 선박은 노도선이거나 돛과 사람이 젓는 노를 같이 활용하는 혼용선이었을 것이다. 반면 조선시대의 선박과 18~19세기의 이양선은 전적으로 돛에 의존하는 범선이었고, 현대의 선박은 증기터빈이나 디젤엔진의 동력에 의존한다.

가야시대에 이용된 선박은 통나무배와 부재를 기공하여 짜 맞춘 준구조선(통나무배에서 구조선으로 발전하는 중간 단계의 선박 형태)으로 추정된다(김재근, 『우리배의 역사』, 서울대출판부, 1999, 73~76쪽). 가야시대의 선박 부재(3~4세기 추정)가 발견된 것은 경남 김해 봉황동 유적이다. 나머지는 배모양의 토기를 통해 가야시대의 선박을 유추할 수밖에 없다. 가장 최근의 배모양토기는 4세기 아라가야 것으로, 2019년 경남 함안군 말이산 고분군(사적 제515호)에서 발굴되었다. 배모양토기는 가야시대 준구조선을 형상화한 길이 23.6㎝ 크기의 토기다. 이 토기는 유선형의 선체에 파도를 막는 판재를 앞뒤로 대었으며, 양 측판의 윗면에는 각 5개의 노걸이가 배치돼 있다(국제신문, 2019년 5월 28일자, '함안 말이산 고분서 집 · 배 닮은 보물급 가야토기 출토'). 2018년에는 창원시 마산합포구 현동에서 3~5세기 아라가야 지방세력의 것으로 추정되는 가야시대 고분군이 발굴됐다. 바다와 인접한 이곳에서도 고대 항해용 선박을 형상화한 배 모양 토기가 출토되었다. 이는 가야시대 항해용 돛단배를 형상화한 것으로 가야 고분에서 처음 발견됐다. 토기는 세부적인 기능들이 정교하게 표현돼 있으며 날렵한 조형미를 갖추고 있으며 가야인들이 철을 매개로 중국, 낙랑, 왜

1) 프린스 윌리엄 헨리 호의 항해에 관해서는 Andrew David(ed.) William Broughton' Voyage of Discovery to the North Pacific 1795-1798, The Hakluyt Society, London(2010), 알세스트 호와와 리라 호의 항해에 관해서는 Basil Hall, *Account of a Voyage of Discovery to the West Coast of Corea and the Great Loo-Choo Island,* Abraham Small, Philadelphia 1818, 참조.

와 활발히 교역한 항해용 선박의 실제 모습을 추정할 수 있게 해준다(국제신문, 2018년 6월 8일자, '가야 해양문화 입증할 배 모양 토기 첫 출토'). 2012년 경남 김해시 진영2지구 택지개발터에서도 5세기경의 것으로 보이는 가야시대의 배모양토기가 발굴되었다. 이 토기는 옛 배의 모양새가 온전하게 남아 있다. 평평한 바닥에 칸막이가 있고, 노를 대는 돌기가 배 옆판에 튀어나온 것이 특징이다(한겨레신문, 2012년 5월 23일자, '가야시대「배모양토기」 출토').

2014년 경남 김해 봉황동에서 발굴된 가야시대 해상활동, 특히 왜(일본)와의 교역에 사용됐을 것으로 추정되는 선박 부재의 연대는 3~4세기로 확인됐다. 선재는 남해안 일부·제주도 등에서 제한적으로 자라는 녹나무와 일본 고유수종으로 고대 일본 선박의 주요 재료인 삼나무였다. 실제 배의 길이는 최소 8~15m 이상으로 추정된다. 이 선박 부재가 발견된 봉황동 유적은 당시 남해안을 통한 금관가야의 항구 역할을 한 곳으로 추정되고 있다(경향신문, 2014년 1월 8일자, '가야 때 선박, 일본과 같은 재료로 건조'). 뿐만 아니라 가야시대의 통나무배 유형은 일본 미야자키현의 사이도바루 고분에서도 출토되었다. 가야시대에 한·일 양국에서 같은 배 모양의 토기와 같은 선재를 사용하였다는 사실로 보아, 가야와 왜국 간에 해상교류가 활발했다는 것을 추정할 수 있다. 섬진강루트를 적극적으로 활용하기 전에 가야인들은 배를 타고 낙동강 하류, 즉 김해강 하구로, 다시 김해강 하구에서 쓰시마를 거쳐 북규슈로 이동했을 것이다.[2] 논지를 일탈하지만 『삼국유사』 「가락국기」 편에, 금관가야의 시

2) 한국콘텐츠진흥원 문화콘텐츠닷컴, 문화원형백과 / 한국의 배 / 가야 나무배. http://www.culturecontent.com/content/contentView.do?search_div_id=CP_THE010&cp_code=cp0231&index_id=cp02310109&content_id=cp023101090001&search_left_menu=7

조 김수로왕의 왕비인 허씨 부인은 아유타국(阿踰陀國)에서 배를 타고 김해 해안에 도착했는데, 김수로왕이 이를 미리 알고 가야의 배와 신하들을 보내 허씨를 영접했다고 한다(2018년 11월 6일 아유타국이 있었던 겐지즈 강변의 야요디아에서는 허황후 기념공원이 건립되었다. 뉴시스 1, 2018년 11월 4일자, '김정숙 여사 '헌화' 印 허왕후, 실존 김수로 부인? 신화?'). 그렇다면 중국이나 일본으로 가는 바닷길뿐만 아니라 한반도 남해안에서 동남아를 거쳐 인도에 이르는 항로도 복원되길 기다리고 있는지 모르겠다.

나침판이나 해도를 이용할 수 없었던 대가야시대의 항해사들은 목시 관측, 바람, 조류, 해류 등에 대한 감각적 · 경험적 · 전승적 지식에 의존하여 항해하였을 것이다. 이창희 · 조익순 교수(이 책의 「대가야 오키나와 항로에 대한 현대적 재해석」 참조)는 고고학적인 근거 등 기존의 성과를 참조하여, 오늘날의 항해자의 입장에서 낙동강과 섬진강루트를 통해 오키나와에 이르는 바닷길을 4개 정도로 추정한다.

첫째, 김해와 하동에서 출발하는 일본 항로는 남해안 → 연안섬(거제도) → 대마도 → 이키섬(상황에 따라 제외 가능) → 일본 규슈(나가사키) → 일본 규슈(가고시마) → 야쿠시마섬 → 나카노시마섬 → 다카라지마섬 → 아마미오섬 → 도쿠노섬 → 오키노라부섬 → 오키나와섬으로 총 거리 약 586마일로 이어지는 제1항로이다. 이 항로는 겨울철 북풍을 이용하여 항해하는 가장 보편적인 루트일 것으로 예상된다.

둘째, 김해와 하동에서 출발하여 서남해안 연안항로를 따라 고흥반도에서 → 제주도 → 일본 고토섬 주변 → 표류 → 오키나와 표착하는 약 642마일로 이어지는 제2항로이다.

셋째, 김해와 하동에서 출발하여 서남해안 연안항로를 따라 고흥반도에서 → 제주도 → 중국 남동부 지역 → 대만 표착 → 이시카키섬 → 미야코섬 → 오키나와(약 1099마일) 또는 중국 남동부 지역에서 바로 오키나와(약 981마일)로 이어지는 제3의 항로이다. 제3의 항로는 제2의 항로와 거의 유사하나 오키나와가 아닌 중국 남동부 해안으로 이동한 이후 연안항해를 통해 대만으로 이동하거나 또는 중국 남동부 해안에서 바로 쿠로시오 해류 또는 류큐해류를 이용하여 오키나와에 도착하는 항로이다.

넷째, 김해와 하동에서 출발하여 일본 고토섬 → 오키나와로 연결하는 제4의 항로이다. 중간 기착지가 없는 가장 힘든 항로일 것으로 예상되며, 해상날씨가 평온한 상태가 지속되어야만 실제로 항해의 목적이 성취될 수 있는 가혹한 조건의 약 505마일 항로이다.

반면 복귀 항로는 오키나와에서 일본 남부 큐슈를 연결하는 수많은 섬과 섬들을 연안항해하면서 오키나와 → 가고시마 → 나가사키 → 쓰시마 → 낙동강 하구 또는 거제도 유역 → 삼진강 하구로 도착하는 약 615마일 항로이다

그러나 최근 선박의 항해 형태는 선박의 경제성, 전자화, 첨단화, 대형화, 고속화 등의 이유로 연안항해를 할 수 없기 때문에 약 542마일 거리로 단축된 항로를 선택하여 안전하게 항해하고 있다. 귀항 항로도 노도선이나 범선과 달리 동일하다. 한국해양대학교 실습선 한나라호가 고령-오키나와 고대뱃길을 재현한다면 실제로 이 루트로 운항할 것이다.

Ⅳ. 앞으로의 과제

한 · 일 관계의 경색은 코로나19를 통해 더 심화되었다. 2020년 5월로 순연하였던 고령-오키나와 고대 뱃길복원 재현사업은 다시 10월로 연기하였다. 한국해양대학교의 실습선은 통상 5월과 10월 원양실습을 진행 중이며, 여러 가지 준비를 고려하면 적어도 7 ~ 8월 안에는 계획이 확정되어야 한다. 10월에 뱃길 재현 탐사단의 행사가 예정대로 진행된다면 순연된 전통현악기 가야금과 산신 합동문화공연도 이 시기에 맞추어 진행될 것이다. 그 때 이 책의 출판기념회도 기획하고 있다. 현재로서는 전 지구적으로 유행하고 있는 바이러스에 대한 백신의 개발이나 면역 항체가 생겨 일상으로의 복귀를 학수고대할 뿐이다.

「재조명 사업」을 통해 경상북도와 고령군은 대가야의 해양진출을 통한 국제교류사 재조명으로 대가야의 정체성확립과 고대 역사 정립을 통한 국제관광 시대의 전기를 마련할 계획이다. 이는 문재인정부의 국정과제인 「가야문화권 조사 · 연구 및 정비」에 대한 체계적인 연구와도 잘 조응한다. 그런데 대가야와 금관가야의 경쟁뿐만 아니라 여타 가야소국의 과거 역사를 활용해 지역의 정체성과 문화사업 활용 계획을 위한 지자체들 간의 경쟁이 문재인정부 들어 갑자기 치열해진 것도 사실이다 (금관가야 중심의 전시는 2020년 5월 6일 ~ 31일까지 부산박물관에서 열렸다. 부산일보, 5월 7일자, '번영과 공존, 가야의 본모습을 만나다.' 반면 대가야 중심의 전시는 국립중앙박물관에서 2019년 12월 3일에서 2020년 3월 1일까지 열렸다. 내일신문, 2019년 12월 3일자, '국립중앙박물관 「가야본성 - 칼과 현」').

다행스러운 것은 고령군에서는 대가야의 국제교류 연구·복원을 마중물로 인근의 지자체들이 동행하는 가야문화권협의회로 확대할 계획을 갖고 있다는 점이다. 12세기에서 17세기까지의 발트해와 북해의 200여 개의 해항도시 네트워크였던 한자(Hansa)가 20세기 말에 신한자로 부활한 것은 해항도시의 역사를 미래 비전으로 복고창생한 대표적 사례이다(정문수·정진성, 「국경을 넘어 부활하는 한자 도시 네트워크」 『독일어어문학』 37권, 2007 참조). 가야문화권의 자자체들도 가야사의 복원이 지역의 정체성 확립과 문화와 경제 융성을 위한 상생의 지혜를 발휘할 것으로 기대해본다.

고령군이 추진하는 난조시 등 일본이나 중국의 도시와의 자매결연이나 예술단체들 간의 문화교류는 인내력을 갖고 작은 성과들을 지속적으로 쌓아가려는 자세가 필요하다. 한·일 간의 중앙정부 차원의 갈등과 경색은 지자체나 학자 및 예술단체에 영향을 주겠지만, 작은 성과들이 지속되고 신뢰의 네트워크가 확립되면 그 영향을 최소화할 수 있다. 필자는 한·일 관계가 경색되었을 때 국가가 아닌 고령군과 같은 지자체가 그 해법을 제시하는 주연이 되길 기대한다.

학술적인 측면에서 「재조명 사업」과 관련하여 몇 가지 과제가 남아있다. 하나는 가야시대의 해안선과 포구를 복원하는 작업이다. 역사학자와 해양지질학자 등이 협업하여 당시의 자연환경과 해안선 및 포구를 복원하고 자연항과 자연항을 잇는 국제교류 네트워크를 그려내는 일이다. 또 하나는 가야시대에 사용된 선박을 복원하는 작업이다. 이 작업은 아마도 국제교류 네트워크 복원과도 맞물려있다. 8~9세기에 확립된 아프로-유라시아를 잇는 뱃길은 유네스코, 오만, 그리고 인도네시아에 의해 탐사된 바 있다. 오만과 인도네시아는 당시의 선박을 원형대로 복원하여 그 선박으로 뱃길을 탐사한 바 있고 복원 선박을 박물관이나 광장에 전시활용하고 있다(Jeong Moon-soo, et al, *The Maritime Silk Road and Seaport Cities*, Sunin 2015 참조).[3] 필자의 욕심으로는 가야시대의 뱃길이 일본과 중국뿐만 아니라 동남아를 넘어 인도까지 연결되었다는 것을 그려내고 당시의 선박을 복원하는 학제적 연구가 진행되었으면 한다. 이러한 성과를 바탕으로 가야시대의 뱃길을 실제로 탐사하는 기획이 세워지고 실현되길 희망한다. 물론 복원 선박의 사후 활용 계획도 포함해서 말이다.

정문수 | 한국해양대학교 국제해양문제연구소

3) 오만은 1980~1981년 8개월에 걸쳐 '소하르 호'를 이용하여 수르에서 광저우에 이르는 '신밧드의 모험' 프로젝트를 진행하였다. 유네스코는 1990~1991년 6개월에 걸쳐 베니스에서 부산-오사카에 이르는 해양실크로드 탐험을 진행하였다. 인도네시아는 2003~2004년 8개월에 걸쳐 자카르타에서 아크라에 이르는 '계피의 길' 프로젝트를 수행하였다.

전근대시기 한반도와 류큐의 해양교류 양상

Ⅰ. 한반도와 류큐의 해양교류

역사 이래 한반도와 류큐(琉球)는 동아시아의 바다라는 공간으로 열려 있다. 이런 바다를 해역(海域)의 입장에서 보면 바다는 분절(分節)과 연결(連結)로 되어 있지만, 궁극적으로 세계의 바다는 하나로 연결된다. 즉 해역 세계는 연해(沿海), 환해(環海), 연해(連海)로 구성된다.[1] 바다를 연결하는 공간인 해역은, 바다가 둘 이상의 지역을 나누는 것이 아니라 지역을 하나로 합치면서 연결하는 공간이다. 바다라는 공간의 해역은 평면적인 물의 세계가 아니라 일상적인 민과 관, 육지와 바다가 정치, 교역, 문화의 영역에서 서로 얽히면서 교섭하는 장이다.

바다라는 공간은 장애와 경계가 되었지만, 본질적으로는 소통과 네트워크의 고리이자 하나의 권역, 해역이라는 지중해의 개념에 입각하여

1) 해역사 연구는 일본 근세국가와 국민국가의 성립에 초점을 두고 있는데, 해역에 대해서는 영토적 입장과 근대 국가 성립이라는 시각에서 해역세계를 바라보고 있다(모모키 시로 엮음, 최연식 옮김, 『해역 아시아사 연구입문』, 민속원, 2012; 濱下武志, 「동양에서 본 바다의 아시아사」, 『바다의 아시아』 1, 다리미디어, 2003).

설명할 수 있다. 동아시아 해역세계는 다원성, 다양성, 포괄성을 지닌 개방적, 다문화적인 세계이며[2] 대량의 물자나 수송이 가능하다.[3]

동아시아 해역에서 유구는 현재 일본 영토인 오키나와 군도에 있다. 유구에 인간이 살기 시작한 것은 3만여 년 전으로 추정한다. 그러나 유구가 기록으로 처음 나타나는 것은 『수서(隋書)』인데, 7세기 초 수의 양제(煬帝)가 유구(流求)에[4] 원정군을 파견했다는 기사가 있다.[5]

> 유구국은 바다 섬 가운데 있는데, 건안군(建安郡)의[6] 동쪽에 해당하며 물길로 5일이면 이른다. 그 땅에는 산과 동굴이 많다. 그 왕은 성이 환사씨(歡斯氏)이며, 이름은 갈자두(渴刺兜)이고, 그 유래와 나라의 세수(世數)는 알지 못한다.[7]

이처럼 『수서』에는 "流求國, 居海島之中"라고 했는데, 『북사(北史)』에서는 이를 간략히 설명하였다. 유구라는 표기는 수나라 때부터 송나라 때까지 계속 사용되었는데, 원나라 때에 유구(琉求, 琉球)로 표기하게 되었다. 일반적으로 송과 원의 사료에 보이는 유구(流求)는 대만(臺灣)을 지칭하는 것으로 본다.

그런데 유구라는 국명은 중국에서 사용한 이름이다. 명(明)의 태조가 유구에 양재(楊載)를 파견하여 조공(朝貢)을 권유하는 국서에서 처음 사용하였다.[8] 이로써 유구는 조공책봉체제로 편입되었다. 성조(成祖) 때 중

2) 정문수 외, 『해항도시 문화교섭연구 방법론』, 선인, 2014, 43~49쪽.

3) 시라이시 다카시, 류교열 · 이수열 · 구지역 옮김, 『바다의 제국』, 선인, 136쪽.

4) 유구국에 대해서는 오키나와로 보는 설, 타이완으로 보는 설, 오키나와와 타이완을 아울러 칭하는 것으로 보는 설 등 3가지의 설이 있다(하우봉 외, 1999, 14쪽).

5) 『수서』의 「東夷傳」 외에도 권3 「煬帝」 上, 大業 3年條와 大業 6年條, 권24 「食貨志」, 권64 「陳稜傳」에도 流求가 기록되어 있다.

6) 수대의 建安郡은 현재의 福建省에 해당한다. 수나라 초에는 泉州라고 하였다가, 大業 初年에 閩州라고 하였으며, 다시 건안군으로 고쳤다.

7) 『北史』 권94, 列傳 第82, 流求國.

산왕(中山王)이 명의 책봉을 받은 이후에는 지금의 오키나와(沖繩)를 대유구(大琉球)로 부르게 되었다. 이때부터 유구는 현재의 오키나와를 지칭하는 용어로 정착되었으며, 타이완은 소유구(小琉球), 계농(鷄籠), 동번(東番), 분항(笨港), 북항(北港), 태원(台員), 대만(大灣) 등으로 불렀다고[9] 한다.

일반적으로 유구의 역사는 고유구시대(12세기~1607년), 근세의 유구(1607~1879), 근현대의 유구(1879~)로 크게 나눈다.[10] 14세기 초반에 유구에는 각 지역을 바탕으로 중산(中山)·남산(南山, 일명 山南)·북산(北山, 일명 山北)이라는 세 개의 부족연맹체적 성격의 소국가가 정립하였다. 1314년에서 1429년까지를 유구사에서는 삼산시대(三山時代) 혹은 삼산분립시대(三山分立時代)라고 한다. 삼산(三山)의 왕들은 각각 명에 사신을 파견하여 명으로부터 중산왕·산남왕·산북왕이라는 왕호와 함께 은인(銀印)·관복을 하사받았다. 세 나라 가운데서 중산이 가장 대외교섭에 활발하였고 나라도 부강하였다.

이런 역사적 배경을 가진 유구는 전근대시기에 한반도와 함께 동아시아 해역에 위치한 해양국가로서 일찍부터 한반도와 교류해 왔다.[11] 해양으로 열린 해역 세계에 있었던 두 지역의 교류를 시대에 따라 사람, 물질, 정보, 항로라는 시각에서 살펴보면 다음과 같다.

첫째, 선사시대의 한반도와 유구의 교류는 유물을 통해서 알 수 있다. 우리나라 선시시대의 빗살무늬토기와 유사한 토기가 오키나와에서 발

8) 『(明)太祖高皇帝實錄』 권71, 洪武 5년 정월 16일 1번째 기사. "甲子遣楊載 持詔諭琉球國詔曰 昔帝王之治天下 凡日月所照 無有遠邇 一視同仁 故中國奠."

9) 김영신, 『대만의 역사』, 지영사, 2001, 42~43쪽.

10) 다카라 구라요시(高良倉吉) 지음, 원정식 옮김, 『류큐왕국』, 한림대 일본학연구소, 2008.

11) 최인택, 「한국에 있어 沖繩 연구」, 『한국민속학』 29, 1997; 홍종필, 「한국과 오키나와의 관계에 대하여」, 『역사와 실학』 10·11, 1999.

견되었는데, 한반도와 밀접한 관계가 있다고[12] 한다. 벼농사의 한반도 전파과정에 대해서 3가지 경로를 말한다.[13] 중국 화북, 산동, 절강에서 한반도로 전래되었다는 것인데,[14] 일본에서는 일본 벼농사의 기원을 대만, 오키나와에서 전래되었다고 주장하기도 한다. 이에 한반도의 벼농사 기원은 남방과 연계시킬 수도 있다. 옹관(甕棺)과 관련이 있는 것으로 짐작되는 세골장(洗骨葬)은 복장(複葬) 혹은 이중장(二重葬, Secondary burial)이라고도 불린다. 이 풍속은 동옥저에서 '사람이 죽으면 가매장했다가 뒤에 뼈만을 추려서 가족 공동의 목곽에 다시 안치했다.'고 하였다. 현재 세골장의 풍속은 전라도 해안 및 서해안 섬 지방에 이른바 초분(草墳) 혹은 풍장(風葬)으로 남아 있다. 세골장은 해류를 따라 남중국 혹은 류큐(琉球), 아마미(奄美) 군도를 거쳐 한반도 해안지대에까지 퍼진 것으로 짐작된다.[15]

둘째, 고대국가 시대의 한반도와 유구의 교류이다. 역사시대에 들어와 고조선의 해양활동은 더욱 활발해졌다. 토착세력과 중국 내의 정치적 변동에 의해 황해 동쪽의 연안으로 포진한 동이족들은 연합하여 새로운 문화와 정치세력을 결성했으며, 그들은 경제력의 토대를 해양활동과 교역에서 구했을 가능성이 있다. 따라서 이미 확대되고 있었던 황해 서부 연안의 활동권은 특정한 성격을 가진 집단의 역할에 의해서 정치적인 성격을 병행하면서 황해 전체와 남해로 해서 일본열도로 이어지는

12) 이형구, 「고대유구와 조선과의 문화관계」, 『제2회 중류역사관계국제학술회의보고』, 1989.

13) 윤명철, 『한국해양사』, 학연문화사, 2003, 49쪽.

14) 한반도에서 재배된 短粒米를 말한다. 그러나 최근 長粒米가 한강 유역 등에서 발견되고 시기도 훨씬 소급되고 있다고 한다.

15) 국사편찬위원회, 『신편 한국사 1』, 총설, Ⅱ. 한민족의 기원, 민족학적으로 본 문화계통, 2002, 133쪽.

거대한 활동권, 교역권이 형성되는 단초를 열어놓았다.16)

한편 탐라는 현재 오끼나와 지역인 유구국과도 오래 전부터 교류가 있었다.17) 유구 본도의 나하(那覇)에서는 오수전(五銖錢) 등이 발견되었는데, 이는 큐슈 서부지역과 관련이 있다고 하지만, 동일한 오수전이 제주도에서 발견되고, 바다에서 교역을 했다는 주호의 존재로 보아 제주도와의 연결도 가능하다.

청동기시대의 암각화로 알려져 있는 반구대(울산광역시 울주군) 암각화에는 당시 바다사람들의 생활모습을 음각해 놓았는데, '외양선' 모양의 배 그림이 보인다.18) 반구대는 태화강 상류에 위치하여 배로 동해에 나아갈 수 있는 곳이다. 삼국시대 신라 · 가야의 각대가 달린 배 모양의 토기가 여러 점 출토되었는데 경주 금령총, 경북 달성군 현풍 등지에서 출토된 배 모양의 토기가 그것이다. 1984년 봄에 완도 어두리 해저에서 발견된 고선체(古船體)는 신라 선박의 모양을 추정하는 데 어느 정도의 가능성을 던져준다. 당시 인양된 선체는 11세기 고려 초의 것으로 추정하고 있으며, 근해연안 왕래에 적합한 전통적 한선구조방식인 평저(平底) 구조 너벅선이다.19)

항로는 국가발전에서 매우 중요하다. 항구의 선택과 입지조건에 따라 국가의 흥망성쇠가 결정되는 경우가 세계사에서는 매우 많았다. 항로가 중요하다는 것은 삼국시대 각국의 일본열도 진출과정과 일본의 고대국가 형성과정에서 분명한 모습으로 나타난다. 가야 · 백제 · 신라 · 고구

16) 윤명철, 앞의 책, 2003 참고.

17) 윤용택 외, 『제주와 오키나와』, 보고사, 2013; 국립제주박물관, 『탐라와 유구 왕국』, 삼화인쇄주식회사, 2007.

18) 김원룡, 「울주 반구대 암각화에 대하여」, 『한국고고학보』 9, 1980, 7쪽.

19) 金在瑾, 「張保皐時代의 무역선과 그 航路」, 『張保皐의 新硏究』, 완도문화원, 1985, 147쪽.

려는 나라의 위치가 다르기 때문에 각각 다른 항구에서 일본으로 출발하였다. 출발항구가 다르므로 항로도 다를 수밖에 없었고, 항로가 다르기 때문에 도착항구가 다른 것은 필연적인 결과였다. 도착항구가 다르기 때문에 당연히 거주한 집단의 정치 · 문화적 성격도 달랐다. 예를 들면 가야계는 남해 동부해안을 출발하여 가장 손쉬운 항로를 선택하여 대마도를 경유한 다음에 큐슈 북부지역에 도착하였다. 백제계는 전라도 해안에서 출발하여 큐슈 북서부 혹은 서북부 지역에 도착하여 거점을 확보하였다. 신라계는 동해 남부해안을 출발하였으므로 혼슈(本州) 남부인 산음지방에 도착하였다. 고구려는 비교적 일본열도 진출에는 불리한 조건이었지만, 동해 중부해안을 출발하여 일본의 중부인 월(越) 지방에 도착하였다. 발해 또한 정치적 상황이나 자연조건에 따라서 여러 개의 항로가 사용됐을 것이다.[20]

오랫동안 한반도는 삼면(동 · 서 · 남해)이 바다로 둘러싸여 있기 때문에 다양한 해상 항로를 이용하여 중국, 일본, 여타의 나라들과 교역을 하면서 문명을 발전시켜 왔다.[21] 대표적으로 백제는 고대왕국 중에서 '해상왕국'으로서 중국과 일본으로 다양한 문화를 전파한 것으로 유명하다.

가야의 경우 해외교섭이 임나 관련기사와 관련되지만, 『삼국유사』 가락국기에 수로왕의 재임 때 중국의 선박이 내왕하였다는 기사가 있다. 479년에는 가락국의 하지왕이 중국에 조공을 받쳤다고 한다.

선박건조 기술, 원양항해를 위한 항해술 등이 부족했던 대가야의 4세

---

20) 尹明喆, 「황해의 지중해적 성격연구 1」, 『고대한중교류와 남방해로』, 국학연구원, 1997, 236쪽.

21) 서해안과 남해안을 이용하는 국제항로에 대한 최초의 기록은 중국의 기록인 「삼국지」 위지 동이전에 따르면, 황해도 일대에 위치한 중국계 군현인 대방군에서 서해안과 남해안을 따라 대마도, 일본열도까지 이어지는 항로가 있다(『삼국지』 권30, 위서 동이전, 왜인).

기에는 첫 단계로서 서해안과 남해안을 중심으로 연안항해를 하면서 항로를 개척하였을 것이다. 이후 대가야시대의 항해자들은 배를 타고 낙동강 하류, 다시 낙동강 하류에서 쓰시마(對馬島)를 거쳐 큐슈(九州)로 이동한 것으로 알려져 있다.[22] 당시 남해안의 주요 교역항은 하동의 다사진, 늑도, 고성, 마산만, 웅천, 김해, 양산의 황산진, 다대포, 수영만, 부산포, 울산의 사포, 율포, 영일만, 삼척항, 고성 장진포 등으로 다양하였다.[23] 한편 대가야에서 중국 남제로 조공한 교역로는 고령-거창-함양-섬짐강-하동, 고령-삼가-의령-단성-하동, 고령-거창-함양-육십령-장수-진안-임실-부안의 루트가 상정된다. 이런 루트를 통해서 선박이 운항하면서 야광패 조개국자, 고대의 무덤의 양식 등이 상호 영향을 주면서 전래되었다고 보아진다.

신라의 경우 157년(아달라 이사금 4)에 있었던 연오랑세오녀 설화, 562년 우산국 정벌 등은 신라의 해외 교섭을 말해준다. 통일신라인들이 사용했던 항로는 동아시아의 거의 전 지역이었다. 그러나 당시 동아시아의 중심은 당(唐)이었고, 정치·교역과 문화가 주로 당과의 관련 속에서 이루어졌으므로 황해가 보다 의미는 해역이었다. 황해는 여러 가지 면에서 내해 혹은 지중해적 성격을 갖고 있다. 바다 양쪽 육지 간의 거리가 짧아 대부분이 근해항해지역에 해당한다. 대체적으로 파도가 약하고 리아스식 해안이 많아 유사시 대피할 항구가 많다. 항해에 이용되는 계

22) 금관가야(金官伽耶)의 시조 김수로왕(金首露王)의 왕비인 허씨 부인은 아유타국(阿踰陀國)에서 배를 타고 김해 해안에 도착했는데, 김수로왕이 이를 미리 알고 가야의 배와 신하들을 보내 허씨를 영접했다고 한다. 그러나 아쉽게도 허씨 부인이 타고 온 배나 가야의 배에 대한 자세한 기록은 아직까지 존재하지 않고 있다(Santosh K. Gupta, 「한·일 외교사에서의 아유타국과 김해」, 제23회 가야사국제학술회의, 2017, 1~3쪽).

23) (재)한국해양재단, 『한국해양사』 선사·고대 편, 2013, 198~222쪽.

절풍의 편중성도 약하고, 또한 항해거리가 짧아 국지풍을 이용할 수가 있으므로 비교적 항해시기나 항로가 다양하였다. 통일신라시대의 항해술은 상당한 수준에 도달하였다고 여겨진다. 원양항해에 있어서도 일본이나 중국 남조와의 오랜 교역경험을 통하여 조류 · 바람 · 해류 등에 관한 지식이 풍부하였다. 특히 간만의 차가 심한 우리나라 남해안 · 서해안의 해운에 있어서는 조류도나 해류도가 없었던 시절, 범선들은 밀물과 썰물의 현상을 잘 알아야 험한 해역을 자유롭게 드나들 수 있었다. 오랜 경험 없이는 불가능한 일이었다.[24)]

셋째, 고려시대의 한반도와 유구의 교류이다.[25)] 고려와 유구의 관계는 1270년대 여몽연합군에 패배한 삼별초가 유구로 피난하면서 시작되었다. 오키나와 우라조에성 요오토레 출토 기와와 용장성 출토의 와당(瓦當) 사이에 상당한 유사성이 있다는 사실이 증명하고 있다. 1389년(창왕 1)에는 고려가 대마도를 정벌한다는 소식을 듣고, 사신 옥지(玉之)를 보냈는데, 그 일행이 순천부에 도착했다.

고려 후기에 왜구(倭寇)의 침입이 줄고 바다가 안정을 되찾게 되자 유구에서 사신을 보내 고려에 사대하고자 했다. 고려는 사신을 보내 포로를 보내 준 것에 사례하고 외교를 이어나갔다. 그 첫 사례가 유구와 섬라곡국(暹羅斛國) 등 해양국가의 고려 방문이었다.[26)]

> 유구국 중산왕 찰도(察度)가 옥(玉)을 보내어 표문(表文)을 바치며 신하를 칭하고, 왜구에게 사로잡인 우리나라 사람을 돌려보냈으며, 방물(方物)인 유황 300근, 소목(蘇木) 600근, 후추 300근, 갑(甲) 20부를 바쳤다. 처음에 전라도 도관찰

24) 金在瑾, 앞의 논문, 1985, 127쪽.

25) (재)한국해양재단, 『한국해양사』 고려시대 편, 2013, 410~422쪽.

26) 윤대영, 『한국해양사』 Ⅲ, 한국해양재단, 2013, 419~420쪽; 이진한, 『고려시대 무역과 바다』, 경인문화사, 2014, 73쪽.

사가 보고하기를, "유구국왕이 우리나라가 대마도를 정벌한다는 말을 듣고, 사신을 보내어 순천부에 도달했습니다."라고 하였다. 도당(都堂)에서 전대(前代)에 온 적이 없다 하여 그 접대하는 것을 어려워하였다. 창왕이 이르기를, "멀리서 사람이 공물을 가지고 왔으니, 박하게 대한다면 어떻게 하겠는가. 서울로 들어오게 하여 위무하여 보내는 것이 옳다."라고 하였다. 전 판사(判事) 진의귀(陳義貴)를 영접사(迎接使)로 삼았다.[27]

고려와 유구의 관계는 유구가 사대를 하였지만, 복속관계가 아닌 자발적인 것이었다. 유구는 고려에 사신을 보내어 지역 특산물인 유황, 소목, 호초 등을 받쳤고, 고려는 안자, 은사발, 시저, 은잔, 화병, 화족, 호피, 표피, 화문석 등 고려의 특산물을 하사하였다. 유구가 고려에 통교한 것은 무역상의 이익을 얻으려는 것이었다.[28] 유구는 동남아시아산 물산을 구입해 중국에 팔고 중국 물산을 일본에 파는 중개무역을 하였다. 유구는 무역상대를 북쪽으로 확대시키기 위해서 고려에서 구하기 힘든 남방산 약재와 향료를 많이 가져왔다.[29] 창왕은 즉시 전객령(典客令) 김윤후(金允厚), 부령(副令) 김인용(金仁用)을 유구로 보내어 답례하고자 하였다. 그들이 가지고 간 서한은 유구국 중산왕에게 보냈는데, 안장(鞍裝) 두 개 등 답례품도 보내었다.[30] 김윤후 등은 1390년 8월에 고려로 돌아왔다.[31]

한편 고려 중기 이후 후추의 수입량이 증가하였으며, 1389년(창왕 2)에는 유구국에서 들어온 방물 중에 후추가 300근이 있었다.[32] 후추가 많

27) 『고려사』 권137, 列傳 권50, 창왕 1년 8월.

28) 하우봉, 『한국해양사』 Ⅲ, 한국해양재단, 2013, 541~543쪽.

29) 이진한, 앞의 책, 2014, 250쪽.

30) 『고려사』 권137, 列傳 권50, 창왕 1년 8월.

31) 『고려사』 권137, 世家 권45, 공양왕 2년 8월.

32) 『고려사』 권137, 列傳 50, 신창 2년 8월.

이 쓰이게 된 것은 고기음식을 다시 많이 먹게 되어 고기를 조미하는데 많이 쓰였기 때문이었다. 한편 유구에서 발견된 상감청자류의 파편은 자기 무역이 행해졌음을 말해준다고 한다.[33]

넷째, 조선시대의 한반도와 유구의 교류이다. 조선은 국초부터 주변 국가와의 관계를 원만히 유지하기 위한 외교정책을 세웠다. 14세기 후반 중국 대륙은 원의 지배에서 명의 지배로 바뀌었으므로 조선의 외교적 관심은 명과의 외교관계 수립에 있었다. 특히 고려 말에 극심했던 왜구의 침입으로 고통을 받아왔으므로 일본과의 적절한 외교관계 수립도 필요하였다. 그리고 만주 일대 및 압록강·두만강 남쪽에까지 들어와 살던 여진족에 대하여도 그들을 위무하기 위한 적당한 외교관계의 유지가 필요하였다. 이때 유구와 동남아시아 여러 나라와도 교류가 이루어졌다. 조선은 이들 국가 중 명과는 사대관계를 맺었고, 그 밖의 나라들과는 교린관계를 유지하였으므로 조선의 외교정책은 사대교린정책이 기초를 이루었다고[34] 하였다.

유구에서는 1429년 상씨(尙氏)가 유구왕국을 세웠다. 유구 선박은 명·일본·조선뿐 아니라 남방의 타이·자바·스마트라 등 동남아시아까지 활동범위를 넓혀 중계무역에서 활약하였으므로 나패(那覇)는 당시 동아시아에서 중요한 교역시장 중 하나가 되었다. 이때 유구국(琉球國)의 중산왕(中山王)이 사신을 보내어 조회하였다.[35]

임금이 조회를 보았다. 유구국의 사신과 오량합(吾良哈)의 사람들이 조회에 참예하였다. 유구국의 사신은 동반(東班) 5품의 아래에 자리를 잡았고, 오량합

33) 이형구, 「오키나와의 조선계 분청사기」, 『역사와 실학』 14, 2000, 1024쪽.

34) 국사편찬위원회, 『신편 한국사 1』 Ⅲ. 한국사의 시대적 특성, 조선, 2002, 272쪽.

35) 『태조실록』 권1, 1년 8월 18일.

은 서반(西班) 4품의 아래에 자리를 잡았고, 그 종자(從者)들은 6품의 아래에 자리를 잡았다. 유구국에서 방물을 바치었다.[36]

그런데 조선시대 유구와의 통교관계는 일방적으로 유구사절의 내빙(來聘)에 의해 이루어졌다. 유구사절의 내빙을 『조선왕조실록』, 유구의 『역대보안(歷代寶案)』 등의 사료에 의해 살펴보면, 태조 1392년(태조 원년) 8월 중산왕 찰도가 사신을 보낸 이래 1524년(중종 19)에 이르기까지 130여 년 동안 48차례에 달한다.[37] 이 횟수는 평균해서 3년에 한 번꼴로 상당히 활발한 편이었다. 이렇게 조선전기 유구에서 조선에 보낸 사절이 48회인데 비해 조선 측이 사절을 보낸 것은 3회밖에 되지 않으며, 그것도 세종대 이후에는 없었다. 그 중에서 1416년(태종 16) 유구 통신관으로 이예(李藝)를 파견한 것이 유일하게 격식을 차린 사례이고, 나머지 2회는 모두 통사(通事)를 파견하였다. 조선정부에서는 회답서계와 예물을 유구사신을 통해 전하였다.

특히 단종대 이후로는 일본인 대리사절에게 답서를 위탁하였는데, 이것이 위사(僞使)를 유발하는 한 요인이 되었다. 조선과 유구의 통교관계를 보면 유구측이 아주 적극적이었던 반면 조선은 소극적이었음이 대조된다.[38] 위사가 성행한 이유는 유구 사정에 대한 조선정부의 무지와 조·유(朝琉) 교류에 대한 일본의 방해를 들 수 있다. 보다 직접적으로는 유구사절에 대한 후대와 조선정부의 미온적 대책 때문이었다.[39] 위사는 파행적이었던 조유 관계를 악화시켰으며, 결국 해로를 통한 직접통

36) 『태조실록』 권2, 1년 9월 11일.

37) 하우봉, 「조선전기의 대 유구 관계」, 『국사관논총』 59, 1994, 140쪽.

38) 하우봉, 위의 논문, 1994, 149쪽.

39) 『성종실록』 권279, 24년 6월 10일.

교와 교역을 단절시켰다.

유구와의 사신왕래를 통한 직접적인 통교는 1524년(중종 19) 유구국사 등민의(等閔意)의 내빙을 마지막으로 끝나고, 그 후에는 명을 통한 간접 통교라는 방식으로 진행되었다. 즉 조선과 유구의 사절들은 북경의 회동관(會同館)에서 만나 표류민 송환 등 양국의 현안을 처리하였다. 북경에서의 회동은 비록 장소가 제3국이었지만, 양국 사신이 직접 만나 교류하였다는 점에서 위사에 의한 통교보다는 오히려 나아졌다. 여기에서는 교역적인 측면이 없어지는 대신 현안의 해결과 일본에 대한 정보교환 등 외교의 본질적인 요소가 중심이 되었다는[40] 사실은 시사적이다.

1589년(선조 22)에 유구 표류인을 송환한 사실을 계기로 양국 사이의 통교는 간접적인 형태나마 상당히 우호적으로 지속되었다. 임진왜란 기간 중 유구는 병력과 군량을 조달하라는 도요토미 히데요시(豊臣秀吉)의 명을 뿌리치고 오히려 명군에 합류하여 조선에 원군을 파견하였는데,[41] 임진왜란 이후에도 명을 통한 간접통교 방식은 그대로 이어졌다. 즉 자국에 경사가 있거나 긴급한 사정이 있으면 유구에서는 진공사(進貢使) 편에 국서와 예물을 보냈으며, 조선은 이에 대해 회자(回咨)와 회례품을 보냈다. 이러한 교류는 병자호란으로 인해 단절될 때까지 10여 회에 걸쳐 이루어졌다.[42] 병자호란 후 조선은 명에 사절을 파견하지 못하게 되었고, 명의 북경 회동관을 통해 이어져 왔던 유구와의 통교는 이로써 단절되고 말았다. 그러나 청이 해금(海禁) 정책을 하면서 유구 표류인은 청을 통해 계속 간접 송환되었다.

---

40) 하우봉 외, 앞의 책, 59~61쪽.

41) 李鉉淙, 「壬辰倭亂時 琉球 · 東南亞人의 來援」, 『日本學報』 2, 韓國日本學會, 1974.

42) 『歷代寶案』 권39, 萬曆 29년 8월 초7일.

한편 조선전기에 교린의 관계였던 조선과 유구 사이에[43] 발생했던 전체 표류 사례는 조선시대 전체에서 48사례가 찾아진다.[44] 조선인의 유구 표착을 살펴보면 조선전기보다는 조선후기에 표류의 발생 빈도가 높다. 조선에서 표류가 발생한 지역은 제주도와 전라도가 대부분을 차지하고 있다. 이것은 우선 지리적으로 유구와 가까운 제주도가 주목되며, 다음으로 조선에서도 해양활동이 활발하여 많은 표류가 발생했던 지역이 전라도였기 때문이다. 반면 조선시대에 유구에서 조선으로 표류하여 표착한 경우는 22사례가 기록으로 나타난다.[45]

다음으로 양국의 물자교류이다. 조선에 바친 진상품 혹은 교역품을 보면 대부분 남방물산으로 소목 · 향목 · 단향 · 정향 · 침향 · 목향 · 자단목 등 향료 · 염료류와 납철 · 유황 · 주석 등 광산물, 호초 · 술 · 사탕 · 감초 등 기호품과 약재류, 그 밖에 청자 · 청자향로 · 종수기 · 상아 · 물소뿔 · 앵무새 · 공작날개 등의 특산물이었다. 남방물산은 조선으로서는 생활필수품은 아니었지만, 귀족들의 기호에 들어맞아 상당히 환영을 받았다. 따라서 남방물산이 사치를 유행시키는 폐단을 지적하는 상소가 나오기도 했다.[46]

조선에서 유구로 간 회사품 내지 교역품을 보면 저포 · 마포 · 면주 등의 직물류와 채화석 등 돗자리 · 종이 · 문방구류 · 인삼 · 호표피 등 조선의 특산물이었다. 그 밖에 대장경 · 불전 · 범종 등 불교와 관련된 물품

---

43) 김병하, 「이조전기 대일무역의 성격」, 『아세아연구』 11, 1968.

44) 하우봉 외, 앞의 책, 2000, 321쪽.

45) 조선과 유구의 표류민 송환이 활발하지 못하고, 송환 건수도 적은 이유는 지리적으로 멀고, 임진왜란 이후 일본의 무력에 대한 공포감이 감소하였으며, 남방물산도 대마번을 통해서 확보할 수 있었기 때문이었다.

46) 『중종실록』 권96, 36년 11월 28일.

도 있었다. 당시 조선은 섬유대국으로 인식되었으며, 유구 및 남방국가들의 주된 요구품목도 직물류였다. 그런데 일본의 경우 대부분의 통교자가 왜구에서 전환되었으며, 식량문제 해결을 우선시했는데 비해, 유구는 처음부터 중계무역을 목적으로 한 순수한 교역관계로 출발하였다는 점에서 차이가 난다.[47)]

마지막으로 문화교류의 모습이다. 1429년 유구를 통일한 상파지(尙巴志)로부터 상원왕통시기(尙圓王統時期)의 상진(尙眞)에 이르기까지 유구 왕실은 중국의 정치제도를 수입함과 동시에 통일왕조의 사상적 구심점으로 삼기 위해서 불교를 적극적으로 장려하였다. 그 결과 유구의 불교는 융성하였고, 원각사(圓覺寺)를 비롯한 많은 사찰이 건립되었다. 이들에게 조선의 대장경 등 불교문화재는 큰 매력이었다.[48)] 세종대 이래 유구사신들은 조선의 불교문화를 흠모하여 전수해 주길 요청하였고, 이것이 조선통교의 주요 목적이 되었다. 유구가 대장경을 구청(求請)한 것은 세조대부터인데, 조선왕조실록에 총 9회가 나타난다. 이 가운데 대장경의 사급(賜給)이 허락된 것이 6회이고, 한 번은 다른 불경으로 대체해 지급하였다. 조선으로부터 받은 대장경 및 불전은 유구의 주요사찰에 모셔졌으며, 불교문화의 발전에 큰 기여를 하였다. 이때 받은 조선의 범종은 국보로서 수리(首里)의 파상궁(波上宮)에 보관 되어 있다.[49)]

한편 일본국도와 유구국지도(琉球國之圖)는 조선에서 매우 중요하게 생각하고 있었던 사실이다. 일본본국지도와 구주지도에서는 전통적인 행

47) 孫承喆, 「朝鮮前期 對 琉球 交隣體制의 構造와 性格」, 『趙恒來敎授回甲紀念論叢』, 1992, 233쪽.

48) 秋山謙藏, 「琉球 王國の勃興と佛敎」, 『日支交涉史話』, 1935, 181쪽.

49) 東恩納寬惇, 『球琉の歷史』, 至文堂, 1957, 71쪽.

기도를 따르고 있으며 지형의 표시가 전혀 없다. 유구국지도에서는 산맥과 만입(灣入)이 상세하며, 포구와 성도 자세하게 기록되었다.[50] 유구(현재의 오끼나와)뿐 아니라 주위에 산재하는 약 20개의 섬을 포함하고 있으며, 모두 유구에서의 거리를 리수(里數)로 기입하였다. 또 섬에 유인도임을 표시하기도 했다. 이런 유구의 지도는 조선에서 유용하게 이용되었다.

Ⅱ. 책의 구성과 의미

이 책에 담긴 내용들은 대가야의 해양 진출을 통한 국제교류사를 재조명하여 대가야의 정체성을 확립하고, 고대 역사 정립을 통해서 국제 관광 시대의 전기를 마련하고자 하는 계획에 어울리는 논문들로 채우고자 하였다. 이러한 모습은 최근 집중적으로 조명되고 있는 '가야문화권 조사 · 연구 및 정비'에 대한 체계적인 연구와도 궤를 같이 하는 측면도 있다. 최근에 각 지자체들 사이에는 가야를 둘러싸고 치열한 모습을 보이는데, 이런 분위기 속에서 가야사에 대한 새로운 연구도 시도되고 깊이 있게 진행되기도 한다. 가야 각국 중에서도 고령의 대가야(大伽耶)는 일찍부터 가야의 중심 세력으로 주목받아 왔으며, 비교적 많은 연구와 복원이 이루어진 곳이다. 이러한 입장에서 이 책은 대가야의 해양교류와 후대로 계승된 해양교류의 모습을 찾는 데 다소나마 도움이 될 수 있을 것이다.

---

50) 국사편찬위원회, 『신편한국사』 26권, 조선초기의 문화 1, 1996 참고.

이 책은 크게 3부로 구성되었다. 제1부 '대가야시대 한반도와 류큐의 해양교류'에 수록된 논문 8편은 대가야시대의 한반도와 류큐의 해양교류를 기록, 유물, 기술, 교섭, 항로 등을 다룬 글들로서 다양한 시각에서 접근한 부분이다. 이영식의 「대가야의 해상 활동과 야광패의 길」은 고령 지산동44호분에서 출토된 야광패국자의 유입경로 가능성을 제기하였다. 대가야왕릉 지산동44호분에서만 출토된 야광패 국자는, 야광패가 아열대 해역에서 생식하는 조개라는 사실에 주목하여 광범위한 동아시아의 해상활동에 필요한 지리정보와 해상항행능력을 가졌던 대가야가 독자적으로 류큐제도와 직접적으로 교통했을 가능성을 제기하였는데, 이 경우 류큐제도와 대가야의 교류를 중개했던 중간지역은 규슈지역과 가야지역에서 각각 3개의 루트를 상정하였다.

이케다 요시후미(池田榮史)의 「한반도와 류큐열도의 교류 · 교역에 대하여 : 물질문화 자료를 중심으로」는 최근 화제가 된 야광패 국자와 '계유년고려와장조(癸酉年高麗瓦匠造)' 날인 기와를 중심으로 14세기 이전에도 두 지역은 사이에 있는 규슈 및 일본을 경유하여 관계가 이루어져 왔음을 상기시켰다. 비록 14세기부터 두 지역 간의 직접적인 교류와 교역관계가 일반화되지만, 한국과 일본 양국은 지리적으로 가까워서 한반도와 일본 및 류큐열도의 교류 · 교역 관계는 그 이전부터 주목할 필요가 있다고 하였다.

신자토 아키토(新里亮人)의 「도쿠노시마의 요업 생산에서 본 류큐열도와 한반도의 교류」에서는 류큐열도(琉球列島)의 구스쿠(グスク)에서 경질의 도기(陶器)가 출토된 가마터로서 지명을 딴 가무이야키 고가마터군에 주목하였다. '가무이야키'는 기형(器形)과 소성(焼成), 문양(文様) 등이 한반도산 무유도기(無釉陶器)와 유사하기 때문에 일본 열도와 한반도 양쪽의

특징을 계승한 '남도의 중세 스에키(須恵器)'라고 평가하며, 도쿠노시마의 고려 도공 초빙은 자유로운 상업 활동의 결과가 아니라 공권력이 관여하여 달성되었다고 파악하였다.

다카타 칸타(高田貫太)는 「고고학으로 본 대가야와 倭의 교섭 양태」는 왜인사회가 한반도로부터 다양한 문화를 받아들여 자신들의 문화로 정착시킨 고분시대에 주목하였다. 왜는 한반도의 백제, 영산강유역, 신라, 가야와 교류를 거듭했지만, 가야와 교류가 중요한 부분을 차지하고 있었다. 대가야와 왜의 교섭은 단순히 왕권 간의 정치적인 외교·군사적 활동이라는 한정적인 것에 머무르는 것이 아니라, 왕권 간의 외교 활동에 좌우되면서도 두 사회를 연결하는 지역사회와 집단, 그리고 개인 간의 다각적이며 보다 일상적인 상호 교섭이었다고 하였다.

백승옥의 「문헌 자료로 본 加耶와 倭」는 가야와 왜와의 관계에서 왜의 선진문물 수입에 대한 갈망은 일본 열도 내에서의 헤게모니 장악을 의미하는 것으로 보았다. 왜의 중국과의 통교는 지리상 가야 또는 백제의 중개를 통해서 이루어질 수밖에 없었는데, 서해를 가로지르는 해상로는 7세기 이후에야 가능했기 때문에 왜의 선진문물 유입 경로는 가야의 연안항로를 이용할 수밖에 없었다. 5세기 중엽에 일본 열도 대개를 아우르는 국가로 성장한 왜는 가야제국과 백제 등 한반도 선진 지역과의 교섭을 통해서 가능하였다고 보았다.

박천수의 「고고학으로 본 加耶와 倭」에서는 대가야의 영역 확장 과정이 섬진강 수계와 남해안을 지향하고 있으며, 5세기 중엽 이래 일본열도 각지에 대가야 문물이 유입되기 때문에 지금까지 후진국으로 파악된 대가야상을 전면적으로 재고할 필요가 있다고 문제를 제기하고 있다. 나아가 가야와 왜의 관계를 두 지역 간 문물과 사람의 이동을 한반도에서 일본열도로의 일방적인 흐름만으로 볼 수 없으며, 상호적인 것으로 보아야 한다고 하였다. 그래서 고대 한일관계의 연구에는 당연히 현재의 민족과 국가 관념의 배제가 전제가 되어야 하며, 역사적 사실에 기초한 미래 지향적인 연구를 할 것을 제안하고 있다.

김규운의 「대가야의 묘제와 倭系 고분」에서는 가야 묘제가 크게 원삼국시대 목관묘에서부터 시작하여 삼국시대로 접어들면서 목곽묘-석곽묘-석실묘의 단계적인 과정을 거치면서 변화한 것으로 파악하였다. 특히 대가야의 목곽묘와 석곽묘는 다른 지역과는 구조 및 규모 면에서 탁월한 차이를 보이며 발전해 나갔는데, 왜계 고분 역시 대가야와의 관련 속에서 목곽묘와 석곽묘가 출현하는 것을 확인할 수 있다고 묘제를 통한 문화 전파성을 주장하였다.

이창희 · 조익순의 「대가야~오키나와 항로에 대한 현대적 재해석」에서는 대가야시대 항해자들도 계절풍을 이용하여 타국과 교역을 활발히 추진할 수 있는 선박항해기술과 자연환경적 이해 능력을 갖추었을 것으로 예상했다. 나아가 대가야시대 '해양교역항로'의 의의는 현대에 이익을 목적으로 상선을 운항하는 이해 관계적 무역을 초월하여 개별 국가가 보유하지 못한 문화를 상호 교류함으로써 재창조되는 종교, 생활, 문화 등의 발전을 기대하는 것이었다. 이에 대가야는 철기제련 기술, 토기제작 기술, 농업기술만을 우선시 하던 육지국가에게 일본과의 교역을 통해 '동아시아 해양시대'라고 하는 새로운 지배영역을 창조하였다고 주장하였다.

제2부 조선시대 한반도와 류큐의 해양교류에는 조선시대에 한반도와 류큐의 해양교류를 보여주는 기존의 연구 성과인 사절과 상인의 왕래, 표류민의 표착과 송환, 정보와 물질의 교류 가운데서 표류와 관련된 4편

의 글이 실려 있다. 표류는 전근대시기에 발생한 자연발생적인 해난사고였지만, 표착과 표류민을 구호하고 송환하는 과정에는 국가 사이의 외교 관계가 작동하였으며, 표류민들은 표착지의 생활을 통해서 이문화를 체험하고 표착했던 국가의 정보를 가져오는 기회였다는 점에서 의미가 컸다.

김강식의 「조선시대 경상도와 류큐 漂流民의 漂着과 해역」에서는 표류가 해역에서 자연적인 항로를 만드는 계기가 된다는 시각에서, 조선 전기와 후기로 나누어 조선의 경상도와 류큐 사이의 직접적인 표착과 표류 사례를 검토하였다. 비록 제한된 사례이지만, 1429년의 김비의(金非衣) 일행의 유구 표착 이후 염포로의 송환 사례, 1732년의 서후정(徐厚廷) 일행의 류큐 표착은 경상도나 유구의 송환과 해로를 확인시켜 주는 흔하지 않은 사례였다. 조선의 경상도와 유구의 해로는 조선전기와 후기에 유구의 정치적 상황에 따라 달랐지만, 조선전기에 열린 해로를 통해서 표류는 계속 되었다고 파악하였다.

김경옥의 「15~19세기 류큐인의 朝鮮 漂着과 送還 실태」에서는 조선시대에 조선에 표착했던 유구인들의 송환을 세 단계로 살폈다. 조선전기에 유구 표류민은 왜인을 따라 해로(海路)로 송환되었으며, 중국을 경유하여 송환하기 시작한 것은 16세기 말엽부터였다. 17세기 초에 유구국이 사츠마의 침공으로 일본의 속국으로 전락하면서 변화되었지만, 18세기에 조선 해역으로 더 많은 류큐 표류민이 표착해왔다. 조선은 표류민 송환을 비변사가 전담하였는데, 전라도에서는 육로와 해로의 구분없이 표착지에서 표류민의 송환을 허용해 주도록 했다고 한다.

류쉬펑(劉序楓)의 「18세기 전기의 조선과 류큐 : 조선인의 류큐 표류기록을 중심으로」에서는 1726년 류큐에 표착한 조선인 손응선(孫應善)

일행의 표류기록 등 전후 4건의 표류기록을 분석하였다. 1683년 청나라가 해금을 해제한 이후 류큐의 조선난민 처리방식의 변화 및 송환 이후 조선난민에 대한 관방의 조사기록과 민간지식인의 표류기 내용을 비교하여 고찰하였다. 류큐가 사쓰마번의 통치를 받으면서 조선 표류민도 관찰에 제약이 있었지만, 표류기록은 관방 등 문헌기록의 부족을 보충해 주는 자료들이었다고 하였다.

조은지의 「1733년 조선인의 류큐 표착기록의 검토 : 호패와의 관련을 중심으로」는 현재 류큐에 남아 있는 케라마일기 속에 나타나는 조선인 표류민의 기록을 토대로 당시의 언어나 신분에 대하여 고찰하였다. 특히 표류민 개인의 신상에 대해서 류큐에 있는 호패를 활용하여 표류민의 신분, 연령, 거주지 등을 실증한 연구로서 흥미를 끈다. 이런 표류 사례를 통해서 근세시기의 조선과 류큐 사이의 인적교류의 연구를 진행해 나갈 수 있다고 하였다.

제3부는 제주도와 오키나와의 문화와 민속을 다룬 세 편의 논문으로 구성되어 있다. 제주도와 유구는 섬나라로서 많은 문화적인 동질성을 가진 곳으로 일찍부터 바다를 통한 이동과 교류가 있었던 곳이다.[51] 이런 측면에서 본다면 한반도와 유구의 해양을 통한 교류는 오래 지속되었는데, 두 지역에서 발견되는 문화적 동질성이 이를 대변하고 있다.

쓰하 다카시(津波高志)의 「오키나와 문화를 이해하기 위하여」는 역사적 · 문화적으로 오키나와현(沖縄縣)에 속하는 범주에 대한 설정과 함께 오키나와 문화에 대한 정의를 시도하고 있다. 오키나와 문화는 좁은 의미로 오키나와현의 문화이지만, 넓은 의미로는 아마미제도(奄美諸島)의

51) 윤용택 외, 앞의 책, 2007.

문화까지 포함한다. 그러나 아마미제도 출신 연구자 대부분은 넓은 의미로 오키나와 문화를 파악하고자 하는 시각에 반대한다. 때문에 오키나와 문화라고 하더라도 그 문화를 제대로 이해하기 위해서는 류큐호의 역사 등에 대한 기본적인 인식이 필요하다고 문제를 제기하고 있다.

가미야 도모아키(神谷智昭)의 「류큐 · 오키나와의 항해 수호 신앙」에서는 중국과 일본으로 파견되던 공용 선박과 관련된 신앙과 류큐 왕국 시대에 기원을 두면서도 현재까지 유지되고 있는 촌락 층위의 항해 수호 신앙을 살폈다. 여기서 나아가 아마미와 오키나와, 조선 반도 두 지역의 항해 수호 신앙을 비교 연구하여 공통점과 지역의 특수성을 찾고, 두 지역의 직접적인 교류와 일본 · 중국을 매개로 한 간접적인 교류의 흔적을 찾는 노력이 필요하다고 제안하고 있다.

강경희의 「도서 사회의 무속세계 : 제주도와 오키나와를 중심으로」에서는 환중국해의 주변 도서부에 속하고 있는 두 지역은 바다라는 거대한 장벽에 의해 본토와 상당한 거리로 격리되어 있고, 일찍부터 독립국가체계를 형성하여 본토의 문화와 상이점이 강하게 나타나는 도서 지역이었다. 제주도와 오키나와의 무속의례는 두 지역의 신들이 다신다령이라는 점, 직능별로 분류되어 있는 점, 신들의 속성이 선과 악으로 구분된 것이 아니라 중립적인 면을 띄고 있는 점, 무속의례가 정책적으로 박해를 받아 온 점, 여성들에 의해서 전통이 단절되지 않고 이어올 수 있었다는 점에서 상호 교류의 흔적을 확인할 수 있다고 하였다.

김강식 | 한국해양대학교

1부

대가야시대 한반도와 류큐의 해양교류

대가야의 해상 활동 야광패의 길

Ⅰ. 머리말

대가야왕릉 지산동44호분에서는 류큐제도(琉球諸島)와 규슈 남단 가고시마(鹿児島) 아마미오시마(奄美大島) 등 아열대 해역에서만 생식하는 야광패제 국자가 출토되었다. 머나먼 일본의 류큐제도에서 생산되는 야광패제 유물이 한국 내륙 깊숙한 경상북도 고령군의 지산동고분군에까지 어떻게 전파되었을까는 금방 상상하기 어려운 문제이다. 그러나 가야와 고대한일관계의 일단을 보여주는 문헌기록이나 고고자료에 그 가능성을 추정해 볼 수 있는 자료가 없는 것도 아니다. 대가야가 진행했던 중국 남조와의 외교나 일본열도 왜와의 교류에 관한 문헌·고고자료를 통해 대가야의 해상활동과 야광패 국자가 어떤 경로를 통해 전파되었을까는 짐작해 볼 수 있을 것으로 생각한다. 다만 동형의 국자가 아마미오시마와 규슈남부 등에서 다수 출토되는 것에 비해, 가야지역은 물론 고구려·백제·신라의 삼국에서도 국자는 물론 야광패 자체의 출토가 전무에 가깝다. 이로 보아 완성품으로 수입되었을 가능성이 높을 것으로 보이며, 사례가 극히 적은 만큼 직접적인 교류보다는 야마토(大和)나 규슈(九州)의 매개를 상정하는 것이 타당할 듯한데, 가야지역에서 출토되는 고오후라와 이모가이의 예를 참고해보기로 한다.

Ⅱ. 대가야의 해상활동

야광패 국자가 부장되었던 지산동44호분의 5세기 중 후엽에는 대가야의 매우 활발하고 선진적인 해상활동이 확인된다. 479년 중국 남제에 대한 견사에서부터 529년 섬진강 하구에서 남해로 나가는 항구였던 대사(滯沙)의 상실까지 대가야의 적극적인 해상활동이 확인된다.

479년(건원 원년)에 가라국왕(加羅國王) 하지(荷知)는 중국 양자강 하구의 남제(南齊)에 사신을 파견해 보국장군(輔國將軍)·본국왕(本國王)의 칭호를 수여받았다.

> 加羅國은 三韓의 種族이다. 建元元年에 국왕 荷知가 使臣을 보내어 朝貢하였다. 詔를 내려 말하기를 "도량을 넓혀 비로소 등극하니 먼 오랑캐까지 교화가 미쳤다. 加羅王荷知가 바다 밖에서 찾아와 동쪽 변두리에서 폐백을 바쳤으니, 가히 輔國將軍本國王을 제수 할만하다"고 하였다.(남제서 권58, 列傳39 東南夷)

가라국왕 하지가 "먼 바다 밖 동쪽 변두리"에서 남제까지 찾아 와 건국을 축하했다는 기록이다. 가라국(加羅國)은 경북 고령에 위치한 대가야(大加耶)였고, 남제의 도읍은 현재 남경(南京)의 건강(建康)이었다. 한국 내륙 경북 고령에서 중국 양자강 하구의 건강까지 육로와 해로를 합해 어림잡아 3,000km 이상의 거리로 추산된다. 고령~합천~함양~남원(운봉)~구례~하동까지 육로 170km, 하동~해남~전북 부안 죽막동 유적~황해도~황해(묘도열도)횡단~산동반도~양자강 하구까지 한반도의 남해와 서해에 중국 동해의 연안 항해 2,800km 정도에 상해~남경까지 수로 290km를 합하는 노정이 추정되고 있다. 무려 2,800km 정도나 되는 연안 항해를 수행한 결과 남제 황제 앞에 설 수 있었던 것이었다. 고령에서 하동까지의 육로는 대가야 양식 토기와 위세품의 분포로 확인되었으며, 남해안과 서해안의 연안항로는 황해의 횡단항해가 불가능했던 시기였기 때문이기도 했지만, 서해안 연안항로의 중간지였을 변산반도 서단의 죽막동 유적에서는 광구장경옹·행엽·안교·철모 등과 같은 해당 시기 대가야 양식의 유물들이 출토되었음을 근거로 이러한 항로가 추정될 수 있었다.

더구나 479년의 외교사절파견은 대가야가 독자적으로 실현시켰던 것이었다. 대대로 이른바 중국 남북조를 상대로 책봉외교를 진행하고 있던 고구려·백제·왜 모두는 공교롭게도 이때 479년 남제의 건국행사에 축하사절은 물론 외교를 전개했던 흔적조차 없다. 치열한 적대관계의 절정에 있었던 고구려와 백제가 북조(北朝)의 북위(北魏)에 대한 외교경쟁을 하고 있었기 때문에, 남조(南朝) 남제(南齊)의 건국축하사절을 파견하지 못했을 수도 있고, 이때까지 책봉외교를 추진하던 왜국은 왜왕(倭王) 무(武)의 몰년과 겹쳤음을 보아 축하사절을 파견하지 못했을 수도 있었을 것이다.

또한 이전 백제와 왜의 선례를 보면 백제와 왜가 최초로 책봉외교에 등장했던 것은 선진의 고구려나 백제의 안내에 따른 것이었다. 반면에 고구려·백제·왜의 사절파견이 없었던 것이 분명한 만큼, 대가야가 독자적으로 남제의 수도 건강까지 외교사절을 파견하였던 것이 분명하다. 이 시기의 대가야는 남제의 건국이라는 동아시아의 정세에 정통하고 있었음은 물론이고, 양자강 하구의 건강(현 남경)까지 무려 2,800㎞ 이상 되는 연안 항해를 감당할 수 있는 지리정보와 항행능력을 가지고 있었음이 확인되는 것이다.

이때 479년에 대가야가 남제의 건강까지 외교사절을 파견할 때 항구로 사용했다고 생각되는 대사는 『일본서기』 계체23년 3월조에 따르면 529년 백제가 진출하기 전까지는 대가야가 확보하고 있었음이 분명하다. 섬진강 하구의 하동지역으로 비정되는 대사를 대가야와 백제가 영역쟁탈전을 벌이고 있던 기록에서 이러한 사실이 확인된다.

> 百濟王은 下多利國守 積惠押山臣에게 이르기를 朝貢使가 매번 섬과 해안의 굴곡을 피하고, 풍파에 시달리는 어려움이 있어, 加羅의 多沙津을 청하였다. 積惠押山臣가 왜왕에 주청하였다. 이 달 物部伊勢連父根와 吉士老를 파견하여 백제왕에게 이 나루를 下賜하였다. 이 때 加羅王이 勅使에게 "이 나루는 우리가 朝貢에 사용하던 곳인데 어찌 쉽게 이웃 나라에 줄 수 있는가" 하니, 勅使 父根 등이 면전에서 下賜하기 어려워 大嶋로 물러나 별도로 綠使를 보내 百濟에 下賜하였다. 이로 말미암아 加羅는 新羅와 우호관계를 맺고, 日本에 원한을 품게 되었다.(일본서기 繼體 23年 3月)

『일본서기』 계체 23년 3월조는 가라(加羅)의 다사진(多沙津)을 가라가 일본으로 통하던 항구이었음을 기록하면서, 529년에 왜왕이 백제왕에게 하사했던 것으로 서술하였다. 가라는 대가야이고, 다사진은 『일본서기』에 대사(帶沙) 또는 체사(滯沙)로도 쓰인 한다사(韓多沙)의 나루로 섬진강 하구의 하동지역을 가리킨다. '하사(下賜)' 운운은 백제가 섬진강 하구지역에 대한 진출을 완료해 하동의 항구를 확보하였던 것을 왜왕에게 인정시켰던 역사적 사실이 후대 『일본서기』의 소중화주의적 역사관에 의해 윤색된 것에 불과하다.[1] 어쨌든 섬진강하구에서 남해로 나가는 다사진이 529년까지는 대가야의 항구로 경영되고 있었음이 분명하다. 이에 다사진이 479년에 대가야가 중국 남제로 외교사절을 파견했던 항구로서, 529년까지 일본열도의 교섭과 교류를 진행하던 항구였음이 확인된다.

이상과 같은 기록을 통해 5세기 중 후엽의 대가야는 머나먼 중국 남제까지 원거리항해를 수행할 수 있는 능력을 가지고 있었고, 적어도 479년부터 529년까지 다사진이란 하동의 항구를 확보하고 있었으며, 규슈 남단 가고시마 아마미오시마나 류큐제도와 직접 교류할 수 있었던 가능성이 확인되는 것으로, 아열대 산의 야광패가 대가야왕릉의 지산동 44호분에 부장될 수 있었던 배경으로 추정될 수 있을 것이다.

Ⅲ. 야광패의 길

대한해협을 건너는 한반도 남부와 규슈의 교류는 이미 5천여 년 전부터 시작되었다. 부산 동삼동패총, 김해 수가리패총, 통영 연태도패총 등에서 출토되는 흑요석은 규슈 사가현(佐賀県) 고시타케(腰岳) 산이었다. 기원전 후부터 가야제국(加耶諸國)과 왜국(倭國)들은 서북한의 한군현(漢郡縣)에서 인수(印綬)와 칭호를 받는 통교를 시작으로, 3세기 중후반 경 『삼국지』 왜인전과 화천(貨泉)의 출토가 말해주는 '漢郡縣 ~ 韓國(馬韓 · 弁韓) ~

1) 이영식, 「백제의 가야진출 과정」, 『한국고대사논총』 7, 1995.7.

倭國'의 해상교류는 김해의 구야한국(狗邪韓國) 등 남해안의 가야제국과 규슈~서일본~기나이(畿內) 등 일본열도 대부분과의 교류로 전개되었다. 4세기 중엽에는 『일본서기』 신공기에는 한성(漢城, 현 서울)의 백제가 왜와 통교개시를 위해 창원의 탁순국(卓淳國)에 중개를 부탁하였고, 인접 김해의 구야국(가락국, 금관가야) 왕릉의 대성동88호분에서 출토된 용문금동대구는 서진~삼연~백제~가야~왜의 교류를 웅변하였고,[2] 4세기 2/4분기의 대성동91호분에서는 류큐제도 산의 고호우라 20점과 이모가이 9점이 말띠꾸미개(雲珠 · 辻金具)의 일부로 출토되었다.[3] 5~6세기에는 왕권 간의 외교를 포함하는 가야와 왜의 교류는 한 · 중 · 일의 문헌과 가야지역과 일본열도의 고고자료에서 수없이 확인된다.

이에 상술했던 백제와 대가야 간 섬진강지역쟁탈전의 기록과 고성 내산리고분군 · 송학동고분군과 창녕 송현동고분군의 이모가이(製) 말띠꾸미개를 비롯한 왜계 유물의 출토 예 등을 통해 야광패가 한국 남해안의 가야지역에서 내륙의 대가야로 전달되었던 루트에 대해 추정해 보고자 하는데, 남해안의 항구로서 하동, 고성, 김해 등을 상정해 보고자 한다. 반대로 일본의 류큐제도와 한국의 남해안을 연결하는 중개지로서의 규슈에서는 규슈 내륙경유와 규슈 서해와 동해의 연안 항해로 나누어 살펴보고자 한다. 다만 이렇게 다양하게 추정될 수 있는 전달루트 중에서 어느 하나의 루트 하나만 선택되었다고는 생각하기는 어려울 것이다.

---

2) 이영식, 「근초고왕 대의 백제와 가야」, 『근초고왕과 석촌동고분군』, 한성백제박물관, 2016.

3) 대성동고분박물관, 『김해 대성동고분군 - 85호분 ~ 91호분 - 』, 2015.

1. 일본 류큐제도에서 규슈북안의 가라쓰(唐津) 또는 하카타(博多)까지

1) 류큐제도 ~ 규슈남단 ~ 야마토 ~ 규슈북안

기노시타 나오코(木下尚子) 씨는 김해 가락국(금관가야) 왕릉인 대성동91호분에서 출토된 고호우라 20점과 이모가이 9점이 십자금구(辻金具)와 운주(雲珠) 등 말띠꾸미개(馬具)의 일부로 사용된 유물임을 확인하면서, 효고현(兵庫縣) 곤겐잔(権現山)51호분 출토 이모가이 제 방추차형패제품과 오사카 시킨잔(紫金山)고분 출토의 고호우라 팔찌를 참고로 기나이(畿内)의 야마토(大和) 경유를 추정하였다. 야마토왕권이 가야 철 수입의 반대급부로 규슈 남단의 가고시마를 통해 반입해 축적하고 있던 고호우라와 이모가이를 가야의 가락국에 제공했던 것으로 해석하였다.[4]

그러나 대성동91호분 출토의 고호우라와 이모가이는 운주나 십자금구와 같은 마구로 사용되었다. 시킨잔고분의 고호우라는 마구가 아닌 팔찌로 사용되었으며, 곤겐잔51호분 방추차형패제품의 이모가이는 꼭지 부분의 나탑(螺塔)이 방추차 모양으로 만들어져 가야의 운주나 십자금구와 비슷한 용도가 짐작되지만, 동형제품은 가고시마 미나미사쓰마시(南さつま市) 다카하시(高橋)패총과 함께 사가현 가라쓰(唐津) 오토모(大友)유적에서도 출토되고 있어 야마토왕권의 매개로만 추정할 수는 없다. 오히려 야요이(弥生)시대 이래 규슈 ~ 서일본(678개) ~ 기나이에서 수없이 확인되는 이들 패 제품의 대부분이 팔찌였음으로 보아, 사용처가 전혀 달라 고호우라와 이모가이에 대한 가야와 야마토의 인식이 전혀 달랐던 것으로 보인다. 반면에 미야자키(宮崎) 다카나베초(高鍋町) 모치다(持田)56호분

4) 木下尚子,「金海大成洞91号墳出土のゴホウラ・イモガイ製品－貝裝馬具とその位置付け－」,『金海大成洞古墳群－추가보고 및 종합고찰－』, 대성동고분박물관, 2017.12.

에서는 이모가이와 고우라가이의 마구(운주 · 십금구)가 신라계통의 심엽형십자문행엽 등과 함께 출토되고 있어 규슈남단 지역수장과의 교류를 생각하게 한다.

2) 류큐제도 ~ 규슈남단 ~ 규슈내륙 ~ 규슈북안

규슈내륙(九州內陸) 경로는 육로라는 편의성은 있지만, 규슈(九州) 여러 지역수장의 매개를 전제로 해야 했기 때문에 교류의 지속성 담보가 어려웠을 것이다. 6~8세기 대량의 야광패가 출토되었던 류큐제도(琉球諸島) 아마미오시마의 고와타후와가네쿠(小湊フワガネク)유적에서 출발해, 5세기 전반 이모가이팔찌가 출토된 가고시마 오카자키(岡崎)18호분과 이모가이와 고우라가이의 마구가 출토된 미야자키 다카나베초 모치다56호분을 기점으로, 대가야 계통의 검릉형행엽과 금제이식, 지산동32호분 출토품과 흡사한 갑주와 가야계의 삼환령이 출토된 구마모토(熊本) 에다후나야마(江田船山)고분 등과 같은 수장의 존재를 웅변하는 고분을 지나, 이모가이의 나탑을 사용한 방추차형 패 제품이 출토된 오토모(大友)유적과 일찍 1세기에 고후우라를 본 뜬 청동 팔찌 26개가 출토된 사쿠라바바(桜馬場)유적 등 사가현 가라쓰(唐津) 같은 규슈북안에서 출항했을 것으로 추정된다. 가라쓰는『삼국지』왜인전에 마쓰라국(末盧國) 곧 마쓰우라(松浦)의 항구로 기록되었으며, 가라쓰 우안 이토(伊都)반도 선단에는 가야와 왜를 오가던 이정표로서 가야산(加也山)이 있다.

3) 류큐제도 ~ 규슈서해안 · 동해안 ~ 규슈북안

대가야와 류큐제도가 직접 교류했을 가능성은 규슈(九州) 동서해안(東西海岸)을 통한 연안 항해 밖에 없다. 다만 가고시마(鹿児島) · 미야자키(宮崎)

~구마모토(熊本)~사가(佐賀)로 통하는 육로는 규슈서안을 통하는 연안항해의 경유지로서도 생각할 수 있을 것으로, 방위나 거리상으로 보아 서안항해는 당연한 루트로 상정될 수 있는 것이지만, 규슈동안을 통한 연안 항해의 가능성을 짐작할 수 있는 자료들도 있다.

규슈북안(九州北岸)에서 대한해협으로 나서던 출항에 가야산(加也山)이 있었다면, 가야의 건국신화와 흡사한 지명과 내용을 전하고 있는 가라쿠니타케(韓国岳) 인근에도 가야계통의 문화가 확인되고 있다. 가고시마와 미야자키의 경계를 이루는 가라쿠니타케 북쪽 자락에 있는 에비노시(えびの市) 시마나이(島内)지하식횡혈묘군SK02에서는 5세기 말~6세기 초의 f자형경판이 붙은 철제 말재갈(轡)과 검릉형행엽 등 마구가 세트로 출토되었다. 검릉형행엽은 대가야계통으로 생각되며, f자형경판비도 가야지역에서 다수 발견되는 유물이다. 더구나 미야자키(宮崎) 고유군(児湯郡) 다카나베초(高鍋町) 모치다(持田)56호분에서는 중심에 이모가이나 고호우라가 박혀 있는 말띠꾸미개의 운주와 십자금구가 출토되었는데, 4세기 2/4분기 김해 대성동91호분(고호우라 20점, 이모가이 9점)이나 5세기 후반의 송현동7호분(이모가이 8점)과 교동12호분(이모가이 3점)에서는 모치다56호분처럼 8·6개의 돌기를 가진 운주와 4개의 돌기가 부쳐진 십자금구가 모두 출토되었다. 모치다56호분에서 말띠꾸미개와 함께 출토된 십엽형 행엽이 주로 신라계통으로 언급되기도 하지만, 아라가야의 함안말이산고분군에서도 테두리와 문양이 은으로 장식된 것이 출토되었다. 가라쿠니타케(韓国岳) 인근 미야자키(宮崎) 휴가국(日向国)의 수장이 류큐제도 산 이모가이 등 아열대 산 패류를 가야지역에 공급하고, 가야지역에서 제작된 이모가이 제 마구를 다시 수입하고 전파했던 교류의 중개역할을 담당했던 것으로 추정된다.

미야자키 다카나베초 모치다56호분 출토 이모가이의 운주와 십자금구에서 확인되는 규슈동안 루트의 가능성을 추정할 수 있는 기록이 약간 후대의 사실에서 확인된다. 한국 · 중국 · 일본의 사서가 함께 전하고 있는 608년 수사(隋使) 배세청(裵世淸) 도일(渡日)의 기록이다.

> (백제) 무왕 9년 봄 3월에 隋에 사신을 보냈더니 隋는 文林郎 裵淸 등을 倭國에 파견하면서 우리나라 남쪽을 지났다.(삼국사기 권27 百濟本記5)
>
> 竹斯国에 도착했다. 다시 동쪽으로 가서 秦王国에 이르렀다. 그 사람들이 華夏 곧 중국과 같아서 夷洲로 보이지만 확정할 수가 없다. 다시 10여 국을 지나 해안에 닿았는데 竹斯国 동쪽은 모두 倭에 부속되어 있다.(수서 왜국전)
>
> 推古 16년 4월에 小野臣妹子가 大唐에서 돌아왔다. 唐國은 妹子臣를 蘇因高라 불렀다. 大唐 使臣 裵世淸과 시종 12인이 妹子臣를 따라 筑紫에 도착했다. 難波의 吉士雄成를 보내 大唐 손님 裵世淸을 맞았다. 唐客을 위해 難波의 高麗館 위에 새롭게 館을 지었다. 6월 15일에 客들이 難波津에 머물렀다. 이날 장식한 배 30척으로 손님들을 강어귀에서 태워 新館에 안치하였다.(일본서기)

일반적으로는 배세청의 사절단이 쓰쿠시(筑紫) 나노쓰(那津, 현 博多)에 도착해 배에서 내려 육로로 규슈 북동부를 지나 고쿠라(小倉)나 유쿠하시(行橋) 또는 부젠(豊前)에서 다시 배를 타고 나니와(難波, 현 大阪)로 향했다고 보는 것이 보통이다. 그러나 하카타(博多)항에서 같은 배로 규슈 북동단의 간몬(関門)해협을 지나 세토(瀬戸)내해로 들어가면 편안하고 안전한 해로가 된다. 그럼에도 불구하고 일단 배를 내려 며칠을 걷다가 다시 배를 갈아탔다는 것도 이상하고, 배세청이 육로로 가면서 몸소 진왕국(秦王國)을 지난 것이라면 전해들은 것처럼 기록되지도 않았을 것이며, 진왕국인들이 중국인인지 아닌지도 분명히 알았을 것이지만 그렇지 못했고, 唐에서 귀국하던 오노오미이모코(小野臣妹子)와 쓰쿠시에서 나니와까지 동행했던 것으로 기록되었다. 따라서 『수서』의 기록은 배세청이 규슈 북동부에 잠시 정박했거나 부젠 해안을 항해하면서 전해 들었던 전문으로 생각할 수밖에 없다. 여기에 상술한 규슈남단 미야자키의 가야계통의 문물을 아울러 생각하면 규슈 동북부 부젠을 돌아 내려가는 유쿠하시(行橋)~우사(宇佐)~기즈키(杵築)~노베오카(延岡)~미야자키(宮崎)의 규슈동안루트가 확인된다고 생각한다. 류큐제도의 야광패·고호우라·이모가이가 규슈북안까지 해로로 이동하던 루트의 하나가 되었을 것이다.

2. 한국 남해안의 가야지역에서 고령까지

1) 하동~섬진강~남원(운봉)~합천~고령

전술한 바와 같이 『남제서』와 『일본서기』에 따르면 대가야가 중국과 일본열도로 통하던 항구였던 대사(帶沙)는 남해안 섬진강 하구의 하동이었다. 대가야가 479~529년 사이에 하동지역을 확보하고 있었던 사실은 고고자료에서도 확인되고 있다. 5세기후반~6세기전반의 하동 흥룡리고분군에서는 45점의 대가야양식 토기가 출토되었고, 하동 남산리유적에서도 다수의 대가야양식 토기가 출토되는 가운데, 남산리4호묘에서는 왜 계통으로 생각되는 사행검(蛇行劍)이 출토되기도 하였다. 5세기후반~6세기전반 경 하동은 대가야가 일본열도와 교류하고 있던 중심 항구였다. 이에 하동~고령까지 확인되는 대가야토기의 확산과정과 범위를 고려하면, 대한해협을 건너온 야광패가 대가야의 왕도 고령까지 이동했던 루트로서 하동~섬진강~남원(운봉)~합천~고령을 먼저 생각하는 것이 한국학계의 일반적인 생각이다.

2) 김해 ~ 낙동강 ~ 창녕 ~ 고령

대가야 왕도 고령에서 남해로 나가기에는 낙동강을 통하는 것이 가장 수월하다. 그러나 5세기 중 후엽의 지산동44호분에서 출토된 야광패의 이동로로 낙동강루트를 추정하기에 주저했던 것은 5세기중엽이 되면 낙동강하구에 대한 신라의 영향력이 강화되었던 시기로 이해되기 때문이다. 5세기중엽이 되면 낙동강 동쪽에 인접한 동래 복천동고분군의 유물상이 가야에서 신라로 바뀌었기 때문이다. 이 시기에 대가야가 낙동강을 통해 일본열도와 교류했음을 추정하기에는 낙동강하류역을 확보하고 있었던 신라의 방해가 전제되었기 때문이었다.

그러나 전술한 바와 같이 낙동강 서안의 김해 대성동91호분에 류큐제도의 고호우라 20점과 이모가이 9점의 마구(馬具)가 부장되었던 것이 4세기 2/4분기였고, 대가야양식이 성립하는 4세기 후반~5세기 초에도 불구하고, 대가야수목원유적(고령 낙동강유역 기념 숲 조성부지 내 문화유적)에서는 아라가야의 함안양식 토기가 주류를 이루는 가운데, 대가야양식 토기 없이 비화가야의 창녕양식과 금관가야의 김해양식 토기만 출토되는 양상이 확인되었다. 더구나 4세기 말~5세기 초의 창녕 계성리생활유적 봉화골Ⅰ 8호 수혈주거지에서는 하지키(土師器)계 이중구연토기가 출토되었다. 대가야수목원유적의 장기리 5-8일대는 대가야읍에서 대가천을 건너 금산재를 너머 개진(開津)나루로 나가는 중간에 위치한 생활유적이며, 낙동강루트 김해와 고령의 중간에 위치하는 창녕에서 왜 계통의 문물이 확인되는 것은 김해~창녕~고령의 낙동강 루트의 기능을 추정할 수 있게 한다.

더구나 낙동강 루트의 중간에 위치한 비화가야 왕릉의 창녕 교동12호군에서는 이모가이를 부착한 운주 1점과 십자금구 2점이, 창녕 송현동7호분에서는 이모가이의 나탑을 부착한 운주 1점과 십자금구 7점이 각각 출토되었는데, 5세기 후반~6세기 초 경으로 편년되고 있다. 또한 송현동7호분 주인공이었던 비화가야왕은 녹나무(楠)로 만든 주형목관에 누워 있었다. 가야지역에서 극히 드문 녹나무는 일본열도에서 반입된 것으로 생각되고 있다. 여기에 고분시대의 일본열도에서 수장 간에 관이나 관재를 부조하던 왜(倭)의 장송관례를 참고한다면, 6세기 초까지도 비화가야(창녕)가 금관가야(김해)에서 대가야(고령)로 이동하던 낙동강루트의 중간자 역할을 수행하고 있었던 것이 확인되는 셈이다. 더구나 김해 대성동91호분의 발굴조사자들은 고호우라와 이모가이가 금관가야와 류큐 간의 직접적 교류로 보기도 한다. 이러한 낙동강루트 역시 대가야의 야광패가 이동했던 길의 하나로 추정해 볼 수도 있다.

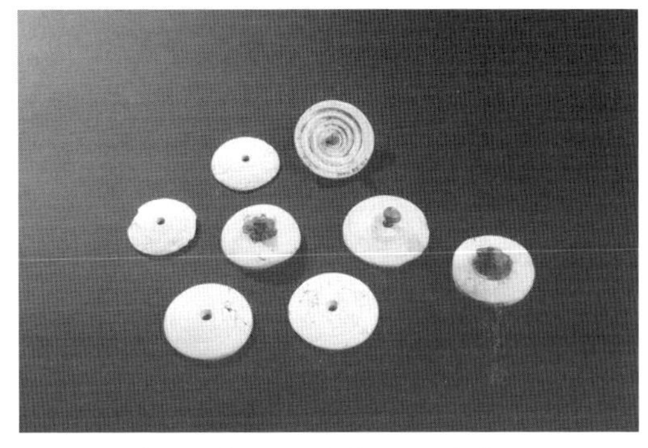

〈그림 1〉 김해 대성동91호분 출토 고호우라와 이모가이 운주

3) 고성 소가야 ~ 진주 ~ 남강 ~ 삼가 ~ 고령

5세기 중 후엽 경남 고성의 소가야(小加耶)는 대가야 · 아라가야와 함께 가야를 3분하고 있던 해상왕국이었다. 『삼국사기』와 『삼국유사』가 함께 전하는 한국 최초의 해전이라 불리는 '포상팔국전쟁'의 1 · 2차전에도 모두 참전하였고, 부산 앞 바다를 돌아 갈화성(葛火城, 현 울산)까지 진출하는 중심이 되었다. 전남 광양시 칠성리유적, 광주시 동림동유적, 서

울 한성백제의 풍납토성 등에서 5세기 전반의 소가야양식 토기가 출토되어 당시 남해와 서해를 통한 활발한 해상교류가 확인되었다.

반면에 5세기전반 후쿠오카현(福岡県)의 고데라(古寺)고분과 이케노가미(池ノ上)고분군에서도 삼각투창고배 · 수평구연호 · 고배형기대 · 유공광구호 등과 같은 소가야양식 토기가 출토되었고, 후쿠오카현 요시타케(吉武)유적과 시가현(滋賀県) 이리에나이코(入江内湖)유적에서는 대각이 강하게 접혀져 돌대가 형성된 고성양식의 일단장방형투창고배가 출토되었다. 또한 구마모토현(熊本県) 모노미야구라(物見櫓)고분에서는 경부에 돌대를 돌린 유공광구소호가 출토되었는데, 고성의 송학동고분군과 내산리고분군에서 집중적으로 출토되는 경향을 보이고 있다.[5)]

더구나 이러한 일본열도의 요시타케유적 · 모노미야구라(物見櫓)고분 · 이리에나이코유적 등에서는 소가야 양식 토기와 대가야 양식 토기가 동반되거나 인접지에서 출토되고 있어, 소가야와 대가야 합작의 대왜교류 양상을 보이고 있다. 또한 소가야 왕릉인 송학동고분군 1A-1호분(1점), 1A-6호분(2점)에서는 대가야 양식의 금동제 검릉형행엽이 출토되었으며, 반대로 대가야 왕릉 묘역인 지산동고분군

〈그림 2〉 창녕 송현동7호분 출토 이모가이 雲珠(1점)와 辻金具(7점)

5) 박천수, 「가야의 대외교류」, 『가야고분군 Ⅱ – 가야고분군연구총서 3권』, 가야고분군세계유산등재추진단, 2018, 41~42쪽.

대가야역사관신축부지에서는 5세기 중~6세기전반의 비화가야 양식과 함께 소가야 양식의 토기가 출토되어 가야지역에서 대가야와 소가야의 교류를 말해주고 있다.

이러한 상황에서 고성 내산리고분군 34호분에서는 이모가이가 박혀 있었을 철제 십자금구 3점이 출토되었고, 고성 송학동고분군 1B-1호분에도 중심에 이모가이의 나탑을 박은 철제 운주(십자금구)가 출토되었는데, 1B-1호분 현실 입구에는 문주석이 세워져 있었으며, 천정과 벽면 전체에 주칠이 되어 있는 등 왜계적인 특징이 확인되었다. 대가야가 일본열도와 교류를 진행하는 가운데 소가야가 해상활동에 조력을 제공했던 흔적으로 파악된다. 대가야에 야광패가 반입되는 과정에서 고성 소가야의 항구와 해상활동을 간과할 수는 없을 것으로, 5~6세기에 고성~진주~남강~삼가~합천~고령의 루트 역시 비중 있게 고려되어야 할 것으로 생각한다.

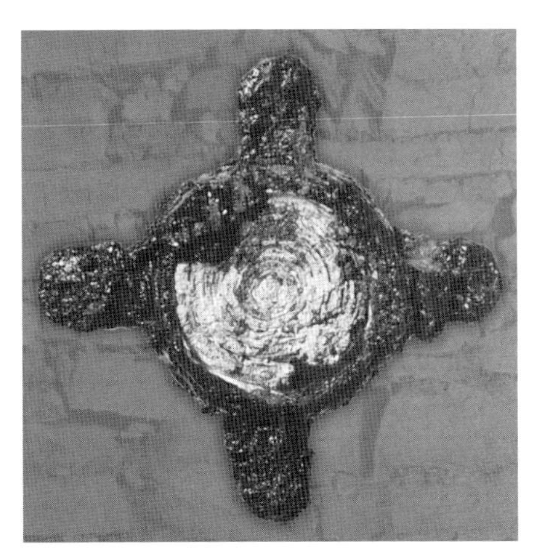

〈그림 3〉 고성 송학동고분군 1B-1호분 출토 이모가이 雲珠(辻金具)

Ⅳ. 맺음말

이상과 같이 고령 지산동44호분에서 출토된 야광패국자 유입경로의 가능성에 대해 생각해 보았다. 이제까지 검토한 내용을 정리하면 다음과 같다.

야광패국자는 대가야왕릉 지산동44호분 이외에 가야문화권은 물론 삼국에서도 출토된 예가 없지만, 야광패는 류큐제도(琉球諸島)와 규슈 남단 가고시마(鹿児島) 아마미오시마(奄美大島) 등 아열대 해역에서 생식하는 조개이기 때문에 우선 대가야의 독자적인 해상활동에 의한 유입의 가능성을 생각하지 않을 수 없다. 마침 대가야에서는 5세기 후엽의 지산동44호분과 같은 시기에 서부경남의 육로와 수로, 남해와 서해 그리고 중국 동안 황해의 해로, 그리고 양자강 수로를 포함하는 3,000㎞ 정도로 추산되는 외교사절 파견의 행정 중에 무려 2,800㎞ 이상을 항행했던 해상활동의 능력이 확인되었다. 더구나 이때 중국 남제에 대한 외교교섭에 삼국 등 타국의 관여나 조력은 인정되지 않으며, 남제의 건국을 축하하는 사절이었다는 것을 참고한다면, 대가야가 광범위한 동아시아의 정세와 지리에 정통하고 있었음을 추정할 수 있다. 이러한 해상활동에 필요한 지리정보와 해상항행능력을 보유하고 있던 대가야가 독자적으로 류큐제도와 직접적으로 교통할 수 있었을 가능성은 충분히 인정될 수 있다.

반면에 대가야왕릉 출토의 야광패국자는 완성품이었고, 단 1점만이 출토되었을 뿐이지만, 류큐제도와 규슈남부의 가고시마와 미야자키(宮

崎) 지역의 유적에서는 수없는 야광패와 대가야 야광패국자와 동일제품으로 보이는 완성품이 출토되고 있다. 출토 수량과 모양으로 보아 대가야가 직접 원자재를 수입하여 국자로 제작하였기 보다는 대가야왕의 장례에 완성품으로 부조되었을 것으로 보는 것이 타당할 것이다.

그렇기 때문에 류큐제도와 대가야의 교류를 중개하였던 중간지역의 추정 역시 필요할 것으로 생각하였다. 중간지역의 상정에 대해서는 야광패와 같이 류큐제도의 아열대해역에서만 생산되는 고호우라와 이모가이를 사용한 십자금구 등 마구의 출토를 참고하면서 규슈지역과 가야지역으로 나누어 각각 3개의 루트를 상정해 보았다.

규슈지역에서는 ① 류큐제도(琉球諸島) ~ 규슈남단(九州南端) ~ 기나이(畿內)의 야마토(大和) ~ 규슈북안(九州北岸), ② 류큐제도 ~ 규슈남단 ~ 규슈내륙 ~ 규슈북안, ③ 류큐제도 ~ 규슈서해안 · 동해안 ~ 규슈북안의 루트가 상정될 수 있었고, 가야문화권에서는 ① 하동 ~ 섬진강 ~ 남원(운봉) ~ 합천 ~ 고령, ② 김해 ~ 낙동강 ~ 창녕 ~ 고령, ③ 고성 ~ 진주 ~ 남강 ~ 삼가 ~ 고령의 루트를 상정하였다.

① 류큐제도 ~ 규슈남단 ~ 기나이의 야마토 ~ 규슈북안의 루트에 대해서는 고령의 대가야왕권과 기나이의 야마토왕권의 교류를 상정했던 견해로, 가야와 왜의 교류사의 일반적인 흐름에 비추어 충분히 설득력을 가질 수 있을 것으로 생각되지만, 정작 지산동44호분에서 현저한 왜 계통유물의 출토가 확인되지 않으며, 야마토의 동 시기 중심고분에서 대가야 계통의 유물 출토 역시 현저하지 못하다. 이에 비해 규슈 중서부 구마모토(熊本) 에다후나야마(江田船山)와 같은 지역수장의 고분에서는 대가야 양식의 금제이식과 같은 중요 유물이 출토된 바가 있으며, 규슈동남단 미야자키의 여러 유적에서는 대가야 계통의 유물과 함께 김해, 창

녕, 고성과 같은 가야문화권 출토의 고호우라와 이모가이제 십자금구와 운주 같은 마구가 출토되고 있다. 현재의 상황에서 보아 규슈경유를 중시할 수밖에 없을 듯하다.

① 하동~섬진강~남원(운봉)~합천~고령, ② 김해~낙동강~창녕~고령, ③ 고성 소가야~진주~남강~삼가~고령의 루트에 대해서는 지금까지의 대가야사 연구를 참고로 한다면 ① 하동~섬진강~남원(운봉)~합천~고령의 루트에 무게를 두어야 하겠으나, 이러한 경유로에서 야광패는 물론 고호우라나 이모가이 같은 류큐제도 산 패류 또는 패제 유물이 출토된 바가 없다. 그러나 김해, 창녕, 고성 등에서는 고호우라와 이모가이제 마구가 출토되고 있어, 남해안이나 낙동강 수로에 면한 가야국의 중개를 무시할 수 없을 것으로 생각한다.

이영식 | 인제대학교

한반도와 류큐열도의 교류·교역에 대하여

- 물질문화 자료를 중심으로 -

Ⅰ. 머리말 : 류큐열도(琉球列島)의 지리적 구분과 역사적 행보의 개략

류큐열도는 일본 규슈(九州)에서 중화민국 타이완(臺灣)까지 약 1,200km에 이르는 바다에 산재한 약 200개 섬들의 총칭이다. 현재 행정 구역상 규슈에 가까운 약 40개 섬은 가고시마현(鹿児島縣)이며, 류큐열도의 중앙에 위치한 오키나와(沖縄)에서 타이완까지의 약 160개 섬은 오키나와현에 속한다.

지리적 분포에 기초하여 이들 섬을 구분하자면, 먼저 가고시마현에 속하는 약 40개 섬은 북쪽에서 다네가시마(種子島), 야쿠시마(屋久島)까지를 중심으로 하는 오스미제도(大隅諸島)와 그 남쪽의 도카라열도(トカラ列島) 그리고 아마미오시마(奄美大島)에서 요론지마(与論島)에 이르는 아마미제도(奄美諸島) 세 곳으로 나뉜다. 오키나와현에 속하는 약 160개의 섬은 오키나와를 중심으로 하는 오키나와제도와, 오키나와에서 남서쪽으로

약 300km 떨어진 미야코지마(宮古島)를 중심으로 하는 미야코제도(宮古諸島), 그리고 그곳에서 서쪽으로 약 100km 지점에 위치한 이시가키지마(石垣島)와 그 서쪽에 있는 이리오모테지마(西表島)을 중심으로 하는 야에야마제도(八重山諸島)로 구분된다.

이 섬들 가운데 규슈 남단에서 오키나와까지의 섬들 사이에서는 맑고 시계가 좋은 날이면 서로 이웃하고 있는 섬을 눈으로 확인할 수 있다. 따라서 섬들 사이에는 정도의 차이는 있겠지만 선사시대 이래 지속적인 교류가 있었다고 볼 수 있다. 또한, 미야코제도와 야에야마제도에서도 두 제도 사이에 있는 다라마지마(多良間島)를 통해 지속적인 교류가 있었다. 그러나 오키나와제도와 미야코열도는 거리상 300km 정도가 떨어져 있어 약 1,000년 전까지는 서로 안정적인 교류가 없었다. 이러한 지리적 · 역사적 상황에 근거하여 류큐열도를 크게 두 지역으로 나눌 수 있다. 오스미제도에서 오키나와제도까지의 섬들을 북류큐(北琉球), 미야코제도로부터 야에야마제도까지를 남류큐(南琉球)로 나누는 류큐열도를 둘로 나누는 구분법이다.

한편, 기후대와 역사적 경위를 바탕으로 세 지역으로 구분하는 방안도 있다. 이 경우 둘로 나눌 경우 북류큐에 해당하는 오쿠마제도에서 오키나와제도까지의 섬들을 양분하여 규슈에 가까운 오스미제도를 류큐열도 북부권, 아마미제도에서 오키나와제도까지의 섬들을 류큐열도 중부권으로 한다. 그리고 양분할 경우 남류큐에 해당하는 미야코제도에서 야에야마제도까지의 섬들을 류큐열도 남부권으로 한다. 이렇게 류큐열도를 북부, 중부, 남부로 나누는 경우 기본적으로 규슈의 문화적 영향권에 있는 오스미제도와 규슈의 영향을 받으면서도 독자적인 문화를 형성한 아마미제도에서 오키나와제도까지의 섬들을 구분할 때 효과적이다.

류큐열도를 세 지역으로 나누는 방법 중 중부권에 해당하는 섬들에 대하여 살펴보자. 이 섬들 중 하나인 오키나와에는 14세기 무렵 중국 명나라로부터 책봉을 받은 류큐국의 세 왕이 등장한다. 세 왕은 오키나와 내에서 패권을 다투었고 15세기 전반에 주잔(中山) 왕이 오키나와를 통일하였다. 그 후 주잔 왕은 16세기 초까지 오키나와제도 북방의 아마미제도와 남서쪽에 위치한 미야코·야에야마제도까지의 영토를 장악하여 류큐열도 중·남부권 일대를 지배했다. 이 시기 류큐국은 중국 명조와의 책봉 관계를 바탕으로 아시아 여러 지역과 활발히 교역하는 교역국가였다. 그러나 17세기에 들어서자 류큐국은 일본열도의 지배권을 장악한 도쿠가와 막부(徳川幕府)의 재가를 받은 규슈의 다이묘(大名) 시마즈(島津)의 무력 침공을 받아 항복하게 된다. 이후 일본의 막번(幕藩) 체제하로 들어가는 동시에 중국 명조 및 그 후의 청조와의 책봉 관계도 유지한다. 류큐국은 중국 명·청조에 대해서 책봉 관계를 유지하는 한편 시마즈의 관여 하에서 일본으로 중국산 물건을 수입하는 대외교역창구 역할을 담당하였다. 이처럼 류큐국은 양속 체제에 놓이게 되었고, 이러한 관계는 메이지유신(明治維新) 이후 일본 정부에 의해 오키나와현이 설치될 때까지 계속되었다. 일본 정부에 의한 강제적인 편입은 구 류큐국의 관리 계층을 중심으로 반발을 불러 일으켰지만 일본의 청일전쟁 승리를 계기로 사람들의 반발은 점차 수그러들면서 오키나와현으로 정착하게 되었다. 그러나 아시아태평양 전쟁 말기에 일어난 오키나와 전투에서 현민의 4분의 1이 희생되었고 이후에는 27년간 미군의 통치를 경험하였다. 그 후 시정권이 미군으로부터 일본에 반환되어 다시 오키나와현이 되었다.

이런 역사를 가진 류큐국 및 류큐열도에서 문자 기록이 등장하는 것은 명나라와의 책봉 관계가 성립한 14세기 무렵이다. 그 이전에는 주변 지역인 중국이나 일본에서 산발적인 기록이 나타나지만 류큐열도에서 쓰여진 문자 기록은 아직까지 보이지 않는다. 또한, 『고려사(高麗史)』와 『조선왕조실록(朝鮮王朝實錄)』에 의하면 14세기 무렵 류큐국은 한반도의 고려와 교류가 있었으며 고려를 이은 조선과도 교류가 있었던 것으로 기록되어 있다. 그리고 15세기 조선에서 영의정을 지냈던 신숙주(申淑舟)가 지은 『해동제국기(海東諸國記)』[1](1471)에는 당시 조선에 알려진 류큐국 및 류큐열도 북부 · 중부권(북류큐)에 관한 정보와 조선에서 류큐국에 이르는 경로를 담은 지도가 수록되어 있다.

이러한 역사적 사실과 함께 류큐열도의 역사와 문화에 관한 연구는 류큐열도 주변 지역에 남아 있는 14세기 이후의 사료와 자료 등과 『오모로소우시(おもろそうし)』와 『주잔세이칸(中山世鑑)』 등 16세기 이후에 편찬된 류큐 측 사료에 기초한 문헌 사학 연구를 중심으로 시작되었다.[2] 이에 비하여 물질문화 자료, 즉 고고학적 자료에 의한 연구는 아시아태평양 전쟁 이후 미군에 의한 오키나와 통치기에 본격화되었다. 고고학 연구의 진전에 따라 문헌 사학의 연구 대상인 류큐국 성립 이후뿐만 아니라 그 이전의 류큐열도의 역사적 행보가 점차 밝혀졌다. 그 결과 류큐열도의 발자취는 규슈를 포함한 일본열도와 크게 달랐다는 사실이 밝혀졌다. 약 1,000년 전까지 수렵 · 어로 · 채집 등의 경제 단계와 문화가 계속된 점, 그리고 그 후 농경문화 정착을 계기로 급속한 사회 발전을

1) 『해동제국기』는 일본에서도 다나카 타케오에 의해 번역되었다. 田中健夫訳注, 『海東諸国紀－朝鮮人の見た中世の日本と琉球－』, 岩波書店, 1991.

2) 伊波普猷, 『古琉球』, 沖縄公論社, 1911 및 東恩納寛惇, 『黎明期の海外交通史』, 帝国教育会出版部, 1941 등의 연구가 있다.

이루어 14세기 무렵 류큐국이 등장하게 된 사실 등이 밝혀졌다.[3] 현재는 문헌 사학과 고고학 양측의 연구자가 협력하면서 류큐의 역사와 문화에 관한 연구를 진행하고 있다.[4]

II. 한반도와 류큐열도의 교류·교역에 관한 연구 약사(略史)

한반도와 류큐열도 사이의 교류 · 교역에 관한 연구는 『고려사』, 『조선왕조실록』, 『해동제국기』 등의 문헌 자료를 기초로 한 이하 후유(伊波普猷)와 히가시온나 간준(東恩納寛惇)의 연구를 효시로 한다.[5] 히가시온나의 연구는 상기 자료들의 내용을 소개하였고, 류큐열도에 남겨진 문헌 자료 및 지리적 정보를 참고하여 류큐 측에서 본 한반도와 류큐 두 지역 간 교류 관계를 읽어냈다. 히가시온나의 연구는 지금까지도 한반도와 류큐열도의 교류와 교역의 역사를 이야기하는 데 기초적인 업적이 되고 있다.

한편, 고고학적 연구에서는 이토 주타(伊藤忠太)와 가마쿠라 요시타로(鎌倉芳太郎)가 오키나와 우라소에성(浦添城)에서 수집한 '계유년고려와장조(癸酉年高麗瓦匠造, 계유년에 고려기와 장인이 만들었다)'라는 명문이 낙인된 기와를 분석하여 한반도와 류큐열도 사이의 교류 · 교역에 관한 선구적인

3) 沖縄考古学会編, 『南島考古学入門－掘り出された沖縄の歴史 · 文化－』, ボーダーインク社, 2018.

4) 中世学研究会編, 「琉球の中世」, 『中世学研究』 2, 高志書院, 2019.

5) 東恩納寛惇, 『黎明期の海外交通史』, 帝国教育会出版部, 1941.

연구 성과를 발표하였다. 이토와 가마쿠라는 류큐에 남겨진 문헌 기록 자료를 바탕으로 우라소에성(浦添城)에서 출토된 '계유년고려와장조' 기와(고려기와)를 검토한 결과, 이 기와는 고려 기술에 의해 만들어진 기와이며, 여기에 새겨진 '계유년(癸酉年)'은 1273년으로 추정된다고 밝혔다.[6] 이토 등에 의한 '계유년고려와장조'가 새겨진 기와 연구는 이후 오카와 기요시(大川清)에 의해 계승되었다. 오카와는 '계유년고려와장조' 기와를 포함한 류큐의 기와들을 분석하여 고려기와 장인이 류큐로 건너와 기와를 생산하였고, '계유년'은 앞의 연구에서 분석하였듯이 1273년이라고 연대를 추정하였다. 나아가 류큐에서는 기와 생산이 토착화하는 과정에서 무늬가 변화하였고, 그 후 중국 명조 계통의 기와 제작 기술을 도입함으로써 현재 오키나와에 전해지는 기와 제작 기술로 발전하였다는 논의를 제시하였다.[7] 현재는 '계유년고려와장조' 기와의 계보를 한반도 고려 시대의 기와 제작 기술에 의한 것이라고 하는 학설이 일반적으로 통용된다. 그러나 '계유년'의 추정 연대에 대해서는 새롭게 1333년 설과 1393년 설이 제기되고 있다.[8]

필자는 '계유년'에 관하여 고려에서 벌어진 삼별초의 난과의 관계를 언급하며 제주도에서 진압된 삼별초의 일부가 류큐열도로 유입되어 '계유년고려와장조' 기와의 제작 기술을 전했을 가능성을 지적한 바 있다.[9] 이러한 논의는 일본보다 한국에서 더 많은 관심을 받았다. 한국

---

6) 伊藤忠太・鎌倉芳太郎, 『南海古陶瓷』, 宝雲社, 1937.

7) 大川清, 「琉球古瓦調査抄報」, 『琉球政府文化財要覧』, 琉球政府文化財保護委員会, 1962.

8) 이와 관련해서는 三島格, 「琉球の高麗瓦」, 『古文化論攷』, 鏡山先生古稀記念論文集委員会, 1980. 山崎信二, 「沖縄における瓦生産」, 『奈良国立文化財研究所学報』 第59册, 奈良国立文化財研究所, 2000. 上原靜, 『琉球古瓦の研究』, 榕樹書林, 2013 등의 연구가 있다.

9) 池田榮史, 「物質文化研究からみた韓国済州島と琉球列島ー高麗時代を中心としてー」, 『琉

내에서 삼별초 논의가 이루어질 때마다 오키나와에서 출토된 '계유년고려와장조' 기와가 다루어지게 되었다. 최근 오키나와의 슈리성(首里城) 등에 대한 고고학적 조사 성과에 따르면 '계유년'에 관해서는 1333년이라는 의견이 주도적이지만, 한국 사람들의 류큐열도에 대한 관심이 높아진 것에 대해서는 평가해도 좋을 것 같다.[10]

그리고 한국에서는 문헌 사학 연구자를 중심으로 『고려사』나 『조선왕조실록』, 『해동제국기』에 실린 류큐국과의 국교 관계와 더불어 조선인의 류큐열도 표착(漂着)과 송환 기록에 대한 관심도 높아졌다. 이들의 연구 성과는 한국에서 출간된 『조선과 류큐』에 정리되어 있으며 한국 사람들이 류큐열도와 류큐국에 관한 이해를 높이는 데 큰 역할을 하고 있다.[11]

한편, 고고학 연구에서는 니시타니 다다시(西谷正)가 류큐열도에서 출토된 한반도 유래 유물을 검토하여 류큐열도에서 본 한반도와 류큐열도 사이의 물질문화 교류에 대하여 개괄적으로 제시한 바 있다.[12] 그 후 한국의 유적에서 출토되는 류큐열도산의 대형 고둥(巻貝)이나 이를 이용한 마구(馬具) 등의 조개 제품의 존재를 일본의 고고학 연구자가 지적하였다. 그 결과 한국과 일본의 고고학 연구자가 공동으로 연구를 추진하기도 하였다. 공동연구의 결정적 계기가 된 것은 신라의 수도였던 경상

大アジア研究』第2号, 琉球大学法文学部アジア研究施設, 1998. 池田榮史, 「物質文化研究からみた韓国済州島と琉球列島」, 『耽羅文化』 第20号, 済州大学校耽羅文化研究所, 1999.

10) 国立済州博物館・国立羅州博物館・江華歴史博物館, 『三別抄と東アジア』, 高麗建国1100周年記念 2017 - 2018年企画特別展図録, 2017.

11) 河宇鳳・孫承喆・李薫・閔徳基・鄭成一, 『朝鮮과 琉球』, 아르케, 1999.

12) 西谷正, 「高麗・朝鮮王朝と琉球の交流」, 『九州大学九州文化史研究施設紀要』 第26号, 1981.

북도 경주시에 있는 분황사 석탑 내에서 출토된 류큐열도산 대형 고둥의 하나인 청자고둥(이모가이)과 그 껍질을 잘라낸 파편의 존재였다. 분황사 석탑은 7세기 무렵에 창건되어 11세기에 복원된 것으로 알려져 있다. 석탑 내에서 출토된 이모가이와 그 껍질을 잘라낸 파편은 7세기 무렵 석탑 내에 안치되었다고 볼 수 있다. 미시마 이타루(三島格)는 이것이 류큐열도의 대형 고둥이며 신라 시대에는 류큐열도산 대형 고둥이 많이 들어와 사용되었다고 주장했다.[13)]

그 뒤 5, 6세기 신라에서도 류큐열도산 이모가이의 선단 부분을 잘라 넣은 운주(雲珠, 말띠꾸미개)나 말머리 굴레 장식(辻金具) 등의 마구 제작이 성행하면서 그 일부는 신라의 고분뿐만 아니라 일본으로 건너가 6, 7세기 무렵의 고분에서 출토되는 사실도 밝혀졌다.[14)] 더욱이 1998년에는 박천수 등에 의해 한국 경상북도 고령군의 5세기 후반으로 추정되는 지산동 고분군 44호 무덤에서 출토된 조개로 제작한 작자(杓子, 조개로 만든 국자나 주걱, 숟가락)가 류큐열도에서 산출되는 야광패(夜光貝)로 만들어졌을 가능성이 제시되었다.[15)]

최근 류큐열도에서는 아마미오시마 유적에서 야광패 껍질이 대량 출토된 유적이나 야광패로 만든 국자 유적의 존재가 알려지기 시작했다.[16)] 기존에 알려진 이모가이와 함께 야광패가 한반도와 류큐열도 사

---

13) 三島格, 「韓国慶州芬皇寺のイモガイ」, 『アジア文化』 第11巻13号, 1975.

14) 宮代栄一, 「いわゆる貝製雲珠について」, 『駿台史学』 第76号, 1989. 木下尚子, 「古代朝鮮・琉球交流史論－朝鮮半島における紀元前1世紀から7世紀の大型巻貝使用製品の考古学的検討」, 『青丘学術論集』 第18集, 2001.

15) 福永伸哉・杉井健・橋本達也・朴天秀, 「4・5世紀における日韓交渉の考古学的検討－地域間相互交流の観点から -」, 『青丘学術論集』 第12集, 1998.

16) 高梨修, 「小湊・フワガネク(外金久)遺跡の概要」, 『サンゴ礁の島嶼地域と古代国家の交流 - ヤコウガイをめぐる考古学・歴史学 -』 資料集, 第2回奄美博物館シンポジウム, 1999.

이의 교역물품이었던 것이 밝혀졌다. 동시에 이러한 조개류를 류큐열도에서 한반도로 운반한 교역 시스템에 관한 관심이 높아지게 되었다. 이러한 영향으로 오랜 기간 류큐열도산 대형 조개와 패제품에 관한 연구를 계속해 왔던 기노시타 나오코(木下尚子)는 2001년에 한반도에서 출토된 류큐열도산 조개 및 패제품에 관한 연구동향을 정리하는 동시에 그 유통을 맡은 사람은 "규슈 북부 히고(肥後), 사쓰마(薩摩)에 거주했던 어부들 혹은 한반도 남부의 어부들이며, 패제품 제작은 류큐열도 조개 문화와 어떠한 형태로든 관계가 있다"[17]라는 시론(試論)을 발표하였다. 또한, 그 뒤 실시된 연구 조사로 아마미오시마의 야광패 대량 출토 유적과 야광패 국자의 제조 연대는 6세기 후반에서 7세기 전반으로 밝혀졌다. 따라서 5세기 후반으로 알려진 지산동 44호 고분과의 관계에서 연대적인 차이가 발생하는 문제가 발생했다.[18]

한국에서는 2007년 박천수가 한반도에서 출토된 야광패 국자에 대하여, 지산동 44호 고분 출토 자료에서 확인될 뿐만 아니라 경상북도 경주시 금관총 고분(6세기 전반)[19]과 경상북도 경주시 황남대총 고분의 북분(北墳)(5세기 말)[20], 경상북도 경주시 천마총 고분(5세기 후반)[21] 등 신라의 왕릉에서도 출토되었다는 사실을 지적하였다.[22] 이에 대해서 일본의

17) 木下尚子, 「古代朝鮮・琉球交流史論－朝鮮半島における紀元前1世紀から7世紀の大型巻貝使用製品の考古学的検討」, 『青丘学術論集』 第18集, 2001, 24쪽.

18) 奄美市教育委員会, 「鹿児島県奄美市史跡小湊フワガネク遺跡総括報告書」, 『奄美市文化財叢書』 8, 2016.

19) 浜田耕作・梅原末治, 「慶州金冠塚と其之遺宝」, 『古跡調査特別報告書』 第3冊, 朝鮮総督府, 1924.

20) 韓国文化公報部文化財研究所, 『慶州市皇南洞98号墳：北墳発掘調査報告書』, 1985.

21) 韓国文化公報部文化財管理局, 『天馬塚発掘報告書』, 1975.

22) 朴天秀, 「加耶と倭－韓半島と日本列島の考古学－」, 『講談社メチエ』 398, 2007.

가미야 마사히로(神谷正弘)는 보고서 및 현존 자료를 검토하여 그 공통성과 제작 기법에 관한 연구[23]에서 "야광패 국자는 신라 · 가야로 운반되었고, 신라의 왕실 공방에서는 야광패 국자 주변에 금동판을 붙여 재가공되었다. (중략) 대가야국으로 옮겨진 야광패 국자는 특별히 가공하지 않고 사용되었다"라는 논의를 제기하였다.[24]

이를 정리해 보면 한반도와 류큐열도 사이의 교류와 교역에 관한 연구는 문헌 기록에 근거하여 조선시대를 중심으로 한 연구에서 시작하였다. 이후 고고학 자료를 근거로 고려시대와 통일신라, 삼국시대 그리고 그 이전의 선사시대로 거슬러 올라가는 형태로 연구가 전개되고 있다.[25]

Ⅲ. 몇 가지 문제 - 야광패 국자와 삼별초

이상에서 연구사를 간략하게나마 정리하였다. 언급한 연구사 가운데 이하에서는 야광패 국자와 삼별초에 관한 문제에 대하여 조금 더 자세히 살펴보고자 한다.

우선 야광패로 만든 국자는 류큐열도를 두 지역으로 나누었을 때의

23) 神谷正弘, 「新羅王陵 · 大伽耶王陵出土の夜光貝杓子(貝匙)」, 『古文化談叢』 第66号, 2011. 神谷正弘, 「「新羅王陵 · 大伽耶王陵出土の夜光貝杓子(貝匙)」の再論と複製品の製作について」, 『古文化談叢』 第68号, 2012.

24) 神谷正弘, 「「新羅王陵 · 大伽耶王陵出土の夜光貝杓子(貝匙)」の再論と複製品の製作について」(『古文化談叢』第68号, 2012). p.236.

25) 池田榮史, 「琉球列島と韓半島－物質文化交流 · 交易システムの解明－」, 『人の移動と21世紀のグローバル社会』 V(東アジアの間地方交流の過去と現在－済州と沖縄 · 奄美を中心にして－), 彩流社, 2012.

북부 류큐 및 세 지역으로 나누었을 경우의 북부와 중부권의 섬들의 유적에서 출토되었는데, 이는 1950년대부터 알려지기 시작했다. 류큐열도의 북쪽 한계는 가고시마현 오스미제도의 다네가시마 히로타(広田) 유적이다. 1957년의 제1차 유적 조사 당시 제1트렌치 1구역의 하층에서 검출된 S1호 인골, E1호 인골과 E2호 인골의 중간에서 검출된 소아 인골 및 중층에서 검출된 N1호 인골과 함께 야광패로 만든 용기가 출토되었다. 보고서에는 S1호 인골과 함께 나온 야광패 국자의 출토 상황도(狀況圖)와 E1호 인골과 E2호 인골의 중간에서 검출된 소아 인골을 덮어놓은 듯이 놓인 야광패 국자의 실측도(實測圖)는 게재되어 있지만, N1호 인골 아래에 놓인 야광패로 만든 용기에 대해서는 문장으로만 기록되어 있을 뿐 출토 상황도와 유물 실측도에 관한 기록이 없어 자세한 상황은 알 수 없다. 히로타 유적은 매장 유구(遺構)를 중심으로 한 묘지 유적이지만 매장된 인골의 부장품으로 함께 넣어진 토기는 많지 않다. 그러므로 인골과 함께 출토된 패찰(貝札, 조개로 만든 일종의 부적) 등의 패제품과 주변에서 출토된 토기를 형식학적 방법에 근거하여 각 인골이 매장된 연대를 검토하였다. 그 결과 야요이(弥生) 시대 후기부터 고분시대 병행기(竝行期)까지 혹은 헤이안(平安) 시대 후반기까지로 연대를 추정하였다. 따라서 야광패 국자 연대도 이 시기 사이에 위치하게 된다.[26)]

한편 야광패 국자 유물이 분포하는 남쪽 한계인 오키나와제도에서는 이에지마 나가라바루니시 패총(伊江島ナガラ原西貝塚), 구메지마 기타하라 패총(久米島北原貝塚), 구메지마 시미즈 패총(久米島清水貝塚) 등에서 출토되

---

26) 国分直一·盛園尚孝, 「種子島南種子町広田の埋葬遺跡調査概報」, 『考古学雑誌』 第43巻3号, 1958. 広田遺跡学術調査研究会·鹿児島県立歴史資料センター黎明館, 『種子島廣田遺跡』, 2003.

었다.[27] 이들 유적의 경우 주변에서 얻은 토기를 형식학적 방법으로 검토하였다. 그 결과 야광패 국자 유물의 연대를 오키나와 선사문화 후기 전반(야요이 시대~고분시대 병행기)으로 규정하고 있다. 또한, 야광패 국자 유물의 계보에 대해서는 타이완이나 필리핀 유적에서 출토되는 야광패 껍질로 만든 국자 유물과의 관계를 고려한다고 하더라도 출토된 각각의 유적에서 제작한 류큐열도의 독자적인 제품으로 추정할 수 있다.

이러한 연대에 관한 견해와 역사적 평가에 대한 재검토의 필요성이 제기된 것은 아마미제도 아마미시 고미나토 후와가네쿠 유적군(奄美諸島奄美市小湊フワガネク遺跡群)의 발견과 조사 성과이다. 후와가네쿠 유적군에서는 야광패 국자 유물뿐만 아니라 야광패 국자 미제품(未製品), 국자가 되는 부분을 쪼개놓은 조개껍질 파편, 거기에다 깨진 조개껍질 파편이 대량으로 출토되었다. 이들 유물과 함께 공방(工房)으로 보이는 주거터가 검출되어 유물과 유구(遺構)의 종합적 검토가 가능해졌다. 이를 통해 야광패 국자 제작 공정의 복원이 이루어졌다. 주변에서 출토된 토기의 형식학적 검토와 더불어 AMS 연대 측정 방식에 의한 탄소 연대 측정으로 이러한 유물과 유구의 연대를 6세기 후반에서 7세기로 추정하였다. 이들 조사 연구 성과가 공개되는 과정에서 앞서 이야기한 대가야 왕릉과 신라 왕릉의 야광패 조개 유물의 존재가 알려지게 되어, 야광패 국자 유물이 류큐열도 안에서만 유통된 것이 아니라 일본 본토를 경유하여 한반도로 건너간 교역품일 가능성이 널리 알려지게 된 것이다.[28]

---

27) 沖縄県伊江村教育委員会, 「伊江島ナガラ原西貝塚緊急発掘調査報告書 - 概報篇・自然遺物篇 -」, 『伊江村文化財調査報告書』 第8集, 1979. 沖縄県具志川村教育委員会, 「清水貝塚発掘調査報告書」, 『具志川村文化財調査報告書』 第1集, 1989. 沖縄県教育委員会, 「北原貝塚発掘調査報告書」, 『沖縄県文化財調査報告書』 第123集, 1995.

28) 高梨修, 「小湊・フワガネク(外金久)遺跡の概要」, 『サンゴ礁の島嶼地域と古代国家の交

이 가운데 2012년 가미야 마사히로의 논문은 대가야 왕릉과 신라 왕릉에서 출토된 야광패 국자 유물을 고미나토 후와가네쿠 유적에서 밝혀진 야광패 국자 유물 및 야광패 국자 미제품과 야광패 조개껍질 파편 분석에 근거하여 야광패 국자 유물 제작 공정과 복원품에 대하여 검토하였다. 이를 바탕으로 한반도에서 출토된 야광패 국자 유물은 류큐열도에서 제작되어 한반도로 옮겨진 뒤 야광패 국자 주변에 금동 장식을 새겼다고 주장했다. 이에 대해서는 고미나토 후와가네쿠 유적군의 조사를 담당했던 다카나시 오사무(高梨修)도 동의하였다. 한편 다카나시는 고미나토 후와가네쿠 유적군의 방사성 탄소 연대 측정으로 얻어진 6세기 후반부터 7세기 전반이라는 시기와 대가야 왕릉과 신라 왕릉의 비정 연대인 5세기 후반부터 6세기 전반 사이에는 시기의 차이가 있다는 점에 대한 우려를 표명하였다.[29] 그러나 류큐열도의 야광패 국자 유물이 출토된 유적은 고미나토 후와가네쿠 유적군뿐만 아니라 오키나와제도의 이에지마 나가라바루니시 패총(伊江島ナガラ原西貝塚), 구메지마 기타하라 패총(久米島北原貝塚), 구메지마 시미즈 패총(久米島清水貝塚)을 포함하여 아마미·오키나와제도에 널리 분포되어 있다. 이로 미루어 볼 때 한반도

流ーヤコウガイをめぐる考古学・歴史学ー』 資料集, 第2回奄美博物館シンポジウム, 1999. 名瀬市教育委員会, 「奄美大島名瀬市小湊フワガネク遺跡群 - 遺跡範囲確認発掘調査報告書 - 」, 『名瀬市文化財調叢書』 4, 2003. 名瀬市教育委員会, 「奄美大島名瀬市小湊フワガネク遺跡群 I - 学校法人日章学園「奄美看護福祉専門学校」拡張事業に伴う緊急発掘調査報告書 - 」, 『名瀬市文化財叢書』 7, 2005. 奄美市教育委員会, 「奄美大島名瀬市小湊フワガネク遺跡群 II - 学校法人日章学園「奄美看護福祉専門学校」拡張事業に伴う緊急発掘調査報告書 - 」, 『奄美市文化財調査報告書』 1, 2007. 奄美市教育委員会, 「鹿児島県奄美市史跡小湊フワガネク遺跡総括報告書」, 『奄美市文化財叢書』 8, 2016. 朴天秀, 앞의 논문, 2007. 神谷正弘, 앞의 논문, 2011. 神谷正弘, 앞의 논문, 2012.

29) 高梨修, 「ヤコウガイの考古学」, 『ものが語る歴史』 10, 同成社, 2005. 奄美市教育委員会, 「鹿児島県奄美市史跡小湊フワガネク遺跡総括報告書」, 『奄美市文化財叢書』 8, 2016.

의 왕릉에서 출토된 야광패 국자 유물은 고미나토 후와가네쿠 유적군을 포함한 류큐열도의 유적 가운데 어느 곳에서 제작되어 한반도로 옮겨졌다고 이해할 수 있을 것이다.

이와 함께 제작 지역인 류큐열도에서 사용 지역인 한반도까지의 운반 경로와 이와 관련된 사람이나 조직에 대해서도 고찰할 필요가 있다. 이러한 점에 대해서는 박천수가 한반도, 특히 가야 지역의 왜(倭) 관련 유물을 검토하였다. 3, 4세기에는 현재 경상남도 김해시 주변을 중심으로 한 금관가야가 왜와의 교역을 담당하였고, 5세기에 들어서는 금관가야가 쇠퇴하고 신라와 경남 함안군을 중심으로 한 아라가야와 고성군을 중심으로 한 소가야가 대두하였다고 한다. 이어 5세기 중엽부터는 경상북도 고령군을 중심으로 한 대가야가 가야 지역의 맹주가 되어 왜와의 교역을 주도하였다. 하지만 6세기 전반에 들어서자 가야 지역에 대한 백제와 신라의 압력이 거세졌고, 결국 562년에 신라가 대가야를 병탄하게 된다. 그 후에는 신라와 백제가 왜와의 교역을 장악하였다. 박천수의 연구는 이러한 변화 과정을 밝혔다.[30]

야광패로 만든 국자 유물이 출토된 곳은 5세기 후반에 만들어졌다고 하는 대가야 왕릉 지산동 44호 고분과 5세기 후반의 신라 왕릉 천마총 고분, 5세기 말 황남대총 고분의 북분(北墳), 6세기 전반의 금관총 고분 등이다. 이러한 야광패 국자 유물이 출토된 고분의 연대는 박천수가 제시한 가야 지역과 왜 사이의 교역 주체의 변화와 거의 일치한다. 즉 이들 고분 중 가장 오래된 지산동 44호 고분의 비정 연대인 5세기 후반은 대가야가 왜와의 교역을 주도한 시기이며, 5세기 말부터 6세기 전반기

30) 박천수, 앞의 논문, 2007.

까지의 천마총 고분, 황남대총 고분 북분, 금관총 고분은 신라가 가야 지역을 병탄하는 시기와 겹친다. 그리고 경상북도 내륙에 위치한 대가야는 아라가야나 소가야를 왜와의 교역창구로 삼았고, 신라는 금관가야를 주요 창구로 하여 왜와 교역하였던 것으로 보인다. 박천수는 아라가야나 소가야는 규슈나 시코쿠(四国), 주고쿠(中国), 기나이(畿内) 등 왜의 국내 각 지역 세력과 개별적인 교역 관계가 있었다고 할 수 있고, 금관가야는 전통적으로 기나이 세력과 관계가 깊었기 때문에 이 금관가야와의 교류창구가 신라에 인계된 것으로 추정하고 있다.

이러한 점을 생각하면 5세기 후반에 아라가야와 소가야를 왜와의 교역 창구로 삼은 대가야는 아라가야와 소가야가 가지고 있던 왜와의 관계, 즉 규슈, 시코쿠, 주고쿠, 기나이 등 각지의 세력과 교역 관계를 토대로 야광패로 제작된 국자를 손에 넣었다고 할 수 있다. 5세기 후반 왜국에서는 기나이 왕권을 중심으로 국내 통합이 진행되고 있었지만, 기나이에서 주변적인 위치에 있던 규슈, 주고쿠, 시코쿠 등의 각 지역 세력은 각자 일정한 독자성을 보유하고 있었다. 박천수는 "4세기에서 5세기 전반까지 왜=기나이(필자에 의한 註釋)의 왕권은 각 지역 호족 세력의 독자적인 교섭 활동을 통제하지 못한 것으로 추측"[31]하고 있다. 따라서 야광패 국자 생산지인 류큐열도와 대가야 사이의 야광패 국자 운송에는 규슈 세력이 개입하고 있었을 가능성이 크다. 박천수은 이러한 한반도 내의 지역 세력과 규슈를 포함한 지역 세력 간의 교류로 인해 한반도 각지의 고분이나 유적에서 출토되는 다양한 왜국의 유물이 전해졌고, 일본 각지의 고분이나 유적에서 출토되는 금관가야 · 아라가야 · 대가야

31) 박천수, 위의 논문, 42쪽.

와 관련된 유물과 스에키(須恵器) 제작 기술 등이 한반도에서 일본으로 전해졌다고 이해하고 있다.

또한, 5세기 무렵의 규슈는 규슈 지역 내부에서 생겨난 단일 세력에 의해 통제되었던 것이 아니라 규슈 동해안과 서해안, 혹은 북부와 남부 등 지역적 세력의 연합 형태였다고 생각된다. 이는 4~6세기 무렵의 한반도와 마찬가지로 규슈에서도 평야와 하천 유역을 단위로 하는 각지의 지역적 세력이 일정한 독자성을 가지고 있었음을 말한다. 다만 이 중에서도 규슈 동해안 방면의 세력은 전통적으로 기나이에 대하여 친화적이었던 것에 비하여, 서해안 세력은 고분 문화의 특징 등을 살펴보면 비교적 강한 지역성을 유지하는 경향이 있다. 류큐열도산 조개인 이모가이를 이용하여 만든 패륜(貝輪)은 규슈 남부의 고분에 많이 존재하는 것으로 알려져 있어, 류큐열도와의 교류·교역은 기본적으로 규슈 남부 세력이 담당하고 있었음을 알 수 있다. 이를 참고하여 생각해 보면 류큐열도산 야광패 국자는 규슈 남부로 우선 옮겨져 그곳에서 주로 규슈 서해안 세력을 통해 한반도로 유입된 것으로 추정할 수 있다. 이러한 가정을 바탕으로 규슈 서해안 고분이나 유적에서 야광패 국자 유물이 출토될 것으로 기대하였지만 현재 규슈에서는 6세기 전반으로 추정되는 오이타현 다케타시 나가유 횡혈 무덤군 7호(大分県竹田市長湯横穴墓群7号) 횡혈묘의 야광패 제품만이 유일하게 알려져 있을 뿐이다.[32] 이러한 원인을 추측해보면 야광패 국자가 5, 6세기 대가야나 신라에서는 그 가치를 인정받았지만 규슈를 포함한 왜국 안에서는 그다지 중요하게 여겨지지 않고 외면당했을지도 모른다.

32) 神谷正弘, 앞의 논문, 2012, 237쪽.

다음으로 삼별초에 대해서 살펴보자. 앞서 이야기한 것처럼 제주도에서 멸망한 삼별초 일부가 류큐로 흘러 들어가 류큐의 국가 형성에 참여했을 가능성에 대하여 한국에서 많은 관심을 보였다. 이는 일본과 비교하여 한국에서 삼별초에 대한 관심이 높은 것과 연동되어 있다. 그러나 삼별초의 류큐열도 이동에 대하여 한국과 류큐열도의 고고학적 자료에 근거한 실증적인 연구는 그다지 진행되지 않았다. 이는 한국에서도 그리고 류큐열도에서도 삼별초와 류큐열도에 관한 문헌 사료가 없다는 점과, 비교 검토 자료로 '계유년고려와장조' 날인 기와만이 남아있다는 사실에 기인한다. 한국에서 삼별초 관련 유적으로는 강화도 고려왕궁 유적, 전라남도 진도 용장산성, 제주도 항파리 토성이 있다. 이러한 유적들에 대한 조사가 이루어져 다양한 고고학적 자료가 늘어났지만 한국과 류큐열도 사이의 삼별초에 관하여 비교 검토가 가능한 자료는 진도 용장산성에서 출토된 '8엽 연화문(8弁蓮華文)' 수막새 기와와 우라소에성(浦添城)의 '9엽 연화문' 수막새 기와의 와당(瓦當) 문양뿐이다. 이에 주목한 아사토 스스무(安里進)는 진도와 우라소에성에서 출토된 기와 문양의 유사성과 우라소에성 조사에서 얻은 방사성 탄소 연대 측정의 지식을 토대로 '계유년고려와장조' 날인 기와의 '계유년'을 삼별초 멸망 시기인 1273년으로 보고 우라소에성 축조 연대를 추정하는 근거[33])로 제시하였다. 그러나 현재 우라소에성에서 출토된 다른 유물들은 14세기 이후로 추정되는 자료가 대부분이며, 우라소에성 축조 연대가 13세기대로 거슬러 올라가는 것에 대해서는 너무 비정적(比定的)이라 할 수 있다. 그러므로 '계유년고려와장조' 날인 기와에 남겨진 '계유년'을 1273년으로 비정

33) 安里進, 「王のグスクと王陵」, 『沖縄県史』 各論編 3(古琉球), 沖縄県教育委員会, 2010.

하고 이를 근거로 한 삼별초의 류큐 도래설은 성립되지 않을 가능성이 높다. 이를 검증하기 위해서는 '계유년' 날인 기와뿐만 아니라 다른 고고학 자료와 새로운 문헌 자료 발굴에 의한 종합적인 검토가 필요하다.

Ⅳ. 정리

한반도와 류큐열도의 교류와 교역에 대하여 지금까지의 연구사를 정리하고 최근 화제가 되고 있는 야광패 국자와 '계유년고려와장조' 날인 기와를 중심으로 다시 한 번 검토해 보았다. 그 결과 직접적인 두 지역 간의 교류와 교역 관계는 14세기 이후에 나타나지만, 14세기 이전에도 양 지역 사이에 있는 규슈 및 일본을 개재하여 계속해서 관계가 이루어져 왔다는 사실을 알 수 있었다. 한반도에서 류큐열도의 오키나와까지는 그 사이에 점재하는 서로 이웃하는 섬과 섬의 가시거리를 따져보면 왕래 가능한 지리적 환경이었다. 그러나 두 지역 사이의 직접적인 교류·교역 관계는 14세기 무렵에 류큐열도의 오키나와에 주잔 왕국이 성립할 때까지는 존재하지 않았다. 한반도와 류큐열도 사이의 직접적인 교류는 류큐열도에 국가적 조직이 성립됨에 따라 시작된 것이었다.

이러한 논의에 대하여, 본론에서 언급한 야광패 국자 유물 분석은 류큐열도에 국가조직이 성립되기 이전 단계에 한반도와 류큐열도 사이의 교류·교역 방식을 보여주는 전형적인 사례 중 하나이다. 그러나 야광패 국자의 운반과 관련된 류큐열도에서 한반도까지의 이동 경로나 이를 담당했던 사람이나 집단에 대해서는 가설적인 논의 단계에 머물러 있어

이를 실증할 사료와 자료가 아직까지 부족한 상황이다. 향후 류큐열도의 야광패 국자 유물에 대한 실태 규명과 한반도의 야광패 국자 출토 사례를 재검토하는 동시에 일본 규슈에서 유사한 자료의 유무에 관한 조사를 진행하는 것이 중요하다. 이는 한반도와 류큐열도 사이의 교류와 교역 관계뿐만 아니라 한반도와 일본, 더 나아가 일본열도와 류큐열도 사이의 교류·교역 관계를 밝힐 수 있을 것이다.

한국과 일본 양국은 지리적으로 가까운 인연 관계임을 염두하며 앞으로 한반도와 일본열도 및 류큐열도의 교류·교역 관계에 대해 조사·연구를 진행해 나아가야 할 것이다.

이케다 요시후미(池田榮史) ∣ 류큐대학교
번역: 김윤환 ∣ 한국해양대학교

도쿠노시마의 요업 생산에서 본 류큐열도와 한반도의 교류

Ⅰ. 가무이야키

류큐열도(琉球列島)의 구스쿠(グスク)라 불리는 성새건조물(城塞建造物)에서는 1950년대부터 도자기, 철기 등과 함께 경질의 도기(陶器)가 출토되는 것으로 알려져 있다. 당시 가마터가 발견되지 않았으므로 그 루트에 대해서는 한반도, 일본 열도, 오키나와 본섬 등 여러 견해가 제시되었고, 한동안 산지 불명의 상태가 계속되었다. 1983년, 도쿠노시마(徳之島) 남부 이센초(伊仙町)에서 저수지 개축 공사 중 대량의 도편(陶片)과 목탄(木炭), 소토(焼土, 가마의 일부) 등 가마터에서 흔히 볼 수 있는 유물이 세트로 발견되면서, 구스쿠에서 출토된 도기의 대부분이 도쿠노시마에서 제작된 것으로 판명되었다. 가마터는 가무이야키 고가마터군(사적지정명칭은 도쿠노시마 가무이야키 도기 가마터)이라 이름 붙여졌고 이곳에서 생산된 도기는 발견된 지명을 따서 '가무이야키'라고 불리게 되었다(그림 1, 그림 2).

〈그림 1〉 A군 집합 사진

〈그림 2〉 B군 집합 사진

가마 구조와 생산 기종의 구성에서 규슈(九州) 남부의 중세 요업(窯業) 생산지와의 계통 관계가 거론된 적도 있었지만, 기형(器形)과 소성(焼成), 문양(文様) 등 여러 요소가 한반도산 무유도기(無釉陶器)와 유사했기 때문에 지금은 일본 열도와 한반도 쌍방의 특징을 계승한 '남도의 중세 스에키(須恵器)'라는 평가가 정착되었다.[1] 산지의 전체 조사 결과, 가마 수가 증가하였고 생산지의 범위도 예상 이상으로 확대되었다. 가마의 연대 측정과 출토품의 태토(胎土) 분석도 진행되었고 탐사기기를 이용하여 양호한 포장 상태도 확인되었다. 최근에는 가마터가 있는 이센초에서 가마터의 보존 및 활용 계획이 정해져 새로운 산지와 적출된 항구의 탐색, 지금까지 출토된 대량의 도편 정리와 수리도 진행되고 있다.

1) 吉岡康暢, 「南島の中世須恵器」, 『国立歴史民俗博物館』 94, 国立歴史民俗博物館, 2002, 409~439쪽.

Ⅱ. 가마터와 생산품의 특징

가무이야키의 가마터는 이센초 중앙부에 위치한 해발 200m 전후의 고지에 분포되어 있는데(그림 3), 그 수가 100기를 넘는 것으로 알려졌다. 가마터의 구조는 점토화된 풍화화강암(風化花崗岩) 기반을 파고 만든, 단이 없는 지하식 굴가마였다. 가마의 규모는 길이 3m 전후, 최대 폭 2m 전후로, 소성부는 31°~ 42°로 가파른 경사 각도를 가졌다. 아궁이가 좁은 역도쿠리형(逆德利形)의 평면형이며, 연도(煙道)는 가마 바닥과 비스듬하게 파묻혀 있다(그림 4).

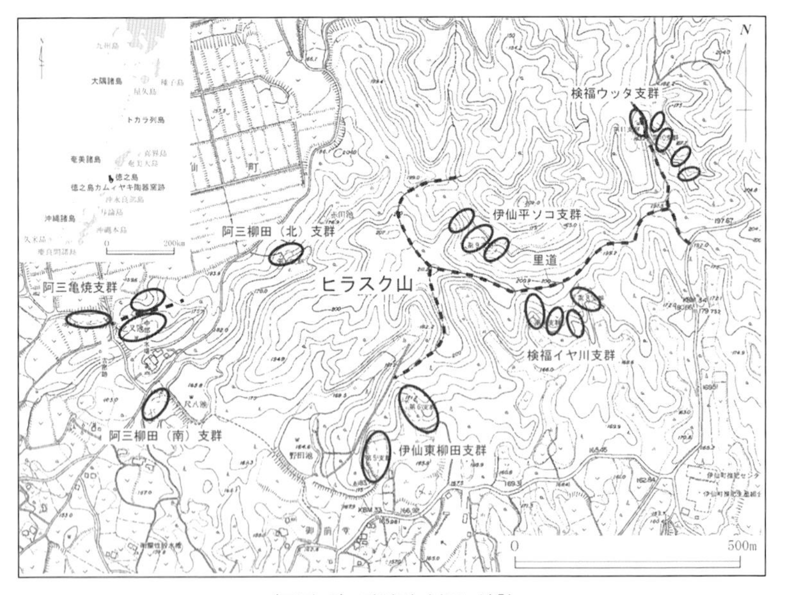

〈그림 3〉 가마터 분포 상황

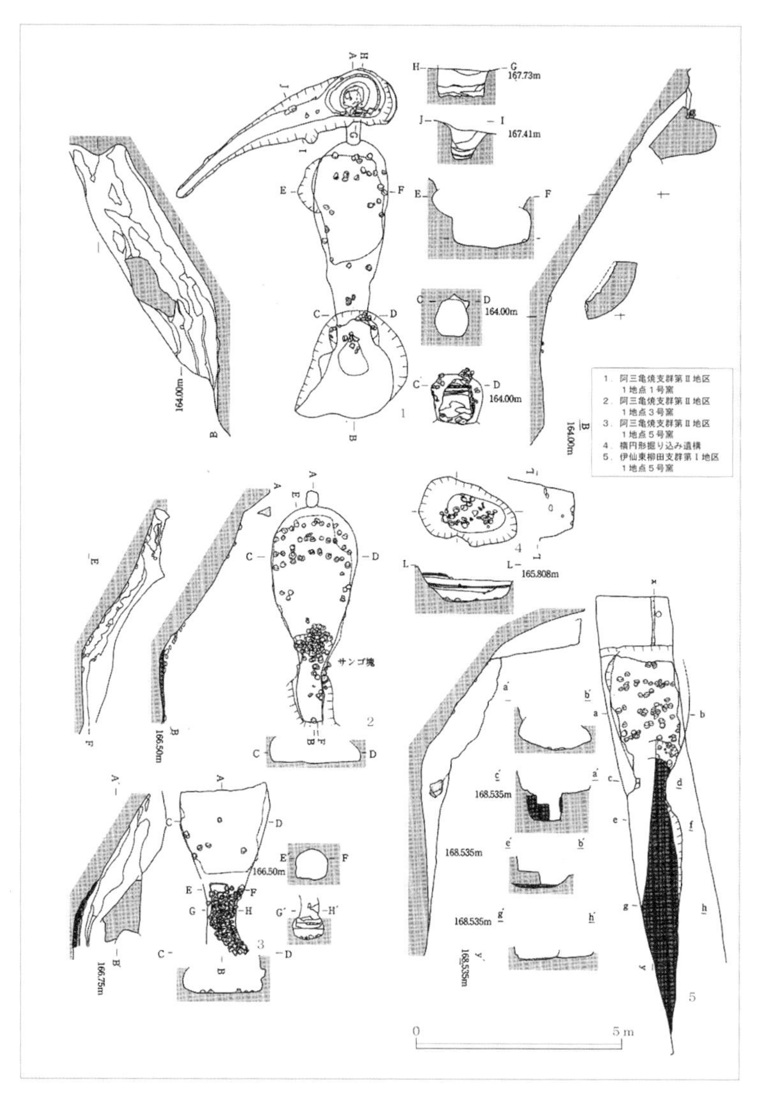

〈그림 4〉 발견된 가마터의 실측도

도자기의 소성은 환원염소성(還元焰焼成)으로 경질로 구웠다. 태토는 Fe을 많이 포함한 풍화화강암 점토를 소재로 하지만 석회암 유래의 Ca이 많은 것이 특징이다. 생산 기종은 병과 항아리, 절구통(절구를 포함),

공기, 잔의 5종으로 구성되었으며(그림 5), 그 중에서도 병이 압도적으로 많고 기종에 상관없이 고타(叩打)로 성형되었다. 병과 항아리류는 주둥이 부분까지 고타흔이 남아있는데, 밑바닥에서 주둥이까지 두드려서 완성한 중세 특유의 성형기법이 채용되었다. 조정(調整)은 주걱 모양의 공구를 이용한 회전 조정, 솔(刷毛) 조정, 회전 빗질, 주걱 긋기가 관찰된다. 독자적인 파장침선문(波状沈線文)으로 장식된 것도 많다.

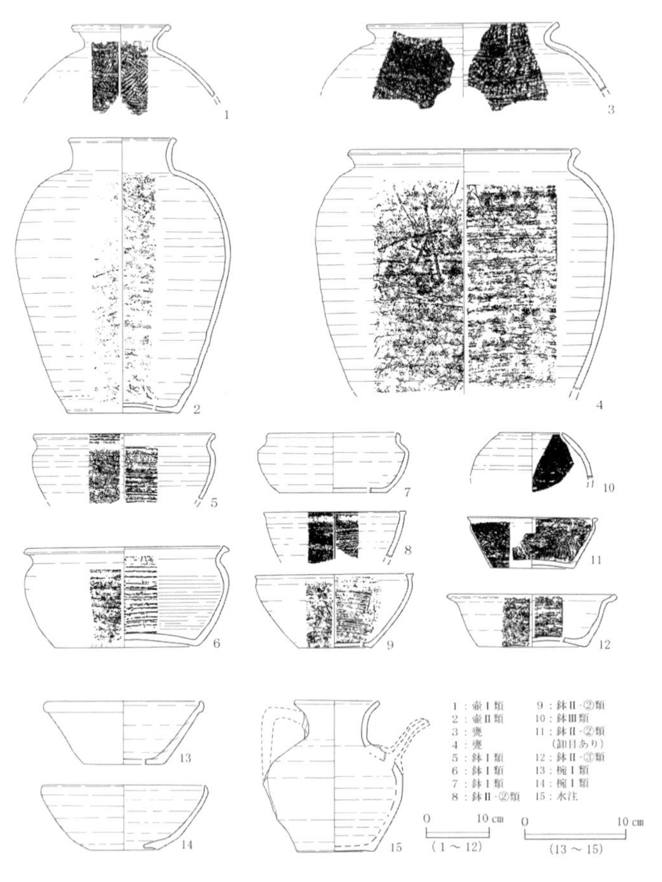

〈그림 5〉 가무이야키 기종 분류

III. 가무이야키 연구의 발자취

1. 가마터 발견 이전

가무이야키에 관한 가장 오래된 기록은 도쿠노시마의 향토연구자 히로세 유료(廣瀨祐良)의 『향토사연구 1933년 조사 도쿠노시마편(郷土史研究 昭和８年調査徳之島ノ部)』이다. 히로세는 교토제국대학(京都帝国大学) 시마다 사다히코(島田貞彦)의 가메쓰무라(亀津村) 오모(尾母, 현 도쿠노시마초 오모)의 출토품 소견을 기반으로 이를 아지시대(按司時代, 중세병행기)의 토기로 소개했다.[2] 감정을 한 시마다는 이와이베 토기(祝部土器) 종류로 나라조(奈良朝) 이후의 소산이며 완전한 형상을 유지하고 있는 것을 보아 본래는 무덤에 들어있었던 것이라고 했다. 이 자료는 소유자의 집에 현존하고 있지만(그림 6), 히로세의 급서로 인하여 일부 관계자를 제외하고 정보가 알려지지 않았다.

〈그림 6〉 히로세 유료가 발견한 가무이야키(소유자 보관)

1945년 이후 아마미 군도(奄美群島)와 오키나와현(沖縄県)의 유적에서 가무이야키가 보편적으로 출토되는 것이 밝혀지면서,[3] 아마미 군도의

2) 廣瀬祐良, 『昭和 9年 郷土史研究 徳之島ノ部』, 1933.

3) 多和田眞淳, 「琉球列島の貝塚分布と編年の概念」, 『琉球政府文化財要覧』, 那覇出版社, 1956, 12~13쪽.

본토 복귀 직후에 열린 아홉 학회의 연합조사에서는 율령기 남도 경영에 의해 가무이야키가 남하 분포된 것이라고 지적했다.[4] 도자기 자체의 특징으로 인해 오키나와 본섬설[5]과 한반도 초래설[6]이 제기되었지만, 산지에 관한 논의는 류큐열도 고고학상의 커다란 수수께끼로 한동안 계속되었다.[7]

2. 가마터 발견 이후

1983년, 도쿠노시마에서 가마터가 발견되었지만 그 주변에도 복수의 생산흔적이 확인되었고,[8] 1996년부터 2004년까지의 내용 확인 조사에서는 아산(阿三), 이센(伊仙), 겐부쿠(検福) 국유림 내의 실개적인 분포 조사와 자기 탐사를 통한 유구 확인이 진행되어, 복수의 지군(아산 야나기타 북쪽 지군, 이센 히가시야나기타 지군, 이센 히라소코 지군, 겐부쿠 이야가와 지군, 겐부쿠 웃타 지군)이 새로이 추가되었다.[9] 재 층이 포함된 목탄의 수종 식별

4) 国分直一・河口貞徳・曾野寿彦・野口義麿・原口正三, 「奄美大島の先史時代」, 九学会連合奄美大島共同調査委員会 編, 『奄美－自然と文化 論文編』, 日本学術振興会, 1959.

5) 友寄英一郎, 「沖縄考古学の諸問題」, 『考古学研究』 11-1 (通刊41号), 考古学研究会, 1964, 13~21쪽.

6) 三島 格, 「南西諸島土器文化の諸問題」, 『考古学研究』 13-2(通巻50号), 考古学研究会, 1966, 46-56쪽.

7) 白木原和美, 「陶質の壺とガラスの玉」, 『古代文化』 第23巻9・10号, 古代學協會, 1971, 258~265쪽.

8) 新東晃一・青崎和憲 編, 『カムィヤキ古窯跡群 I』, 伊仙町埋蔵文化財発掘調査報告書 3, 伊仙町教育委員会, 1985. 新東晃一・青崎和憲 編, 『カムィヤキ古窯跡群 II』, 伊仙町埋蔵文化財発掘調査報告書 5, 伊仙町教育委員会, 1985. 牛ノ浜修・井ノ上秀文 編, 『ヨヲキ洞穴』, 伊仙町埋蔵文化財発掘調査報告書 6, 伊仙町教育委員会, 1986.

9) 青崎和憲・伊藤勝徳 編, 『カムィヤキ古窯支群 III』, 伊仙町埋蔵文化財発掘調査報告書 11, 伊仙町教育委員会, 2001. 新里亮人 編, 『カムィヤキ古窯跡群 IV』, 伊仙町埋蔵文化財発掘調査報告書 12 伊仙町教育委員会, 2005.

을 통해 땔감으로 구실잣밤나무가 이용된 것으로 확인되었고, 탄화물의 연대 측정과 도기의 태토 분석도 실시되었다.[10)]

이센초 교육위원회의 조사와 함께 학술기관의 조사도 진행되었으며, 각 지군의 채집 자료의 상세한 보고를 통해 유적의 학문적 가치 판단도 적극적으로 이루어졌다.[11)]

3. 형식학적 연구의 진전

가무이야키의 역사적 의의를 명확히 하는 목적으로 형태와 제도(製陶) 기술의 분석은 가마터 발견 이전부터 이루어지고 있었다. 형식학적 연구의 선구자인 사토 신지(佐藤伸二)는 아마미 군도 각지에 보관되어 있던 경작지 채집품(작은 병의 완기)에 착목하여, 이들을 파상침선(波状沈線)과 평행침선(平行沈線)이 그려진 A류와 파상침선만 그려진 B류로 나누어, 파상침선과 평행침선이 한 줄씩 그려진 AⅠ식, 파상침선과 평행침선이 나선상으로 그려진 AⅡ식, 나선상으로 그려진 것 중 파상침선이 평행침선을 끊고 조잡스럽게 그려진 AⅢ식으로 세분화하였다. 그러한 시문기법(施文技法)의 차이는 시간차와 대응하여 시기가 내려옴에 따라 시문기법이 간략화 되어 주둥이 부분의 두드리는 정도가 약해지면서 주둥이의 형태가 조잡스러워지는 형식 변화를 보여준다. 소비유적의 출토 상황에

---

10) 三辻利一, 「徳之島カムィヤキ窯群出土須恵器の蛍光X線分析」, 青崎和憲・伊藤勝徳 編, 위의 책, 2001, 75~85頁. 三辻利一, 「徳之島カムィヤキ古窯跡群出土陶器の化学的特性」, 新里亮人 編, 위의 책, 2005, 65~81쪽. 株式会社古環境研究所, 「カムィヤキ古窯跡群の放射性炭素年代測定」, 新里亮人 編, 위의 책, 2005, 82~83쪽.

11) 池田榮史 編, 「南島出土須恵器の出自と分布に関する研究」, 平成14年度~平成16年度 科学研究費補助金基盤研究 (B)-(2) 研究成果報告書, 琉球大学法文学部, 2005.

따라 AⅠ식은 8세기, AⅡ식은 12세기 후반, 종말기는 13세기 후반부터 14세기의 연대에 해당한다.[12]

가마터 발견 후 오키나와 지역 출토품의 특징이 명확해지면서,[13] 생산유적과 소비유적의 대응관계 파악을 위한 정보의 축적이 진행되었다.[14] 사토의 형식학적 검토 결과는 이후에도 계승되어 항아리 주둥이의 형태가 조잡해지는 것에 주목한 가무이야키의 편년안을 여러 연구자들이 제시했다.[15]

필자는 이들 연구 성과를 토대로 최근 자료 정리가 진행되고 있는 생산유적 출토품의 기종, 주둥이 형태, 고타구의 문양, 외기면의 마무리, 용량 관계를 통해 가무이야키를 A군과 B군으로 크게 구분하여 생산 기종의 시간적 추이를 확인하였다.[16](그림 7, 그림 8). 다만 결론에 대해서는 이센초 교육위원회에서 현재 진행하고 있는 출토품 수복의 진전을 기다

---

12) 佐藤伸二, 「南島の須恵器」, 『東洋文化』 48・49, 東京大学東洋文化得研究所, 1970, 169~204쪽.

13) 金武正紀, 「沖縄の南島須恵器」, 『南島の須恵器シンポジュウム』, 1986.

14) 池田榮史, 「類須恵器出土地名表」, 『琉球大学法文学部紀要 史学・地理学篇』 30, 琉球大学法文学部, 1987, 115~147쪽.

15) 安里 進, 「グスク時代開始期の若干の問題について-久米島ヤジャーガマ遺跡の調査から-」, 『沖縄県立博物館紀要』 1, 沖縄県立博物館, 1975, 36~54쪽. 安里 進, 「琉球-沖縄の考古学的時代区分をめぐる諸問題(上)」, 『考古学研究』 第34巻第3号, 考古学研究会, 1987, 65~84쪽. 安里 進, 『考古学から見た琉球史 上』, ひるぎ社, 1990. 安里 進, 「沖縄の広底土器・亀焼系土器の編年について」, 『交流の考古学 三島会長古稀記念号』, 肥後考古学会, 1991, 579~593쪽. 安里 進, 「カムィヤキ(亀焼)の器種分類と器種組成の変遷」, 『吉岡康暢先生古稀記念論集 陶磁の社会史』, 吉岡康暢先生古稀記念論集刊行会, 2006, 129~140쪽. 池田榮史 編, 앞의 보고서, 2005. 大西和智, 「南島須恵器の問題点」, 『南日本文化』 29, 鹿児島短期大学附属南日本文化研究所, 1996, 19~35쪽. 吉岡康暢, 「南島の中世須恵器」, 『国立歴史民俗博物館』 94, 国立歴史民俗博物館, 2002, 409~439쪽. 吉岡康暢, 「カムィ焼きの型式分類・編年と歴史性」, 『カムィヤキ古窯跡群シンポジウム』, 奄美群島交流推進事業文化交流推進事業文化交流部会, 2002, 29~41쪽.

16) 新里亮人・常未来 編, 『前当り遺跡・カンナテ遺跡』, 伊仙町埋蔵分ｋ材発掘調査報告書 17, 伊仙町教育委員会, 2018.

려서 수시로 개정해야 한다고 생각하기 때문에 임시적인 편년안으로 제시하고 있음을 밝혀두고 싶다.

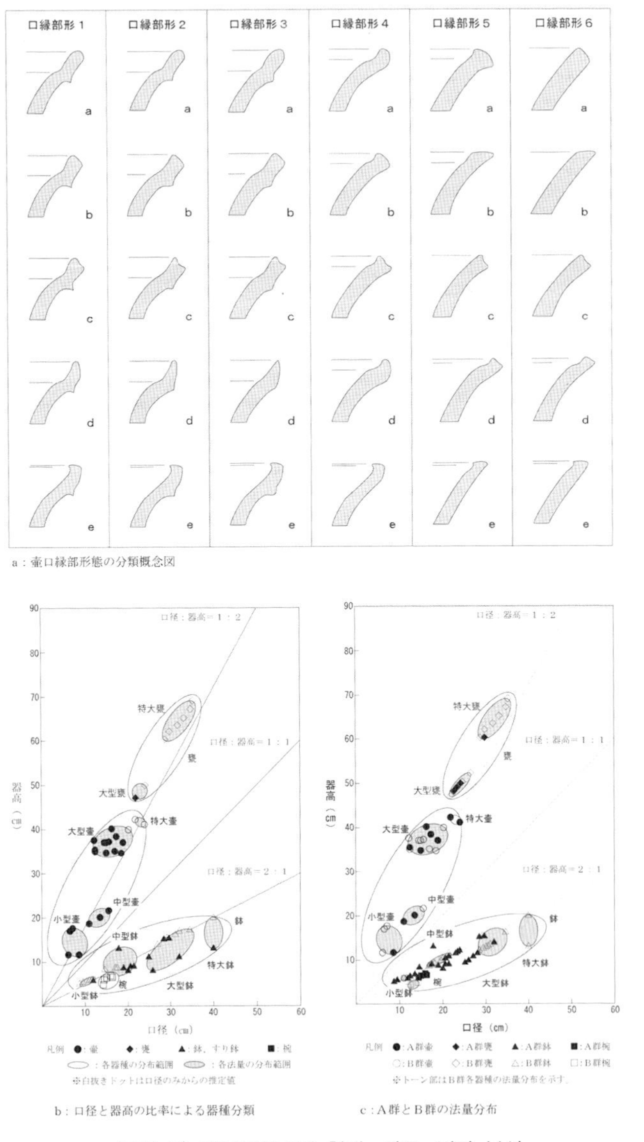

〈그림 7〉 가무이야키의 형태, 기종, 법량 분석

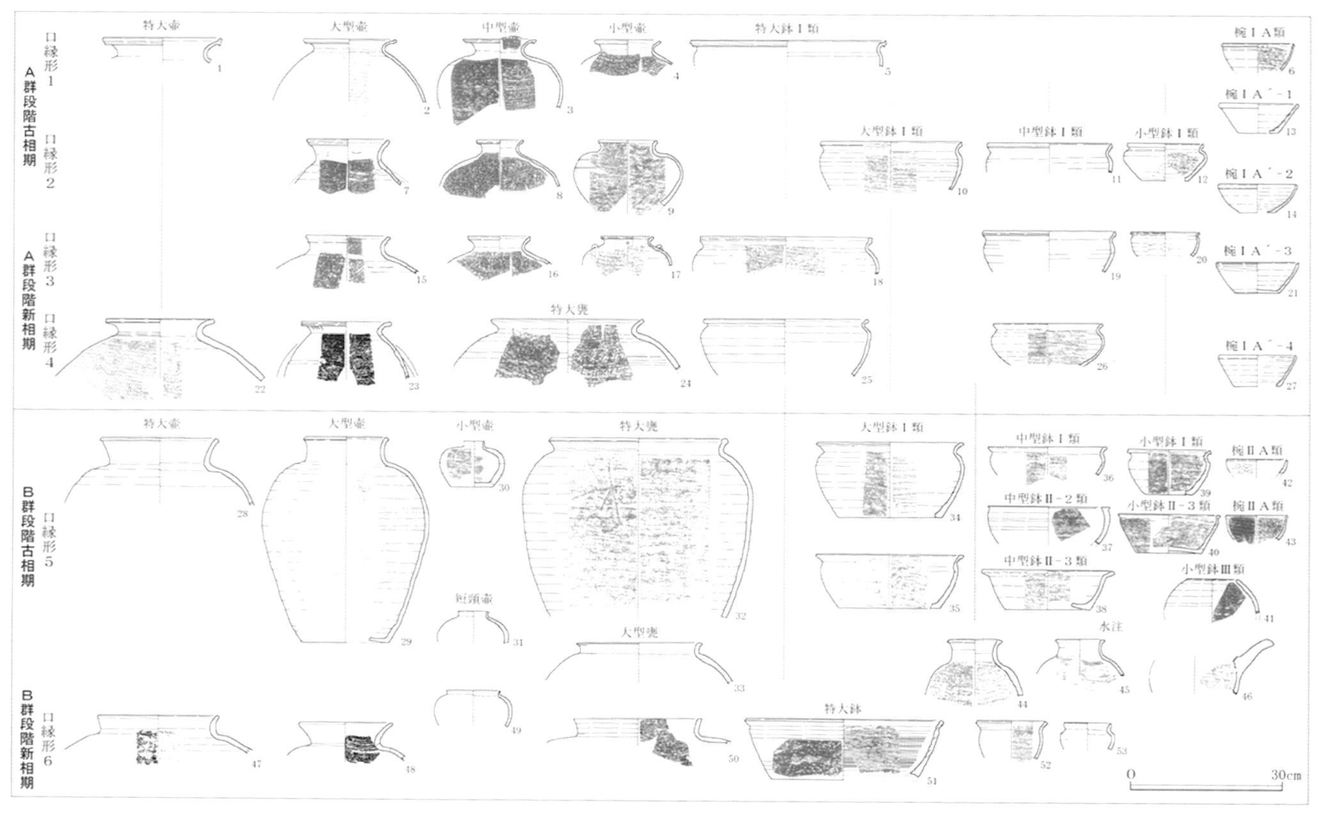

〈그림 8〉 가무이야키의 기종 구성의 변천

4. 소비유적 조사의 추진

2000년대 전후부터 가무이야키 생산지에서 가까운 아마미 군도에서 발굴조사가 진행되어 많은 주목할 만한 성과를 얻었다. 아마미 오오시마의 사구(砂丘) 유적과 성관터(城館跡)에서는 가무이야키가 규슈산 활석제 돌솥 및 중국산 백자와 함께 검출되었음에도 그 출토 량이 많고, 병 외에도 공기와 절구가 일정량 출토되는 등, 동시대 오키나와 제도와 소비 상황이 다르다는 사실도 파악되기 시작했다.[17] 또한 기카이지마(喜界島)에서는 가무이야키의 완기가 토광묘에 부장된 상태가 실제 유적조사에서 확인되어(그림 9), 가마터 발견 이전부터 알려져 있던 많은 수의 가무이야키 완기가 무덤에 묻혀있었다는 것이 조사에 의해 증명되기에 이르렀다. 이러한 자료는 아마미 오오시마 북부와 기카이지마에 많다고 알려져 있었지만, 아마미 오오시마 남부, 도쿠노시마, 사키시마 제도(先島諸島)에서도 확인되어,[18] 부장품으로 가무이야키을 이용한 습속이 류큐열도 전역에서 유행하였음이 명

〈그림 9〉 부장된 가무이야키의 완기

17) 新里亮人・常未来 編, 위의 책, 2018.

18) 鼎 丈太郎, 「瀬戸内町出土の完形品カムィヤキ」, 『瀬戸内町立図書館・郷土館紀要』 第2号, 瀬戸内町立図書館・郷土館, 2007, 1-28쪽. 松村順一・得能壽美・島袋綾野, 『石垣市史考古ビジュアル版 第5巻 陶磁器から見た交流史』, 石垣市, 2008. 新里亮人, 「徳之島の発掘調査史」, 新里貴之 編, 『徳之島トマチン遺跡の研究』, 鹿児島大学, 2013, 5~10쪽. 久貝弥嗣, 「宮古島のグスク時代の様相」, 『第6回鹿児島県考古学会・沖縄考古学会合同学会研究発表資料集 鹿児島・沖縄考古学の最新動向』, 鹿児島県考古学会・沖縄考古学会, 2013, 71~76쪽.

확해졌다.

류큐열도 외의 지역에서는 사쓰마 반도(薩摩半島)의 출토가 알려졌지만 최근에는 나가사키현(長崎県) 오무라시(大村市)와 구마모토현(熊本県) 아마쿠사시(天草市)의 출토가 보고되어, 규슈 섬 서해안 지역에도 넓게 분포하였고, 그 일부는 가고시마현(鹿児島県) 오스미 반도(大隅半島)에 이르고 있었음이 밝혀졌다.[19] 이러한 분포 상황은 규슈 섬과 류큐열도의 활발한 교류 관계를 말해주고 있어서 가무이야키의 분포로 보는 교류의 배경으로 광범위하고 복잡한 지역 사정을 상정하지 않으면 안 되는 상황인 것이다.

Ⅳ. 가무이야키로 본 류큐열도와 한반도의 교류

1. 가무이야키의 기술 계보를 둘러싼 여러 문제

가무이야키의 형식학적인 검토가 진전되어 소비유적의 상황이 명확해지면서 그 기술 계보에도 다시 이목이 집중되었다. 그릇의 표면이나 단면에 보이는, 구워서 완성한 특징과 파상침선문으로 장식된 특징 등으로 가무이야키의 기술 계보를 한반도에서 찾는 의견은 가마터 발견 이전부터 제기되었다.[20] 그러나 가마터의 본격적인 발굴조사로 가마

19) 第40回日本貿易陶磁器研究集会鹿児島実行委員会 編,『南九州から奄美群島の貿易陶磁』, 日本貿易陶磁器研究会, 2019.

20) 白木原和美, 앞의 논문, 1971. 白木原和美,「類須恵器の出自について」,『法文論叢』36, 熊本大学法文学部, 1975(여기서는『南西諸島の先史時代』, 龍田考古学会, 1999, 109~120쪽에 다시 수록된 논문을 참조). 西谷 正,「高麗・朝鮮両王朝と琉球の交流 - その考古学

구조가 판명되면서 가무이야키 가마터와 구마모토현 구마군(球磨郡) 니시키마치(錦町) 구다리야마(下り山) 1호와 3호 가마와의 유사성이 지적되었고, 더욱이 중국 도자기를 모델로 한 공기가 존재하는 공통점도 양자의 관계성을 인정하는 근거가 되었다.[21] 오니시 도모카즈(大西智和, 1996)도 가마터의 형태와 기종 구성을 중시하여 가무이야키 가마와 구다리야마 가마와의 관계를 상정하고 있다.

한편, 하카타(博多)와 다자이후(大宰府)의 발굴조사가 추진되면서 규슈 북부에서 고려의 도기가 안정적으로 검출된 사실에 주목한 아카시 요시히코(赤司善彦)는 이를 일본과 고려가 무역을 한 물증이라고 평가하며,[22] 제작기법이 유사하다는 면에서 가무이야키와 고려 도기의 친연성(親緣性)에 대해 재차 지적했다.[23] 이러한 동향을 중시하는 이케다 요시후미(池田榮史)의 연구[24]도 가무이야키와 고려 도기의 관련성을 검증하기 위해서는 동아시아를 시야에 넣은 연구의 필요성을 주장하고 있다.

필자가 가무이야키 가마, 구다리야마 가마, 충청남도(忠清南道) 무장리

的研究序説 -」, 『九州文化史研究所紀要』 26, 九州大学九州文化史研究施設, 1981, 75~100쪽.

21) 新東晃一 · 青崎和憲 編, 『カムィヤキ古窯跡群 Ⅱ』, 伊仙町埋蔵文化財発掘調査報告書 5, 伊仙町教育委員会, 1985.

22) 赤司善彦, 「研究ノート 朝鮮産無釉陶器の流入」, 『九州歴史資料館研究論集』 16, 九州歴史資料館, 1991, 53~67쪽.

23) 赤司善彦, 「徳之島カムィヤキ古窯跡採集の南島陶質土器について」, 『九州歴史資料館研究論集』 24, 九州歴史資料館, 1999, 49-60쪽. 赤司善彦, 「カムィヤキと高麗陶器」, 『カムィヤキ古窯支群シンポジウム』, 奄美群島交流推進事業文化交流推進事業文化交流部会, 2002, 42-48쪽. 赤司善彦, 「高麗時代の陶磁器と九州および南島」, 『東アジアの古代文化』 130, 大和書房, 2007, 118~131쪽.

24) 池田榮史, 「須恵器からみた琉球列島の交流史」, 『古代文化』 52, 古代學協會, 2000, 34~38쪽. 池田榮史, 「東アジア中世の交流 · 交易と類須恵器」, 『第四回 沖縄研究国際シンポジウム 基調報告 · 研究発表要旨』, 沖縄研究国際シンポジウム実行委員会, 2001, 36쪽.

(舞将里) 가마의 출토품과 가마의 구조를 비교 검토한 결과, 가무이야키 가마와 무장리 가마의 생산품에는 제작기법상의 유사점이 인정되었으며, 가마터의 구조는 세 곳 모두 공통점이 확인되었다(그림 10). 따라서 고려 시대의 요업 기술은 일본의 중세 요업에도 일정 부분 영향을 준 것으로 생각되며, 도기 생산 기술이 없던 류큐열도에서는 한반도의 요업 기술을 생생하게 간직한 가무이야키 가마가 성립되었다고 지적했다.[25]

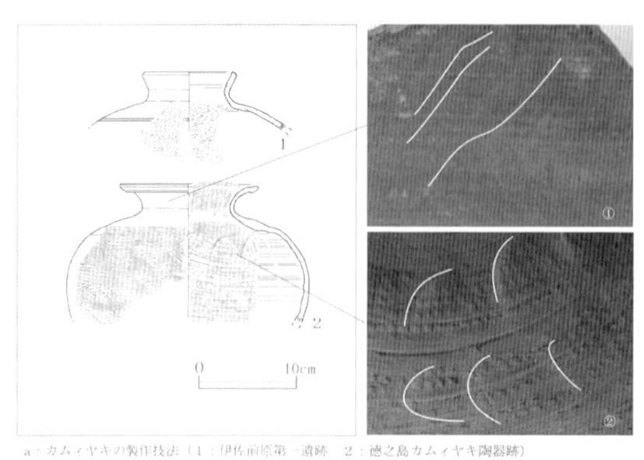

a：カムィヤキの製作技法（1：伊佐前原第一遺跡　2：徳之島カムィヤキ陶器跡）

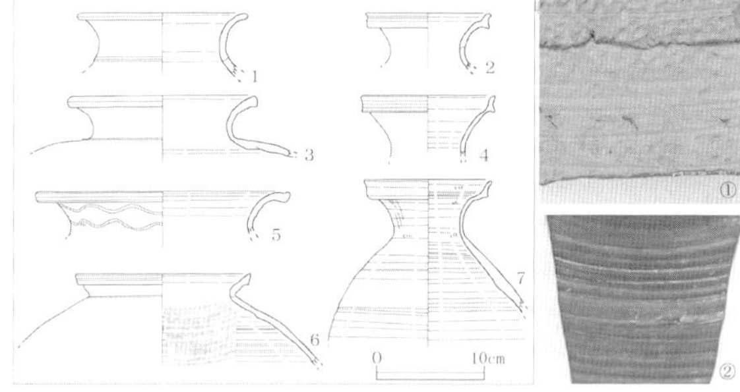

b：高麗陶器の製作技法（1～4：舞将里窯跡　5、6：大宰府史跡　7：博多遺跡群）

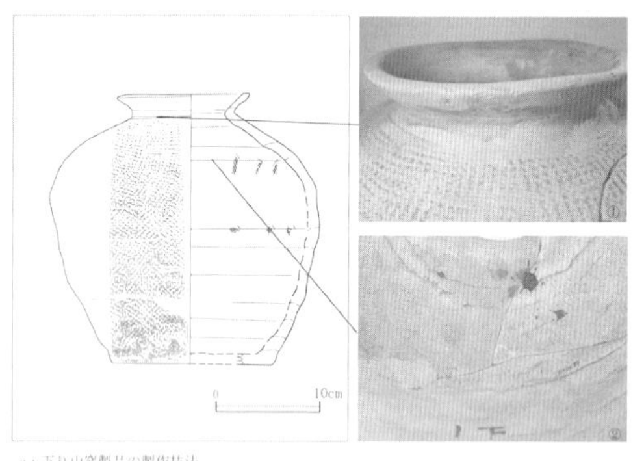

c：下り山窯製品の製作技法

〈그림 10〉 제작 기법의 특징

25) 新里亮人, 『琉球国成立前夜の考古学』, 同成社, 2018.

가마터 조사 이래 30년 이상이 지난 현재, 요업 생산으로 보는 류큐열도와 한반도의 교류까지 논의가 진전되고 있는데 여기에서 주의해야 할 것은 이하의 점이다.

1 : 가무이야키 도기 가마터는 재지 토기의 제작기법에서 발전한 형태가 아니라 외부로부터 기술 도입에 의해 탄생한 류큐열도에서 가장 오래된 요업 생산 자취이며, 더욱이 농경과 교역으로 지탱되던 사회의 성립이라는 역사적 전환기에 출현했다는 중요성을 지닌다.

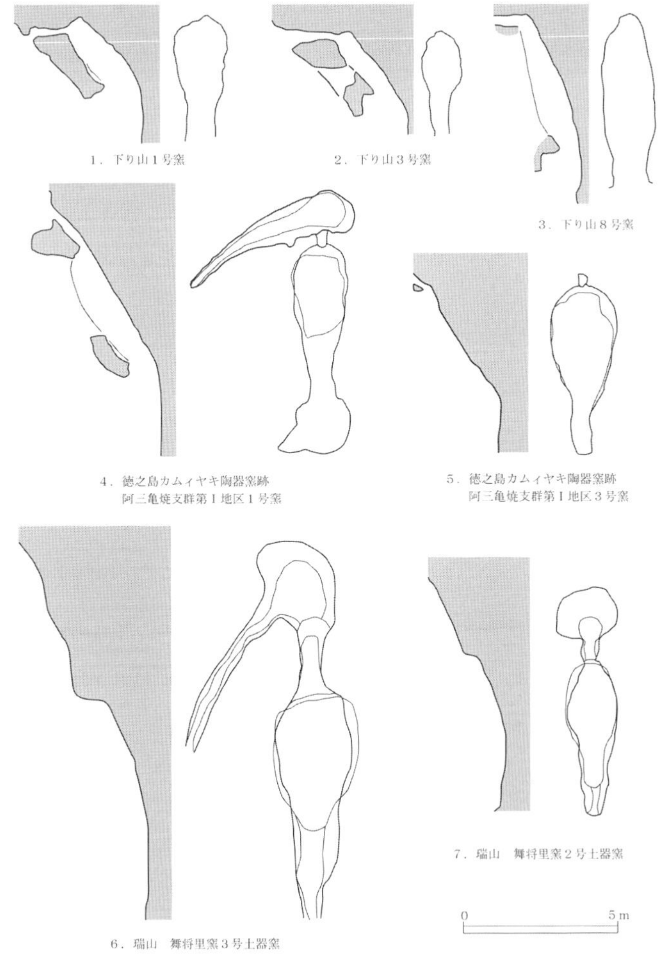

〈그림 11〉 구다리야마 가마, 도쿠노시마 가무이야키 가마, 무장리 가마의 구조

2 : 가무이야키와 규슈 남부의 요업 생산 자취에서 확인되듯이 중국 도자기를 원형으로 한 기종이 일정량 생산되었고(그림 11, 그림 12), 바다를 건너온 박래품의 보급과 정착이라는 중세 일본의 생활 문화가 지역의 요업 생산에도 반영되었다.

〈그림 12〉 가무이야키와 중국도자기의 형태 비교

가무이야키의 중요성을 이런 측면에서 생각한다면, 가무이야키 도기 가마터는 류큐열도와 한반도와의 지역 관계의 확실한 물증이며, 또한 가무이야키의 성립과 유통을 둘러싼 역사에는 도서(島嶼)의 사회사와 일본 열도, 중국을 포함한 동아시아의 광범위한 교류·교역의 증거가 응축되어 있다는 점은 확실하다. 도쿠노시마의 산 속에 남겨진 요업 생산 자취는 중세 동아시아의 역사·문화·경제의 동향을 알 수 있는 중요한 학문적 가치를 지닌 문화유산인 것이다.

2. 고려 도공과 상인의 발자취

11세기 전후 아마미 군도의 유적에서는 고려 도기와 초기 고려청자가 발견되기도 한다(그림 13). 이들은 가무이야키와 중국 도자기만큼 많이 출토되지는 않으며 상품 유통의 거점 유적인 기카이지마와 요업 생산의 본거지였던 도쿠노시마 등 특정의 섬에서 높은 빈도로 출토되는 경향이 있다. 또 규슈 섬에서도 보편적으로 대량으로 출토되지는 않고 북부 규슈와 서북 규슈의 제한된 유적에서 출토되기 때문에 수출용 대량 생산품이라기보다는 도래인이 생활에서 사용하는 일용품으로 반입된 것으로 보는 편이 이해하기 쉽다.

류큐열도에서 출토된 한반도산 식기류도 요업 기술을 전한 도공이나 물자 운반에 관여하던 상인의 휴대품으로 섬들로 들여왔을 가능성을 생각할 수 있다. 이 점에 주목하면 도쿠노시마의 가무이야키 도기 가마터가 한반도로부터 요업 기술의 도입에 의해 성립되었을 개연성은 상당히 높으며, 나아가 사람의 이동을 동반한 요업 기술의 이전이었다고 생각할 수 있다.

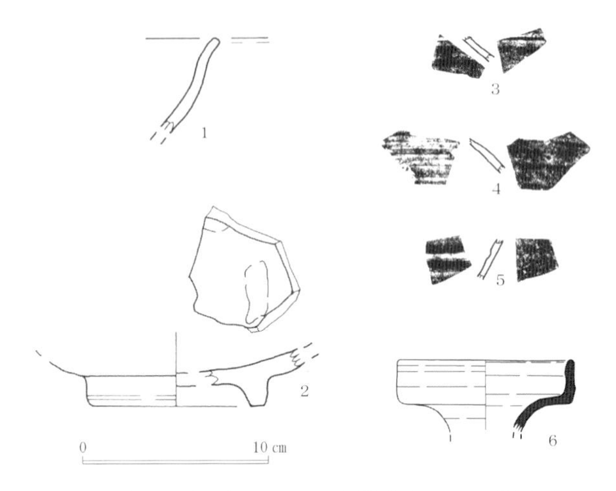

1・2　初期高麗青磁（川嶺辻遺跡）、3～6：高麗陶器（3～5：川嶺辻遺跡、6：前当り遺跡）

〈그림 13〉 아마미군도에서 발견된 초기 고려청자와 고려도기

3. 요업 기술에서 본 류큐열도와 한반도의 교류

그렇다면 가무이야키와 고려 도기의 관계에서 류큐열도와 한반도의 교류에 대해 생각해보도록 보자. 최근 연구에서 가무이야키가 출현한 정확한 연대가 문제시되고 있는데, 상정되는 성립 연대와 요업 기술이 도입된 역사적 상황에 대해 사견을 제시하는 것으로 논문을 마무리하고자 한다.

지난 몇 년간 아마미 군도에서는 가무이야키의 도기 가마터 성립 시기의 취락흔적과 수전흔적의 조사가 진행되고 있는데, 도쿠노시마의 취락흔적에서는 가무이야키가 11세기 전반 무렵의 재지 토기와 동반되는 사례가 확인되었다. 이들은 중국 도자기와 재지 토기가 포함된 유구면보다 아래의 퇴적층에서 출토되는 경향이 있기 때문에, 가무이야키의 성립 시기는 종전보다 50년 정도 오래된 11세기 전반까지 거슬러 올라갈 가능성을 고려하지 않으면 안 되게 되었다. 이를 증명하기 위해서는 가마터 출토 자료를 재검토하여 11세기 중반에 자리매김한 형식과 명확히 분리하고, 또한 소비유적에서 이들이 11세기 전반의 유물과 공존하는 사례를 재차 확인하는 학문적 절차가 필요하다. 만일 가무이야키의 출현 시기가 종전보다 약간 이전이라면 그 성립 계기에 대해서도 재검토해야 할 여지가 생기게 되는 것이다.

필자는 가무이야키의 도기 가마터 성립 시기를 11세기 중반으로 보고 있으며, 그 성립 계기로 일본 유일의 국제 무역항 하카타에서 전개된 일송(日宋) 무역과 일려(日麗) 무역을 상정해 왔다. 일려 무역의 기록은 11세기 후반 이후에 확인되기 때문에 가무이야키 도기 가마터의 성립이 예상보다 오래되었다면 가무이야키는 일려 무역의 기록 이전에 출현한 것이 된다. 즉, 성립 배경에 대한 해석을 재검토하지 않으면 안 된다. 일본 중세가 시작되기 직전까지는 고로칸(鴻臚館)에서 공적으로 관리된 무역 활동이 전개되었는데, 도쿠노시마의 고려 도공 초빙도 자유로운 상업 활동의 결과가 아니라 공권력이 관여하여 달성되었을 가능성도 상정하지 않으면 안 된다. 따라서 향후 동아시아의 10세기, 11세기의 동향에 대해서도 다시 주목하는 연구 시야가 요구되는 것이다.

신자토 아키토(新里亮人) | 구마모토대학교
번역: 황진 | 부경대학교

대가야의 묘제와 왜계 고분

Ⅰ. 머리말

삼국시대 가야 묘제는 매장시설 제작에 사용된 재료를 비롯하여 구조와 매장방식에 따라 크게 목관묘와[1] 목곽묘, 석곽묘, 석실묘로 구분된다.[2] 이러한 매장시설은 시간이 지남에 따라 목관묘→목곽묘→석곽묘→석실묘로의 대략적인 변화 과정을 보이고, 또한 각 권역별 수장층 고분을 중심으로 약간의 차이를 나타내고 있다. 이는 당시 한반도 남부 지역 고분 문화의 일반적인 흐름이 반영된 것이다.

'가야'라는 정치체의 실상을 보여주는 묘제는 원삼국시대 목관묘를 대신해 2세기 중엽부터 등장하는 목곽묘로 볼 수 있고, 본격적으로 가

1) 목관묘를 '가야묘제'로 인정할 수 있느냐의 문제에 대해서는 역사 인식에 따라 분명 다른 견해가 있을 것이다. 그러나 '가야'의 태동과 관련된 세력, 지역과 연동되는 묘제임에는 틀림없을 것이다. 다만, 대가야와 직접 관련 있는 목관묘는 아직 상정하기 어려우므로 본고에서 목관묘는 제외한다.

2) 삼국시대 묘제 연구에서 봉분의 규모, 매장시설과 방법 등에 따라 다양한 분류, 용어가 사용되고 있으나 여기에서는 가장 기본적인 매장시설을 중시하여 크게 목관묘, 목곽묘, 석곽묘, 석실묘(횡구식, 횡혈식) 정도로만 구분하고자 한다.

야 수장층에 의해 대형목곽묘가 축조되던 시기는 대략 3세기 중엽경에 해당한다. 이때에 이르러 김해 대성동고분군에는 입지와 규모, 부장유물 등에 있어 이전 시기와 큰 차이를 보이는 대형 목곽묘들이 등장하기 시작한다. 특히 김해 대성동29호분은 구릉에 단독으로 입지한 대형목곽묘로 순장이 최초로 확인되고, 피장자의 발치 쪽에 토기를 대량 매납한 부장공간을 마련한 것도 확인되었다. 이어서 축조된 대성동13호분부터는 피장자 발치 쪽에 주곽과는 별도의 토광을 파고 부곽을 설치한 이혈주부곽식(異穴主副槨式)목곽묘로 발전하게 되는데, 이는 소위 신라식 목곽묘라 불리면서 경주와 그 주변지역에서 유행한 동혈주부곽식(同穴主副槨式)목곽묘와 대비된다.

가야 묘제는 5세기를 전후한 시기부터 석곽묘로 전환되기 시작하였고, 이후에는 고대(高大)한 봉분을 갖춘 고총으로 발전하여 가야권역 내 곳곳에서 석곽묘를 매장시설로 한 고총고분군이 조영되었다. 5~6세기에는 가야 각 권역이 정치 · 사회적으로 발전하면서 대형고분이 본격적으로 조영되는데, 이 때 고령 지산동고분군(대가야), 고성 송학동고분군(소가야), 함안 도항리고분군(아라가야) 등의 중심 고분군 내에서는 대형석곽묘가 축조된다. 또한 중소형 규모의 고분군에서도 활발히 축조되면서 폭발적인 고분의 증가가 나타난다. 이러한 석곽묘는 길이와 너비의 비율이 5:1 이상의 세장방형이 일반적이고, 이는 신라의 장방형 석곽묘와 대비된다.

6세기로 접어들면서 가야지역에는 석실묘가 지역 수장층을 중심으로 축조되기 시작한다. 석실묘는 석실 단벽을 그대로 입구로 사용한 횡구식과 석실로 진입하는 널길을 마련한 횡혈식으로 구분되는데, 횡구식석실은 합천지역에서 일부 확인될 뿐 가야지역 내 석실묘는 거의 대부분이 횡혈식석실에 해당하고, 크게 2개의 유형으로 구분된다. 첫 번째는 고령 고아동벽화고분을 조형으로 하는 일명 고아동식 석실로,[3] 좌·우 편재형 연도와 장폭비 2:1 내외의 장방형 평면형태가 기본 구조이고, 천장은 궁륭형 또는 터널형에 해당한다. 두 번째는 진주 수정봉·옥봉고분군을 조형으로 하는 일명 수정봉식 석실로,[4] 중앙연도와 장폭비 3:1 내외의 세장방형 평면형태가 기본 구조이고, 천장은 수직 또는 제형(梯形)에 해당한다. 고아동식 석실은 주로 고령·합천지역의 대가야권역 내에서 확인되고, 수정봉식 석실은 고성·진주·의령·함안지역의 소가야·아라가야 권역 내에서 주로 확인된다.

3세기 중엽 이후 목곽묘→석곽묘→석실묘의 단계적 변화를 보인 가야 묘제는 562년 대가야 멸망 이후에는 사천 월성리, 의령 운곡리, 합천 저포리·삼가고분군에서 확인되는 1:1 내외의 방형 평면형태와 좌·우 편재형 연도가 설치된 석실묘로 대체되고, 이는 역시 비슷한 시기 신라지역에서 유행한 방형 석실묘와 비슷한 전개양상을 보이는 것으로 판단된다.

가야는 권역별 토기 양식이 서로 다르게 나타나듯이 묘제의 수용과 전개 과정도 각 권역별로 약간의 차이를 나타내고 있으며, 이는 역시 당시 수장층의 성격과 정치적 동향과도 관계가 있을 것이다. 따라서 본고에서는 매장시설을 중심으로 목곽묘, 석곽묘, 석실묘로 구분하여 개괄적 설명과 함께 대표유적을 소개하면서 대가야 묘제의 특징과 변화양상에 대해 살펴보고자 한다. 그리고 가야지역에서 확인되는 6기의 왜계

3) 曺永鉉, 「三國時代 橫穴式石室墳의 系譜와 編年硏究 - 漢江 以南 地域을 中心으로 -」, 忠南大學校 碩士學位論文, 1990.

4) 曺永鉉, 위의 논문, 1990.

고분은 남해안일대에 주로 분포하고 있어 기왕에는 대가야와의 관련에 대한 언급이 부족하였던 부분에 대해 왜계 고분의 출현 배경 등에서 대가야와의 관련성을 지적하고자 한다.

Ⅱ. 목곽묘

목곽묘(木槨墓)는 피장자가 안치된 목관을 그 보다 규모가 큰 별도의 목곽이 감싸고 있는 무덤을 말한다. 목곽묘의 축조는 목관묘와 마찬가지로 묘광을 굴착한 다음 판재를 사용한 목곽을 설치하고 피장자를 안치한 뒤, 빈 공간에 유물을 부장하여 봉토를 축조하는 것으로 마무리 된다. 이러한 목곽묘의 개념에 대해서 김용성은[5] 다음과 같이 분류하였다. 첫째, 피장자를 직접 보호하거나 신변유물 이외에 유물을 포함하고, 둘째, 피장자를 보호하는 관을 다시 보호하며, 셋째, 부장유물을 포함하지 않는 경우라도 피장자가 안치되고 남은 공간이 인정될 경우에 목곽묘가 성립되는 것으로 보았다.

그러나 최근 이러한 관과 곽의 분류에 있어 논란이 되고 있는데, 이는 발굴조사 된 유구에서 토층만으로는 목관묘와 목곽묘의 구분이 명확하지 않고, 목곽 내에 목관이 확인되지 않은 경우가 대부분이기 때문이다. 이에 자료를 해석하는 연구자 간의 견해 차이가 큰데, 우선 목관과 목곽의 구조적 차이점에 대해서 간략하게 살펴보면 다음과 같다.

5) 金龍星, 『新羅의 高塚과 地域集團-大邱·慶山의 例』, 춘추각, 1998.

〈그림 1〉과 같이 목곽묘의 경우 묘광을 굴착한 후 목곽을 설치하고 주변을 흙으로 충전한다. 이후 목곽에 피장자와 유물을 부장한 후 목곽의 상판(덮개) 상부에 유물을 부장하고, 마지막으로 성토를 실시한다. 목곽은 일반적으로 관을 보호하는 2차적인 시설 혹은 구조로, 매장이 이루어지는 현장에서 설치하는 경우가 일반적이고, 피장자와 유물을 부장하는 공간이 별도로 구분되는 경우가 많다.

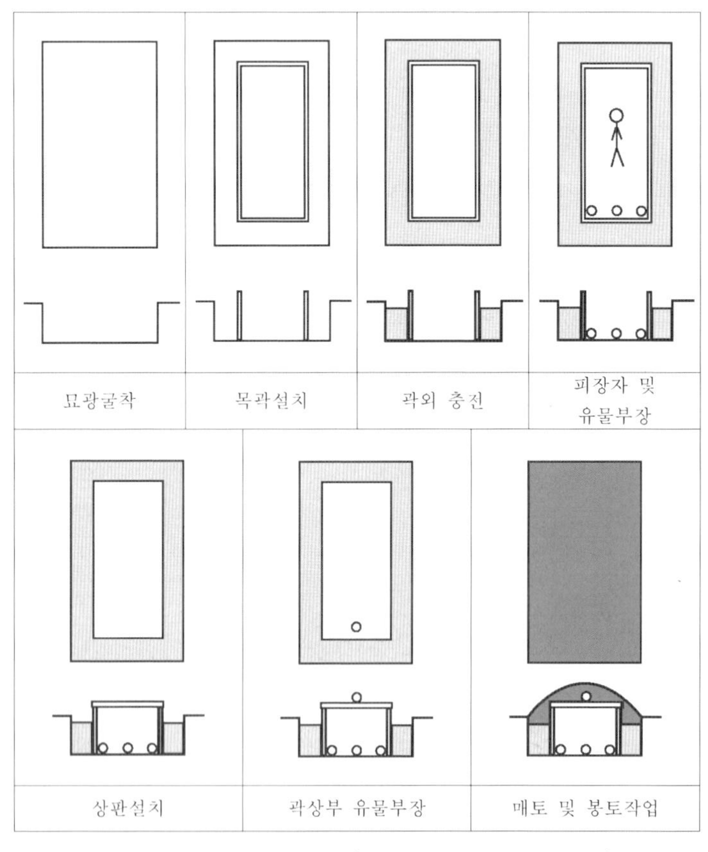

〈그림 1〉 목곽묘 축조모식도(홍지윤 2012, 수정 후 인용)

특히 목관 내에는 기본적으로 피장자 주변에 매납된 유물을 제외하고는 부장품의 양이 빈약한 것에 비해 목곽의 경우 유물이 다수 부장되어 관과 곽의 중요한 구분의 기준이 되기도 한다.

목곽묘의 구조를 분석할 때 검토의 대상이 되는 주요 속성을 정리하면, 평면형태, 유물의 조합과 배치, 충전토, 봉토, 시상, 부곽 등이 있다.[6] 목곽묘 이후에 등장하는 석곽묘나 석실묘와 달리 매장시설을 구성하고 있는 여러 요소 중에서 검토의 대상이 되는 속성이 적은 편이다.

목곽은 크게 피장자와 부장유물의 위치 및 묘광의 굴착에 따라 단곽식과 주부곽식으로 구분된다. 유물은 피장자의 발치 쪽과 두향 쪽, 그리고 피장자의 좌우 신변 주변에 부장하는데, 이는 유물 부장위치에 따라 목곽묘를 분류하는 중요한 기준이 되기도 한다. 목곽 내부에 대한 장례절차가 완성되면 목곽의 뚜껑을 닫은 뒤 지표면에 걸쳐서 목개를 덮고, 그 위에 약간의 봉분을 쌓음으로서 완성하는 것이 기본 구조이다. 이러한 과정에서 피장자가 안치되는 부분을 중심으로 할석을 일정한 간격으로 배치하거나 작은 자갈을 한 벌 깔아 시상을 설치한 것도 있으며, 묘광과 목곽 사이에 흙으로만 채워 넣은 것과 돌을 섞어서 충전한 것, 할석을 쌓아 충전한 것 등으로 구분된다.

가야지역에서 목곽묘가 본격적으로 조성되는 시기는 대략 3세기 중엽경으로 추정되는데, 이때에 이르러 김해 대성동29호분과 같은 대형화된 목곽묘가 우월한 입지를 선점하면서 유물이 다량으로 부장됨과 동시에 무기의 집중화가 이루어지기 시작한다. 목곽묘에서 확인되는 규모의 대형화와 유력 개인에 의한 철제무기의 집중 소유라는 현상은 단순히

6) 李在賢, 「嶺南地域 木槨墓의 構造」, 『嶺南考古學』 第15號, 嶺南考古學會, 1994.

고고자료상의 변화에 그치는 것이 아니라 당시 사회에 있어서 중대한 변화가 있었음을 반영하는 것으로, 가야 정치체의 형태가 이때부터 형성되었음을 의미하는 것으로 이해되기도 한다.7)

대가야의 목곽묘는 고령지역은 물론, 권역 내로 범위를 넓혀도 현재까지 극소수만 확인되었다. 대가야의 중심지인 고령지역에서는 지표 및 시굴조사 정도만 이루어진 반운리고분군을 시작으로 1995년에 목곽묘 3기가 조사된 쾌빈동고분군이 전부였기 때문에 고령지역을 중심으로 한 대가야 목곽묘는 기본적인 양상조차 밝혀내기 어려웠다. 다만 합천 옥전고분군에서 목곽 뒷면에 할석을 충전보강석으로 사용한 주부곽식 구조의 M1~M3호분이 조사되면서 대가야권역 내 상위 계층이 조성한 목곽묘의 단편을 확인할 수 있었다.

우선 대가야 목곽묘 중에서 가장 이른 시기로 평가받는 반운리고분군은 장방형~세장방형 평면형태의 중·소형급 규모라는 것 외에는 크게 알려진 바가 없고, 지표에서 채집된 토기에 의해 유적의 조성 시기는 4세기 전~중엽으로 추정된다. 이후 조사된 쾌빈동12호는 대가야 목곽묘가 본격적으로 등장하는 것으로 볼 수 있는데, 장방형 평면형태의 단곽식 목곽묘이다. 유적의 조성 시기는 4세기 중엽 이후로 볼 수 있고, 고분의 입지와 출토유물로 본다면 바닥 일부에 시상이 마련된 쾌빈리1호가 다소 후행하는 양상이다. 그러나 묘제의 규모는 물론 출토유물 면에서도 빈약하기 때문에 당시 대가야의 최고지배계층의 무덤으로는 보기 어렵다.

그러던 가운데 2007년 대가야 왕묘군인 지산동고분군에서 73호분이

7) 權龍大, 「玉田古墳群 木槨墓의 分化樣相과 位階化에 대한 一考察」, 慶尙大學校大學院 史學科 碩士學位論文, 2005.

조사되었고, 내부 매장시설은 목곽묘로 밝혀져 주목을 받게 되었다. 사실 지산동73호분이 조사되기 전까지 지산동고분군에서는 목곽묘가 조성되지 않았을 것으로 인식하였는데, 지산동73호분의 등장은 반운리-쾌빈리-지산동으로 이어지는 대가야 목곽묘에 대한 인식을 재고하는 계기가 되었다.

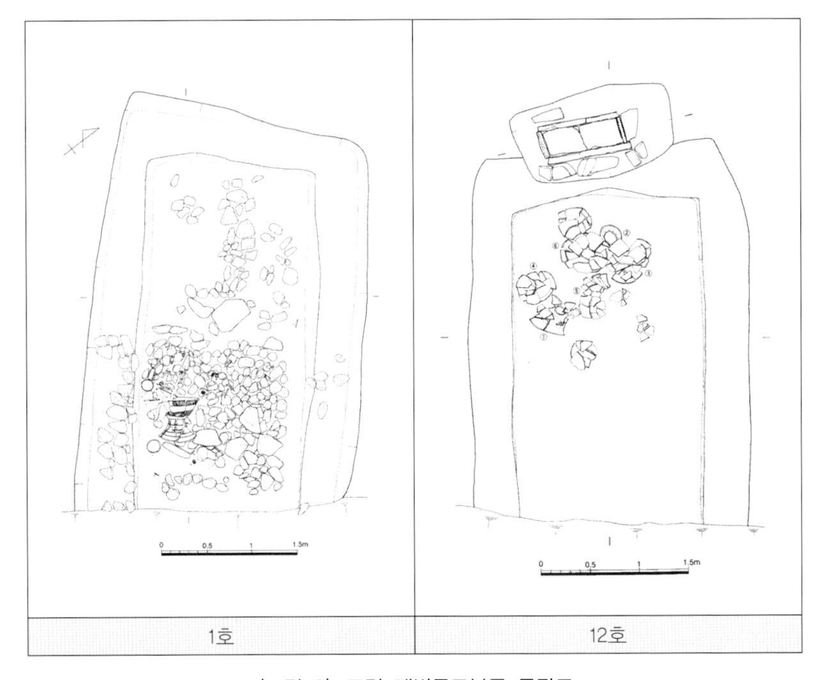

〈그림 2〉 고령 쾌빈동고분군 목곽묘

지산동73호분은 매장시설이 목곽묘임에도 불구하고 대형봉토와 호석을 갖춘 구조라 주목되는데, 내부에 설치된 목곽은 주부곽식목곽묘에 해당하고, 묘광을 굴착한 후 내부에 주곽과 부장곽을 'T'자형으로 배치한 다음 그 주변으로 할석을 채워 보강한 구조이다. 여기에 순장곽 3기가 충전보강석 부분에 설치된 것이 특징이다. 사실 목곽 뒷면에 할석으로 이루어진 충전보강석의 축조 상태가 매우 정연하여 마치 석곽묘를 보는듯한 착각을 불러일으키기도 하나, 이는 고총의 출현과 더불어 목곽묘 말기에서 석곽묘 초기 사이에 걸치는 과도기 형태라는 견해도 있다.[8]

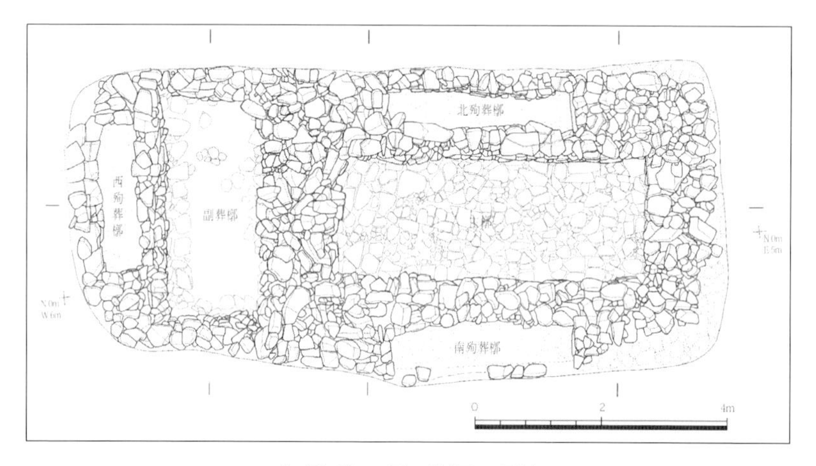

〈그림 3〉 고령 지산동73호분

Ⅲ. 석곽묘

석곽묘(石槨墓)는 가야를 대표하는 묘제이자 가장 발달하였을 시기에 성행하였던 묘제이다. 석곽묘란 일반적으로 능선의 정상부나 구릉, 평지 등에 땅을 굴착하고, 판석이나 할석으로 네 벽을 만든 다음, 위로부터 아래로 시신 또는 목관을 넣고 뚜껑을 덮어 매장을 끝내는 묘제로

8) 조영현, 「고령 지산동 제73~75호분의 축조양상과 기술」, 『대가야의 고분과 산성』, 대가야박물관 · (재)대동문화재연구원, 2014.

정의한다.[9] 또한 목관·목곽묘와 달리 석곽을 제작하기에 알맞은 크기로 치석한 할석을 사용하여 축조한 일종의 석축묘(石築墓)로 볼 수 있고, 시신을 위에서 아래로 내려 안치하는 종적 개념의 매장방식을 따르고 있기 때문에 목관묘, 목곽묘와 같이 수혈식(竪穴式)의 개념을 중요시하고 있음을 알 수 있다. 따라서 매장시설의 한쪽 벽을 개방하여 수평적 개념으로 시신을 안치하고 추가장이 가능한 횡구·횡혈식석실과 달리 원칙적으로 추가장이 불가능한 구조로 볼 수 있다.

일반적으로 수혈식석곽묘는 세장방형 또는 장방형의 묘광을 굴착하고, 묘광 내에 할석 또는 판석 등을 쌓아서 석곽을 만든 후, 내부에 시신과 부장품을 안치하고 석개 또는 목개로 영구 밀폐한다. 분포권역은 경주를 제외한 영남 전역과 금강유역, 지리산 서북권, 섬진강 이서지역 일부 등으로 확산되면서 대규모 봉분을 가진 고총의 내부 매장시설로 채용되는 등 가야권역 내에서 주로 확인되는 묘제이다.[10]

석곽묘를 포함한 수혈식 묘제의 축조공정은 크게 ①묘지의 선정 → ②묘광의 굴착 → ③매장시설 축조 → ④피장자(목관)안치 및 부장품 부장 → ⑤매장시설 밀봉 → ⑥봉분조성 등의 대략 6단계의 과정을 거친다. 그리고 축조공정에서 고분의 위계에 따라 부곽, 순장곽, 배장곽 등이 확인되어 다소 복잡한 양상으로 나타나기도 한다.

이러한 석곽묘의 출현과 계통에 관해서는 기왕의 연구에서 일부 언급되었으나 현재까지 일치된 시각을 보이지 않고 있다. 크게 ①지석묘 하부구조(석관묘)계승론,[11] ②외래계 묘제 구조 계승론,[12] ③자체발생론[13]

9) 金世基, 「竪穴式墓制의 硏究 : 가야지역을 中心으로」, 『韓國考古學報』 17·18合輯, 韓國考古學會, 1985.

10) 국립가야문화재연구소, 『가야고분 축조기법 I』, 2012.

등으로 요약해 볼 수 있다. 그리고 자체발생론과 외래계 묘제 구조 계승론의 절충으로 앞선 시기 목곽묘의 묘제를 계승하여 외래계 묘제의 일부 구조적 특징을 채용하여 가야 특유의 무덤 형태로 보기도 한다.[14] 최근에는 초기의 석곽묘는 앞 시기 목곽묘와는 곽을 돌로 만드는 것 외에는 거의 동일하며, 기존 목곽묘의 구성요소에 목곽을 석곽으로 대체한 것으로 추정하였다. 그리고 석곽묘가 등장하는 시기의 주변지역 매장시설이 나무와 전에서 돌로 변화되는 국제적인 환경에 적극적으로 대처하고자 수혈식석곽묘가 조영되었다고 보는 견해도 있다.[15] 결국 석곽묘의 출현은 석재 사용의 기술적인 도입이 외래적이건 자체발생적이건 간에 기본적으로 앞선 시기의 목곽묘 구조의 계승이라는 것에는 대부분의 연구자들이 인식을 같이하고 있는 것으로 파악된다.

가야 석곽묘의 기본 구조는 〈그림 4〉와 같이 장방형 석곽 내부에 피장자와 부장품 공간이 '日'자로 배치된 것이 일반적이다. 시상은 천석 또는 소형할석으로 마련하였다.

5세기 이후부터 봉분의 크기 및 고분군의 규모와 관계없이 매장시설의 구조로서 이러한 석곽묘가 주류를 이룬다. 이는 동시기 고구려·백제·신라의 묘제와 구분되는 뚜렷한 특징이다. 그리고 가야 각 권역에서는 대형 봉토를 갖춘 고총이 등장하면서 석곽묘 역시 각 권역별 축조

---

11) 金世基, 앞의 논문, 1985.

12) 洪潽植, 「竪穴式石槨墓의 型式分類와 編年」, 『伽耶古墳의 編年研究Ⅱ』, 第3回 嶺南考古學會學 術發表會 發表 및 討論要旨,嶺南考古學會, 1994.

13) 崔秉鉉, 『新羅古墳研究』, 一志社, 1992.

14) 朴廣春, 「伽耶의 竪穴式石槨墓 起源에 대한 研究」, 『考古歷史學誌』 8, 東亞大學校博物館, 1992.

15) 홍보식, 「수혈식석곽과 조사방법」, 『中央考古研究』 第6號, (財)中央文化財研究院, 2010.

〈그림 4〉 가야 석곽묘 기본 모식도

방법이나 구조에서 차이를 나타내는 것으로 파악된다. 따라서 가야의 석곽묘는 각 권역별로 어떠한 양상과 특징을 나타내는지를 중심으로 살펴보고자 한다.

대가야의 석곽묘는 왕묘역인 고령 지산동 고분군을 중심으로 다수 조사되었고, 본관동·쾌빈동·도진리고분군 등에서도 확인되었다. 또한 고령지역 외에도 황강 유역, 남강 상류역, 섬진강 유역, 금강 상류지역에서도 대가야양식 토기가 다수 부장된 석곽묘가 확인되어 가야권역 내에서 가장 넓은 분포권을 나타낸다. 특히 지산동고분군은 고령 주산에서 남쪽으로 뻗은 주능선 정상부와 주능선에서 뻗은 가지능선의 경사면에 수백기에 달하는 고분이 분포하고 있고, 이 중 일부는 직경 20m 이상의 대형 봉토분에 해당하는데, 그 매장시설은 대부분 석곽묘로 판단된다. 이러한 대형 봉토분은 주능선의 정상부에 분포하고, 중형 봉토고분은 가지능선에 입지하며, 중소형고분은 대형과 중형 봉토고분이 위치한 능선 사면에 고루 분포한다. 가야권역 내에서 단일 고분군으로는 가장 규모가 크고, 위계화 된 묘역을 조영한 것으로 볼 수 있다.

매장시설 구조에 따라 크게 주부곽식과 단곽식으로 나뉘는데, 대형봉토분을 중심으로 확인되는 주부곽식은 대부분 이혈주부곽식 구조이나 예외적으로 지산동75호분은 동혈주부곽식에 가깝다. 평면상에서는 주곽과 부곽의 배치가 '二'자형 또는 'T' 자형을 이루고 있으나 두 형태가 복합적으로 나타나기도 한다.

1. 주부곽식

주부곽식 석곽묘는 거대한 규모와 함께 내부 공간 활용에서 탁월하다. 현재까지 조사된 바로는 지산동 30 · 44 · 45 · 75호분이 해당되어 대가야 최고위계의 석곽으로 볼 수 있다. 대가야권역 내 최대급에 해당하는 44호분은 주곽과 함께 2기의 부곽이 설치되었는데, 남곽은 주곽과 나란하게 '二'자형으로, 서곽은 주곽과 직교되어 'T'자형으로 배치된 복합적인 구조이다. 반면, 45호분은 1기의 부곽을 가지며 '二'형으로 주곽과 나란하게 배치되어 있고, 30 · 75호분은 'T'자형으로 배치되어 있다.

석곽은 장단비 5:1의 세장방형 평면형태이고, 벽석은 장방형으로 반듯하게 치석된 할석을 사용하여 전면 가로쌓기로 쌓았고, 일부는 세로눕혀쌓기로 쌓았다. 벽면 축조는 '품(品)'자형으로 벽석의 수평선을 상하교차 시키면서 수직으로 쌓았고, 네벽의 모서리부분은 맞물리게 하였다. 시상은 주곽의 경우 기본적으로 소형할석이나 자갈을 사용해 바닥에 한벌 깔았으나 45호분은 점토정지로 마련하였다. 또한 30호분의 경우 주곽의 바닥 아래에서 피장자가 안치된 별도의 석곽이 확인되어 주목되는데, 주피장자를 안치한 목관의 역할을 대체하였을 것으로 추정된다.

석곽 내부에서는 관정과 꺾쇠가 모두 확인되어 미리 설치된 목곽(목관)또는 복수의 목관이 있었을 가능성이 있다.[16] 목곽(목관)과 시상의 범위에 따라 주곽은 [부장공간]-[피장자]-[부장공간]으로 구분할 수 있다. 또한 주곽 내 부장품 공간을 비롯하여 부곽 내부에서는 각각 최소 1인 이상이 부장 유물과 함께 순장된 흔적이 확인되었다.

---

16) 吉井秀夫, 「대가야계 수혈식석곽분의 "목관"구조와 성격 - 못 · 꺾쇠의 분석을 중심으로 - 」, 『慶北大學校 考古人類學科 20周年 紀念論叢』, 慶北大學校 人文大學 考古人類學科, 2000.

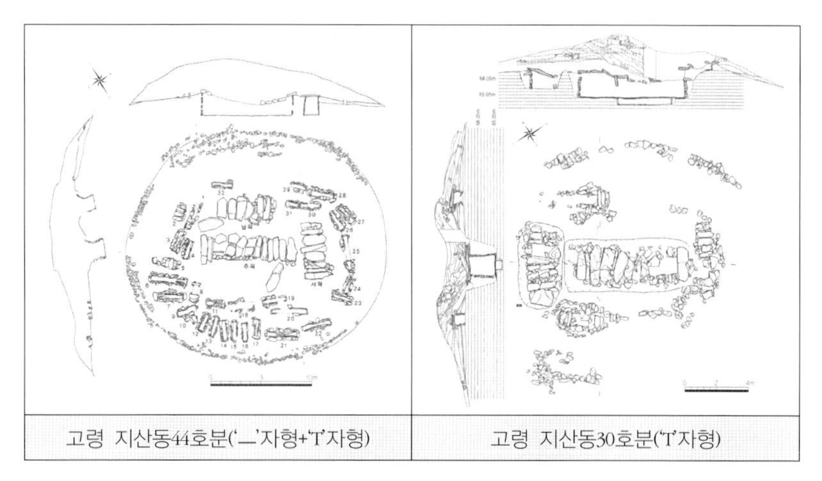

고령 지산동44호분('ㅡ'자형+'T'자형) | 고령 지산동30호분('T'자형)

〈그림 5〉 대가야 주부곽식석곽묘 배치도

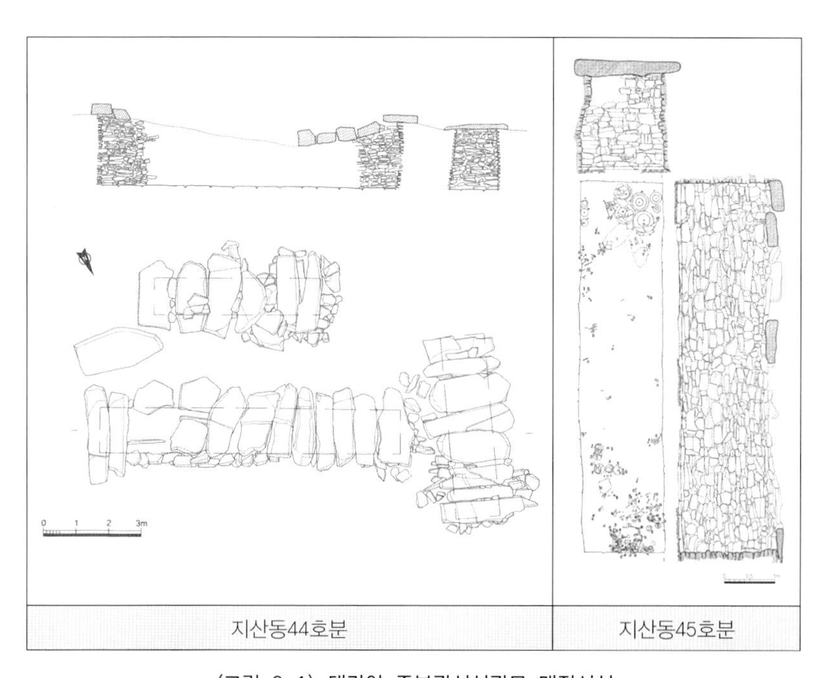

지산동44호분 | 지산동45호분

〈그림 6-1〉 대가야 주부곽식석곽묘 매장시설

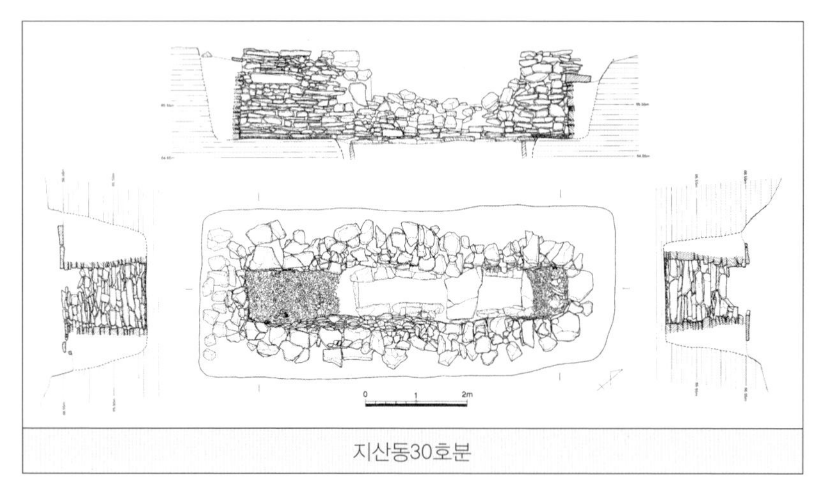

〈그림 6-2〉 대가야 주부곽식석곽묘 매장시설

순장곽은 44호분에서 32기, 45호분에서 11기, 30호분에서 3기, 75호분에서 5기가 확인되어 당시에는 대형봉토분을 중심으로 별도의 석곽을 갖춘 순장이 이루어졌고, 순장곽 내부에서 출토된 유물(금제이식, 환두대도, 마구Set)의 성격으로 볼 때 순장자의 위계도 비교적 상위 신분의 인물이었을 것으로 추정된다. 따라서 고령지역의 대형봉토분 내부에 조성된 주부곽식 구조의 석곽묘는 5~6세기 대가야 최전성기에 활동한 최고 위계층 인물의 무덤이었을 것으로 판단된다.

2. 단곽식

단곽식 석곽묘는 주부곽식 석곽묘와 석곽의 구조 및 축조방식, 내부 공간의 활용은 거의 유사하지만 주곽에 딸린 부곽이 마련되지 않은 것에서 차이를 보이고, 다시 동일한 묘역(봉분) 내에 순장곽이 설치되었는지 혹은 석곽 내부에서의 순장 행위 유무에 의해서 세분화된다.

우선 동일한 묘역(봉분) 내에 순장곽이 설치된 단곽식 석곽묘는 지산동32~35호분이 대표적인데, 본관동고분군에서도 일부 확인된다. 석곽의 구조는 주부곽식 석곽묘와 마찬가지로 [부장공간]-[피장자]-[부장공간]의 3공간으로 구분되어 있고, 목관(목곽)이 복수로 사용된 흔적도 확인된다. 지산동32호분의 경우 발치 쪽의 부장품 공간에서 인골이 출토되어 부장품과 함께 주곽 내에 순장자 1인이 안치된 것을 알 수 있으며, 특히 순장자의 발치부분인 남단벽 아래에서는 금동관이 출토되어 주목된다.

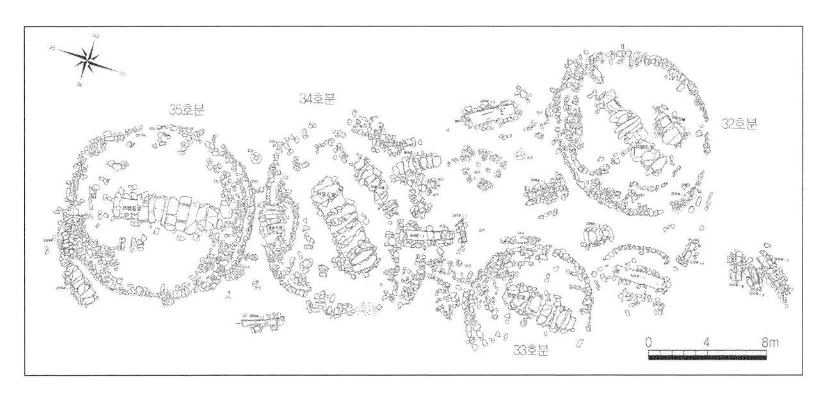

〈그림 7〉 고령 지산동32~35호분 배치도

석곽의 평면형태와 규모, 벽석 축조 방법 및 상태 등은 주부곽식 석곽묘의 주곽과 대동소이하다. 시상은 32호분의 경우는 내곽이 놓이는 부분을 제외한 공간에 자갈을 사용하여 마련하였고, 33호분은 바닥 전면에 마련하였다. 34호분은 판상할석을 사용하여 마치 부장대와 같이 설치하였고, 35호분의 경우는 시상을 따로 마련하지 않는 등 각 고분별로 차이를 나타낸다.

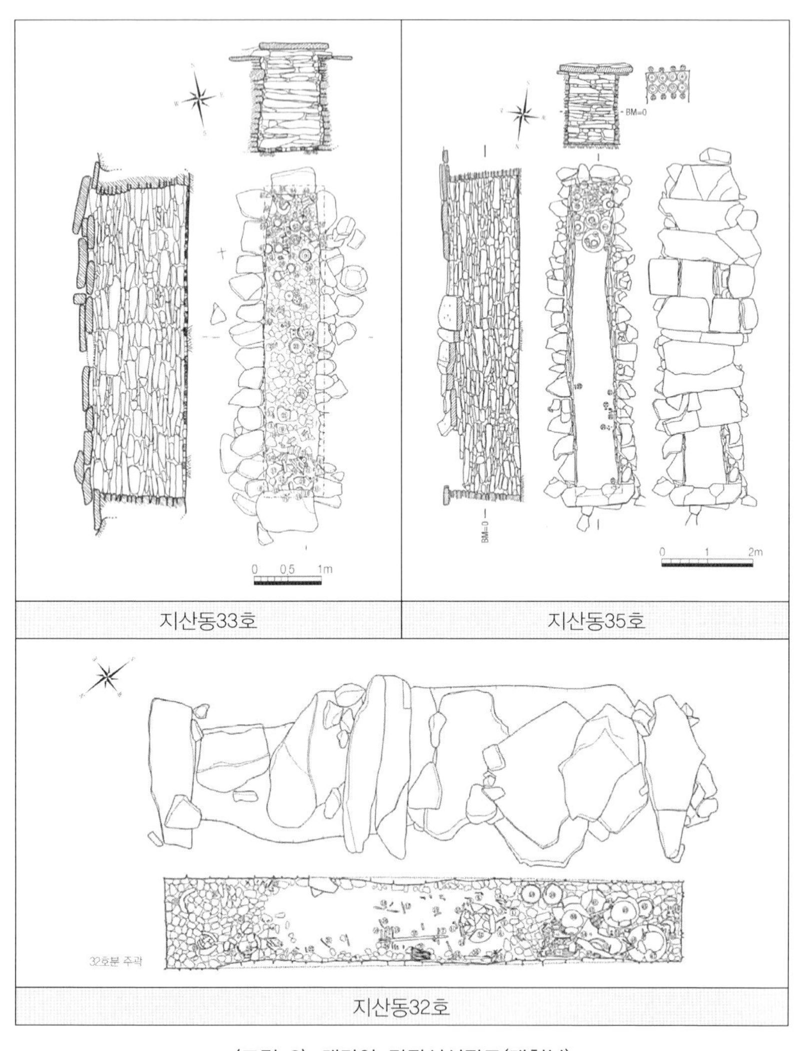

〈그림 8〉 대가야 단곽식석곽묘(대형분)

주곽 내에 순장이 이루어지지 않는 단곽식석곽묘는 석곽의 규모가 현저히 작고, 지산동고분군 내에서 대형봉토고분의 주변에 분포하는 중소형석곽에서 확인되어 가장 많은 개체 수를 차지하고 있다. 석곽 내부는 기본적으로 [부장공간]-[피장자]-[부장공간]의 3공간으로 구분되어 있으나 고분 별로 세부적인 차이가 확인되고, 복수의 목관(목곽) 흔적은 확인되지 않는다.

석곽은 대가야권역 내에서 일반적으로 확인되는 것과 마찬가지로 정연하게 치석된 장방형 할석을 벽석으로 사용하여 가로쌓기 하였다. 시상은 바닥 전면 또는 유물이 부장되는 공간에만 판상할석을 깔아 마련한 경우가 대부분이고, 바닥면을 그대로 사용한 무시설식도 일부 확인된다.

한편, 석곽 내부에 대형의 판석을 사용하여 석관을 조립하고 한 쪽 단벽 가까이에는 판석을 1매 세워 부장공간과 피장공간을 구분한 석곽이 대형봉토분의 순장곽을 중심으로 확인되어 주목된다. 별도의 목관은 사용하지 않은 것으로 보이고, 피장자의 발치 쪽의 부장공간에 유물을 부장한 것으로 파악된다. 시상은 바닥 전면에 석관에 사용된 판석과 유사한 석재를 한 벌 깔아 마련하였다.

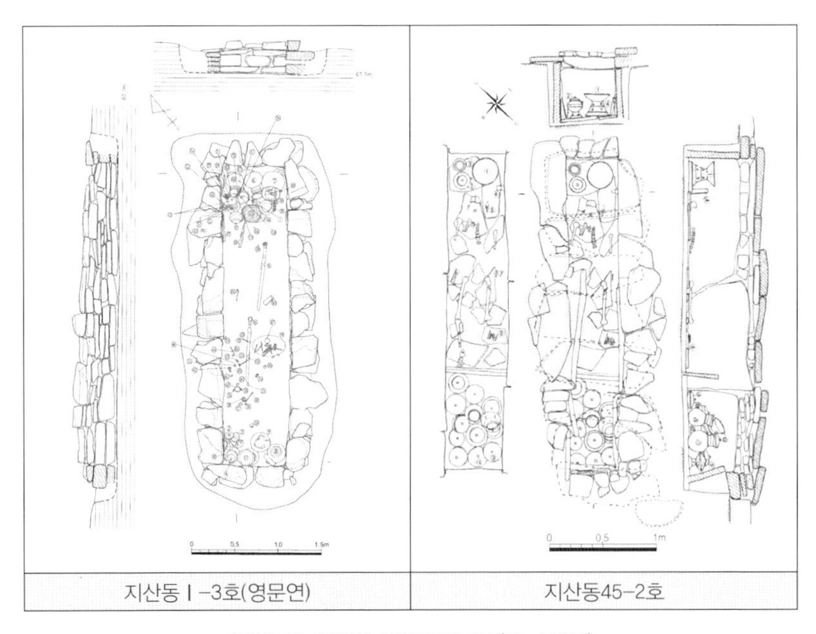

〈그림 9〉 대가야 단곽식석곽묘(중·소형분)

3. 구획성토

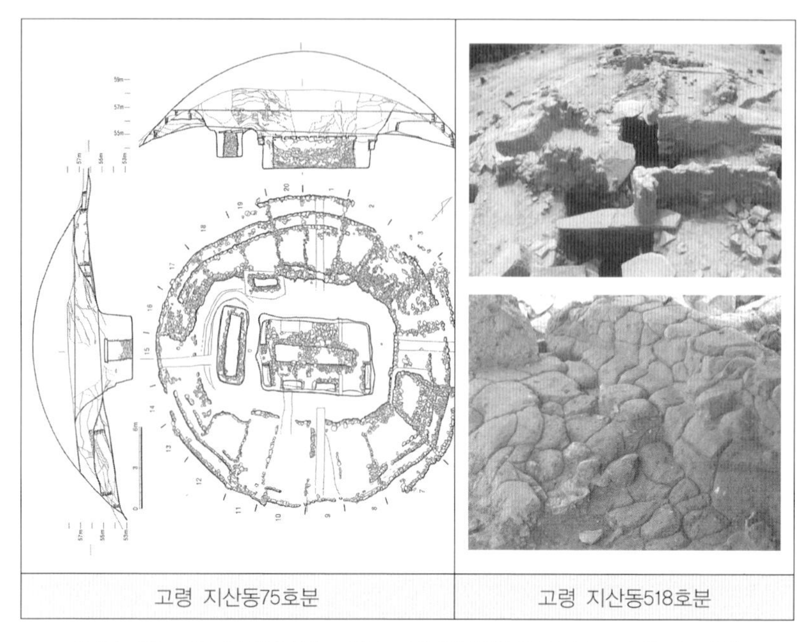

〈그림 10〉 고령 지산동고분군 봉토축조(대가야박물관 2015, 수정 후 인용)

지산동고분군의 대형봉토분 중 최근 조사에서는 구획성토의 흔적이 다수 확인되었는데, 이 과정에서 다량의 토낭(토괴)이 사용된 것이 보인다.

지산동75호분은 총 7단계의 축조공정을 거친 것으로 확인되었고, 봉토 중·상부를 중심으로 다량의 토낭(토괴)가 확인되었다. 토낭(토괴)은 직경 30㎝의 비교적 큰 형태에 해당하고, 대다수가 밀집된 상태에서 찌그러진 모양으로 확인되었다. 토낭은 그 배치 상태로 볼 때, 묘광의 어깨선 부근에서부터 사용된 것으로 추정되고, 목곽묘인 73호분에서도 토낭이 확인되었으나 75호분이 훨씬 더 넓고, 밀집도가 높은 것으로 확인되었다.

지산동518호분은 총 5단계의 축조공정을 거친 것으로 조사되었는데, 〈그림 29〉와 같이 주곽을 중심으로 북서→남동 방향의 구획석열과 함께 다량의 토낭(토괴) 최대 1.2m 높이로 두껍게 쌓인 것이 특징이다. 토낭(토괴)의 크기는 약 15㎝ 내외로 지산동75호분보다는 다소 작은 양상이다.

이러한 토낭(토괴)를 이용한 구획성토는 지산동고분군뿐만 아니라 함안 말이산고분군과 고성 기월리고분군 등 그 확인예가 증가하고 있어 가야의 대형고분 성토과정의 하나의 특징으로 이해할 수 있다.

Ⅳ. 석실묘

가야의 대표 묘제인 석곽묘에 이어서 6세기부터 출현하는 석실묘는 백제의 영향을 받아 등장한 것으로 알려져 있다. 석실은 한쪽 단벽을 입구로 사용하는 횡구식석실묘와 연도와 현실로 구성된 횡혈식석실묘로 구분할 수 있는데 횡구식은 합천 옥전고분군과 청리고분군에서 일부 확인되었고, 금관가야 권역을 제외한 경남 서부 내륙지역, 남강 주변, 남해안 일대의 지역 수장층 묘역을 횡혈식이 축조되었다.

가야지역에 횡혈식석실이 도입된 것은 단순히 축조 기법만 도입된 것이 아니라 추가장도 실제로 이루어지고 있었다는 사실은 묘제의 변화를 넘어 매장관념의 변화도 수반된 것으로 보인다. 아울러 이러한 변화를 가야 각 지역의 수장층이 주도한다는 사실로 보아 석실의 수용과 확산과정은 단순 교류를 넘어 각 권역의 중심 세력과 주변 지역 수장층 사이의 복잡한 관계를 말해주는 것으로 볼 수 있다. 또한 횡혈식석실이 도입되면서부터 백제, 신라, 왜(倭)와의 활발한 교류를 보여주는 사례가 다수 확인되는데, 이는 이 무렵부터 경남 남해안 일대를 중심으로 왜계 고분이 돌연 등장한다는 사실과도 무관하지 않다. 이러한 왜계 고분의 등장은 그 피장자와 재지 수장층과의 관계를 살필 수 있는 매우 중요한 사례로 평가할 수 있다.

가야 횡혈식석실 연구는 일제강점기에 조사 된 진주 수정봉2 · 3호분, 김해 삼산리1호분, 고령 지산동절상천정총이 세상에 알려지면서 시작되었다. 1980년대에 접어들어서는 합천 삼가고분군, 합천 저포리C · D · E지구, 고령 고아동벽화고분, 남원 두락리고분군 등이 조사되어 가야 횡혈식석실 연구에 박차를 가하게 되었다. 1990년대 이후부터는 합천 옥전고분군, 고성 송학동 · 연당리 · 내산리고분군, 진주 무촌리고분군, 사천 월성리고분군, 의령 중동리 · 경산리 · 운곡리고분군, 산청 중촌리고분군, 함안 도항리고분군 등 경남 서남부지역의 남강유역과 남해안 일대로 점차 그 범위가 확대된다. 한편, 고성 송학동고분군 조사를 기점으로 시작된 가야지역 왜계 고분에 대한 논쟁은 거제 장목고분의 조사가 이루어지면서 절정에 이르게 되었고, 이후 사천과 의령지역에서도 왜계 고분이 차례로 확인되어 그 관심은 점점 더 고조되었다.

선행 연구자들의 연구 경향을 살펴보면 가야 횡혈식석실의 출현 배경을 대체로 웅진기 백제에서 구하였다. 세장방형 수혈식석곽의 단벽 중앙에 연도를 부착한 형태인 '수정봉식 석실'이 전형적인 가야 횡혈식석실이고,[17] 이것을 수정봉유형,[18] 중동리유형,[19] 송학동유형[20] 등으로 설정하였다. 그리고 위 연구자들은 이것과 구별하여 장방형 평면형태에 편재형 연도를 부착한 궁륭형(터널형) 천장의 석실을 '고아동식 석실'로 분류하여 웅진기 백제 공주지역 횡혈식석실을 직접 수용한 것으로 상정하였다.

한편, 6세기 전엽부터 조영된 수정봉식이 6세기 중엽경에 등장한 고아동식보다 선행하는 것으로 알려졌는데, 가야 횡혈식석실은 아라가야와 남강 주변의 지역 수장층을 중심으로 도입되어 이후 고성 중심의 소가야권역과 이 외 가야 전 지역으로 확산되며, 고령 중심의 대가야권역은 상대적으로 늦은 시기에 수용한 것으로 볼 수 있다. 석실의 구조는 시간이 지남에 따라 세장방형→장방형→방형으로의 평면 형태의 변화를 인정할 수 있고, 일정 수준 이상으로 정형화 된 석실의 분포권을 형성한 경우는 대가야권역(고령)과 소가야권역(고성) 내에서만 확인된다. 또한 6세기 중엽을 전후하여 권역별 경계 및 교통이 발달한 지역을 중심으로 수정봉식과 고아동식 석실이 복합된 구조도 일부 확인되어 주목된다.

이러한 가야 횡혈식석실은 가야 멸망 직전까지 수장층 묘역을 중심으로 유행하다가 신라에 병합된 이후에는 대체로 고분군 조영이 중단되고, 신라 횡혈식석실로 교체되거나 기존의 고분군과 관계없는 지역에 새로운 고분군이 조영되는 양상으로 나타난다.

---

17) 山本孝文, 「伽倻地域 橫穴式石室의 出現背景 -墓制 變化의 諸側面에 대한 豫備考察-」, 『百濟研究』 第34輯, 忠南大學校 百濟研究所, 2001.

18) 曺永鉉, 앞의 석사학위논문, 1990.

19) 洪潽植, 『新羅 後期 古墳文化 研究』, 춘추각, 2003.

20) 河承哲, 「伽倻지역 石室의 受用과 展開」, 『伽倻文化』 第18號, 伽倻文化研究院, 2005.

남강 이남

6세기 전엽 | 6세기 중엽 | 가야멸망 | 6세기 후엽

도항리47 | 송학동1C-1 | 원당1 | 월성리2

무촌리5 | 운평리M5 | 연당리18 | 월성리1

〈그림 11-1〉 가야 횡혈식석실 편년(김준식 2013)

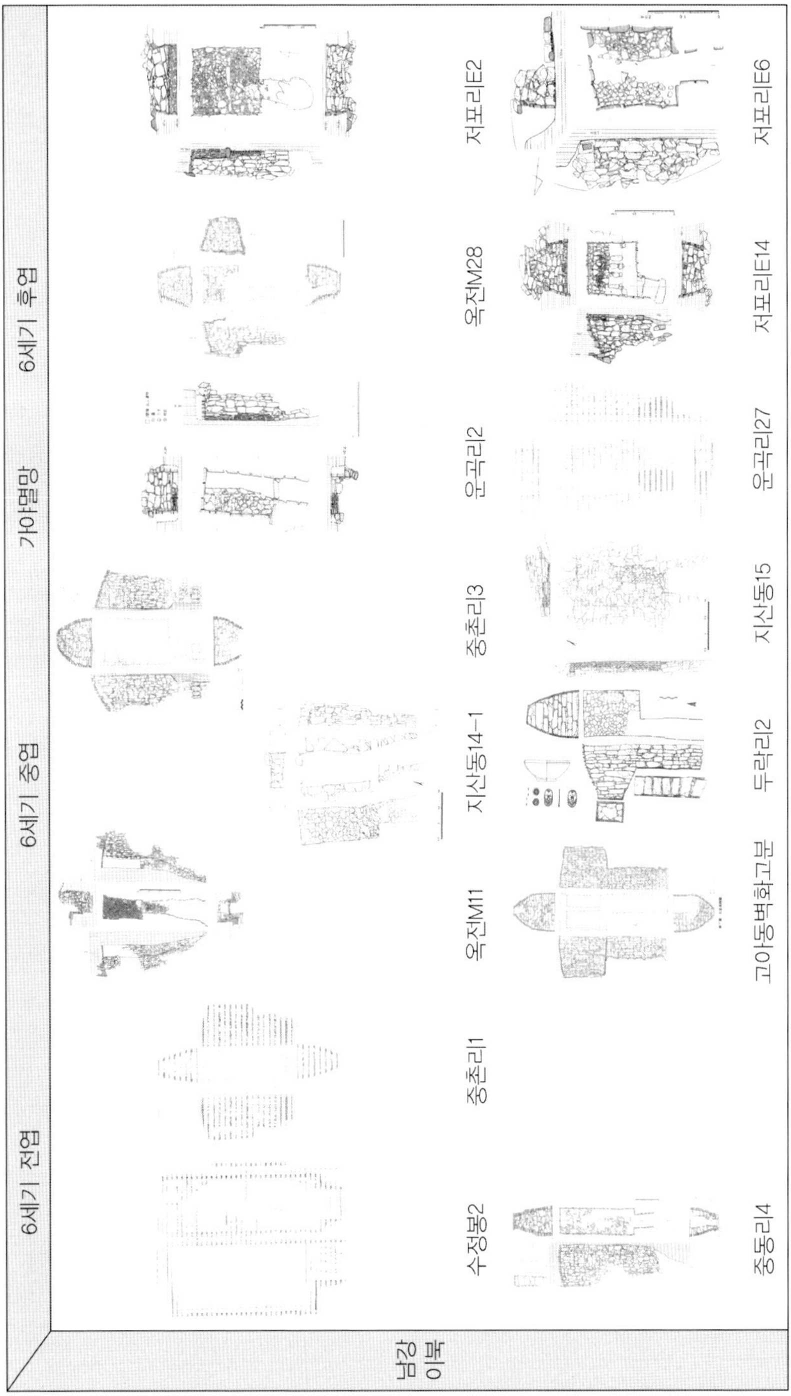

6세기 전엽 6세기 중엽 가야멸망 6세기 후엽

남강 이북

수정봉2 중촌리1 옥전M11 지산동14-1 중촌리3 운곡리2 옥전M28 저포리E2

중동리4 고아동벽화고분 두락리2 지산동15 운곡리27 저포리E14 저포리E6

〈그림 11-2〉 가야 횡혈식석실 편년(김준식 2013)

대가야 석실묘는 고령 고아동벽화고분이 대표적으로, 고아동식 석실의 조형으로 볼 수 있다. 그 분포권은 고령 · 합천지역을 중심으로 나타나고, 산청 중촌리고분군 등에서도 유사한 구조가 확인된다. 석실의 기본 구조는 [(근)장방형 평면형태+좌 · 우편재식 연도]이고, 대가야권역 내에서 수정봉식 석실은 아직까지 확인되지 않았다. 벽석 축조와 천장 구조, 시상(관대) 배치, 벽면 회칠, 벽화 등에서 세부적인 차이가 나타나지만 기본적으로는 고령 고아동벽화고분 석실 구조에 충실한 양상이다. 고아동식 석실의 계보는 잘 알려진 바와 같이 웅진기 백제지역에서 찾고 있다.

사실 웅진기 백제 왕묘는 송산리고분군의 송산리식 석실로 볼 수 있으나 고아동벽화고분과 유사한 석실은 송산리고분군에서 다소 벗어난 공주 외곽 및 그 주변지역에서 주로 확인된다. 그러나 터널형 천장구조와 전돌을 연상케 하는 납작한 판상할석으로 정연하게 축조한 것은 동일하다.

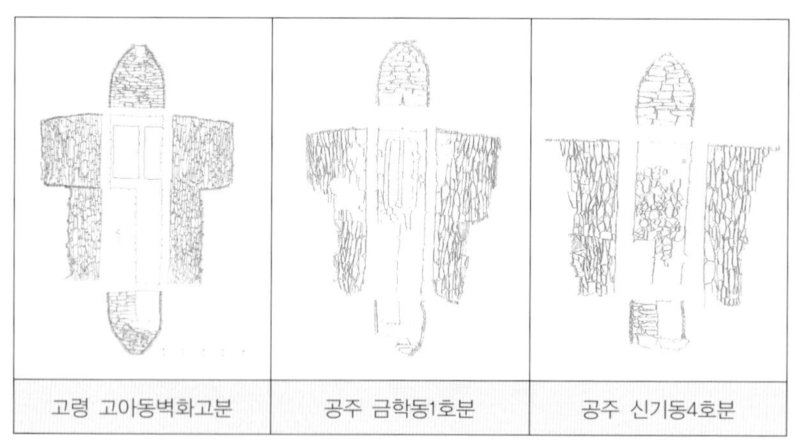

〈그림 12〉 고령 고아동벽화고분과 웅진기 백제 공주지역 횡혈식석실

또한 고아동벽화고분 현실과 연도 개석에 표현된 연화문 벽화는 사비기 백제 왕묘역인 능산리고분군 동하총에서도 확인되어 주목된다. 백제지역에서 확인된 두 기의 벽화고분 중에서 천장에 연화문이 표현된 사례는 능산리 동하총이 유일하다.[21] 석실의 전체적인 구조는 웅진기 송산리식 석실과 유사하고 내부에 표현된 벽화 문양은 동하총과 유사하기 때문에 고아동벽화고분의 성립 배경 역시 이러한 맥락을 잘 이해하는 것이 중요하다.

다만, 대가야권역에서 확인되는 석실은 재지 수혈식석곽 구조에서 연결되는 부분이 거의 없다는 점뿐만 아니라 고분의 입지 상에서도 다른 것이 특징적이다. 이러한 점은 수정봉식 석실과 달리 재지 석곽묘와 연결고리가 없는 상태에서 석실묘의 축조가 이루어졌음을 말해주는 것으로데, 석곽묘에서 석실묘로 넘어가는 과도기적 양상 없이 석실묘가 돌연 출현한다는 것으로도 이해할 수 있다.

백제의 사비 천도시기를 고려할 때 고아동식 석실의 축조는 늦어도 538년 전후한 시기에 이루어졌고, 넓게 보면 수정봉식 석실에 비해서 다소 늦은 6세기 중엽경에 해당한다. 그 이후에 나름의 분포 양상을 나타내며 발전한 것으로 보인다. 이에 합천 저포리와 산청 중촌리 등 6세기 전엽까지 대가야 석곽묘와 유물이 다수 확인되는 지역에서 계기적으로 석실묘까지 형성된 점 역시 대가야 석실묘 성립의 한 사례로 평가할 수 있다.

21) 공주 송산리6호분은 사신도를 비롯하여 해와 달이 표현되어 있다(野守健 · 神田惣藏, 「公州宋山里古蹟調查報告」, 『昭和2年度古蹟調查』 第2册, 朝鮮總督府, 1935).

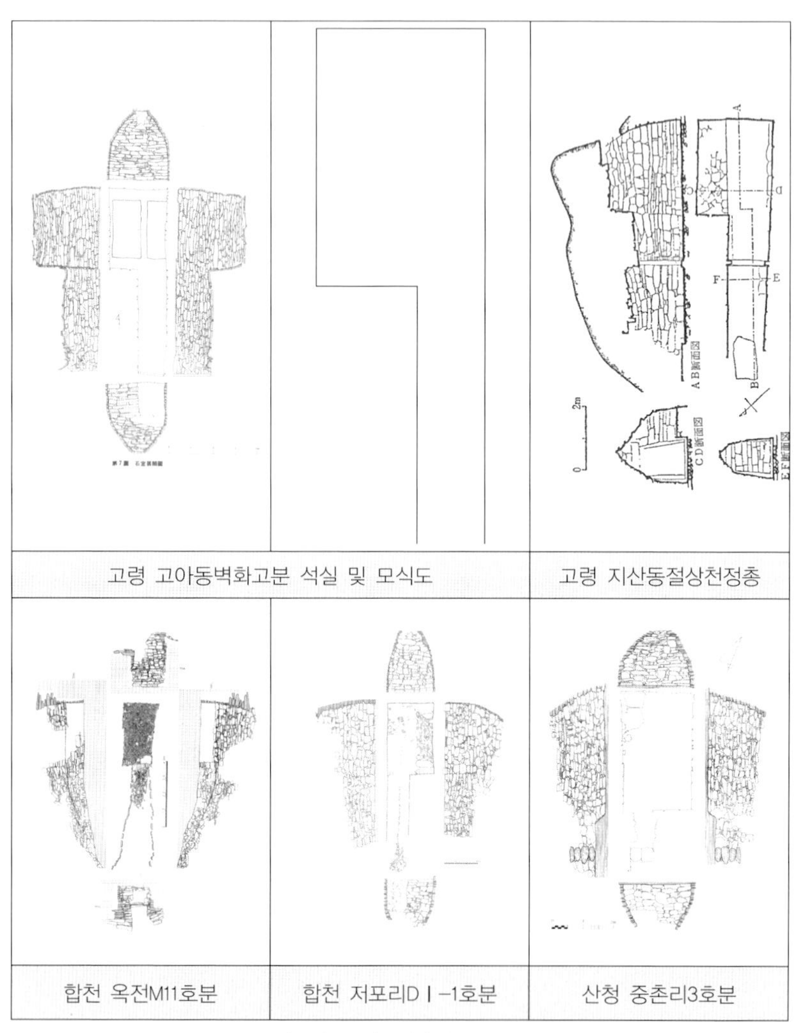
고령 고아동벽화고분 석실 및 모식도
고령 지산동절상천정총
A B 斷面図
C D 斷面図
E F 斷面図
2m
합천 옥전M11호분
합천 저포리D I -1호분
산청 중촌리3호분

〈그림 13 〉 대가야 석실묘

V. 왜계 고분

가야지역에 횡혈식석실이 축조되기 시작할 무렵인 6세기 전엽부터 경남 남해안 일대를 중심으로 왜계 석실(倭系石室)이 등장하기 시작한다. 현재까지 알려진 왜계 고분로는 거제 장목고분, 고성 송학동1B-1호분, 사천 선진리고분, 사천 향촌동Ⅱ-1호분, 의령 경산리1호분, 의령 운곡리1호분이 있고, 모두 강가나 해안가에 인접하여 위치하는 것이 특징이다.

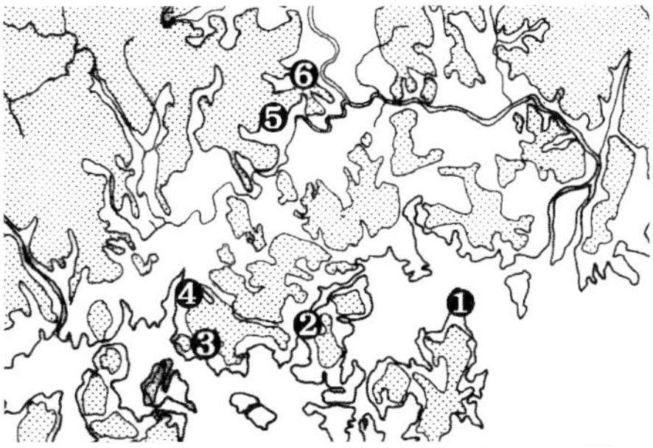

1	거제 장목고분
2	고성 송학동1B-1호분
3	사천 향촌동Ⅱ-1호분
4	사천 선진리고분
5	의령 운곡리1호분
6	의령 경산리1호분

〈그림 14〉 경남 남해안 일대 왜계 고분 분포도

가야지역 왜계 고분과 관련한 기왕의 연구 내용을 요약하면, 석실 내부에서 확인되는 왜계 요소(표 1 참조)를 일본 큐슈(九州)지역 석실과 비교하여 그 계보를 구한 후, 피장자의 출신은 당시의 역사적 배경과 고분의 입지 등을 고려하여 파악하였다. 단독입지에 해당하면서 일본 큐슈지역 석실과 가장 유사한 거제 장목고분의 피장자는 왜인(倭人)으로 보는 것에 큰 이견이 없으나 이 외 나머지 5기의 고분은 그 피장자의 출신을 두고 연구자마다 세부적인 견해차를 보이고 있다.

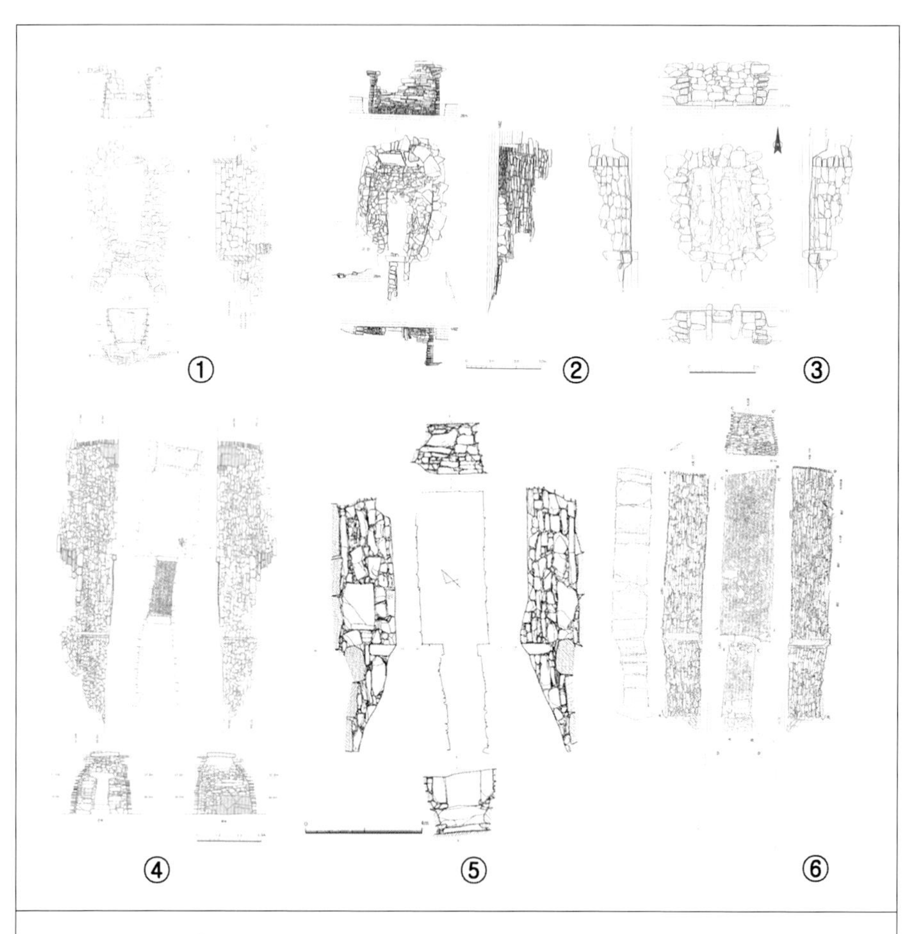

① 거제 장목고분 ② 의령 경산리1호분 ③ 의령 운곡리1호분
④ 사천 선진리고분 ⑤ 사천 향촌동 II-1호분 ⑥ 고성 송학동 1B-1호분

〈그림 15〉 가야지역 왜계 고분

사실 영산강유역 전방후원분 또는 원분 내에서 확인되는 왜계 고분은 조산식(造山式), 월계동식(月桂洞式), 장고봉식(長鼓峰式), 영천리식(鈴泉里式)으로 세분화되나 그 절반 이상이 일본 북부큐슈형석실(北部九州型石室)과 가장 유사한 조산식[22]에 포함되어 대체적으로 비슷한 계보를 보이는

것에 반해 가야지역 왜계 고분은 단 6기에 불과하지만 석실 구조와 고분 입지 상에서 각각의 차이를 나타낸다는 것이 특징이다. 따라서 가야지역 왜계 고분은 매장시설을 중심으로 그 출현배경과 피장자의 성격, 재지고분과의 관계에 관한 연구가 다수 이루어졌으나 연구자간의는 시각 차이는 아직 명쾌히 해소되지 않았다.

왜계 고분에서 확인되는 왜계 요소와 전반적인 현황을 정리하면 아래 〈표 1〉, 〈표 2〉와 같다.

〈표 1〉 가야지역 고분에서 확인되는 왜계 요소

위치	倭系要素	내 용	주요지역
석실 내부	玄門施設	문주석, 문미석, 문지방석, 문비석으로 이루어진 문틀시설	九州지역
	胴張平面	석실 양단벽보다 중심부가 더 넓어 배가 부른 평면형태	九州 有明海연안
	梯形平面	석실 후벽이 전벽보다 넓은 사다리꼴 평면형태	九州(北部)지역
	八字羨道	연도 평면형태가 '八자' 상으로 벌어짐	九州(北部)지역
	腰石	장대석을 벽면 최하단석(또는 측벽석)으로 사용	九州(北部)지역
	朱漆	석실 내면에 朱를 칠하여 도포	九州, 近畿지역
	石棚(木棚)	석실 벽면에서 내부공간으로 돌출해 있는 납작한 석재(목재)	九州 有明海연안
	石棺	石屋形석관, 石障形석관	九州 有明海연안
석실 외부	葺石	완성된 봉토 사면부에 석재를 촘촘하게 배치	九州, 近畿지역
	圓筒形土器	埴輪과 유사한 형태의 토기를 봉토 주변에 배치	九州, 近畿지역

22) 김낙중, 『영산강유역 고분 연구』, 서울대 박사학위논문, 2009.

〈표 2〉 가야지역 왜계 고분 속성표

고분	규모(m)	연도(m) / 위치	평면비	평면넓이(㎡)	고분군 형성	倭系要素
거제 장목고분	3.21×1.82	1.30 / 중앙	1.76:1	5.84	단독	腰石, 玄門施設, 八字羨道, 梯形平面, 葺石, 圓筒形土器
고성 송학동1B-1호분	6.70×2.00	3.30 / 중앙	3.35:1	13.40	고분군	玄門施設, 朱漆, 木棚, 圓筒形土器
사천 선진리고분	5.70×2.27	3.34 / 중앙	2.51:1	12.94	단독	腰石(大形石材), 玄門施設
사천 향촌동Ⅱ-1호분	2.60×1.95	0.90 / 중앙	1.33:1	5.07	고분군	石障形石棺, 玄門施設
의령 경산리1호분	5.20×2.58	3.04 / 중앙	2.01:1	13.42	고분군	石屋形石棺, 板石閉鎖, 葺石
의령 운곡리1호분	4.15×2.50	1.60 / 중앙	1.66:1	10.38	고분군	胴張形平面, 石棚

1. 왜계 고분 수용과 전개

위에서 정리한 6기의 왜계 석실이 어떻게 수용되고 전개되는지에 대한 양상을 살펴보고자 한다. 수용되는 과정을 살피기 위해서는 먼저 고분의 연대비정이 필요하다.

송학동1B-1호의 경우 소가야양식토기를 비롯하여 많은 유물이 출토되어 비교적 편년이 용이하다. 특히 MT15형식의 스에키가 출토되어 6세기1/4분기로 설정할 수 있다. 장목고분은 매장주체부에서 연대를 확정할 만한 유물이 많이 확인되지 않아 곤란한 면이 없지 않지만, 주변에서 확인된 소가야양식의 고배 뚜껑을 보아 역시 6세기 1/4분기로 볼 수 있다. 경산리1호분과 운곡리1호분, 향촌동1호분은 모두 추가장이 확실하게 이루어진 고분으로 초축의 연대를 알 수 있는 1차 시상에서 유물이 많이 확인되지는 않았지만 대략 가야 멸망에 가까운 시기인 6세기 중엽에 초축된 것으로 파악되고 있다. 마지막으로 선진리고분의 경우, 도굴로 인해 유물이 전혀 확인되지 않기 때문에 연대를 비정하기 어려우나 고분군을 형성하지 않고 단독으로 조영되는 점으로 보아 6세기 1/4분기에서 2/4분기 어딘가에 해당되는 것으로 보인다.

결국 이를 종합하면 송학동1B-1호분과 장목고분과 같이 수장층의 묘역, 그리고 단독 조영이라는 형태로 나타나고, 이후 고분군을 형성하는 양상을 띠고 있다.

그렇다면 가장 먼저 출현하는 송학동1B-1호분과 장목고분을 살펴보는 것으로 왜계 고분의 수용에 대해 접근할 수 있다. 먼저 장목고분의 경우는 북부구주계석실의 형태를 충실하게 반영하고 있고, 매장주체부에서도 왜계갑주가 출토되었으며, 특히 주구에서 원통형토기가 확인되었기 때문에 북부구주계석실이 그대로 도입되었다는 것에 연구자간 차이이 없다. 더욱이 그 피장자가 왜인이라는 것까지 별다른 이견이 없다.

문제는 송학동1B-1호분으로 소가야의 왕묘역, 게다가 연접하는 형태로 축조가 되면서도 왜계 요소와 재지요소가 같이 반영되어 있기 때문에 그 수용, 피장자에 대해 논란이 많다. 피장자에 대해서는 뒤에서 다시 간략하게 언급하겠으나, 주인공의 문제를 제쳐두고서도 재지의 주체적인 수용, 모방인지, 왜인의 의한 것인지 크게 양분될 수 있다.

여기서 가장 주목해야할 점은 왜계 고분이 형식학적 변화를 보이지 않고 단절된다는 점이다. 만약 어떤 요소를 선택, 수용하고 발전시켰다고 한다면 그러한 형식학적 변화가 연속적으로 보여야 할 것이고, 이는 고고자료 검토에 있어서 가장 기본이 되는 것이다.

예를 들어 백제의 횡혈식석실에서 영향을 받아 출현하는 키나이(畿內) 지역의 초기 횡혈식석실의 경우 수용 이후 자체적으로 변화하여 기내형(畿內型) 석실로 발전된다. 사구인해고분군(寺口忍海古墳群)과 일수하고분군(一須賀古墳群)의 석실들은 이러한 변화양상을 여실히 보여주고 있다.

그러나 이에 반해 한반도의 왜계 고분들은 전혀 그러한 양상이 확인되지 않는다. 송학동1B-1호와 같은 경우 연접된 세 개의 원분가운데 수혈식석곽인 1A호분에 이어 1A호분의 요소를 반영하며 축조된다. 그러나 1B-1호에 이어져 축조되는 1C호분은 1B-1호분과 이어지지 않는다. 왜계 요소가 전혀 확인되지 않는 것이다. 만약 재지의 축조집단이 단순히 왜계 요소를 선택하여 축조하였다고 한다면 그러한 요소가 남을 것이 분명하다. 도입 후 급격하게 변화한다고 하더라도 적어도 흔적기관과 같은 증거는 발견되었을 것이다. 그러나 두 고분을 연결할 수 있는 요소는 없고 완전히 단절된 양상이다.

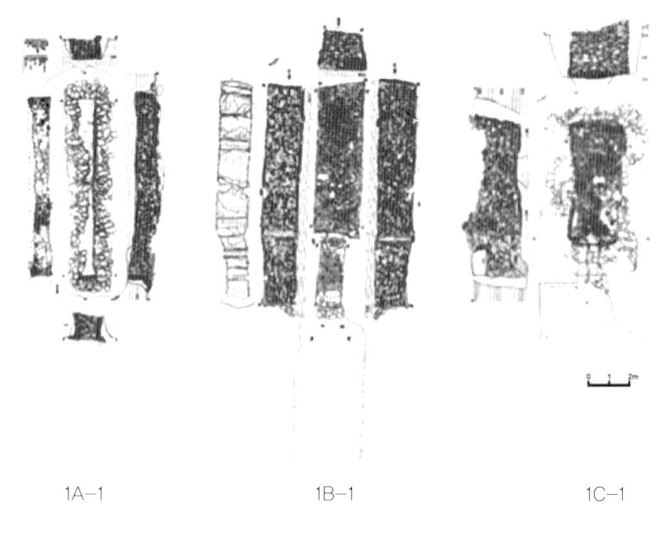

〈그림 16〉 송학동1호분의 주요 매장주체부

이와 같은 양상으로 고분군내에서 축조되는 경산리1호분, 운곡리1호분, 향촌동1호분 등의 경우에도 각 고분군내에 축조되는 왜계 고분은 단 한기에 그치고, 그 이후에 전혀 흔적기관을 찾을 수 없다. 이처럼 형식학적 변화를 상정할 수 없는 고고자료를 선택, 도입, 발전이라는 개념으로 접근하는 것이 가능한지 의문이 든다.

결국 북부구주계석실, 유명해(有明海)연안 석실은 물론이거니와 재지의 요소가 결합된 왜계 고분 역시 석실 축조에 조금씩 차이는 있지만 가장 큰 특징인 평면형태, 요석 사용, 현문구조, 연도형태 등의 왜계 요소가 갖추어져 있는 것과 함께 재지의 요소가 어느 정도 반영되면서도 석실 틀 자체는 크게 다르지 않다는 점과 더불어 단절적인 상황으로 보아 재지의 선택이라는 결론은 받아들이기 힘들다. 따라서 가야지역에서 왜계 고분이 수용되는 과정은 재지 수장에 의한 왜계 요소의 선택적 수용이 아니라 왜계 고분 그 자체가 수용되는 것이고, 그 과정에서 재지적 축조 전통이 조금씩 가미되면서 변형이 생기는 것으로 이해할 수 있고, 이는 각 고분군에서 1회의 단발로 그치게 되는 것이다.

이러한 결과로 보아 왜계 고분의 '수용'이라는 측면은 인정할 수 있으나, '전개'라는 부분은 설명하기 어렵다. 새로운 요소가 도입되고 발전, 쇠퇴하는 형식학적 사이클이 전혀 보이지 않고, 전혀 새로운 요소가 한 순간 나타난 다음 곧바로 사라지는 등 '전개'라고 하는 과정이 보이지 않기 때문이다.

이러한 관점에서 벗어나는 예가 1기가 존재한다. 내산리60호분이 그것이다. 상반부가 유실되었기 때문에 정확한 양상은 파악하기 어려우나 문주석을 세우고, 문지방석을 둔 현문구조가 보이는 것이다. 만약 내산리고분군내에서 확실한 왜계 고분이 축조되고 이후 60호분처럼 현문구조만 구축된 석실이 확인된다면 왜계 고분의 수용과정에 대해서 다시 검토해야할 필요성이 있을 것이다. 그러나 내산리고분군의 발굴과정에서 왜계 고분은 전혀 발견되지 않았기 때문에 60호분의 현문구조가 어떻게 도입되었는지 명확하지 않다. 이에 관해 송학동1B-1호분의 영향으로 도입되었다는 견해[23]도 있으나, 그렇다면 왜 바로 연접된 1C-1호분에서는 그러한 양상이 전혀 보이지 않고, 유독 내산리60호분에서만 확인되는지 설명하기가 쉽지 않다. 또한 문주석을 세우기는 하였으나, 앞서 제시한 6기의 왜계 고분의 현문구조와는 규모면에서도 차이를 보이고, 삭평으로 인해 위의 구조를 전혀 알 수 없기 때문에 무어라 속단하기는 어렵다. 이에 대해서는 조금 더 신중한 세세한 분석이 필요할 것이다.

어찌되었건 기본적으로 왜계 고분은 각 고분군에서 단발적으로 나타나기 때문에 가야 재지의 선택적 도입으로 보기는 어렵고, 소가야지역을 대표하는 횡혈식석실은 1B-1호분이 아니라 1C-1호분과 내산리34호분 등과 같은 형태의 석실로 볼 수 있다. 고성지역 횡혈식석실의 대다수는 구조적으로 내산리34호분이나 송학동1C-1호분과 매우 유사하다는 분석이 이를 여실히 보여준다.[24]

---

23) 김준식, 「경남 남해안 일대 왜계석실 피장자의 성격과 역할」, 『야외고고학』 제23호, 2015, 97쪽.

24) 김준식, 「가야 세장방형 횡혈식석실의 출현배경과 발전양상」, 『한국고고학보』 102, 2017, 114~115쪽.

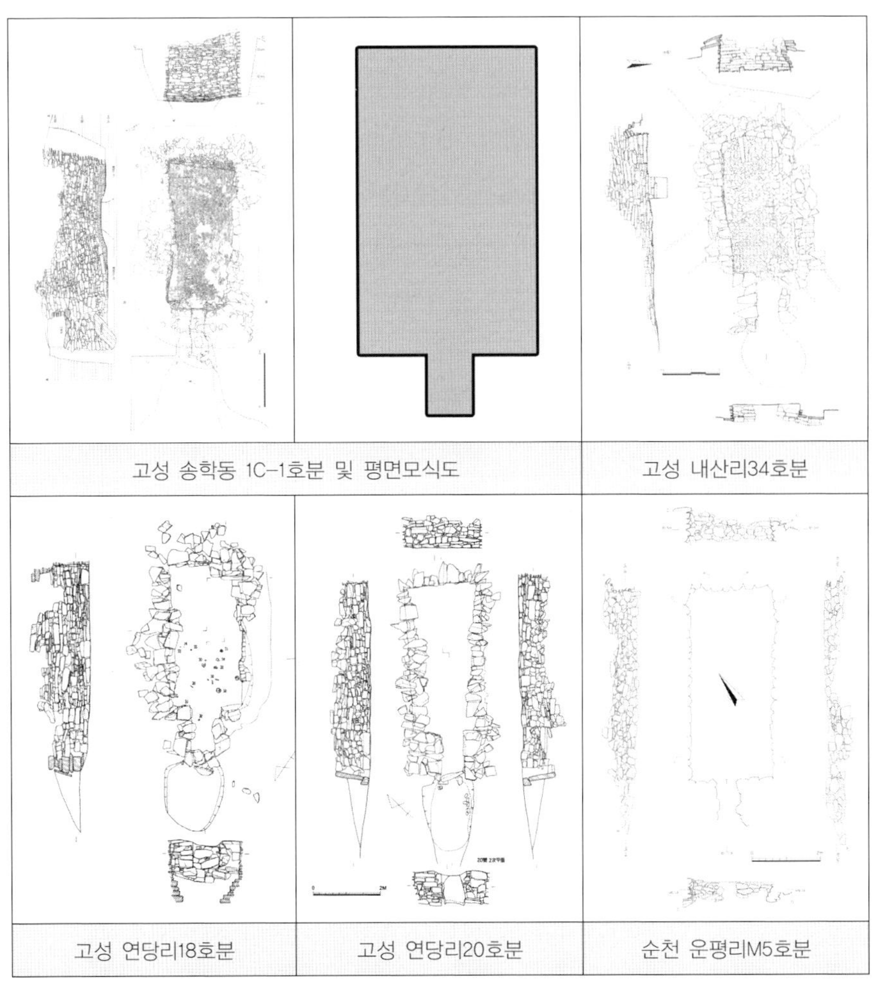

〈그림 17〉 고성·숯넢지역 횡혈식석실(김준식 2017)

2. 왜계 고분 출현 배경

본고에서 주로 왜계 고분 형태 등의 기본적인 분석에만 집중하고자 되도록 언급하지 않으려고 하였으나, 왜계 고분의 문제는 결국 축조주체와 피장자 문제에 다다를 수밖에 없다. 한반도에 전혀 보이지 않는 특이한 석실이 누구에 의해, 어떻게 축조되었는지는 간과할 수 있는 문제가 아니기 때문이다. 이러한 왜계 고분의 축조주체와 피장자 문제에 대해서는 재지의 선택적 도입이 아니기 때문에 기본적으로 모두 왜인으로 상정한 바 있다.[25] 따라서 여기에서는 피장자에 대해서는 재론하지 않고 왜계 고분이 왜 출현하는지에 그 배경에 대해서는 간략하게 언급하고자 한다.

〈표 2〉 가야지역 왜계 고분 피장자의 성격에 관한 견해(김준식·김규운 2016)

연구자	피장자의 성격에 관한 견해
조영현(2004)	석실 내에서 倭人과 관계된 유물이 거의 출토되지 않았고, 묘제와 정치적 관계가 직결되지 않기 때문에 고분에서 倭系要素가 확인된다고 해서 무조건 피장자를 倭人으로 보기 어렵기 때문에 재지수장층에 해당한다.
하승철(2005)	고분축조의 연속성, 고분의 외형, 매장시설, 부장유물의 상관관계에 따라 거제 장목고분을 제외한 나머지는 모두 재지수장층에 해당한다.
박천수(2006)	日本 九州지역 출신의 倭人들이 대가야의 통제 속에서 對倭, 對百濟, 對新羅와의 교섭과 견제 등의 정치적인 목적에 따라 활동한 인물에 해당한다.
홍보식(2006)	석실의 구조가 각기 다른 것은 피장자의 다양한 출신과 관계있고, 서로 긴밀하게 연결되지 않은 상태에서 거의 동시기에 축조되었다. 이에 지역 간의 교류에 목적을 둔 日本 九州지역 출신의 倭人에 해당한다.
柳澤一男(2006)	매장시설의 구조를 이식형과 복합형 석실로 구분하여 고성 송학동 1B-1호분과 사천 선진리고분은 재지수장층, 의령 운곡리1호분과 경산리1호분은 한반도에 정주한 倭人, 거제 장목고분은 해상 교역로상에 위치한 日本 北部九州지역 출신의 倭人에 해당한다.
김준식(2015)	매장시설의 구조와 매장관념, 고분군 형성문제를 재지고분과 비교하여 총 4개의 유형으로 구분하였다. 이에 A유형(고성 송학동1B-1호)과 B유형(의령 경산리1호)은 대외교류 목적의 재지수장층, C유형(의령 운곡리1호, 사천 향촌동Ⅱ-1호)과 D유형(거제 장목고분, 사천 선진리고분)은 日本 九州지역 출신의 왜인에 해당한다.

25) 김규운·김준식, 앞의 논문, 2010. 김규운, 「고분으로 본 6세기 전후 백제와 왜 관계」, 『한일관계사연구』 58, 2017.

가야지역과 함께 왜계 고분이 분포하고 있는 영산강유역의 경우, 물론 재지수장설을 지지하는 견해도 많지만, 왜인설을 취할 경우는 대개 '왜계백제관료'와 같은 정치적 관점에서 접근하고 있다. 이는 일본서기 등 백제와 왜와의 관계를 보여주는 기사가 다수 있기 때문이다. 그에 반해 가야지역의 경우는 왜계고분 출현배경과 그 피장자에 대해서 경제적 교역에 중점을 두고 있다. 그도 그럴 것이 정치적 관점에서 한 지역을 새로이 점령하거나 파견하는 그러한 양상이 보이지 않고, 주로 해안가나 하안가의 교통 요지에 입지하고 있기 때문이다. 그러나 단순하게 경제적 교역만을 목적으로 왜인이 자유롭게 가야지역에서 그들의 무덤을 만들 수 있었을까. 6세기 전반은 그 어느 때보다 가야를 둘러싸고 치열한 각축전이 벌어지고 있는 역사적 상황에서 경제적 역할만을 하였을까 라는 의구심이 드는 것도 사실이다. 이에 대해 최근 가야 성곽과의 관련성을 제기하면서 서진하는 신라를 견제하기 위한 조치로 두 차례 개최된 사비회의 이후 가야와 왜 세력의 군사적 목적으로 연합한 세력의 무덤으로 추정한 견해가 있다.[26] 성곽과 왜계 고분의 관련성, 그리고 역사적 사건을 적극적으로 결부한 견해이기는 하나 문제는 출현 연대와 맞지 않다는 점이다. 사비회의 이전에 이미 적어도 송학동1B-1분과 장목고분은 축조가 되지 때문이다.

그렇다면 이 왜계 고분들은 왜 출현을 하는 것일까. 6기의 왜계 고분을 하나의 배경으로 일률적으로 설명하기는 어렵기 때문에 개별적으로 살펴볼 필요가 있다. 먼저 가장 북쪽에 입지하고 있는 경산리1호분은 결론적으로 위에서 제시된 군사적 목적이라는 견해에 상당한 타당성이

---

26) 조효식 · 장주탁, 「가야의 성곽」, 『가야고고학개론』, 진인진, 2016.

있다고 생각한다. 경산리1호분의 피장자가 가야와 신라의 교역에 종사하면서 경제적 부를 축적한 집단으로 보는 견해도 있으나,[27] 경산리고분군에 바로 인접하여 이미 대가야계의 유곡리고분군을 축조하는 집단이 위치하고 있었는데 전혀 기반세력이 없던 지역에 느닷없이 교역권을 장악한 세력이 나타났다고 이해하기는 어려울 듯하다. 특히 이시기는 백제의 동진에 따라 대가야가 기문, 대사를 비롯하여 임나사현을 빼앗기는 등 기왕에 남해안과 왜와의 교통로로 이용하던 섬진강루트를 상실한 상황으로 새로운 루트의 모색이 절실하였다. 또한 신라와도 한때 결혼동맹과 같은 관계 회복을 모색하였으나 파기되는 등 경쟁적 관계를 벗어나지 못하였고, 특히 신라의 서진도 방어하여야 했을 것이다. 따라서 낙동강과 남강 루트를 모색하고 신라를 견제하기 위한 방안으로 왜와의 교섭을 통해 이 지역에 경산리1호분이 갑자기 등장하는 것으로 파악된다. 물론 이 지역은 전통적으로 소가야와의 관계가 있었던 지역이었기 때문에 소가야를 완전히 배제하고 출현하는 것은 아니라 대가야의 세력이 점점 우세해 지지만 소가야 역시 이에 동조하는 입장을 취했다고 보는 것이 자연스러울 듯하다. 이는 의령, 진주 등 대가야양식 토기가 확산되는 지역에 여전히 소가야양식토기가 높은 비율로 출토되고 있음이 잘 반영하고 있다.

이러한 양상은 경산리고분군에서 남쪽으로 약 10km 떨어진 곳에 입지하고 있는 운곡리1호분 역시 마찬가지라고 생각된다. 운곡리고분군은 특히 남강수계에 바로 인접한 위치가 아니기 때문에 교역을 위해 갑작스럽게 출현하는 것으로 보기는 부자연스러운 면이 없지 않다. 따라

27) 홍보식, 「6세기 전반 남해안지역의 교역과 집단 동향」, 『嶺南考古學』第65號, 嶺南考古學會, 2013.

서 운곡리1호분의 출현 역시 대가야와 소가야의 의도가 반영된, 신라 견제를 목적으로 왜의 연합으로 생각된다. 이 시기 대가야가 남강 중상류지역 수장층과 관계를 형성하는 시기로[28] 고령에서 수계를 이용하지 않고 진주, 남해안으로 진출하는 루트상에 경산리고분군과 운곡리고분군이 입지하고 있는 것이다.

장목고분 역시 거제도 최북단의 남해안과 낙동강하구로 이어지는 곳에 입지하고 있다. 이 고분 역시 이전에 전혀 유적이 확인되지 않는 곳에 불현 듯 출현하고 있기 때문에 단순히 경계적 역할 수행에 의한 출현이라 보기 어렵고 그 입지로 보아 역시 서진하는 신라를 견제하기 위해 원조된 왜인의 무덤으로 생각된다. 고분 내에서 출토된 왜계갑주 역시 이를 방증하는 것으로 보인다.

선진리고분은 진주 지역에서 가장 빠르게 바다로 나갈 수 있는 길목에 입지하고 있다. 역시 전혀 재지기반이 없던 곳에 축조되기 때문에 위의 왜계 고분 피장자와 같은 역할을 수행한 것으로 생각되는데 문제는 그 위치이다. 선진리고분이 입지하고 있는 곳은 바다의 동안으로 그 입지상 신라를 견제하였다고는 전혀 생각할 수 없다. 그렇다면 남은 것은 백제를 견제하기 위함으로 보이는데, 이 시기 가야는 신라뿐만 아니라 백제와도 경쟁을 하고 있었기 때문에 임나사현을 빼앗긴 이후 더욱 동진하려는 백제를 견제하기 위한 것으로 이해할 수도 있다. 그러나 이러한 관점에는 하나의 큰 문제가 있다. 바로 백제와 왜의 관계이다. 이 시기 백제는 왕족외교 등을 통해 왜와 그 어느 때보다 긴밀한 관계를 유지하고 있었고 그 결과로 영산강유역에 왜계 고분이 출현하는 것으로

28) 朴天秀, 「토기로 본 대가야권의 형성과 전개」, 『대가야의 유적과 유물』, 대가야박물관, 2014.

이해하고 있다.[29] 백제를 견제하기 위해서 백제와 가장 가까운 파트너의 원조를 요청하는 셈이 되는 것이다. 이러한 문제를 극복하기는 쉽지 않다. 다만 한 가지 가능성으로, 왜는 물론 백제와 긴밀한 관계를 유지하지만 임나부흥회의에도 참여하고, 또한 이전부터 가장 가까운 교역창구로서 관계를 맺어온 가야가 완전히 무너지는 것을 원치 않았을 것으로 추정한다면 어떤식으로든 지원을 하였을 여지는 있지 않을까 한다. 역사적 상상에 불가할 수도 있지만 선진리고분은 이렇게 이해해 두고자 한다.

향촌동Ⅱ-1호분 역시 선진리고분과 같이 이해할 수 있을 것이다. 다만 이 지역은 늑도유적과 대향하고 있는 곳으로 전통적으로 남해안 연안항로에 가장 중요한 위치가운데 하나이다. 따라서 군사적, 경제적 역할을 동시에 수행하였을 가능성이 크다.

마지막으로 송학동1B-1호분의 출현은 다른 왜계 고분과는 다른 양상으로 파악할 수 있다. 이는 물론 소가야의 왕묘역에 연접하고 있고 그 양상이 가장 복잡하기 때문이다. 송학동1호분에서는 그 어느 고분보다 다양한 유물이 출토되었다. 종류의 다양성이 아니라 왜계유물을 비롯하여 신라계유물, 백제계유물, 대가야계유물 등이 다량으로 확인되었다. 따라서 어느 한 집단을 상대하기 위한 군사적 목적으로 이해하기는 어렵다. 물론 서진하는 신라, 남진하는 대가야, 동진하는 백제에 둘러싸여 그 세력과 영역이 확연하게 줄어드는 소가야의 상황을 본다면 그 탈출 방안으로 왜와의 군사적 연합을 모색할 수고 있지만 이미 대가야, 백제 등도 왜와의 긴밀한 관계를 맺고 있는 상황에서 그러한 방안이 가능할

---

29) 여기에 대해서는 졸고, 앞의 논문, 2017 참고.

지 의문도 든다. 결국 고성 송학동고분군에서 출토한 왜계유물의 내용과 수량을 볼 때, 가야와 일본 열도의 교류에 있어 송학동고분군 조영집단이 중추적인 역할을 하였다는 견해와[30] 같이 1B-1호분의 피장자도 그러한 역할을 수행한 인물로 보는 것이 타당하다고 생각된다.

기왕에는 왜계 고분의 출현 배경에 대해 대가야와의 관련성을 적극적으로 언급해 오지 않았지만, 앞서 검토한 바와 같이 6기의 왜계 고분 가운데 적어도 의령지역과 사천지역에 분포하고 있는 4기의 왜계 고분은 대가야와 밀접한 관련이 있다고 보는 것이 자연스러울 것이다.

Ⅵ. 맺음말

이상으로 대가야 묘제에 대해 매장시설의 구분을 기준으로 살펴보았다. 가야 묘제는 크게 원삼국시대 목관묘에서부터 시작하여 삼국시대로 접어들면서 목곽묘-석곽묘-석실묘의 단계적인 과정을 거치면서 변화하였다. 그러나 아직까지 대가야와 관련 있는 목관묘를 상정하기 어려우므로 여기에서는 목곽묘 이후의 양상에 대해서만 살펴보았다. 이러한 변화에는 '가야'라는 정치체로 묶을 수 있는 상사성이 있겠지만 각 권역별로 조금씩 다른 양상을 보이며 나름의 발전을 이룬 것으로 이해할 수 있고, 대가야는 특히 목곽묘와 석곽묘에서 다른 지역과는 구조, 규모면에서 탁월한 차이를 보이며 발전해 나가는 과정을 살펴볼 수 있다. 또한

30) 河承哲, 「외래계문물을 통해 본 고성 소가야의 대외교류」, 『가야의 포구와 해상활동』, 인제대학교 가야문화연구소, 2011.

왜계 고분 역시 대가야와의 관련 속에서 출현하는 것을 확인할 수 있다.

자료상의 한계일수도 있겠으나 봉분축조와 제사 등 묘제를 통해 접근할 수 있는 다른 측면은 경시하고 매장시설에만 치우쳐서 정리하는 것에 그쳤다. 최근 대형고분을 중심으로 구획성토 등이 확인되고 있으니 이러한 최신 조사 성과를 바탕으로 대가야 묘제의 전반적인 양상을 한층 더 명확하게 밝힐 수 있으리라 기대한다.

김규운 | 강원대학교

고고학으로 본 대가야와 왜의 교섭 양태

Ⅰ. 머리말

일본열도의 고분시대는 왜인사회(대략 큐슈남부~토호쿠 중부에 걸친 사회)가 한반도로부터 다양한 문화를 받아들여 자신들의 문화로 정착시킨 시대이다. 토기(스에키), 철기(단야), 금공품 등의 수공업생산, 말 생산, 농경과 토목, 난방과 취사를 갖춘 부뚜막 등 다양한 정보와 기술, 도구, 그리고 사람이 활발한 교류를 통해 이입되었다.

왜는 한반도에 할거한 여러 사회 -주로 백제, 영산강유역, 신라, 제가야- 와 교류를 거듭하지만 그 가운데 가야와 교류가 중요한 부분을 점하고 있었다는 것은 말할 필요도 없다. 이는 지금까지 고고학과 문헌사학의 선행연구를 보아도 분명하다고 할 수 있다. 1990년대 이후 일본어로 집필된 연구 성과는 방대하다.[1] 필자도 선행연구를 참고로 왜와 가

1) 대표적인 성과로는 山尾幸久, 『古代の日朝関係』, 塙書房, 1989. 田中俊明, 『大伽耶連盟の興亡と「任那」』, 吉川弘文館, 1992. 田中俊明, 『古代の日本と加耶』 日本史リブレット70, 山川出版社, 2009. 小田富士雄・申敬澈 외, 『伽耶と古代東アジア』, 新人物往来社, 1993. 大橋信弥・花田勝広編, 『ヤマト王権と渡来人』, サンライズ出版, 2005. 朴天秀, 『伽耶と

야의 교섭 실태에 대해 정리한 적이 있다.[2)]

1. 본고의 구성

본고에서는 선행연구와 지금까지 필자의 연구[3)]를 기초로 대가야와 왜의 교섭 양태를 정리한다. 이를 위해 대략 5세기 전반(Ⅱ), 5세기후반(Ⅲ), 그리고 6세기 전반(Ⅳ)이라는 시기마다 대가야와 왜의 정치경제적인 교섭의 개요를 고고학적으로 정리한다. 이로써 양 사회의 교섭 관계의 변천을 조감적으로 파악하고자 한다. 이 때 대가야의 관점으로 대왜 교섭의 실태를 서술하는 방식을 취한다.

2. 환해(環海)지역이라는 인식

대가야와 왜의 정치경제적 교섭의 개요를 파악하기 위해서는 우선 한일 양 지역의 일상적이고 기층적(基層的)인 지역간 교섭의 실태를 파악할 필요가 있다. 왜냐하면 당시의 한일관계가 설령 왕권간 교섭이라고 하더라도 특별한 경로가 사용된 것으로 보기는 어렵기 때문이다. 아마도 양 지역에서 일상적(기층적)으로 활용된 해상, 하천, 육상교통로를 그대로 이용하였으며 그것을 왕권과 지역사회가 정비하는 가운데 반복적으

倭』, 講談社, 2007. 井上主税, 『朝鮮半島の倭系遺物からみた日朝関係』, 学生社, 2014 등이 있다.

2) 高田貫太, 『古墳時代の日朝関係-百済・新羅・大加耶と倭の交渉史-』, 吉川弘文館, 2014. 高田貫太, 『海の向こうから見た倭国』, 講談社現代新書, 2017. 高田貫太, 「考古学からみた日朝交渉と渡来文化」, 『日本古代交流史入門』, 勉誠出版, 2017.

3) 위의 연구 성과 등.

로 사용한 것으로 파악하는 편이 자연스러울 것이다.

이러한 이유 때문에 필자는 이전 한반도와 일본열도의 일대를 여러 지역사회가 광의의 대한해협, 동해, 황해, 현해탄, 그리고 세토나이카이를 매개로 다각적으로 교섭한 '환해(環海)지역'[4]으로 인식한 적이 있다.[5] 환해지역에서는 기층적인 교섭관계를 정치경제적인 기초로 하는 지역사회가 형성되었다. 그리고 여러 지역사회에는 서로 다른 종족과 문화가 공존하며 거점성을 갖는 동시에 서로를 연결하는 네트워크가 형성된 것으로 상정된다. 필자는 이 네트워크야말로 한일 양 지역의 교섭을 가능하게 한 것으로 추측하고 있다. 이러한 관점에서 견해를 개진한다.

Ⅱ. 대가야의 대두와 왜

1. 박천수씨의 한일관계사연구

1990년대 이후 한일관계사를 돌아봤을 때, 최대의 성과는 대가야와 왜의 밀접한 관계가 명확해진 것이다. 그 주역은 박천수씨였다. 오사카대학 유학 중에 한일관계사를 몰두하여 그 성과를 1995년 '도래계문물로 본 가야와 왜의 정치적 변동'(『待兼山論集』 29, 史學編)으로 정리했다. 당시, 대학생으로 한일관계에 관심을 품고 있던 필자가 이 논문을 처음 읽었을 때 충격적이었다.

4) 濱下武志, 「歴史研究と地域研究―歴史にあらわれた地域空間」, 『地域史とは何か』, 山川出版社, 1997, 35쪽.

5) 高田貫太, 앞의 책, 2014.

박천수씨는 일본열도의 고분에서 출토된 한반도계 부장품의 계보에 대해 4~5세기 전반에는 금관가야계, 5세기 후반에는 대가야계, 그리고 6세기 전반에는 백제계로 변화한다고 지적했다. 다음으로 한반도에서 일본열도계 문물이 4~5세기 전반에는 집중하나 5세기 후반 이후는 대가야가 중심이 되고 6세기 전반에는 백제가 눈에 띄게 된다고 논했다.

이처럼 한일 양 지역에서 대응하는 상황을 백제, 가야, 그리고 왜를 둘러싼 정치적 변동과 상호작용의 결과로 이해하고 '금관가야와 가와치(河内)왕권의 성립', '대가야의 성장과 유랴쿠(雄略)기의 정치변동', '백제의 재흥과 케이타이(継体)조의 성립'이라는 획기에 대응한다고 결론지었다.[6]

필자는 박천수씨와 같이 왜의 교섭 상대가 단계적으로 점차 변하였다고는 생각하지 않는다. 여러 사회 속에서 다양하게 뒤섞인 관계야말로 본질이었다는 입장을 취하고 있다. 그러나 4~6세기 한일관계를 일본열도와 한반도에 할거한 사회의 동향과 관련지으면서 쌍방향으로 해석하는 관점은 박천수씨에 의해 처음으로 제시되었다.

2. 대가야란

그럼 박천수씨가 5세기 후반, 왜의 중요한 교섭 상대로 본 대가야란 어떤 사회인가? 한마디로 말하면 4세기 말부터 5세기 전반경 금관가야의 동요와 거의 동시에 급속한 성장을 이룬 가야의 하나이다. 즉 낙동강 서쪽 내륙, 고령지역에 본거지를 두고 5~6세기 중엽에 걸쳐 광범위한 지역을 통합한 유력한 사회이다. 그 왕릉군이 고령 지산동고분군이다.

6) 朴天秀, 앞의 책, 2007.

대가야에 의한 지역 통합을 나타내는 것으로 고총고분의 조영, 대가야양식 토기의 분포, 액세서리와 마구의 분배를 들 수 있다.[7] 좀 전에 살펴본 신라와 유사하다. 이에 의거하면 대가야는 낙동강 이서지역부터 섬진강유역에 이르는 광범위한 지역의 통합을 달성하였으며 가야로서는 유일하게 중국과 독자적으로 통교하였다. 그러나 6세기 전반이 되면 백제, 신라라는 강대한 세력 사이에서 압력을 받게 된다. 그리고 562년에 신라의 공격에 의해 멸망한다.[8]

3. 일본열도 출토의 대가야계문물(그림 1)

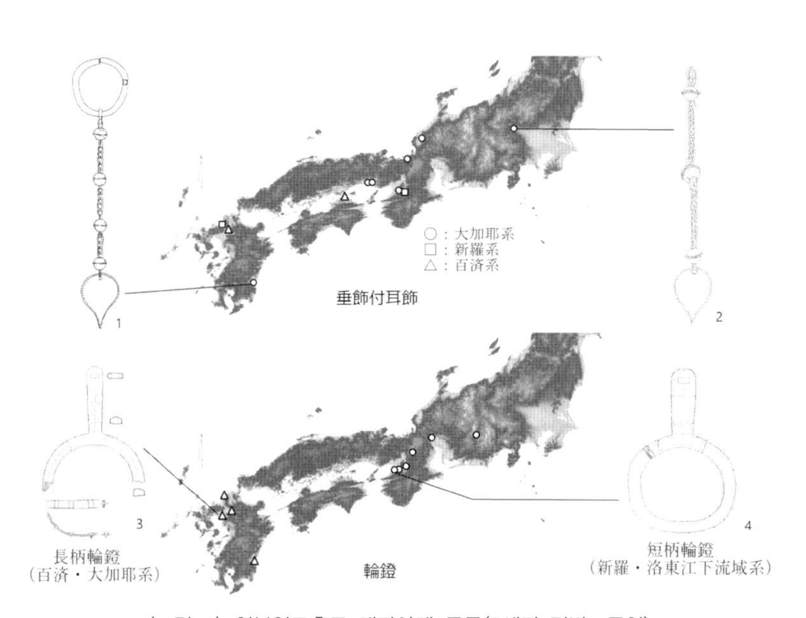

〈그림 1〉 일본열도출토 대가야계 문물(5세기 전반~중엽)

---

7) 이희준, 「지산동고분군과 대가야」, 『고령 지산동 대가야고분군』, 대가야박물관, 2015.

8) 田中俊明, 앞의 책, 1992.

박천수씨는 5세기 후반에 대가야와 왜의 통교가 시작된다고 했다. 이 제언이 있고 난 뒤 20년 남짓 지난 지금도 5세기 후반에 양자의 교섭이 가장 활발하였다는 것은 많은 연구자가 동의한다. 다만 현재는 이보다 거슬러 올라가 5세기 전반에 이미 대가야와 왜가 교섭을 거듭한 것으로 보는 편이 타당하다. 이 시기 왜에는 대가야로부터 다양한 문물이 전해지거나 그것을 만드는 기술자가 파견되었기 때문이다.

대표적인 것으로 대가야계의 수식부이식이 있다. 5세기 대가야의 귀고리에는 두 가지 특징이 있다. 첫 번째는 하단의 장식으로 보주형(寶珠形), 낚싯도구인 부표와 같은 형태, 삼익형(三翼形) 등이 있다. 두 번째는 귀에 부착하는 환과 하단의 장식 사이를 사슬과 공옥(空玉)을 조합하여 연결한 것이다. 이러한 귀고리가 일본열도 각지에서 출토되었다.

또 5세기에 한반도로부터 본격적으로 전해진 마구 가운데에는 대가야계의 것이 포함되어 있다.[9] 예를 들어 말에 올라 탈 때 발을 걸어 신체의 안정을 도모하는 장구(등자)에는 크게 두 가지 종류가 있다. 첫 번째는 '단병등자'라고 불리는 것으로 병부가 굵고 짧은 것이다. 한반도 동남부에서 주로 출토되며 금관가야와 신라의 교섭을 통해 이입되었다.

그리고 다른 하나는 병부가 좁고 긴 '장병등자'이다. 그 가운데 병부의 단면이 5각형의 것이 있는데 이는 백제와 대가야 지역에서 출토된다. 백제권에서는 소수파이기 때문에 주로 대가야와 교섭하는 가운데 전해졌을 것이다.

왜에서 확인되는 대가야계의 귀고리와 마구의 분포는 흥미롭다. 우선 대부분의 귀고리는 현재 미야자키(宮崎)현, 효고(兵庫)현, 후쿠이(福井)현,

9) 諫早直人, 『東北アジアにおける騎馬文化の考古学的研究』, 雄山閣, 2012.

지바(千葉)현 등 바다에 면한 지역의 고분에 부장되었다. 또 내륙에서도 한반도에서 건너온 집단의 묘지에서 출토되는 경우가 있다. 이에 반해 왜왕권의 본거지, 기나이에서 출토된 사례는 극히 적다. 또 마구를 보면 금관가야 · 신라계의 단병등자는 기나이를 중심으로 분포하는 한편, 백제 · 대가야계의 장병등자는 규슈를 중심으로 분포한다.

이상에서 금관가야와 신라의 교섭과는 또 다른 형태로, 5세기 전반부터 대가야와 왜의 교섭이 시작된 것을 알 수 있다.

4. 대가야에 의한 대왜교섭

대가야의 액세서리와 마구가 왜에 도입된 것은 대가야도 무언가의 목적을 가지고 왜와 교섭한 것을 나타낸다. 그 목적은 무엇이었을까? 이 물음을 해결하는 열쇠가 백제와 대가야의 관계이다. 백제는 4세기 후엽에 고구려의 남하에 대항하기 위해 금관가야, 왜와 동맹을 맺었다. 더욱이 백제는 대가야에도 접근하여 금공기술 등을 제공한 것 같다. 이를 나타내듯이 대가야 초기의 액세서리와 마구는 백제의 것과 유사하다. 대가야도 고구려에 대한 대응은 필요했을 터이므로 백제와 협조하면서 왜에 대해서도 우호적인 관계를 수립하고자 노력했을 것이다. 말하자면 고구려 남하로 인해 요동쳤던 금관가야를 대신하여 백제와 왜의 제휴를 가야 속에서 주도하고자 노린 것이다.

5. 대가야에서 건너온 사람들 : 겐자키나가토로니시유적(그림 2 · 3)

그리고 대가야에서 왜로 여러 사람이 건너오게 되었다. 여기서 그 족적을 엿볼 수 있는 유적을 하나만 소개하고자 한다. 군마현 다카사키(高崎)시의 겐자키나가토로니시(剣崎長瀞西)유적이다. 이 유적은 다카사키시의 서쪽, 야하타(八幡)대지의 북단에 있다. 발굴조사 결과, 중소의 원분군과 그 북동쪽의 공백지를 사이에 두고 방형의 적석총군이 확인되었다. 적석총이란 돌을 사용하여 분구를 만든 무덤을 말한다. 적석총은 조사 범위에서 8기가 확인되었다. 또 일부 취락도 확인되었다.

〈그림 2〉 겐자키나가토로니시(剣崎長瀞西)유적 전경
(아래쪽이 적석군이며 위쪽이 원분군) (다카사키시교육위원회)

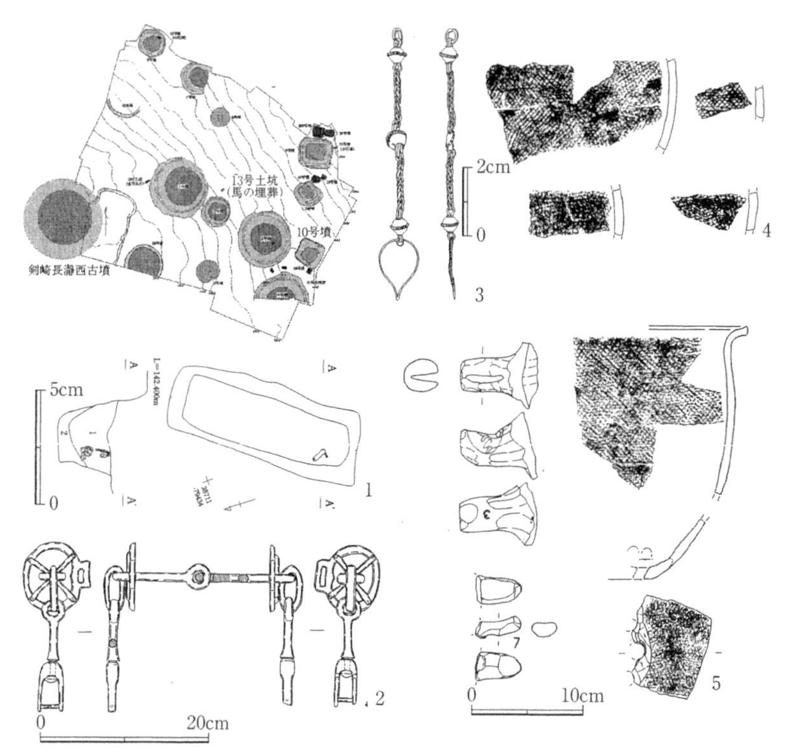

1：13号土坑(馬埋葬壙)　2：13号土坑出土馬具　3：10号墳出土垂飾付耳飾　4：10号墳出土軟質土器　5：住居址出土軟質土器

〈그림 3〉 켄자키나가토로니시(剣崎長瀞西)유적의 한반도계 자료

지금까지 연구를 통해 적석총은 한반도계 도래인들이 조영한 특징적인 무덤으로 알려져 있다. 따라서 이 유적에서는 원래 이 지역에서 살고 있던 사람들의 묘지(중소원분군)와 한반도에서 건너온 집단의 묘지(적석총군)가 구분되었던 것 같다. 그리고 8기의 적석총군 가운데 규모가 큰 10호에서 대가야계의 수식부이식이 출토되었다. 그 피장자는 이 지역으로 건너와 정착한 도래인 집단의 유력자와 같은 인물이었을 것이다.

더욱이 여러 도래인의 활동 흔적이 확인되었다. 그중 하나가 취락에서 많이 출토된 한반도계의 일상토기이다. 그 형태는 낙동강 서쪽 지역의 특징을 지닌 반면, 재료인 흙은 유적 주변에서 채취하였을 가능성이 크다. 따라서 도래인 집단은 이 땅에 정착한 후, 자신의 기술로 토기를 제작한 것 같다. 또 말을 매장한 무덤도 확인되었다. 도래인 집단은 말의 생산에도 종사하였을 가능성이 있다. 매장된 말에는 재갈이 물려 있었는데 비슷한 재갈은 대가야에도 분포한다.

겐자키나가토로니시유적이 발견된 군마현은 고분시대에 가미쓰케노(上毛野)라고 불린 유력한 지역사회였다. 겐자키나가토로니시유적의 도래인 집단은 가미쓰케노의 수장층이 지역을 경영하는 데 필요한 말, 철, 치수 등의 기술을 도입하기 위해 불러들인 집단이다.[10] 10호분의 귀고리, 취락의 일상토기, 그리고 매장된 말에 물린 재갈로 보아 도래인 집단의 구성원에는 대가야 출신자가 포함되었을 가능성이 크다. 대가야와 왜의 교섭 속에서 가미쓰케노 지역으로 건너와 지역사회 성장의 일익을 맡았을 것이다.

III. 대가야의 비약과 왜

1. 활발화하는 대가야와 왜의 교섭

지금까지 백제와 신라로 본 왜에 대해서 언급했다. 여기서부터는 대가야에 관하여 이야기하고자 한다. 5세기 후반부터 왜와 가장 활발하게 교섭한 사회가 대가야이다. 이 시기 왜에서는 대가야계로 판단할 수 있

10) 若狭 徹, 『東国から読み解く古墳時代』, 吉川弘文館, 2015.

는 문물이 여러 고분에 부장되었다. 대표적인 것으로 각종의 액세서리, 장식마구, 무기 등이다. 그리고 대가야권과 그 주변에서는 5세기 후반 이후에 왜계 고분과 왜계문물을 부장한 고분이 많이 축조되었다.

이처럼 대가야와 왜의 교섭을 말하는 고고자료는 매우 풍부하다. 따라서 본 절에서는 5세기 후반, 다음 절에서는 6세기 전반 대가야의 교통로를 명확히 하면서 대가야가 그 교통로를 활용하여 어떻게 왜와 교섭을 하였는가에 대하여 조금 상세하게 검토해 보고자 한다.

2. 대가야의 성장과 두 개의 교통로

5세기 후반, 대가야는 본격적으로 낙동강의 서쪽을 통합하여 가장 유력한 가야로 비약한다. 이는 대가야의 토기와 액세서리, 장식마구가 대가야의 중심인 고령에서 각지로 확산된 것을 통해 알 수 있다. 또 고총군도 활발히 조영되었다. 이 같은 성장을 배경으로 대가야는 국제사회로 데뷔한다. 479년에는 가야 가운데 유일하게 중국 남제로 사신을 보냈다. 또 481년에는 고구려가 침공한 신라로 백제와 함께 원군을 보낸다.

대가야가 대외활동을 이처럼 전개할 수 있었던 배경에는 사회통합의 진전 외에도 신라와의 관계 개선이 있었던 것 같다. 이즈음 신라는 고구려에서 벗어나기 위해 백제와 손을 잡고 있었다. 이로써 백제와 우호관계였던 가야와 신라의 대립도 어느 정도는 해소되었고 대가야가 대외적으로 활동할 수 있도록 환경이 정비되었을 것이다.[11] 이러한 정세 속에서 대가야는 왜와도 활발하게 교섭한다. 그럼 대가야는 어떤 교섭 루트를 구사하고 있었을까?

11) 李成市, 「新羅の国家形成と加耶」, 『日本の時代史 2 倭国と東アジア』, 吉川弘文館, 2002.

지금까지 연구를 통해 대가야가 활용한 교통로는 크게 두 개 제시되었다.[12] 우선 중심지인 고령을 출발하여 거창-함양-운봉 분지(혹은 함양-남원) 등 서쪽으로 나아가고 거기서부터 섬진강을 따라 구례-하동-남해안으로 나가는 섬진강루트이다. 또 하나는 함양에서 남강을 따라 산청-진주 등 남쪽으로 내려오고 거기에서 고성(혹은 사천) - 남해안으로 나가는 남강루트이다. 이렇게 상정된 두 개의 교통로는 지세는 물론 고분군의 확산과 교섭을 통해 입수한 외래문물의 분포, 그리고 섬진강유역으로 비정되는 기문 · 대사와 관련된 사료에 근거한 것이다.

3. 섬진강루트

우선 섬진강루트에 대해 살펴보자. 섬진강 하류역, 대사로 비정되는 하동지역은 대가야, 소가야, 그리고 백제의 경계에 해당한다. 몇 개의 고분군이 알려져 있는데 각각 부장된 토기기 특징적이다. 우선 하동에서도 내륙으로 소가야권에 가까운 우복리유적에서는 주로 소가야계의 토기가 부장되었다.

한편 섬진강 연안에 위치하는 흥룡리고분군(그림 4)에서는 우복리유적과 달리 대부분 대가야계의 토기가 부장되었다. 흥룡리고분군은 섬진강 하류역의 동안, 낮은 구릉에 축조되었다. 섬진강을 내려오면 곧바로 남해로 나갈 수 있으며 거슬러 올라가면 대가야의 중심에 이른다. 이러한 입지에 있는 고분군에 대가야계의 토기가 부장된 것은 대가야왕권의 영향력이 섬진강 하류역까지 미친 것을 나타낸다.

---

12) 田中俊明, 앞의 책, 1992. 조영제, 「소가야(연맹체)와 왜계유물」, 『한 · 일교류의 고고학』, 영남고고학회 · 구주고고학회, 2004. 朴天秀, 앞의 책, 2007 등.

다만 개체 수는 적으나 소가야계, 백제계, 그리고 신라계 등 다양한 토기도 확인되었다. 다양한 토기가 부장되었다는 것은 이 고분군을 조영한 집단이 다양한 지역으로부터 토기를 입수할 수 있을 정도로 하천, 해상교통을 생업으로 한 것을 의미한다. 따라서 대가야왕권이 섬진강루트를 이용하려면 이런 집단과 우호적인 관계를 맺을 필요가 있었다.

〈그림 4〉 하동 흥룡리고분군(동아세아문화제연구원)

그리고 섬진강루트는 중심지인 고령에서 크게 우회하여 백제권과 경계를 통과해야만 하는 단점이 있다. 5세기 후반 백제와 대가야는 대체로 우호적인 관계였으나 백제의 견제를 받아 교통로의 결절점 가운데 하나라도 끊겨져 버리면 곧바로 이용이 어려워진다. 여기에도 대가야왕권에는 섬진강 연안의 지역집단을 자신의 측으로 끌어들일 필요성이 있었다.

이 섬진강루트가 5세기 후반 대왜교섭에 어느 정도 이용되었는가에 대해서는 섬진강 연안에 왜계문물이 거의 알려져 있지 않으므로 고고학적으로 잘 알 수 없다. 앞으로 성과를 기대할 수밖에 없으나 기문·대사에 관한 사료에 의하면 대가야의 중요한 항구와 교통로인 것은 틀림없기 때문에 왜와의 교섭에도 활용되었을 것이다.

4. 남강루트를 둘러싼 대가야와 소가야

다음으로 남강루트에 대해 검토한다. 이 루트상에 있는 함양-산청-진주-고성 · 사천에 5세기 후반 왜계문물이 점재하므로 이 루트를 활용하여 대가야가 왜와 교섭한 것은 분명한 것 같다.

다만 남강을 따라 분포하는 왜계문물을 대가야와 왜 사이에 이루어진 교섭의 산물로 즉단할 수는 없다. 왜냐하면, 남해안의 고성과 사천에는 소가야가 있기 때문이다. 왜계문물이 부장된 고분에는 소가야 토기도 부장된 경우가 많으므로 소가야의 활동에 의해 스에키가 반입된 것으로도 볼 수 있다.[13)]

그렇다면 지금까지 여러 번 등장한 소가야란 도대체 어떠한 사회였을까? 소가야의 존재는 『삼국유사』 오가야조(五加耶條)의 '小加耶今固城(소가야는 지금의 고성에 해당한다)'이라는 기사가 근거이다. 고고학적으로는 소가야양식이라는 독특한 토기 세트가 분포하는 범위를 소가야권으로 파악하고 있다. 현재 경상남도 서부가 중심이다. 왕족의 묘지는 고성의 송학동고분군으로 생각된다. 대가야와 마찬가지로 5세기 후반부터 6세기 전반에 전성기를 맞았으나 562년 대가야 멸망을 전후로 멸망한 것 같다.

소가야 왕족의 무덤(송학동1호분, 그림 5)에 대가야의 토기와 장식마구가 부장된 것으로 보아 양자는 협조적인 관계였던 것 같다. 아마 소가야는 대가야왕권의 대외활동을 중개하는 역할을 담당한 것이 아닐까?

남강루트는 대가야가 백제와 신라의 관계를 고려하지 않고도 이용할

13) 하승철, 「외래계문물을 통해 본 고성 소가야의 대외교류」, 『가야의 포구와 해상활동』, 제17회 가야사학술회의 김해시학술위원회, 2011.

수 있는 교통로였으므로 충분히 매력적이었다. 5세기 후반 이후, 대가야계토기가 남강루트를 따라 부장되는데 이는 남강루트를 안정적으로 운용하기 위한 대가야의 움직임을 나타낸다.

〈그림 5〉 고성 송학동1호분(동아대학교박물관)

5. 낙동강루트의 존재

섬진강, 남강루트 외에 또 하나 대가야의 교통로로 생각되는 것은 고령 - 합천(옥전고분군) - 낙동강 - 동래를 거치는 낙동강루트이다. 예를 들어 5세기 왜로 반입된 대가야계 귀고리와 유사한 것은 대가야의 중추인 고령과 합천을 중심으로 분포한다. 고령과 합천 등 대가야의 중심지에서 남해안으로 나가고자 할 때 지세로 보아 가장 진출하기 쉬운 루트가 낙동강을 내려오는 루트이다. 낙동강을 사이에 두고 그 대안에는 신라가 위치하는데 이 시기에 탈고구려화를 꾀한 신라와 대가야의 관계는 호전되어 있었다. 이를 중요시하면 대가야가 낙동강루트도 활용하였을 가능성이 크다.

그리고 낙동강 하류역의 동래(부산)는 신라의 압력을 받으면서도 신라의 대왜교섭을 중개하면서 여전히 주체적으로 대외활동을 하고 있었다. 5세기 동래에서는 대가야계의 토기, 귀고리, 마구가 출토되었다. 따라서 대가야왕권은 동래와 관계를 맺으면서 낙동강 하구의 항구를 이용한 것 같다.

6. 대가야의 왜계 갑주

이상과 같이 5세기 후반 대가야왕권은 하나의 루트만을 장악하여 왜와 교섭한 것이 아니다. 교통로를 따라 점재하는 지역집단과 관계를 수시로 고려하면서 섬진강, 남강, 그리고 낙동강이라는 각각의 교통로를 임기응변으로 이용했다.

〈그림 6〉 고령 지산동32호분출토 왜계 갑주(국립김해박물관)

이러한 교섭 속에서 대가야의 중심지, 고령과 합천에는 갑주와 스에키 등 왜계 문물이 반입되었다. 예를 들어 5세기 중엽 왕릉급의 고분인 고령 지산동32호분에서는 풍부한 부장품 가운데 왜계 갑주가 포함되어 있었다(그림 6). 또 유력한 지산동30호분에 부속된 작은 석곽에서도 왜계 투구와 스에키가 출토되었다. 합천 옥전28호분에서도 왜계 갑주가 재지의 무장구와 함께 부장되었다. 이처럼 대가야에서는 다양한 계층의 분묘에 왜계의 갑주가 부장되어 대가야와 왜의 밀접한 관계를 상징한다.

아마 5세기 후반 대가야에 대왜교섭은 신라, 백제와 마찬가지로 고구려의 남하에 대비하기 위한 대책 중 하나였을 것이다. 또 이 시기에 대가야와 신라, 백제의 관계는 양호하였으나 이는 어디까지나 고구려 남하에 대한 대비라는 점에 한정된 것이었다. 이러한 점에서 백제와 신라 사이에 위치한 대가야가 바다 건너편의 왜와 손을 잡는 것은 중요한 의미가 있었을 것이다. 다양한 교통로를 구사하여 왜의 교섭을 거듭하고 우호적인 관계를 유지하고자 노력한 대가야의 모습을 알 수 있다.

Ⅳ. 대가야의 쇠퇴와 왜

1. 백제의 섬진강유역 진출과 대가야

5세기 후반에 비약적으로 성장한 대가야였으나 6세기에 들어서자 이를 뒤흔드는 충격적인 사건이 일어난다. 중요한 항구와 교통로였던 섬진강유역(기문 · 대사)으로 백제가 진출한 것이다. 대외활동의 큰 장애가 된 것은 물론이고 지금까지 우호적인 관계를 유지해 온 백제와는 심각한 대립 관계로 빠지게 된다.

이 사태를 호전시키기 위해 대가야가 취한 행동은 두 가지였다. 하나는 남강루트를 본격적으로 개척한 것이다. 이로써 왜와 결속을 강화하고자 했다. 이는 왜계 고분이 남강과 낙동강 연안에 점재하는 것에서 알 수 있다. 그리고 또 하나가 신라에게 접근한 것이다. 522년에 대가야는 신라와 결혼동맹을 맺는다. 그 목적은 백제에 대한 대항이었으나 더욱 구체적으로는 낙동강루트를 적극적으로 이용하기 위해서였다.[14]

여기서부터는 교통로를 따라 점재하는 다양한 집단과 대가야왕권의 관계를 통해 6세기 전반 대왜교섭에 대해 생각해보고자 한다(그림 7).

14) 이희준, 『신라고고학연구』, 사회평론아카데미, 2007.

〈그림 7〉 대가야의 교통로와 관련된 고분

2. 섬진강루트와 순천 운평리고분군(그림 8 · 9)

섬진강 하구의 서쪽에 순천이라는 곳이 있다. 섬진강유역으로 백제가 진출하는 직후에는 백제와 가야의 접경지였다. 여기에 5세기 후반부터 6세기 전반 즈음에 조영된 운평리고분군이 있다. 구릉의 능선 위에 축조된 고총고분군은 지역집단의 유력자들이 묻힌 무덤이다. 그리고 구릉 사면에는 중소의 석곽묘가 군집하고 있는데 집단의 일반 구성원 묘지로 볼 수 있다. 부장된 토기는 대가야계토기가 많다. 이 고분군의 입지는 대가야계 왕족의 묘지(고령 지산동고분군)의 축소판과 같아서 조영 집단은 대가야 왕권과 긴밀한 관계를 맺었음을 알 수 있다.

다만 고총고분의 조영은 5세기 말부터 6세기 초로 한정된다. 또 가장 일찍 축조된 고총(M2호분)의 주 매장시설은 소가야계의 횡혈식석실이다. 그 주변을 둘러싸듯 하나의 분구 내에 축조된 여러 매장시설에서 대가야계에 더하여 백제, 소가야, 영산강유역, 그리고 신라 등 매우 다양한 지역에서 반입된 토기가 부장되었다.

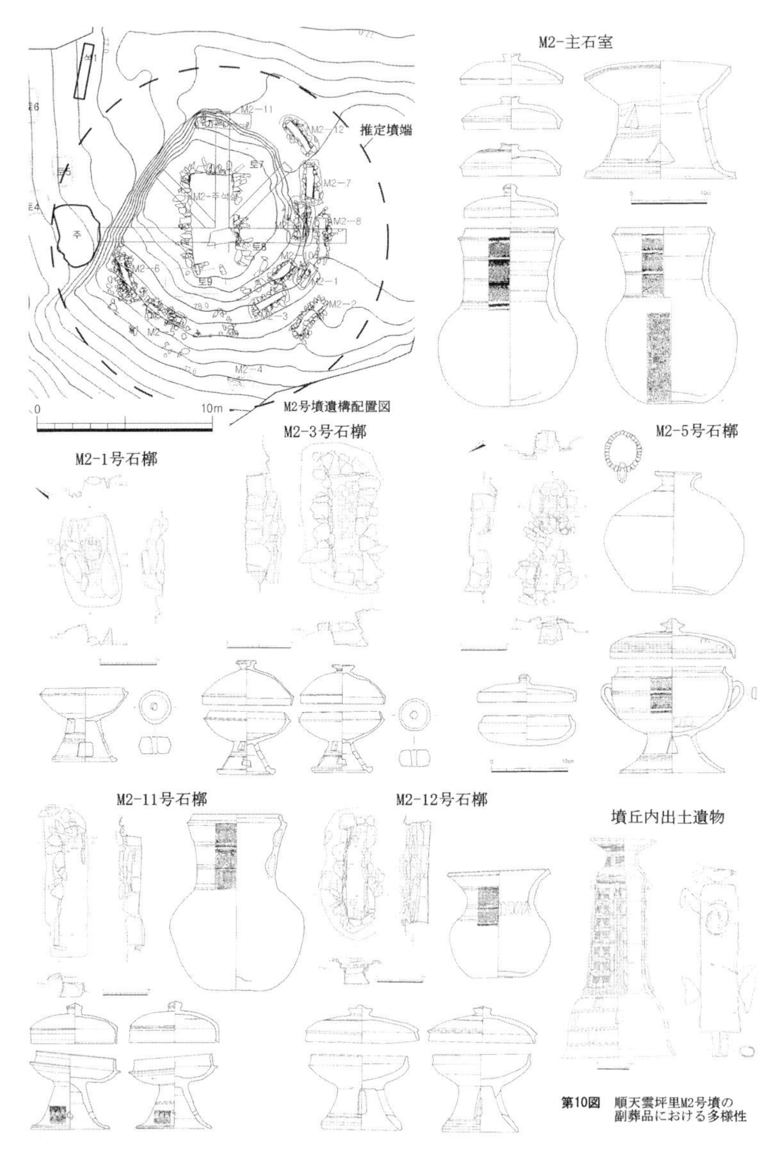

〈그림 8〉 순천 운평리M2호분출토 토기

더욱이 횡혈식석실에서는 대가야계의 귀고리(그림 9-1)와 신라계 귀고리(그림 9-2)가 각 한 점씩 출토되었다. 이 귀고리가 한 사람에게 착장되었는지 아니면 각각 다른 사람에게 착장되었는지는 잘 알 수 없다. 전자의 경우, 대가야와 신라 양쪽 모두 관계를 지닌 피장자를 상정해 볼 수 있을 것이고 후자라면 출신지가 다른 두 사람 혹은 각 사회와 깊게 관련된 두 사람의 피장자가 매장되었을 것이다. 어찌 되었든 대가야 이외의 사회와도 유대관계를 맺고 있었던 것은 분명하다.

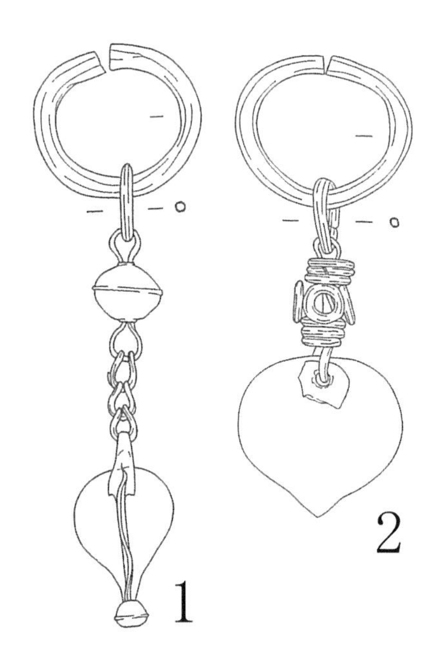

〈그림 9〉 순천 운평리M2호분출토 귀고리

이처럼 운평리 집단과 대가야왕권은 밀접하게 관련되어 있으나 대가야가 순천을 안정적으로 장악한 것으로 생각하기는 어렵다. 운평리고분군의 조영 집단은 대가야왕권과 관계를 맺으면서 다른 사회와도 주체적으로 연결되어 있었다. 운평리 집단 자체가 다양한 출신지의 사람들로 구성되었을 가능성도 크다.

3. 여수반도의 지역집단 - 여수 죽림리 차동유적(그림 10)

또 순천의 남쪽, 여수반도에도 다양한 부장품을 묻은 고분군이 축조되었다. 대표적인 사례가 죽림리 차동유적이다. 이 유적은 남해로 곧바로 나갈 수 있는 구릉에 펼쳐져 있는데 4~6세기에 걸쳐 조영된 중소의 무덤이 40기 정도 확인되었다. 고분군 근처에서 취락도 확인되어 바다에 면한 지역집단의 취락과 묘지가 세트로 확인된 중요한 유적이다.

〈그림 10〉 순천 죽림리 차동Ⅱ-10호묘(위)
출토된 왜계 갑주(왼쪽), 소가야, 신라토기(오른쪽)
(마한문화재연구원)

5세기 후반부터 6세기에 조영된 무덤에 부장된 토기를 보면 흥미로운 변화가 확인된다. 6세기 초까지는 소가야계를 중심으로 대가야, 백제, 영산강유역, 나아가 신라 등 실로 다양한 계통의 토기가 부장되었다. 그러나 6세기 전반 이후가 되면 백제계토기가 주류를 점하게 된다. 백제가 이즈음에 이 지역을 통합한 것을 나타내는 것이다.

그리고 왜계문물도 확인된다. 예를 들어 어느 취락에서는 스에키와 소가야계, 신라 토기가 함께 출토되었다. 또 묘지에서도 왜계 갑주와 소가야, 신라토기가 함께 부장된 무덤이 축조되었다. 이 주거지와 무덤은 따로 구분된 것이 아니므로 죽림리 집단의 구성원 가운데 이 땅에 정착한 왜 출신의 사람들도 포함되었던 것 같다.

4. 백제와 가야의 경계지

이상과 같이 가야와 백제의 경계에서 바다에 면한 순천과 여수반도는 대가야와 백제의 강한 통제 아래에 있었던 것이 아니다. 오히려 다양한 사회, 집단과 연결된 중립적인 지역사회였으며 그 사회를 구성하는 집단에는 다양한 출신지의 사람들도 포함되어 있었다. 그 가운데 운평리 집단과 같이 대가야와 밀접한 관계를 맺은 지역집단도 존재했다.

아마도 대가야왕권은 백제의 압박이 거세지는 가운데 섬진강하구에서 서쪽의 지역집단과 우호적인 관계를 맺고 그 협력을 얻음으로써 섬진강루트를 이용하여 대외활동을 했을 것이다.

5. 남강루트의 본격적인 개척

한편, 남강루트는 어떠했을까? 주목해야 할 것은 6세기 전반이 되면 남강을 따라 대가야 토기가 넓게 분포하고 이와 함께 대가야계의 액세서리와 마구, 무기 등을 부장한 고총고분이 조영되는 것이다. 이는 대가야왕권이 남강루트와 그 주변을 장악하고자 한 것을 말한다. 그 목적은 물론 남강루트를 안정적으로 운용하기 위해서였을 것이다. 대가야가 남강루트를 매개로 왜와 교섭한 것은 스에키를 비롯한 왜계문물, 그리고 왜계 고분이 이 교통로를 따라 널리 분포하는 것을 통해 입증된다.

다만 남강루트와 남해를 잇는 고성과 사천에는 여전히 소가야가 있다. 6세기 전반, 소가야의 독립성을 나타내는 것이 소가야 왕릉인 고성 송학동1호분이다. 이 고분은 5세기 후반부터 왕족의 무덤으로 사용되었는데 6세기가 되면 분구를 확장하면서 횡혈식석실을 채용한다. 그중 하나인 B-1호 횡혈식석실에는 소가야토기에 더하여 대가야, 백제, 영산강 유역, 왜, 그리고 신라 등 매우 다양한 계보의 토기가 부장되었다. 석실의 일부는 북부 규슈의 영향을 받았으며 분구 자체도 전방후원분을 모방하였을 가능성이 지적되고 있다.[15)]

이 송학동1호분만을 보아도 소가야가 대가야에 통합된 것이라고는 생각하기 어렵다. 상하 관계이기는 하였으나 남강루트의 관문지로서 독자성을 유지하고 있었다. 따라서 대가야왕권은 소가야를 배려하여 양호한 관계를 유지하고자 하는 노력을 아끼지 않았을 것이다. 소가야권의 다른 고분군에도 대가야계의 토기, 액세서리, 마구 등이 부장된 것은 이를 단적으로 나타낸다. 양자는 긴밀한 관계를 유지하고 그 가운데 소가야가 대가야의 대외교섭을 중개하는 경우도 있었을 것이다.

6. 대가야의 땅에 묻힌 왜인? - 산청 생초9호분(그림 11 · 12)

여기서 남강루트를 이용하여 대가야로 건너간 왜인의 존재를 나타내는 고분을 하나 소개하고자 한다. 산청 생초9호분이다. 생초고분군은 남강 상류를 조망하는 구릉에 입지한다. 이 지역은 남강루트의 요충지에 해당한다. 5세기 후반부터 대가야가 멸망할 때까지 조영된 고분군으로, 대가야의 슬하에 있으면서 하천교통에 뛰어난 지역집단의 묘지로 생각된다. 그 경관은 고령 지산동고분군과 매우 닮았는데 구릉의 정상부와 능선 상에는 분구를 가진 고총군이 축조되었고 구릉 사면에 중소의 석곽묘가 군집되어 있다. 각각 유력자의 묘지와 집단구성원의 묘지로 볼 수 있다.

15) 하승철, 앞의 논문, 2011.

〈그림 11〉 산청 생초고분군 원경(경상대학교박물관)

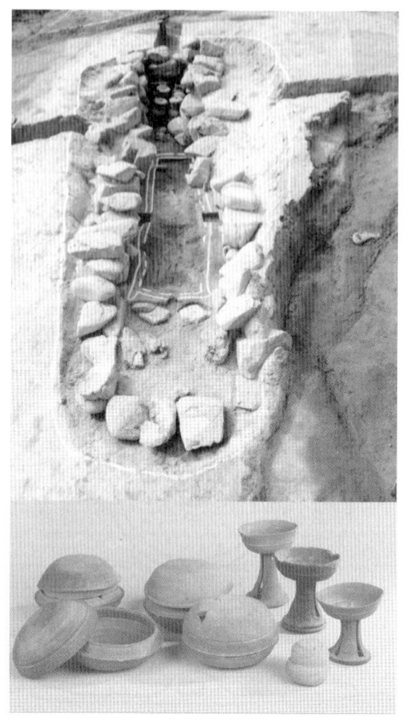

〈그림 12〉
산청 생초고분군9호분(위)
출토된 왜의 스에키(아래)
(경상대학교박물관)

주목할 수 있는 것은 구릉 사면의 집단구성원 묘지에 속하는 9호분의 존재이다. 이 고분에서는 대가야계의 토기와 함께 왜에서 생산된 스에키 12점과 거울이 부장되었다. 또 적색안료를 담은 단지도 부장되었다. 생초고분군에서 왜계 부장품이 출토된 것은 9호분이 유일하다.

9호분에 묻힌 사람이 생초집단의 구성원으로 왜와 깊은 관련을 맺고 있었던 것은 분명하다. 그러나 그(그녀)가 대가야로 온 왜인이었는지 아니면 왜인과 거듭한 현지의 사람인지를 판단하기는 매우 어렵다.

그러나 많은 스에키가 부장된 것, 무덤에 거울을 부장하는 사례가 대가야권에서 거의 없는 것, 적색안료를 담은 단지가 부장된 것－왜의 고분에 자주 부장된다－을 생각하면 9호분의 피장자는 왜의 장송 의례를 거쳐 묻힌 것이 확실하다. 따라서 의례를 집행하는 데 이 땅으로 건너온 왜인들이 깊이 관여하고 있었을 것이다.

그리고 9호분이 묘지 중에서 다른 무덤과 구분되지 않는 상황이 중요하다. 만약 9호분의 피장자가 왜인이라면 현지 사람들과 같은 무덤을 쓸 정도로 지역사회 속에 스며들었다는 말이 된다. 또 왜인과 밀접하게 교류한 현지 사람이었다고 한다면 왜와 관계가 깊다는 것이 널리 알려졌으므로 무덤에 묻힐 때 왜인이 장송에 참여하여 왜의 의례를 집행했을 것이다.

어찌 되었든 남강루트를 경유하여 대가야까지 건너온 왜인이 존재한 것은 분명하며 하천교통에 능숙한 현지의 사람들과 밀접한 교류가 이루어진 것을 산청 생초9호분은 지금도 말하고 있다.

7. 낙동강루트를 둘러싸고

지금까지 6세기 전반 섬진강루트와 남강루트를 둘러싼 정세에 대해 살펴보았다. 다음으로 또 하나의 교통로, 낙동강루트의 상황을 살펴보고자 한다. 낙동강루트를 둘러싼 대가야의 움직임을 엿볼 수 있는 지역으로 낙동강 하류의 서안에 있는 창원이 있다. 예전 백제와 왜의 교통을 중개한 탁순국으로 비정되는데 5세기까지는 금관가야에 속해 있었다.

그러나 6세기에 들어 상황이 일변하여, 대가야계의 토기와 액세서리가 고분에 부장된다. 대가야는 6세기 전반에 하천교통의 요충지인 창원을 어느 정도 통합한 것 같다. 낙동강을 운용하고자 하는 목적이 있었기 때문일 것이다. 다만 낙동강 대안에는 신라가 있어 낙동강을 안정적으로 이용하기 위해서는 신라의 협조가 불가결했다. 대가야는 522년에 신라와 결혼동맹을 맺었으나 그 진짜 의도는 아마 여기에 있을 것이다.

8. 의령지역에 있는 두 개의 고분군 : 경산리와 운곡리(그림 13 · 14)

6세기 전반에 대가야가 낙동강을 통해서 한 대외활동은 낙동강 서안의 의령에 있는 두 개의 고분군을 통해 알 수 있다. 우선 낙동강에 면하여 위치하는 경산리고분군이 주목된다.

〈그림 13〉
의령 경산리1호분
수혈식석실의 석옥형 석관
(경상대학교박물관)

〈그림 14〉
운곡리1호분의 왜계
횡혈식석실
(경상대학교박물관)

1호분 횡혈식석실에는 피장자를 안치하는 '석옥형(石屋形)석관'이 설치되어 있다. 석옥형석관은 석실 안에서 판석을 조립하고 그 내부에 사람을 안치시킨 시설이다. 중부, 북부 규슈지역에서 계보를 구할 수 있으므로 왜인들이 석실의 구축에 관여했을 가능성이 크다. 또 2호분에서는 백제와 관련된 장식대도, 마구, 액세서리, 동완 등이 출토되었다. 부장토기는 기본적으로 대가야의 토기이나 25호분과 같이 소가야계토기가 부장된 무덤도 있다.

그리고 낙동강루트와 남강루트를 잇는 곳에 축조된 운곡리고분군은 더욱 다양한 매장시설과 부장품이 확인된다. 고분군 형성의 계기가 된, 즉 고분군 가운데 축조된 시기가 가장 이른 1호분에서는 왜계의 횡혈식석실이 축조되었다. 현실의 평면형이 약간 부풀어 오른 것(胴張), 현실의 후벽에 설치된 선반(石棚)이 왜계 요소이다. 한편 석실 내에 있는 목관은 관정과 꺾쇠를 사용하여 조립하였으며 원환을 갖춘 장식금구가 부착되어 있다. 이는 백제계의 목관이다. 부장된 토기도 다채로운데 초기에는 대가야계, 소가야계의 토기가 부장되고 추가장 때 신라계 토기가 매납되었다.

이처럼 경산리와 운곡리 집단은 낙동강을 통하여(운곡리의 경우는 남강도 이용하여) 다양한 사회와 교섭을 거듭하고 있었다. 아마도 대가야왕권의 의향을 반영한 대외교섭을 담당했던 지역집단일 것이다.

9. 거제도의 왜계 고분 : 장목고분(그림 15, 16)

또 하나, 낙동강루트, 그리고 남강루트를 경유하여 대가야(그리고 소가야)와 왜가 교섭한 것을 나타내는 고분을 소개하고자 한다. 거제도에 축조된 장목고분이다. 거제도는 낙동강 하구의 남서쪽에 있으며 쓰시마와 가장 가까운 곳이다. 도요토미 히데요시가 임진왜란을 일으켰을 때 일본군은 거제도를 거점으로 몇 개의 왜성을 축조했다. 그중 하나인 영등리왜성에서 멀지 않은 간곡만이라는 만을 조망할 수 있는 구릉의 정상에 장목고분이 입지한다.

〈그림 15〉
간곡만과 거제 장목고분
(경남발전연구원)

〈그림 16〉
거제 장목고분의
횡혈식석실(현문부)
(경남발전연구원)

장목고분은 직경 18m 정도의 원분으로 5세기 말에서 6세기 전엽에 축조되었다. 분구에는 즙석이 있으며 분구 주위를 원통형의 토기가 둘러싸고 있다. 또 매장시설인 횡혈식석실은 북부 규슈의 석실과 같은 형태이다. 왜 고분의 조영 기술과 구조를 총체적으로 받아들인 고분으로 그 조영에 왜에서 도래한 집단이 관여한 것은 틀림없다. 석실에는 왜계의 갑옷과 대가야계의 무기가 부장되었으며 분구에서 소가야계의 토기가 출토되었다.

장목고분의 입지가 바다를 의식한 것은 분명하며, 고분이 내려다보는 간곡만은 일본열도에서 한반도까지 항해하는 데 최적의 기항지이다. 그리고 주위에 지역집단의 무덤이 축조됨에도 불구하고 장목고분은 거기서 떨어져 독립되어 축조되었다. 피장자는 이 지역에서 이질적인 존재로 묻힌 것이 분명하며 왜인이었을 가능성이 매우 크다.[16)]

이 지역으로 건너와 장목고분을 조영한 왜인집단은 대가야, 소가야와 왜의 교섭을 담당한 것으로 생각된다. 나아가서는 남해안을 따라 서쪽의 영산강유역이나 백제로 나아가고자 했을지도 모른다. 하여튼 낙동강과 남강루트로 진입하기 위하여 혹은 남해연안의 항로로 나아가기 위해 때를 기다리는 항구로 간곡만을 이용했을 것이다.

10. 왜계 고분의 피장자를 어떻게 생각할 것인가(그림 17)

왜계 고분의 피장자에 대해서 부언해둔다. 장목고분과 같은 왜계 고분의 문제를 묻힌 사람이 왜인이었는가, 아니면 현지의 사람이었는가라는 것에 너무 한정해 버리면 묻힌 사람들과 고분을 축조한 집단의 활동을 특정 사회 측에서 일면적으로만 파악할 위험성이 있다.

한반도 중남부에서 지금까지 발견된 많은 왜계 고분은 한반도 연안부와 섬, 가야와 백제 교통로의 요충지에 축조되었다. 그리고 각 지역을 근거지로 한 지역집단과 관련을 맺고 있었다. 한반도의 여러 사회가 보낸 위세품을 부장한 사례도 있다. 따라서 왜계 고분에 묻힌 사람의 출신지가 왜이었다고 해도 그(그녀)의 활동이 항상 왜측, 다시 말해 왜왕권

16) 하승철, 「거제 장목고분에 대한 일고찰」, 『거제 장목 고분』, 경남발전연구원 역사문화센터 조사연구보고서 제40책, 2006.

〈그림 17〉 고령 고아동벽화고분의 횡혈식석실

이나 북부 규슈의 의향을 따랐다고는 할 수 없다. 아마 한반도의 입장에서 행동하는 경우도 많았을 것이다.

따라서 왜계 고분의 피장자에 대해서는 당시 경계지를 왕래하면서 왜와 한반도를 잇는 역할을 실제로 담당한, 말하자면 경계지에 살았던 사람들로 평가하는 것이 더욱 중요하다.

11. 교통로로 본 대가야의 특색

이야기가 길어졌으나 이상으로 6세기 전반의 섬진강루트, 남강루트, 낙동강루트를 둘러싼 정세에 대하여 검토했다. 결국, 대가야는 단일 대외교통로를 안정적으로 확보하지 못했던 것 같다. 섬진강루트는 백제, 남강루트는 소가야의 협조가 필요했으며 낙동강루트도 가야침공을 시도한 신라와의 관계에 항상 주의를 기울여야 했다. 더욱이 교통로를 따라 위치하는 지역집단의 회유도 불가결했다.

단일루트를 장악하지 못한 대신, 대가야는 여러 교통로를 임기응변으로 활용하여 왜와 지속적으로 교섭했다. 오히려 이것이 대가야가 행한 대외활동의 특색일 것이다. 결과론이기는 하나 단일루트에 의존하지 않았던 것이 오히려 대가야의 활발한 대외활동을 가능하게 했을지 모른다.

12. 대가야의 멸망과 왜

마지막으로 멸망까지 대가야의 움직임을 개관하면서 대왜교섭의 목적을 부각시키고자 한다.

섬진강유역(기문 · 대사)의 영유를 둘러싸고 백제와 대립하던 대가야는 522년 신라와 결혼동맹을 맺는다. 그러나 529년에 이 동맹이 파기되어 외교공작은 실패로 끝난다. 이 해, 신라는 본격적으로 가야를 침공한다. 대가야는 왜로 사신을 보내 군사지원을 요청하나 532년에 금관가야가 신라에 항복한다. 이로써 낙동강 하류역은 완전히 신라세력권이 되었으며 대가야가 낙동강루트를 이용할 수 없게 된다.

그 후, 백제가 주도하는 형태로 금관가야의 부흥을 목표로 하는 '임나부흥회의(任那復興會議)'가 열리나 회의에 참여한 각 사회의 의도가 어긋남에 따라 특단의 성과를 올리지 못했다. 이즈음 대가야는 백제, 신라의 양쪽에서 압박을 받아 대가야의 내부는 친백제파와 친신라파로 분열되고 급격하게 쇠퇴의 길을 걷게 된다.[17)]

이 분열의 상황은 고고학적으로 어느 정도 읽을 수 있다. 예를 들어 이 시기의 고령에는 고아동벽화고분이 조영된다. 이 고분은 석실의 형태, 벽화, 부부합장 등 백제 묘제의 영향이 농후하다. 묻힌 사람은 친백제계의 왕족, 혹은 백제에서 파견된 유력자였을 것이다. 한편 대가야가 멸망하는 562년 이전에 부장된 토기가 모두 신라토기로 일변하는 고분군도 확인할 수 있다.[18)] 일찍부터 친신라적인 입장을 취한 지역집단도 있었을 것이다.

17) 田中俊明, 앞의 책, 1992.

18) 이희준, 앞의 책, 2007.

이처럼 대외적으로 고립되고 대내적으로도 분열상황에 빠진 대가야가 우호적인 관계를 유지할 수 있는 유일한 상대가 왜였다. 지금까지 살펴보았듯이 대가야권에 산재하는 왜계 고분과 왜계의 문물, 혹은 일본열도에서 출토된 대가야계의 문물이 이를 말한다. 급속하게 악화된 정세의 타개를 목표로 왜와 교섭에 임한 대가야의 모습이 거기에 있다.

멸망 직전, 대가야의 대외교통로는 남강루트에 거의 한정되어 있었을 것이다. 이 교통로만은 신라와 백제의 동향과는 관계없이 대가야가 이용할 수 있는 유일한 것이었다. 그러나 소가야의 왕족묘(송학동1호분)에는 신라계와 백제계 문물도 많이 부장되어 있다. 그 배후에 신라와 백제가 소가야를 통합하고자 하는 의도를 엿볼 수 있다. 아마 6세기 중엽 즈음의 어느 시점에 남강루트도 봉쇄되었을 가능성이 크다. 대외교통로를 완전하게 상실하여 내륙에 갇힌 대가야는 그 이상의 타개책을 찾아내지 못하여 약체화하고 결국 562년 신라에 투항했다.

V. 맺음말

본고에서는 대가야와 왜의 교섭양태를 조감적으로 정리하였다. 입론의 관계상 결론만을 제시한 부분이 적지 않다. 그렇기는 하나 대가야와 왜, 그리고 한반도에 할거한 제 사회의 교섭이 단순히 왕권 간의 정치적인 외교 · 군사적 활동이라고 하는 한정적 혹은 국소적인 것에 머무르는 것이 아니라는 것은 제시할 수 있었던 것 같다. 왕권 간의 외교 활동에 좌우되면서도 양 사회를 연결하는 루트 주위에 할거한 지역사회와 집단, 그리고 개인 간의 다각적이며 보다 일상적인 상호 교섭이 거듭되었을 것이다.

오히려 관점을 바꾸면 그러한 지역 간 교섭이 당시 한일 관계의 근간에 있었고 그 동향에 크게 영향을 받으면서 왕권 간의 외교가 진정한 것으로도 파악할 수 있을 것 같다. 그렇기 때문에 고분시대 왜인사회는 다양한 문화를 한반도에서 수용하고 이를 단기간 내에 광범위하게 전개할 수 있었던 것이 아닐까. 이와 같은 상정이 본고를 통해서 조금이나마 선명해졌다면 다행이라고 생각한다.

다카타 칸타(高田貫太) | 일본 국립역사민속박물관

문헌 자료로 본 가야와 왜

Ⅰ. 머리말

고대 한일관계에 있어서 키워드는 이른바 '임나일본부설(任那日本府說)'이다. 임나일본부설이란, 369년에 신공황후(神功皇后)가 삼한(三韓)을 정벌한 이후부터, 562년 가야가 신라에 멸망하기까지, 약 200년 동안 대화정권(大和政權)이 한반도 남부를 지배 통치했다는 설이다. 지금의 한일 양국 고대사학계에서는 모두 이 설을 그대로 받아들이고 있지는 않지만, 1960년대 이전까지만 하더라도 일본학계에서 이 설은 정설이자 통설이었다. '남조선(南朝鮮) 식민지 지배설'이라 할 수 있는 이러한 내용은 일본 국민들에게 교육, 홍보되어 자국민과 민족의 우월성과 한민족(국민) 멸시관으로 확산되었다. 역사가 정치에 악용된 대표적 예이다. 그 영향은 오늘 날까지 강하게 미치고 있다. 혐한의 뿌리가 어쩌면 이곳에서부터 말미암은 것으로 보이기도 한다.

본고에서 가야와 왜의 관계를 살핌에 있어 검토하고자 하는 자료는 『일본서기(日本書紀)』와 광개토대왕릉 비문, 『송서(宋書)』 소재(所載) 왜오

왕(倭五王)기사이다. 이들은 모두 임나일본부설을 뒷받침했던 주요 자료들이었다. 기존의 왜곡된 시각과 논리를 걷고 객관적 시각으로 사료를 살펴보아야 함은 너무나 당연하다. 그러나 간단한 문제는 아니다. 수많은 기존 연구들이 있지만 여전히 논쟁이 많은 것으로 보아도 알 수 있는 일이다. 여기에서는 가야와 왜 양자 간의 입장과, 양자가 원했던 바가 무엇이었는지에 초점을 맞추어 살펴보고자 한다.

II. 3세기 이전

한반도 남단과 일본열도는 폭 약 200킬로미터의 대한해협을 사이에 두고 있지만, 이미 선사시대부터 교류하였다. 부산 동삼동패총을 비롯한 남부 해안의 신석기시대 패총에서 일본열도산 흑요석이 출토된 점 등으로 보아 알 수 있는 일이다. 이후에도 양 지역 간의 교류는 간단없이 이루어졌음이 고고학적 자료는 물론 각종 문헌자료에서도 보인다.

가야와 왜는 그 정치체가 형성되면서부터 교류하여 왔다. 가야는 기본적으로 왜로의 선진 문화 전달자로서의 역할을 했다. 가야 초기에는 남해안을 연한 김해 가라국 중심의 교류가 이루어졌지만, 점차 가야 내륙지역에서도 왜와의 교류를 확대해 갔다. 가야와 왜 사이의 교류 양상을 살피기 위해서는 먼저 당시 왜의 모습이 어떠했는가를 살펴 볼 필요가 있다.

왜가 최초로 등장하는 문자 사료는 선진(先秦) 자료인 『산해경(山海經)』이며[1], 후한(後漢) 왕충(王充, 27~97)이 찬술한 『논형(論衡)』에도 "주(周)의 시대는 천하태평으로 왜인이 창초(鬯艸 ; 香草)를 바쳤다"라는 모습으로 등장하고 있다. 정사(正史)의 기록으로는 후한 반고(班固, 32~92)가 찬한 『한서(漢書)』 「지리지(地理志)」에, 이 시기의 왜는 100여 개의 소국으로 나뉘어 있었으며 한(漢)의 낙랑군에 조공을 바쳤다고 한다. 그리고 『후한서(後漢書)』 「동이전(東夷傳)」에는 서기 57년 왜(倭)의 노국왕(奴國王)의 사신이 후한의 낙양을 방문, 광무제에게서 인수를 받았다고 기록되어 있다[2]. 이 기록은 1784년 일본 후쿠오카의 지카노시마에서 "漢委奴國王"이라고 새겨진 금인(金印)이 실제로 발견되어 더욱 주목된다. 1세기 대 왜의 존재를 확인시켜줌은 물론 당시 왜가 중국과 통교했던 사실을 보여주는 자료라고 할 수 있기 때문이다.

2세기 대 왜의 모습과 대외교류 사실을 알 수 있는 고고(考古) 자료가 있다. 1970년 중국 안휘성 모현(亳縣)에서 발견된 원보갱(元宝坑) 1호묘 출토의 벽돌(塼)에서 '왜인(倭人)'의 모습을 볼 수 있다. 후한 2세기 후반에 축조된 것으로 보고 있는 원보갱 1호묘에서는 문자전(文字塼) 160점 정도가 출토되었다. 그 중에 "…有倭人以時盟不"이라는 문자가 새겨진 벽돌이 발견된 것이다.[3]

3세기 대 왜의 모습은 진수(陳壽, 233~297)가 편찬한 『삼국지(三國志)』 위지(魏志) 왜인전(倭人傳)에 비교적 자세히 보인다. 이에는 소국 간의 다툼이 격화되어 왜에 전국적인 대란이 일어났다는 기록이 보인다. 일본 열도의 소국들이 서로 다투는 혼란기가 계속되다가, 3세기에 접어들면서 멸망과 통합을 거듭하며 정리되는 경향을 보인다. 그 중 30여 나라

1) 『山海經』 「海內北經」, "蓋國在鉅燕南倭北倭屬燕"

2) 『後漢書』 「東夷傳」 倭條, "建武中元二年 倭奴國奉貢朝賀使人…(중략)…光武賜以印綬"

3) 森浩一 編, 『倭人の登場』, 中央公論社, 1985, 13쪽.

를 지배하였던 야마타이국(邪馬台國)이 가장 큰 나라였다. 야마타이국의 여왕 비미호(卑彌呼)는 239년, 위(魏)에 사신을 파견하고 다수의 구리거울과 '친위왜왕(親魏倭王)'의 칭호를 얻었다. 히미코 사후 야마타이국은 혼란에 빠지나 여왕 일여(壹與)가 왕위에 오른 후 안정을 찾았다. 일여의 진시(泰始) 2년(266), 진(秦)에 사신 파견 이후 백여 년 동안 왜는 중국 사서에서 사라진다.

이러한 왜가 중국과 교섭함에 있어서 중간 중개자 역할을 한 것이 변한(弁韓)이었다. 변한은 곧 가야이다. 변한의 여러 소국이 성장하여 가야 여러 국이 되기 때문이다.[4] 변한의 입장에서 보면 왜와 중국 양쪽을 아우르는 대외관계를 주도했다고 볼 수 있을 것이다. 대방군에서 왜로 가기 위해서는 뱃길을 통해서였다. 『삼국지』 「왜인조」에서는, "서해안을 따라 7,000여 리의 뱃길을 거쳐 구야한국(狗邪韓國)의 북쪽 해안에 이르고, 다시 1,000여 리의 바다를 건너면 쓰시마국(對馬國)에 이른다."고 기록하고 있다. 구야한국은 가락국의 전신 구야국이다. 쓰시마에서는 이키섬을 거쳐 후쿠오카로 향했을 것이다. 『삼국지』 「한전(韓傳)」에서는 한(韓)은 왜(倭)와 접해 있다고 기록하고 있으며, 변진조에는 "독로국(瀆盧國)은 왜에 경계를 접하고 있었다."라고 기록하고 있다. 독로국은 지금의 부산 동래지역이다. 바다를 사이에 두고 있지만 경계가 접해 있다고 본 것처럼, 한과 왜는 교류할 수밖에 없는 지리적 위치임을 알 수 있다. 교류의 내용물은 철 등의 선진문물을 왜로 수출하는 것이었다. "나라에

4) 가야의 시기구분에 대해서는 여러 설들이 있다. 특히 변한 시기를 가야사의 영역에 포함시키지 않고 가야 前史라 하여 분리시키는 견해가 있다. 그러나 삼한 소국들과 백제, 신라, 가야 諸國들과의 관계는 성장에 따른 국명의 전환으로 파악해야 한다. 斯盧國은 新羅로, 伯濟國은 백제에 다름 아니다. 狗邪國 또한 (南)加羅國(=駕洛國=金官伽耶)이 된다. 이는 동일 정치체가 성장에 따른 국명 변경이기 때문에 同一國史로 봄이 옳다고 생각한다. 백승옥, 「辰·弁韓의 始末과 內部構造」, 『博物館硏究論集』 17, 부산박물관, 2011 참조.

는 철이 나는데 마한과 예(濊), 왜(倭)에서 모두 그것을 가져갔다."라는 『삼국지』의 유명한 기록이 그러한 사실을 보여 준다. 또한 쓰시마와 이끼의 경우 가야로부터 쌀의 수입도 하였다.[5] 가야가 왜로부터 받는 상대 급부는 해산물, 소금 등의 특산물과 노동력일 가능성이 있다.

Ⅲ. 4~5세기

4~5세기 대 가야제국과 왜의 대외교류도 이전과 마찬가지로 선진문물의 수출과 수입에 관련된 것이었다. 철(鐵) 자원은 여전히 중요한 수출품이었다. 이전처럼 왜로부터의 반대급부는 왜의 주 생산물과 노동력이었을 가능성이 있다. 그리고 정치세력의 성장에 따라 파병 형태의 군사지원도 이해관계에 따라 있었을 것으로 보인다.

4세기 대 가야와 왜국과의 대외교류 상황을 살펴 볼 수 있는 문헌 자료로는 『고사기(古事記)』, 『일본서기(日本書紀)』 등이 있다. 그러나 이들 사료에 보이는 문맥 그대로 신뢰하기는 어렵다. 이 시기 중국 측 사료는 결락되어 있어 비교적 객관적이라 할 수 있는 사료는 없는 셈이다. 이에 일찍부터 4세기 대를 '수수께끼의 시기'라고 할 정도이다.

여기에서는 4~5세기 대 가야와 왜의 대외교류에 대해 『일본서기』 신공기(神功紀) 기사와 광개토태왕릉비문, 『송서』 속에 보이는 이른바 '왜 5왕' 기사를 중심으로 살펴보고자 한다.

5) 『三國志』「魏志」倭人傳, "對海國~無良田 食海物自活 乘船南北市糴 又南渡一海千餘里 名曰瀚海 至一大國~有三千許家 差有田地 耕田猶不足食 亦南北市糴 又渡一海千餘里~"

1. 「신공기(神功紀)」 기사를 통해서 본 가야와 왜의 대외교류

중국의 동방교섭 거점이었던 낙랑(樂浪)·대방이군(帶方二郡)이 고구려에 접수되고 난 뒤부터 고구려군이 남진하는 5세기 초까지 가야와 왜의 대외교류 상황은 살펴볼 수 있는 문헌기록은 거의 없는 셈이다. 다만 『일본서기』의 신공기 46년(366) ~ 49년(369) 기사를 2주갑 인하하면 4세기 중·후엽이 되는데, 왜곡 날조된 요소가 많은 사료이지만 가야와 왜 사이 교류의 일면을 엿볼 수 있다. 이들 기사는 종래 왜의 가야(=任那)지배의 시원으로서, 혹은 백제의 가야지역 진출과 관련하여 검토되어 왔었다.

> 사료 A) : 斯摩宿禰를 탁순국(사마숙녜는 무슨 姓의 사람인지 모른다)에 보냈다. 이때에 卓淳王 末錦旱岐는 사마숙녜에 고하여 말하기를 "甲子年의 칠월 중에 百濟人 久氐와 彌州流, 莫古 삼인이 우리 땅에 와서 '백제왕은 東方에 日本이라는 貴國이 있다는 것을 듣고, 신들을 보내 그 貴國에 가게 하였습니다. 고로 길을 찾아서 그 나라에 가고자 합니다. 만일 신들에게 길을 가르쳐 통하게 하시면, 우리 왕은 반드시 군왕의 덕으로 생각할 것입니다.'라고 하였다. -(中略)- 그래서 사마숙녜는 종자인 爾波移와 卓淳人 過古 둘을 百濟國에 보내어 그 왕을 위로하게 하였다. 백제의 肖古王은 기뻐하고 후대하였다. 오색의 綵絹 각 한필, 角弓箭과 아울러 鐵鋌 사십 매를 이파이에게 주었다. 또 보물창고의 문을 열어, 각종의 진기한 물건을 보이며 "이 진보가 우리나라에 많이 있다. 貴國에 공상하려 해도 길을 모른다. 뜻은 있어도 따르지 못한다. 그러나 지금 사자에게 부탁하여 공헌하겠다."라고 말하였다. 이 때 이파이는 받아가지고 돌아와 志摩宿禰에게 고하였다. 그리고 卓淳에서 돌아왔다.[6]

> 사료 B) : 卓淳에 모여 신라를 쳐서 깨부수고 이로서 比自㶱 南加羅 㖨國 安羅 多羅 卓淳 加羅의 七國을 평정했다.[7]

---

6) 『日本書紀』 권9 神功皇后 攝政 46年(246+120=366) 春3月條

7) 『日本書紀』 권9 神功皇后 攝政 49年 3月條

이들 기사에 대해서는 이른바 임나일본부의 기원문제와 관련하여 일찍부터 많은 언급이 있었다. 이기동(李基東)은 이들 기사에 대한 그동안의 인식을 부인론(否認論), 긍정론(肯定論), 수정론(修正論)으로 대별하고 있다.[8] 그런데 말송보화식(末松保和式)의 임나일본부론이[9] 극복된 현 단계에 있어서 긍정론은 이미 그 생명력을 다했다고 할 수 있다. 부인론도 아주 없는 것은 아니지만 백제 측 사료의 흔적과 더불어 비교적 신빙성이 있는 흠명기(欽明紀) 속의 백제 성왕(聖王)이 언급하고 있는 4세기 후반의 백제와 가야제국과의 관계 설명으로 보아 이들 기사를 완전히 무시할 수는 없다고 생각한다.

한편, 부정론의 입장인 타나카 토시아키(田中俊明)는 신공기 49년조의 기사를 기본적으로는 조작이라고 하면서 이 시기에 있어서 왜는 물론이고 백제도 가야를 정복했다고 볼 수 없다는 입장에서 백제의 가야지역 영유를 반박하고 있다.[10] 이들 기사를 가지고 왜 또는 백제가 가야지역을 군사적으로 정복했다고 보기는 어렵다고 생각한다. 그러나 왜와 백제가 가야지역을 매개로 한 대외교류는 인정할 수 있을 것으로 본다.

연대의 수정에 있어서는 3주갑 인하설[11]도 있지만 기본적으로는 2주

---

8) 李基東, 「4세기 韓日關係史 연구의 문제점」, 『韓國上古史』, 民音社, 1989, 271~272쪽. 李基東, 「百濟의 勃興과 對倭國關係의 成立 -近肖古王代에 있어서 百濟의 倭國과의 交涉 -」, 『古代韓日文化交流研究』, 韓國精神文化研究院, 1990, 271~273쪽.

9) 즉, 일본의 야마토(大和)朝廷이 4세기 중엽(神功紀 49년을 기준으로 수정, 서력기년 369년)부터 6세기 중엽(欽明紀 23년과 『삼국사기』 「신라본기」 진흥왕 23년의 加耶滅亡 기사를 기준으로 서력기년 562년)까지 약 200년 동안 한반도 남부지역에 '任那日本府'라는 통치기관을 두고 다스렸다는 說로서, 末松保和, 『任那興亡史』, 大八洲出版, 1949에 의해 체계화되어졌다.

10) 田中俊明, 「大成洞古墳群と'任那'論」, 『東アジアの古代文化』 68號, 1991, 65쪽.

11) 山尾幸久, 『古代の日朝關係』, 塙書房, 1989, 113~127쪽. 山尾幸久는 『日本書紀』 雄略紀 속의 『百濟新撰』의 기사를 주시하여, 神功紀 49년조를 중심한 神功紀의 기사를 3주갑 인하하여 새로운 역사상을 전개하고 있다. 그러나 이러한 기본적인 구상은 5세기 대 倭五王

갑(120년)을 내려 보아야 할 것으로 본다. 그런데 이들 기사 속에는 2주갑 내지 3주갑을 인하하더라도 설명하기 어려운 부분도 있음이 사실이다. 이는 백제계 자료와 왜계 전승 자료를 혼합하여 가상의 신공기를 설정하여 기술한 까닭에 생긴 혼란으로 파악된다. 따라서 가상의 신공기에 한반도 남부경영의 시원이라는 역사상을 메우기 위해 비교적 풍부한 후대의 사실이 정확한 기준 없이 소급 취급되었음을 알 수 있다. 백제계 사료에 한정하는 한 훙거기사(薨去記事) 등으로 미루어 보아 그 기준은 2주갑 인하된 것으로 볼 수 있을 것이다. 즉 흠명기 속의 백제 성왕 언급기사와 더불어 신공기 55년조의 "百濟肖古王薨"기사와 56년조의 "百濟王子貴須立爲王" 기사를 2주갑 인하하면, 『삼국사기』 「백제본기」의 근초고왕 30년 "冬十一月 王薨" 기사와 근구수왕 원년의 "즉위(卽位)"와 그 내용이 일치하는 점 등은 2주갑 인하설의 중요한 근거이다. 그리고 이러한 훙거와 즉위 기사의 일치는 신공기 기사를 완전히 버릴 수 없는 한 증거이기도 하다. 이러한 문제와 관련하여 신공기의 보다 정밀한 분석은 같은 52년조의 칠지도(七枝刀) 헌납기사와 일본 나라현(奈良縣) 천리시(天理市)에 있는 이소노카미 신궁(石上神宮) 소장의 칠지도의 제작연대 문제 등과 관련하여 살펴 볼 필요가 있다.[12]

사료 A)의 내용을 요약 정리하면 다음과 같다.

의 시대를 부각시키고자 한 의도로 보인다.

12) 신공기의 신빙성 문제와 관련한 七支刀의 제작년대 문제와 함께 七支刀 연구에 대해서는 다음과 같은 논고들이 우선적으로 참고된다. 神保公子, 「七支刀研究の歩み」, 『日本歷史』 301, 1973. 神保公子, 「七支刀の解釋をめぐつて」, 『史學雜誌』 84-11, 1975, 35~56쪽. 神保公子, 「七支刀銘文の解釋をめぐつて」, 『東アジア世界における日本古代史講座』 3, 學生社, 1981, 148~175쪽. 佐伯有淸, 『七支刀と廣開土王碑』, 吉川弘文館, 1977. 村上英之助, 「考古學から見た七支刀の製作年代」, 『考古學研究』 99, 1978.

"甲子年에 百濟使 久氐 등 3인이 日本에 조공하기 위해서 卓淳까지 갔다. 그러나 日本에 가기 위해서는 험한 바다를 건너지 않으면 안 된다는 사실을 알고 그대로 돌아갔다. 2년 후 卓淳에 파견된 日本(倭)의 斯摩宿禰가 卓淳王 末錦旱岐로부터 백제 사신이 왔다가 돌아갔다는 말을 듣고 자신의 從者 爾波移를 卓淳人 過古와 함께 百濟에 파견한다. 이에 百濟 近肖古王은 그들에게 많은 선물을 줌과 동시에 百濟에는 많은 珍寶가 있음을 보여준다. 그리고 그것을 日本에 바치고 싶지만 길을 몰라 그렇게 하지 못하고 있다고 했다."

이로 미루어 보면, 백제와 왜가 통교함에 있어 가야의 일국(一國)인 탁순(卓淳)이 양국을 중개하는 역할을 맡고 있다. 백제와 왜가 쉽게 통할 수 있어야 한다는 점에서 탁순의 위치를 남해안에 인접한 창원에서 구하는 견해가 있으나 이에 대해서는 충분한 검토가 필요하다.

4세기 중·후엽의 시기는 백제-고구려의 대치 상황 속에서 기존 백제-왜와의 서해 해로를 통한 전통적 교역 루트가 안정적이지 못했다. 이에 왜에게 있어서 서해안 해로를 통한 대외교류는 백제와 고구려의 흥망성쇠에 따라 좌우될 수밖에 없었다. 이에 왜는 백제와의 안정적 교역로를 개척할 필요성이 있었다. 위의 기사는 이러한 상황 속에서 나온 기사로 보인다. 즉, 기존 해로보다는 육로를 통한 새로운 교역로를 확보 개척하는 모습을 『일본서기』 찬자가 마치 왜가 한반도 남부지역을 장악하는 모습으로 왜곡 변환한 것이다.

왜의 대한반도 교섭 목적은 철과 선진문물의 도입이었다. 철은 주로 가야지역을 통해서였고, 선진문물은 백제 및 중국 군현을 포함한 본토로부터였다. 그런데 고구려의 낙랑·대방지역의 장악으로 인해 중국과의 통교가 차단되어 선진문물의 구입처를 전통적 우호국인 가야와 백제로 한정할 수밖에 없었다. 그런데 백제와의 교섭에 있어서 400년 이상의 전통적 통로인 서해연안이 대방고지(帶方故地)를 장악한 고구려로부터 방해받게 되자 새로운 통로를 개척할 필요성이 있었던 것이다. 탁순(卓淳)의 위치와 이 시기 가야지역의 대왜 교섭의 모습은 이러한 국제정세 속에서 고찰되어야 한다.

탁순은 4세기 중엽 왜가 백제와 육로로 통교하기 위한 중개지였다. 탁순의 위치는 내륙에서 전략적 요충지이면서 한성백제와 통할 수 있는 지역이어야 한다. 대구지역은 바로 이러한 요건을 충족시켜주는 지역이다. 남해안에서 낙동강을 거슬러 올라가는 탁순-백제 통로는 새로운 교역로이긴 하나 전혀 새로운 신개척로는 아니었다. 대구 만촌동 출토 왜계 대형 광형동모가 말해주듯 대구지역과 일본 열도와의 교류루트는 이미 열려 있었다. 부산에서 한성 서울로의 직선상에 대구가 위치한다.

탁순과 백제의 통로는 다음과 같은 몇 가지 루트가 상정된다. ①충북 옥천→영동을 거쳐 추풍령을 넘어 김천→대구 루트, ②전북 무주까지 남하하여 이른바 나제통문(羅濟通門)을 거쳐 김천시 대덕면 관기→경북 성주→대구(하빈면, 다사면)루트, ③전북 장수·남원까지 남하하여 육십령 또는 팔량치를 넘어 경남 함양→거창→고령→대구 루트, ④하동까지 남하하여 진주→경남 의령 또는 합천을 거쳐 동진하는 루트이다. 이 가운데 가능성이 높은 것은 ①과 ②루트이다.

신공기 46·49년조의 기사는 백제와 왜 각자의 교섭 필요성에 의해 이루어진 것이며, 가야지역은 그 중개지로서 역할을 하면서 자기 이익 추구를 했던 것이다. 고령의 가라국이 지산동고분군을 축조하기 시작하는 시기인 4세기 대부터 서서히 실력을 쌓을 수 있었던 것도 이러한 국제적 배경에서 구해야 할 것이다.

실제로 왜가 4세기 이후 낙동강을 거슬러 올라가면서 선진문물의 수입처를 한반도 내륙지역으로 확대하였다는 사실은 대판부 도읍의 TK73

호요 혹은 TK85호요의 초기 수혜기(須惠器)의 조형이 합천 · 고령의 도질토기이고, 규슈 북부의 아사쿠라 가마(朝倉窯址) 토기의 원류지가 백제와 가까운 가야지역이라는 점은 당시의 왜가 가야 내륙지역과도 활발히 교섭했다는 증거이다. 그리고 4~5세기 고분의 부장품에 갑자기 철정 및 철기류가 급증하는 현상으로 보아 가라국(加羅國) 야로(冶爐)지역 철이 이 시기 이후부터 수출되었을 것으로 추측할 수 있다.

그러나 이 시기도 여전히 왜의 대한반도 교류의 중심 중개지는 김해의 가락국이었다. 최근 대성동고분군에서의 4세기 대 왜계 유물이라든지, 일본열도에서의 한반도 남부계통의 유물출토는 이러한 사실을 말해준다고 볼 수 있을 것이다.[13] 즉 한반도 남부지역과 왜의 관계는 이전부터 계속하여 4세기 중엽에도 이루어지고 있었던 것으로 보인다.

고구려는 4세기 전반 낙랑 · 대방지역을 확보하는 성과를 거두었지만 성장과 팽창 일변도의 시기만은 아니었다. 342년에는 전연(前燕)에게 수도 환도(丸都)를 함락당하고, 371년 대백제전에서 고국원왕(故國原王)이 전사하는 쓰라린 패배를 맛보기도 하였다. 그러나 소수림왕 대에는 내부체제를 정비하고, 광개토태왕 · 장수왕대에는 이를 바탕으로 대외적인 재도약을 이룩하게 된다. 이에 4세기 대 고구려사는 흔히 성공에 이은 좌절 또는 서진(西進) 실패에 따른 남진으로의 선회로 설명하기도 한다.

이러한 상황에서 가야는 고구려와 백제의 대결 구도 속에서 백제와 동맹할 수밖에 없는 상황으로 보인다. 당시 왜는 한반도 남부지역을 벗어나 백제를 통해 중국 본토와의 교류를 지속적으로 추구했지만 이는

---

13) 西谷正, 「四~六世紀の朝鮮と北九州」, 『東アジアの古代文化』 44호, 1985, 23~33쪽. 申敬澈, 「加耶地域出土倭系遺物の歷史的意義」, 『伽耶および日本の古墳出土遺物の比較研究』, 國立歷史民俗博物館, 1994, 1~4쪽.

결국 고구려와의 대결을 피할 수 없게 되었다. 가야와 왜는 이러한 국제상황 속에서 간단없는 교류를 지속해 나갔던 것으로 보인다.

2. 광개토태왕릉 비문 속의 가야와 왜

4세기 말~5세기 초, 가야와 왜의 대외교류를 살펴볼 수 있는 자료로, 414년 고구려가 세운 광개토태왕릉비문(이하 비문으로 약칭함)이 있다. 이에는 아주 단편적인 기록이긴 하지만 가야에 관한 기록이 있다. 그리고 왜에 대해서는 고구려 측에서도 매우 주목하고 있음을 알 수 있다.

왜는 비문에 9~12회 정도 등장한다. 등장 횟수에 차이가 있는 것은 비문의 결락 등으로 인해 논자들마다의 이견 때문이다. 그 외 등장하는 나라들로는 백잔(百殘; 百濟) 9회, 신라 7회, 동부여 3회, 임나가라(任那加羅) 1회, 패려(稗麗) 1회, 백신(帛愼; 肅愼) 1회 등장한다. 이로 보면 적어도 비문 속에서의 왜는 백제와 더불어 고구려에게 있어서 무시할 수 없는 상대로 존재했음을 알 수 있다. 그러나 출현 횟수의 다수로서 그 실체를 가늠할 수는 없으며, 비문의 내용 속에서 그 성격이 정확히 규명되어야 할 필요성은 있다.

그동안 비문 속의 왜 관계기사에 대한 연구시각은 크게 두 가지로 나누어져 왔다. 하나는 왜의 입장에서 비문의 내용을 분석하는 시각이고, 다른 한 시각은 고구려의 입장에서 접근하는 시각이다. 비를 세운 주체가 고구려이기 때문에 비문의 연구는 당연히 고구려의 입장에서 진행되어야 함에도 불구하고 실상은 그렇지 못했다.

특히 일본학계의 경우 최근까지도 왜국의 국가 형성사 등과 같은 일본 고대사의 구축이라는 차원에서 비문의 내용을 이용하고 있다. 고구려의 입장에서 비문을 연구하는 쪽도 결점이 없지 않다. 정확한 석독에 근거하지 않은 채 복자(伏字)에 대한 무리한 추정을 바탕으로 논리를 전개하는 점 등이다. 학문적 객관성을 잃었다는 지적을 피할 수 없다.

왜는 광개토태왕의 훈적을 명기한 기사 가운데 영락 5년과 6년 사이의 이른바 신묘년조 기사를 필두로 9년 기해년조, 10년 경자년조, 14년 갑진년조에서 보이고 있다. 다음은 이른바 신묘년조 기사이다.

> 사료 C) : "百殘과 新羅는 오래전부터 (우리 고구려의) 屬民이었다. 그래서 朝貢을 받쳐왔다. 그런데 倭가 辛卯年에 (우리 속민의 땅에 침범해)오므로, (왕이) □를 건너 백잔을 치고 新羅를 □□하여 臣民으로 삼았다."[14]

신묘년 기사는 그 명성만큼이나 그 동안의 연구 성과 또한 대단한 것이어서 구구의 설이 있다.[15] 이 구절은 석독(釋讀)도 일치하고 있지 않다. 특히 Ⅰ-9-13자(비의 제1면 9번째 줄 13번째 글자를 의미함)에 대해서는 옛 일본학계에서는 '해(海)'로 읽어 왔으나, 미즈타니테이지로(水谷悌二郎)[16]과 타케다 유키오(武田幸男)[17], 임세권(任世權) · 이우태(李宇泰)[18]는 모르는 글자로 처리했다. 북한학계의 손영종은 이를 '패(浿)'로 석독하고 있다.[19] 이를 복자(伏字)로 처리하고 신묘년조를 해석한 것이 사료 C)이다.

14) 『廣開土太王陵碑文』 辛卯年條, "百殘新羅舊是屬民由來朝貢 而倭以辛卯年來 渡□破百殘□□新羅 以爲臣民"

15) 전반적 연구사의 정리는 李基東 및 武田幸男, 특히 신묘년조 기사의 정리는 徐榮洙의 논문이 참고된다. 李基東, 「研究의 現況과 問題點」, 『韓國史市民講座』 3, 一潮閣, 1988. 武田幸男, 『高句麗史と東アジア-「廣開土王碑」研究序說』, 岩波書店, 1989. 徐榮洙, 「'辛卯年記事'의 변상과 원상」, 『廣開土好太王碑研究 100年(中)』(제2회 高句麗國際學術大會 발표요지), (社團法人)高句麗研究會, 1996.

16) 水谷悌二郎, 「好太王碑考」, 『書品』 100號, 1959.

17) 武田幸男, 위의 책, 1989.

18) 任世權 · 李宇泰 編著, 『韓國金石文集成(1)』, 韓國國學振興院, 2002.

19) 손영종, 「광개토왕릉비 왜관계기사의 옳바른 해석을 위하여」, 『력사과학』 126호, 과학백

여하튼 왜는 신묘년 즉 391년에 바다를 건너 왔으며, 이는 고구려가 백제를 정벌하는 명분이 되고 있다. 고구려 광개토태왕은 396년 당시 백제의 수도를 공격하여 백제왕의 항복을 받았다. 비문에 기록되어 있지는 않지만 이때 왜 또한 심각한 타격을 받았을 것으로 생각한다. 그러나 3년 뒤(399년) 백제와 왜는 또 다시 화통(和通)하여 고구려를 위협하였다.

사료 D) : "영락 9년 己亥(399년)에 백제가 맹서를 어기고 倭와 화통했다. 왕이 평양으로 순행하여 내려갔다. 신라가 사신을 보내 왕에게 아뢰어 말하기를 '倭人이 그 국경에 가득차고, 城池를 부수고 奴客으로서 民을 삼으려 하니 왕에게 와서 命을 청합니다.'하였다. 대왕이 은혜롭고 자애로와 (신라왕의)충성을 갸륵하게 여겨 신라 사신을 보내면서 계책을 돌아가서 고하게 하였다."[20]

여기에서 백제가 맹서를 어겼다는 것은 영락 6년조에 '왕에게 엎드려 스스로 맹서하기를 지금부터 영구히 (고구려 왕의) 노객(奴客)이 되겠다[跪王自誓 從今以後 永爲奴客]'고 한 맹서를 어겼다는 것이다. 이와 관련해 『삼국사기』「백제본기」 아신왕 6년(397)조에 백제가 왜국과 결호(結好)하고 태자 전지를 인질로 보내는 내용과 한강의 남에서 열병식을 거행하는 기사를 참고해 볼 수 있다.[21] 이로 보아 백제는 396년 고구려에 대파되고 항복했으나 이듬해인 397년에 항복의 맹서를 어기고 왜와 연결하는 등 고구려에 맞설 태세를 갖추는 것이다. 이러한 상황은 전지왕 즉위년 조와[22] 『일본서기』[23]에서도 확인된다.

과사전종합출판사 · 사회과학출판사, 1988. 손영종, 『광개토왕릉비문 연구』, 도서출판 중심, 2001.

20) 『廣開土太王陵碑文』 己亥年條.

21) 『삼국사기』 권25 「백제본기」 아신왕 6년(397)조, "六年 夏五月 王與倭國結好 以太子腆支爲質 秋七月 大閱於漢水之南".

다음은 비문의 십년 경자조의 부분이다.

사료 E) : 10년 경자년(400)에 (광개토태왕이) 보병과 기병 5만을 보내어 신라를 구하도록 명령했다. (고구려군이) 남거성을(男居城)을 거쳐 신라성에 이르렀다. 왜(倭) 성에 가득했는데 관군(官軍 ; 고구려군)이 이르니 왜적(倭賊)이 물러났다. 뒤를 쫓아 임나가라 종발성(任那加羅從拔城)에 이르렀다. 성이 곧 항복해 왔다. 나인수병(羅人戍兵)을 □신라(新羅)*성(城)□성(城) 등에 안치했다. 왜구(倭寇)가 크게 패했다.[24]

비문 속에서 가야관계 기사가 나오는 곳이다. 왜는 결락이 심해 정확히 몇 번 나오는지 헤아리기 힘들지만, 3~7회 정도 나오는 것으로 보인다. 기사의 대략적 내용은 (신라의 구원요청에 의해)고구려의 광개토왕은 경자년(400년)에 보기오만(步騎五萬)을 보내 왜(倭)에 점령당한 신라를 구원하고 한반도 남부의 김해 지역까지 진출하여[25] 그 곳의 주변 가야 지역 등지에 나인수병(羅人戍兵)을 안치하는 것으로 보인다.[26] 여기에서

---

22) 『삼국사기』 권25 「백제본기」 전지왕 즉위년조, "腆支王(或云直支) 梁書 名映 阿莘之元子 阿莘在位第三年立爲太子 六年出質於倭國 十四年王薨 王仲弟訓解攝政 以待太子還國 季弟碟禮殺訓解 自立爲王 腆支在倭聞訃 哭泣請歸 倭王以兵士百人衛送 旣至國界 漢城人解忠來告曰 大王棄世 王弟碟禮殺兄自立 願太子無輕入 腆支留倭人自衛 依海島以待之 國人殺碟禮 迎腆支卽位".

23) 『日本書紀』 권10 応神天皇 8년(丁酉277+120)조, "八年春三月 百濟人來朝[百濟記云 阿花王立旡禮於貴國 故奪我枕彌多禮 及峴南 支侵 谷那東韓之地 是以 遣王子直支于天朝 以脩先王之好也]".

24) 『廣開土太王陵碑文』 庚子年條, "十年庚子 敎遣步騎五萬 往救新羅 從男居城 至新羅城 倭滿其中 官軍方至 倭賊退 □□背急追至任那加羅從拔城 城卽歸服 安羅人戍兵□新羅*城□城 倭寇大*潰"

25) 비문에 나오는'任那加羅'의 위치를 고령의 가야세력으로 볼 경우, 고구려군의 부산·김해 지역으로의 진출은 부정될 수 있으나, 여기에서는 비문 속의'任那加羅'를 당시 부산·김해 지역을 중심으로 존재했던 가야로 보는 입장을 갖는다. 백승옥, 『가야 각국사 연구』, 혜안, 2003, 89~100쪽.

26) '安羅人戍兵'의 해석에 대해서는 異論이 많지만, 필자는 '安羅人戍兵'에서의 '安'을 동사로 해석하는 안을 따른다(백승옥, 「廣開土王陵碑文의 建碑目的과 가야관계기사의 해석」, 『韓

도 왜병의 실체를 엿볼 수 있다.

비문 속에서 왜는 '倭', '倭人', '倭賊', '倭寇' 등으로 표기되고 있어 표현 자체만으로 볼 때 왜는 고구려에 멸시당하는 존재로 나타나고 있다. 또한 내용적으로도 '크게 패하는(大潰)' 상대로서 보이고 있다. 그러나 이는 고구려적 시각에서 기록된 것이다. 비문에서 백제와 더불어 가장 많이 등장한다는 점만으로 보아도, 4세기 말~5세기 초 왜의 세력은 고구려가 무시할 수 없었던 존재이었음은 틀림없다. 그것은 백제와 화통, 즉 동맹을 형성하여 고구려에 대적하는 세력이었기 때문이었을 것이다. 이러한 상황에서 가야는 백제, 왜와 더불어 궤를 같이하였다. 고구려－신라의 축과 백제－가야제국-왜의 축이 대립하는 가운데 가야제국과 왜는 상호 우호적 관계를 유지하고 있었다.

다만 19세기 후반 비(碑) 발견 이래 한동안 비문 속의 왜는 당시 가야를 포함한 한반도 남부지역을 지배하는 존재로 여겨져 왔다. 이른바 임나일본부설 속에서의 임나는 곧 가야였다. 가야-왜의 실제 관계를 왜곡한 내용으로 만들어졌다. 가야를 비롯한 고구려, 백제, 신라, 왜가 존재했던 당시의 실상보다는 제국주의 일본과 식민지 조선이라는 현실적 상황이 반영된 결과였다.

3. 『송서』 소재 왜5왕 기사로 본 가야와 왜

왜 5왕이란 중국 왕조에 책봉된 5명의 왜국왕 찬(讚)·진(珍)·제(濟)·흥(興)·무(武)를 말한다. 『송서(宋書)』[27] 등 사서에 전하는 내용을 표로

國上古史學報』 42, 2003). 연구사 정리와 최근의 해석에 대해서는, 신가영, 「광개토왕비문의 '安羅人戍兵'에 대한 재해석」, 『東方學志』 178, 연세대학교 국학연구원, 2017 참조 바람.

정리하면 다음과 같다.

〈표 1〉 중국 사서에 보이는 왜 5왕

서력	내용	출전
413	①是歲, 高句麗倭國及西南夷銅頭大師並獻方物.	『晋書』 安帝紀
	②晉安帝時, 有倭王讃遣使朝貢.	『南史』 倭國傳
	③晉安帝時, 有倭王贊 贊死 立弟彌 彌死 立子濟 濟死 立子興 興死 立弟武	『梁書』 倭傳
421	④詔曰:「倭讃萬裏修貢, 遠誠宜甄, 可賜除授.」	『宋書』 倭國傳
425	⑤讃又遣司馬曹達奉表獻方物.	『宋書』 倭國傳
430	⑥是月, 倭國王遣使獻方物.	『宋書』 文帝紀
438	⑦讃死, 弟珍立, 遣使貢獻. 自稱使持節, 都督倭百濟新羅任那秦韓慕韓六國諸軍事, 安東大將軍, 倭國王. 表求除正, 詔除安東將軍, 倭國王. 珍又求除正倭隋等十三人平西, 征虜, 冠軍, 輔國將軍號, 詔並聽.	『宋書』 倭國傳
	⑧以倭國王珍爲安東將軍(중략) 是歲, 武都王, 河南國, 高麗國, 倭國, 扶南國, 林邑國並遣使獻方物.	『宋書』 文帝紀
443	⑨倭國王濟遣使奉獻, 復以爲安東將軍, 倭國王.	『宋書』 倭國傳
	⑩是歲, 河西國, 高麗國, 百濟國, 倭國並遣使獻方物.	『宋書』 文帝紀
451	⑪加使持節, 都督倭新羅任那加羅秦韓慕韓六國諸軍事, 安東將軍如故. 并除所上二十三人軍, 郡.	『宋書』 倭國傳
	⑫安東將軍倭王倭濟進號安東大將軍.	『宋書』 文帝紀
460	⑬倭國遣使獻方物.	『宋書』 孝武帝紀
462	⑭濟死, 世子興遣使貢獻 世祖大明六年, 詔曰:「倭王世子興, 奕世載忠, 作藩外海, 稟化寧境, 恭修貢職. 新嗣邊業, 宜授爵號, 可安東將軍, 倭國王.」	『宋書』 倭國傳
477	⑮倭國遣使獻方物.	『宋書』 順帝紀
478	⑯興死, 弟武立, 自稱使持節, 都督倭百濟新羅任那加羅秦韓慕韓七國諸軍事, 安東大將軍, 倭國王. 順帝昇明二年, 遣使上表曰(중략)詔除武使持節, 都督倭新羅任那加羅秦韓慕韓六國諸軍事, 安東大將軍, 倭王.	『宋書』 倭國傳
	⑰倭國王武遣使獻方物, 以武爲安東大將軍.	『宋書』 順帝紀
479	⑱新除使持節, 都督倭新羅任那加羅秦韓〔慕韓〕六國諸軍事 安東大將軍, 倭王武號爲鎭東大將軍。	『南齊書』 倭國傳
502	⑲鎭東大將軍倭王武進號征東大將軍	『梁書』 武帝紀

27) 『宋書』 권97 「列傳」 57 東夷傳 倭國條.

그동안 『송서(宋書)』 왜국조(倭國條)에 보이는 왜 5왕 기사는 왜 왕권성립과 관련하여 5세기 대 왜가 한반도 남부의 군사권을 장악하고 있었다는 점을 명확히 하는 사료로서 이용되어왔다. 이른바 임나일본부설의 주요한 근거 자료로 활용되었던 것이다. 그러나 이는 왜(倭)의 일방적 청구 주장에 의한 것이며, 중국 남조의 허락 또한 사실보다는 명분만의 제수일 뿐이었다. 따라서 이 기사를 가지고 가야와 왜의 관계를 규정지을 수는 없다.

438년 왜왕 진(珍)은 송에 조공을 보내면서 '使持節 都督 倭・百濟・新羅・任那・秦韓・慕韓六國諸軍事 安東大將軍 倭國王'을 자칭하고 이를 제수해 줄 것을 요청하였다. 그러나 '安東將軍 倭國王'으로만 제수 받았다. 그런데 478년 무(武)는 꾸준한 요청 끝에 '使持節 都督 倭・新羅・任那・加羅・秦韓・慕韓 六國諸軍事 安東大將軍 倭王'으로 제수 받게 된다. 여기서 '使持節 都督'이란 황제의 신표(信標)인 부절(符節)을 받아 독자적으로 군대를 통솔할 수 있는 권한을 가진다는 의미이다. '6국 諸軍事'는 6국 지역의 군사권을 행사한다는 의미이다. '○○장군'은 상하서열을 나타내는 기능을 가진 용어이다. 이러한 의미 때문에 소위 임나일본부를 주창하는 논자들은 왜왕이 6국을 지배 통치한 것으로 이해해 왔다. 그러나 이도 역사적 사실이 아니다.

또한 〈표 2〉에서 보이는 바와 같이 중국으로부터의 장군호 임명에 있어서도 왜는 고구려와 백제보다 하위직이었다.

3국의 최초 장군호의 제수를 보면 고구려는 정동장군(征東將軍), 백제는 진동장군(鎭東將軍), 왜는 안동장군(安東將軍)이었다. 송대(宋代)의 관품표에 의하면 이들의 서열은 ①정동장군←②진동장군←③안동장군의 순이다.

〈표 2〉 고구려·백제·왜 3국왕의 장군호(將軍號) 임명 비교[28]

高句麗	百濟	倭
413年 (高璉)征東將軍	372年 (余句) 鎭東將軍	438年 (珍) 安東將軍
416年 征東大將軍	386年 (余暉) 鎭東將軍	443年 (濟) 安東將軍
463年 車騎大將軍	416年 (余映) 鎭東將軍	451年 安東大將軍
480年 驃騎大將軍	420年 鎭東大將軍	462年 (興) 安東將軍
494年 (高雲)征東將軍	457年 (余慶) 鎭東大將軍	478年 (武) 安東大將軍
502年 車騎大將軍	480年 (牟都) 鎭東大將軍	479年 鎭東大將軍
508年 撫東大將軍	490年 (牟太) 鎭東大將軍	502年 征東將軍
520年 (高安)寧東將軍	502年 征東大將軍	
526年見 (高延)撫東將軍	521年 (余隆) 寧東大將軍	
548年 (高成)寧東將軍	524年 (余明) 綏東將軍	
562年 (高湯)寧東將軍	526년 撫東大將軍	

이후 각국은 보다 높은 품계를 받게 되는데, 고구려왕은 정동장군(제3품) → 정동대장군(제2품) → 차기대장군(제1품) → 표기대장군(제1품)을 받게 된다. 백제왕은 진동장군(제3품) → 진동대장군(제2품) → 정동대장군(제2품)을 받는다. 이에 대하여 왜왕은 안동장군(제3품) → 안동대장군(제2품) → 진동대장군(제2품)을 받게 된다. 처음부터 고구려에 대해서는 물론, 백제보다도 낮은 품계를 받고 있는 것이다[29]. 이는 당시 3국의 국제적 위상을 그대로 보여 주는 것이다.

한편, 찬(讚) – 진(珍) – 제(濟) – 흥(興) – 무(武) 5왕을 『고사기』와 『일본서기』의 어느 천황에 해당하는지에 대한 연구는 이미 에도시대(江戸時代)부터 진행되어 왔다. 천황의 계보와 이름의 유사성 등을 비교하여 제

28) 笠井倭人, 『研究史 倭の五王』, 吉川弘文館, 1973, 236쪽.

29) 위의 책, 1973, 235쪽.

(濟)·흥(興)·무(武) 3왕에 대해서는 각각 사서상의 윤공(允恭)·안강(安康)·웅략(雄略)에 비정함에 이론이 없다. 또한 『송서』는 찬(讚)과 진(珍)을 형제, 濟—興—武를 부자와 형제로 명기하고 있다[30]. 이를 보면 이 시기 왜의 왕은 기본적으로 혈연에 의한 계승을 하고 있음을 알 수 있다. 『송서』에는 진(珍)과 제(濟)와의 관계에 대한 언급이 없다. 그런데 『양서』에는 제(濟)의 아버지를 미(彌)로 적고 있다(〈표 1〉의 ③). 〈표 1〉의 사료 ⑦에 보이는 진(珍)은 ③에 보이는 미(彌)와 동일 인물로 보아 좋을 것 같다. 두 글자의 이체자(혹은 略字) 진(珎)과 미(弥)가 유사한 데에서 기인한 오기로 보인다. 『송서』의 진(珍)으로 표기하는 것이 일반적이다.[31]

일본 고대사학계에서는 『송서』에 보이는 무(武)를 『일본서기』의 웅략으로 비정하여 왜 왕권 성립의 근거로 활용하고 있다. 즉 『일본서기』의 大泊瀨幼武天皇(おほはつせのわかたけのすめらみこと=雄略天皇)과 『송서』의 왜왕 무(武)는 동일인물로서 무(武)의 경우 '大王'으로도 지칭되었다는 점에 주목하고 있는 것이다. 일본 사이타마현(埼玉縣) 사키다마고분군(埼玉古墳群) 이나리야마고분(稻荷山古墳) 출토의 신해명철검명문(辛亥銘鐵劍銘文)의 "乎獲居世世爲杖刀人首奉事來至今 獲加多支鹵大王寺在斯鬼宮時 吾左治天下 今作此百練利刀 記吾奉事根原也" 속에서 '大王'이 보이고, 구마모토현(熊本縣)의 에다후나야마고분(江田船山古墳) 출토의 검명(劍銘), "治天下獲□□□鹵大王世奉□典曹人名无利弖 八月中用大錡釜并四尺廷刀 八十練六十捃"에서도 '大王'이 보인다. 獲加多支鹵大王(=獲□□□鹵大王)은 'ワカタケル'로 발음되며, 이로 보아 웅략이 대왕으로 칭해졌음은 분명하다고 보는 것이다.[32]

---

30) 田中史生, 「倭の五王と列島支配」, 『岩波講座 日本歴史』 1, 岩波書店, 2013, 237쪽.

31) 노중국, 『왜5왕 문제와 한일관계』, 景仁文化社, 2005, 14쪽.

왜왕들이 자칭호(自稱號)를 내세우면서 이를 송(宋)으로부터 인정받고자 한 배경은 무엇일까? 일본 열도의 왜 세력은 3세기 후반 이후 5세기 초에 이르기까지 중국과의 교섭이 단절되었다. 이 상태에서 왜의 각 세력들은 한반도 남부지역, 특히 가야와의 교섭을 통해서 철 등의 선진문물을 받아 들였다. 왜의 제 세력 가운데 야마토(大和) 왜의 경우, 비교 우위를 점하게 되었고 이를 지속시키기 위한 수단으로서 대외교섭에 대한 독점권과 배타적 우월권을 가지는 방안으로 송으로부터의 군사호를 제수 받고자 했던 것으로 생각된다.

이상과 같은 점이 일본(왜) 열도 내의 정치적 상황 때문이었다면 대외적 배경도 있었다고 생각한다. 4~5세기 대의 왜는 고구려-북조-신라에 대응하는 축으로서 백제-가야-남조-왜의 축에 속해 있었다. 이러한 축의 형성은 각국의 이해관계 때문이었다. 왜의 경우 전통적으로 백제와 친연관계가 있었지만, 중국 본토와의 직접 통교는 꾸준한 열망이었다. 한(漢) 대 이래 낙랑·대방과의 통교를 통해 맛보았던 선진문물에의 희구(希求)는 결코 지울 수 없는 욕망이었던 것이다. 4세기 초 고구려의 낙랑·대방지역 장악과 동시에 왜의 대중국행 해로 차단은 백제와의 군사적 동맹을 맺게 되는 직접적 원인으로 생각된다. 이러한 사정은 왜왕 무(武)의 상표문 내용을 통해서도 알 수 있다.

사료 F) : 신이 비록 우둔함에도 불구하고 외람되이 선대의 유업을 이어받아서 통치하고 있 는 곳의 산물을 모두 싣고 천자의 조정에 조공하고자 하여 (송으로) 가는 길에 백제에 들러서 선박을 꾸미고 수리하는데, 고구려가 무도하여 (그 선박을) 삼키려고 변방의 예속민을 침공하여 살육을 그치지 않았습니다. 그

---

32) 藤間生大, 『倭の五王』, 岩波新書, 1968, 685쪽. 原島礼二, 『倭の五王とその前後』, 塙書房, 1969. 笠井倭人, 앞의 책, 1973.

래서 매번 지체되고 또 (항해하기에) 좋은 바람을 놓쳐 비록 길을 나아갔다고는 해도, 혹은 통하기도 하고, 혹은 통하지 못하기도 하였습니다.[33]

왜왕 무(武)는 겸사(謙辭)하면서 조상 대대로 중국에 가고자 했으나 무도한 고구려 때문에 가기가 어려움을 호소하고 있다. 광개토대왕 비문에서도 보이는 바와 같이 왜는 실제 고구려에 군사 대응을 하고 있다. 그리고 백제에게는 도움을 받는 우방국임을 위의 사료를 통해서도 알 수 있다. 다음 기사는 왜왕 제(濟)가 고구려에 대한 군사적 대응을 준비했으나 갑작스런 죽음으로 인해 미수에 그치고 말았음을 보여 주고 있다.

사료 G) : 신의 돌아가신 아비 제(濟)가 실로 원수(고구려)가 중국에 가는 뱃길을 막는 것에 분노하여, 활 잘 쏘는 병사 1백만이 의로운 소리에 감격하여 바야흐로 크게 일어나 출정하려고 하였습니다. 그런데 갑자기 아버지와 형의 상을 당하여 거의 이루어질 뻔한 공을 한 삼태기조차도 얻을 수 없었습니다. 상(喪) 중에 군사를 움직일 수 없었으므로 이에 누워서 편안하게 쉴 뿐 싸우러 나가지 못하였습니다.[34]

왜왕의 상표문은 군사호를 제수받기 위한 수사(修辭)로 가득 차 있다. 실제 지배권이나 영향력 아래에 두지 않은 나라들에 대한 군사권까지도 요구한다. 집요한 요구의 결국에는 제수받는 것도 사실이다. 여기에서 수사적 내용이라고 모두 버릴 것은 아니라고 생각한다. 거기에는 왜국의 기본적 대외 노선이 담겨 있기 때문이다. 상표문의 내용에는 고구려에 대한 적대적 표현이 지나칠 정도이다. 이는 결국 왜와 고구려의 적대적 관계를 그대로 표출하고 있는 것으로 보아야 할 것이다. 이는 비

33) 『宋書』 권97 列傳57 東夷傳 倭國條, "臣雖下愚 忝胤先緒 驅率所統 歸崇天極 道逕百濟 裝治船舫 而句驪無道 圖欲見呑 掠抄邊隸 虔劉不已 每致稽滯 以失良風 雖曰進路 或通或不"

34) 위와 같은 책, "臣亡考濟實忿寇讎 壅塞天路 控弦百萬 義聲感激 方欲大擧 奄喪父兄 使垂成之功 不獲一簣 居在諒闇 不動兵甲 是以偃息未捷"

문에서도 왜를 왜구, 왜적 등으로 표현하고 있는 점을 통해서도 알 수 있다. 이러한 상황은 6세기 대까지도 이어지고 있는 것으로 보인다. 『일본서기』 계체, 흠명기에서 왜가 고구려에 대해 북적(北敵) 또는 강적 등으로 표현하고 있는 점을 통해 알 수 있다.

이러한 상황에서 가야는 고구려의 적대국인 왜와 우호적 관계를 유지했으며, 그 관계는 돈독했다. 이러한 관계를 바탕으로 가야와 왜는 문물교류는 물론이거니와 인적 교류도 행해졌다. 식민사관의 표상이었던 이른바 '임나일본부'란 실상은 가야와 왜 간의 인적 교류의 한 모습이었다.

Ⅳ. 6세기 : '임나일본부'를 통해서 본 가야와 왜

고대 한일관계사 연구에 있어서 키워드라 할 수 있는 것은 '임나일본부' 문제이다. 그동안 이 문제에 대해서는 역사적 사실에 대한 논쟁뿐만 아니라, 자국민 또는 자민족 위주의 감정도 개입되어 연구되어져 온 점도 부정할 수 없다. 따라서 여전히 평행선을 달리는 부분이 많은 것이 현재의 상황이다. 그럼에도 불구하고 한일 양국 간에 제출된 수많은 연구 성과들 가운데 인식을 공유하는 부분도 있다. 6세기 대 가야와 왜 관계의 실상도 임나일본부 관련 기사를 통해 알아 볼 수 있다.

그동안 연구되어 온 임나일본부에 대한 연구 경향을 일별(一瞥)해 보면 다음과 같다.[35)]

---

35) 한일 양국에 있어서 최근의 연구사 정리는 이연심, 「임나일본부의 성격 재론」, 『지역과 역사』 14, 2004, 119~120쪽. 나행주, 「6세기 한일관계의 연구사적 검토」, 『임나 문제와

첫째, 임나일본부에서의 '부(府)'의 훈(訓)이 '미코토모치(ミコトモッチ)'라는 점에 주목하여 임나일본부를 '임나(=가야)에 파견된 왜왕의 사신'으로 파악하여 연구를 진행시키고 있다는 점이다. 임나일본부는 '어사지(御事持)' 즉 왕의 명을 받든 '사신(使臣)'을 뜻하고 있다는 점에서 이를 '외교사신설'이라 한다. 이러한 해석은 1970년대 일본 학계의 연구 성과에서 비롯되었으며, 이후 한일 양국 학계에서 어느 정도 의견이 접근된 것으로 보인다.36)

둘째, 임나일본부의 활동무대에 대해서는 '안나일본부'의 존재를 근거로 안나국에 국한하고 있다는 점이다.

셋째, 임나일본부의 등장 시점은 웅략기의 한 예를 제외하면, 그 용례가 모두 흠명기에 집중되어 있음으로 6세기 전반으로 이해하고 있다는 점이다.

넷째, 임나일본부의 파견 주체에 대해서는 야마토왕권 파견설, 백제 파견설,37) 제왜(諸倭)파견 재지왜인설(在地倭人說)38) 등이 있다. 이 가운데

한일관계』, 景仁文化社, 2005, 19~48쪽. 仁藤敦史, 「"日本書紀"の'任那'觀」, 『國立歷史民俗博物館硏究報告』 179, 2013, 449~451쪽의 주64 참조.

36) 鈴木靖民, 「いわゆる任那日本府及び倭問題-井上秀雄『任那日本府と倭』評を通して」, 『歷史學硏究』 405, 1974. 奧田 尙, 「任那日本府と新羅倭典」, 『古代國家の形成と展開』, 吉川弘文館, 1976. 鬼頭淸明, 『日本古代國家の形成と東アジア』, 校倉書房, 1976. 鬼頭淸明, 「所謂'任那日本府'の再檢討」, 『東洋大學文學部紀要』 45, 1991. 李永植, 『加耶諸國と任那日本府』, 吉川弘文館, 1993. 李永植, 「'任那日本府'を通じてみた六世紀の加耶と倭」, 『東アジアの古代文化』 110号, 2002, 27~28쪽. 山尾幸久, 「'任那日本府'の二, 三の問題」, 『東アジアの古代文化』 117号, 2003. 이연심, 위의 논문, 2004. 백승충, 「임나일본부의 용례와 범주」, 『지역과 역사』 24, 2009. 백승충, 「'任那日本府'의 파견 주체 재론-百濟 및 諸倭 파견설에 대한 비판적 검토를 중심으로-」, 『한국민족문화』 37, 2010.

37) 千寬宇, 「復元 加耶史」(上)(中)(下), 『文學과 知性』 28 · 29 · 31, 1977 · 1978. 千寬宇, 『加耶史硏究』, 一潮閣, 1991. 金鉉球, 『大和政權の對外關係硏究』, 吉川弘文館, 1985. 金鉉球 『任那日本府硏究-韓半島南部經營論批判-』, 一潮閣, 1993. 김현구 외, 『일본서기 한국관계 기사 연구』(Ⅰ~Ⅲ), 일지사, 2002~2003.

야마토왕권 파견설이 대세를 이루고 있는데 그 내용은 야마토 왕권이 안라에 임나일본부를 파견하고 제왜(諸倭)를 통할하고 있다고 보는 것이다.[39]

임나일본부(任那日本府)는 任那＋日本＋府의 합성어이다. 이 가운데 일본이란 국명은 7세기 후반이 되어야 등장하는 용어이다. 부(府) 또한 그 기원이 되는 대재부(大宰府)가 법제적으로 확인되는 것은 대보(大寶) 원년(701)에 제정된 대보령(大寶令)이다. 그리고 수성(水城), 대야성(大野城) 등 주변 방어시설과 대재부의 주요 건물이 갖추어진 시기, 즉 대재부의 실질적인 성립시기도 천지(天智) 3년(664) 무렵이라고 한다.[40] 따라서 임나일본부란 용어는 7세기 대 후반 이후에나 나올 수 있는 용어이다. 5~6세기 대에 등장하는 『일본서기』 상의 임나일본부는 기본적으로 날조된 것으로 보아야 한다.

사신설(使臣說)의 근거는 부가 미코토모치로 읽혀지며, 이는 나라(奈良)시대 이후 미코토모치(御事持)로 훈독한 것에서 비롯한다. 『일본서기』에서의 부(府)는 웅략기에 처음 나오는데, 부는 원래 일본 장군들의 군부라고 한다. 이가 후대에 상설적인 정치기관이 되었다고 한다.[41] 임나일본부의 출현 배경을 살피는 데에 있어서 부가 군사적인 성격이 있다는 점도 주목할 필요는 있다고 생각한다. 초출하는 웅략기의 내용도 그러하거니와, 6세기 대 가야(=임나) 및 백제가 왜에 사신을 파견하여 왜로부

---

38) 연민수, 『고대한일관계사』, 혜안, 1998, 263~266쪽.

39) 임나일본부의 파견 주체에 대한 최근의 정리는 백승충, 앞의 논문, 2010 참조.

40) 田村圓澄, 「東アジア世界との接點筑紫」, 『古代を考える 大宰府』, 吉川弘文館, 1987, 1쪽. 박옥희, 「日本 古代 大宰府 기원에 관한 연구 - 那津官家를 중심으로 - 」, 『역사와 경계』 89, 부산경남사학회, 2013, 303쪽에서 재인용.

41) 小島憲之 등 校注 · 譯, 『日本書紀』❷, 小學館, 2004, 177쪽 頭註 8.

터 요구하는 것은 줄곧 군대(군사력)이기 때문이다. 왜의 군대가 파견 시도된 경우도 있었으며,[42] 백제가 왜에 구원병을 청하는 기사가 『일본서기』 곳곳에 보인다.[43]

이러한 점을 염두에 둔다면, 임나일본부의 출현배경은 임나지역에 왜의 군사력이 필요한 시기이면서, 가야(=임나)와 왜의 사신 교류가 활발했던 시기였을 것으로 보인다. 이 점을 염두에 두고 임나일본부가 존재하고 있었던 541년대 가야 주변의 정세를 살펴볼 필요가 있다.

신라는 4세기 중엽 이후 계속되는 고구려의 압력에 못 이겨 5세기 초 고구려 광개토대왕의 남정(南征)을 전후해 그 부용적인 세력이 되고 만다. 그 후 고구려로부터 벗어나고자 하는 노력은 433년의 이른바 나·제동맹(羅·濟同盟) 결성과[44] 450년 고구려 변장 엄살 사건,[45] 468, 470, 471, 473, 474년의 축성(築城)[46] 등의 기사를 통해 볼 때 꾸준히 시도되고 있음을 알 수 있다. 그런데 고구려는 495년 백제(百濟) 치양성 전투(雉壤城 戰鬪)를[47] 전후해서 주 공격대상을 백제로 돌리게 된다. 이때를 틈타 신라는 백제와의 약속 이행을 소홀히 하면서 내부 기반 다지기에 진력한다. 즉 나·제동맹이 유효한 기간이었지만 502, 507, 512, 523, 529년에[48] 고구려가 백제를 공격하지만 신라는 백제에 원군을 전혀 보내

42) 『日本書紀』 권17, 繼體 21년(527) 6월조.

43) 『日本書紀』 권19, 欽明 8~11년 기사.

44) 『三國史記』 권3, 新羅本紀 3 訥祇麻立干 17年(433) 7月條, 18年 2月條. 卷25, 百濟本紀 毘有王 7年(433) 7月條, 8年 2, 9, 10月條.

45) 『위의 책』 권3, 新羅本紀 3 訥祇麻立干 34年(450) 7月條.

46) 『위의 책』 권3, 新羅本紀 3 慈悲麻立干 11年(468) 13, 14, 16, 17年條.

47) 『위의 책』 권3, 新羅本紀 3 照知麻立干 17年(495) 8月條. 권26, 百濟本紀 4 東城王 17年(495) 8月條. 권19, 高句麗本紀 7 文咨王 4年(495) 8月條.

48) 『위의 책』 권26, 百濟本紀 4 武寧王 2年(502) 11月條, 7年 10月條, 12年 9月條와 聖王 1年

지 않고 있다.

500년에 등극한 지증왕은 즉위 4년에 국호와 존호를 정하고 그 다음 해에는 상복법(喪服法)을 제정 반포하였다.[49] 514년에는 신라 중흥의 왕이라고 하는 법흥왕이 왕위에 오른다. 신라는 이때부터 연호를 쓰기 시작하는데 이는 당시 신라의 획기적 발전을 상징하는 것이다. 517년의 병부설치(兵部設置),[50] 520년의 율령반포와 공복제 실시,[51] 528년[52] 내지 535년[53]의 불교 공인 등은 그동안 신라가 내부적으로 쌓은 역량이 비로소 표출된 것으로 보아야 할 것이다. 이를 바탕으로 서쪽 가야지역으로의 진출을 시도한 것이다.

이러한 신라의 내부역량 축적과 더불어 당시 동북아의 국제정세도 신라의 가야 진출을 가능케 한 중요한 요소로 작용했던 것 같다. 6세기 초반까지 지켜져 온 동북아 정국의 세력 균형 상태와 고구려의 패권은, 531년 안장왕(安藏王)이 시해당하고 544년에는 '대란'이 일어나는 등 고구려의 내란과[54] 동위(東魏)를 계승한 북제(北齊)와 활기찬 팽창세를 보이는 돌궐로 인해 고구려는 중대한 압박을 받게 되었다. 신라는 비록 고구려에 부용적이라 할지라도 인질 등을 통해서 이러한 정세를 일찍부터 읽었다. 신라는 6세기 초가 되자 그동안 고구려 때문에 유보해 두었던

---

(523)條, 7年 10月條

49) 『위의 책』 권4, 新羅本紀 4 智證麻立干 4年(503), 5年 4月條

50) 『위의 책』 권4, 新羅本紀 4 法興王 4年(517)條

51) 『위의 책』 권4, 新羅本紀 4 法興王 7年(520)條

52) 『위의 책』 권4, 新羅本紀 4 法興王 15年(528)條. 한편 『삼국유사』에는 법흥왕 14년에 이차돈이 순교하는 것으로 되어 있다.

53) 李基白, 「新羅 初期佛敎와 貴族勢力」, 『震檀學報』 40, 1976. 李基白, 『新羅時代의 國家佛敎와 儒敎』, 1978, 82~86쪽.

54) 『日本書紀』 권17, 繼體 25年(531)條. 권19, 欽明 6年(544)條.

가야로의 진출을 개시하였다. 524년 무렵 이미 남가라(=가락국) 지역을 장악했으며, 540년대가 되면 탁기탄, 탁순까지 영역을 확장했다. 이 무렵 고령의 가라국(=대가야)은 522년 신라와 결혼동맹을 맺어 친신라적인 노선을 취했으나 오래가지 못하고 529년에 결렬된다. 이는 기본적으로 신라의 가야진출 야욕 때문이었다.

백제 또한 6세기 대가 되면 가야 서남부지역으로의 진출을 시도한다. 475년, 고구려 장수왕에 의해 수도 한성이 함락된 후 웅진으로 천도한 백제는 무녕왕과 성왕 대에 이르러 중흥의 시기를 맞이한다. 북쪽으로의 구토회복에 힘씀은 물론 남방으로의 진출도 모색되어 졌다. 그런데 5세기 후엽 이래 6세기 전반 대에도 고구려의 남쪽으로의 압박은 계속되었다. 이에 백제와 신라는 대고구려 군사동맹을 맺어 남북 간 힘의 균형이 이루어진 상태였다.

백제는 중국 남조(南朝)의 제국과 교빙하면서 우호를 다지는 한편 왜에 대해서도 적극적인 친선책을 펼친다. 백제는 왜의 지원을 받으면서 국경에 접한 가야제국을 점령해 간다. '임나4현'과 기문(己汶), 반파(伴跛)로의 잠식이다. 원래 백제의 땅이었던 기문을 반파가 차지하자 백제는 왜의 힘을 빌려 기문과 대사를 차지한다. 반파는 이에 대해서 반발하였지만 결국 2지(地)는 백제에 귀속되고 만다.[55] 반파는 처음에는 가라국과 별개의 나라였지만 후에 가라국에 복속되었기 때문에 520년대 후반이 되면 가라국과 백제는 직접 접하게 되었다.[56] 529년 무렵 대사(帶沙=多沙=하동)까지 진출했던 가라국은 그 지역을 백제에게 빼앗기게 된

55) 『일본서기』 계체기 6년(512) 12월조, 동 7년(513) 6월조, 동 8년, 9년조.

56) 반파는 원래 경북 성주지역에 존재한 가야국이었지만 521년 이후 529년 사이에 가라에 복속된다. 백승옥, 「己汶·帶沙의 위치비정과 6세기 전반대 加羅國과 百濟」, 『5~6세기 동아시아의 국제정세와 대가야』, 도서출판 서울기획, 2007, 222쪽.

다. 백제는 더욱 남진하여 531년 무렵에는 현 경남 진주지역까지 진출한다.[57]

이러한 신라와 백제의 가야로의 잠식과정 속에서 가라국의 태도는 어떠했던가? 4세기 중엽 이후 친백제적이었던 낙동강 이서(以西)의 가야제국은 5세기 후반이 되면 고구려의 압력에 의한 신라와 백제의 대가야 지역 힘의 공백을 틈타 백제 세력에서 벗어나고자 하는 노력을 보인다. 건원 원년(479)에 가라국왕 하지(荷知)는 남제(南齊)에 견사하여 보국장군 본국왕(輔國將軍本國王)의 벼슬을 제수받는다. 이도 이러한 노력의 일환으로 볼 수 있을 것이다.[58] 또한 가라국의 성장을 보여주는 일례이기도 하다. 『삼국사기』 권3, 조지마립간 18년(496)조에 보이는 "가야국이 꼬리가 다섯 척 되는 흰 꿩을 보냈다"라는 기사는 당시 가야제국의 주축이었던 가라국이 신라와 연계하고자 하는 모습이다. 백제 영향력의 일시 공백기를 틈타 신라와 밀착하여 우호관계를 수립함으로써 대백제 견제 및 자립책을 꾀한 것으로 볼 수 있다. 가야제국의 자립책은 529년대까지 이어진다.[59] 그러나 이러한 가야의 노력들은 자주화가 아니라 오히려 신라에로의 복속의 방향으로 나아가게 되었다.

529년 안라에서 개최된 안라고당회의는 안라국(=아라가야)이 주동이 된 회의였다. 이미 신라에 복속된 남가라, 탁기탄, 탁순의 복건과 가야제국의 자존책을 모색하기 위한 회의였다. 이 회의에 가라국의 모습은 보이지 않고 있다. 이는 결국 가야제국 전체를 아우르는 힘의 구심체가

57) 『日本書紀』, 권17, 繼體紀 25년(531) 12월 分註, "師進至于安羅 營乞乇城"에서 乞乇城의 위치를 현 진주지역 주변으로 비정한다.

58) 『南齊書』 東南夷傳 加羅國條.

59) 『日本書紀』 권17, 繼體 23년(529) 3월조.

없었음을 보는 주는 것이다. 541년과 544년 백제의 수도 사비에서 열리는 회의에 안라국과 가라국 사신을 비롯한 가야제국의 대표들이 모이지만 실효는 없었다.[60] 가야부흥을 위한 회의였지만 백제의 야욕만 확인될 뿐 가야제국의 복건과 자존을 위한 방안은 모색되지 않았다.

이러한 상황 속에서 임나일본부가 등장한다. 흠명기에 보이는 임나일본부의 정치적 성향은 친신라 반백제적인 모습이다. 백제와 왜는 전통적으로 우호적인 관계였는데 왜에서 파견된 일본부는 반백제적이었던 것이다. 이에 대한 규명은 향후 임나일본부에 대한 이해 제고에 도움이 될 것이다.

한편, 가야지역을 포함한 한반도 남부지역에서 고고학적으로 보이는 왜계 요소에 대해서는 오래전부터 많은 관심이 있었다. 20세기 초 일본인 학자들이 가야지역에 관심을 가지고 발굴조사를 한 것도 고고학적으로 임나일본부의 존재를 확인하고자 한 것이었다. 하지만 고고자료를 통한 임나일본부의 존재를 확인할 수는 없었다. 그동안 100년 이상의 세월이 흘렀지만 영산강 유역의 전방후원분을 포함하여 왜계 요소를 가진 고고자료를 통해 한반도 남부지역을 지배통치하는 임나일본부의 모습을 증명하는 일은 어려워 보인다.

그러나 문헌에 보이는 왜인들의 활동이 고고자료에 전혀 나타나지 않는다고는 말할 수 없다. 다만 고고자료는 어디까지나 문화적 양상을 나타내 주는 것이므로 지나친 확대 해석은 경계해야 할 것이다. 전반적 흐름을 살피는 것에는 참조할 수 있다고 생각한다.

60)『日本書紀』 권19, 欽明 2년(541) 4월조, 동, 欽明 5년(544) 11월조.

4~6세기 대 가야지역에서의 왜계 고고자료들의 분포 양상을 보면, 4세기 대와 5세기 전반 대는 부산 복천동고분군, 김해 예안리고분군, 김해 양동리분묘군, 김해 대성동고분군 등의 남가라국(=금관가야) 중심의 남부가야권역에 주로 분포한다. 그런데 5세기 후반~6세기 전반대가 되면 일부를 제외한, 왜계 요소 고고자료의 대부분은 의령 경산리 · 운곡리 · 천곡리고분군, 고성내산리 · 송학동고분군, 사천 선진리 · 향촌동고분군, 산청 생초 · 명동고분군, 합천 봉계리고분군, 진주 중안동고분, 함양 상백리고분군, 등 서부가야 및 고령의 가라(=대가야)지역에서 주로 보인다. 특히 6세기 전반 대 고령 지산동고분군에서 보이는 왜계 요소는 당시 가야와 왜의 관계를 파악하는 데 있어 시사하는 바가 크다. 〈표 3〉은 기존의 연구 성과를 참조하여 6세기 전반 대 가야지역에서 보이는 왜계 요소 고고자료들을 정리한 것이다.

그동안 고대 일본 야마토정권의 한반도 남부지역 지배기관으로 활용되어 왔던 임나일본부는 6세기 전반 가야지역에 파견된 왜왕의 사신이었다. 6세기 전반 남가라가 신라에 복속되자, 함안의 안라국과 고령의 가라국이 가야제국 세력을 양분하여 주도하게 된다. 이에 백제와 신라의 가야잠식에 대응하여 안라(安羅)와 가라(加羅)는 각각 왜 세력을 이용하여 가야의 독립과 부흥에 노력하게 된다. 이러한 배경 속에서 임나일본부는 등장하게 되는 것이다.

〈표 3〉 6세기 전반 대 가야지역 출토 왜계 고고자료[61]

유적명	유구	고고자료	추정연대
창녕 교동고분군	89호(석실)	直弧文鹿角製鐵劍	6C1/4
창녕 송현동고분군	7호(석실)	木棺, 목제품	6C1/4
거제 장목고분	석실	횡혈식석실(倭系) 원통형토기, 찰갑	6C1/4
의령 경산리고분군	1호(석실)	횡혈식석실(倭系)	6C2/4
	2호(석실)	馬具(雲珠, 鐙子, 轡)	6C2/4
의령 운곡리고분군	1호(석실)	횡혈식석실(倭系)	6C2/4 ~ 3/4
의령 천곡리고분군	21호(석곽)	須惠器(병)	6C1/4
고성내산리고분군	21호(석곽)	須惠器(유공소호),鐙子	6C1/4
	34호(석실)	馬具(鐙子)	6C2/4
고성 송학동고분군	1A-1(석곽)	須惠器(개배), 馬具, 찰갑	5C4/4
	1A-2(석곽)	須惠器(고배)	5C4/4 ~ 6C1/4
	1A-11호(석곽)	須惠器(유공소호)	6C1/4
	1B-1호(석실)	횡혈식석실(倭系), 彩色, 須惠器(유공소호), 雲珠, 鐙子, 杏葉	6C1/4 ~ 2/4
	1B-3호(석실)	須惠器(배)	6C1/4
사천 선진리고분	석실	횡혈식석실(倭系)	6C1/4
사천 향촌동고분군	석실(Ⅱ-1)	횡혈식석실(倭系)	6C3/4
산청 생초고분군	9호(석곽)	銅鏡, 轡, 개배, 고배	6C1/4 ~ 2/4
산청 명동고분군	Ⅰ-22호(석곽)	須惠器(개)	5C4/4
	Ⅰ-68호(석곽)	須惠器(배)	5C4/4
	Ⅱ-14호(석곽)	須惠器(유공소호)	5C4/4
	Ⅱ-8-2호(석곽)	須惠器(배)	5C4/4
합천 봉계리고분군	20호(석곽)	須惠器(고배)	5C4/4
진주 중안동고분	不明	銅鏡	6C2/4(?)
고령 지산동고분군	30호(1-3호 석곽)	冑	6C1/4
	32호(석곽)	板甲,冑	6C1/4
	44호(석곽)	貝製品	6C1/4
	45호(석곽)	銅鏡	6C2/4
	1-5호(석곽)	須惠器(유공소호)	5C4/4
함양 상백리고분군	석곽	冑	6C1/4

V. 맺음말

가야와 왜와의 관계에 있어서는 왜의 입장과 상황에 주목하면서 그 관계를 살펴보았다. 왜의 선진문물 수입에 대한 갈망은 집요했다. 선진문물의 수입과 그에 대한 주도권의 장악은 곧 열도 내에서의 헤게모니 장악을 의미하는 것이었다. 그런데 왜의 중국과의 통교는 지리상 가야 또는 백제의 중개를 통해서 이루어질 수밖에 없었다. 서해를 가로지르는 해상로는 7세기 이후에야 가능했기 때문에 왜의 선진문물 유입 경로는 가야의 연안항로를 이용할 수밖에 없었다. 그런데 4세기 초 낙랑, 대방지역을 포함한 서해 해상권을 고구려가 장악하게 되자 왜는 더 이상 중국으로 가기가 어려워졌다. 백제와 고구려간의 대결 구도 때문이었다. 왜는 전통적으로 백제와 친화적 관계였다. 이에 왜는 광개토태왕릉비문에 보이는 것처럼 백제와 연맹하여 고구려에 대적해 보기도 하지만 바라는 바를 이루지 못했다. 5세기 중엽이 되면 야마토 왜는 일본 열도 대개를 아우르는 국가로 성장하게 된다. 이를 바탕으로 5세기 후반이 되면 '大王'이 '천하를 다스리는(治天下)' 하는 세계관을 가지게 된다. 이러한 성장은 결국 가야제국과 백제 등 한반도 선진 지역과의 교섭을 통해서 가능한 것이었다.

『일본서기』 신공기 46~49년조에 보이는 가야와 왜 관계는 기존의 이른바 임나일본부설에서 말하는 왜의 가야지배를 말하는 것이 아니다.

---

61) 이주헌, 「가야지역 왜계 고분의 피장자와 임나일본부」, 『안라국(=아라가야)과 '임나일본부'』, 경상남도 함안군 아라가야 왕조 계보정리를 위한 제2차 학술대회 자료집, 2014, 107~109쪽의 표를 정리함.

이는 가야지역을 통한 왜의 백제로 가기 위한 새로운 교통로 개척의 모습을 왜곡 묘사한 것이다.

광개토태왕릉 비문 속의 가야와 왜(倭) 관계기사로 보아 당시 고구려와 백제의 대결 구도 속에서 왜는 고구려가 무시할 수 없는 존재였다. 가야는 왜와의 전통적 관계 속에서 왜가 신라로 나아가는 진입로 역할과 백제-왜 연결의 중개지 역할을 한 것으로 보인다.

『송서』 등에 보이는 왜 5왕의 가야지역에 대한 군사권 인정 요구는 왜 일방적인 것이었다. 이에 대한 중국 남조의 허락 또한 실질없는 허구적 명분일 뿐 사실이 아니었다.

가야 왜의 대외관계사에 있어서 핵심적 사항은 이른바 '임나일본부설'로 볼 수 있다. 이는 그동안 역사적 사실에 대한 논쟁뿐만 아니라 20세기 제국주의 침략의 정당성을 옹호하는 논리로 사용되어 왔다. 다행히 최근에는 이에 대한 사실성이 밝혀져 가고는 있지만, 고대 일본의 한반도 남부 경영설은 여전히 많은 일본인들이 믿고 싶고, 믿고 있는 내용이다. 임나일본부는 왜가 가야에 설치한 통치기관이 아니다. 6세기 전반 무렵 가야와 왜와의 관계 속에서 양측 간의 상호 필요에 의해 왜왕이 가야지역에 파견한 사신으로 보아야 할 것이다.

백승옥 | 국립해양박물관

고고학으로 본 가야와 왜

Ⅰ. 서문

가야와 왜는 지리적 위치와 문물의 교류로 볼 때 일의대수(一衣帶水)의 관계였다. 그 교류의 시작은 일찍이 신석기시대부터이며 청동기시대에는 규슈(九州)지역에서 도작(稻作)과 함께 지석묘가 확인되어 한반도로부터 이주민의 존재를 알 수 있다. 한편 김해 봉황대유적에서는 야요이(彌生)시대 옹관이 확인되어 일본열도로부터의 이주민이 존재함을 알 수 있다.

초기 철기시대 사천의 늑도유적에서는 다량의 야요이계 토기가 확인되어 철소재를 구입하기 위한 일본열도로부터의 이주민이 거주한 것을 알 수 있다. 원삼국시대 창원 다호리고분군에서는 철소재로 사용된 것으로 보이는 주조철부, 판상철부와 교역의 내용을 기록하기 위한 목간에 사용한 필(筆)과 소환두대도가 확인되고, 야요이토기가 출토되는 것에서 가야와 왜의 교류는 철소재의 교역에서 시작되었다고 본다. 왜냐하면 6세기까지 철을 생산할 수 없었던 왜는 철소재를 한반도에 의존할 수밖에 없었기 때문이다. 이는 4세기 금관가야산 철소재인 철정(鐵鋌)이 일본열도에서 다수 확인되기 때문이다.

또한 5세기 이전 왜에서는 투습성이 없는 경질의 토기를 생산할 수 없었다. 그래서 4세기 말 가야로부터 이주한 공인에 의해 스에키(須惠器)라는 경질토기를 생산할 수 있었다. 나아가 5세기 후반 이전에는 지배자의 권력과 권위를 과시하기 위한 금공품을 생산할 수 없었다. 5세기 후반이 되어서 가야로부터 이주한 공인에 의해 비로소 금동제의 장신구, 마구 등을 본격적으로 제작할 수 있었다.

이렇듯 4~5세기 가야로부터 문물과 이주민의 이입은 일본열도의 문명화에 크게 기여한 것을 알 수 있다. 나아가 고대의 교역과 교섭은 정치적 행위의 소산으로, 왜와의 교류를 주도한 세력이 어느 가야세력인 것이 매우 중요하다.

필자는 4세기 이래 일본열도에 철소재, 토기와 금공품을 제작한 공인이 시기별로 다른 가야 제국(諸國)에서 이입되었다고 본다. 그래서 이를 통해 가야 제국의 판도와 그 변화에 대해 논하고자 한다. 이는 이제까지 국내의 고고자료와 문헌사료만 의존해온 연구를 극복하는 방안으로 판단된다.

먼저 일본열도에 이입된 가야의 문물에 대해 그 시기와 양식에 대해 분석하고자 한다. 이와 함께 가야지역에 이입된 왜의 문물에 대해 살펴보고자 한다. 가야지역 출토 왜의 문물과 일본열도에 이입된 가야의 문물은 그 교류 세력의 주체와 그 변화를 민감하게 반영하고 있기 때문이다.

그리고 시기별 다음과 같은 주제에 대하여 논하고자 한다. 선사시대 이래 김해지역은 한반도와 일본열도와의 교류에서 관문 역할을 담당해 왔다. 3~4세기 일본열도에는 금관가야산 철정을 비롯한 철제품이 이입되고 4세기 말에는 금관가야의 공인에 의해 일본열도에서 최초로 회청색경질토기가 제작된다.

한편 3~4세기 가야 전기 중심국인 금관가야의 왕묘역인 대성동고분군에서는 종래 구야국의 왕묘역인 양동리고분군에서 부장되던 북부 규슈산 광형동모와 방제경을 대신하여 새롭게 파형동기(巴形銅器)가 부착된 방패(盾), 벽옥제석제품(碧玉製石製品), 옥장(玉杖), 통형동기(筒形銅器) 등 기나이(畿內)계 문물이 부장된다. 이는 구야국이 철을 매개로 선사시대 이래 오랫동안 일본열도측 창구의 역할을 담당한 규슈지역과 교섭하여 왔으나, 그 후 금관가야가 일본열도 중심부인 기나이지역과의 교섭을 본격적으로 개시한 것을 상징하는 것이다.

이처럼 김해지역의 문물이 일본열도에 이입되고, 이제까지 이입되지 않던 기나이(畿內)지역의 문물이 대성동고분군에 이입되는 것에 주목하여, 일본열도 속의 금관가야 문화에 대하여 살펴보고 그 이입배경에 대해 살펴보고자 한다.

3~4세기 뚜렷한 토기의 양식적 특징과 분포권을 형성한 정치체가 금관가야와 함께 아라가야인 것은 두 나라가 가야 전기의 중심국임을 나타내는 것이다. 특히 아라가야가 함안양식 토기의 광역 분포권으로 유추되는 관계망으로 볼 때 금관가야와 함께 가야 전기에 양대 세력을 형성한 것으로 보았다. 시코쿠(四國)지방에서 아라가야 공인에 의한 초기 스에키가 생산되며 더욱이 서일본지역에서 아라가야 양식 토기가 출토된다. 일본열도 출토 아라가야 양식 토기를 통하여 일본열도 속의 아라가야 문화와 그 이입 배경에 대해 접근하고자 한다.

5세기 전반 이전 시기의 아라가야양식 토기를 교체하듯 소가야양식 토기가 동남해안과 황강유역, 남강 중·상류역까지 분포권이 확대된다. 이는 아라가야를 대신하여 남강수계와 남해안 일대에서 소가야가 일시적으로 가야의 중심세력으로 등장하였음을 보여주는 것이다. 이 시기 소가야양식 토기는 광양시 칠성리유적, 광주시 동림동유적, 서울시 풍납토성 경당지구 등에서도 확인된다. 그런데 칠성리유적과 동림동유적과 풍납토성에 인접한 몽촌토성에서 일본열도산 스에키가 출토되어 소가야세력이 남해안의 제해권을 기반으로 일본열도를 연결하는 중계 교역 활동을 한 것으로 상정된다. 즉 소가야세력은 남강 중류역의 산청군 옥산리·묵곡리유적 출토 백제문물과 서울시 풍납토성의 소가야양식 토기 및 몽촌토성의 스에키로 볼 때, 함안세력을 대신하여 남강수계와 금강수계를 통해 백제지역과 교섭했을 뿐만 아니라 백제와 일본열도를 중계했음을 알 수 있다. 더욱이 규슈지방의 후쿠오카현(福岡縣) 시코쿠(四國)지방의 아사쿠라요(朝倉窯) 에히메현(愛媛縣) 미나미이치바구미요(南市場組窯)에서 소가야양식 토기가 제작된 것이 확인되는 것에서 일본열도 출토 소가야양식 토기를 통하여 일본열도의 소가야 문화와 그 이입 배경에 대해 살펴볼 것이다.

같은 시기 비화가야양식 토기는 영남지역 전역으로 확산되며 특히 낙동강 대안의 합천 다라국과 낙동강 하류역의 금관가야, 남해안 일대의 소가야권역으로 일정기간 집중적으로 이입된다. 또한 비화가야양식 토기가 현해탄에 면한 나가사키현(長崎縣) 쓰시마(對馬島), 동해에 면한 돗토리현(鳥取縣), 시마네현(島根縣), 교토부(京都府), 니이카타현(新潟縣), 세토나이해(瀨戶內海)에 면한 오카야마현(岡山縣) 등으로 이입된다. 동시에 비화가야에는 창녕 계성리유적 출토 하지키(土師器), 창녕 송현동7호분 출토 녹나무제 목관과 같은 일본열도산 문물이 이입된다.

비화가야는 4세기에 신라에 복속된 것으로 주장되어 왔으나, 5세기 전반 한반도내 뿐만 아니라 일본열도에 다수 이입되고, 더욱이 일본열도산 문물이 이입된 것에서 비화가야가 이 시기 신라에 복속된 것으로 보기 어렵다.

5세기 후반 대가야양식 토기가 황강 수계, 남강 중·상류역, 금강상류역, 섬진강 수계, 동남해안, 일본열도에 분포한다. 이는 아라가야와 소가야가 활동하였던 관계망을 새로이 장악함으로써 4세기까지 내륙의 소국에 불과했던 대가야가 가야 후기의 중심국으로 성장하는 과정을 잘 반영하는 것으로 본다. 특히 이 시기 일본열도에는 5세기 전반에 이입되던 신라산 문물을 대신하여 대가야산 금제, 금동제 장신구, 금동제 마구, 철기 등이 이입된다.

이제까지 대가야 발전의 배경에 대해서는 합천 야로지역 철산의 개발을 중심으로 설명되어 왔으나, 필자는 국내의 자료만으로 그 과정과 배경을 밝힐 수 없다고 생각한다. 그 이유는 대가야의 영역 확장 과정이 섬진강수계와 남해안을 지향하는 것과 5세기 중엽 이래 일본열도 각지에 대가야문물이 유입되기 때문이다. 따라서 그간 내륙에 위치하여 후진국으로 파악되어온 대가야상을 전면적으로 재고할 필요가 있다.

그래서 필자는 대가야의 성장 과정을 한반도의 자료뿐만 아니라 가야와 왜의 교류 양상을 분석하여 접근하고자 한다. 또한 이제까지 필자가 주목해 온 대가야에 의한 섬진강로의 확보에 따른 일본열도와의 교역과 관련하여, 일본서기의 내용으로 볼 때 대가야영역으로 파악되는 소위 임나사현(任那四縣)의 여수, 순천, 광양지역의 진출에 의한 남해안의 제해권 장악을 통하여 대가야의 발전 배경에 대해서 살펴볼 것이다.

나아가 한반도의 삼국시대에 해당하는 일본열도의 고분시대 중기인

5세기 후반에 이입된 대가야문물의 분석을 통하여 대가야와 왜의 관계, 대가야권역의 성립 시기와 그 형성배경에 대하여 접근하고자 한다. 이 시기 일본열도의 이입문물 대부분이 대가야산임을 밝히고 이제까지 문헌사료로서 파악하기 어려웠던 대가야와 왜의 관계에 대해 접근할 것이다. 대가야권역의 성립 시기에 대해 특히 대가야산 문물이 일본열도에 이입되는 것을 통하여 살펴보고자 한다. 대가야권역의 성립배경에 대해서는 대가야의 섬진강로의 확보에 따른 일본열도와의 교역과 관련하여, 남해안 진출에 따른 제해권의 장악을 통하여 접근한다. 나아가 대가야문화가 일본열도의 문명화에 끼친 영향과 그 역사적 의의에 대해 논한다.

Ⅱ. 일본열도 출토 가야 문물

1. 장신구(裝身具)

고대의 장신구는 단순히 신체를 장식하는 것으로 볼 수 없고, 소유도 엄격히 제한되었으며, 특히 금제, 금동제의 장신구는 착장자의 권력과 위세를 과시하는 용도로 사용되었다. 5세기 후반 대가야는 신라, 백제와 구별되는 독자적인 관모, 이식, 대장식구를 제작하여 일본열도에 수출하였다. 당시 왜가 대가야산 장신구를 수용한 것은 대가야와 왜와의 정치적인 동맹관계를 보여주는 것으로 본다.

1) 관식(冠飾) (그림 1)

대가야의 관은 신라관과 백제관과는 달리 액대식(額帶式)이며 보주형(寶珠形) 입식으로 장식한 것이 특징이다. 후쿠이현(福井縣) 니혼마츠야마(二本松山)고분, 나가노현(長野縣) 사쿠라카오카(櫻ケ丘)고분 출토 관은 액대식으로 중앙에 대형의 보주형 장식을 가진 점, 사쿠라카오카고분 출토 관은 연변(緣邊)에 파상점렬문(波狀点列文)을 시문한 점과 중앙 돌기에 앵무새 부리형의 장식을 가진 점에서 고령군 지산동32호분과 지산동30호분 출토 관을 조형으로 하여 제작된 것으로 본다. 도치키현(栃木縣) 구와(桑)57호분 출토 관도 반원형입식이 없으나, 액대에서 직접 3개의 입식을 세우고 전방부만을 장식한 점에서 이들 관과 같은 계통이다. 도야마현(富山縣) 아사히나가야마(朝日長山)고분 출토 금동제의 관모는 합천군 반계제가A호분 출토품과 유사하여 대가야산으로 본다.

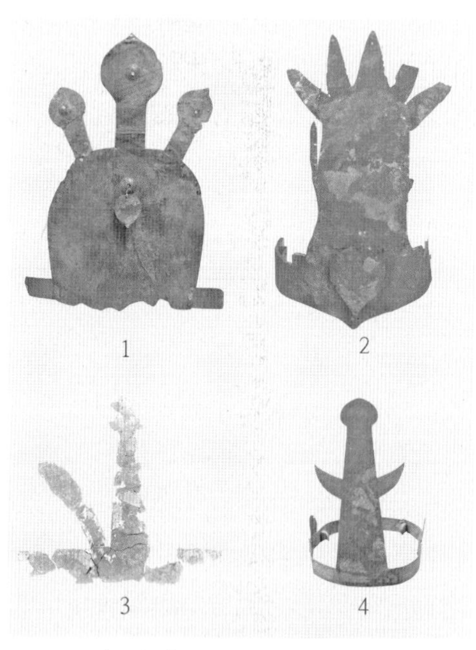

〈그림 1〉 일본열도의 대가야 관

1, 2: 후쿠이현 니혼마츠야마고분
3: 나카노현 사쿠라카오카고분
4: 도치키현 구와 57호분

2) 이식(耳飾)

일본열도 출토 금제 수식부이식(垂飾附耳飾) 가운데, 특히 사슬형 연결 금구와 공구체형 중간식을 조합한 이식은 고령군 지산동고분군 출토품에서 그 계통을 구할 수 있다. 이는 이 형식의 이식이 출토된 구마모토현(熊本縣) 모노미야구라고분에 공반된 파수부유개완이 대가야양식 토기인 점에서 증명되었다.

대가야 이식은 공구체 중간식을 연결하고 그 아래 사슬모양의 연결고리를 사용하여 심엽형, 원추형, 산치자형, 낙하산형, 삼익형, 공구체 등의 끝장식을 단 것이 특징이다. 초기에는 백제 이식의 영향을 받아 제작되다가 대가야의 독자적인 이식으로 변화한다.

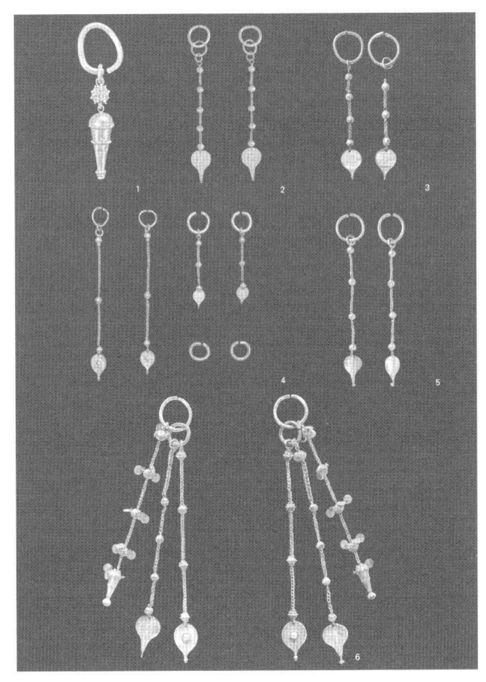

〈그림 2〉 일본열도의 대가야산 이식(5세기 후반)
1. 구마모토현 덴사야마고분
2. 효고현 간즈즈카고분
3. 미야자키현 시모키타카타 5호분
4. 효고현 미야야마고분
5. 나라현 니이자와109호분
6. 구마모토현 에타후나야마고분

5세기 후반 대가야산 금제, 은제 수식부이식의 특징은 사슬이 긴 장쇄식(長鎖式)인 점이다. 구마모토현 에타후나야마(江田船山)고분, 미야자키현(宮崎縣) 시모키타카타(下北方)5호분, 효고현 미야야마(宮山)고분, 간즈즈카カンス총(塚)고분, 나라현(奈良縣) 니이자와센즈카(新澤千

塚)109호분, 와카야마현(和歌山縣) 오타니(大谷)고분, 후쿠이현 무카이야마(向山)1호분, 덴진야마(天神山)7호분, 니시즈카(西塚)고분, 군마현(群馬縣) 겐자키나가토로니시(劍崎長瀞西)10호분, 치바현(千葉縣) 아네자키후타코즈카(姉崎二子塚)고분, 기온오츠카야마(祇園大塚山)고분 등 일본열도 전역에서 출토되었다(그림 2).

6세기 전엽의 대가야산 수식부이식은 사슬이 짧은 단쇄식(短鎖式)으로 산치자형 수식을 가진 것이 특징이다. 후쿠오카현 히하이즈카(日拜塚)고분, 다치야마야마(立山山)8호분, 사가현(佐賀縣) 다마시마(玉島)고분, 류오키(竜王崎)11호분, 구마모토현 모노미야구라고분, 덴사야마(傳佐山)고분, 다이보(大坊)고분, 나라현 와리즈카(割塚)고분, 오사카부 이치스카(一須賀)B7호분, 미에현(三重縣) 호코리구루마즈카(保古里車塚)고분, 나가노현 아제치(畦地)1호분 등 일본열도 전역에 대가야산 이식이 이입된다(그림 3).

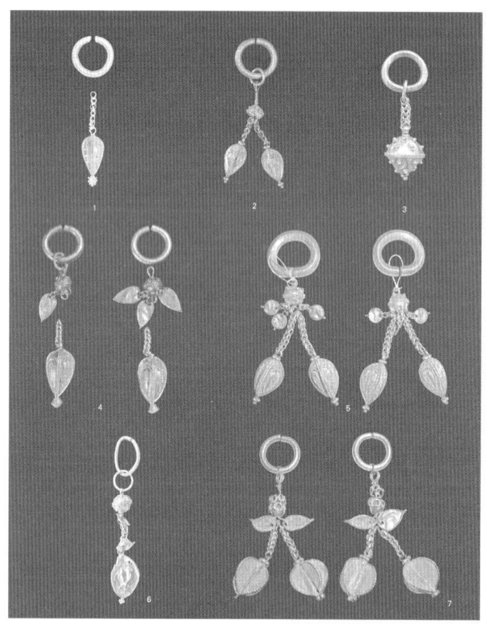

〈그림 3〉 일본열도의 대가야산 이식(6세기 전반)
1: 오사카부 이치스카B7호분
2: 후쿠오카현 히하이즈카고분
3: 구마모토현 모노미야구라고분
4: 나라현 와리즈카고분
5: 미에현 호고리구루마즈카고분
6: 후쿠오카현 다치야마야마고분
7: 시가현 가모이나리야마고분

시가현(滋賀縣) 가모이나리야마(鴨稻荷山)고분 출토 이식은 무령왕릉과 송산리6호분 출토품과 같이 작은 고리를 연접시켜 만든 반구체 안에 유리옥이 감입된 중간식이 사용된 것으로 백제계로 지적되어 왔다.[1] 그러나 가모이나리야마고분 출토 이식은 사슬로 된 연결금구와 수하식의 상하를 장식한 금립(金粒)은 대가야계 이식의 요소인 점에서 공반된 금동제 환두대도와 함께 대가야산으로 파악된다. 그 외 구마모토현 시로카츠지(城ケ辻)6호분, 이시카와현(石川縣) 수이사카마루야마(吸坂丸山)5호분, 군마현 마에후타코야마(前二子山)고분 등 출토 금제 소환이식도 고령군 지산동고분군 출토품으로 볼 때 대가야산으로 본다.

3) 대장식구(帶裝飾具)

5세기 후엽 일본열도에서는 교토부(京都府) 고쿠즈카(穀塚)고분, 오사카부 나가모치야마고분, 후쿠이현 니시즈카고분, 사이타마현(埼玉縣) 이나리야마(稻荷山)고분, 구마모토현 에타후나야마고분 출토품과 같은 반육조의 용문대장식구가 출현한다. 오카야마현(岡山縣) 우시부미차우스야마(牛文茶臼山)고분에서는 귀면문대장식구가 부장된다. 반육조 용문대장식구는 도쿄박물관 보관의 오구라(小倉)반출품의 같은 형식 대장식구가 대가야권에서 도굴된 것으로 추정되는 점과 고령군 지산동구39호분과 합천군 옥전M3호분에서 귀면문대장식구가 출토된 것에서 대가야에서 이입된 것으로 본다.

고령군 지산동44호분 출토 금동제 안교에 부착된 방울의 측면에 양이(兩耳)가 붙은 것이 확인되어 주목된다. 즉 교토부 고쿠즈카고분, 사이

---

1) 野上丈助, 「日本出土垂飾附耳飾」, 『藤澤一夫先生古稀記念古文化論叢』, 藤澤一夫先生古稀記念論叢刊行委員會, 1982.

타마현 이나리야마고분, 오카야마현 우시부미차우스야마고분 출토 대장식구에는 이와 같은 방울이 달려있는 점에서, 이 시기의 대장식구가 대가야산임이 증명되었다. 또한 이 시기 일본열도 출토 반육조 용문 대장식구에는 능삼문(稜杉文)을 용문의 주연에 시문하고 있으며, 이 문양은 대가야에서 제작된 것으로 파악되는 옥전M3호분 출토 반육조 용봉문 환두대도 용문의 구획에 주로 시문된다. 그래서 일본열도 출토 용문 대장식구는 옥전고분군 출토 환두대도와 반육조의 용문을 능삼문으로 구획하는 동일한 의장을 가진 점에서 대가야산으로 파악된다.

2. 토기

1) 금관가야양식

기후현(岐阜縣) 아쇼비즈카(遊塚)고분은 4세기 후엽에 조영된 전장 80m의 대형 전방후원분으로 이곳에서 출토된 유개파수대부호의 개(蓋)는 일찍부터 부산시 화명동7호분 출토품과 유사한 것으로 파악되어 왔다.[2) 이 토기는 아쇼비즈카고분의 철제 농공구와 함께 금관가야에서 이입된 것으로 본다. 인접한 전장 82m의 대형 전방후원분인 기후현 요로이즈카(鎧塚)고분에서 채집된 통형기대(筒形器臺)는 4세기 후엽의 김해시 대성동11호분 출토품에서 유례가 확인되고, 이 고분군에서 토우의 부착 예가 보이는 점으로 보아 김해지역산으로 파악된다. 또 시즈오카현(靜岡縣)의 전장 110m의 대형 전방후원분인 쇼린잔(松林山)고분에 바로 접한 신메이(神明)고분군에서 출토된 통형기대는 종래 초기 스에키(須惠器)로 파

2) 定森秀夫, 「韓国慶尚南道釜山金海地域出土陶質土器の検討」, 『平安博物館研究紀要』 7, 平安博物館, 1982; 申敬澈, 「伽耶地域における4世紀代の陶質土器と墓制 - 金海礼安里遺跡の發掘調査を中心として」, 『古代を考える』 34, 古代を考える會, 1983.

악되어[3] 왔으나 황갈색의 색조, 기형과 토우가 부착된 점에서 역시 김해지역산으로 판단된다.

오사카부(大阪府) 구메다(久米田)고분의 발형기대는 황갈색의 색조, 배신의 타래문, 집선문, 파상문의 구성과 각부의 즐치문(櫛齒文)을 세로로 나열하여 시문한 점 등 그 세부에 이르기까지 김해시 대성동1호묘, 부산시 복천동31호묘 출토품과 유사하다. 나라현(奈良縣) 취락유적인 야마타미치(山田道)유적 출토의 무개식고배는 김해, 부산지역에 분포하는 외절구연 고배로서 부산시 화명동2, 7호묘 출토품과 유사하다.[4]

오사카부의 취락유적인 야오미나미(八尾南)유적 SE21출토 호(壺)는 구연부에 돌대를 돌리고 타날한 후 나선상침선을 돌린 것으로 복천동21, 22호묘의 토기와 유사하다. 이 형식의 호는 오사카부 오바데라(大庭寺)유적에서도 확인되는 것으로 스에키(須惠器) 공인의 출자 파악에도 단서를 제공한다.

후쿠오카현(福岡縣) 후쿠오카시 서쪽 해안 사구(砂丘) 상에 입지한 대규모 취락유적인 니시신마치유적(西新町)유적과 오사카부 규호지(久寶寺)유적 출토 노형기대는 원삼국시대 후기의 신식 와질토기를 모방하여 현지에서 제작된 것이다. 이러한 토기의 계통은 규호지유적에서 노형기대와 공반된 첨저옹이 부산시 노포동고분군 출토품과 유사하고, 이 시기 일본열도에 이입된 문물의 대부분이 낙동강하류역산인 점에서 김해·부산지역으로 본다.

오사카부 오바데라(大庭寺)유적의 가마유구인 TG231, TG232요 출토

3) 鈴木敏則, 「静岡縣内における初期須恵器の流通とその背景」, 『静岡縣考古学研究』 No. 31, 静岡縣考古学会, 1999.

4) 定森秀夫, 「陶質土器からみた近畿と朝鮮」, 『ヤマト王権と交流の諸相』, 名著出版, 1994.

토기는 일본열도에서 지금까지 최고 형식으로 설명되었던 스에무라(陶邑) TK73형식보다 확실히 1단계 선행하는 초기 스에키(須恵器)로 평가된다.[5] 즉 일본열도에서 최초로 회청색 경질토기를 생산하는 가마가 오사카 남부에서 조업을 개시한 것이다. 이 유적에서는 여러 기종의 토기가 출토되었으나 그 가운데 특히 고배(高杯)의 개(蓋)는 가야지역 출토품과 구별이 되지 않을 정도로 흡사한 제작기법으로 만들어졌다(그림 4).

〈그림 4〉 오사카부 오바데라유적 출토 초기 스에키

고배는 대각 투창의 형태에 따라 삼각형, 장방형, 능형으로 분류할 수 있다. 장방형의 다투창 고배와 소형투창을 가진 통형 고배는 함안지역에 주로 분포하고 있으며 그 계통은 아라가야 양식에서 찾아진다. 또한 삼각형투창의 고배는 5세기대에는 소가야권에 분포하고 있으나 4세기대에는 함안지역에서도 분포하는 것에서 아라가야양식으로 본다.

통형기대는 부산시 화명동7호묘 출토품과 유사하다. 발형 기대는 배

5) 朴天秀, 「韓半島からみた初期須恵器の系譜と編年」, 『古墳時代における朝鮮系文物の傳播』, 第34回 埋葬文化財硏究集會, 埋葬文化財硏究會, 1993.

신의 문양이 대부분 파악되어, 이 유적의 초기 스에키(須惠器) 공인의 계통을 파악하는데 중요한 자료이다. TG232폐기장에서 출토된 발형기대의 문양구성을 분석해 보면, 무문(無文, 1), 격자문(格子文, 2), 격자문(格子文)+거치문(鋸齒文, 3), 결승문(結繩文, 2), 파상문(波狀文)+거치문(鋸齒文, 11), 파상문(波狀文, 10)의 조합으로 구성되어 있다. 격자문, 거치문, 결승문을 복합한 문양구성이 주류를 이루는 가운데 새롭게 파상문이 시문된 기대가 출현하는 양상을 관찰할 수 있다. 이러한 문양 조합은 복천동21 · 22호묘 출토품과 거의 일치하는 것으로 판단된다. 또 그 가운데에는 복천동10 · 11호분 출토의 '산(山)'자형 변형파상문을 가진 것이 확인된다.

오바데라유적은 폐기장의 규모가 크고 수백 개체의 대옹이 발견되는 점으로 볼 때 일정기간 동안 조업한 것으로 파악되는데 이 기대는 4세기 말부터 5세기 초에 걸친 시기에 제작된 것으로 파악된다.[6)] 오바데라유적 출토 초기 스에키는 수장묘에 사용되는 제기인 기대류는 김해 · 부산지역에서, 고배 등은 함안 등의 경남 서부 지역에 출자를 가진 공인에 의해 제작되었을 가능성이 크다.

2) 아라가야양식(阿羅加耶樣式)

오사카부大(阪府) 규호지(久寶寺)유적에서 약 500m 떨어진 가미(加美)1호묘 출토 승석문호(繩席文壺)는 와질토기에서 회청색경질토기로 전환하는 시기에 제작된 토기이다. 이 토기는 동부에 함몰흔이 있고 구연부가 타원형인 점에서 횡치 소성에 의해 제작된 것으로 파악된다. 가미1호묘 출토 토기는 이러한 기법은 이 시기 함안지역에서만 확인되는 점에서

---

6) 朴天秀, 「考古学から見た古代の韓 · 日交渉」, 『青丘学術論集』 第12集, 財團法人韓国文化研究振興財團, 1998.

아라가야 양식 토기로 본다.

나가사키현(長崎縣) 쓰시마(對馬島)의 해안에 입지하는 석관묘인 다이쇼군야마(大將軍山)고분에서 출토된 승석문양이부호(繩蓆文兩耳附壺)는 직립하는 구연부를 가지고 저면에 타원형의 선각이 있다. 이 토기는 발견 당시 백제 토기로 파악되어[7] 왔으나 함안지역산 토기로 판단된다. 그 근거는 이 형식의 호가 도항리고분군을 비롯한 함안지역에서 집중적으로 출토되고 있고 이제까지 주목하지 못했던 저면의 선각은 이 지역에서 주로 보이는 예새기호이기 때문이다. 따라서 이 토기는 3세기 중엽의 함안지역산으로 판단된다(그림 5).

〈그림 5-1〉 나가사키현 다이쇼군야마고분 출토 토기

〈그림 5-2〉 후쿠오카현 히가시시모타유적 출토 토기

후쿠오카현(福岡縣) 히가시시모타(東下田)유적에서도 함안지역산으로 보이는 4세기대의 승석문타날호(繩蓆文打捺壺)가 출토되었다. 이 토기는 저면에 반월형 선각이 있어 주목된다. 왜냐하면 이러한 선각은 함안지역에서 확인되는 반월형의 예새기호로 판단되기 때문이다. 동일한 형식

7) 小田富士雄, 「西日本発見の百済系土器」, 『古文化談叢』 第5集, 九州古文化研究会, 1978.

인 나가사키현의 아사히야마(朝日山)고분, 미네(三根)유적, 세토바루(瀨戶原)유적, 고후노사에コフノサエ유적, 하루노츠지(原の辻)유적, 후쿠오카현 니시신마치(西新町)유적, 시마네현(島根縣) 가미나가하마(上長浜)패총, 돗토리현(鳥取縣) 아오키이나바(靑木稻場)유적 출토 승석문양이부타날호(繩席文兩耳附打捺壺)도 4세기대의 아라가야양식 토기이다.

5세기에도 일본열도에는 아라가야 양식 토기가 이입된다. 나라현(奈良縣) 시죠오타나카(四條大田中)유적에서는 제사에 사용된 것으로 추정되는 금(琴), 양산형 목제품 등과 함께 소형 투공이 천공된 함안지역산 소형기대가 시루, 심발형 토기와 같은 한식계토기와 함께 출토되었다. 나라현 신토(新堂)유적에서는 유로에서 화염형투창고배 2점, 원통형배 1점이 송풍관, 노재(爐滓), 철재(鐵滓), 시루 등의 한식계토기와 함께 출토되었다. 에히메현(愛媛縣) 사루카타니(猿ケ谷)2호분 분구 출토품은 발형기대, 통형고배, 삼각투창고배, 광구소호, 소형기대, 통형기대의 조합을 이루고 있으며 기대와 고배의 형식으로 볼 때 5세기 초에 제작된 것으로 추정된다. 사루카타니2호분 발형기대는 사격자문이 시문된 것으로 전형적인 아라가야양식의 기대로 보인다. 고배는 원형투공이 뚫린 통형고배와 삼각투창고배가 있는데, 전자는 아라가야양식의 표지적인 기종이며 후자의 삼각형투창의 고배도 유사한 것이 함안지역에서도 출토되고 있어 양자 모두 아라가야양식으로 파악된다. 그리고 이 고분에서 출토된 나가사키현 에비스야마(惠比須山)고분 출토품과 유사한 소형기대와 광구소호는 영남지역의 비교적 넓은 범위에서 분포하고 있으나, 함안지역에서도 확인되고 있고 공반된 기종이 이 지역산인 점에서 아라가야양식으로 본다. 또 4세기 말을 전후하여 이입된 에히메현(愛媛縣) 후나카타니(船ケ谷)유적 출토 2점의 소형 통형기대는 기형과 화염형 투창의 형태로 볼 때 함안지역산으로 파악되어 이 시기 아라가야양식 토기가 이 지역에 집중적으로 반입된 것을 알 수 있다.[8)]

나라현(奈良縣) 미나미야마(南山)4호분의 기마인물형토기는 동일한 형식의 이양선수집 경주박물관 소장품이 김해지역 출토품으로 추정되어 이 지역에서 이입된 것으로 생각되어 왔다. 그런데 이 토기는 각부형태와 능형의 소형 투공과 공반된 소형 통형 기대와 동일한 형식이 합천군 저포리A지구 47호묘 등에서 아라가야양식의 고배, 발형기대와 함께 출토되고 있어 아라가야양식일 가능성이 크다(그림 6).

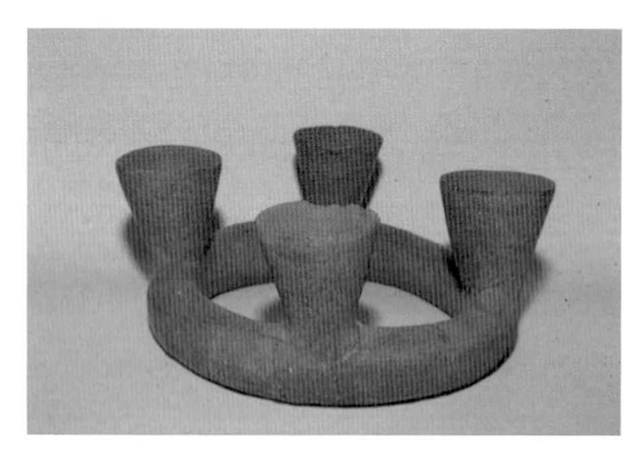

〈그림 6〉 나라현 미나미야마4호분 출토 토기

8) 朴天秀, 「大加耶と倭」, 『国立歴史民俗博物館研究報告』 第110集, 国立歴史民俗博物館, 2004.

나라현(奈良縣) 무로미야야마(室宮山)고분은 5세기 초에 조영된 전장 238m의 대형 전방후원분으로, 후원부에서 태풍으로 인한 분구의 손상으로 인해 토기가 출토되었다. 선형(船形)토기는 준 구조선을 본뜬 것으로, 선재에 보이는 선체의 형태와 사선문이 함안 말이산45호분과 창원 현동고분군 출토품과 유사한 점에서 아라가야산으로 본다. 공반된 유개파수대부호도 기형과 문양으로 볼 때 같은 지역산이다. 나라현(奈良縣) 후루(布留)유적의 화염형투창고배는 일찍부터 아라가야양식으로 파악되어 왔다.

영남지역 전역에서 분포하는 유개파수대부호는 그 계통의 구별이 어려우나 투공의 형태와 소성상태로 볼 때 나가사키현(長崎縣)의 구와바루クワバル고분, 고후노사에コフノサエ유적, 후쿠오카현 미쿠모(三雲)유적, 히로시마현(廣島縣) 이케노우치(池の内)2호분, 스나시리(砂走)유적 출토품은 아라가야양식으로 파악된다. 이는 미쿠모(三雲)유적에서는 아라가야양식의 세승석문타날호가 공반되었다.

오이타현(大分縣) 시모고우리(下郡)유적 출토 발형기대는 삼각형 투창과 각부의 크기가 배신보다 비교적 작은 점에서 아라가야양식으로, 타래문의 폭이 비교적 넓은 점에서 산청지역과 같은 남강중유역에서 제작된 것으로 추정된다.

아라가야양식의 통형 각부에 능형 혹은 원형의 투공을 가진 통형 고배는 가가와현(香川縣) 미야야마(宮山)요, 미타니사부로이케(三谷三郎池)요, 오사카부 오바데라(大庭寺)요 등의 초기 스에키요에서 발견되었다. 종래 필자는 가가와현 미야야마(宮山)요 공인의 계통을 함안계로 추정한[9] 바

9) 朴天秀, 「韓半島からみた初期須恵器の系譜と編年」, 『古墳時代における朝鮮系文物の傳播』, 第34回 埋葬文化財研究集會, 埋葬文化財研究會, 1993.

있는데, 이후 같은 시코쿠(四國)지방의 에히메현 사루카타니(猿ケ谷)2호분과 후나카타니(船ケ谷)유적에서 집중적으로 아라가야양식 토기가 출토되어 그 가능성이 한층 높아졌다. 또, 와카야마현(和歌山縣)의 구스미(楠見)유적 등 통형 각부에 능형의 소투공을 가진 통형고배도 아라가야양식으로 파악된다.

3) 소가야양식(小加耶樣式)

나가사키현(長崎縣) 쓰시마(對馬島)에서는 다음과 같이 소가야양식 토기가 집중 출토된다. 쓰시마시(對馬市) 에비스야마(惠比須山)2호묘 출토 삼각투창고배, 고후노사에コフノサエ7, 10호묘 출토 삼각투창고배, 구와바루クワバル고분 출토 삼각투창고배, 미시마(箕島)2, 31호묘 출토 삼각투창고배와 일단장방형투창고배, 가야노키ガヤノキG지점출토 일단장방형투창고배, 도고야마トウトゴ山유적 채집 삼각투창고배가 있다.[10] 오이타현(大分縣) 후나오카야마(船岡山)유적 출토 삼각형투창고배도 소가야양식이다.

5세기 전엽 후쿠오카현(福岡縣) 고데라古寺고분군, 이케노우에(池の上)고분군에서는 삼각투창고배와 함께 수평구연호, 발형기대, 유공광구소호가 출토되었다. 고배의 삼각투창, 호의 수평구연에 가까운 구연부 처리와 동하부의 타날, 유공광구소호의 경부 돌대와 발형기대의 파상문 형태 등으로 보아 소가야양식 토기와 유사하다. 이러한 토기는 형식과 기종의 구성에서 소가야 양식으로 판단되나 세부형태가 다른 점에서 후쿠오카현 아사쿠라(朝倉)요산으로 파악된다(그림 7). 그런데 오바데라(大庭

10) 鈴木廣樹, 「對馬출토 須惠器 및 도질토기로 본 한 · 일교류」, 『中央考古硏究』 29, 중앙문화재연구원, 2019.

寺)유적과 달리 소가야양식과 세부적인 차이가 보이는 이유는 현재 확인된 자료가 1세대 공인에 의해 생산된 것이 아니라 오사카부 스에무라(陶邑)TK73형식과 같이 2세대 공인에 의해 제작된 것이기 때문으로 추정된다. 장차 아사쿠라(朝倉)지역을 포함한 규슈지역에서 오바데라유적과 같은 조업 개시기 가마의 발견이 기대된다.

〈그림 7-1-1〉
일본열도의 소가야양식 토기
후쿠오카현 이케노우에 6호분 출토품
(박천수)

〈그림 7-1-2〉

〈그림 7-2〉 일본열도의 소가야양식 토기(후쿠오카현 고데라고분군토기)
(아마기시교육위원회1979)

사가현(佐賀縣) 스즈쿠마(鈴熊)유적의 ST001·002고분 출토 소가야양식의 유공광구소호도 태토분석 결과 아사쿠라산(朝倉産)으로 파악되었다. 이러한 초기 스에키(須惠器)는 당시 규슈지역과 밀접한 관계가 있는 소가야 지역의 공인이 제작한 것으로 판단된다.

그리고 소가야양식 토기는 에히메현(愛媛縣) 이치바미나미쿠미(市場南組)요에서 다수 제작되어 주목된다. 미나미이치바쿠미요에서 제작된 소가야양식 토기는 에이메현과 규슈 남단의 가고시마현(鹿兒島縣) 진료(神領)10호분, 미야자키현(宮崎縣) 치쿠이케(築池)횡혈묘 등에서 다수 출토된다.

시가현(滋賀縣) 이리에나이코(入江內湖)유적과 후쿠오카현(福岡縣) 요시타케(吉武)유적 출토 일단장방형투창고배는 대각 하위에 1조의 돌대를 돌린 형식으로, 고성지역 등 소가야권에서 반입된 것이다. 구마모토현(熊本縣) 모노미야구라(物見櫓)고분 출토 유공광구소호는 경부에 돌대를 돌린 것으로 최근 고성군 내산리고분군과 송학동고분에서 집중적으로 출토되고 있어 소가야양식으로 판단된다. 그런데 이리에나이코(入江內湖)유적과 요시타케(吉武)유적, 모노미야구라(物見櫓)고분에서는 소가야양식 토기가 대가야양식 토기와 공반되거나 인접하여 출토되어 흥미롭다.

4) 비화가야양식(非火加耶樣式) (그림 8)

나가사키현(長崎縣) 미시마(箕島)1호분 출토 배신에 유충문(幼蟲文)이 시문된 무개식고배, 무문 무개식고배와 31호분 출토 각부 하단에 돌대가 돌려진 1단투창고배는 그 형태, 문양과 시문위치, 흑색의 색조로 볼 때 비화가야양식으로 판단된다. 나가사키현 고후노사에コフノサエ4호분과 7호분 출토 고배는 그 형태로 볼 때 비화가야양식이다.

나가사키현 에비스야마(惠比須山)고분군 출토 상하교호투창고배는 삼단각으로 기형과 색조로 볼 때 창녕양식이다. 교토부(京都府) 나구오카키타(奈具岡北)1호분 출토 발형기대는 김해시 가달5호분 출토 창녕지역양식 토기와 흡사한 점에서 비화가야양식으로 판단된다. 그 외 상하일렬투창고배와 유충문이 시문된 개도 같은 지역양식이다.

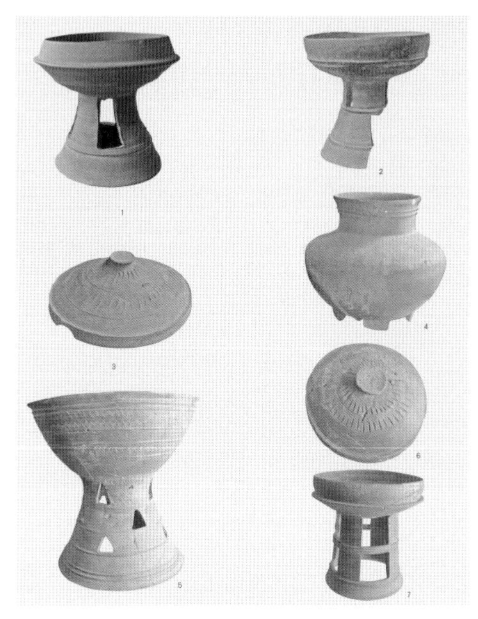

〈그림 8〉 5세기 일본열도의 비화가야양식 토기
1. 아이치현 히다출토품
2. 니이가타현 미야노시리유적
3, 4. 나라현 오미야신사제사유적
5~7. 교토부 나구오카키타고분

미에현(三重縣) 다이니치야마(大日山)1호분 출토 고배는 성주지역산으로 보고 있으나,[11] 기형과 각부의 파상문으로 볼 때 확실한 5세기 후엽의 비화가야양식으로 판단된다. 돗토리현(鳥取縣) 나가세타카하마(長瀨高浜)유적 출토 한반도산 토기 가운데 유충문 개는 기형, 흑색의 색조와 유충문의 형태로 볼 때 5세기 중엽의 비화가야양식으로 파악된다.

시마네현(島根縣) 미타카타니(弥陀ケ谷)유적 출토 대부장경호 또한 각부의 형태로 볼 때 비화가야양식일 가능성이 높다. 시마네현 이주모코쿠후(出雲国府)유적 출토 고배도 기형과 색조로 볼 때 같은 지역양식으로

11) 定森秀夫, 「日本出土の陶質土器―新羅系陶質土器を中心に―」, 『MUSEUM』 No.503, 東京國立博物館, 1993, 19쪽; 白井克也, 「日本出土の朝鮮産土器・陶器 - 新石器時代から統一新羅時代まで -」, 『日本出土の舶載陶磁―朝鮮・渤海・ベトナム・タイ・イスラム―』, 東京国立博物館, 2000, 103쪽.

본다. 오카야마현(岡山縣) 사이토미(齋富)유적 출토 고배 개는 시문된 유충문과 흑색 색조로 볼 때 5세기 중엽의 비화가야양식이며, 기후현(岐阜縣) 히다(飛彈)지역 출토 1단투창고배, 니이카타현(新潟縣) 미야노이리(宮ノ入)유적 출토의 상하교호투창고배도 비화가야양식 토기이다.

오사카부(大阪府) 노나카(野中)고분 출토품 가운데 유개파수대부호 3점과 개 2점은 창녕군 동리7호목곽묘 출토품과 유사하다. 이 형식의 소형 유대파수부완은 김해시 가달5호분에도 출토되어 금관가야양식으로 보이지만, 이 고분 출토 고배, 단경호, 장경호, 발형기대 등 전기종이 비화가야양식인 점에서 역시 같은 양식으로 판단된다. 나라현(奈良縣) 오미야(大宮)신사의 제사유적의 개와 장경호도 5세기 중엽의 비화가야양식 토기이다.

5) 대가야양식(大加耶樣式)

에히메현(愛媛縣) 기노모토(樹之本)고분 출토 유개식장경호는 에히메현 가라코다이(唐子臺)80지점에서 출토 고배와 함께 5세기 중엽에 이입된 것이다. 오사카부(大阪府) 니시코야마(西小山)고분에서도 같은 시기의 유개장경호가 출토되었다. 효고현(兵庫縣) 군게(郡家)유적의 개배는 온돌상의 부뚜막 유구와 함께 확인되어 5세기 후엽 대가야지역의 이주민이 반입한 것으로 추정된다. 도야마시(富山市) 후쿠이(福居)고분과 후쿠오카현(福岡縣) 요시타케(吉武)유적 출토 장경호도 같은 시기의 것이다.

6세기대의 대가야양식 토기는 후쿠오카현 요시타케유적 · 이케우라(池浦)고분, 오니노마쿠라(鬼の枕)고분, 사가현(佐賀縣) 도츠케(藤附)C유적 ST008고분, 구마모토현(熊本縣) 모노미야구라(物見櫓)고분, 에히메현 하리마츠카(播磨塚)고분, 도죠(東條)고분, 시로카타니(城ケ谷)고분, 이세야마오츠카(伊勢山大塚)고분, 오사카부 우에마치(上町)유적, 시가현(滋賀縣) 이리에나이코(入江内湖)유적, 기후현(岐阜縣) 곤켄야마(權現山)유적, 가미마치히사나카(上町久中)유적, 시마네현(島根縣) 모리카소네(森ケ曾根)고분, 야마카타현(山形縣) 히가시카나이(東金井)유적 등에서 출토되었다. 후쿠오카현 요시타케유적과 구마모토현 모노미야구라고분에서는 각각 대가야산의 금동제 용문환두대도와 금제 수식부이식이 출토되었다(그림 9).

〈그림 9-1〉 에히메현 기노모토고분 출토

〈그림 9-3〉 시가현 이리에나이코유적 출토

〈그림 9-2〉 후쿠오카켄 요시타케고분군 출토

〈그림 9-4〉 시가현 이리에나이코유적 출토

2. 철기

1) 철정(鐵鋌)

일본열도 고분시대 전기의 판상철부(板状鐵斧)는 정형화된 철정이 성립되기 이전에 농공구로서의 용도뿐만 아니라 철소재로서의 역할을 겸했던 것으로 추정되고 있다. 판상철부(板状鐵斧)는 일본열도 전역에 걸쳐서 분포하며, 교토부(京都府) 츠바이오즈카(椿井大塚山)고분, 후쿠오카현(福岡縣) 니시신마치(西新町)유적, 후쿠오카현(福岡縣) 하나소게(花聲)고분, 오카야마현(岡山縣) 비젠구루마즈카(備前車塚)고분, 오사카부(大阪府) 마나이(眞名井)고분, 니와토리즈카(庭鳥塚)고분, 교토부(京都府) 쵸호지미나미바라(長法寺南原)고분, 나라현(奈良縣) 이케노우치(池ノ內)6호분, 아이치(愛知縣) 히가시노미야(東之宮)고분, 가나가와현(神奈川縣) 신토오즈카(眞土大塚山)고분, 군마현(群馬縣) 마에바시텐진야마(前橋天神山)고분, 후쿠시마현(福島縣) 아이즈오즈카야마(會津大塚山)고분 등에서 출토되었다. 이러한 판상철부의 기원은 창원시 다호리1호묘 출토품에서 찾을 수 있다. 일본열도 고분시대 전기의 판상철부는 3세기 중엽에 조영된 김해시 대성동29호묘에서 유사한 형식의 것이 다수 출토되었고, 나라현 이케노우치6호묘와 후쿠시마현 아이즈오츠카야마고분에서 금관가야산 유견대상철부(有肩袋狀鐵斧)가 함께 출토된 점에서 김해지역에서 이입된 것으로 판단된다. 그 후 판상철부는 비실용화되면서 판상철부형 철정으로 변하였다가 다시 철정으로 변화한다.

4세기 후엽 금관가야 철정은 측면이 대칭이고 단부가 직선적이나, 아라가야 철정은 측면이 대칭이고 단부가 내만한 것이 특징이다. 한편 신라 철정은 측면이 비대칭이고 단부가 타원형인 것이 특징이다. 4세기 후엽 금관가야형 철정은 김해시 대성동1,2,3호묘, 부산시 복천동54호묘, 김해시 칠산동20호묘 출토품으로 볼 때 측면이 대칭이고 단부가 직선적인 것이 특징이다. 4세기 후엽 효고현(兵庫縣) 교자즈카(行者塚)고분, 교토부(京都府) 야하타오즈카(八幡大塚)고분, 와카야마현(和歌山縣) 마루야마(丸山)고분 출토 철정은 전자의 금관가야산과 형태가 유사한 점에서 이 시기 다른 철제품과 같이 김해지역에서 이입된 것으로 파악된다(그림 10). 이는 교토부(京都府) 야하타오즈카(八幡大塚)고분에서 금관가야계의 능형(菱形)철촉이[12] 금관가야산 철정, 복발부주(覆鉢付冑)와 함께 출토된 점에서도 그러하다.

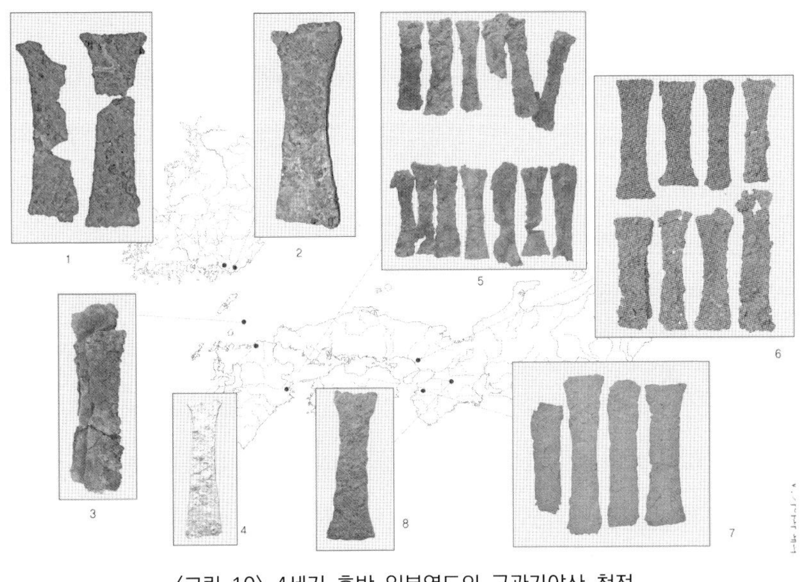

〈그림 10〉 4세기 후반 일본열도의 금관가야산 철정

1. 김해시 대성동 2호묘
2. 부산시 복천동 54호묘
3. 후쿠오카현 오키노시마유적
4. 후쿠오카현 와리바타케고분
5. 오이타현 시모야마고분
6. 효고현 교자즈카고분
7. 와카야마현 마루야마고분
8. 나라현 미나미야마4호분

12) 우병철,「영남지방 출토 4~6세기 철촉의 형식분류」,『영남문화재연구』第17集, 영남문화재연구원, 2004.

5세기 전엽 나라현(奈良縣) 미나미야마(南山)4호분에서는 20점의 철정이 아라가야양식 토기와 출토되었다. 이 고분 출토 철정은 측면이 대칭이고 단부가 내만한 아라가야산과 측면이 대칭이고 단부가 직선적인 금관가야산으로 구분된다. 이 시기의 후쿠오카현(福岡縣) 후쿠마와리바타케(福間割畑)고분 출토 철정은 대칭형에 가깝고 단부가 내만한 것에서 함안 아라가야산으로 생각된다.

5세기 중엽 오사카부(大阪府) 노나카(野中)고분 출토 철정은 측면이 비대칭이고 단부가 타원형인 것이 특징인 신라형 철정이다. 그런데 이 고분에 부장된 유대파수부완(有臺把手附盌) 3점과 개 2점은 비화가야양식인 점에서 비화가야를 경유하여 이입되었을 가능성이 크다. 이 시기 나라현(奈良縣) 다카야마(高山)1호분 출토 철정도 측면이 비대칭이고 단부가 타원형인 것이 특징이다. 이 철정 역시 가야지역을 통해 이입되었을 가능성이 있다.

2) 철제(鐵製) 농공구(農工具)

철병부수부(鐵柄附手斧)는 기후현(岐阜縣) 히루이오즈카(晝飯大塚)고분, 아쇼비즈카(遊塚)고분, 나라현(奈良縣) 우에도노(上殿)고분, 시가현(滋賀縣)의 기타다니(北谷)11호분, 산노야마(山王山)고분, 야마나시현(山梨縣) 오마루야마(大丸山)고분, 오사카부(大阪府) 오츠카야마(大塚山)고분에서 출토되었다. 한반도에서는 아직까지 4세기대고분에서는 확인되지 않고 창녕군 교동3호분, 63호분, 삼척시 갈야산 적석총, 대구시 달성고분군, 경주시 황오동5호분 등 5세기 전반의 신라 지역의 고분에서 주로 확인된다. 그래서 철병부수부(鐵柄附手斧)의 계통은 공반유물로 판단할 수밖에 없다. 기후현(岐阜縣) 아쇼비즈카(遊塚)고분에서는 금관가야산 토기가 공반되고, 나라현(奈良縣) 우에도노(上殿)고분에서는 근래 김해지역에서 집중 출토되는 통형동기(筒形銅器)가 함께 공반된 점에서 금관가야 지역과 관련된 것으로 보인다.

일본열도 출토 유견대상철부는 영남지역에서 널리 분포하고 있으나, 대성동29호묘, 13호묘, 18호묘 출토품 등과 유사한 형식이고 오사카부(大阪府) 시킨잔(紫金山)고분, 나라현(奈良縣) 다니구치(タニグチ)1호분, 이케노우치(池ノ內)5호분, 오카야마현(岡山縣) 가나구라야마(金藏山)고분, 히로시마현(廣島縣) 가메야마(龜山)고분에서 통형동기(筒形銅器)가 공반되는 점에서 금관가야지역에서 반입된 것으로 파악된다. 또한 나라현 신야마(新山)고분, 오사카부 노나카(野中)고분, 기후현(岐阜縣) 아쇼비즈카(遊塚)고분, 미에현(三重縣) 이시야마(石山)고분, 군마현(群馬縣) 오후지야마(お富士山)고분, 도쿄토(東京都) 노게오즈카(野毛大塚)고분, 이바라기현(茨城縣) 가가미즈카(鏡塚)고분 등에서는 석제모조품(石製模造品)으로 제작되어 판상철부형 모조품과 함께 제사용 의기(儀器)로서 부장된다.

U자형 삽날은 4세기대의 후쿠오카현(福岡縣) 이나바(生葉)유적 등에서 출토되었는데, 대성동2호묘에서 부장되고 있어 일본열도의 4세기대 출토품은 다른 철제품과 함께 김해지역 출토품과 관련되는 것으로 추정된다. 따비는 교토부(京都府) 이마바야시(今林)5호묘, 시마네현(島根縣) 니시타니(西谷)16호묘 등에서 출토되었는데, 그 시기로 볼 때 이마바야시(今林)5호묘 출토품은 김해시 양동리212호묘 출토품과 유사하다.

3. 무기

1) 금동제(金銅製) 용봉문환두대도(龍鳳文環頭大刀) (그림 11)

대가야산 환두대도의 특징은 환두내 용봉문 장식을 일체식으로 제작한 백제와는 달리 별주하여 부착한 점에 이외에도 환두를 백제산 대도와는 달리 도금(鍍金)하지 않고 금피(金被)로 장식한 점 등을 들 수 있다.

그래서 후쿠오카현(福岡縣) 요시타케(吉武)S-9호분, 효고현(兵庫縣) 히사코즈카(瓢塚) 주변 출토품, 구마모토현 에타후나야마고분, 시가현(滋賀縣) 가모이나리야마(鴨稻荷山)고분, 사이타마현(埼玉縣) 쇼군야마(將軍山)고분 출토품은 이러한 특징으로 볼 때 대가야산 환두대도로 본다. 그 외 국내외 소장 출토지 불명의 용봉문환두대도 가운데 삼성미술관 소장품 등 30점 이상이 대가야산으로 추정된다.

〈그림 11-1〉
후쿠오카켄 요시타케S9호분 출토
용문대도

〈그림 11-2〉 효고현 히사코즈카 주변 출토품

〈그림 11-3〉
사이타마현 쇼군야마고분 출토 환두대도

특히 그간 제작지를 알 수 없었던 전 오사카부 모즈(百舌鳥)고분군의 전 닌토쿠릉(仁德陵)고분 출토품으로 전하는 보스턴 미술관 소장품은 환두 내연에 각목문이 시문되어 있고 병두금구(柄頭金具)와 초구금구(鞘口金具)의 문양 구획을 능삼문(稜杉文)으로 장식한 점에서 대가야산으로 본다. 또한 다이센고분 출토품은 병두금구와 초구금구의 용문이 퇴화하여 그 제작시기가 6세기 중엽으로 파악되어 다이센고분 출토품으로 볼 수 없다. 더욱이 이 시기에는 이 고분군에 용봉문환두대도를 부장할 수 있는 유력 수장묘가 보이지 않는 점에서 모즈고분군 출토품으로 보기 어렵다. 그래서 필자는 이 환두대도는 당시 고령지역에서 도굴된 환두대도가 일본으로 널리 유출된 점에서 고령 출토품일 가능성이 크다고 본다.

미야자키현(宮崎縣) 야마노가미(山の神)고분 출토 삼엽환두대도도 병부의 어린문(魚鱗文)이 전형적인 신라산과 다른 반원형인 점으로 볼 때 대가야산으로 본다. 6세기 전반 일본열도의 후쿠이현(福井縣) 마루야마(丸山)고분, 나라현(奈良縣) 다마키야마(珠城山)1호분 출토 삼엽문 환두대도는 그 계통이 분명하게 알 수 없으나 삼엽문 장식과 어린문(魚鱗文)의 형태가 전형적인 삼엽문대도와 다른 점에서 신라의 환두대도로 보기 어렵다. 그런데 양 고분 출토품은 대가야산 오구라 반출 용문환두대도와 원두대도, 사이타마현 쇼군야마고분 환두대도에 보이는 연주문이 시문된 점으로 볼 때 대가야산일 가능성이 크다.

2) 철모(鐵鉾)

히로시마현(広島縣) 가메야마(亀山)고분 출토 연미형(燕尾形) 철모(鐵鉾)는 후쿠오카현(福岡縣) 료지(老司)고분 3호 석실에서도 금관가야산 능형철촉과 함께 철모가 공반되는 것에서 금관가야산으로 추정된다.

5세기 후반 돌연 공부(銎部)의 단면이 다각형인 철모가 이입된다. 이는 기능과는 관계가 없는 장식적인 의장용 무기이다. 공부 단면 다각형철모는 구마모토현(熊本縣) 에타후나야마(江田船山)고분, 와카야마현(和歌山縣) 오타니(大谷)고분 · 사이타마현(埼玉縣) 이나리야마(稻荷山)고분 · 교토부(京都府) 우지후타코야마(宇治二子山)고분 남분 등에서 출토되었다. 다각형철모는 백제지역에도 분포하나, 고령군 지산동44호분 출토품을 비롯한 대가야권에도 널리 사용되고 이 형식 철모와 함께 이입된 한반도문물의 대부분이 대가야계인 점을 감안한다면 대가야에 그 계통을 찾을 수 있다.

은장(銀裝) 철모는 공부(銎部)를 은장(銀裝)한 것으로 미에현(三重縣) 오죠카(おじょか)고분, 교토부(京都府) 모즈메쿠루마즈카(物集女車塚)고분, 오사카부(大阪府) 가이보즈카(海北塚)고분, 사이타현(埼玉県) 쇼군야마(将軍山)고분 출토되었다. 이형식의 철모는 고령군 지산동44호분, 합천군 옥전고분군 출토품에 유례가 있어 대가야계 철모로 본다.

3) 철촉(鐵鏃)

후쿠오카현(福岡縣) 츠코쇼카케(津古掛)고분, 교토부(京都府) 츠바이오즈카(椿井大塚山)고분, 후쿠시마현(福島縣) 아이즈오즈카야마(会津大塚山)고분 출토 정각식(定角式)철촉은 김해시 대성동29호묘 출토품과 같은 금관가야계 철촉으로 파악된다. 이는 이 형식이 김해지역을 중심으로 분포하고, 이러한 고분에는 착두(鑿頭)형철촉과 판상철부와 같은 금관가야산 문물이 공반되는 점에서도 그러하다.

김해시 대성동고분군을 중심으로 분포권을 형성하고 있는 금관가야계의 능형(菱形)철촉은 교토부(京都府) 야하타오즈카(八幡大塚)고분에서는 금관가야산 철정(鐵鋌), 복발부주(覆鉢付冑)와 함께 출토되었다. 교토부(京

都府)의 가와라타니(瓦谷)고분과 소노베카이치(園部垣内)고분에서 방형판혁결판갑과 함께 출토되었다. 교토부 모토이나리(元稲荷)고분과 후쿠오카현(福岡縣) 료지(老司)고분 3호석실, 오카야마현(岡山縣) 가나쿠라야마(金蔵山)고분, 효고현(兵庫縣) 덴뵤야마(天坊山)고분 등에서는 한반도산 철제품과 함께 출토되었다. 가나쿠라야마고분에서는 금관가야계의 통형동기와 함께 출토되어 이 형식 철촉의 계통을 추정할 수 있다. 야마쿠치현(山口縣) 덴진야마(天神山)1호분에서는 능형철촉이 도자(刀子)형과 착두(鑿頭)형철촉이 함께 출토되었다.

김해시 구지로18호묘와 부산시 노포동31호묘 등 출토 천공(穿孔)된 유엽(柳葉)형 철촉은 후쿠오카현 죠시즈카(銚子塚)고분 등에서 확인된다. 나가노현(長野縣) 네즈카(根塚)유적과 교토부(京都府) 히루즈카(ヒル塚)고분출토 와권문장식부철검(渦巻文装飾付鐵劍)은 2세기 후엽의 김해시 양동리212호묘 출토품 등과 유사하다.

사이타마현 이나리야마고분 출토 도자형장경촉(刀子形長頸鏃)은 공반된 문물이 대가야산인 점에서 대가야에서 그 계통을 구할 수 있다. 오사카부 나가모치야마고분 출토 도자형 장경촉도 대가야산 검릉형행엽, f자형판부비, 내만타원형판비와 공반된 것에서 그러하다. 시즈오카현(静岡縣) 다다오즈카(多田大塚)고분에서도 대가야산 f자형판부비와 함께 도자형장경촉이 공반된다. 또한 교토부 우지후타코야마 남분에서는 대가야산 철모, f자형판비, 검릉형행엽과 함께 도자형장경촉이 공반된다. 그래서 5세기 후반 일본열도에 출현하는 도자형철촉은 공반유물로 볼 때 대가야에 그 계통이 구해진다.

4. 무구(武具)

1) 화살통(矢筒)

5세기 전반에는 U자형 전면식금구를 가진 신라산 화살통이 일본열도에 이입되나, 5세기 후반에는 돌연 화형, 연속 산山형 장식을 가진 대륜상(帶輪狀)의 식금구를 가진 것이 출현한다. 대륜상의 식금구를 가진 화살통은 고령군 지산동47호분, 합천군 옥전M4호분, 함양군 백천리1호분에서 출토되어 대가야형으로 설정된다. 대가야형 화살통은 5세기 후반 후쿠오카현(福岡縣) 오키노시마(沖ノ島)7호유적, 와카야마현(和歌山縣) 오타니(大谷)고분, 오사카부(大阪府) 시치노츠보(七ノ坪)고분, 도야마현(富山縣) 아사히나가야마(朝日長山)고분, 군마현(群馬縣) 이데후타코야마(井手二子山)고분 등에서 다수 출토되었다.

또한 이 시기의 전면 식금구가 U자형인 화살통 가운데 오카야마현(岡山縣) 덴구야마(天狗山)출토품은 병대(鋲帶)가 조밀한 신라산과는 달리 조밀하지 않은 점이 고령군 지산동30호분 출토품과 유사하고 공반된 검릉형행엽으로 볼 때 대가야산으로 판단된다.

2) 갑주(甲冑) (그림 12)

4세기대 판갑은 대수장묘인 야마나시현(山梨縣) 오마루야마(大丸山)고분, 오사카부(大阪府) 시킨잔(紫金山)고분 등에서 출토된 종장판혁결판갑(縱長板革結板甲)이다. 신경철은 일본열도 출토 종장판혁결판갑에 대하여 김해시 대성동고분과 부산시 복천동고분군 출토 예를 지적하며 양자간의 차이점은 인정되지만 그 계통을 금관가야 지역에서 구하였다.[13] 이

13) 申敬澈,『伽耶古墳文化の研究』, 筑波, 筑波大学文学博士論文, 1993.

는 시킨잔(紫金山)고분에서 금관가야산 통형동기(筒形銅器)와 유견대상철부(有肩袋狀鐵斧)가 공반되었고, 오마루야마(大丸山)고분에서는 철병부수부(鐵柄附手斧)가 출토되어 그 가능성이 크다.

〈그림 12-1〉 야마나시현 다이마루야마고분 출토 판갑

〈그림 12-2〉 군마현 간논야마고분 출토 돌기주부

종장판혁철판갑뿐만 아니라 시가현(滋賀縣) 아츠지효단야마(安土瓢簞山)고분, 나라현(奈良縣)의 우에도노(上殿)고분, 니이자와센즈카(新澤千塚)500호분, 다니구치(タニグチ)1호분 등에서 출토된 방형판혁결판갑(方形板革結板甲)에 대해서도 복천동64호묘 출토 예를 지적하면서 그 계통을 김해, 부산지역에서 찾는 견해가 제시되었다.[14] 방형판혁결판갑은 아츠지효단야마(安土瓢簞山)고분, 니이자와센즈카(新況千塚)500호분, 다니구치(タニグチ)1호분에서 통형동기와 공반되고, 우에도노(上殿)고분에서 철병부수부가 함께 부장되는 점에서 그 계통이 금관가야와 관련된 것으로 추정된다.

14) 橋本達也, 「4~5世紀における韓日交涉の考古學的檢討-竪矧板 · 方形板革綴短甲の技術と系譜」, 『靑丘學術論集』 12, 財團法人韓國文化振興財團, 1998.

5세기 후반 대가야에서는 폭이 넓은 종장지판을 가진 복발부주(伏鉢付冑)가 새롭게 출현한다. 그리고 관모계주와 그 계열의 것으로 생각되는 돌기부주는 대가야권에서 복발부주를 개량한 것이다. 5세기 후반~6세기 전반의 오사카부 미나미즈카(南塚)고분, 지바현 긴네이즈카(金鈴塚) 등에 보이는 종장광지판(縱長廣地板)의 충각부주는 합천군 옥전70호분, 오구라 반출 전 경상남도 출토품과 같은 한반도산 주의 영향에 의해 제작된 것으로 보고 있다. 또 군마현(群馬縣) 간논야마(觀音山)고분과 후쿠시마현(福島縣) 후치노우에(渕の上)1호분의 돌기부주는 합천군 반계제가A호분 관모 주의 영향에 의한 것으로 보고 있다.[15] 이후 남원시 월산리M5호분에서 돌기부주가 출토된 점에서 증명되었다.

5. 마(馬)와 마장(馬裝)

1) 마(馬)

말은 군용, 교통, 농업, 운반에 사용된 귀중한 자원이었으나 일본열도에서는 독자적인 말의 사육과 번식 기술을 갖추지 못했다. 5세기 일본열도에 말의 사육, 번식 기술과 말을 제어하고 장식하는 마구가 한반도로부터 도입되었다. 그런데 기나이(畿內)에는 백제지역으로부터 말이 도입되나, 규슈지방과 동일본지방에는 대가야로부터 말이 도입되어 주목된다. 대가야권역에서는 고령군 지산동44호분, 지산동73호분과 합천군 반계제가A호분, 남원 두락리32호분의 봉토 상에서 마치(馬齒)가 출토되었다.

15) 内山敏行, 「古墳時代後期の朝鮮半島甲冑(1)」, 『研究紀要』 1, (財)栃木縣文化振興事業团, 1992; 内山敏行, 「古墳時代後期の朝鮮半島系冑(2)」, 『研究紀要』 9, (財)栃木縣文化振興事業团, 2001.

북부 규슈(九州)지방의 후쿠오카현(福岡縣) 혼고노바라키(本郷野開)유적에서는 말을 매장한 수혈이 확인되었는데 102호 수혈에서는 1개체의 f 자형경판비와 함께 십금구, 교구, 방형금구 등의 마구가 발견되었다. 이 유적에서 출토된 101호수혈의 내만타원형경판비와 102호수혈 출토 f 자형경판부비는 5세기 후반에 일본열도로 이입된 것으로, 대가야로부터 마사집단과 같이 이입된 것으로 생각된다.

남부 규슈(九州)지방의 미야자키현(宮崎縣) 시모키타카타(下北方)5호분에서는 대가야산 마구와 함께 사슬과 금제구슬을 조합한 귀걸이가 출토되었다. 미야자키현 아오키(檍)1호분의 주구에 접한 야마사키우에노하루(山崎上原)SC16수혈에서는 내만타원형경판비를 비롯한 마구를 착장한 말이 출토되었다. 미야자키현 시마노우치(島内)지하식횡혈1호분 주구상의 SK02출토 수혈에서는 f 자형판비와 검릉형행엽이 착장된 한 마리분의 말이 출토되었다. 미야자키현의 말은 대가야산 마구와 공반된 것에서 대가야로부터 마사집단과 같이 이입된 것으로 생각된다.

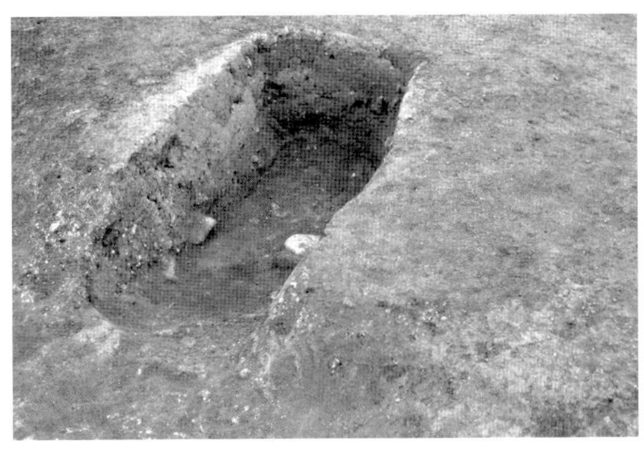

〈그림 13-1〉 미에현 오사토니시오키유적 수혈

긴키(近畿)지방의 미에현(三重縣) 오자토니시오키(大里西沖)유적SK105구덩이에서는 f 자형경판부비와 검릉형행엽, 환형운주가 출토되어 말이 순장된 것으로 추정된다. 이와 같이 대가야산 마구와 함께 출토된 말은 대가야에서 이입된 것으로 본다(그림 13).

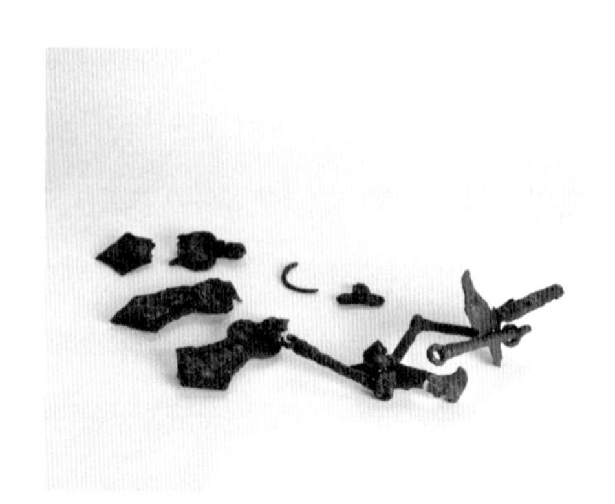

〈그림 13-2〉 미에현 오사토니시오키 SK105수혈 출토 마구

일본열도 중앙에 위치하는 산악지대인 나가노현(長野縣)의 이다(飯田)지역의 모노미즈카(物見塚)고분, 미야가이토(宮垣外)유적10, 64호수혈, 아라이하라(新井原)2, 12호분, 차카라야마(茶柄山)2, 9호분 등이다. 차카라야마9호분은 길이24m의 전방부가 짧은 가리비(帆立貝)형 전방후원분으로 주구 내에 6기의 수혈과 그 외 2기의 수혈에서 말 이빨이 출토되어 최소 8마리의 말이 순장된 것으로 추정된다. 미야가이토유적64호수혈에서는 f 자형판비와 검릉형행엽, 환형운주, 등자 등이 출토되었다. 아라이하라12호분은 길이36m의 가리비형 전방후원분으로 주구 주변에서 확인된 수혈에서 f 자형판비와 검릉형행엽이 착장된 한 마리분의 말이 출토되었다. 나가노현 마쓰모토(松本)지역의 빗타리(平田里)1호분은 직경 24m로 추정되며 주구를 포함하면 직경이 37~38m의 원분이다. 1호분 주구에서는 내만타원형경판비가 다른 마구와 함께 출토되었다. 이는 이다(飯田)지역과 같이 마구를 착장한 말을 순장한 것으로 추정된다.

이상과 같은 나가노현의 말은 대가야산 마구와 공반된 것에서 이 지역으로부터 마사집단과 같이 대규모로 이입된 것으로 생각된다. 특히

미야가이토유적과 인접하는 전방후원분인 미조구치노즈카(溝口の塚)고분에서는 이주민의 형질적 특성을 가진 인골과 함께 대가야의 특징적인 무기인 병부단면다각형 철모가 출토되어, 이 고분의 피장자는 마사집단을 통솔한 이주민 수장으로 추정되어 주목된다.

동일본의 군마현(群馬縣)은 마사유적이 다수 확인된다. 군마현(群馬縣) 겐자키나가토로니시(劍崎長瀞西)1, 2호분에 인접한 5세기 중엽의 13호 수혈에서는 철제 재갈이 말 이빨 및 뼈의 일부와 함께 출토되었다. 이 고분 출토품 가운데 금제 수식부이식은 사슬과 중공식인 공구체의 형태와 함께 수식 외연을 각목문으로 장식한 점으로 볼 때 대가야산이 분명하다. 연질토기도 고령군 연조리 궁성지 출토품과 유사한 시루의 형태와 격자타날로 볼 때 대가야계 토기로 본다. 이 고분군의 피장자는 말 순장 수혈과 출토된 유물로 볼 때 대가야에서 이입된 마사집단으로 볼 수 있다. 그래서 대가야로부터 이주한 마사집단이 후쿠오카, 미야자키, 나가노, 군마지방에 걸친 넓은 범위에서 활동하였음을 알 수 있다.

2) 마장(馬裝)

(1) 마구(馬具)

5세기 전반에는 신라산 마구가 이입되나, 5세기 후반에는 이입된 내만타원형경판부비, f자형경판부비와 검릉형행엽과 같은 새로운 마구가 이입된다. 이 시기 일본열도의 대표적인 마구는 오사카부 나가모치야마(長持山)고분 출토 철지금동장 내만타원형경판부비, f자형경판부비와 검릉형행엽, 안금구를 들 수 있다(그림 14). 이러한 마구의 조합은 대가야권의 합천군 옥전M3호분에서 확인되어 대가야산으로 추정되어 왔다. 그런데 지산동44호분에서 새로이 f자형경판부비가 확인되어 이와 같은 조합관계의 마구는 공반유물로 볼 때 고령지역에서 제작되어 대가야권역과 일본열도로 유통된 것으로 판단된다. 5세기 후반 대가야의 마구는 내만타원형경판비, f자형경판비와 검릉형행엽, 인면문 마령, 안장은 중앙의 주빈(洲浜)과 그 좌우의 기금구(磯金具)를 분리하여 만든 분리안으로 병대(鋲帶)가 조밀하지 않은 것이 특징이다.

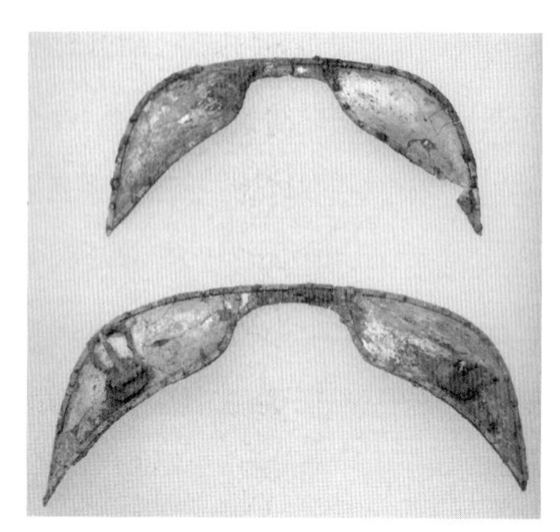

〈그림 14-1〉 오사카부 나가모치야마고분 출토 안금구(교토대학박물관1997)

그리고 구마모토현(熊本縣) 에타후나야마(江田船山)고분, 와카야마현(和歌山縣) 오타니(大谷)고분 출토 금동제 검릉형행엽과 f자형경판부비는 중국산으로 상정되어 온 장식성이 높은 마구이다. 그러나 이러한 마구는 문양 이외에는 그 계보가 중국과 연결되지 않으며 또한 그 곳에서 실물이 출토된 바도 없다. 그런데 오타니고분과 후쿠이현(福井縣) 주젠노모리(十善の森)고분 출토 검릉형행엽은

〈그림 14-2〉 오사카부 나가모치고분 출토 행엽(일본마사협회)

〈그림 14-3〉 오사카부 나가모치고분 출토 경판비(일본마사협회)

방울을 단 고령군 지산동44호분 영부검릉형행엽방울과 유사한 점에서 대가야에서 그 계통을 구할 수 있다. 더욱이 지산동44호분 출토 금동제 안교에 부착된 방울의 측면에 양이(兩耳)를 가진 동령은 주젠노모리고분 영부검릉형행엽, 구마모토현 에타후나야마고분 f자형경판부비 등에서도 확인되어 흥미롭다. 따라서 양 고분의 f자형경판부비와 검릉형행엽은 공반된 금제 수식부이식, 금동제마구, 철제무기와 같은 다른 대가야 문물과 함께 이입된 것으로 판단된다. 이는 오타니고분에서는 분리안, 인면문 마령, 마주와 같은 대가야산 마구가 공반된 것에서도 방증된다.

종래 검릉형행엽과 f자형경판부비의 대형화는 일본열도의 독자적인 변화로 파악되어 왔으나, 6세기 초로 편년되는 창원시 다호리B지구 1호 석실분돠 고성군 송학동1호분에서 대형화된 형식이 출토되어 그 변화가 가야지역과의 관계에 의한 것으로 파악된다. 왜냐하면 송학동1호분에서는 1A-6호 석곽에서 옥전M3호분에 후행하는 5세기 말 지산동44호분 단계의 대가야산 검릉형행엽과 f자형경판부비가 출토되고, 6세기 초 1A-1호 석곽에서는 자체적으로 형식 변화한 대형의 대가야산 검릉형행엽과 f자형경판부비가 출토되기 때문이다. 쌍엽검릉형행엽도 그간 일본열도산으로 파악되어왔으나 송학동1호분에서 출토되는 것에서 그 초기 형식은 대가야산으로 볼 수 있다. 또한 사이타마현 이나리야마고분 출토품을 비롯한 주조(鑄造) 영부행엽은 일본열도의 독자적인 마구로 파악되고 있으나, 그 제작기법이 삼환령과 동일한 점, 가야지역 출토품으로 전하는 국립중앙박물관, 삼성미술관 리움 소장품, 오구라(小倉)반출품에 같은 형식의 행엽이 존재하는 점과 이 시기의 마구의 계통을 생각하면 대가야 마구일 가능성도 상정된다. 또한 일본열도에서 다수 출토되고 있는 복환식경판부비도 대가야권역에 속하는 산청군 생초9호 석곽묘 등에서 출토되는 것에서 대가야산으로 본다.

(2) 마주(馬冑)

마주는 마갑과 함께 적의 공격으로부터 말의 머리를 보호하는 것이다. 마주는 천정부를 세장한 철판을 사용하여 좌우의 면복부(面覆部)를 결합한 유형과 천정부 전체를 한매의 철판으로 덮은 유형으로 분류된다. 전자는 김해시 대성동1호묘와 두곡8호묘, 함안군 마갑총에 부장되었으나 경주시 사라리65호묘와 옥전M1, 35호분에서 신라산 문물과 공반되고, 부산시 복천동10호분에서도 토기를 비롯한 신라문물이 함께 확인되고 있어 신라형으로 본다.

후자는 경주시 황남동109호분4곽에서 출토되고 있으나 5세기 후반에는 합천군 옥전M3호분, 옥전28호묘, 함안군 도항리8호분에서 확인되고 있어 대가야형으로 본다. 와카야마현(和歌山縣) 오타니大谷고분 출토 마주는 미간판(眉間板) 폭이 넓은 1매의 판으로 된 것으로 대가야지역에서 제작된 것이다. 오타니고분에서는 대가야의 마구와 이식, 사이타마현 쇼군야마(將軍山)고분에서는 사행상철기와 같은 신라산 마구와 동완이 공반되는 것에서 전자가 대가야형, 후자가 신라형임을 보여준다.

7세기 초의 후쿠오카현(福岡縣) 후나바루(船原)고분 출토 마주는 6장의 금속판을 이용하여 제작되었으며 마주의 코부분의 형태가 M자형을 한 것으로, 대가야에서 제작되었거나 영향을 받아서 제작되었을 가능성이 크다.

6. 이주민(移住民)

4세기 말 오사카부(大阪府) 오바데라(大庭寺)유적에서는 초기 스에키가마가 오사카 남부에 조업을 개시하는 것에서 왜왕권과 밀접한 관계하에 이주한 금관가야로부터의 이주 공인이 존재함을 알 수 있다. 한편 4세기 말 가가와현(香川縣) 미야야마(宮山)요, 미타니사부로이케(三谷三郎池)요와 교토부(京都府) 우지시가이(宇治市街)유적의 초기 스에키로 볼 때 시코쿠(四國)지방과 긴키(近畿)지방에서 아라가야로부터 공인이 이주한 것을 알 수 있다.

5세기 전엽 후쿠오카현(福岡県) 이케노우에(池の上)고분군과 고데라(古寺)고분군의 피장자는 이 시기 일본열도에서 찾아보기 어려운 매장주체부내에서 토기와 함께 방추차가 부장되어 주목된다. 토기가 부장되는 것은 망자에게 음식물을 공헌하는 한반도 남부의 묘제를 따른 것으로, 또한 한반도 출토품과 형태가 동일한 단면 6각형 방추차를 부장한 점도 이와 관련된다. 이 고분군의 피장자는 단야구 등이 부장되고 인근에 고구마(小隈)유적 등의 아사쿠라(朝倉)유적과 초기 스에키 가마가 위치하는 것에서 한반도 남부, 특히 소가야지역에서 이주한 토기와 철기 제작 공인집단으로 추정된다.

5세기 전엽 에히메현(愛媛県) 이치바미나미구미(市場南組)유적에서는 소가야양식 토기가 제작된 것이 확인된다. 이는 후쿠오카현 아사쿠라(朝倉)가마와 같이 소가야계 공인이 이주하여 조업한 것이다. 이는 인접한 돈다바라(土壇原)고분군에서 후쿠오카현 이케노우에(池の上)고분군과 고데라(古寺)고분군과 같이 5세기 일본열도에서 찾아보기 어려운 매장주체부내에서 토기가 부장되기 때문이다. 즉 이치바미나미구미(市場南組)유적에서 제작된 초기 스에키가 부장되어 토기가 부장되는 것은 망자에게 음식물을 공헌하는 한반도 남부의 묘제를 따른 것으로, 이 고분군의 피장자는 소가야계 토기제작 공인 집단일 가능성이 크다.

5세기 전엽 효고현(兵庫県) 미야야마(宮山)고분에서는 분구 정상 부근에 평행하게 조영된 제1호와 제2호 수혈식석곽과 그 밑인 분정하 1.9m 지점에서 또 하나의 수혈식석곽인 3호 석곽이 확인되었다. 이 고분에서는 길이에 비해 폭이 넓은 수혈식석곽에 꺾쇠와 못으로 결합한 목관이 사용된 점, 순장이 이루어진 점, 한반도산 문물이 다수 부장된 점, 토기가 석곽 내에 출토된 점이 주목된다. 특히 토기가 매장주체 내에서 부장된 것은 음식물이 피장자에게 공헌된 것으로, 수혈식석곽과 꺾쇠와 못으로 결합한 목관과 함께 한반도 남부의 묘제가 도입된 것으로 볼 수 있다. 이 고분의 피장자는 폭이 넓은 석곽으로 볼 금관가야지역으로부터의 이주민으로 파악된다.

5세기 후엽 나가노현(長野縣) 이다(飯田)지역의 아제치(畦地)1호분, 미야가이토(宮垣外)고분군에서는 대가야산 마구를 착장한 말을 순장한 수혈이 확인되고, 미조구치노즈카(溝口の塚)고분에서는 인골에서 이주민의 형질적 특징과 대가야산 철모, 녹각제 자루 도자가 확인되어 대가야로부터 이주한 마사집단이 존재한 것으로 생각된다.

나가노현(長野縣) 이다(飯田)지역의 북쪽에 위치하는 마츠모토(松本)의 사쿠라가오카(櫻ケ丘)고분의 피장자는 단독으로 조영된 원분으로 소형분임에도 금동관을 소유하고 이 시기 일본열도에서 찾아보기 어려운 부곽을 갖춘 점에서 그 피장자는 대가야로부터의 이주민으로 본다. 이는 인근 빗타리(平田里)고분의 주구에서 마구를 착장한 말이 확인되는 점에서 마사집단의 지배자로 추정된다.

군마현(群馬縣) 겐자키나가토로니시(劍崎長瀞西)고분군에서는 대가야산 금제 수식부이식과 대가야계 연질토기가 함께 출토되었다. 이 고분군의 피장자는 말 순장 수혈과 출토된 유물로 볼 대 대가야에서 이입된 마사 집단으로 볼 수 있다.

군마현(群馬縣) 가나이히가시우라(金井東裏)유적 출토 갑옷을 착장한 1호 인골은 40대 남성으로 왜인들과 비교할 때 장신인 추정 신장 164cm의 이주민의 형질을 갖추고 있으며, 갑옷을 착장하며 녹각제 자루 도자, 숫돌을 휴대하고 있었다. 1호 인골은 인골의 스트론튬 분석에 의해 나가노현(長野縣) 이서의 지역에서 유년기를 보낸 것으로 추정되어, 이 인물은 형질적 특징과 녹각제 자루 도자, 휴대용 숫돌로 볼 때 5세기 후반부터 말 사육이 성행한 나가노현(長野縣)에서 이주한 대가야계 이주민으로 생각된다(그림 15). 가야부터 이주한 수장이 존재한 것으로 파악된다.

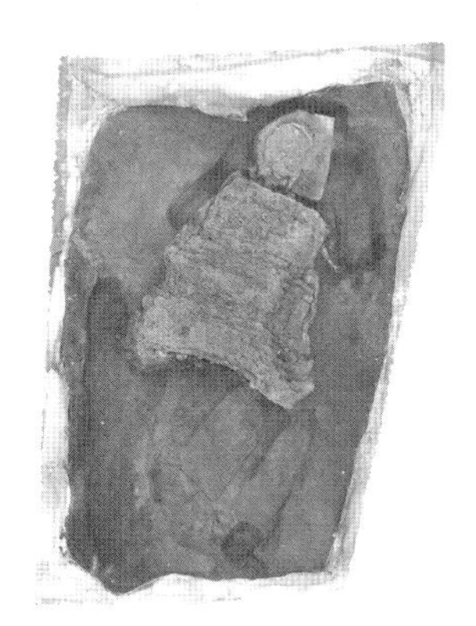

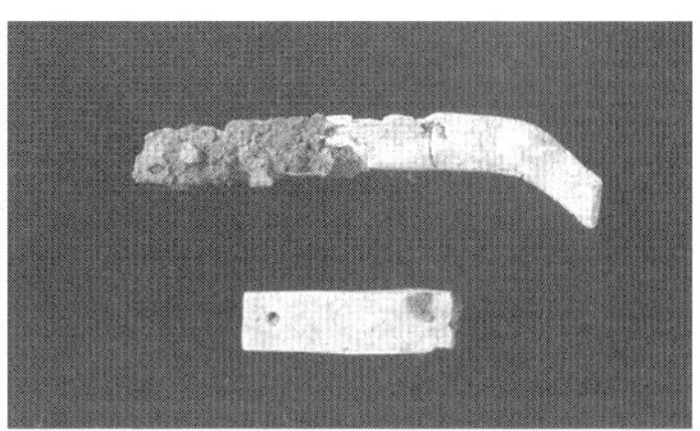

〈그림 15〉 군마현 가나이우라히가시유적 출토품

Ⅲ. 가야지역 출토 일본열도산(列島産) 문물

1. 경옥제(硬玉製) 곡옥(曲玉) (그림 16)

1) 금관가야권(金官加耶圈)

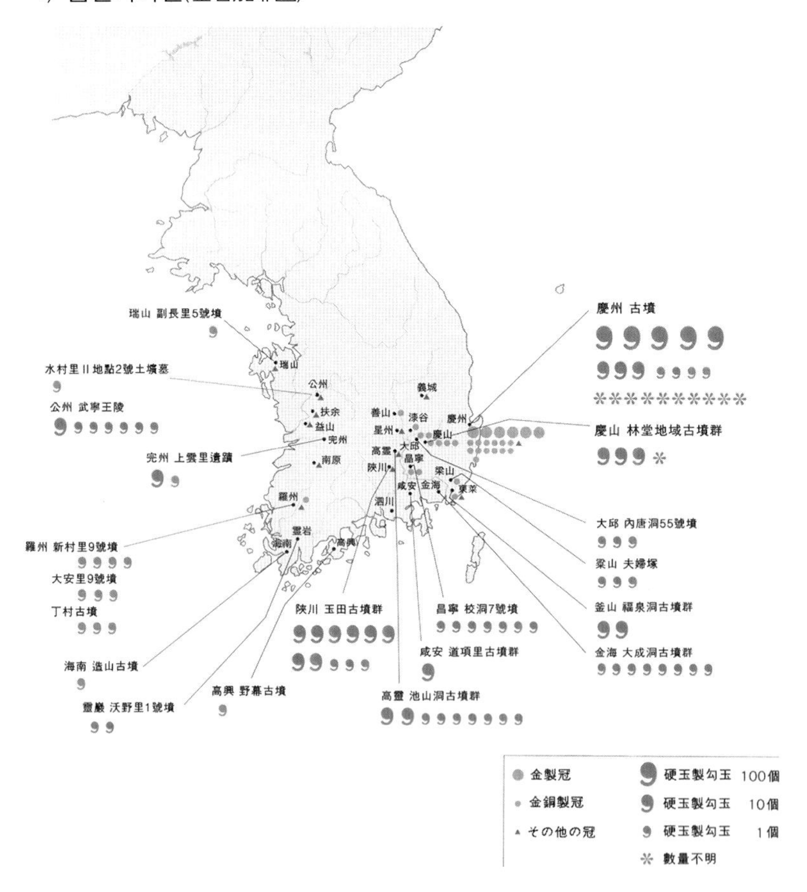

〈그림 16〉 한반도 출토 일본열도산 경옥제 곡옥의 분포

대성동고분군의 4세기 전엽 18호묘에서는 두부 좌측에서 양질의 경옥제 곡옥 1점과 벽옥제 관옥 8점이 함께 출토되었다. 4세기 전엽의 88호묘에서는 진식(晋式) 대장식구, 동모, 파형동기, 통형동기, 벽옥제 석제품, 동촉과 함께 경옥제 곡옥이 1점 출토되었다. 71호묘에서는 두부에 침선을 새긴 흔적이 있는 반결형곡옥 1점이 벽옥제 관옥 1점과 함께 출토되었고, 3호분에서는 경옥제 곡옥 2점이, 미보고인 41호묘에서도 1점, 94호묘에서도 2점이 출토되었다.

복천동고분군의 4세기 초 80호묘에서는 길이 4.6m인 대형의 경옥제 곡옥 1점과 수정제 절자옥, 금박유리옥 등이 공반되어 출토되었다. 두부에 침선을 2~3조 새기고 전체적으로 C자형으로 크게 굽은 형태이며, 현재까지 국내에서 출토된 예로는 가장 이른 것으로 생각된다.

4세기 전엽의 38호묘에서는 녹색 투명하며 단면은 둥글고 잘 마연된 양질의 경옥제 곡옥 1점이 출토되었고 마노제 촉형석제품, 소형의 활석제 곡옥, 유리제 곡옥부경식, 통형동기 등이 공반되었다. 4세기 중엽의 54, 57호묘에서는 경식으로 사용된 경옥제 곡옥이 각 1점씩 출토되었고 71호분에서는 통형동기와 함께 경옥제 곡옥이 출토되었다. 4세기 말에 축조된 22호묘에서는 경옥제 곡옥이 1점 출토되었다. 흰색 불투명한 경옥으로 두부와 미부에는 각이 형성되어 있다.

5세기 초의 1호묘에서는 유리제 옥류와 함께 경옥제 곡옥 2점이 출토되었으며 금동제 관, 금제 수식부이식 등과 공반되었고, 5세기 전엽에 조영된 53호묘에서는 경옥제 곡옥이 2점 출토되었다. 5세기 중엽의 15호분에서는 3점의 경옥제 곡옥이 출토되었다.

2) 대가야권

지산동고분군의 5세기 전엽 73호분에서는 용봉문환두대도, 마구 등과 함께 경식을 구성항 경옥제 곡옥이 8점이 출토되었다. 5세기 말 44호분은 수혈식석곽인 주곽은 도굴되었으나, 야광패제 용기, 백제산 동완와 함께 경옥제 곡옥은 1점이 출토되었다.

6세기 초 45호분은 주곽은 도굴되었으나 금동제 관형장식, 금제 세환이식, 은제 이식, 청동경 등이 출토되었으며 경옥제 곡옥은 5점이 확인되었다. 부곽에서도 금제 수식부이식과 함께 경옥제 곡옥이 1점 출토되어 45호분에서는 총 6점의 경옥제 곡옥이 출토된 것을 확인할 수 있다.

6세기 초 47호분은 은제 관모, 은제 천, 용봉문환두대도, 금동제 호록 등이 출토되었으며 경옥제 곡옥은 총 5점 확인되었다. 지산동고분군의 경옥제 곡옥은 도굴되지 않은 73호분의 출토 예를 볼 때 원래는 현재 확인된 수를 상회할 것으로 생각된다. 옥전고분군의 5세기 중엽 M2호분에서는 금제 이식, 금제 천 등과 함께 경식의 구성으로 경옥제 곡옥은 9점이 출토되었다.

5세기 후엽의 M4호분에서는 금제 이식, 용봉문환두대도 등과 함께 34점의 경옥제 곡옥이 출토되었다. 경식A는 경옥제 곡옥 20점으로 구성되어 있으며, 경옥은 3.0cm 이상의 크기에 두부에 침선을 새긴 정형 곡옥의 비중이 높다. 경식B는 경옥제 곡옥 14점을 중심으로 구성되어 있으며, 경옥은 1.0~2.0cm 크기의 비교적 소형곡옥으로 이루어졌다. 6세기 초의 M6호분은 금동제 관이 부장되었다. 경식은 경옥제 곡옥 8점을 중심으로 구성되었다.

2. 류큐열도산(琉球列島産) 패(貝)와 패제품(貝製品)

3세기대 창원 가음정동 패총에서는 청자고둥(Lithoconus litteratus) 반제품이 출토되었다. 4세기 전엽 축조된 김해 예안리77호묘에서는 청자고둥을 가공한 貝符 1점이 부장되었다.

4세기 전반 김해 대성동91호묘에서는 류큐열도산(琉球列島産) 패각을 가공하여 소재로 한 철제 투조 반구형 운주·십금구(5각 1점, 4각 2점)와 패제 소반구형 장식금구 등 29여 점이 출토되었다. 그 가운데 20점은 고호우라제, 9점은 청자고둥제로 보고 있다. 철제 투조 반구형 운주·십금구는 발부가 약하게 솟아있고 용문이 퇴화한 문양이 투조되어 있다. 투조 문양 위에는 평면 원형의 반구상 패각을 얹어 장식을 더욱 높였다. 패각 중앙에는 원형 투공이 뚫려 있고 발부 지름에 맞추어 가장자리를 마연하여 가공하였다. 패제 소반구형 장식금구는 패각을 평면 원형의 반구상으로 가공하여 반구좌로 사용하였다.

한반도에서 가장 이른 시기인 1세기에 이입된 류큐열도산(琉球列島産) 조개는 평양시 정백동9호분 출토품이다. 정백동9호분 출토품은 당시 한(漢)문물이 집중 이입되는 북부규슈(北部九州)의 집단에 의해 중개되어 이입된 것으로 추정된다.

3세기대 창원시 가음정동패총 출토품은 이전 시기 한반도 서북부에 이입된 류큐열도산(琉球列島産) 조개가 동남부지역을 경유한 것을 알 수 있게 한다. 4세기 전엽 김해시 예안리77호묘는 수장묘로 볼 수 없음에도 불구하고 패부(貝符)가 부장된 것은 한반도 동남부지역이 류큐열도산 조개의 주된 경유지이었음을 알 수 있다.

같은 시기 대성동91호묘 출토 마구는 패제 삼계장식구뿐만 아니라 다른 마구들 역시 지금까지 김해 대성동고분군에서는 찾아볼 수 없는 최고급의 마구들이다. 보고자뿐만 아니라 학계에서는 금동제 마구 대부분을 중국 동북지방에서 유입된 '선비계 마구'로 보고 있으며 일부 철제 재갈이나 패제 삼계장식구는 선비계 마구의 영향으로 금관가야에서 제작된 것으로 보고 있다.[16]

대성동91호묘 출토 금동제 마구는 현존 최고식의 선비계 마구인 4세기 중반 조양 원대자벽화묘, 안양 효민둔 154호묘 출토 마구와 형태나 종류, 구성 등에서 상당한 공통점이 보임에 따라 학계의 일반적인 견해인 전연(前燕)에서 제작된 마구로 보는 것은 이견이 없다. 문제는 패각이 장식된 철제 투조 운주·십금구와 패제 소반구형 장식금구가 재지에서 제작되었고, 국내에서 마구에 패각을 소재로 활용한 것이 김해지역이 가장 이르다고 보는 데 있다.

하지만 보고자의 견해와 달리 패각을 마구의 소재로 사용하는 예는 이미 중국 삼연지역에서 계보를 찾을 수 있다. 전연 성립 전후인 3세기 말~4세기 전반으로 편년되는 조양(朝陽) 창량요묘(倉糧窯墓), 조양(朝陽) 요금구1호묘(姚金溝1號墓), 4세기 중반 이후인 북표(北標) 라마동(喇嘛洞) Ⅱ M196호묘, 5세기 전반인 풍소불묘(馮素弗墓, 415년) 등 선비족(鮮卑族)의 고분에서 패각을 가공하여 사용한 장식금구가 확인되기 때문이다.[17] 일시적 현상이 아니라 3세기 말부터 5세기까지 지속적으로 패각을 마구 장식에 활용해 왔고 이는 패각을 마구에 사용한 문화가 삼연지역에서

16) 심재용, 「중국계유물로 본 금관가야와 중국 동북지방 - 대성동고분군 출토 금동, 동제품을 중심으로 -」, 『중국 동북지역과 한반도 남부의 교류』, 제22회 영남고고학회 학술발표회, 영남고고학회, 2013, 106쪽.

17) 木下尙子, 「韓半島の琉球列島産貝製品-1~7世紀を對象に-」, 『韓半島考古學論叢』, 2002, 530쪽.

시작되었음을 의미한다.

국내에서 확인되는 기마문화는 중국 동북지방, 특히 삼연지역의 영향을 받았으며, 이러한 상호관계 속에서 삼연지역의 패각 사용 마구가 다른 금공마구와 함께 김해 대성동 집단에 유입되었고, 대성동91호묘에 부장된 것이라 본다. 이러한 관계가 일시적 현상에 그쳤음은 이후 대성동고분군에서 패각을 소재로 활용한 마구가 더 이상 출토되지 않음이 이를 방증해준다.

현재 국내에서 가장 이른 패각 사용 마구는 김해시 대성동91호묘 출토 패제 삼계장식구이다. 그런데 신라에서는 5세기 중반 경주 황남대총 남분에서 청자고둥을 소반구형·보요부형 장식금구의 반구좌로 사용하였으며, 5세기 후반 금관총의 소반구형 장식금구, 6세기대의 천마총, 금령총의 발부조합 반구형 운주·십금구로 변화하였다. 그래서 패제 삼계장식구가 경주지역을 중심으로 집중 분포함에 따라 '신라 장식마구와 류큐열도산(琉球列島産) 패각의 융합'으로 신라에서 창안한 것

〈그림 17-1〉 김해시 대성동91호묘 출토품

〈그림 17-2〉 창녕군 송현동7호분 출토품

으로 보았다.[18] 즉 패제 삼계장식구는 5세기 중엽에서 6세기 중엽까지 신라권을 중심으로 애용된 장식마구인 것이다. 창녕군 송현동고분군 출토 패제 삼계장식구는 신라에서 제작되어 이입된 것이다(그림 17).

기노시타 나오코(木下尙子)가 이미 지적하였듯이, 패각을 장식구로 사용한 문화의 한반도 유입은 삼연 기마문화의 연장선상에서 등장한 것이고, 신라에 집중적으로 분포함은 '삼연→고구려→신라'로 이어지는 마구 문화의 영향으로 봐야 할 것이다. 신라는 지속적으로 상위계층을 위한 새로운 장식마구를 창안해왔고 마구의 재질과 형태를 통해 마장의 서열화를 진행해왔다. 이러한 흐름 속에서 신라는 삼연지역과 유사한 패제 소반구형 장식금구를 사용하다가 점차 신라 상위지배층의 수요를 충족시키기 위해 지속적으로 마구를 개량, 제작하고 그러한 가운데 희귀품인 류큐열도산(琉球列島産) 청자고둥을 사용한 신라 독자의 장식마구인 발부조합반구형 운주·십금구가 출현한 것이라 볼 수 있다.[19]

대성동91호묘에서 국내 최고식의 패제 삼계장식구가 출현하였지만, 주류를 이룬 곳은 역시 신라권이다. 총 33곳의 유적 중 부산지역까지 포함한다면 신라권에 포함되는 곳은 20곳(60.6%)에 이른다. 그 중 신라의 중심인 경주지역에서만 10곳에 이르는 유적에서 패각을 사용한 운주·십금구, 장식금구가 확인되는 점을 통해 패제 삼계장식구의 제작·사용 중심지는 경주지역임을 짐작할 수 있다.

---

18) 木下尙子, 「韓半島の琉球列島産貝製品 - 1~7世紀を對象に - 」, 『韓半島考古學論叢』, 2002, 526~531쪽; 李炫姃, 『영남지방 삼국시대 삼계장식구 연구』, 경북대 석사학위논문, 경북대 대학원, 2009, 526~531쪽; 中村友昭, 「琉球列島産貝製品からみた地域間交流」, 『古墳時代地域間交流Ⅱ』, 2014.

19) 李炫姃, 앞의 석사학위논문, 경북대 대학원, 2009, 88쪽; 李炫姃, 「마구를 통해 본 신라와 왜의 교류 - 신라 마구란 무엇인가 - 」, 『신라와 왜의 교류』, 경북대 박물관, 국립역사민속박물관, 2012, 175쪽.

5세기 말에 축조된 대가야 왕릉인 고령군 지산동44호분에서는 야광패(夜光貝, Lunatica marmorata)를 가공한 국자형 배(杯)가 1점 출토되었다(그림 18). 야광패제 용기는 신라의 왕릉과 왕족릉인 경주 황남대총, 금관총, 천마총에 부장된 점에서 그 위신재적 성격을 알 수 있다.

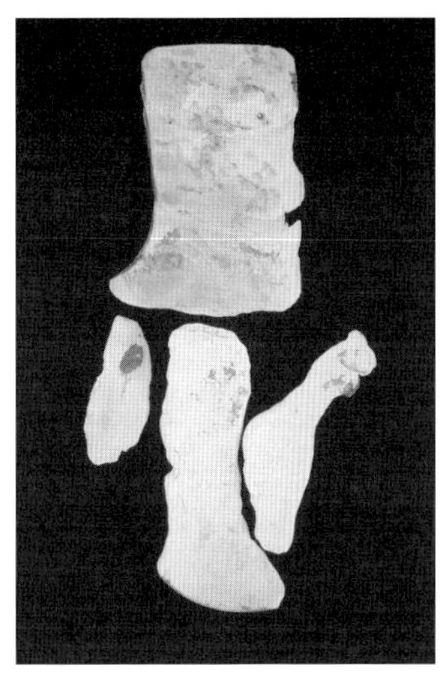

〈그림 18-1〉 고령군 지산동44호분 출토 야광패제 국자

〈그림 18-2〉 아마미오시마 전경

3. 무기

1) 동모(銅矛) (그림 19)

김해지역을 중심으로 출토되는 의기화된 중광형동모와 광형동모는 일본열도 북부 규슈에서 집중 출토되고 그 주형(鑄型)이 발견되며, 특히 쓰시마(對馬)

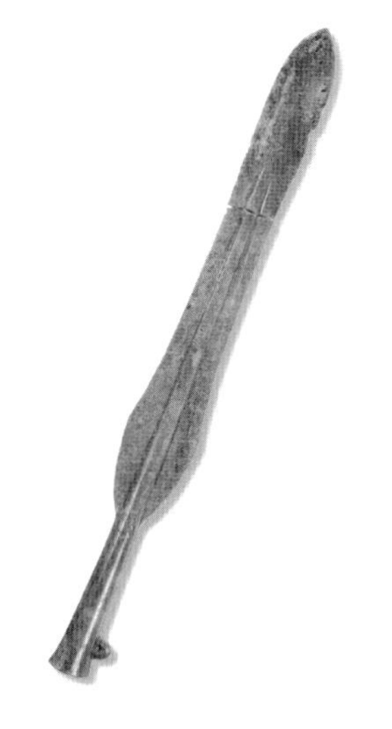

〈그림 19〉 김해시 대성동88호묘 출토품

에서 다수 출토되어 일본열도로부터 이입된 것으로 본다. 북부 규슈산 광형동모는 김해시 양동리고분군에서는 90호 중광형동모 2점, 200호묘 광형동모 1점, 전 양동리 출토품이 있고, 김해시 내덕리19호묘와 명법동에서 1점씩 출토되었다. 대성동88호묘에서 중광형동모 1점이 출토되었다.

이와 같이 광형동모의 분포가 김해지역에 집중되고 그 가운데에서 양동리고분군에 개체수가 많은 것이 특징이다. 따라서 김해 지역의 광형동모는 양동리 집단이 북부 규슈에서 입수한 동모를 이들 집단에 분여한 것으로 본다. 그 외 고성군 동외동패총에서 1점이 출토되었는데, 이는 김해 지역을 경유하지 않고 거제도와 쓰시마를 거친 직접 교류를 통하여 입수한 것으로 추정된다.

2) 통형동기(筒形銅器) (그림 20)

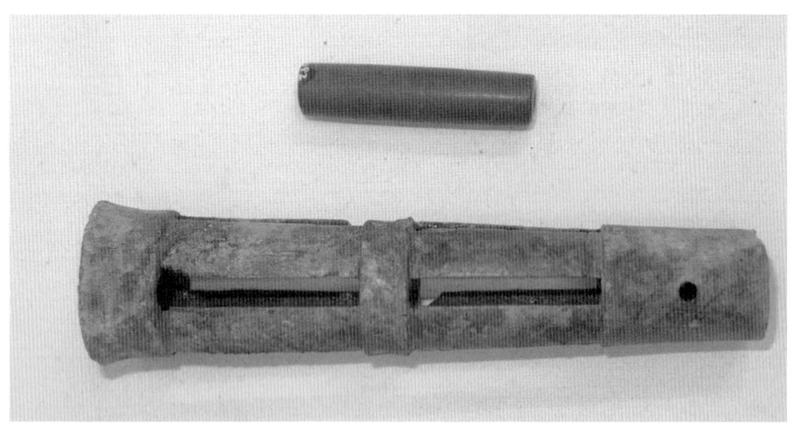

〈그림 20〉 창원시 석동1338호묘 출토품

통형동기는 출토 상황이 분명한 것은 44기의 고분에서 출토된 59점이며, 분포는 기나이(畿內)를 중심으로 북쪽은 사이타마현(埼玉縣) 구마노

신사(熊野神社)고분, 남쪽은 구마모토현(熊本縣) 시미즈(淸水)고분까지 광범위하게 확인된다. 고분시대 전기 중반의 시킨잔(紫金山)고분 출토품을 부터 중기까지이며 전기 후반을 중심으로 확인된다.[20]

김해시 대성동고분군과 부산 복천동고분군, 김해 양동리고분군에 집중 출토되었으나 김해시 망덕리고분군에서 3점이 확인되었다. 그 외 포항시 남성리고분군에서 2점이 출토되었다. 호소가와 신타로(細川晋太郎)의 논고를 참고하면서 근래 추가된 자료를 보완한다.[21]

대성동18호묘에서는 피장자의 두부(頭部) 부근에서 2점 출토되는데 각각 피장자의 양쪽에 위치하고 있다. 2점의 통형동기는 구연부 방향을 따라가면 각각 창과 대응한다. 그 중 1점에는 내부에 병이 잔존하고 있다. 창의 병도 통형동기의 구연부 쪽으로 향하고 있어 본래는 창을 구성하고 있었음을 파악할 수 있다.

대성동88호묘에서는 북쪽 유물부장 공간에서 3점이 출토되었으며 통형동기와 대칭하는 것은 이지창 1점과 철창 1점이 남쪽에 위치한다. 대성동91호묘에서는 창과의 대응관계는 확인되지 않는다.

대성동94호묘에서는 동북쪽 순장자 인골의 동쪽에서 3점이 출토되었으며 자루 방향은 남쪽으로 남쪽 일지선상에 이지창 1점이 위치한다. 그리고 이지창의 남쪽에서 1점이 출토하였다.

대성동1호묘에서는 목곽 내 북서쪽에서 7점, 목곽 내 남서쪽에서 1점이 출토되어 합계 8점의 통형동기가 확인되었다. 남서모서리에서 출토

---

20) 井上主稅, 「창녕 계성리유적 출토土師器系 토기」, 『昌寧 桂城里遺蹟』, 우리문화재연구원, 2008.

21) 細川晋太郎, 「한반도 출토 통형동기의 제작지와 부장배경」, 『한국고고학보』 85, 한국고고학회, 2012.

된 1점은 토기 아래에 들어가 있는 상태로 확인되어 원위치를 유지하고 있을 가능성이 높다. 다만 구연부의 방향을 따라가면 바로 목곽의 벽에 부딪히고 주변에는 대응할 창 등은 눈에 띄지 않는다. 목곽 내 북서쪽에서 확인된 통형동기 7점은 비교적 가까이 합친 상태로 출토되고, 목곽 내 북동쪽에서는 복수의 창이 출토되고 있다. 통형동기와 창의 수량과 같지 않고, 통형동기의 구연부 및 창의 병의 방향도 일치하지 않지만 통형동기의 내부에는 병이 양호하게 잔존하고 있기 때문에 대응관계를 상정할 수 있다.

대성동2호묘에서는 피장자의 두부 부근, 목곽 내 남동쪽에서 2점 확인되며, 모두 거의 같은 방향으로 구연부가 향하고 있다. 가까이 복수의 창이 존재하고 있다. 대성동39호묘에서는 목곽 내 남동모서리에서 2점 확인되고 주축에 따라서 줄을 서듯이 배치되어 있다. 구연부의 방향은 모두 서쪽을 향하고 있지만, 연장선상에 창 등은 존재하지 않는다. 그러나 2점 중 1점의 내부에는 병이 잔존하고 있다.

복천동38호묘에서는 2점이 모두 목곽 내 서쪽, 피장자의 두부 방향으로 출토되었다. 통형동기의 내부에는 병이 잔존하며, 구연부 방향의 연장선상에는 창이 있다. 복천동60호묘에서는 통형동기는 3점이 확인되었다. 피장자의 두부 방향에서 2점씩, 족부에서는 1점이 출토되었다. 내부에 목병의 흔적이 남아있는 것이 있다.

양동리304호묘에서는 통형동기는 3점이 출토되었다. 창과의 대응관계는 확인되지 않는다. 양동리340호묘에서는 1점이 출토되었으며, 창과의 대응관계는 확인할 수 없지만, 내면에는 세로 방향의 목질이 부착되어 있다.

망덕리13호묘에서는 2점이 모두 목곽 내 남동쪽 모서리에서 출토되었다. 출토상황에서 창과의 직접적인 대응관계는 확인되지 않으나 서쪽에서 철모와 철창이 5점 확인되어 대응관계를 추정할 수 있다. 망덕리 16호묘에서는 1점이 남서쪽에서 출토되었다. 내부에 목병의 흔적이 남아있다. 구연부 방향의 연장선상에는 창이 있다.

창원 석동388호묘에서는 동단벽에서는 통형동기 1점과 부속구로 보이는 각형동기 및 설 각 1점, 북서편으로 약간 치우쳐 철모 1점이 출토되었다. 출토 위치에서 철모에 착장된 것으로 보기 어렵다.

4. 무구(武具)

1) 갑주(甲冑) (그림 21)

한반도에서 출토된 대금계(帶金系) 갑주(甲冑)의 제작지에 대해서는 한반도산이라는 설과 일본열도산이라는 설로 나뉘어져 논의 되고 있다. 대금계 판갑(板甲)은 충각부주(衝角附冑)・차양주(遮陽冑)와 함께 수백 점이 출토된 고분시대 중기(中期)의 구조가 정형화된 일본열도의 특징적인 갑주이다.

금관가야권역에서는 5세기 전엽 김해시 두곡43호묘에서 삼각판혁결판갑(三角板革結板甲)과 차양주(遮陽冑), 같은 시기로 추정되는 두곡72호묘에서는 장방판혁결판갑(長方板革結板甲), 5세기 중엽 가달4호묘에서는 삼각판혁결판갑, 김해시 죽곡리94호묘에서 삼각판혁결충각부주(三角板革結衝角附冑)와 경갑(頸甲), 협당(脇当), 부산시 연산동M3호분에서 삼각판혁결충각부주, 경갑, 삼각판혁결판갑이 출토되었다. 부산시 오륜대고분군에서 삼각판혁결충각부주가 채집되었다. 전 연산동고분군 출토 차양주(遮陽冑)가 있다.

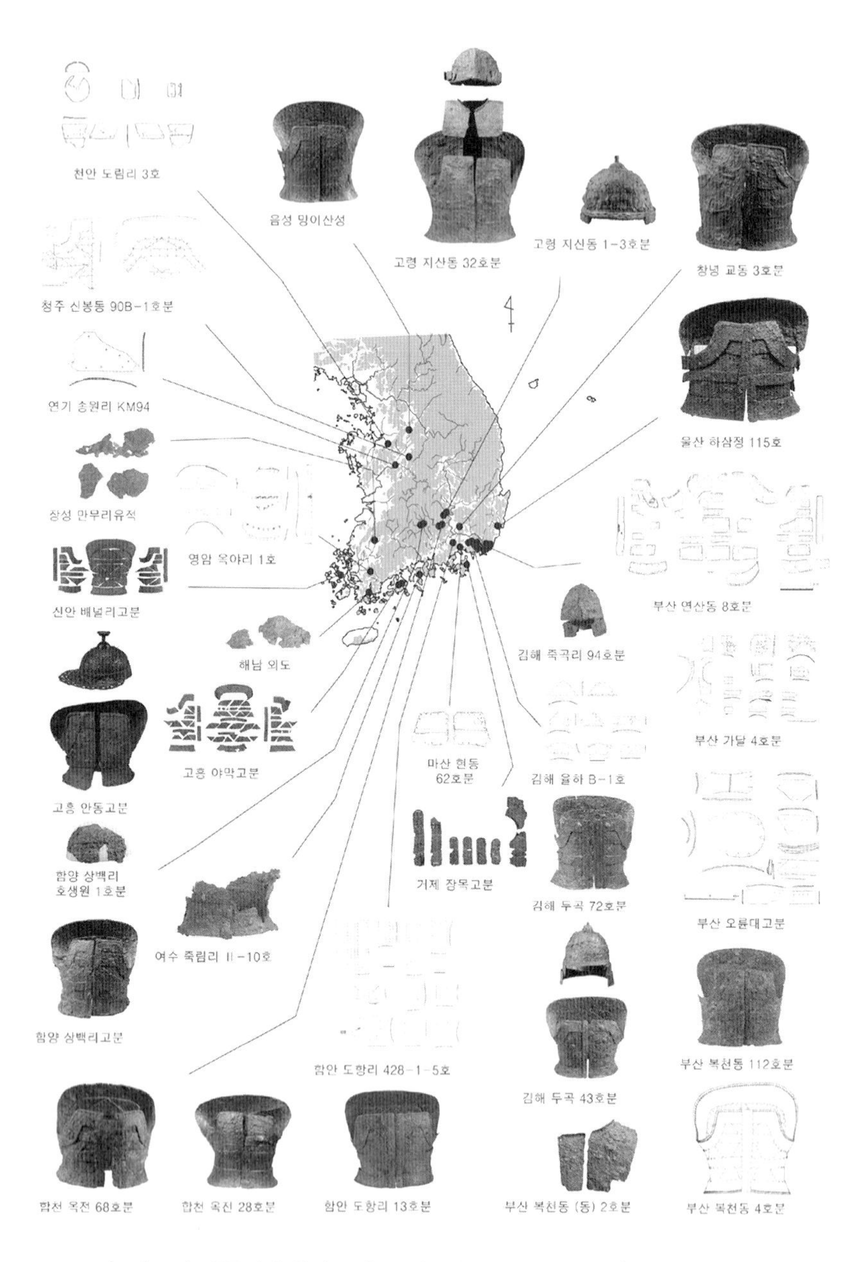

〈그림 21〉 삼국시대 한반도 출토 일본열도산 갑주 분포도(국립김해박물관)

아라가야권역에서는 5세기 초 함안군 도항리13호묘에서 삼각판정결판갑(三角板釘結板甲)이 출토되었다. 소가야권역에서는 5세기 후엽 여수시 죽림리차동Ⅱ-10호묘에서 횡장판정결판갑(横長板釘結板甲), 6세기 초 거제시 장목고분에서는 횡장판정결판갑(横長板釘結板甲), 횡장판정결충각부주(横長板釘結衝角附冑), 경갑(頸甲)이 출토되었다.

대가야권역에서는 4세기 후엽 합천군 옥전68호묘에서 삼각판정결판갑(三角板釘結板甲), 5세기 중엽 옥전28호묘에서 횡장판정결판갑이 출토되었다. 5세기 중엽 고령군 지산동32호분에서 횡장판정결판갑·경갑·횡장판정결충각부주, 지산동1-3호분에서 차양주, 5세기 후엽의 함양군 상백리고분군에서 삼각판정결판갑과 상백리 호생원1호분에서 횡장판정결충각부주가 출토되었다.

대금계 갑주의 제작지에 대해서는 대부분의 일본 연구자들이 긴키(近畿)지역을 그 제작지로 파악하고 있다. 한반도 출토 대금계 갑주의 제작지와 관련하여 흥미로운 사실은 그 출토지가 시기에 따라 달라진다는 것이다. 대금계 갑주가 4세기 말~5세기 초에는 합천과 함안지역에서 출토되다가, 5세기 전반에는 부산·김해지역에 집중적으로 출토된다. 이는 5세기 전반 대금계 갑주가 집중 출토되는 이 두 지역은 이미 이 시기에는 신라의 영향력이 미치기 때문으로 이해한다. 그리고 그 직후인 5세기 후반에는 고령, 합천, 함양 등의 대가야권에 집중적으로 출토된다. 5세기 후엽 이후에는 망이산성의 횡장판정결판갑, 신덕고분의 협갑, 해남군 외도 상식석관묘의 삼각판혁결판갑, 장성군 만무리고분의 횡장판정결판갑 등 영산강유역과 백제 지역에 집중되는 현상이 뚜렷해진다.

이 중 5세기 전반의 부산·김해지역에 집중되는 현상은 이 시기 금관가야의 쇠퇴로 볼 때 가야지역에서 갑주가 생산된 것으로 볼 수 없다.

이는 금관가야 쇠퇴 후 대가야 대두까지 한시적으로 이 지역이 일본열도와의 교류의 장으로서 역할을 수행하는 것에 기인할 가능성이 높다. 즉 이 시기 대금계 갑주는 창녕군 교동3호분과 창녕산 토기가 출토된 합천군 옥전68호묘, 부산시 가달4호묘, 김해시 두곡43호묘, 부산시 복천동4호묘, 연산동8호분의 갑주로 볼 때 이 시기 일본열도와의 교섭에 참여한 비화가야세력에 의해 이입된 것으로 추정된다.

그 후 5세기 후반 이 시기 대왜 교섭의 중심지인 고령군 지산동고분군, 합천군 옥전고분군, 함양군 상백리고분군 등 대가야권에 대금식 갑주가 집중되는 경향이 뚜렷하다. 고령군 지산동32호분 출토의 판갑과 주(冑)에 비해 경갑만이 고식 양상을 보이는 조합은 구마모토현(熊本縣) 에타후나야마(江田船山)고분과 후쿠이현(福井縣) 니혼마츠야마(二本松山)고분에 있는 것에 주목하고 그 세 고분이 모두 보주형 금동관을 가지고 있는 점을 지적하였다.[22] 니혼마츠야마(二本松山)고분의 대가야계 금동관이 상징하는 바와 같이 이 시기 대가야와 왜의 활발한 지역 간 교류 가운데 동일한 형식의 갑주가 존재하는 점이 주목된다.

6세기 초를 전후하여 가야지역을 벗어나 백제에 의해 파견된 왜인에 의해 조영한 것으로 파악되는 영산강유역의 전방후원분과 그 배총 및 관련 유적에서 대금계 갑주가 출토되는 점은 그 제작지의 해결에 또 하나의 중요한 단서를 제공한다.

필자는 종장판계 갑주에서 대금계 갑주로 변화하는 과도기적 형식이 현재 한반도 내에서 확인되지 않고, 대금계 갑주가 시기에 따라 일본열도와 교류한 지역으로 이동하는 것으로 보아, 일본열도에서 제작되어

22) 藤田和尊,「日韓出土の短甲について - 福泉洞10墳池山洞32號墳出土例に關連して- 」,『末永雅雄先生米壽記念獻呈記念論文集』, 末永雅雄先生米壽記念會, 1985.

반입된 것으로 본다. 당시 한반도의 갑주가 활동이 편리한 찰갑이 널리 실용품으로 사용되고 있었으므로 대금식의 갑주는 왜와의 교류와 군사적인 동맹관계를 상징하는 위신재로 볼 수 있다.

2) 파형동기(巴形銅器) (그림 22)

파형동기(巴形銅器)는 일본열도에서 야요이(彌生)시대에 출현한 청동기로서 야요이 후기에 사라졌다가 고분시대 전기후반에 다시 출현한다. 이 청동기는 야요이시대에 주형(鑄型)이 확인되므로 일본열도산이다. 또 한반도 출토품의 시기가 일본열도 출토품보다 이르지 않는 점에서도 그러하다. 일본열도에서 출토된 파형동기는 모두 93점이며 출토지가 분명하지 않은 것을 제외하면 21기의 고분에서 출토되었다.

〈그림 22-2〉 금관가야

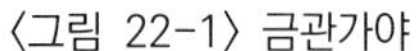

〈그림 22-1〉 금관가야

파형동기는 긴키(近畿)지역과 그 주변을 중심으로 동쪽으로는 가나가와현(神奈川縣) 진토오즈카(真土大塚)고분, 서쪽으로는 후쿠오카현(福岡縣) 마루쿠마야마(丸隈山)고분에서 출토되었다. 그 용도는 주로 방패인 순(盾)

과 가죽 화살통인 채(靫)의 장식으로 사용되는데, 효고현(兵庫縣) 교자즈카(行者塚)고분에서는 부장품 상자 내에 수납된 채로 발견되었다.[23)]

파형동기는 전장 208m 오사카부(大阪府) 츠토시로야마(津堂城山)고분을 비롯한 미에현(三重縣) 이시야마(石山)고분 등의 유력 수장묘에서 부장되는 위신재임을 알 수 있다. 현재 대성동고분군에서만 확인되었고 복천동고분군과 양동리고분군에서는 출토되지 않았다. 그 출토 수는 통형동기에 비하면 매우 적은데 대성동88호묘에서 13점, 13호묘에서 6점, 2호묘에서 1점, 23호묘에서 2점이다. 출토 고분은 모두 대형 목곽묘이다. 그 외 경주박물관 소장 이양선수집품 가운데 몇 점이 있다.

대성동13호묘의 파형동기는 그 주위에서 목질 및 거치문의 칠이 노출되어 목제 방패 외에도 화살통에 부착되었을 가능성도 있다. 대성동88호묘와 3호묘의 파형동기는 범위가 좁고 주변에서 다수의 골촉이 출토되어 화살통에 부착되었을 것으로 본다. 대성동11호묘에서는 시가현(滋賀縣) 유키노야마(雪野山)고분과 교토부(京都府) 가와라타니(瓦谷)1호분 출토품과 같은 고분시대 전기에 보이는 가죽 화살통인 채(靫)가 출토되었다.

5. 토기

1) 하지키(土師器)

하지키(土師器)와 이를 모방한 하지키계 연질토기는 고 김해만을 중심으로 하여 부산, 진해지역 등 동남해안에서 출토되고 있는 점이 특징이다. 하지키에 대해서는 다케스에 준이치(武末純一)가 규슈지역과의 비교

23) 井上主稅, 「창녕 계성리유적 출토土師器系 토기」, 『昌寧 桂城里遺蹟』, 우리문화재연구원, 2008.

연구를[24] 실시하였으며, 그 후 안재호는 하지키를 5단계로 편년하며 그 시기별 반입 양상을 다음과 같이 설명하였다.[25]

1단계는 고배(高杯), 소형기대(小形器臺), 장경호(長頸壺)가 출현하고, 후루(布留)식토기를 충실히 모방하는 시기이다. 2단계가 되면 그 수가 증가할 뿐만 아니라 기종도 다양화되며, 이후 가장 많이 제작되는 내만구연호(內湾口緣甕)이 등장한다. 3단계는 2단계에 비하여 수가 줄어드나 다음 시기에 비하면 아직 비교적 다양한 기종으로 구성된다. 4단계가 되면 기종도 단순해지며 그 제작수법도 현지토기인 연질토기(軟質土器)의 영향이 강하게 나타난다. 5단계가 되면 옹(甕)만이 남아있으며 그 제작수법도 완전히 연질토기화 된다.

안재호는 하지키계 연질토기(軟質土器)가 가장 원형에 충실한 시기를 왜인(倭人)들이 이주한 시기로 보고 제1차 이주기를 4세기 전엽의 1단계, 제2차 이주기를 4세기 후엽의 3단계로 설정하였다. 그 제1차 이주의 직접적인 계기를 긴키(近畿)지역의 후루식토기가 열도 전역으로 확산하는 것에 두었으며, 제2차 이주의 계기는 문헌에 보이는 4세기 후반 왜(倭)의 활동에서 그 배경을 찾았다. 또 4단계 이후 하지키의 쇠퇴는 5세기 초 이후의 가야와 왜의 관계악화를 그 원인으로 보았다. 이와 같이 하지키의 출현 시기와 출현 배경, 쇠퇴의 원인을 각각 4세기 후반 왜의 활동과 5세기 초 이후의 가야와 왜 간의 관계악화로 본 해석에 대해서는 의문이 있으나 이 토기가 왜인의 이주를 계기로 제작된 점과 시기별 획기에 대한 파악은 타당한 것으로 판단된다.

---

24) 武末純一, 「朝鮮半島の布留系の甕」, 『永井昌文教授定年記念論文集-日本民族文化の生成』, 六興出版, 1988.

25) 安在晧, 「土師器系軟質土器考」, 『加耶と古代東アジア』, 新人物往來社, 1993.

하지키는 쇼나이(庄內)식과 후루(布留)식이 있으며 이러한 토기 가운데에는 반입품과 모방품이 함께 나타난다. 먼저 여기에서는 쇼나이식 토기와 후루식 토기의 특징에 대해서 옹(甕)을 중심으로 살펴보고 구별의 기준으로 삼고자 한다.

쇼나이식 하지키 : 구연부(口緣部)는 「く」자상으로 날카롭게 외반하고 단부(端部)는 위쪽으로 돌출되게 처리하였다. 동체(胴體)는 외면을 타날한 후 세로 방향 목판 긁기로 조정하고, 그 내면은 구연부와 동체의 경계면을 날카롭게 돌출되도록 예새로 깎아서 정면하며 기벽이 얇다.

후루식 하지키 : 구연부는 내만하면서 위쪽으로 올라가고 단부는 기본적으로 내측을 두껍게 처리한다. 동체는 거의 구형이고 외면은 목판 긁기로 조정하고 그 내면은 예새로 깎아서 정면하나 경계면이 날카롭지 않고 기벽이 두껍다.

쇼나이식 하지키는 동래패총 출토품과 노포동2호묘 출토품이 있다. 국립박물관 조사 동래패총 출토품 가운데에는 구연부가 「く」자상으로 날카롭게 외반하며 동체의 내면은 예새깎기로 구연부와의 경계면을 예리하게 돌출시키면서 정면한 토기가 2~3점 보인다. 노포동2호묘 출토품은 명황갈색으로 구연부는 「く」자상으로 외반하고 동체는 외면을 타날한 후에 세로 방향 목판 긁기로 조정하고 그 내면은 목판 긁기로 구연부와의 경계면을 돌출시키며 정면한 것이다. 이 토기는 기벽이 전형적인 쇼나이식보다 두꺼운 점에서 모방품으로 본다.

동남해안 지역의 쇼나이식 토기는 부산시 동래패총 F피트 중 회청색 경질토기를 공반하지 않고 후기 와질토기만 출토되는 10층에서 쇼나이식에 병행하는 북부 규슈(九州)산, 시마네현, 돗토리현에 걸친 산인(山陰)산, 후쿠이현, 토야마현, 이시카와현에 걸친 호쿠리쿠(北陸)산의 하지키옹이 확인되는 점에서 늦어도 3세기 제2/4분기 전후에 출현한 것으로 추정된다.

회청색 경질토기를 수반한 3세기 중엽의 김해시 대성동29호분, 김해시 예안리74호묘, 160호묘 출토 소형옹은 쇼나이식과 병행하는 것으로 파악된다. 이 토기는 후쿠오카현(福岡縣) 츠고쇼카케(津古生掛)고분, 나가사키현(長岐縣) 하루노츠지(原の辻)유적 등에서 유사한 기형이 존재하여 북부 규슈산으로 파악된다.

경주시 월성동가31호묘의 하지키계 연질토기는 고배, 기대, 옹 등의 다양한 기종이 출토되었다. 이 고분은 공반토기의 회청색 경질화가 호류(壺類)에 한정되고, 와질토기의 소성과 조정수법이 잔존한 기종이 남아있는 점, 또 고배는 쇼나이식인[26] 점에서 3세기 후엽으로 편년된다. 3세기 후반으로 편년되는 경주시 황성동25호분 출토 평저발 1점과 원저완 1점도 하지키계 연질토기로 파악되고 있다.[27]

후루식토기는 김해지역의 대성동고분군, 양동리고분군, 퇴래리고분군, 예안리고분군, 봉황대유적, 부산지역의 복천동고분군, 화명동고분군, 괴정동고분군, 조도패총, 경산시 임당저습지유적, 창녕군 계성리유적 등에서 광범위하게 출토되었다. 이 가운데 괴정동40호묘 출토품으로 전해지는 것은 구연부가 「く」자상으로 외반하고 동체 내면은 예새깎기로 구경부와의 경계면을 날카롭게 돌출시키며 정면한 후루식토기이다. 이 토기는 후루식 가운데서도 고식이며 그 제작수법으로 볼 때 반입품

26) 米田敏幸, 「古式土師器に伴う韓式系土器について」, 『韓式系土器研究 Ⅳ』, 韓式系土器研究會, 1993.

27) 安在晧, 「韓半島에서 출토된 倭 관련 文物」, 『한일관계사연구논집2-왜5왕문제와 한일관계-』, 景仁文化社, 2005.

으로 판단된다. 조도패총 출토품은 그 형태가 후루식 토기와 유사하여 반입품 또는 충실형으로 분류되고 있다. 그 외 대성동고분군, 복천동고분군, 화명동고분군 출토품은 현지에서 후루식 토기의 제작수법을 인지한 공인이 제작한 것으로 추정된다.

4세기 전엽 대성동13호묘 등에서 출토된 후루식 내만구연옹(內彎口緣甕)은 규슈지역 옹의 영향을 받아 김해에서 제작된 것으로, 4세기 중엽 복천동57호묘에서는 내만구연옹, 환상파수부(環狀把手附) 이중구연옹(二重口緣甕)이 출토되었다. 그리고 4세기 말 복천동93호묘에는 내만구연옹, 환상파수부이중구연옹이 출토되었다.

진해시 용원유적에서는 하지키로 추정되는 토기가 23호 유구에서 고배 1점, 패총 최정상부 피트에서 소형기대 1점, 패총 5피트에서 고배 1점, 패총 9피트에서 고배 1점, 패총 4층에서 고배 1점이 출토되었다. 그 외 26호와 37호 주거지 등에서 하지키계 연질토기가 11점 출토되었으며, 토기는 북부 규슈산 또는 그 계통으로 파악되고 있다. 이 유적은 김해와 진해지역 사이의 임해성이 강한 구릉상에 위치하고 공반된 토기가 금관가야양식인 점에서 금관가야의 교역 거점으로 파악된다.

거제시 아주동 1485번지 유적은 삼국시대 수혈주거지 40여 기로 구성된 취락유적이며, 지리적으로는 규슈지역과 인접한 남해안의 거제도 동남부에 위치하는 옥포만에 조영되어 있다. 유적의 입지나 수혈주거지의 구조, 출토 유물로 부터 남해안의 해상루트를 통한 당시 지역 간의 교류 양상을 확인할 수 있다. 수혈주거지의 구조는 방형계의 평면형태가 주류를 이루며, 4주식의 주혈과 한쪽 벽면에 마련한 부뚜막이 다수 확인되고 있다.

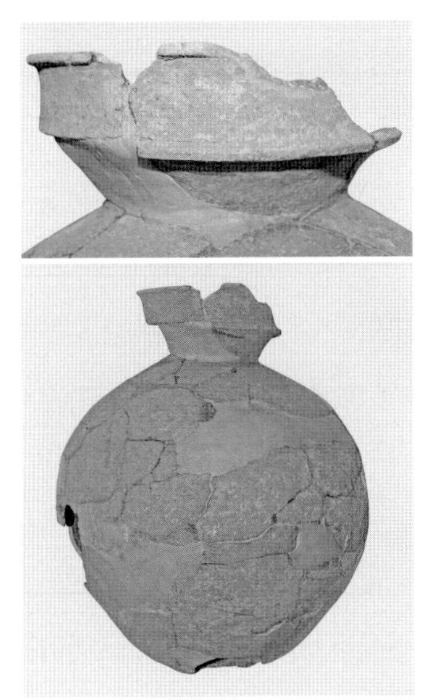

〈그림 23〉 창녕군 계성리유적 출토 마한계와 하지키계 토기

이 유적에서 주목되는 것은 함안 아라가야양식 토기와 함께 하지키(土師器)계토기, 장동옹, 평저 시루와 같은 마한계토기가 다수 확인된다. 유적에서 출토되는 하지키계 토기의 기종은 대부분 고배이며, 9호 수혈주거지에서 옹 1점, 26호 수혈주거지의 상부에서 소형발 1점이 출토되었다. 9호 수혈주거지는 아라가야양식 승석문양이부호와 공자형고배가 출토되었다. 전자는 구형에 가깝고 아직 장동화되지 않은 점에서 4세기 중엽 이전으로 본다. 후자도 각부에 문양이 시문되지 않은 고식인 점에서 같은 시기로 편년된다. 이 유적은 하지키계토기와 아라가야양식 토기가 다수 확인되는 점에서 철소재를 구하기 위해 이주한 왜인, 마한인이 아라가야인과 혼재한 것으로 파악되며 아라가야의 교역 거점으로 본다.

창녕군 계성리8호 수혈주거지 출토품은 대형복합구연호(그림 23)는 서부 세토우치(瀨內海)계 또는 기나이(畿內)계 토기로 파악되고 있다.[28] 이 유적에서 출토된 비화가야양식 토기로 볼 때 그 중심 시기는 4세기 후엽이며, 4주식주거지와 마한계 토기가 다수 확인되는 것에서 철소재를 구하기 위한 마한인과 왜인이 다수 거주한 비화가야의 교역 거점으로 판단된다. 그 후 하지키계 연질토기는 5세기 중엽 김해시 예안리35호묘에서 환상파수부이중구연옹이 부장된 이후 소멸한다. 이와 같이 하지키는 3세기 전엽에 출현하여 4세기대에는 김해, 부산지역에서 집중적으로 제작되다가 5세기 중엽 이후 자취를 감춘다.

그런데 김해 · 부산지역의 토기 가운데에는 하지키의 속성을 받아들여 제작한 것이 있어 흥미롭다. 즉 김해 · 부산지역에 분포하는 외절구연고배(外折口緣高杯) 가운데 김해시 예안리11호묘 출토품은 배부(杯部)가

28) 井上主稅, 「창녕 계성리유적 출토土師器系 토기」, 『昌寧 桂城里遺蹟』, 우리문화재연구원, 2008.

완만하게 외반하며 통형 각부(脚部)에 단이 형성된 것으로 후루식 고배와 형태가 유사하고, 예안리31호묘 출토품은 하지키계 옹형토기가 공반하는 것에서 하지키의 영향을 받은 것으로 파악된다. 또 노형기대에도 하지키의 속성이 보이는데. 즉 김해 · 부산지역의 파수(把手)가 붙은 특징적인 노형기대 가운데에는 다른 지역에서 보이지 않는 내만구연(內湾口緣)의 속성이 그러하다. 이 구연부의 형태가 함께 출토되는 하지키와 일치하면서 이 두 지역은 하지키계 토기가 가장 밀도 높게 분포하기 때문이다.

2) 스에키(須惠器)

삼국시대 개배(蓋杯)의 경우 도차에서 분리한 배를 뒤집어서 손에 들거나 도차위에 놓고 돌려서 저부를 깎는다. 그러나 5세기 중엽 이후 일본열도산 스에키(須惠器)는 특히 도차 위에서 회전을 이용해 깎는 것이 특징이며, 이는 한반도산 토기와 일본열도산 토기를 구분하는 중요한 기준이 된다. 가야지역 출토 스에키는 5세기 중엽인 TK23형식에서 6세기 전엽인 TK10형식에 속하는 것이 특징이다.

합천군 봉계리20호묘에서는 TK23형식에 병행하는 무개고배 1점이 출토되었다. 그리고 고령군 지산동30호분의 배총인 소형석곽 1-5호묘에서도 TK23형식에 병행하는 스에키인 유공광구소호가 출토되었다. 산청군 명동1지구68호묘 출토 개와 명동2지구14호묘 출토 유공광구소호는 TK23형식이다. 광양군 칠성리취락유적 수혈 출토 개배도 TK23형식이다. 창원시 대평리1지구M1호분1호 석곽에서는 TK23형식의 개배가 2점 출토되었다.

고성군 송학동1A-1호 석곽에서는 TK23형식과 TK47형식의 개배가 6

점 출토되었다. 김해시 관동리유적에서는 TK47형식의 개배가 출토되었다. 함안군 오곡리고분군 출토 개배는 TK47형식이다. 고성군 송학동 1B-1호분 석실 출토의 개배 · 유공광구소호는 TK47~MT15형식이다. 의령군 천곡리21호분에서는 MT15형식의 제병이 출토되었다. 산청군 생초 9호석곽묘에서는 MT15형식과 TK10형식의 스에키인 개배 · 무개고배가 일본열도산 주문경과 함께 출토되었다(그림 24).

김해시 여래리유적에서는 TK10형식의 개배가 출토되었다. 창원시 대평리1지구M1-1호석곽과 고성군 송학동1B-1호분 석실은 전자는 분구가 즙석되었고 후자는 북부 규슈(九州)계 석실인 점에서 스에키가 왜와 관련된 것임을 알 수 있다. 산청군 생초9호석곽묘에서도 다수의 스에키와 일본열도산 주문경이 출토되어 그러하다.

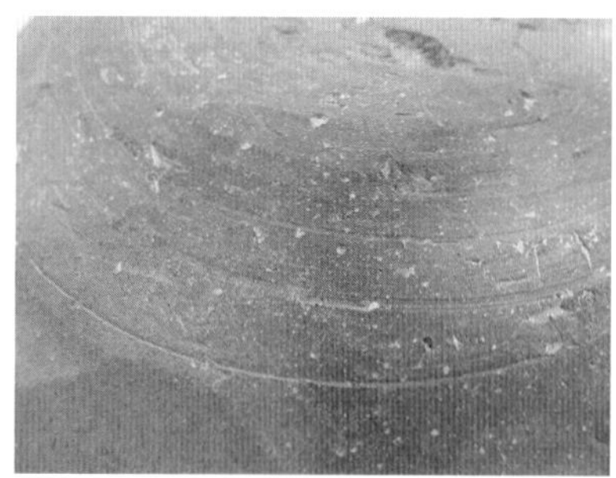

〈그림 24〉 산청군 생초9호석곽묘 출토 스에키

5세기대 소가야권역에서 스에키가 출토되는 비율이 높은 것은 소가야와 왜의 교역활동에 기인한 것으로,[29] 거점 취락인 광주 동림동유적에서 소가야양식토기와 공반되는 점에서 잘 알 수 있다. 한편 5세기 말 6세기 전엽 소가야권역의 스에키는 대가야양식 토기와 대가야산 금공품이 공반되는 점에서 소가야와 왜의 교섭의 배후에 대가야의 존재가 상정된다.

6. 경(鏡)

함안군 사내리 출토 방제경과 제주도 산지항 출토 거울은 내행화문일광경계방제경(內行花文日光鏡系倣製鏡)으로 북부 규슈를 중심으로 하는 서일본에서 제작된 것으로 파악되어왔다.[30]

김해시 양동리고분군의 427호묘와 162호묘의 방제경은 왜경으로 파악되고 있다. 양동리162호묘 출토 8면(面)의 거울은 내행화문일광경계방제경의 Ⅱa, b형으로 그 주형(鑄型)이 북부 규슈 특히 후쿠오카현(福岡縣) 수구(須玖)유적을 중심으로 출토되고 있어 그 가능성이 높다. 양동리441호묘 출토 방제방격규구경도 왜경으로 파악되고 있다. 창원시 삼동동고분군에서는 일본열도산 내행화문경이 출토되었다.

6세기 전엽 고령군 지산동45호분 출토 거울은 동질(銅質) · 제작기법에서 일본열도에서 제작한 왜경(倭鏡)으로 변형육수경(變形六獸鏡)에 가까운

29) 이지희, 『한반도 출토 須恵器의 시공적 분포 연구』, 慶北大學校 大學院 碩士學位論文, 慶北大學校 大學院, 2015.

30) 高倉洋彰, 「韓国原三国時代の銅鏡」, 『九州歴史資料館研究論集』 14, 福岡, 九州歴史資料館, 1989.

것으로 추정된다.[31] 산청군 생초9호석곽묘에서는 MT15형식과 TK10형식의 스에키(須惠器)와 함께 주문경(珠文鏡)이 출토되어 이 시기 방제경이 일본열도산임이 증명되었다(그림 25).

〈그림 25〉 산청군 생초9호석곽묘 출토 왜경

7. 선재(船材)

4세기 후반 김해시 봉황토성의 남쪽 끝 항구로 추정되는 곳에서 길이 3.8m, 폭 58cm의 준구조선의 현측재(舷側材)로 추정되는 부재가 출토되었다. 배의 길이는 약 15m로 복원되며, 재질은 일본열도산 녹나무로 확인되었다. 배의 형태도 일본열도의 하니와(埴輪)에 보이는 준구조선과 유사한 점에서 왜에서 제작된 것으로 보고 있다.

5세기 말 창녕군 송현동7호분에서는 선재(船材)를 전용한 목관이 출토되었다. 길이 3.3m, 폭 1.2m이며 재질은 일본열도산 녹나무로 확인되었다. 목관은 직경 1m의 녹나무 원목의 속을 파내어 만든 준구조선의 바닥재를 전용한 것이다.

31) 小田富士雄,「西日本発見の百済系土器」,『古文化談叢』第5集, 九州古文化研究会, 1978.

8. 이주민

창원시 대평리1지구 M1호분은 진동만을 조망할 수 있는 임해성이 높은 구릉상에 단독으로 입지하며, 분구상에 즙석이 확인된다. 이 고분은 입지와 구조 그리고 TK23형식의 스에키(須恵器)가 2점 부장된 것에서 5세기 후엽에 축조된 왜계 고분으로 추정된다. 이 고분의 피장자는 부장된 토기가 소가야양식인 점, 부장된 철검이 소가야권에 보이는 특징적인 무기인 점에서 그와 관련된 왜인으로 보인다. 산청군 생초9호석곽묘는 소형묘임에도 다수의 스에키와 일본열도산 주문경이 부장되어 그 피장자가 왜인일 가능성이 있다.

가야지역의 왜계석실은 고성군 송학동1호분B호 석실, 의령군 경산리1호분, 의령군 운곡리1호분, 사천시 선진리고분, 사천시 향촌동Ⅱ-1호분, 거제시 장목고분 등 현재 6기로 파악된다. 이러한 고분은 재지의 묘제와 그 계통을 완전히 달리한다.[32] 가야지역의 왜계 석실분은 분구, 내부 구조, 부장품이 일본열도의 고분과 유사하고, 출현 과정을 살펴볼 때, 송학동1호분B호 석실을 제외하고는 영산강유역 전방후원분의 출현 과정과 동일한 것이 특징이다.

6세기 전엽 송학동1호분 B호 석실은 1호분의 같은 분구 내에 있는 A호가 재지의 수혈식석곽이고, C호는 재지의 수혈식석곽에 출입구만을 마련한 진주시 옥봉·수정봉식의 횡혈식석실이다. 그러나 B호 석실은 목붕(木棚), 문주석(門柱石), 문지방석(梱石), 판석폐쇄(板石閉塞), 석실벽을 적색안료(赤色顔料)로 채색하는 등의 특징에서 규슈계(九州系)의 석실로 판단된다.

32) 김준식, 『加耶 横穴式 石室 研究』, 慶北大学校 大学院 博士学位論文, 慶北大学校 大学院, 2019.

〈그림 26〉 의령군 경산리1호분

의령군 경산리1호분은 토착 세력의 수장묘인 유곡리고분군에서 격리된 낙동강에 인접한 구릉상에 입지한다. 석실은 석옥형석관(石屋形石棺), 문지방석, 판석폐쇄, 복실(複室) 구조를 가지고 있다(그림 26). 6세기 전엽 의령군 운곡리1호분은 낙동강에 인접한 구릉상에 입지하며, 이 고분의 조영을 계기로 고분군이 형성된다. 운곡리1호분의 석붕(石棚)와 동장식(胴張式) 석실 등의 특징을 가진 규슈계의 석실로서 재지의 옥봉 · 수정봉식의 횡혈식석실과는 계통을 달리한다.

6세기 전엽 사천시 선진리고분은 남해에 면하고 있으며, 대형의 분구를 가지고 단독분으로 입지한다. 석실은 대형의 자연석을 사용하여 문주석과 요석을 갖춘 지상식 횡혈식석실로서 재지의 석실과는 계통이 연결되지 않는 구조이다. 6세기 중엽 사천시 향촌동Ⅱ-1호석실묘는 남해에 면하고 있다. 이 고분은 돌연 출현하며, 이 고분의 조영을 계기로 고분군이 형성된다. 사천시 향촌동Ⅱ-1호 석실묘는 방형의 평면형에 ㄷ자형으로 석관을 배치한 점, 각 2매의 문주석을 가진 점에서 구마모토(熊本)지방의 히고(肥後)형 석실과 매우 유사하다. 이 고분에서는 신라에서 이입된 녹유유개호(綠釉有蓋壺)가 부장되었다.

6세기 전엽 거제시 장목고분은 남해에 면하고 있으며, 토착세력의 수장묘군인 구영리고분과 격리된 곳에 단독분으로 입지한다. 이 고분은 문주석, 요석(腰石)과 팔자(八字) 상의 묘도를 갖추고, 분구에 즙석(葺石), 그리고 하니와(埴輪)를 모방한 원통형토기를 수립한 가장 전형적인 북부구주형 횡혈식석실분으로 일본열도산 차양주(遮陽冑), 경갑(頸甲), 판갑(板甲)이 부장되었다.

6세기 전엽 송학동1호분B호석실묘는 문주석(門柱石)과 문지방석, 목붕(木棚), 적색안료(赤色顔料)의 도포(塗布), 하니와(埴輪)를 모방한 원통형토기가 수립된 왜계 고분이다. 이 고분에서는 일본열도산 스에키가 출토되었다.

가야지역의 왜계 고분 피장자는 운곡리1호분의 동장식(胴張式) 석실과 경산리1호분의 석옥형석관(石屋形石棺)과 같은 구조의 석실과 석관을 내부주체로 하는 후쿠오카현(福岡縣) 다치야마야마(立山山) 8호분과 구마모토현(熊本縣) 모노미야구라(物見櫓)고분에서 각각 대가야산의 금제 수식부이식이 부장된 것에서 양 고분이 조영된 치쿠고카와(筑後川)유역과 히카와(氷川)유역 등에 출자를 둔 호족세력으로 추정한다. 사천시 향촌동Ⅱ-1호 석실묘의 피장자는 구마모토(熊本)지방의 히고(肥後)형 석실이 주로 분포하는 기쿠치카와(菊地川)에 출자를 둔 것으로 보인다. 그런데 가야지역의 왜계 고분의 피장자와 영산강유역의 전방후원분 피장자가 출자를 달리하는 것이 흥미롭다.

Ⅳ. 금관가야(金官加耶)와 왜(倭)

현재 김해지역은 지금 낙동강 하구 동안의 평야로 되어 있지만, 이는 20세기 초 낙동강 제방공사의 결과로 지형이 변한 것이다. 조선 후기의 대동여지도에도 지금의 칠산이 섬인 망산도로 표현되어 있고 그 주변이 모두 해수역으로 되어있는 점에서 이 지역은 삼국시대에는 넓은 만을 이루고 있는 항구로서 좋은 조건을 갖추었다고 할 수 있다.

그래서 금관가야는 서쪽을 제외한 삼면이 바다에 면한 섬과 같은 천혜의 자연조건을 갖추었다. 더욱이 낙동강을 이용한 교통에서 반드시 거쳐야 하는 관문에 해당하였다. 즉 낙동강을 끼고 있어서 내륙과의 교통이 편리하였고, 또 바다를 통하여서는 왜 및 중국 군현과의 교섭에도 좋은 위치에 있었다. 이는 중개무역지로서의 기능을 한 것이다.

이를 전하는 것으로 『삼국지』 동이전 왜조에 "대방군에서 왜에 이르기까지 해안을 따라 물길로 가는데 한국을 거쳐 혹은 남으로 혹은 동으로 가서 그 북쪽 연안이 구야한국에 이르렀는데 7천리였다. 즉 "從郡至倭循海岸水行 歷韓國 乍南乍東 到其北岸狗邪韓國七千餘里"라는 기록은 구야국이 중국 군현과 한반도와 왜를 연결하는 국제적 교역체계에서 중심적인 역할을 한 것을 보여주는 것이라 하겠다. 이는 낙랑· 대방군으로부터 서, 남해안을 거쳐 왜로 가는 항로상에서 한반도내 마지막 기착지였다. 말하자면 한반도 서해안과 동해안을 동서로 잇고 영남 내륙과 왜를 남북으로 연결하는 교통, 교역로의 교차점이라 할 수 있겠다.

3-4세기 일본열도에는 다수의 금관가야산 문물이 이입된다. 일본열도

에 이입된 금관가야의 문물은 먼저 오사카부(大阪府) 오바데라(大庭寺)유적에서 보이는 바와 같은 새로운 토기인 회청색경질토기를 제작하는 제도(製陶)기술을 들 수 있다. 이는 금관가야 양식 토기를 제작하던 도공이 일본열도에 이주하여 스에키(須惠器)라는 토기를 창출하였으며, 스에키를 계승한 오늘날 일본의 수주야키(珠洲燒)와 같은 세계적으로 유명한 도기(陶器)의 근원도 실은 초기 스에키라 할 수 있다.

그리고 오사카부(大阪府) 시킨잔(紫金山)고분 등에서 출토된 종장판혁결판갑(縱長板革結板甲)은 그 형태가 금관가야와 신라의 판갑과 다른 점에서 일본열도 내에서 금관가야계 공인이 효고현(兵庫縣) 교자즈카(行者塚)고분 등의 출토품과 같은 금관가야산 철정을 가공하여 제작된 것으로 파악된다. 그래서 이 시기 일본열도에 금관가야로부터 철기제작 공인이 이주한 것으로 본다. 이는 후쿠오카현(福岡縣) 니시신마치(西新町)유적에서는 단야와 관련된 유물이 확인되는 것에서도 방증된다. 그리고 교자즈카(行者塚)고분에서는 일본열도의 최초의 마구가 부장된다. 교자즈카 마구는 실용품으로 볼 수 없는 점에서 이 시기 기마 풍습이 일반화된 것으로 볼 수 없다. 이러한 점에서 3-4세기 일본열도에 이입된 한반도 문화는 금관가야의 제도, 철기제작 기술을 들 수 있다.

그리고 4세기 초 부산시 복천동80호묘에서 처음으로 경옥제 곡옥이 출현한다. 4세기 전엽 복천동38호묘에서는 경옥제 곡옥과 함께 마노제 화살촉, 김해시 대성동18호묘에서는 녹색응회암제 방추차형석제품, 벽옥제 관옥과 같은 일본열도산 문물이 공반되어 곡옥의 산지를 추정할 수 있다. 이러한 점에서 야요이시대 이래 일본열도에서 동·서지역 간의 교역품으로 사용되던 경옥제 곡옥이 삼국시대에 이르러 한반도와의 교역에 사용된 것으로 추정한다. 이는 서일본에서 경옥제 곡옥이 유통되지 않은 시기에 한반도 남부에는 보이지 않고 서일본에서 경옥제 곡옥이 사용된 이후에 이입된다.[33] 즉 3세기 후엽 나라현(奈良縣) 사쿠라이차우스야마(櫻井茶臼山)고분 이래 긴키(近畿)지역을 중심으로 한 전기 고분에 경옥제 곡옥이 부장된 이후에 비로소 금관가야에 이입되는 것이다.[34]

더욱이 경옥제 곡옥이 출토된 4세기 전엽 대성동88호묘에서는 진식(晋式) 대장식구, 동모, 파형동기, 통형동기, 벽옥제 석제품, 동촉이 공반되고, 91호묘에서는 전연(前燕)의 청동제 용기와 마구, 로마유리기, 류큐열도산 패제품 등이 공반되어 이 시기 금관가야가 한반도 동남부의 원격지 교역을 주도한 사실과 그 위상을 알 수 있다.

그런데 대성동91호묘 출토 유리기 편은 병의 파편으로 추정되며 분석 결과 화학 조성이 로마 유리기로 판명되었다. 91호분은 로마 유리기, 전연의 마구와 청동용기, 류큐열도산 조개 등의 부장품으로 볼 때 이 시기의 왕묘급 고분으로 평가된다. 김해시 대성동91호묘 출토 유리기가 문제가 되는 것은 전연에서 직접 이입된 것인지, 경유지를 거친 것인지의 여부이다. 이에 대한 직접적인 증거를 제시할 수 없는 현시점에서 단서를 제공하는 것은 경주시 월성로가13호묘 출토 유리기라 본다.

4세기 후엽에 축조된 경주시 월성로가13호묘에서 2점의 유리기가 부장된 것은, 그 이전 시기에 이미 유리기가 신라에 이입되었음을 시사한다. 이와 함께 이 고분에서는 대성동91호묘와 같은 삼연(三燕)계의 마구馬具가 공반된 것에서 이를 통해 유리기가 이입된 것으로 파악된다. 요

33) 中村大介, 「韓半島 玉文化의 硏究 展望」, 『한국 선사 고대의 옥문화 연구』, 복천박물관, 2016.

34) 박천수 · 임동미, 「新羅 · 加耶의 玉 : 硬玉製 曲玉을 중심으로」, 『한국 선사 고대의 옥문화 연구』, 복천박물관, 2013.

녕성(遼寧省) 북표현(北票縣) 북연(北燕)의 풍소불묘(馮素弗墓)에서 5점이 출토된 것으로 볼 때 로마 유리기는 초원로를 통하여 중국 동북지방으로 이입된 것으로 추정된다.

특히 문헌사료로 볼 때 금관가야와 중국의 교섭 기사는 전혀 보이지 않는데 반해 신라는 377년과 382년 전진(前秦)에 견사(遣使)하고 그것이 고구려 사신의 안내에 의해 이루어진 것으로 볼 때, 신라가 고구려를 통해 북방 세계와 접한 것을 알 수 있다. 따라서 금관가야에 이입된 유리기는 고구려, 신라를 경유한 것으로 보는 것이 합리적이다.

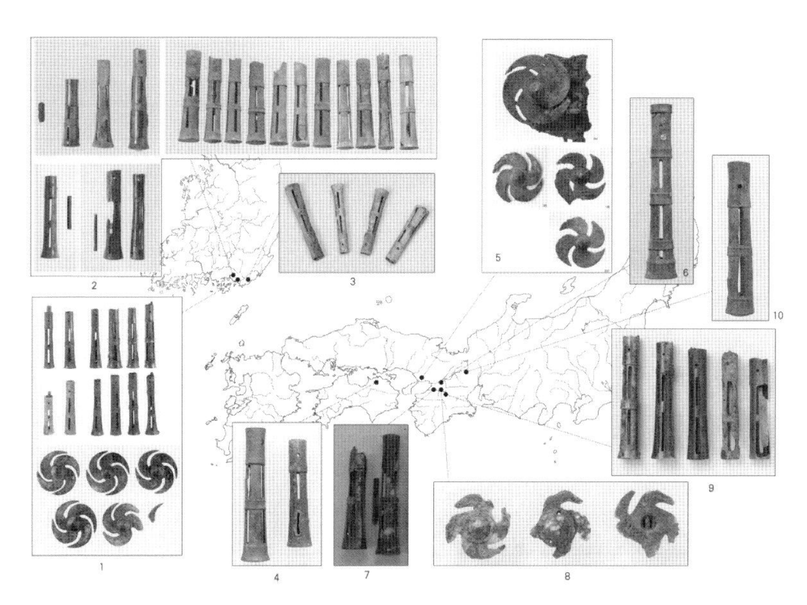

〈그림 27〉 통형동기와 파형동기의 분포로 본 금관가야와 왜

1. 김해시대성동고분군 2. 김해시양동리고분군 3. 부산시복천동고분군
4. 가가와현 네코즈카고분 5. 효고현 교자즈카고분 6. 오사카부 시킨잔고분
7. 오사카부 니와토리즈카고분 8. 오사카부 고가네즈카고분
9. 나라현 니이자와센즈카500호분 10. 시가현 아츠지효단야마고분

이로써 그간 4세기 후반 일본열도에 독자적으로 이입된 것으로 파악되어온 나라현(奈良縣) 신야마(新山)고분과 효고현(兵庫縣) 교자즈카(行子塚) 출토의 진식(晋式) 대장식구가 금관가야를 경유한 것이 밝혀졌다(그림 27). 더욱이 후자에는 금관가야산 철정, 철복(鐵鍑)이 공반되어 이 시기 금관가야와 왜의 교류 양상을 알 수 있다.

앞에서 살펴본 일본열도의 금관가야산 철기와 김해지역 왕묘역인 대성동고분군의 파형동기를 비롯한 기나이산 문물은 이 시기 금관가야와 왜왕권의 밀접한 교섭을 상징하는 것이다. 이는 구야국 시기 대왜 교섭의 상대가 선사시대 이래 일본열도측 창구의 역할을 담당해 왔던 규슈세력이었으나, 금관가야 시기에는 기나이지역과의 교섭이 본격적으로 개시된 것을 웅변하는 것이다.

그리고 일본열도의 왕묘를 포함한 유력 수장묘에 부장되는 파형동기가 부착된 방패, 석제품과 통형동기는 이 시기 왕권을 장악한 나라(奈良) 북부의 사키(佐紀)세력이 특별히 갖추어서 증여한 것으로 추정된다. 특히 통형동기는 김해시 대성동고분군을 중심으로 양동리고분군, 부산시 복천동고분군에 집중적으로 출토되며, 그 출토 수가 일본열도 전역의 개체 수에 육박하는 점에서 철자원을 구하기 위한 왜왕권의 절실한 의도가 간취된다.

400년 광개토왕릉비 경자년조(庚子年條)에는 신라성을 침범한 왜(倭)가 고구려군에 패한 후 임라가라(任那加羅)로 도망하였다는 기록이 보여 주목된다. 임라가라는 김해지역으로 비정되어 이러한 고고자료와 문헌사료는 일본의 연구자가 주장하는 왜군의 독자적인 외정(外征)과 출병(出兵)이 아니라 그것은 어디까지나 금관가야 나아가 백제와 관련된 것임을 웅변하는 것이다.

왜냐하면 왜의 독자적인 출병이었다면 퇴각한 곳 즉 군선을 정박한 장소가 경주에 가까운 영일만 또는 울산만이어야 하기 때문이다. 그럼에도 왜군이 고 김해만으로 퇴각한 것은 금관가야와 왜의 공동작전임을 웅변하는 것이다. 이는 『삼국사기』 자비마립간 6년(463년)에 왜인이 삽량성(歃良城)에 침입하였으나 이기지 못하고 되돌아갔으며 국경 부근에 두 성을 쌓았다는 기사가 보이는 것에서도[35] 당시의 왜·가야 연합군의 침입 경로를 잘 알 수 있다. 즉 왜가 고 김해만을 통하여 삽량성인 양산을 거쳐 경주로 침공한 것이다.

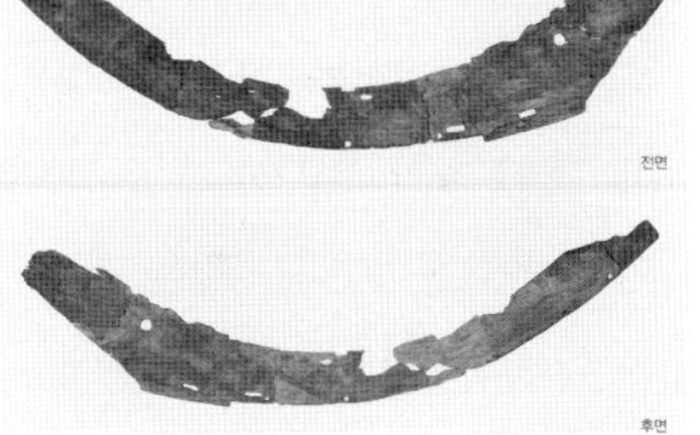

〈그림 28〉 김해시 봉황동토성 주변 출토 선박재

김해시 봉황동토성의 남쪽에서 발견된 선박의 부재는 현측재(舷側材)로서 선의 길이는 약 15m로 복원되며, 재질은 일본열도산 녹나무로 확인되었다. 선은 일본열도의 하니와(埴輪)에 보이는 준구조선으로 왜의 선박이 금관가야에 기항(寄港)하였음을 알 수 있게 한다(그림 28). 이는 왕성인 봉황토성이 왜의 기항지이었으며 정치 경제적 교류의 거점임을 상징한다. 왜가 400년 광개토왕비의 경자년조에 보이며 봉황토성으로 비정되는 임나가라 종발성으로 후퇴한 이유이기도 하다.

35) 선석열, 「신라 지방통치과정과 연산동고분군」, 『연산동 고총고분과 그 피장자들』, 부산광역시연제구청, 2016.

한편 이 시기 광개토왕비에 보이는 왜에 대해 기나이(畿內)세력으로 보지 않고 한반도 남부의 세력, 또는 일본열도의 지역세력으로 보는 견해도 있으나, 현해탄의 고도(孤島)인 후쿠오카현(福岡縣) 오키노시마(沖の島)제사유적에서 돌연 출현하는 벽옥제 석제품과 삼각연신수경(三角緣神獸鏡)을 비롯한 문물과 대성동고분군의 기나이(畿內)산 문물로 볼 때 나라 북부의 왜왕권을 주축으로 하는 세력이 분명하다. 특히 오키노시마(沖の島)유적 출토 기나이(畿內)산 문물은 왜의 항해 안전과 전승을 기원하는 제사에 사용된 것으로 보인다.

금관가야는 고구려 · 신라의 남진정책에 대항하기 위해 왜와의 동맹관계를 이용한 것으로 추정된다. 이 시기 왜가 동원된 배경은 복합적이지만 그 가운데에는 금관가야의 관계망 속에 포함되어 있던 동래지역 즉 복천동세력에 가해지는 신라의 영향력 증대와 이와 함께 가해지는 압박에 대한 금관가야의 적극적인 대응과 공세가 직접적인 원인이라 생각된다. 한편 왜의 신흥세력으로 등장한 나라(奈良) 북부세력은 금관가야와의 제휴를 통하여 군사력을 제공하는 대신 위세품과 철 등의 필수물자를 확보함으로써 일본열도 내에서 주도권을 획득한 것으로 생각된다.

V. 아라가야(阿羅加耶)와 왜(倭)

아라가야의 중심지인 함안지역은 낙동강과 남강이 합류하는 지점의 남쪽에 위치하여 남강, 낙동강과 남해안을 통해 가야 전 지역으로 연결되는 교통의 요충이다. 특히 함안 분지에서 남쪽으로 열린 곡간 통로를 따라 내려가면 남해안의 진동만에 접한다.

함안군 우거리요 출토 이 지역산 승석문호는 기벽이 매우 얇고 고화도로 소성한 것이 특징이다. 동부의 함몰된 동부, 타원형의 구연부와 동부 측면의 중첩 소성흔으로 볼 때 옆으로 뉜 채로 구운 것으로 파악된다. 더욱이 이 승석문호는 같은 시기의 창녕군 여초리요, 대구시 신당동요, 경산시 옥산동요 등에서 보이지 않는 특수한 도부호(陶符號)가 시문된 경우가 많아 그 식별이 아주 용이하다.

3세기 후반 함안지역에서 생산된 아라가야양식의 공자형고배, 통형고배, 노형기대, 승석문호는 3세기부터 4세기 후반까지 남강과 황강수계, 낙동강상류역를 포함하는 광역분포권을 형성하며 금강수계의 공주시 남산리고분군, 천안시 두정동, 청주시 봉명동 등의 백제지역과 고성군 송학동고분군, 여수시 고락산성, 여수시 장도, 순천시 횡전면, 강진군, 해남군 등의 남해안 일대에서 출토된다.

이와 같이 함안지역산 토기가 가야 신라지역의 수장묘와 낙동강수계, 남강수계, 황강수계와 남해안일대의 교통로에 연한 거점 취락에 주로 이입되는 것은 아라가야를 중심으로 한 지역 간 경제적인 관계망뿐만 아니라 수장 간의 정치적인 관계를 분명히 반영하는 것으로 본다. 아라가야를 중심으로 한 관계망의 성립은 4~5세기 이 지역의 고분에서 철정과 이를 가공한 유자이기가 다수 출토되는 것에서 철생산과 지리적인 이점을 살린 유통을 배경으로 하는 것으로 추정된다.

더욱이 승석문양이부타날문호를 중심으로 한 아라가야양식 토기가 나가사키현(長崎縣) 다이쇼군야마(大將軍山)고분, 하루노츠지(原の辻)유적, 후쿠오카현(福岡縣) 미쿠모(三雲)유적, 히가시시모타(東下田)유적, 니시신마치(西新町)유적, 돗도리현(鳥取縣) 아오키이나바(青木稻場)유적, 에히메현(愛

媛縣) 사루카타니(猿ケ谷)2호분 분구, 후나카타니(船ケ谷)유적, 가가와현(香川縣) 미야야마(宮山)요, 교토부(京都府) 시가이(市街)유적 등에서 확인된다. 이는 금관가야양식 토기가 일본열도에서 주로 기나이(畿內)와 도카이(東海)지방에 주로 출토되는 것과 대비되는 것으로, 이 시기 금관가야와 더불어 가야전기의 중심국인 아라가야도 일본열도와의 교류의 중심이었음을 보여준다.

이와 관련하여 거제시 아주동 취락유적이 주목된다. 이 유적에서는 호남지역에 보이는 4주식 주거지 내에서 아라가야양식 승석문호, 고배와 함께 다수의 하지키(土師器)가 출토되었다. 그래서 아라가야가 교통의 요충인 거제도에 교역 거점을 형성하였으며, 이곳에 마한인, 왜인이 거주하였음을 알 수 있다. 이는 일본열도 출토 아라가야양식 토기의 존재와 함께 아라가야가 가야 전기 금관가야와 함께 왜와의 교류의 중심축이었음을 방증하는 것이다.

5세기 전엽 일본열도에서 확인된 가장 이른 스에키요인 오사카부 오바데라유적에 이어 시코쿠(四國)지방에서도 초기 스에키요의 조업이 개시된다. 시코쿠지방의 초기 스에키 가마인 가가와현(香川縣) 미야야마(宮山)요, 미타니사부로이케(三谷三郎池)요에서는 통형 각부에 능형 혹은 원형의 투공을 가진 통형고배가 출토되고 같은 시코쿠의 에히메현 사루카타니(猿ケ谷)2호분과 후나카타니(船ケ谷)유적에서 집중적으로 아라가야양식 토기가 출토되어 이 지역 초기 스에키 생산 공인은 함안지역의 공인일 가능성이 더욱 높아졌다.

더욱이 교토부(京都府) 우지시가이(宇治市街)유적 출토 389년을 전후한 시기의 초기 스에키는, 발형기대가 소형인 점과 시문된 삼각거치문이 함안군 오곡리3호분, 마갑총 출토품과 유사한 점에서 기나이(畿內)지역에서 아라가야계의 공인이 제작한 것으로 본다(그림 29).

〈그림 29-1〉 교토부 우지시가이유적 출토 토기(박천수)

〈그림 29-2〉 교토부 우지시가이유적 출토 토기(박천수)

〈그림 29-3〉 교토부 우지시가이유적 출토 토기(박천수)

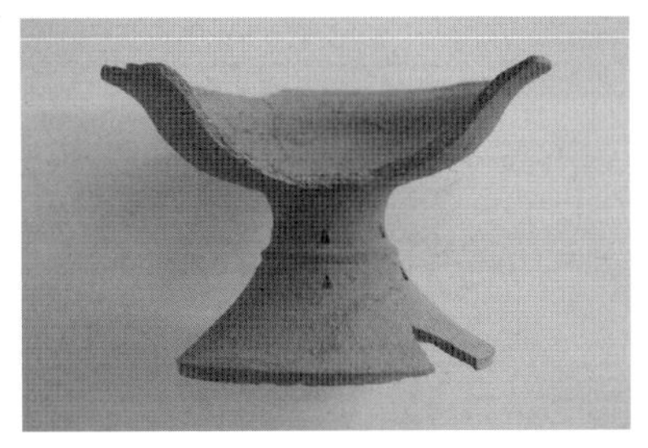

〈그림 29-4〉 교토부 우지시가이유적 출토 토기(박천수)

〈그림 29-5〉
교토부 우지시가이유적 출토 토기
(박천수)

〈그림 29-6〉 교토부 우지시가이유적 전경
(우지시교육위원회 제공)

일본열도에 이입된 아라가야 문물은 5세기 전엽 가가와현(香川縣) 미야야마(宮山)요, 미타니사부로이케(三谷三郎池)요에서 보이는 바와 같은 새로운 토기인 회청색경질토기를 제작하는 제도(製陶)기술을 들 수 있다. 그리고 나라현(奈良縣) 신토(新堂)유적에서는 유로에서 화염형투창고배가 송풍관, 노재(爐滓), 철재(鐵滓), 시루 등의 한식계토기와 함께 출토된 것에서 이 시기 일본열도에 아라가야로부터 철기제작 공인이 이주한 것으로 본다. 이러한 점에서 5세기 전엽 아라가야의 제도, 철기제작 기술이 일본열도에 이입된 것으로 본다.

아라가야양식 토기의 광역분포권은 그 세력이 남강하구에서 수계를 거슬러 올라가 금강상류를 통해 백제지역과 교섭함과 동시에 일본열도와도 활발히 교섭하였음을 보여준다. 이처럼 아라가야 세력은 내륙교역의 회랑과 같은 남강수계를 통해 금강유역과 남해를 연결, 백제와 왜를 중계하는 역할을 한 것으로 본다.

그러나 4세기 말 오사카에서 개시된 일본열도의 본격적인 회청색 경질토기 생산이 금관가야계 공인에 의해 주도된 점, 양동리, 대성동고분군 출토 중국 · 일본열도산 문물로 볼 때 아라가야세력에 의한 대외교섭의 중심적인 역할은 인정되지 않는다.

한편 금관가야양식 토기가 낙동강하류역에 분포가 한정되고 일본열도에서도 주로 오사카(大阪)를 중심으로 한 긴키지역에 주로 출토되는 것과 아라가야의 독자적인 관계망과 대왜교섭으로 볼 때, 금관가야를 중심으로 한 대왜교섭의 독점과 이를 기반으로 한 단일 연맹체설과 금관가야 절대우위론은 성립될 수 없다. 또한 금관가야와 왜 왕권과의 중심지 간 교섭 외에 각 지역 간 교섭이 어느 정도 성행한 것으로 파악된다. 이와 관련하여 4세기 말에서 5세기 초 일본열도에서 초기 스에키의 생산이 다원적으로 개시되었고 더욱이 지역마다 가야의 다른 지역으로부터 공인을 초빙하여 각각 생산한 점이 주목된다. 즉 금관가야권역에서 주로 공인을 초빙한 왜왕권과 달리, 독자적으로 각 지역의 호족, 즉 규슈지방의 호족은 소가야, 시코쿠(四國) 지방의 호족은 아라가야에서 초기 스에키의 공인을 초빙한 것이다. 따라서 4세기대에 이어 5세기 전반까지도 왜왕권이 각 지역의 호족세력들의 독자적인 교섭 활동을 통제하지 못한 것으로 파악된다.

아라가야는 『일본서기』의 이른바 임나일본부의 실체로 보이는 안라왜신관(安羅倭臣館)이 설치되고 임나부흥회의에서도 주도적인 위치를 점하고 있는 것에서 대가야와 함께 여전히 가야 후기의 중심국으로 대왜교섭에서도 중요한 위치를 차지하는 것으로 파악되어왔다. 그럼에도 6세기대에는 지역 간 교류를 민감히 반영하는 아라가야양식 토기가 일본열도에 이입되지 않고 또 이전 시기부터 이 지역에 이입된 왜의 문물도 도항리(경)13호묘의 삼각판혁결판갑과, 말이산4호분의 직호문녹각제도장구(直弧文鹿角製刀裝具)가 출토된 것에 불과하여 고고자료와 문헌사료와의 큰 차이를 보이고 있다. 이는 당시 가야의 중심국이었던 대가야를 견제하려는 백제의 의도로 한시적으로 아라가야에 안라왜신관이 설치되고 이른바 임나부흥회의가 개최된 것에 기인한다. 또 그 시기가 이미 가야 멸망이 임박한 530년대 이후인 것에 원인이 있을 것이다.

Ⅵ. 소가야(小加耶)와 왜(倭)

소가야의 중심지인 고성지역은 남해안 해상교통의 요충지인 반도를 중심으로 북서쪽으로 나아가면 사천을 거쳐서 남강 중류역의 진주에 접한다. 동쪽으로 나아가면 당항만을 거쳐 진동만, 마산만, 고 김해만에 달하고, 또 연안항로를 따라 나아가 거제도를 거치면 곧바로 쓰시마(對馬)에 도달한다. 그래서 이 지역은 김해지역을 거치지 않고 일본열도로 나아갈 수 있는 교통의 요충지라 할 수 있다. 이는 고성에 인접하여 초기철기시대 일본열도 북부 규슈의 이주민이 거주한 남해안의 무역 거점인 늑도유적이 위치하는 것에서도 잘 알 수 있다.

5세기 소가야의 성장은 고구려 남정 이후 대왜 교섭의 중심이던 금관가야가 쇠퇴하고 남해안 일대와 내륙지역에서의 아라가야를 중심으로 한 관계망이 해체하기 시작한 것을 배경으로 한다. 즉 소가야의 성장은 고성지역을 중심으로 한 광역 관계망이 아라가야를 대신하여 남강상류역, 황강상류역, 섬진강수계, 남해안일대에 형성되는 5세기 초를 전후한 시기로 본다.

소가야권역에 속하는 덕동만에 면한 창원시 현동고분군에서는 4세기대에는 함안 아라가야양식 토기가 부장되다가 5세기 전엽부터 5세기 말까지 고성 소가야양식 토기가 부장된다. 그런데 흥미로운 것은 이 고분군에서 소형묘임에도 불구하고 철정이 탁월하게 부장된 점과 철정의 형태가 시기에 따라 달라진다는 것이다.

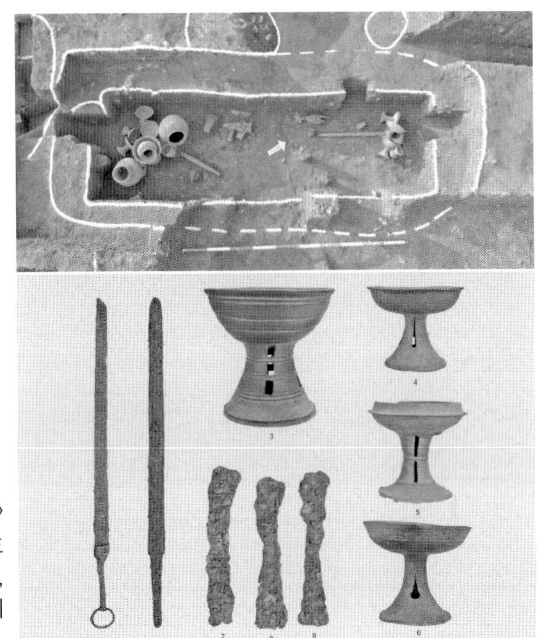

〈그림 30〉
창원시 (동)현동 103호
목곽묘 출토 철정,
철기와 창녕양식 토기

즉 4세기 전반과 후반 현동76호묘과 35호묘 출토 철정은 4세기 금관가야의 대성동고분군 출토품과 유사한 좌우 대칭형 철정인데 반해, 5세기 전엽 103호묘, 5세기 중엽 115호묘, 5세기 후엽 6호석곽묘 출토품은 좌우 비대칭형 철정으로 경주형 철정으로 추정된다(그림 30).

이와 유사한 형태의 철정이 5세기 중엽 창녕 계남리1호분에서 보여 주목된다. 또 이 고분군을 비롯하여 마산만에 면한 창원지역에는 다수의 창녕양식 토기가 이입되고 또한 현지에서 모방 제작된다. 창녕양식 토기는 남해안의 고성에 인접한 통영 남평리고분군에서도 다수 확인된다.

5세기 중엽 현동고분군의 수장묘로 생각되는 (창)64호 석곽묘에서는 창녕양식토기가 다수 부장되었으나, 이와 함께 소가야양식 발형기대가 2점 수평구연호와 조합을 이루어 출토되어 주목된다. 또한 발형기대와 함께 소가야권에 주로 부장되는 철제 장검이 부장되어 피장자의 귀속성을 상징한다. 이 고분에서는 창녕지역을 중개로 수입된 철소재인 철정이 10점이 출토되었다.

이런 경향으로 볼 때 소가야와 창녕의 교역 창구를 담당한 것은 마산만일대의 세력으로 본다. 이는 마산만에서 합성동고분군이 소재하는 팔령산을 지나 북향하면 낙동강을 통하여 창녕지역과 연결되기 때문이다. 이 통로상의 창원 북면 외감리고분군에서는 비화가야양식 발형기대와 고배 개(蓋)가 확인되는 점도 이를 뒷받침한다. 북면을 지나 올라가면 낙동강과 합류하는 청도천 하구에 달한다. 청도천 수계는 창녕의 비사벌권역에 속하는 지역으로 비화가야양식 토기가 대량 출토된 청도 성곡리고분군 등이 위치한다. 청도천 수계에는 토기요지가 다수 확인되어 창녕산 토기는 청도천 수계를 통하여 인근 대산만과 같이 만을 형성한 북일면 일대를 통하여 마산만 일대로 이입된 것으로 보인다.

소가야는 4세기대는 금관가야산 철소재를 수입하였으나, 5세기 이후에는 비화가야를 중계로 신라산 철소재를 수입한 것으로 볼 수 있다. 4세기 금관가야의 철을 수입하여 교역하였으며 그 상대는 남해안과 서해안에 면한 영산강유역에서 좌우 대칭형 철정이 보이는 점에서 구 마한세력이었던 것으로 보인다. 그 후 400년 고구려 남정의 영향으로 금관가야를 중심으로 한 철의 교역 시장이 붕괴되자 창녕세력을 매개로 신라의 철소재를 수입하여 영산강유역을 포함한 남해안 일대에 교역하였을 가능성이 크다. 이는 양 지역의 묘제가 선분구형인 점과 영산강유역에서 소가야양식 토기가 다수 이입되는 점에서 그러하다. 또한 창녕양식 토기가 남해안을 따라 이입되고 해남 일평리에서는 다수 출토된 점도 이와 관련된 것으로 본다.

5세기 초 소가야가 대두하는 것이 토기양식에서 확인된다. 이 시기 소가야양식 토기가 아라가야양식을 교체하듯이 남강중상류역, 황강중상류역과 남해안에 걸쳐서 유통되고 또한 금강수계의 백제지역으로 통하는 교통로와 남해안에 출현한다.

주목되는 것은 일본열도에서 소가야양식토기가 이입되면서 제작된 것이다. 나가사키현(長崎縣) 고후노사에(コフノサエ)유적, 도우토고야마(トウトゴ山)유적, 미시마(箕島)고분군, 오이타현(大分縣) 후나오카야마(船岡山)유적 출토 삼각형투창고배는 소가야양식으로 경남서부지역에서 반입된 것이다.

5세기 전엽 후쿠오카현 고데라(古寺)고분군, 이케노우에(池の上)고분군에서는 삼각투창고배와 함께 수평구연호, 발형기대, 유공광구소호가 출토되었다. 고배의 삼각투창, 호의 수평구연에 가까운 구연부 처리와 동하부의 타날, 유공광구소호의 경부 돌대와 발형기대의 파상문 형태 등으로 보아 소가야양식 토기와 유사하다. 이러한 토기는 형식과 기종의 구성에서 소가야양식으로 파악되나 세부형태가 다른 점에서 후쿠오카현 아사쿠라(朝倉)요산으로 본다. 그런데 오바데라유적과 달리 소가야양식과 세부적인 차이가 보이는 이유는 이러한 토기가 1세대 공인에 의해 생산된 것이 아니라 오사카부 스에무라TK73형식과 같이 2세대 공인에 의해 제작된 것이기 때문이다. 장차 아사쿠라지역을 포함한 규슈지역에서 오바데라유적과 같은 조업 개시기 가마의 발견이 기대된다.

5세기 전반 시코쿠(四國)지방의 에히메현(愛媛縣)에서 소가야의 활동이 확인된다. 이치바미나미구미(市場南組)유적에서는 후쿠오카현 고구마(小隈)유적 등의 아사쿠라(朝倉)가마와 같이 소가야계 공인이 이주하여 조업한 것이 틀림없다. 이는 인접한 돈다바라(土壇原)고분군에서 후쿠오카현

이케노우에(池の上)고분군과 고데라(古寺)고분군과 같이 5세기 일본열도에서 찾아보기 어려운 매장주체부내에서 토기가 부장되기 때문이다. 즉 이치바미나미구미(市場南組)유적에서 제작된 초기 스에키가 부장되어 토기가 부장되는 것은 망자에게 음식물을 공헌하는 한반도 남부의 묘제를 따른 것으로, 이 고분군의 피장자는 소가야계 토기 공인 집단일 가능성이 크기 때문이다.

〈그림 31-1〉
미야지키현 치쿠이게횡혈묘 출토품

〈그림 31-2〉
가고시마현 진료10호분출토품

가고시마현(鹿兒島縣) 진료(神領)10호분 출토 통형기대와 발형기대는 소가야양식 토기이나 시코쿠(四國)지방의 이치바미나미구미(市場南組)가마에서 제작된 것으로 파악된다. 미야자키현(宮崎縣) 치쿠이케(築池)횡혈묘 출토 통형기대도 소가야양식으로 같은 가마에서 제작된 것으로 보고 있다(그림 31). 그러나 이 가마는 소가야양식 토기가 다수 확인되는 것에서 소가야 공인의 이주에 의해 성립된 것으로 판단된다. 그 외 오카야마현

(岡山県) 츠데라(津寺)유적, 효고현 니시오카모토(西岡本)유적 등 넓은 범위에서 출토되는 것이 특징이다.

소가야양식 토기는 나가사키현(長崎縣) 쓰시마(對馬)에 집중하고, 후쿠오카현(福岡縣) 아사쿠라(朝倉)요와 에히메현(愛媛縣) 이치바미나미쿠미(市場南組)요의 초기 스에키(須惠器)요의 공인은 출토 삼각투창고배와 수평구연호, 발형기대, 유공광구소호, 기대가 소가야양식인 점에서 고성지역에서 이주한 공인일 가능성이 크다.

소가야는 아라가야를 대신하여 남강과 금강수계를 통하여 백제지역과의 교섭을 하였을 뿐만 아니라 백제와 일본열도와의 중계교역 활동을 한 것으로 추정된다. 6세기 전엽에 조영된 소가야의 왕묘인 송학동1호분은 종래 전방후원분으로 추정되어 왔다. 발굴 결과 3기의 고분이 접합된 것으로 확인되었다. 1호분은 A호분이 가장 먼저 축조된 후 B호분이, 마지막에 C호분이 축조되었다. 그런데 A호분과 C호분은 현지의 소가야식 수혈식석곽과 횡혈식석실을 묘제로 하고 있으나 전방부로 파악되어온 곳에 조영된 B호고분은 석실 내에 목제 선반, 주칠, 문주석, 문지방석, 판석폐쇄의 특징으로 볼 때 일본열도의 횡혈식석실을 매장주체부로 하는 것으로 판단된다. 더욱이 이 고분에서는 일본열도산 스에키(須惠器)가 다수 출토되어 그 피장자는 왜와 밀접한 관계에 있었던 것으로 추정된다.

그 외 고성 주변에는 일제강점기에 출토된 진주시 중안동고분군의 육수경(六獸鏡), 의령군 천곡리21호분의 스에키(須惠器) 제병(提甁), 고성군 내산리고분군의 스에키로 추정되는 유공광구소호, 사천시의 선진리고분, 향촌동고분, 거제군의 장목고분 등에 왜계문물과 고분이 분포한다.

그런데 고성일대의 왜계 문물에 주목하여 가야 후기 소가야를 대왜

교섭의 주체로 파악하려는 견해가 있다.[36] 이와 같이 경남 서부지역의 왜계문물에만 주목하여 대가야를 배제하고 소가야를 대왜 교섭의 주체로 파악하려는 주장은 영산강유역에 전방후원분을 비롯한 왜계문물이 집중하는 것에만 주목하여 백제를 배제하고 재지세력을 대왜 교섭의 주체로 파악하는 입장과 근본적으로 동일하다.

그러나 가야후기인 6세기 전엽 소가야의 대왜 교섭에서의 중심적인 역할은 고고자료와 문헌사료에서 인정되지 않는다. 즉 소가야의 대왜 교류의 전성기는 앞에서 살펴본 바와 같이 소가야 양식토기가 경남 서부지역과 전남 해안지역에 분포하고 규슈지역에 반입되는 것은 5세기 전반이다. 한편 6세기 전엽에는 소가야양식 토기의 분포권이 고성 사천 일대로 국한되고, 문헌에서 소가야로 비정되는 고자국은 이른바 임나부흥회의의 하위 구성국에 불과하기 때문이다. 그리고 이 시기 소가야권에서 출토되는 왜계 문물과 대가야와의 관련이 주목된다.

이 시기 수장묘역인 송학동고분군과 인접한 율대리고분군, 산청군 중촌리고분군, 진주시 옥봉 수정봉고분군에서 고령양식 토기가 일방적으로 집중 반입되는 공통적인 현상은 이 시기 대가야와 소가야의 상하관계를 추정하게 한다. 그리고 남강 중류역의 교통의 결절점에 위치한 산청군 생초고분군에서는 구릉 사면에 조영된 일반성원묘인 9호묘에서는 대가야양식 토기와 함께 스에키(須惠器)와 주문경이 출토되었다. 이 고분은 지산동45호분 단계의 대가야양식 토기와 MT15형식과 TK10형식의 스에키가 출토되어 6세기 초 이후로 파악된다. 이와 관련하여 고령군 지산동44호분 단계인 5세기 말 생초M13호분에서 대가야의 주부곽식 묘

36) 趙榮齊, 「小加耶(聯盟體)와 倭系文物」, 『嶺南考古學會 九州考古學會 제6회 合同考古學大會-韓日交流의 考古學-』, 嶺南考古學會 九州考古學會, 2004.

제와 대가야양식 토기가 다수 출토되어, 산청 생초 지역이 이미 5세기 후반 대가야권에 편입된 것과 그 이후 9호묘의 왜계문물이 대가야와의 관계망을 통하여 반입된 것을 알 수 있게 되었다. 또 의령군 천곡리21호분의 스에키 제병(提瓶)은 천곡리고분군에 인접한 수장묘역인 합천군 삼가고분군 1호분에서 대가야양식 토기가 집중 출토되어 생초지역과 같은 맥락에서 스에키가 반입된 것으로 추정된다. 따라서 송학동1호분 B호고분의 부장토기 중 다수가 대가야양식 토기인 점을 고려 할 때 그 피장자는 대가야와 관련된 왜인일 가능성이 크다.

이와 같이 대가야와 소가야를 연결하는 남강수계의 산청군 생초고분군과 의령군 천곡리고분군에서 대가야양식 토기와 함께 일본열도산 스에키가 출토되고 일본열도에서 대가야양식 토기와 소가야양식 토기가 공반되어 반입된 것에서 대가야가 일본열도와의 교섭에 소가야의 항구를 이용한 것으로 파악된다. 이는 6세기 전엽 일본서기의 임나사현(任那四縣), 대사(帶沙), 기문(己汶) 지역 사건에서 알 수 있는 바와 같이 대가야가 대외 교통로로 사용하여 온 섬진강로가 백제에 의해 사용할 수 없게 된 것과 관련된 것으로 파악된다.

Ⅶ. 비화가야(比火加耶)와 왜(倭)

비화가야의 중심지인 창녕지역은 동쪽으로는 비슬산과 연한 화왕산, 관룡산, 영취산과 같은 높은 산지와 면해 있으며 북쪽으로는 나지막한

산지를 경계로 현풍지역, 서북쪽으로는 낙동강과 합류하는 회천하구를 마주 보면서 고령지역, 서쪽으로는 황강하구를 마주보면서 합천지역, 서남쪽으로는 남강하구를 마주 보면서 의령지역, 남쪽으로는 낙동강을 경계로 함안지역과 접하고 있는 분지상에 위치하고 있다. 창녕지역에서는 낙동강 수계를 따라 남하하면 고 김해만, 창원 북면을 따라 내려가면 마산만, 남강 수계로 나아가 남하하면 사천만에 도달한다.

비화가야의 낙동강을 통한 수로 활동이 활발하였음이 남쪽 낙동강에 면한 신석기시대 창녕 비봉리유적에서 환목주(丸木舟)가 출토된 것에서도 알 수 있다. 비봉리유적에서는 해수성 조개가 출토되어 해수의 영향이 이 지역까지 미친 것으로 판명되었다.

그간 비화가야는 4세기 후엽 신라에 복속된 것으로 주장되어 왔다. 그러나 지형이 신라와는 높고 험준한 산지를 경계로 하고 있으나 가야와는 낙동강을 마주 보고 열려 있는 점이 주목된다. 이는 신라에 일찍 복속된 포항, 영천, 경산, 대구, 울산의 지형과는 매우 다르다. 즉, 이러한 지역은 경주지역과 낮은 산지 사이의 곡간 통로로 연결되어 있어 신라가 공략하고 영향력을 행사하기 쉬운 곳이지만, 창녕지역은 그와 다른 지형상의 특징을 지니고 있다. 5세기 초 광개토왕비의 경자년(400년)에 보이는 남정 이후 금관가야는 쇠퇴하며 아라가야도 일시 쇠퇴한다. 한편 고구려와의 전쟁에서 전화(戰禍)를 입지 않은 남해안의 소가야와 내륙의 대가야가 대두한다.

그런데 그간 주목하지 못했으나 5세기 초를 전후하여 비화가야가 두각을 나타내는 점이다. 왜냐하면 비화가야산 토기가 이 시기 김해 대성동고분군의 금관가야 왕묘, 합천 옥전고분군의 다라국 왕묘, 의령 유곡리고분군 등의 각 지역 수장묘에 출현하기 때문이다. 4-5세기 전반의 중심지는 창녕 남부의 계성천 일대이다. 이 지구의 중심인 계남리고분군은 봉토 직경 20m 이상 되는 대형분 10여 기를 중심으로 조영되었다.

계성리유적은 계성천을 사이에 두고 계남리고분군의 북서쪽에 위치한다. 이 유적의 주변에는 화왕산에서 발원한 계성천이 구현산(서)과 영취산(동) 사이의 좁은 곡간부를 따라 계성면을 가로질러 낙동강으로 이어진다. 삼국시대 수혈주거지는 25동이 확인되었다.

삼국시대 수혈주거지의 배치양상은 일정 간격을 두고 중복관계 없이 조성되었으며 모두 화재의 흔적이 조사되었다. 평면형태는 모두 방형이며 규모는 최소 6.7㎡~최대 18.5㎡로 차이가 있다. 내부시설로는 4주식 주혈, 부뚜막, 노지, 벽구, 외부돌출구 등이 조사되었는데 외부돌출구에서는 의례와 관련된 유물매납 행위가 조사되었다. 한편, 주거지와 인접하여 토기가마가 1기 조사되었으며 이외에 야외노지와 성격불명의 수혈, 집석 등이 조사되었다. 출토유물은 옹, 완, 주구토기, 시루 등의 연질토기가 주류를 이루며, 고배, 파배, 광구 소호, 소형기대, 발형기대, 단경호, 이중구연호, 대호 등이 출토되었다. 봉화골 I 지구9호수혈주거지에서 2점의 철정이 출토되었다.

이 유적에서는 다음과 같은 점이 주목된다. 주거지의 평면형태가 방형이며 모서리에 지붕 서까래를 받치던 기둥을 하나씩 4개를 박은 4주식 주거지는 영남지역과는 평면형태와 기둥의 배치가 다르며 주거지 내부를 따라 파여진 배수시설이 외부로 이어지는 호남지역의 마한계인 점이다.[37] 그리고 출토된 토기중 취사에 사용된 연질토기는 밥이나 음식을 찌는 시루, 주둥이가 튀어나온 주구토기, 바닥이 편평하고 낮은 완,

37) 유병록, 「창녕 계성리마을 사람들, 그들은 누구일까?」, 『창녕 계성리에 찾아온 백제사람들』, 창녕박물관, 2013, 92~93쪽.

격자타날된 장동옹 등은 마한지역양식인 점이다. 더욱이 봉화골 I 지구 8호수혈주거지 출토품은 대형복합구연호는 서부 세토우치(瀨內海)계 또는 기나이(畿內)계 토기로 파악되고 있는 점이다.[38]

이 유적에서는 호남지역에 보이는 4주식 주거지에서 철정, 마한계 토기와 일본열도계 하지키가 출토되어 주목된다. 이 유적은 철소재의 교역과 관련하여 마한, 왜인이 거주한 교역 취락으로 파악된다. 인접한 곳에 계성고분군이 위치하는 점에서 이 고분군 축조집단과 관련된 취락으로 본다. 계성리유적으로 볼 때 비화가야와 왜는 4세기 후반에 이미 낙동강을 통하여 교류한 것을 알 수 있다.

5세기 전반 덕동만에 면한 창원시 현동고분군에서는 지속적으로 비화가야양식 토기가 이입되며 5세기 전엽 105호묘, 5세기 중엽 115호묘, 5세기 후엽 6호 석곽묘에서 좌우 비대칭형인 경주형 철정이 이입된다. 이와 유사한 형태의 철정이 5세기 중엽 창녕군 계남리1, 2, 3호분에 보이고 있으며, 이 고분군을 비롯하여 마산만에 면한 창원지역에는 다수의 비화가야양식 토기가 이입되고 현지에서 모방 제작된다. 이러한 점에서 비화가야는 신라의 철소재를 수입하여 소가야와 교역한 것을 알 수 있다.

5세기 전엽 통영시 남평리고분군에서는 소가야식 다곽분이 축조된다. 10호분은 원형의 주구 내에 4기의 목곽이 조영되었으며 소가야양식 토기와 함께 비화가야양식 토기가 출토되었다. 또한 비화가야양식 토기가 소가야양식 토기와 같이 해남지역에 걸친 남해안 일대 전역에 출토되는 것이 주목된다. 양자는 비화가야양식 토기가 창원시 현동64호묘,

38) 井上主稅, 「창녕 계성리유적 출토土師器系 토기」, 『昌寧 桂城里遺蹟』, 우리문화재연구원, 2008.

합성동77호묘, 석동고분군, 통영 남평리고분군 등에서 소가야양식 토기와 공반된다. 이는 비화가야가 낙동강중하류역을 중심으로 활동하고 한편 소가야가 남해안을 중심으로 활동하는 것에서 양자는 상호 보완적인 관계로 본다(그림 32).

〈그림 32〉 비화가야양식 토기 분포도

더욱이 5세기 전반 일본열도에는 비화가야양식 토기가 다수 이입된다. 먼저 현해탄에 면한 나가사키현(長崎縣) 쓰시마(對馬島)에 집중 이입된다. 미시마(箕島)고분군, 고후노사에(コフノサエ)고분군, 에비스야마(惠比須山)고분군에서는 소가야양식 토기와 공반되는 점에서 소가야와 비화가야가 일본열도와의 교역에 공동으로 참여하였음을 알 수 있다.

그런데 비화가야양식 토기가 돗토리현(鳥取縣) 나가세타카하마(長瀨高浜)유적, 시마네현(島根縣) 미타카타니(弥陀ケ谷)유적, 이주모코쿠후(出雲国府)유적, 교토부(京都府) 나구오카키타(奈具岡北)1호분, 니이카타현(新潟縣) 미야노이리(宮ノ入)유적 등 동해에 연하여 출토되는 점이 주목된다. 이는 비화가야와 왜의 교역에 동해가 주된 교역로이었음을 알 수 있다.

5세기 전엽 동해에 면한 교토부 나구오카키타(奈具岡北)1호분은 분구

길이 60m의 전방후원분이며, 이 고분에서는 고배와 개 이외 발형기대가 출토되어 주목된다. 이는 전방후원분인 점과 수장묘에 부장되는 발형기대가 이입되었기 때문이다. 비화가야와의 왜의 동해에 연한 교역로의 중요 거점이 교토부 북쪽 동해에 면한 단고(丹後)지역임을 알 수 있다.

오사카부(大阪府) 노나카(野中)고분 분구 길이 225m의 대형 전방후원분인 하카야마(墓山)고분의 배총이다. 이 고분에서는 비화가야양식 5점의 토기와 다수의 신라형 철정이 출토되었다. 이 신라형 철정은 남해안 일대에서 비화가야에 의해 유통된 것이다. 이 고분 주분의 위상으로 볼 때 비화가야가 왜 중추부와의 교역에도 참여한 것을 추정할 수 있다.

5세기 후엽에는 송현동7호분에는 녹나무제 주형(舟形) 목관이 이입된다. 이는 일본열도산 녹나무제 선재(船材)를 목관으로 사용한 것으로 낙동강을 이용한 비화가야의 교역활동을 상징하는 것이다. 이 목관은 선재를 목관으로 전용한 점에서 낙동강을 통하여 일본열도로부터 직접 이입되었을 가능성이 크다(그림 33).

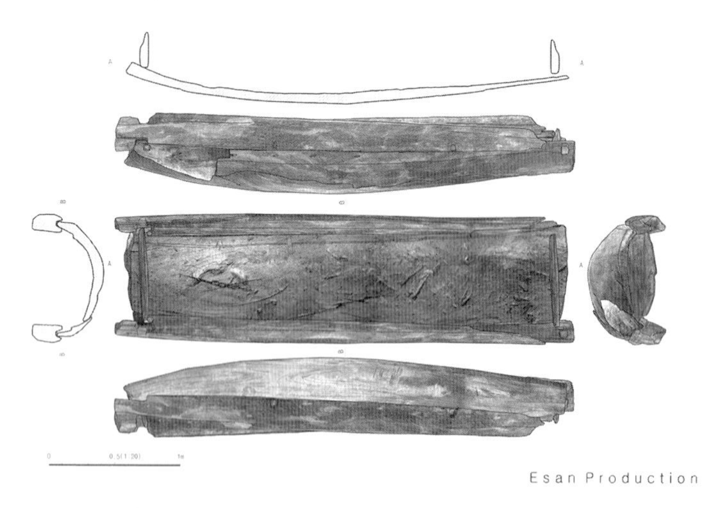

〈그림 33〉 창녕 송현동 7호분출토 녹나무 목관

교동Ⅱ군3호분 출토 삼각판횡장판병용정결판갑(三角版橫長版併用丁結板甲)은 교토부(京都府) 우지후타코야마(宇治二子山)고분 출토품의 사례가 확인되는 교동Ⅱ군10호분의 직호문녹각장검(直弧文鹿角裝劍)도 일본열도산이다.

비화가야는 철소재인 철정과 토기의 생산 유통으로 볼 때 4세기 후반부터 5세기에 걸쳐 소가야와 연계하여 왜와 교역하였으며 신라와 왜의 교역을 중계하는 역할을 담당한 것을 알 수 있다.

Ⅷ. 대가야(大加耶)와 왜(倭)

대가야는 내륙에 위치하고 있으나 5세기 중엽 남강, 섬진강유역으로 진출한다. 5세기 후엽에는 순천시 운평리고분군, 하동군 흥룡리고분군 출토 대가야식 묘제와 토기로 볼 때 대가야는 남강 상류역의 남원시 아영지역으로 진출한 후 남하하여 섬진강 하구의 교역항인 하동을 확보함과 동시에 이른바 임나사현에 해당하는 여수, 순천, 광양지역을 확보한 것으로 본다. 즉 하동의 확보만으로는 해상교통의 안전을 보장할 수 없으므로, 대가야는 남해안의 중앙에 위치하고 길게 돌출한 반도상의 지형을 형성한 군사적인 요충인 여수지역을 점유한 것이다. 이로써 하동 즉 대사진과 해상 교통과 군사적 요충인 여수반도를 포함한 임나사현을 확보하고 남해안의 제해권을 장악함으로써, 아라가야와 소가야의 내륙 회랑인 남강로뿐만 아니라 양 세력이 활동하던 남해안로를 차단할 수 있게 된 것이다.

479년 대가야에 의한 남제로의 독자적인 견사는 이와 같은 남해안의 해상활동을 기반으로 한 것이다. 게다가 백제와 왜의 교통뿐만 아니라 왜의 중국 교통에도 일정한 영향력을 행사할 수 있게 된 것이다.

대가야는 5-6세기 가야 제국 가운데 독자적인 의장의 금공품을 제작한 유일한 국가였다. 특히 고령에서 제작된 금동제 용봉문환두대도, 금제 수식부이식, 금동제 마구는 가야 전역뿐만 아니라 일본열도 전역에 걸쳐 이입되었다. 현재 확인된 대가야산 금공품은 금관 2점, 금동관 5점, 또한 금동제 용봉문환두대도는 49점, 금제 수식부이식은 229점에 달한다. 그 외 금동제 마구도 다수 확인된다. 수백 점에 달하는 화려한 대가야의 금공품은 백제, 신라에 필적하는 독자적인 문화를 상징하는 것이다.

대가야산 금공품의 수량은 신라에는 필적할 수 없으나 백제산 금공품의 수량을 능가한다. 또한 대가야의 금공품은 신라와 백제와 분명하게 구분되는 독자적인 양식이다. 더욱이 고령에서 성주로 연결되는 금광맥이 존재하고, 현대까지 활발하게 채굴된 점에서 금광의 개발을 통한 금공품 생산과 유통이 대가야 발전의 원동력으로 작용한 것으로 판단된다. 고령군 운수면에 소재하는 금광은 일제강점기 이래 30년전까지 대규모 채굴되었으며, 그 배후에 있는 운라산성 부근에는 삼국시대 채광유구로 추정되는 수혈이 보인다. 앞으로의 조사가 기대된다.

5세기 후반 정치적 지위를 상징하는 위신재인 후쿠이현 니혼마츠야마고분 출토품을 비롯한 금동관과 일본열도 전역에서 출토되는 금제 수식부이식이 대가야계인 것에서 이 시기 대가야가 왜와의 교섭에서 중심적인 역할을 담당하였다는 것을 알 수 있다. 이 시기 대가야산 이식이 일본열도 전역의 고분에서 출토되었다(그림 34).

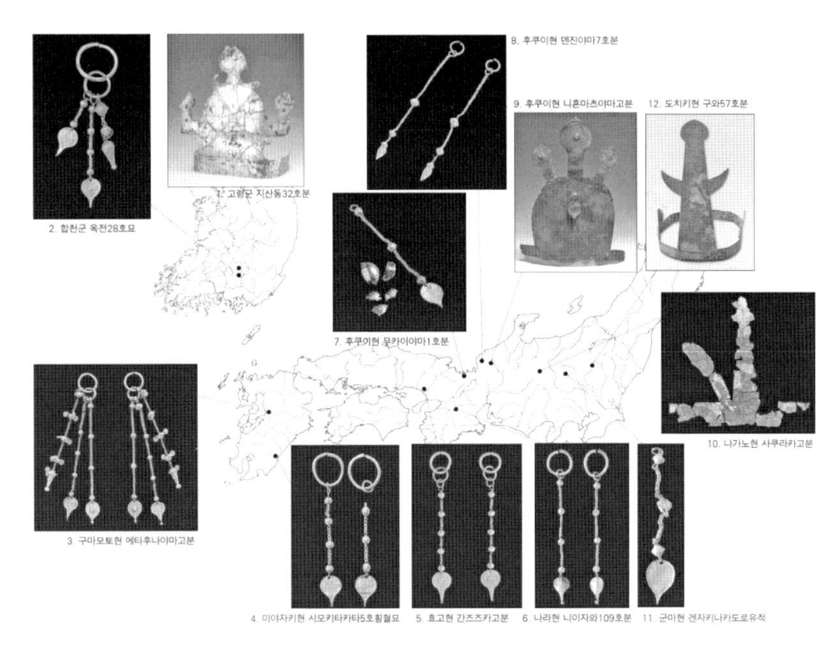

〈그림 34〉 5세기 후반 일본열도 속의 대가야문물

이 시기 일본열도 각지를 대표하는 유력 수장묘인 서일본의 구마모토현(熊本縣) 에타후나야마(江田船山)고분, 긴키(近畿)지역의 와카야마현(和歌山縣) 오타니(大谷)고분, 동일본의 군마현(群馬縣) 이데후타코야마(井手二子山)고분, 사이타마현(埼玉縣) 이나리야마(稻荷山)고분 등에서 대가야형의 금제, 금동제 위신재가 부장된다.

더욱이 주목되는 것은 대가야문물이 집중 부장된 구마모토현(熊本縣) 에타후나야마(江田船山)고분과 사이타마현(埼玉縣) 이나리야마(稻荷山)고분에서는 상감명문대도가 출토되었다. 이와 관련하여 환두(環頭) 내연(內緣)에 각목문(刻目)문가 시문되어 대가야산으로 판단되는 동경박물관 소장의 용문환두대도에도 상감 명문이 시문되어 있어 주목된다. 왜냐하면 이 용문환두대도의 서체(書體)와 상감기법이 이나리야마고분의 명문철검과 아주 유사하기 때문이다. 또한 창녕군 교동11호분의 명문 원두대도도 원두에 시문된 문양이 대가야 마구에 보이는 능삼문인 점, 10호분의 용봉문환두대도가 대가야산인 점에서 역시 대가야에서 제작되었을 가능성이 높은 것으로 판단된다. 그리고 상감 명문대도가 출토된 구마모토현 에타후나야마고분에 환두부 내연을 각목문으로 장식한 용문대도를 비롯한 대가야산 문물이 공반되고, 상감 명문대도가 출토된 사이타마현 이나리야마고분에서도 마찬가지로 대가야산 문물이 공반되는 점이 주목된다.

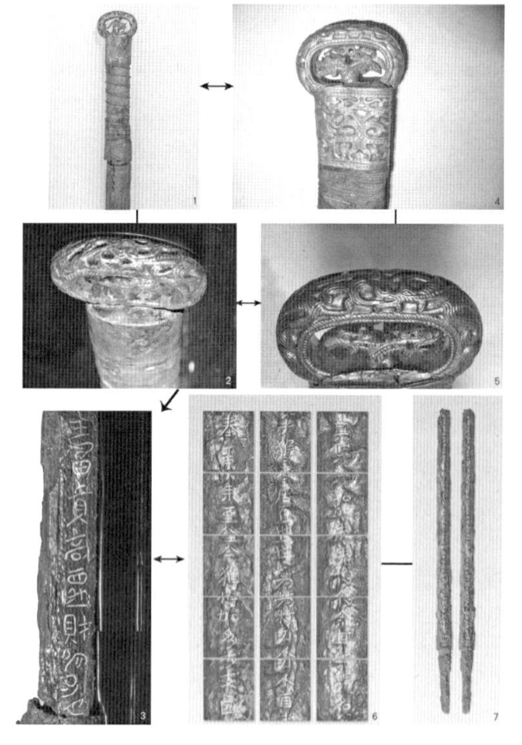

〈그림 35〉
사이타마현 이나리야마고분 출토 명문철검의 계보
1~3. 가야지역 출토품
4, 5. 합천군 옥전M3호분
6, 7. 사이타마현 이나리야마고분

이는 대가야에서 문자의 사용이 상당한 수준인 것과, 5세기 후엽 일본열도 명문대도의 제작에 대가야로부터의 이주 공인工人이 참여한 것을 웅변하는 것으로 본다(그림 35).

이와 같이 5세기 후반 일본열도에서는 대가야 공인에 의해 제작된 명문대도가 왜왕권에 의해 각 지역의 호족세력에게 위신재로 분여된 것으로 본다. 그런데 실은 이와 같은 장식대도를 매개로한 위신재 체계가 금동제 용봉문환두대도와 은장 오각형환두대도와 같은 장식대도를 위신재로 사용하며 다라국을 포함한 그 권역 내를 통제한 대가야의 위신재 체계와 유사한 점이 주목된다. 이는 관(冠)를 매개로 한 신라와 백제와는 달리 장식대도와 같은 도검을 매개로한 위신재 체계가 양 지역에 존재하였음을 보여주며, 왜의 위신재 체계가 대가야와 관련된 점에서 흥미롭다.

이제까지 서일본을 경유하고 그 이입빈도가 낮은 것으로 파악되어온 동일본에 대가야산 문물이 직접 이입되고 그 빈도가 높은 점이 주목된다. 특히 그 가운데 군마현 겐자키나가토로니시유적에서는 적석총과 주거지에서 부뚜막, 13호 수혈에서는 말의 순장이 확인되고, 주변 10호분에서는 수식부이식과 연질토기가 출토되었다. 수식부이식은 대가야산이며 시루와 옹형토기도 말각 환저의 기형과 격자타날문으로 볼 때 대가야계로 추정된다.

나가노현 아라이이하라12호분 순장마에 동반한 마구는 합천군 옥전M3호분 출토품과 유사한 대가야산이고, 나가노현 미야가이토SM03호분에 부수하는 SK64호수혈의 말과 동반한 f자형경판부비와 검릉형행엽, 환형운주도 전형적인 대가야산마구의 조합이다. 나가노현 아제치1호분에서는 대가야계의 수식부이식이 출토되었다. 치바현 오사쿠31호분 출토 말에 동반하는 재갈도 전자와 같은 대가야계 마구이다.

이와 같이 동일본에 이입된 한반도 문물의 특징은 대부분 그 계통이 대가야에서 찾을 수 있으며 호쿠리쿠(北陸)에서 간토(關東)지역에 걸쳐서 분포한다는 것이다.

특히 대가야 문물이 동해에 면한 호쿠리쿠지방에 연한 교통로에 따라 분포하고 중부지역의 산간 회랑을 통하여 동일본에 유입된다. 또한 대가야계 관이 후쿠이현 니혼마츠야마고분→도야마현 아사히나가야마고분→나가노현 사쿠라가오카고분→도치키현 구와57호분 등 호쿠리쿠~간토지역에 걸쳐서 분포한다. 더욱이 대가야산 수식부이식의 분포권과도 일치하는 것이 주목된다.

수식부이식은 후쿠이현 니시즈카고분, 무카이야마1호분→덴진야마7호분→이시카와현 수이사카마루야마5호분→나가노현 아제치1호분→군마현 겐자키나가토로10호분에서 분포하는 것이다.

이러한 금동제품은 기나이지역이 분포의 중심이 아니고, 또한 기나이에서 동일본으로 가는 교통로상에 분포하지 않는 것에서 일본열도의 중심지인 이를 경유하지 않고 동해를 통해 호쿠리쿠지방을 경유하여 이입되었을 가능성이 높다. 왜냐하면 와카사만(若狹灣) 연안의 후쿠이현(福井縣) 니혼마츠야마(二本松山)고분에서는 2점의 관과 덴진야마(天神山)7호분, 무카이야마(向山)1호분, 니시즈카(西塚)고분의 금제 수식부이식, 주젠노모리(十善ノ森)고분의 마구와 같은 대가야산 금공품이 집중적으로 출토되기 때문이다(그림 36).

〈그림 36〉 일본열도 출토 대가야산 문물 분포도

주젠노모리(十善ノ森)고분 출토 영부(鈴附)의 검릉형행엽, 내만타원형 판비 등은 그 형태뿐만 아니라 고령군 지산동44호분 출토 영부 금동제 안교에 부착된 것과 동일한 제작기법의 양이(兩耳)가 형성된 영(鈴)이 부착된 것에서 대가야산이 분명하다.[39] 더욱이 마사집단과 관련된 군마현 겐자키나가토로니시유적, 나가노현 미조구치노즈카고분, 나가노현 사쿠라카오카고분에서는 대가야부터 이주한 수장이 존재한 것으로 파악된다.

그런데 이제까지 호쿠리쿠지방의 한반도계 문물의 이입 배경은 이 지역의 호족세력이 왜 왕권의 한반도 경영에 참가하는 것에 의한 것으로 해석되어왔다. 이와 관련하여 주목되는 것은 464년『일본서기』유라쿠(雄略)8년조 임나왕(任那王)가 호쿠리쿠지방 와카사(若狭)의 호족으로 추정되는 가시와테노오미이카루카(膳臣斑鳩) 등을 보내 고구려를 공격하게 하였다는 기록이다. 즉 여기의 임나왕은 당시의 정황으로 볼 때 대가야왕이 분명하고 공격의 대상이 고구려라는 점에서, 대가야가 일본열도 호족세력의 군사력을 이용한 것을 보여준다. 특히 이 지역의 수장묘인 후쿠이현(福井縣) 니혼마츠야마(二本松山)고분, 덴진야마(天神山)7호분, 무카이야마(向山)1호분, 니시즈카(西塚)고분, 쥬젠노모리(十善ノ森)고분 등에서 대가야산 문물이 집중하는 것도 이를 반영하는 것으로 본다.

6세기 전엽 왜계 고분은 고령지역에서 남강수계를 거쳐 남해안으로 가는 교통로 상에 집중되는 경향이 뚜렷하다. 선진리고분은 진주에서 가장 근접한 항구인 사천만에 입지하고, 송학동1호분은 남해안 해상교통의 요충인 고성반도의 중심에 위치한다. 경산리1호분이 위치하는 의

---

39) 諫早直人 · 李炫姃,「고령 지산동44호분 출토 마구의 재검토」,『경북대학교박물관 年報』, 慶北大學校 博物館, 2007, 89쪽.

령 북부지역은 대가야가 낙동강을 따라 남하하는 교통로의 요충이고, 운곡리1호분은 남강하류역의 교통로상에 입지한다.

이 시기 소가야권역의 수장묘역인 송학동고분군과 인접한 율대리고분군, 산청군 중촌리고분군, 진주시 옥봉·수정봉고분군에서 대가야양식 토기와 대가야산 금제 수식부이식이 일방적으로 소가야권역으로 집중 유입되는 것은 이 시기 대가야와 소가야간의 역학관계를 추정하게 한다. 그리고 송학동1호분에서는 1A-6호묘에서 옥전M3호분에 후행하는 5세기 말 지산동44호분 단계의 대가야산 검릉형행엽과 f자형판비가 출토되고, 6세기 초의 1A-1호묘에서는 자체적으로 형식 변화한 대형화된 대가야산 검릉형행엽과 f자형판비가 출토되었다. 이와 함께 1-B호 석실에 부장된 토기의 다수가 대가야양식 토기인 점을 고려할 때, 그 피장자는 대가야와 관련된 왜인일 가능성이 크다.

6세기 전엽 백제에 의해 임나사현인 여수반도를 상실하고 섬진강 하구의 교역항인 대사(帶沙), 즉 하동지역을 통한 교통이 어려워진 대가야는 섬진강로를 대신하여 남강로를 선택하고 소가야권역의 각 지역 수장과의 연계를 통하여 진주를 거쳐 남하한 후, 고성만과 사천만과 같은 항구를 확보한 것으로 상정된다.

이 시기 왜계 고분인 고성군 송학동1호분B호 석실, 의령군 경산리1호분, 의령군 운곡리1호분에서는 대가야양식의 토기와 함께 백제, 신라의 문물이 출토된다. 즉 송학동1호분B호 석실에서는 백제와 신라토기가, 경산리 1호분에서는 신라토기가 부장되고 인접한 2호분에서는 백제 마구가, 운곡리 1호분에서도 신라토기가 부장되었다. 거제시 장목고분에는 대가야산 팔각형 철모와 함께 대장식구가 부장되었다. 이러한 문물은 영산강유역의 전방후원분에 보이는 대가야계문물과 같이 피장자의 생전 활동을 나타내는 것으로 즉 대가야 왕권하에서 왜, 백제, 신라 교섭에 활약한 왜인의 존재를 상정케 한다. 이와 같은 왜인은 백제가 이식한 영산강유역의 전방후원분 피장자와 같이 대가야와 이에 연계된 소가야에 의해 백제, 일본열도, 신라 외교 및 군사활동을 위해 이식된 것으로 본다. 의령군 경산리1호분의 하위 다수의 중 · 소형 석곽묘에서 대도, 철모, 철촉과 같은 무기의 부장이 탁월하며, 의령군 운곡리1호분에서도 대도가 복수 부장되고 거제 장목고분에서는 일본열도산 경갑과 괘갑과 같은 갑주와 대도, 철모, 철촉과 같은 무기가 부장된다. 가야지역의 왜계 고분 피장자는 이와 같이 무기와 무구의 부장이 탁월한 점에서 백제 측에서 활동한 영산강유역 전방후원분 피장자의 활동을 견제하기 위한 군사적인 역할을 수행한 것으로 추정된다.

이와 관련하여 주목되는 것은 487년 『일본서기』 겐죠(顯宗)3년조 기노오히하노수쿠네(紀生磐宿禰)가 임나(任那)를 근거로 고구려와 통하고, 임나인의 계책을 이용하여 백제를 공격한 기사이다. 기노오히하노수쿠네(紀生磐宿禰)는 백제계 도래인(渡倭人),[40] 왜신(倭臣),[41] 가야계 인물로[42] 보고 있으나, 그 근거는 명확하지 않다. 본고에서는 기노오히하노수쿠네를 임나(任那)에 거주하고 그와 연루된 것에서 대가야와 관련된 왜인으로 보고, 대가야와 관계가 깊은 기(紀)씨인 점에 착안하여 대가야가 백제를 공략하기 위해 파견한 왜계 대가야관인으로 본다. 기(紀)씨와 대가야와의 관계는 금동제 마구와 철제 마주 등의 대가야산 문물을 부장한 와카야마현(和歌山縣) 오타니(大谷)고분이 그 본거지에 조영된 점에서도 잘 알

40) 천관우, 『加耶史研究』, 一潮閣, 1991.

41) 山尾幸久, 『古代の日朝關係』, 東京, 塙書房, 1998.

42) 李永植, 『加耶諸國と任那日本府』, 吉川弘文館, 1993.

수 있다. 더욱이 이 지역 이와세센즈카(岩橋千塚)의 횡혈식석실분에는 고구려의 천왕지신총에 보이는 횡가구조물이 보여 이 기사와 관련하여 흥미롭다. 이와 함께 고성군 송학동1호분B호 석실의 계통에 대해 목붕(木棚)을 근거로 와카야마(和歌山)지역으로 보는 견해가 있다.[43] (그림 37)

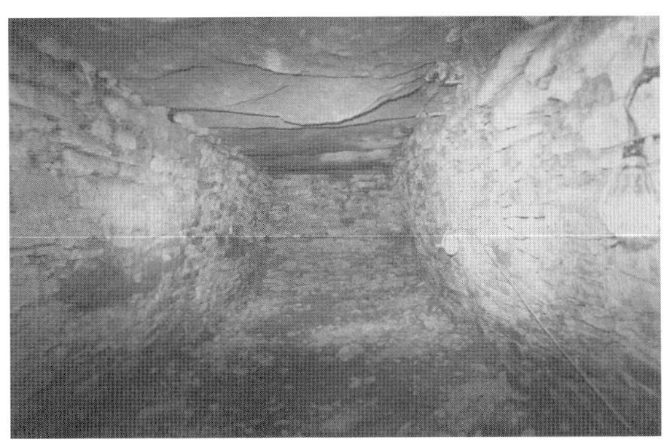

〈그림 37〉 고성 송학동군1B호 횡혈식석실

43) 柳澤一男, 「5-6世紀韓半島西南部と九州」, 『가야, 낙동강에서 영산강으로』, 제2회 가야사 학술회의, 김해시, 2006.

그리고 『일본서기』 진구(神功) 62년조의 왜의 대가야 침공기사를 442년의 사건으로 해석하고 이 시기 왜가 대가야를 공략한 것으로 파악하는 견해가 있다.[44] 그러나 이는 동의하기 어려운데 왜냐하면 먼저 이 기사는 기년(紀年)이 불분명하고, 또한 왜가 대가야를 공략하는 배경이 분명하지 않기 때문이다. 5세기 후엽의 고고자료로 볼 때 왜와 대가야의 관계를 적대적인 관계로 보기 어렵기 때문이다. 또한 이를 전후한 시기 왜군의 출병은 독자적인 것으로 볼 수 없고, 대부분 한반도 삼국의 요청에 의한 것으로 파악되기 때문이다. 그래서 필자는 이 기사를 451년 대가야인 가라(加羅)가 『송서』 왜국전에 돌연 등장하는 시점과 일치하는 것에서 대가야와 왜의 교섭을 보여주는 것으로 해석한다.

더욱이 마로산성의 동쪽해안에 해당하는 광양시 도월리에서 왜계 고분이 확인되어 주목된다. 이 고분은 이 고분은 매장주체부가 분구상에 축조된 구조로서, 분구의 추정 직경 30m, 추정 높이 5m에 달하는 대형분이며, 하니와(埴輪)를 모방한 원통형 토기가 수립되었다. 이 고분은 구조뿐만 아니라 광양만에 접하여 단독으로 축조된 입지로 볼 때 왜계 고분으로 판단된다. 이 고분의 피장자는 주구에서 출토된 토기는 소가야 양식이나 그 위치가 모루(牟婁)지역인 점, 축조시기가 아직 백제에 복속되기 이전인 6세기 초인 점에서 역시 대가야와 관련된 왜인으로 추정된다. 이와 관련하여 여수시 죽림리고분군의 출현 배경도 흥미롭다. 이 고분군에서는 5세기 중-후엽에 조영된 31기의 가야계 수혈식 석곽묘와 함께 주거지가 확인되었다. 특히 이 고분군에서는 무기와 무구의 부장이 탁월하며, 그 가운데 10호묘에서는 일본열도산 판갑이 출토되어 주

44) 田中俊明, 『古代日本と加耶』, 東京, 山川出版社, 2008.

목된다. 이 유적은 그 입지가 여수의 서쪽 만에 연하고 고흥반도를 조망하는 점에서, 백제에 대한 방어를 목적으로 조성된 취락의 고분군으로 본다. 이 취락은 소가야양식 토기가 주류를 이루고 있으나, 대가야에 속하는 다리(口多唎)에 해당하는 지역인 점에서 역시 대가야와 연계된 방어취락으로 파악된다. 다만 이 고분군에 소가야양식 토기가 부장된 것은, 소가야에 인접한 지리적인 특성과 이전 시기의 소가야와의 일상적인 관계망이 지속된 것에 기인하는 것으로 본다.

이렇듯 일부 일본 연구자들이 임나일본부의 증거로 거론하고 있는 영산강유역의 전방후원분과 가야지역의 왜계 고분은 임나사현(任那四縣)과 대사(帶沙), 기문(己汶)지역을 중앙에 두고 분산 배치되어 있고 6세기 전엽에 국한된 출현시기와 각각 신라, 백제와 대가야산 위세품을 보유한 것에서, 임나일본부(任那日本府)와는 어떠한 관계도 확인되지 않는다. 이와 같이 대가야는 고구려, 신라, 백제의 전쟁에 왜왕권뿐만 아니라 호쿠리쿠(北陸)지방과 기이(紀伊)지역, 규슈(九州)지역과 같은 호족세력의 군사력을 활용하고, 호족세력들은 반대급부로서 대가야의 문물을 도입한 것으로 추정된다.

그동안 대가야의 발전 시기에 대해 문헌사학뿐만 아니라 고고학에서도 479년 남제(南齊) 견사(遣使)기록에만 의거하여 5세기 후엽으로 보았다. 그러나 대가야의 발전 시기는 대가야문물이 남강상류역에 출현하고, 일본열도의 대가야 문물과 대가야지역의 일본열도산 문물이 이입되는 5세기 중엽으로 본다. 당시 적대국인 신라가 낙동강하구를 장악하고 경쟁상대인 소가야가 사천만과 고성만에 포진하고 있어, 대가야는 반드시 섬진강로를 확보하여야만 비로소 양자 간 교통이 가능하였기 때문이다. 5세기 중엽 일본열도의 대가야 문물은 섬진강수계의 호남 동부지역이 대가야권역에 포함된 것을 웅변하는 것이다. 이는 451년 대가야인 가라(加羅)가 『송서』 왜국(倭國)전에 등장하는 시점과 부합한다.

이제까지 대가야의 발전은 주로 고령과 안림천수계로 연결된 야로지역의 철산 개발에 의한 것으로 파악되어 왔다. 여기에서 나아가 필자는 이를 기반으로 한 섬진강로의 확보, 특히 하동 대사진의 장악을 통한 대일본열도 교역을 그 원동력으로 보았다.

필자는 대가야가 남강 상류역으로 진출한 후 남원분지로 남하하여 구례를 거쳐 섬진강하구의 교역항인 하동을 확보함과 동시에 이제까지 그다지 주목하지 못했던 여수, 순천, 광양지역을 장악한 것으로 본다. 대가야는 하동의 확보만으로는 남해안의 안전한 교통이 불가능하여 해상교통과 군사적 요충인 여수반도를 장악한 것으로 본다. 남해안의 제해권을 확보함으로써 아라가야와 소가야의 내륙회랑인 남강로뿐만 아니라 양 세력이 활동하던 남해안로를 차단할 수 있게 된 것이다. 더욱이 백제와 왜의 교통뿐만 아니라 왜의 중국 교통에도 일정한 영향력을 행사할 수 있게 된다.

그러나 영산강유역에서는 일본열도의 상위 묘제인 전방후원분이 다수 조영되나 가야지역에서는 그 하위 묘제인 원분만이 조영되는 것에서, 이는 역시 일본열도로부터의 백제와 대가야의 외교력과 군사력 동원의 상대적인 차를 반영하는 것으로 본다. 이는 결국 호남동부지역을 둘러싼 백제와의 전쟁에서 대가야 패퇴의 한 원인으로 작용한 것으로 본다.

이는 6세기 말 임나사현(任那四縣)을 넘어 남해군 남치리고분군에 왜계고분이 돌연 출현하는 점에서 그러하다. 왜냐하면 이 고분의 피장자는 백제산 은화관식을 착장한 점에서 『일본서기』에 보이는 왜계백제관료이기 때문이다. 이를 통해 백제가 남해안의 요충인 임나사현을 확보한 후 그 이동의 남해안의 교통로를 장악하기 위해 왜계백제관료를 파견한 것과, 제해권을 둘러싼 치열한 각축이 있었음을 잘 알 수 있다.

Ⅸ. 결론

3~4세기 금관가야의 왕묘역인 대성동고분군에서는 종래 구야국의 왕묘역인 양동리고분군에 이입되던 북부 규슈(九州)산 문물을 대신하여 새롭게 기나이(畿內)계 문물이 부장되는데, 이는 구야국이 철을 매개로 선사시대 이래 오랫동안 일본열도측 창구의 역할을 담당한 규슈지역과 교섭하여 왔으나, 그 후 금관가야가 일본열도 중심부인 기나이 지역과의 교섭을 본격적으로 개시한 것을 상징하는 것이다. 이 시기 이입된 금관가야의 문물은 철 소재, 철기와 토기의 제작 기술이며 신라, 백제와의 교섭을 통하여 입수한 중국 문물을 전해주는 역할을 담당하였다.

가야 전기의 또 하나의 중심국인 아라가야도 철 소재, 철기와 토기의 제작 기술을 전해주었으나, 아라가야의 왕묘역인 말이산고분군에 대성동고분군에 보이는 일본열도산 위신재가 보이지 않는 점에서 이 시기에는 왜와의 교섭에 주도적인 역할을 담당한 것으로 보기 어렵다. 그러나 6세기에는 『일본서기』의 이른바 임나일본부의 실체로 보이는 안라왜신관(安羅倭臣館)이 설치되고 임나부흥회의에서도 주도적인 위치를 점하고 있는 것에서 대가야와 함께 여전히 가야 후기의 중심국으로 대왜 교섭에서도 중요한 위치를 차지하는 것으로 본다.

5세기 전반 이전 시기의 아라가야양식 토기를 교체하듯 소가야양식 토기가 동남해안과 황강유역, 남강 중·상류역까지 분포권이 확대된다. 이는 아라가야를 대신하여 남강수계와 남해안 일대에서 소가야가 일시적으로 가야의 중심세력으로 등장하였음을 보여주는 것이다. 소가야는 소가야양식 토기와 일본열도산 스에키가 공반되는 점에서 이 시기 아라가야를 대신하여 남강수계와 금강수계를 통해 백제지역과 교섭했을 뿐만 아니라 백제와 일본열도를 중계하였다. 소가야는 서일본 일대에 철소재를 공급하고 제도 기술을 전해주었다.

5세기 전반 비화가야양식 토기는 가야양식의 범주에 속한다. 더욱이 영남지역 전역으로 확산되며, 특히 낙동강 대안의 합천 다라국과 낙동강 하류역의 금관가야, 남해안 일대의 소가야권역으로 이입된다. 나아가 현해탄에 면한 쓰시마(對馬島)부터, 동해와 세토나이해(瀨戶內海)에 연하여 니이가타현에 걸친 넓은 범위에 유통된다. 비화가야는 철소재인 철정과 토기의 생산 유통으로 볼 때 4세기 후반부터 5세기에 걸쳐 소가야와 연계하여 왜와 교역하였으며 신라와 왜의 교역을 중계하는 역할을 담당한 것을 알 수 있다. 이를 통해 볼 때 비화가야가 4세기 후엽, 또는 5세기 전반에 신라에 멸망하였다는 것은 인정하기 어렵다.

필자는 5세기 전반 비화가야는 소가야양식 토기와 함께 가장 넓은 분포권을 형성하고 있으나, 대가야양식 토기는 아직 광역 분포권을 형성하지 못한 것을 볼 때, 이 시기에는 소가야와 함께 양대 중심국이었다고 판단한다.

그런데 5세기 후반 대가야양식 토기가 황강 수계, 남강 중·상류역, 금강상류역, 섬진강 수계, 동남해안, 일본열도에 분포한다. 이는 아라가야와 소가야가 활동하였던 관계망을 고령세력이 새로이 장악함으로써 4세기까지 내륙의 소국에 불과했던 대가야가 가야 후기의 중심국으로 성장하는 과정을 잘 반영하는 것으로 본다. 특히 이 시기 일본열도에는 5세기 전반에 이입되던 신라산 문물을 대신하여 대가야산 금제, 금동제 장신구, 금동제 마구, 철기 등이 이입된다.

이제까지 대가야 발전의 배경에 대해서는 합천 야로지역 철산의 개발을 중심으로 설명되어 왔으나, 필자는 국내의 자료만으로 그 과정과 배경을 밝힐 수 없다고 생각한다. 그 이유는 대가야의 영역 확장 과정이 섬진강수계와 남해안을 지향하는 것과 5세기 중엽 이래 일본열도 각지에 대가야문물이 유입되기 때문이다. 따라서 그간 내륙에 위치하여 후진국으로 파악되어온 대가야상을 전면적으로 재고할 필요가 있다.

4세기까지 이입되던 금관가야산 문물과 5세기 전반까지 이입되던 신라산 금공품 대신 대가야산 금공품이 5세기 후반 일본열도에 갑자기 유입되는 배경은 이와 관련된 것으로 본다. 즉 대가야가 남해안의 제해권을 장악함으로써 특히 백제와 왜의 교통뿐만 아니라 왜의 중국 교통에도 일정한 영향력을 행사할 수 있게 된 것이다. 그래서 왜가 특히 금공품의 수입처를 신라에서 대가야로 전환할 수밖에 없는 상황이 형성된 것으로 생각된다. 이로써 대가야는 종래의 금관가야와 신라를 대신하여 일본열도와의 교역과 교섭을 주도하며 대외관계에서도 가야의 맹주로서 군림하게 된다.

5세기 후반 일본열도의 대가야 문화는 4세기에 금관가야가 전해준 철제품과는 비교할 수 없는 화려한 금제, 금동제 장신구, 금동제 마구를 포함하고 있어 양자 간 국가 경쟁력의 질적 차이를 알 수 있게 한다. 또한 대가야는 당시 왜가 원했던 말과 그 사육방법을 전해 준 점, 더욱이 국가체제의 정비에 절대적으로 필요했던 문자의 사용을 본격화시킨 점에서 대가야 문화는 일본열도의 문명화에 기여한 것으로 판단된다. 한편 6세기 전엽 백제가 임나사현과 대사진을 점령함으로써 대가야는 남해안의 제해권과 교역항을 상실한다. 이에 동반하여 남조 문물을 앞세운 백제산 문물의 본격적인 일본열도 이입으로 인해 대가야와 일본열도의 교역이 퇴조하였으며 이는 대가야의 쇠퇴를 반영하는 것이다.

이상에서 살펴본 바와 같이 가야와 왜의 관계는 가야 제세력의 판도의 변화를 민감하게 반영하고 있다. 이는 일본열도의 자료와 분석을 통하여 국내의 한정된 자료에만 근거한 연구를 극복할 수 있음을 보여준다. 앞으로 가야와 왜의 관계를 통한 가야사 연구의 큰 진전이 기대된다.

그리고 양 지역 간 문물과 사람의 이동을 한반도에서 일본열도로의 일방적인 흐름만으로 볼 수도 없다. 김해시 대성동고분군의 일본열도산 문물과 가야지역의 왜계 고분과 문물의 존재는 문물과 사람의 이동이 일방통행이 아닌 어느 정도 상호적임을 보여주기 때문이다. 나아가 고대 한반도 남부를 식민지화하였다는 일본의 인식뿐만 아니라, 일방적으로 일본열도에 문화적 은전을 베풀었다는 인식도 역사적 사실로 볼 수 없음을 환기시키고자 한다. 따라서 고대 한일관계의 연구에는 당연히 현재의 민족과 국가 관념의 배제가 그 전제가 되어야 할 것이며, 역사적 사실에 기초한 미래 지향적인 연구가 기대된다.

박천수 | 경북대학교

대가야-오키나와 항로에 대한 현대적 재해석

Ⅰ. 들어가며

4~5세기까지 대가야 시대의 해상무역을 책임지고 있던 항해자들은 우리나라 남해안을 중심으로 다양한 지형지물을 목도하면서 해상에서 자신의 위치를 파악하는 기술을 자연스럽게 습득하여 연안항해를 이해하기 시작하였다. 그리고 동시대의 항해자들은 현대의 GPS, Radar, ECDIS 등과 같은 첨단 전자항해계기가 부재하기 때문에 육안으로 식별할 수 있는 시인거리의 장소를 대상으로 모험적인 항해를 할 수 밖에 없었을 것이다. 실제로 오랫동안 우리나라의 남해안을 중심으로 일본과 왕래하던 대부분의 선박들은 제주도와 대마도의 다양한 지형지물을 이용하여 주요 이동 항로를 결정하였고, 이를 기초로 점차 원양 항해의 초석을 다지게 되었다. 예컨대, 제주도의 경우 대가야가 속한 경남 김해, 거제, 부산 인근에서 일본으로 이동하는 중요한 중간 기착점의 역할을 수행하며 다양한 표류 또는 표착문화를 형성하게 되었다.[1)]

1) 중국(산동성 · 강소성 · 절강성) → 한반도 → 대마도 → 일본 본토로 이어지는 고대 항로는

우리나라 남해안과 일본열도사이에는 쿠로시오(黑潮海流) 난류[2])와 북서, 남동 계절풍이 지속적으로 발생함에 따라 고대의 항해자들은 선박을 이용하여 손쉽게 일본에 도달할 수 있었다. 왜냐하면 고대 항해자들은 겨울 철새들이 계절의 바람에 따라 남쪽으로 이동하는 것을 상상하며 수평선 끝단에 땅이 있을 것으로 추측하고 항해하였기 때문이다. 특히 대가야 시대의 진취적인 새로운 Marine Adventure형 해상진출은 대가야의 새로운 다문화 시대를 촉발하였고, 일본과의 다양한 해상접촉을 통한 문화이동은 국제교역이 발전하는 기틀을 마련하였다. 즉 한반도의 새로운 문화 전파와 접촉 그리고 융합은 해상을 통한 신규항로의 개발을 통해서 현실화되었다.

이 연구는 우리나라와 일본 사이의 해류, 계절풍 등과 같은 자연환경, 대가야시대의 유적으로 통해서 복원된 목선 등을 통해서 오키나와에서 생산되는 야광패가 어떠한 항로를 이용하여 대가야시대의 핵심 거점인 고령까지 이동하였는지를 현대적 시각에서 재현하여 검토하고자 한다. 이러한 검토의 원천은 인도 아유타국 허황옥 공주와 김수로왕과 만나는 신화상의 항로, 진시황제의 서복이 불로초를 구하기 위하여 제주도까지 항해하는 항로와 계절풍에 영향을 받아 표류 또는 표착되면서 체득한

한라산이라고 하는 지문항해학적 지형지물을 이용하였다는 점이 핵심이다. 특히 제주도 한라산과 관련하여 삼국지 〈위지 동이전〉에 따르면 "주호는 마한 서쪽바다 한가운데 있다. 사람들은 키가 작고 언어는 한국어와 같지 않다. (중간 줄임) 옷은 위만 입고 아래는 없어 알몸과 다름없다. 선박을 이용하여 한국과 중국을 왕래하며 물건을 사고판다. 한반도와 다른 문화와 풍습을 가졌고 외형적 생김새도 달랐다."라고 기술되어 있다.

2) 태평양 서부 필리핀에서 시작하여 대만과 일본을 거쳐 흐르는 쿠로시오 해류는 일본의 최남서단 섬 사이로 흘러들어 동중국해로 들어왔다가 제주도의 남쪽 해상에서 구분된다. 분파된 주요 해류는 동쪽으로 방향으로 바꾸어 일본 동남쪽 해안을 따라 흐르고 다른 한 줄기는 제주도의 남동쪽으로 올라와 서해와 동해로 이동한다. 더불어 일부 해류('황해 난류')는 동해로 진입하고 일부 난류가 서해로 이동한다. 그리고 일본 열도를 따라 이동하는 해류를 '쓰시마 난류'라고 통칭하고, 동해안을 따라 상승하는 해류를 '동한 난류'라고 한다.

항해술을 현대적으로 재해석하고, 연혁적으로 고찰함으로써 대가야 시대의 다양한 문화적 접촉이 갖고 있는 시사점을 도출하고자 한다.

II. 문헌분석에 기초한 선행연구에 대한 고찰

1. 문헌 고찰의 목적 및 한계

2019년 국내 한국학술지인용색인 기준으로 동북아시아 표류와 관련된 키워드를 검색한 결과 대부분 조선시대 이후의 정확한 사료에 근거한 검증이 대부분이고, 일부 통일신라, 고려시대의 사료를 바탕으로 당대의 한일 간 교류를 확인하는 데 그치고 있다. 따라서 부족한 역사적 사료 및 축적된 각종 과학적 데이터의 미비로 인하여 대가야 시대의 항로에 대한 예상은 현대의 항로, 조선시대의 항로, 기타 연구 논문에서 언급되고 있는 항로 등을 중심으로 검토할 수밖에 없다. 그리고 대가야 시대의 선박의 경우 풍압면적이 작은 5톤 이하의 통나무배, 백제의 영향을 받아 단범 당도리선 또는 쌍범 당도리선까지 다양하게 운영되었을 것으로 추측되고, 앞서 언급한 선박들은 기본적으로 바람, 해류, 선박의 선저 및 돛의 형태에 따라 다양한 자연환경에 많은 영향을 받을 수밖에 없다.[3] 따라서 선박의 해저침수면적이 표류와 어떠한 연계관계가 있는

3) 백제는 우수한 조선기술(造船技術)을 바탕으로 중국 및 일본과 해상활동을 하였다. 예컨대, 중국의 역사서인 수서(隋書) "其人 雜有新羅 · 高麗 · 倭等 亦有中國人"(수서 백제전)에 따르면 백제에는 신라인, 고구려인, 일본(왜)인, 그리고 중국인이 함께 생활하는 것을 명시하고 있다. 또한 백제는 '방(舫)'이라는 선박을 일본에서 '백제선'은 통칭하였으며, 백제만의 독자적인 조선기술을 통해 동아시아의 바다를 장악하였다. 그리고 이를 기초로 백제는 해

지도 관련된 공학적 논문을 검토하여 시사점을 도출하고자 한다.

2. 동북아시아 관련 고대항로에 대한 문헌 검토

고대항로에 대한 문헌검토를 통해서 과거의 한반도와 일본과의 해상무역로의 어떻게 구성되었으며, 출발지와 목적지, 표류 시점과 표착장소, 복귀항로 등을 분석하여 시사점을 도출하고자 한다.

정민(2009), "표류선, 청하지 않은 손님 -외국 선박의 조선 표류 관련기록 探討-" 연구는 조선 후기 제주도와 서남해 연안에 표착한 외국 표류선에 대한 기록을 중심으로 다양한 문화접촉과 문화 감수(感受)가 혼종되어 외부와의 이해작용을 어떻게 효과적으로 진행되었는지를 기록하고 있다. 특히 표류선박에 대한 과학적인 제원 조사를 통한 기술개선 및 외교적 관점에서 표류민에 대한 대응 등을 기술하고 있다. 결국 조선 후기의 한중일은 해상무역을 통해 지속적으로 외부와 교류하고자 노력하고 있음을 이 논문을 통해 간접적으로 확인할 수 있고, 표류민들을 통한 새로운 접촉이 가져온 동북아시아 역내 문화사 또는 교류사에 대한 의미가 존재함을 이해할 수 있다.

허경진(2010), "표류민 이지항과 아이인, 일본인 사이의 의사 소통" 연구는 동래에 살던 무인(武人) 이지항(李志恒)이라는 사람이 1696년에 일본으로 항해하다가 표류한 이후 다시 조선통신사를 통해 1697년에 부산으로 귀국한 사실에 대한 기록을 통해 한자문화 속에서 의사소통과 당대

상을 통한 중국 및 일본과 문화, 문물 교류를 수행하였다(이도학, 「백제의 해외활동 기록에 관한 검증」, 『충청학과 충청문화』 11, 충청남도역사문화연구원, 2010, 307~310쪽; 노중국, 「고대 동아시아의 문화교류와 백제의 위치」, 『충청학과 충청문화』 11, 2010, 64~66쪽; 윤용혁, 환황해권 시대의 역사적 맥락과 현재적 의미- '해양강국 백제'의 전통과 충남-, 2~4쪽).

홋카이도의 생활상을 이해하도록 하고 있다. 해당 기록은 표주록을 통해서 공개되었으며, 이 연구에서 주목할 점은 계절이 명시되어 있지는 않지만 표류의 출발지가 부산이고, 결과적으로 지금의 홋카이도 남쪽까지 표류한 사실을 통해 해류의 흐름을 따라 조선시대 선박은 새로운 항로를 개척할 수 있었을 것으로 추정할 수 있다.

전영섭(2011), "10~13세기 漂流民 送還體制를 통해 본 동아시아 교통권의 구조와 특성" 연구는 10~13세기 동아시아 해상 물류/무역 네트워크의 형성에 대하여 고려 · 일본 간에는 탐라 중심의 탐라－금주－대마도라는 항로, 송 · 고려 간에는 나주 중심의 남방(남중국)항로의 존재 사실에 대하여 언급하고 있다. 더불어 지금의 난민송환법의 시초와 같은 표류민의 처리절차, 즉 송환체제를 통하여 각국의 대외교역 관리 및 동아시아 해상교통 구조에 대한 기초자료를 제공하고 있다.

하우봉(2014), "19세기 전반 대둔사 승려의 일본 표류와 일본인식 -楓溪賢正의 日本漂海錄 을 중심으로-" 연구는 1817~1818년간 일본으로 표류하면서 교류한 일본 규슈지역 및 나가사키 지역의 문화, 언어, 풍습 등을 기록한 일본표해록을 중심으로 표류 당사자로서 송환과정 및 체계에 대한 역사적 고증 자료를 포함하고 있다. 고대 항로 이해의 관점에서 우리나라 전라남도, 경상남도로 상호 이동 중 겨울철 서북풍으로 인한 대마도 지역 또는 일본 규슈지역 표류에 대한 역사적 사실과 항해술의 한계로 인한 역풍의 위험성을 확인할 수 있었다.

김경옥(2017), "근세 동아시아 해역의 표류연구 동향과 과제" 연구는 동아시아 각국에서 비자발적으로 표류된 자국의 국민[4]에 대한 송환문

4) 표류민은 당시대 국가의 관리, 고기잡이 어부, 해상 상인, 밀무역업자 등을 포함한다(김경옥(2017), 「근세 동아시아 해역의 표류연구 동향과 과제」, 『명청사연구』 48, 229쪽).

제를 17-19세기 외교관계에 따라 다양한 형태로 해석하고 있다. 특히 이 연구에서 주목할 점은 우리나라 제주 및 남쪽지방 어민들이 조업 중 표류사고가 발생할 경우 동풍에 영향을 받으면 중국의 복건지방에 표착하고, 동북풍에 영향을 받으면 남쪽으로 표류하여 유구국(오키나와)에 표착하게 된다고 명시하고 있다. 즉, 조선시대 지식인들은 다양한 표류와 표착을 통해 축적된 지식을 바탕으로 계절에 따라 해류 · 조류 · 바람의 영향을 받는다는 사실을 체득하였다. 결국 조선시대의 많은 사람들은 남해안에서 출발할 경우 여름철에는 북해도, 겨울철에는 일본의 큐슈(九州)에 표착할 가능성이 높다.

진경지(2017), "18세기 조선 표류인의 눈으로 바라본 臺灣의 겉과 속 - 尹道成과 宋完의 표류기를 중심으로 -" 연구는 조선에게 여전히 낯선 나라인 대만에 표착한 조선인 윤도성과 송완의 관점에서 지역의 기후, 문화, 언어 등을 기술하고 있다. 왜냐하면 조선은 일본, 중국과의 해상교류에만 집중하여 상대적으로 멀리 떨어진 유구(琉球)나 안남(安南)에 대해서는 중국의 사절을 통해서 간접적으로 이해하고 있었다. 그러나 항해술이 그다지 좋지 않았던 과거에 동아시아의 해상 조난사고는 빈번하게 발생했고 표류로 인해 예기치 않은 문화 교류가 발생하였다. 특히 윤도성은 1729년 장사를 목적으로 제주에서 육지를 향해 배를 띄웠다가 표류했으며 함께 동승했던 인원이 30인이었다. 8월 18일에 출발해 24일 만인 9월 12일에 만에 표착했다. 상륙한 후 그들은 통사관(通事館)으로 인도되어, 간단한 구 호 절차를 밟은 후, 복건성을 거쳐 북경에 이른 후 이듬 해 5월 20일에 육로로 조선에 돌아갔다.[5]

5) 구체적인 사항은 윤도성과 송완의 표류기는 정민(2010)이 발굴한 필사본 『탐라문견록(耽羅聞見錄)』에 실려 있다. 『탐라문견록』은 정운경(鄭運經, 1699~1753)이 1732년 제주목사(濟

〈표 1〉 연도별 '표류' 관련 주요 선행연구 목록 분석

저자	연도	제목	발행기관
강신영, 이문진	2002.06	부산항 연안해역에서의 소형선박 표류 거동특성 관측 및 분석	한국항해항만학회
이문진, 윤종휘, 강창구	2005.02	표류선박 거동특성 관측 및 분석	한국해양환경 에너지학회
김영애	2007.03	박경리의 표류도 연구	한국문학이론과 비평학회
고석규	2008.06	조선시기 표류경험의 기록과 활용	도서문화연구원
김보한	2009.03	중세 일본 표류민 피로인의 발생과 거류의 흔적	역사연구소
정민	2009.06	표류선, 청하지 않은 손님 - 외국 선박의 조선 표류 관련기록	한국한문학회
최성환	2010.05	19세기 초 문순득의 표류경험과 그 영향	역사문화학회
허경진	2010.12	표류민 이지항과 아이누인, 일본인 사이의 의사소통	열상고전연구회
원종민	2011.12	조선의 對淸關係와 西海海域에 표류한 중국 사람들	중국학연구회
허경진, 최영화	2012.06	청나라 무역선의 일본 표류와 『유방필어(遊房筆語)』 -1780년 원순호(元順號)가 일본 치쿠라(千倉) 해역에 표류한 사건을 중심으로 -	아시아문화연구소
이수진	2015.12	조선 표류민의 유구 표착과 송환	열상고전연구회
김강식	2016.02	표인영래등록』속의 제주도 표류민과 해역	탐라문화연구원
이수진	2017.10	조선후기 제주 표류민의 중국 표착과 송환 과정 - 〈제주계록(濟州啓錄)〉을 중심으로 -	온지학회
김강식	2017.06	『漂人領來謄錄』속의 경상도 표류민과 해역	부산경남사학회
김경옥	2017.10	근세 동아시아 해역의 표류연구 동향과 과제	명청사학회
우경섭	2019.03	명청교체기 조선에 표류한 漢人들 - 1667년 林寅觀 사건을 중심으로 -	조선시대사학회

州牧(使)던 아버지 정필녕(鄭必寧)을 따라와서 제주에 머물었을 때 당시 제주 도민으로 외국에 표류했다가 생환한 14인의 표류 경위를 직접 심문한 내용을 기초로 정리한 서책이다.

3. 표류선박에 대한 공학 및 사회과학적 연구 검토

1) 표류 항적 및 이동

이문진 외 2명(2005), “표류선박 거동특성 관측 및 분석” 연구는 해양사고에 의한 선박 표류시 신속한 수색 구조를 지원하기 위하여 표류선박 위치추정과 관련된 선박 표류 거동을 관측과 연계된 환경외력조건을 분석하였다. 이 연구를 통해서 표류선박(대상 : G/T 10톤급, 20톤급, 50톤급, 80톤급 선박 그리고 구명정(life raft) 등)은 표류선박은 풍속의 3%~5%의 속도로 표류하는 것으로 나타났으며, 표류방향은 풍향의 법선방향임을 결과값으로 도출하였다. 결국 표류선박은 풍압면적(수선면 상부의 노출 면적)이 풍향과 풍속에 영향을 받아 선체를 압류시키는 것과 동시에 선수를 편향시켰을 것으로 예상된다.

2) 표류선

임석원(2016), “표류 및 정류선박의 항법상 지위와 법률상의 책임 - 중앙해양안전심판원의 재결 사례를 대상으로” 연구는 현대적 관점에서 표류선박, 정류선박, 표박선박의 정의를 각각 명시함을 통해 해당 선박에 승선하고 있는 선원의 주의의무의 중요성에 대해서 언급하고 있다. 결국 과거의 제한적인 항해계기 및 장비에 따른 불가피한 표류와 현대의 부주의, 오류, 고장에 따른 표류 사이의 차이점이 존재함을 확인할 수 있다.

III. 대가야시대 핵심 항해 요소에 대한 다각적 해석

1. 항해의 의의

1) 항로

물리적 관점에서 항로는 선박의 안전한 항해를 달성하기 위하여 출발지에서 목적지까지 연결하는 일정 범위내의 수역을 의미한다. 그리고 무역 및 문화교류의 관점에서 항로는 선박이라는 운송수단을 통해 일정한 장소의 재화 또는 문화가 타 지역으로 이동하는 경로를 의미한다.

위와 같은 광의적 개념과 대비되는 협의적 관점에서 법적으로 항로에 대한 정의를 문리적으로 해석하면 다음과 같다. 첫째, 해사안전법상 통항로는 선박의 항행안전을 확보하기 위하여 한쪽 방향으로만 항행할 수 있도록 되어 있는 일정한 범위의 수역을 말한다. 특히 선박의 통항량이 증가함에 따라 선박의 충돌을 방지하기 위하여 통항로를 설정하거나 그 밖의 적절한 방법으로 한쪽 방향으로만 항행할 수 있도록 항로를 분리하는 '통항분리제도' 및 서로 다른 방향으로 진행하는 통항로를 나누는 선 또는 일정한 폭인 해상의 '분리선'(分離線) 또는 '분리대"(分離帶)'를 설치하여 선박의 충돌을 방지하고 있다. 둘째, 선박입출항법에 따르면, '항로'는 선박의 출입 통로로 이용하기 위하여 제10조에 따라 지정 · 고시한 수로를 말한다.

이처럼 항로는 관점에서 따라 다양한 의미와 시사점을 내포하면서 아래의 그림과 같이 역사적으로 항로 개척의 목적, 자연환경의 이용 속도 등을 종합적으로 고려하여 발달해 왔다. 예컨대, 나침반을 선박의 항해에 적용을 시작한 시점인 중국의 1098년, 유럽의 1187년보다 훨씬 이전인 대가야 시대의 항해술이기 때문에 항해사들의 목시관측, 바람, 조류, 해류 등에 대한 감각적 이해를 기초로 개발되었을 것으로 판단된다.

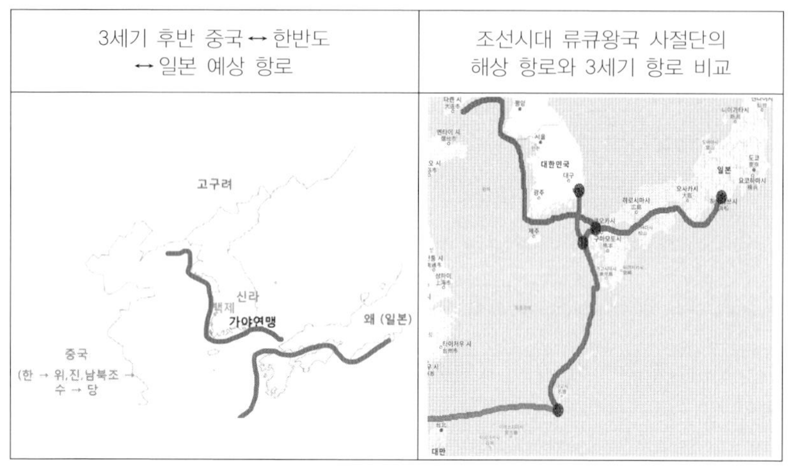

참고자료 : 오키나와 현립 박물관, 15-16세기 동아시아 해상교류도 기초하여 재정리

〈그림 1〉 여름철/겨울철 동북아시아 해류 흐름도 비교

2. 표류선박에 대한 다양한 접근

1) 문화 교류적 접근

표준국어대사전에 따르면 표착은 '물결에 떠돌아다니다가 어떤 뭍에 닿음'을 의미한다. 즉, 항해자의 의도와 관계없이 뜻하지 않게 발생한 표류에 의해 선박 또는 해상부유체 등이 일정한 육상 장소에 정착하는 것을 의미한다. 실제로 조선시대 표류기록에 의하면, 전라남도, 경상남도 연안에서 어로작업을 하던 사람, 연안 무역에 종사하는 사람, 조공무역을 하던 사람들은 중국, 일본, 유구 또는 여송(呂宋필리핀), 안남(安南베

트남), 대만 등지까지 표착한 기록이 있다. 특히 동시대의 사람들은 표착 후 무역 및 외교 관련 정기 송환로를 외국문화를 체험한 후 복귀하였다.[6)]

2) 현대적 접근

해사법적인 관점에서 표류중인 선박은 기관 또는 조타기 고장 등으로 항해자의 자유의사에 의한 선박의 조종이 불가능한 상태의 대상을 의미한다. 특히 1972년 국제해상충돌예방규칙(COLREG) 제18조와 해사안전법 제76조에 따라 표류중인 선박은 항해능력 제한으로 인하여 항해 중 타 선박과의 항법상황에서 우선권을 가지게 된다. 왜냐하면 해사안전법 제2조상의 정의에 따르면, 표류중인 선박은 운전부자유선박의 범주에 명백히 포함되는 선박으로서 조종불능선으로 해석할 수 있기 때문이다. 또한 표류선박은 외형적으로 제한된 상태를 외부에 노출하기 위하여 별도로 규정된 등화와 형상물을 게시해야 한다.

특히 표류선박과 가장 많은 외형적인 혼란이 발생할 수 있는 정류 중인 선박은 항해자가 일정한 목적을 가지고 일시적으로 선박의 운항을 정지한 선박을 의미한다. 따라서 정류중인 선박은 위험 상황을 회피하기 위하여 언제라도 기관을 사용할 수 있는 상태로 유지하고 있다는 점에서 차이가 있다. 그러면 결국 표류중인 선박이 아닌 항행중인 선박은 '정박, 항만의 안벽 등에 계류된 상태, 계선부표나 정박하고 있는 선박에 계류된 상태, 얹혀 있는 상태'가 아닌 상태의 선박을 의미하는 것으로 환언하여 해석할 수 있다.

---

6) 이수진, 「조선 표류민의 유구 표착과 송환」, 『열상고전연구』 48, 2015, 440~442쪽.

3. 역사적 변화에 따른 항법의 발달

1) 항법의 어원 및 구분

항법(Navigation)은 비행기, 잠수함, 선박 등의 운항의 방법을 종합적으로 의미하는 용어이다. 항법의 어원은 라틴어 명사인 Navigere, Navis와 인도하다, 움직이다, 이동하다의 동사적 의미를 갖고 있는 agere의 합성어이다.[7] 실제로 오늘날 선박의 항법은 위치, 방위, 시간을 통해서 출발항구에서 목적항구까지 안전하고, 빠르게 도착할 수 있도록 하기 위한 지식과 기술, 방법 등이 집적된 종합이라고 정의할 수 있다.

항법은 장소적 측면에서 연안항법과 원양항법으로 구분되고, 사용수단에 따라 천문항법, 지문항법, 전파항법, 추측항법으로 구분된다.[8] 특히 대가야시대의 항법은 목시관측을 통하여 연안과 가까운 섬 또는 섬과 섬사이 등을 바람, 해류, 일부의 노 또는 삿대 등을 이용하여 항해하였을 것으로 추측되고, 부분적으로 원시 천문항해술을 이용하여 방향을 가늠하였을 것이다.

2) 고대항법의 종류와 특징

대가야 시대의 항해자들은 중동 및 유럽의 고대항법[9]과 유사하게 주로 경상남도 근해의 복잡한 해안선을 따라 주변 지형, 지물 등을 활용하

---

7) 김성준, 『해사영어의 어원』, 문현출판, 2015, 387~388쪽.

8) 최창묵 · 고광섭, 「항법전에 대응한 항법시스템 발전방향에 관한 연구」, 『한국정보통신학회논문지』, 제19권 제3호, 2015, 757~758쪽.

9) 기원전 2500년에 점토판 기록에 따르면 메소포타미아와 아라비아반도 외해에 위치하고 있는 오만의 마캄(Markham) 사이의 해상항로가 존재하였다. 그리고 B.C. 425년 무렵 헤로도토스(Ἡρόδοτος ὁ Ἁλικαρνασσεύς)의 기술한 〈역사〉 책에 따르면, “이집트 왕 네코 2세의 명령에 따라 페니키아인이 기원전 600년경 홍해에서 아프리카 대륙까지 항해로 일주했다”라고 명시하고 있다. 또한 약 5천 년 전 바빌로니아 유목민들에 의해서 만들어진 별자리는 그리스 신화와 연대하여 별자리 작명을 시작하였다.

여 항해하였을 것이다. 결국 대가야 항해자들은 단순히 경상남도 해안을 따라서 항해를 하면서 관련 항해술을 축적한 이후 별자리와 태양을 기준으로 의도에 적합한 방향성이 갖추어진 항해의 경험을 축적하게 되었을 것이다. 이를 기초로 고대 항법의 종류와 특징을 분석해 보면 아래와 같다.

첫째, 지금도 사용되지만 별, 달, 행성을 활용한 천문항법은 대표적인 고대항법이다. 왜냐하면 별자리는 계절에 따라 차이가 조금 있지만 북극성을 중심으로 시간에 따라 회전한다. 따라서 대가야 항해자들은 해상에서 방위의 기준을 찾기 위하여 작은곰자리 끝에 있는 별로 북두칠성과 카시오페아 자리를 통해 쉽게 북극성을 찾았다. 왜냐하면 '카시오페아 자리'와 '북두칠성' 그리고 '북극성'은 계절에 관계없이 모두 우리나라 어느 곳에서나 북쪽 하늘에서 일 년 내내 볼 수 있는 별자리이기 때문이다. 예컨대, 아래의 그림과 같이 북극성은 북두칠성 끝의 두 별을 다섯 배 정도 연장하여 봄과 여름철 천구상에서 쉽게 찾을 수 있다. 그리고 카시오페아 자리는 주로 가을과 겨울철에 'W'양끝 선을 연결하여 만나는 점으로부터 중간에 있는 별을 5배 정도 연장하여 북극성을 결한 선을 다섯 배 정도 연장하면 북극성의 위치를 확인할 수 있다.

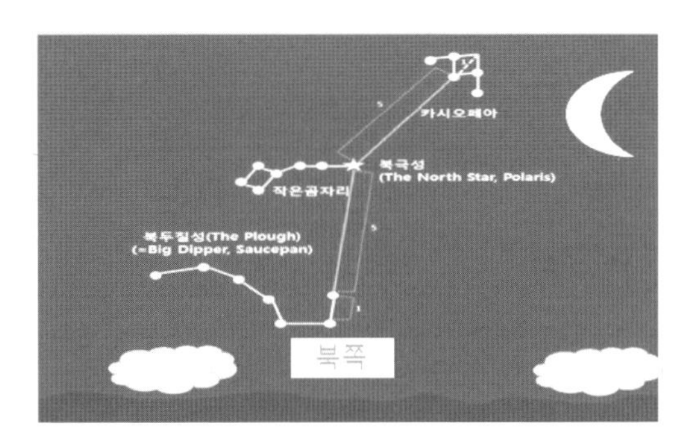

〈그림 2〉 별자리를 활용한 천구상의 북쪽 확인

둘째, 지문항법은 대가야 항해자들은 연안 주변의 지형지물을 이용하여 자신의 위치를 짐작하는 항해술이다. 이와 같은 지문항법은 주로 섬, 높은 산, 절벽, 높은 암석 및 나무 등과 같은 이정표로 삼을 수 있는 지형지물이 많은 연안에서 유리하다.[10] 예컨대, 대가야 항해자들이 연안 항해를 할 경우 육지나 높은 산을 목측하면서 항해하기 때문에 친숙한 지형과 지물을 발견할 경우 항상 자신의 위치를 확인할 수 있다. 반면에 해안선 끝에 존재하고 있는 육안으로 일정거리를 벗어난 선박의 항해를 확인할 수 없다. 실제로 한반도와 대마도까지는 거리가 불과 55km 정도이고, 남동쪽 53km 정도에는 이키섬이 있음에 따라 기상조건의 허락하는 범위 내에서 한반도와 일본열도는 쉽게 연결될 수 있는 지리적 구조를 갖고 있다. 그러므로 대부분은 지문항법을 활용하여 연안 항해를 할 수 있었다. 추측항법은 이전 위치에 이동방향과 거리를 누적하여 현재의 위치를 추측하는 방식이다. 선박의 경우 나침반의 방향과 나무판(로그)를 이용하여 속도를 측정하고 모래시계로 산출한 거리를 추측항법으로 지도에 도시하여 위치를 계산했다.[11]

다음 장에서 비교할 고대 대가야 항로와 지금의 항로를 비교해 보면서 언급을 별도 하겠지만, 신규 항로의 개척과 변화는 곧 육분의, 크로노미터, 나침반의 도입과 GPS, RADAR, ECDIS, AIS, 선박의 기관 등이 복합적으로 개발되면서 시작되는 것이고, 항해의 범위와 선박의 크기 등도 함께 변화되게 된다.

---

10) 문성배, 전승환, 「지문항해학 학술용어 개념정립에 관한 연구 - 침로와 선수방향을 중심으로 - 」, 『항해항만학회』 제36권 제8호, 2012, 619~620쪽.

11) 이동근 한철환 엄선희, 「역사와 해양의식-해양의식의 체계적 함양방안 연구-」, 『한국해양수산개발원 기본연구』 2003-20, 2003, 60~62쪽.

Ⅳ. 대가야시대의 선박과 표류 항로 및 환경에 대한 분석

1. 대가야 시대의 선박의 유형과 표류 항로에 대한 개요

1) 대가야의 해상의 교류

아랍 상인들은 9세기 중반부터 해상로를 통해 신라와 교류를 했왔다는 것이 고증되면서 육상의 비단길과 비견되는 해상실크로드에 대한 범선항해가 가능했음을 확인할 수 있다.[12] 결국 범선항해는 당대의 항해자들이 탁월풍이 발생하는 시점과 해류의 방향이 변화되는 현상을 활용하여 다음 목적지까지 항해하는 기술이 집적되었다는 것을 의미한다. 대가야시대의 해상교류는 인접국가인 백제 · 신라와 조선 · 항해기술을 교류한 실적을 바탕으로 중국 및 일본과 문물을 교류하면서 발전하였다. 예컨대, 대가야는 고아리벽화고분의 무덤구조와 연꽃무늬, 지산리 44호분에서 출토된 청동그릇과 등잔 및 입큰구멍단지, 지산리45호분의 고리칼 등을 통해 백제 및 신라와 육상교류를 실시해왔다는 것이 증명되었다. 또한 역으로 일본 열도에서도 발견되는 각종 토기, 금관, 귀걸이 등을 통해 대가야문화가 해상을 통해 전해졌음을 확인할 수 있다.[13]

---

12) 김중관, 「한국과 아랍의 교역관계사 연구 : 비단길과 해상로를 중심으로」, 『한국중동학회논총』 39권 1호, 2018, 80~81쪽.

13) 5세기 후반의 일본열도의 대표적인 수장묘(首長墓)에는 대가야 제작으로 추정되는 각종 위세품(威勢品), 예컨대, 마구(馬具), 장신구들이 출토되었다. 그리고 고령 양식의 토기가 일본 큐슈 및 세토 내해(瀨戶內海) 주변에 널리 분포되고 있다. 이를 추론해 보면 대가야는 일본과 제주도 방향, 쓰시마 방향 등을 이용하여 해상무역을 했다는 것을 확인할 수 있다. 이 논문에 언급된 통나무배의 가정이유는 일본 미야자끼현(宮崎縣)의 사이도바루(西都原) 고분에서도 출토된 통나무배 모양의 토기를 통해 증명될 수 있다(이동희, 「후기 가야 고고학 연구의 성과와 과제」, 2016년 한국고대사학회 기획 학술회의, 2016, 99~115쪽).

심지어 오키나와산 야광조개패와 같은 남방계 각종 수공예품이 고령·합천 등에 분포된 대가야 지역으로 유입된 것을 통해서 다양한 해상경로를 통해서 일본과의 무역교류가 이루어졌음을 확인할 수 있다.

2) 대가야 시대 선박

가야시대 선박은 뗏목배, 돌도끼로 속을 파낸 통나무배[14]에서 시작하여 백제의 기술을 도입하여 당도리선(唐道里船 : 돛이 두 개 달린 큰 나무배)과 유사한 형태의 선박으로 발전하였을 것으로 예상된다. 구체적으로 아래의 표와 같이 가야시대의 통나무배는 '통나무배 모양의 토기'를 통해서도 이해할 수 있듯이 배의 양현쪽에 여러 개의 멍에가 설치되어, 외력에 의하여 선폭이 축소되거나 또는 앞뒤가 틀어지는 것을 방지하는 역할을 하고 있고, 필요시 돛을 설치할 수 있기도 하다. 특히 갑판상에는 모두 8개의 '놋좆'이 있으며, 여기에 노끈으로 '박'이라고 불리는 노를 매달아 해상이동시 동력으로 활용하였을 것으로 예상된다.

〈표 2〉 백제 당도리선 제원 및 복원 사진

선장	10.35m
전장	12.25m
선고	1.5m
선폭	3.45m

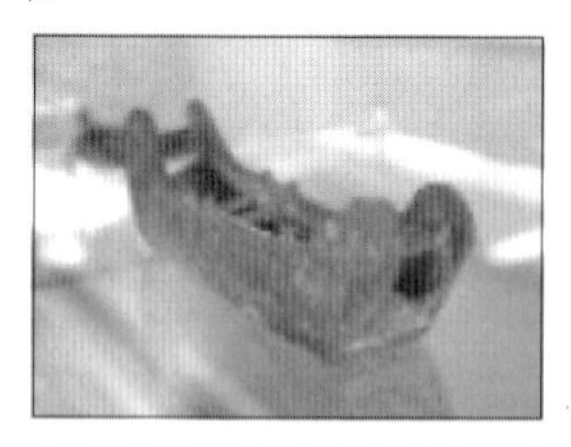

〈그림 3〉 가야시대 통나무배 모양 토용

14) 실제로 우리나라 통나무배의 형상을 유추할 수 있는 유물은 옛 가야 고분에서 출토된 '통나무배 모양의 토기'와 신라 경주 지방에서 출토된 '통나무배 모양의 토기', 그리고 경주 안압지에서 출토된 세 쪽으로 된 통나무배가 있다.

2. 고대 대가야-오키나와 항로의 재구성

1) 고대 연안항로

현대와 같은 항공, 철도, 도로가 부재하였던 고대는 해상을 통한 이동을 통해서만 나라와 나라 간의 문화를 전파할 수 있었다. 즉, 해상이동의 수단인 항로는 단순히 물류적 관점에서 노드(node)와 노드를 연결하는 이상의 무역과 문화가 상호 교섭하는 가교의 역할을 하였다. 왜냐하면 오랫동안 한반도는 삼면(동·서·남해)이 바다로 둘러싸여져 있기 때문에 다양한 해상 항로를 이용하여 중국, 일본, 여타의 나라들과 교역을 하면서 문명을 발전시켜 왔기 때문이다.[15] 대표적으로 백제는 고대왕국 중에서도 '해상왕국'으로서 중국과 일본으로 다양한 문화를 전파한 것으로 유명하다. 특히 선박건조 기술, 원양항해를 위한 항해술 등이 부족했던 대가야 4세기에는 첫 단계로서 서해안과 남해안을 중심으로 연안항해를 하면서 항로를 개척하였을 것이다. 그리고 대가야시대의 항해자들은 배를 타고 낙동강 하류, 다시 낙동강 하류에서 쓰시마(對馬島)를 거쳐 큐슈(九州)로 이동한 것으로 알려지고 있다.[16]

이처럼 동아시아에서는 일찍부터 바람을 항해에 활용하여 봄부터 여름에 걸쳐 부는 남풍계열의 바람을 이용하여 중국 남부해안과 한반도 혹은 일본열도 간의 교류를 진행하였고, 가을부터 겨울에 걸쳐 부는 북

---

15) 서해안과 남해안을 이용하는 국제항로에 대한 최초의 기록은 중국의 기록인 『삼국지』 상의 「위지」 〈동이전〉에 따르면, 황해도 일대에 위치한 중국계 군현인 대방군에서 서해안과 남해안을 따라 대마도, 일본열도까지 이어지는 항로가 있다.

16) 금관가야(金官伽倻)의 시조 김수로왕(金首露王)의 왕비인 허씨 부인은 아유타국(阿踰陀國)에서 배를 타고 김해 해안에 도착했는데, 김수로왕이 이를 미리 알고 가야의 배와 신하들을 보내 허씨를 영접했다고 한다. 그러나 아쉽게도 허씨 부인이 타고 온 배나 가야의 배에 대한 자세한 기록은 아직까지 존재하지 않고 있다(Santosh K. Gupta, 「한·인 외교사에서의 아유타국과 김해」, 제23회 가야사국제학술회의, 2017, 1~3쪽).

풍계열의 바람은 한반도에서 중국의 남부 및 일본 규슈 측과 교류를 하였다. 또한 남풍계열의 바람은 일본열도에서 한반도로의 교류를 시작하도록 유도하였고, 북풍계열의 바람은 한반도에서 일본열도의 남부와 서부해안과의 교섭을 가능하게 유도하였다.

이후 백제, 신라와 함께 대가야는 남해안의 연안 항로를 통하여 일본(오키나와)과의 국제교류 추진해왔기 때문에 이 장에서는 이와 관련된 대가야에서 출발하는 다양한 항로에 대하여 검토하고자 한다. 첫째, 부산, 김해에서 출발하는 일본 항로는 남해안→연안섬(거제도)→대마도→이끼섬(상황에 따라 제외 가능)→일본 큐슈(나가사키)→일본 큐슈(가고시마)→야쿠시마섬→나카노시마섬→다카라지마섬→아마미오섬→도쿠노섬→오키노라부섬→오키나와섬으로 총 거리 약 586마일로 이어지는 제1항로이다. 아래의 그림과 같은 제1항로는 겨울철 북풍을 이용하여 항해하는 가장 보편적인 항로일 것으로 예상된다.

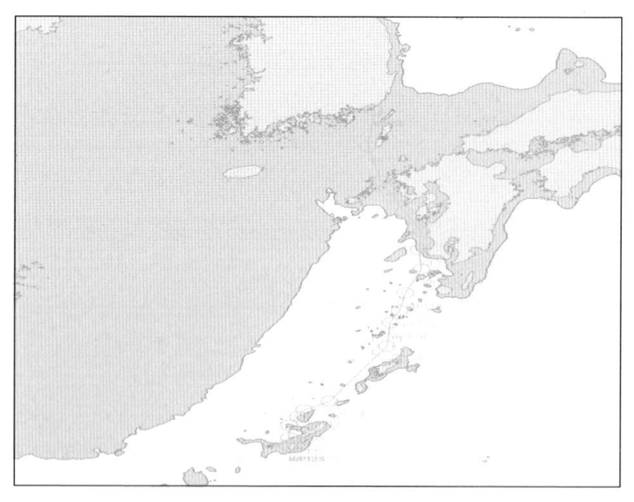

〈그림 4〉 대가야-오키나와 제1항로 개요

위 그림은 한국해양대학교 실습선 '한바다호'의 원양항해 기간 중 기상 악화로 인한 높은 파고로 항로계획을 일부 변경하여 일본 연안을 최대한 접근하여 실제로 항해했던 항로계획이다. 흘수 제약이 없었던 과거의 선박은 이보다 더 연안에 접근하여 항해했을 것으로 예상된다.

둘째, 부산, 김해에서 출발하여 서남해안 연안항로를 따라 고흥반도에서→제주도→일본 고토섬 주변→표류→오키나와 표착하는 약 642마일로 이어지는 제2항로이다. 아래의 그림과 같이 제2항로는 일정한 항해술을 갖추고 제주도까지 바람과 해류를 이용하여 항해를 한 이후 다시 바람을 타고 오키나와 까지 표류하는 항로이지만 고대의 조선 및 항해술의 열악함을 고려할 때 상당한 위험이 동반된 항로이다.

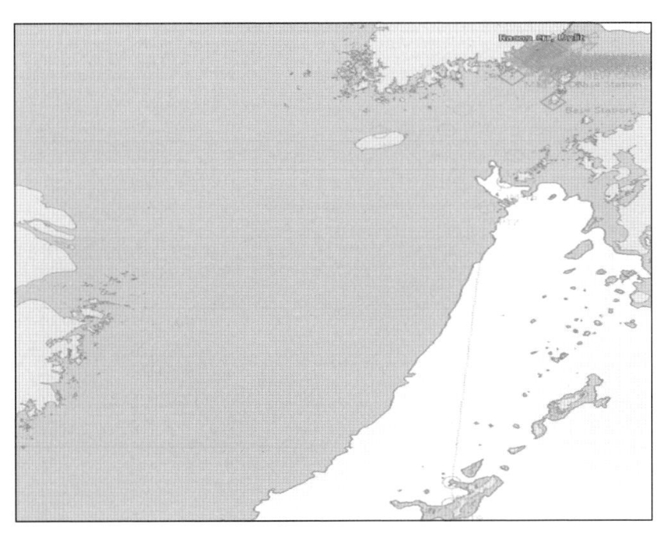

〈그림 5〉 대가야-오키나와 제2항로

셋째, 부산, 김해에서 출발하여 서남해안 연안항로를 따라 고흥반도에서→제주도→중국 남동부 지역→대만표착→이사카키섬→미야코섬 → 오키나와(약 1099마일) 또는 중국 남동부 지역에서 바로 오키나와(약 981마일)로 이어지는 제3의 항로이다. 제3의 항로는 제2의 항로와 거의 유사하나 오키나와가 아닌 중국 남동부 해안으로 이동한 이후 연안항해를 통해 대만으로 이동하거나 또는 중국 남동부 해안에서 바로 쿠로시오 해류 또는 류큐해류를 이용하여 오키나와에 도착하는 항로이다.

〈그림 6〉 대가야 - 오키나와 제3항로 Ⅰ

〈그림 7〉 대가야 - 오키나와 제3항로 Ⅱ

넷째, 부산, 김해에서 출발하여 일본 고토섬→오키나와로 연결하는 제4의 항로이다. 중간 기착지가 없는 가장 힘든 항로일 것으로 예상되며, 해상날씨가 평온한 상태가 지속되어야만 실제로 항해의 목적이 성취될 수 있는 가혹한 조건의 약 505마일 항로이다.

다섯째, 최근 선박의 항해 형태는 선박의 경제성, 전자화, 첨단화, 대형화, 고속화 등으로 인하여 연안항해를 할 수 없기 때문에 아래의 그림과 같이 약 542마일 거리로 단축된 항로를 선택하여 안전하게 항해하고 있다.

〈그림 8〉 현대적 관점에서 부산-오키나와 원양항로

반면에 복귀 항로는 오키나와에서 일본 남부 큐슈를 연결하는 수많은 섬과 섬들을 연안항해하면서 오키나와→가고시마→나가사키→쓰시마→낙동강 하구 또는 거제도 유역으로 도착하는 아래의 그림과 같은 약 615마일 항로이다.

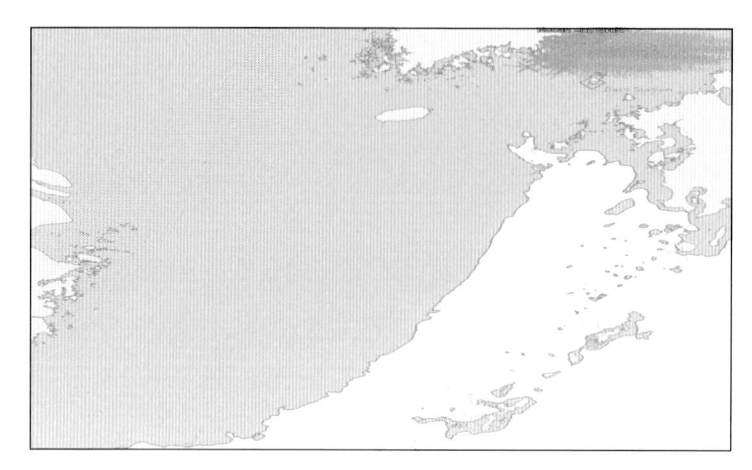

〈그림 9〉 오키나와-대가야 복귀 항로

고대의 항로는 지금의 항로와 비교하여 예상하지 못한 해양기상, 식음료의 공급 및 항해계기의 부재 등으로 인하여 훨씬 위험하고 어려운 과정이었을 것이다. 그럼에도 불구하고 대가야시대의 항해자들은 망망대해를 통해 대가야의 다양한 문물을 교류하고자 노력했고, 그 결과 한반도의 남해안을 대표하는 철기문명을 갖춘 대가야의 문화가 새로운 항로를 통하여 일본의 오키나와까지 전파교섭되어 오늘날 가야 지산군 고분묘에서 다양한 오키나와산 유물을 출토되는 것을 확인할 수 있다. 이후로도 한반도와 일본과의 교류는 대가야가 멸망한 이후에도 백제, 신라의 서남해안 연안항로를 통해 일본열도와 지속적인 교류가 존재하였으며, 이를 통해 성립된 국제 관계는 이후 한국 고대사, 더 나아가서는 당시의 동북아시아 역사와 문화가 상호 공존하며 발전하는 밑거름 역할을 하였다.

3. 한반도 주변 해역의 해양환경분석

1) 기후 일반

한반도는 지리적으로 중위도지역에 위치함에 따라 4계절이 뚜렷한 온대성 기후대에 속한다. 특히 계절적으로 겨울은 한랭 건조한 시베리아 고기압의 영향을 받아 춥고 건조하며, 여름은 고온 다습한 북태평양 고기압의 영향으로 무더운 날씨가 지속된다. 그리고 봄과 가을에는 이동성 고기압의 영향으로 맑고 건조한 날씨를 보이고 있다.[17] 특히 선박의 항로와 관련하여 겨울에 북서풍, 여름에는 남서풍이 강하며, 계절에 따른 탁월풍의 정도가 대비됨에 따라 9월과 10월은 바람이 비교적 약하기 때문에 대가야 시대 선박의 원양항해의 겨울철 북서풍을 이용하여 일본으로 이동하고, 여름철 태풍을 피하여 남서풍으로 이용하여 복귀하였을 것으로 예상된다.

2) 선체에 작용하는 외력

선체에 작용하는 외력으로는 다양한 요소가 복합적으로 작용하는데, 고대의 선박은 주로 해수유동, 바람, 파랑 등의 영향을 받았을 것으로 예상된다. 이러한 외력은 선박의 규모, 선체형상, 풍압면적, 유압면적, 흘수 등에 차이가 존재한다. 그리고 바람은 선박의 수면상부에 작용하는 선체를 압류시킴과 동시에 선수를 편향시키게 되며, 해수유동은 선박의 수면 하부에 작용하여 선체를 해수가 흘러가는 방향으로 이동시킨다. 바람방향과 동일한 방향으로 작용하는 파랑은 선박의 압류뿐만 아

17) 김성준, 「고대 동중국해 사단항로에 대한 해양기상학적 고찰」, 『해양환경안전학회지』 제19권 제2호, 2013, 158~159쪽.

니라 고대선박의 항해가능 여부를 결정하는 요소였을 것으로 예상된다.

3) 해수유동

표층수의 유동으로는 해류, 조류, 취송류 및 연안류 등을 들 수 있다. 이중 해류(Sea current)는 바다에서 흐르는 전 지구 규모의 흐름이며, 조류(Tidal current)는 달과 태양의 인력에 의해 발생하는 조석에 의해 생성된 해수의 주기적인 흐름으로 연안해에서는 보통 조류가 해류보다 강하므로 연안 해수유동의 대부분을 차지한다. 취송류는 해수면상에 부는 바람에 의해 일어나는 해수의 흐름이며, 연안류(Longshore current)는 연안으로 진입해 오는 파가 쇄파대 이내로 들어와 깨진 후에 해안선에 평행에게 흐르는 흐름이다.

고려 · 몽골 연합군이 일본을 정벌할 때 쓰시마[對馬島]와 이키[壹岐] 섬을 대상으로 하였듯이 한반도와 일본열도 사이에 있는 징검다리 교섭역할을 하는 많은 연안 섬들이 가까이에 위치해 있다. 최근 북큐슈[北九州] 지방에서 한국계의 석기가 발견된 것이나 한국계의 전설이나 풍속 · 언어 등이 발견된 사례를 보더라도 고대부터 해류, 또는 계절풍을 이용하여 한반도와 일본은 서로 많은 교섭을 실시한 것으로 충분히 미루어 짐작할 수 있다.

조류는 약 12시간 24분마다의 주기적인 운동으로 그 방향이 반대가 되며, 연안해에서는 조류가 해류보다 영향이 크지만, 외해에서의 조류속은 수 cm/sec 정도이며 수심이 깊을수록 느려지므로, 본 연구에서는 가야-오키나와 항로 간 항해의 관점에서 해류를 주요 요소로 가정한다.

가장 밀접한 관계를 갖고 있는 쿠로시오 해류(Kuroshio Current)는 세계 최대의 난류인 멕시코 만류 다음으로 큰 해류로서 태평양 서쪽끝단 저위도에서 발원하여 오키나와 해곡을 통과하여 일본의 동쪽 연안을 따라 한반도의 남쪽과 북쪽으로 이동한다. 또한 특히 겨울철 제주해협을 중심으로 쿠로시오 해류의 지류는 황해와 동해로 분파되어 각각 황해 난류(Yellow Sea Warm Current)와 쓰시마 난류(Tsushima Warm Current)를 다음의 그림과 같이 이동한다. 결국 통나무배 또는 당도리선의 경우 오키나와에서 류큐해류 또는 쿠로시오 해류를 이용하여 오키나와섬→오키노라부섬→도쿠노섬→아마미오섬→다카라지마섬→나카노시마섬→야쿠시마섬 남해안→일본 큐슈(가고시마)→나가사키연안섬(거제도)→이끼섬→대마도→남해안으로 복귀하였을 것으로 예상할 수 있다.

특히 아래의 해류모식도는 그동안 일본의 해양학자 우다 미치타카(宇田道隆)가 일제강점기인 1934년 소개한 해류도를 기초로 사용하던 것을 국립해양조사원이 2011년부터 5년 동안 군산대·서울대와 해양연구기관의 해류전문가, 한국해양학회 회원의 자문과 토론, 설문조사 등을 통해 검증된 해류도이다. 아래의 해류모식도는 실제 해수 흐름을 나타내기 위해 선 굵기를 해류 세기에 비례하여 평면화하였다.

그리고 쿠로시오해류, 대마(쓰시마)난류, 동한난류 등과 같이 변동성이 적은 해류는 실선으로 표시하였고, 북한한류, 황해난류 등 변동성이 큰 해류는 점선으로 표현하고 있다. 결국 우리는 아래의 해류모식도를 통해서 오키나와에서 대가야로 복귀하는 선박에 영향을 주고 있는 대마난류의 경우 동중국해에서 쿠로시오 해수의 일부와 동중국해 해수가 혼합하여 제주도 남쪽과 큐슈 서쪽 사이로 북상하는 해류임과 동시에 다시 대한해협에서 서수도와 동수도로 나뉘어져 흘러가는 것을 확인할 수 있다. 또한 겨울철 주목할 수 있는 제주난류의 경우 제주도 남쪽의 동중국해상에서 대마난류수와 동중국해 수의 영향으로 형성되고 있기 때문에 제주도를 시계방향으로 돌아 제주해협으로 유입되고 겨울철 세력이 서쪽으로 확장되어 이동하는 것을 확인할 수 있다.

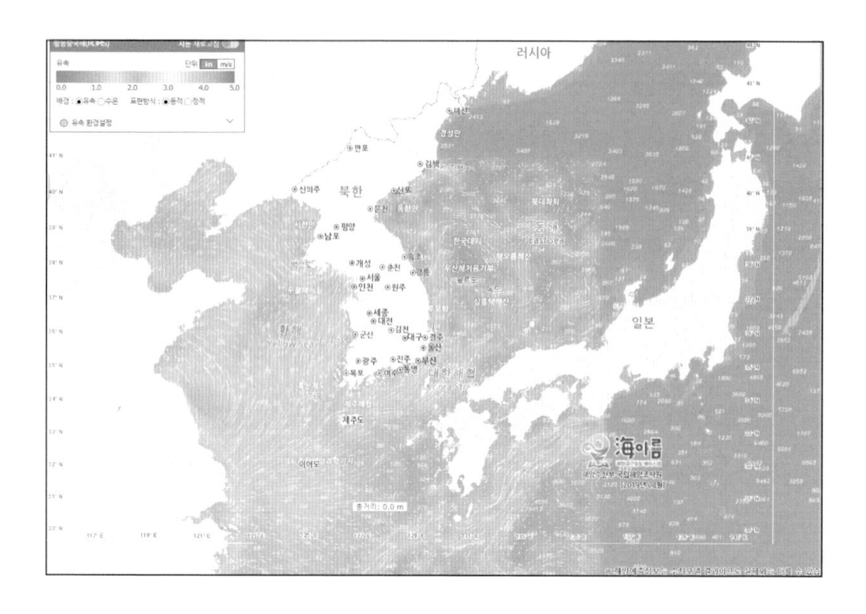

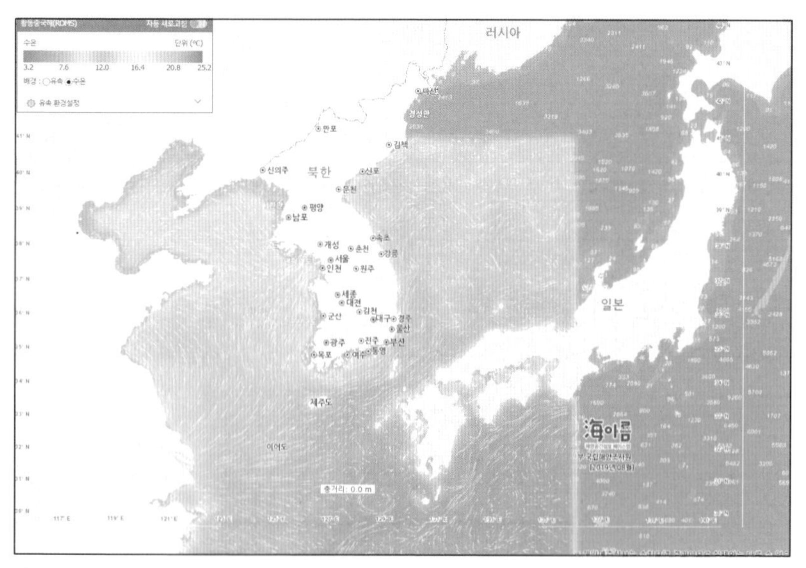

〈그림 10〉 2018년 겨울철 기준 국립해양조사원 분석 제주해협 주변 상세 해류모식도

또한 류큐해류의 경우 류큐열도의 동쪽에서 류큐열도를 따라 흐르는 해류이기 때문에 복귀항로 결정에 중요한 역할을 하였을 것으로 예상된다. 더욱이 오키나와 남쪽에서 큐슈 남부까지 존재함에 따라 표층 아래에 그 중심이 있지만 표층에서도 나타남을 주목하여 대가야시대의 소형 선박의 경우 표층해류를 이용하여 일본열도 남부지방인 큐슈까지 이동할 수 있는 주요 수단이었을 것으로 예상된다.

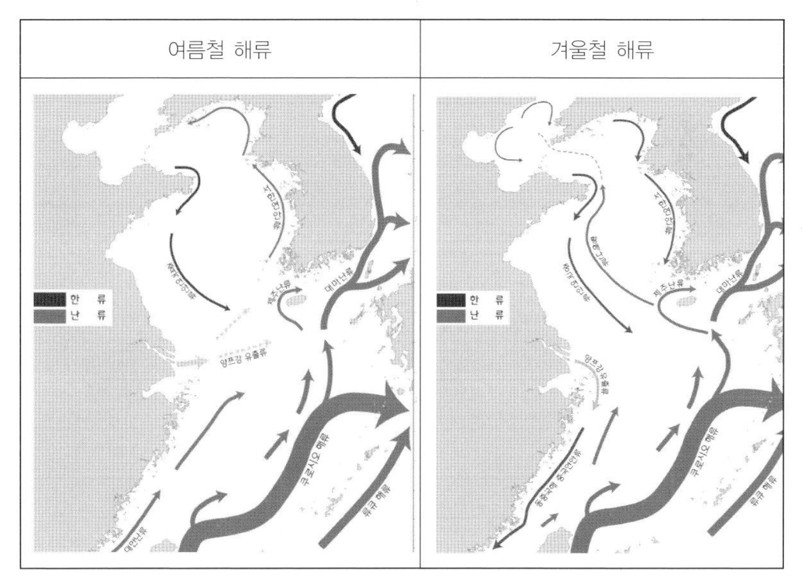

〈그림 11〉 여름철/겨울철 동북아시아 해류 흐름도 비교

2) 바람

4세기부터 현재까지의 축적된 기상자료를 통계적으로 모두 분석하는 것은 한계가 있음에 따라 가장 최근 풍향 및 풍속 자료를 4계절에 따라 분석하여 이를 유추하여 해석하고자 한다. 실제로 항해환경에서 바람의 영향은 지대함에 따라 항해하는 선박은 해류마저도 때로는 강한 바람

때문에 표류방향이 변경되는 경험을 할 수 있다. 결국 풍향과 풍속의 특징은 지역과 계절에 따라 다양하기 때문에 선박의 항로는 풍향과 풍속에 따라 새롭게 개설되고, 영향을 받게 된다. 특히 일정한 방향성을 유지하는 계절풍은 항해에 매우 중요 역할을 담당한다.

아래의 그림은 우리나라를 중심으로 동아시아 연해구역의 2018년 기준 4계절 해상부이 기준의 평균 해상풍과 파고를 보여준다. 그리고 계절별로 구체적인 탁월현상을 분석해보면 아래와 같다.

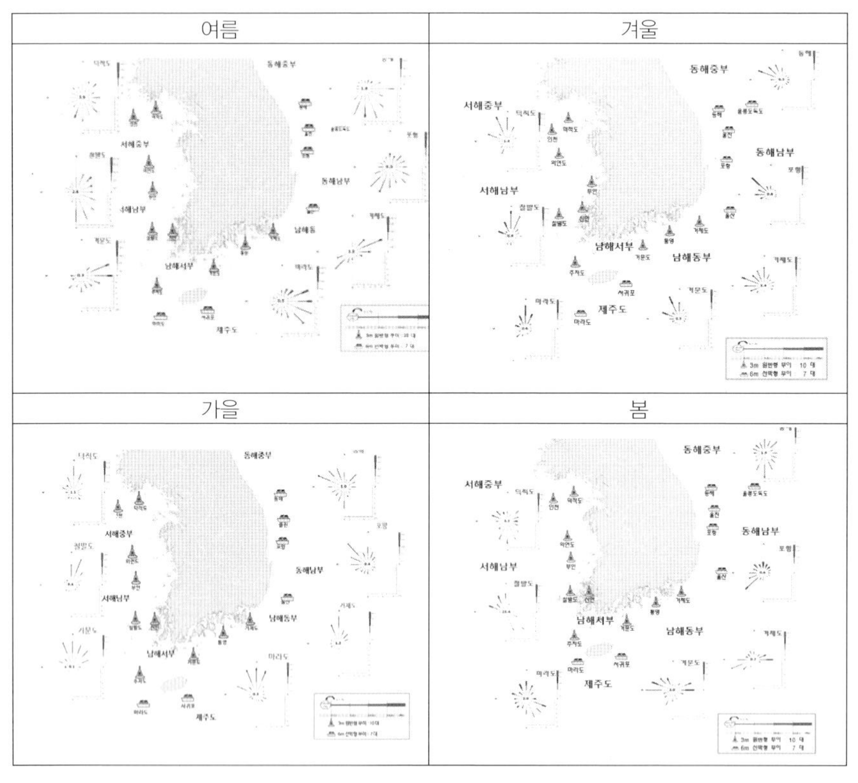

〈그림 12〉 계절별 해양기상부이 해상풍 바람장미 비교

참고자료 : 기상청, 월별 연근해 해양기상정보 재정리

첫째, 대가야시대 항해자들이 관점에서 겨울철 풍향분포를 살펴보면, 대가야가 위치한 남해는 북풍계열의 북서풍, 표류와 표착의 목적지인 대만 북쪽지역에서는 북풍 내지 북북동풍이 주풍향임을 확인할 수 있다. 또한 일본열도를 중심으로 중위도(북위 25도) 이하의 지역에서는 풍속이 4-8m/s 정도의 북풍의 경향이 강하다가 오키나와 까지 저위도 내려가면 다시 북동풍 또는 동북풍이 현저하게 나타나고 있다. 그 이유는 겨울철 한반도 주변의 전형적인 기압 배치가 서고동저형[18]이기 때문이다.

둘째, 대가야시대 항해자들이 관점에서 봄철 풍향분포를 살펴보면, 남해, 대한해협, 동중국해의 북부 해역에서는 북풍 또는 북동풍이강한 경향을 보인다. 특히 대만해협과 남중국해 주변에서는 북동풍이 2-4m/s 정도의 풍속으로 주풍계를 이루고 있다. 이처럼 봄철 한반도를 중심으로 하는 동아시아 지역의 풍향분포는 세력면에서 부분적인 약화현상이 존재하지만 전체적으로 겨울철과 대동소이한 형태[19]를 이루고 있다.

셋째, 대가야시대 항해자들의 관점에서 여름철 풍향분포를 살펴보면, 한반도와 일본열도 주변은 남풍계열의 주풍향이고, 대만 동북부에서는 남서풍이 주풍향을 형성하고 있다. 그림의 색깔을 통해서도 확인할 수 있지만 대륙과 해양 간의 온도 차이가 작기 때문에 풍속은 겨울철에 비하여 상대적으로 강하지 않은 2~4m/s 정도이다. 이처럼 한반도와 일본

---

18) 한반도 지역 서고동저형 기압배치의 원인은 시베리아 부근의 바이칼호를 중심으로 광대한 대륙성 고기압(중심기압은 평균 1,050hPa)이 위치하고, 동쪽 캄차카반도나 알류샨열도 인근 해역의 저기압이 위치하게 되면서 지속적인 북서계절풍이 발생하기 때문이다. 실무적으로 항해사들은 알류샨 저기압의 남측에서 발생하는 강한 서풍이 지속될 경우 미주지역에서 아시아로 횡단에 많은 주의를 한다.

19) 겨울철에 아시아 대륙에서 강성했던 시베리아 고기압은 한반도와 일본 주변의 남쪽 해상으로부터 따뜻하고 습한 대기가 유입되면서 세력이 약해진다. 결국, 한랭하고, 무거운 시베리아에 기단은 열대성 해양기단과 대면하면서 한반도와 일본열도 남서부는 주로 이동성 고기압의 영향을 받게 된다.

열도 남고북저형[20] 기압배치에 따라 주변의 여름철 풍향풍속이 겨울철과 봄철의 풍향과는 사뭇 다른 양상을 보이는 것을 이해한다면 대가야시대 항해자들이 계절풍을 이용하여 계절에 따라 출항항로와 복귀항로를 결정하였음을 짐작할 수 있다.

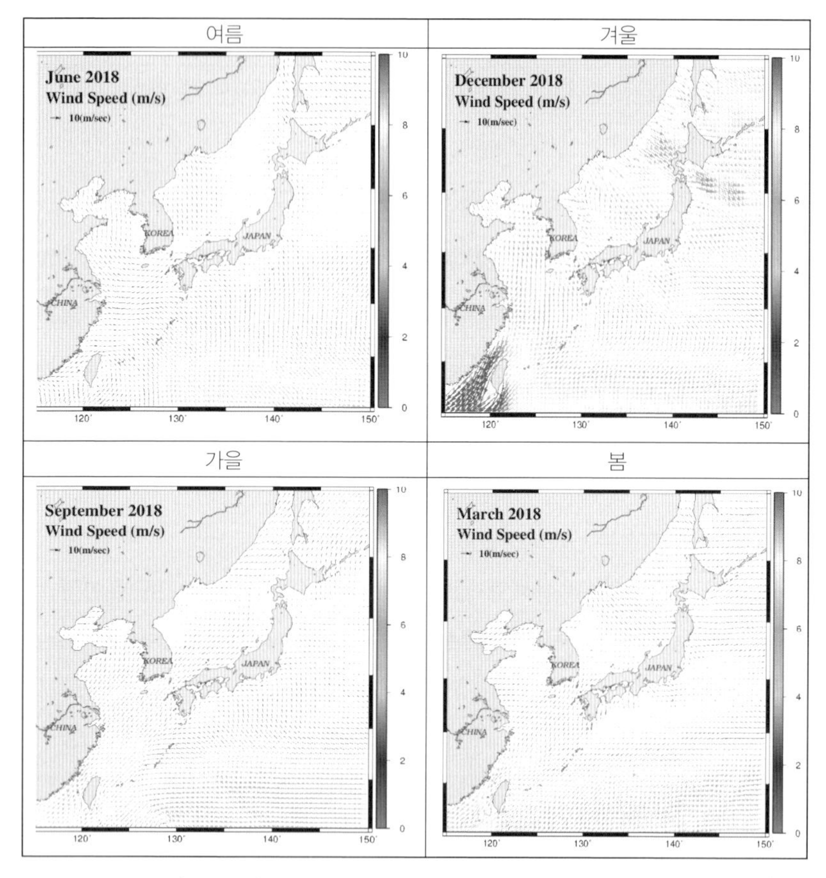

〈그림 13〉 계절별 동북아시아 풍향 풍속 흐름도 비교

참고자료 : 동아시아 (기상청 해양기상모델), 태평양 (NCEP2 재분석 자료)

20) 여름철에는 일본열도 남쪽 해상을 중심으로 북태평양 고기압이 발달하여 한반도 부근까지 세력을 확장하는 반면, 대륙은 저압대가 형성된다.

넷째, 대가야시대 항해자들의 관점에서 가을철 풍향분포를 살펴보면, 오키나와 주변해역에서는 북태평양 방향으로 동풍 또는 동북동풍이 발생하고, 동중국해에서도 북풍 또는 북동풍 주풍계를 형성한다. 남해안과 오키나와 주변해역에서의 풍속은 4~6m/s를 유지하고, 다른 해역에서는 여름철과 유사한 2~4m/s를 유지하고 있다.

앞서 분석한 내용은 위의 〈그림 13〉에서 표시하고 있는 동북아시아 전체를 연해구역으로 면하고 있는 한국, 중국, 일본과 관련하여 2018년 기준 4계절 풍향 풍속에 기초한다.

결국, 이문진 외(2005), '표류선박 거동특성 관측 및 분석' 연구자료에 따르면, 소형선박의 경우 풍속의 3~5%의 속도로 표류하는 것으로 확인되었기 때문에 표류방향은 선박의 선수각을 180도로 유지할 경우 풍향의 법선방향임에 따라 겨울철 부산에서 출발하는 항로, 여름철 일본 오키나와에서 출항하는 항로를 선택하였을 것으로 예상된다.

3) 파랑(유의파고)

유의파고란 임의 관측 시간동안 관측된 파고 중에서 파고가 높은 순서로 전체 1/3에 해당하는 파고들의 평균을 의미한다. 아래의 그림에서 확인할 수 있듯이 봄철 한반지역 1m, 일본 남부 큐슈 및 오키나마 1.5m, 여름철 한반도지역 0.5m, 일본 남부 큐슈 및 오키나마 1.0~1.5m, 가을철 한반도지역 1m, 일본 남부 큐슈 및 오키나마 2.0~3.0m, 겨울철 한반도지역 1m, 일본 남부 큐슈 및 오키나마 2.0~2.5m를 유지하고 있음에 따라 유의파고가 상대적으로 낮은 계절은 여름철이며, 대가야 시대의 항해사들은 이를 이용하여 항해하였을 것이다. 실제로 남서풍이 북서풍보다 해류와 함께 이용할 수 있음에 따라 오키나와에서 대가야로 복귀항로는 출발항로보다 기간단축의 측면에서 양호하였을 것이다.

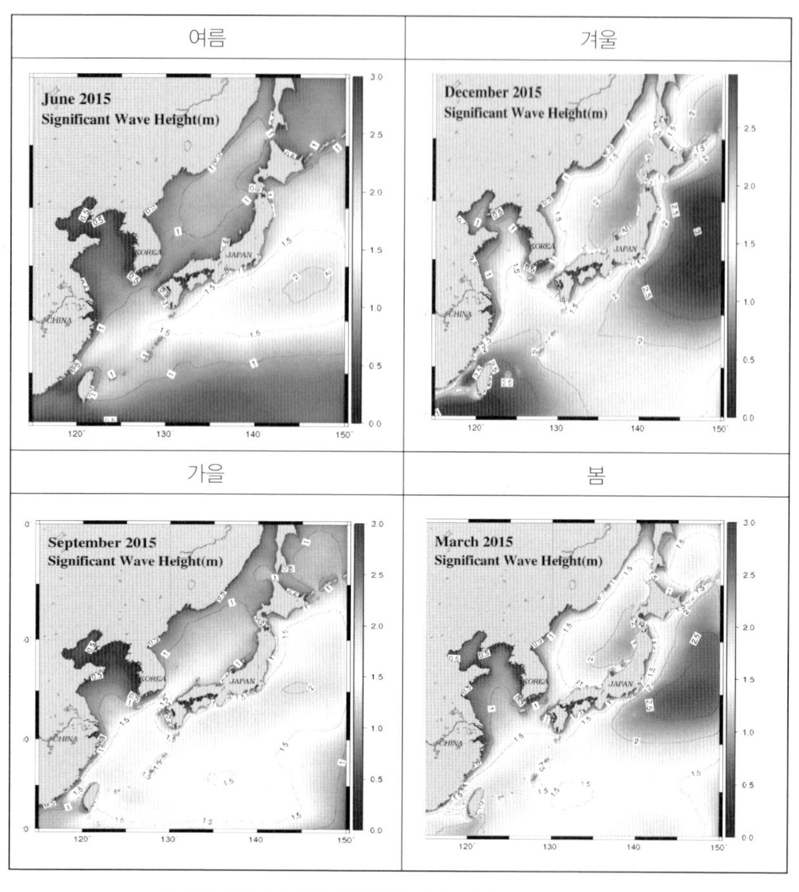

〈그림 14〉 계절별 동북아시아 유의파고 흐름도 비교

참고자료 : 동아시아 (기상청 해양기상모델), 태평양 (NCEP2 재분석 자료)

위에서 검토한 계절별 유의파고의 형태로 현대적 관점에서 재해석하면 다음과 같다. 이창희(2015), "2015년 선박출항통제기준 개선방안 연구용역"보고서에 따르면, 우리나라 연안을 운항하는 소형여객선의 경우 내항성능 평가 결과 유의파고가 1.5m인 상태에서는 위험도 1미만으로 모든 선박이 전반적으로 안전하다고 판단할 수 있다. 특히 유의파고가 2.0m 이상으로 해상상태가 나빠질 경우 위험도가 1을 초과하여 위험하다고 평가하고 있음을 주목할 필요가 있다. 결국 아래의 그림에서도 확인할 수 있듯이 해상상태가 1.5m 이하로 잔잔한 경우에 장시간 지속되는 계절풍의 영향을 받을 경우 외해와 인접한 부근에서 파고가 2.0m 이상 높아질 가능성이 존재하기 때문에 대가야 시대 소형 선박들은 운항에 많은 위험[21]이 존재하였을 것으로 예상된다.

V. 맺음말

대가야 흥망성쇠의 시작은 서기 300년대부터 가라국이 신라 및 백제와 함께 경쟁하면서 대가야국으로 발전하면서부터이다. 특히 대가야는 철광을 제련하여 다양한 농기구 및 무기를 만들었으며, 주로 백제나 왜와 교류하며 발달된 문물을 교류를 하면서 발전의 속도를 빨라졌다. 이후 서기 479년에 하지왕(荷知王)은 고구려나 백제, 신라의 왕들처럼 중국에 사신을 파견하여 보국장군본국왕(輔國將軍本國王)이라는 호칭을 수여받았고, 이후 대가야의 왕은 대왕(大王)으로서 존칭되어 불리며 아라가야(阿羅伽耶:함안), 고령가야(高寧伽耶:함창), 성산가야(星山伽耶:성주), 소가야(小伽耶:고성), 금관가야(金官伽耶:김해), 비화가야(非火伽耶:창녕)을 규합하였다. 끝

21) 우리나라 기상청 풍랑특보의 경우 해상에서 풍속 14㎧ 이상이 3시간이상 지속되거나 유의파고가 3m 이상이 예상될 때는 주의보, 해상에서 풍속 21㎧ 이상이 3시간 이상 지속되거나 유의파고가 5m 이상이 예상될 때 경보가 발령된다.

으로 서기 500년대 대가야는 주변 국가인 백제, 신라와 견줄 정도로 성장하였으나, 서기 562년 신라에 의해서 병합되면서 멸망하는 과정을 겪게 된다. 이러한 과정에서 대가야는 백제 및 신라와의 치열한 경쟁 속에서도 자신만의 고유한 문화를 발전시켜서 일본과의 교류를 확대하는 등의 역할을 이행하였다는 점에서 높은 평가를 할 수 있다.

이처럼 동아시아 주변 해역은 한반도를 중심으로 황해, 남해, 동해를 통해 다양한 형태의 조공무역이 네트워크 형태로 운영되었으며, 동중국해 주변의 항구와 교역도시는 이러한 네트워크를 바탕으로 중계 역할을 담당해 왔다는 점에서 의의를 찾을 수 있다. 특히 앞서 분석한 다양한 해양기상자료에서 언급하였듯이 동아시아의 해역은 뚜렷한 계절풍이 동일한 시차를 두고 변화되고 있음에 따라 대가야시대 항해자들은 계절풍을 이용하여 타국과 교역을 활발히 추진할 수 있는 선박항해기술과 자연환경적 이해 능력이 겸비되었을 것으로 예상할 수 있다.[22)]

이처럼 동아시아 해양환경을 통해 본 대가야의 역사 및 문화에 대한 새로운 담론은 육상 중심의 실크로드와 달리 계절에 따른 영향을 매우 섬세하게 관찰하고 습득해야만 형성될 수는 대가야 해상 실크로드에서부터 시작된다. 즉, 고대 대가야 시대의 '해양 교역 항로'에 대한 진정한 의의는 현대의 이익을 목적으로 상선을 운항하는 이해관계적 무역을 초월하여 개별 국가가 보유하지 못한 문화를 상호 교류함으로서 재창조되

22) 1471년 신숙주의 해도를 포함한 지리서인 '해동제국기'에 따르면, 한반도 남단의 일본, 류큐지역, 동남아시아의 팔렘방(Palembang : 지금의 인도네시아 수마트라섬의 빨렘방), 북쪽의 발해까지 포함된 지역을 의미하고 있다. 특히 당시 후추가 동남아시아에서 조선지역으로 유입되었다는 기록을 통해, 한반도는 한↔중, 한↔일 뿐만 아니라 한↔동남아시아까지 문화와 문물을 교류하는 역내 포괄 무역체계를 구축하였다(홍석준, 「동아시아 해양 네트워크의 형성과 변화」, 『해양정책연구』 제20권 1호, 2005, 18~19쪽).

는 종교, 생활, 관습, 문화, 기구 등의 발전을 기대하고 있었을 것이다.

결국 대가야는 그동안 우수한 철기제련 기술, 토기제작 기술, 농업기술만을 우선시 하던 육지국가에게 일본과의 교역을 통해 '동아시아 해양시대'라고 하는 새로운 지배영역을 창조하였다. 환언하면 현대적 관점에서 대가야와 일본과의 교류는 국제물류의 지리적, 기능적 확장이라 볼 수 있는 글로벌 공급사슬의 초창기 형성의 모습을 갖추었다. 그러나 대가야 시대의 이후 한반도와 주변 해역은 오랫동안 바다에 사는 어민, 뱃사람, 섬사람, 그리고 바다를 이동하는 상인들에게만 유용했던 수단에 불과하여 19세기 이후 서구 열강 및 일본에게 식민을 겪게 되었다. 따라서 온고지신의 관점에서 대가야 시대의 적극적인 대외 교류 및 문화 창달의 능력을 지속적으로 교훈삼아 우리나라는 동아시아 각국들과 공존적 발전전략을 추진할 필요가 있다. 마지막으로 우리나라는 해양을 육상의 관점에 국경선을 획정하는 대상으로 생각하지 말고, 새로운 자원을 개발하고, 타국가와 교류하는 공유의 대상으로 확대하는 인식의 전환이 필요한 시점이다.

이창희 | 한국해양대학교
조익순 | 한국해양대학교

2부

조선시대 한반도와 류큐의 해양교류

조선시대 경상도와 류큐 표류민의 표류와 해역

Ⅰ. 머리말

역사의 무대로서 해양은 일찍부터 인간의 주요 활동무대였다. 그러나 인간의 해양에서의 활동은 뜻하지 않는 해난사고를 초래하기도 하였다. 전근대시기에 가장 흔한 해난사고였던 표류(漂流)는 인간의 해양활동이 시작되면서부터 발생하였으며, 전근대시기에 해양활동이 증대되면서 표류의 횟수도 증가하였다. 표류는 국가와 민간 차원의 복합적인 문제였으며, 자연발생적인 표류가 동아시아에서는 관(官)의 조공(朝貢) 통치 저변에 적용되어 해역으로서 영향력이 지속되었다.[1)]

조선시대에 조선과 유구 사이에도 많은 표류민이 발생하였지만, 기록된 경우는 극히 일부에 지나지 않는다. 조선시대에 조선과 유구는 초기부터 직접적인 교린관계를 유지하면서 우호적인 관계를 유지하였지

1) 荒野泰典,『近世日本と東アジア』, 東京大出版會, 1988; 모모키 시로 엮음, 최연식 옮김,『해역아시아사 연구입문』, 민속원, 2012.

만,[2] 임진왜란 이후 일본의 사쓰마번(薩摩藩)이 유구를 침략하고 난 이후에는 간접적인 관계로 변화하였다.[3] 이와 함께 기존의 중국 중심의 조공무역체제에 변화가 발생하면서 표류민을 송환하는 방식도 변화될 수밖에 없었다. 지금까지 조선과 유구 사이의 표류에 대한 연구는 제주도와 유구, 전라도와 유구 사이의 표류를 중심으로 진행되었다.[4] 본고에서는 조선시대에 경상도와 유구 사이의 표류와 표착 사례연구를 통해서 조선의 경상도와 유구 사이의 표류 발생 과정과 원인, 표류로 인한 접촉과 교류, 표류민의 송환과정과 체제, 나아가 조선과 유구의 항로와 해역 문제에 대해서도 살펴보고자 한다.

II. 조선인의 유구 표착과 송환

1. 조선인의 유구 표착 사례

조선전기에 교린의 관계였던 조선과 유구 사이에[5] 발생했던 전체 표

2) 하우봉, 『조선시대 바다를 통한 교류』, 경인문화사, 2016; 하우봉 외, 『朝鮮과 琉球』, 아르케, 1999; 한일관계사학회, 『조선시대 한일 표류민연구』, 국학자료원, 2001.

3) 유구사의 시대구분은 유구가 明에 조공을 시작하기 이전(1372년)을 古琉球, 1372년부터 薩摩藩에 정복될 때까지를 유구의 독립왕국시대, 1609~1879년 사이를 근세 유구, 1880년부터 2차 세계대전까지를 근대 유구라고 나눈다(하우봉 외, 위의 책, 1999, 13~23쪽).

4) 이훈, 「朝鮮後期 漂民의 송환을 통해서 본 朝鮮·琉球관계」, 『사학지』 27, 1994; 김나영, 「조선시대 濟州島 漂流·漂到 연구」, 제주대 대학원 박사학위논문, 2017; 양수지, 「朝鮮·琉球關係 연구 : 朝鮮前期를 중심으로」, 한국정신문화연구원 한국학대학원 박사학위논문, 1993; 김경옥, 「15~19세기 琉球人의 朝鮮 漂着과 送還 실태」, 『지방사와 지방문화』 15-1, 2012; 이수진, 「조선 표류민의 유구 표착과 송환」, 『열상고전연구』 48, 2015; 정하미, 「표착 조선인의 신원확인 및 류큐왕국의 대응 : 1733년 케라마섬 표착의 경우」, 『일본학보』 104, 2015; 小林茂·松原孝俊·六反田豊 編, 「朝鮮から琉球へ, 琉球から朝鮮への漂流年表」, 『歷代宝案研究』 9, 沖繩縣立圖書館史料編集室, 1998.

류 사례는 조선시대 전체에서 48사례가 찾아진다. 조선인의 유구 표착을 살펴보면 조선전기보다는 조선후기에 표류의 발생 빈도가 높다. 조선에서 표류가 발생한 지역은 제주도와 전라도가 대부분을 차지하고 있다. 이것은 우선 지리적으로 유구와 가까운 제주도가 주목되며, 다음으로 조선에서도 해양활동이 활발하여 많은 표류가 발생했던 지역이 전라도였기 때문이다. 그러나 흔하지는 않지만 경상도에서 유구로 표착한 경우도 세 사례가 있었다. 조선시대에 조선인의 유구 표착한 전체 사례를 찾아보면 아래와 같다.

〈표 1〉 조선인의 유구 표착 사례[6]

표착 시기	송환 시기	표착지	출신지	표착 인원	표류 이유	송환 방법	송환자	
							문서 명의	송환 사자
	1397		미상	피로인 포함 9명		사절 동행	中山王 察度	불명
1450.12	1453	臥蛇島		萬年 · 丁祿 6명		사절 동행	중산왕	道安
	1455		미상	미상		사절 동행	중산왕 尙泰久	道安
	1457		제주	5명		사절 동행	유구국왕	道安
	1458		제주	3명		사절 동행	유구국왕	吾羅沙 世文
	1458			1명		사절 동행	유구국왕	友仲僧
	1458		제주	남녀 2명		사절 동행	유구국왕	
	1461			2명		사절 동행	유구국왕	

5) 김병하, 「이조전기 대일무역의 성격」, 『아세아연구』 11, 1968.

6) 〈표 1〉은 이훈, 「朝鮮後期 漂民의 송환을 통해서 본 朝鮮 · 琉球관계」, 『사학지』 27, 1994, 123~124쪽; 한일관계사학회, 『조선시대 한일표류민연구』, 국학자료원, 2001, 21쪽; 하우봉 외, 『조선과 유구』, 아르케, 1999, 31~40쪽; 이수진, 「조선 표류민의 유구 표착과 송환」, 열상고전연구 48, 2015; 小林茂 · 松原孝俊 · 六反田豊 編, 「朝鮮から琉球へ, 琉球から朝鮮への漂流年表」, 財団法人沖縄県文化振興会公文書館管理部史料編集室 編, 『歴代宝案研究』 9号, 沖縄県教育委員会, 1998, 86~117쪽 등의 자료를 종합하여 작성 · 보완하였다.

1456.2.2	1461	久米島 (仇彌島)	나주 (조난지 제주)	梁成·高石壽 등		사절 동행	中山王 尙泰久	德源
1461.1.24	1461.2.4	彌阿槐島 (宮古島)	나주	肖得誠, 姜廻 8명	佛經 하사		普須古	普須古
1477.2.14	1479	潤伊島 (与那國)	제주 (염포 귀환)	金非依 3명	進上 木綿	사절 동행	중산왕 尙德	
	1480			23명	木綿	사절 동행	중산왕 尙德	敬宗
1542	1546		제주	朴孫 12명		明 경유 송환	중산왕 尙德	琉球 進貢使
	1594.3	유구	조선			明	유구국왕	(동지사)
1661.8.13	1662.6	유구	전라 무안	남녀 18명	黃角 채취	薩摩-長峰-對馬	대마번주	平成知
1662.6	1663.6	유구	전라 해남	金麗輝 등 남녀 28명 (익사 4명)	교역 歸路	薩摩-長峰-對馬	대마번주	權成利
1669.3.15	1669.7	永良部島	전라 해남	21명	漁採	薩摩-長峰-對馬	대마번주	藤久利
1697.9.8.	1698	古米山	전라 영암	안민남 8명	漁採	福建-北京 (유구 接貢船)	淸 禮部	(領磨官) 李興書
1704.1.27		永良部島	전라 영암, 제주 (덕진)	39명 (익사 2명, 소인 1명)	粟米 구입			
1714.8.19 (1715)	1716	安田浦	전라 진도	김서 9명		복건-북경 (유구 進貢使)	淸 禮部	
1726.3.28	1728	烏岐奴	전라 제주	김일남·부차웅·손응성 9명	貨賣	(유구 進貢使)	淸 禮部	(進貢使) 浴昌君
1733.11	1735	慶良間島 (馬齒山)	경상 거제	서후정, 남녀 12명 (妊婦 1명)	漁採	福建-北京-義州 (유구 馬艦船)	淸 禮部	(差通官)
1739	1741	德之島	전라 영암 소안도	강세찬 20명		복건-북경 (琉球接貢船)	淸 禮部	(韓壽績)
1770	1771	虎山島		張漢喆 29명	公務			
1779	1780	大島		이재성 12명		복건-북경 (유구접공선)	淸 禮部	
1794.1.29	1795	山北 지방	전라 강진	안태정 10명		복건-북경-의주 (유구접공선)	淸 禮部	(磨通官)
	1796	유구	황해도 장연	장삼돌 7명		복건-북경 (유구접공선)	淸 禮部	(年貢使)

1796	1797	大島	전라 강진 (제주)	이창빈, 10명 (익사 4)		복건-북경 (琉球進貢船)	清 禮部	(領層官)
1802	1804	大島	전라 흑산도 (牛耳島)	문순덕, 4명 (문덕겸, 6명)	商賈	복건-북경 (정세준, -都通事)	清 禮部	(연공사)
1814	1816	太平山	전라 천일득	천일득, 7명 (사망 1명)		복건-북경-의주 (馬超群)	清 禮部	(차통관)
1814		宮古多良間						
1825	1826	大島笠利郡	전라 해남	황승건, 5명		복건-북경	清 禮部	(절사)
1827	1829	勝連津堅泊	전라 제주 (해남)	김광현, 12명 (손성득, 12명)		복건-북경	清 禮部	(절사)
1831.12	1833	伊江島 (伊江島)	전라 제주	고성상, 26명 (사망 7명)	商賈	복건-북경	清 禮部	(절사)
1832	1834	八重山 平久保	전라 전주	이인수, 12명 (사망 9명)		복건-북경-의주	清 禮部	(差通官)
1832		八重山 川平	전라 해남	안순경, 8명 (사망 2명)				
1833	1837	八重山與 都國	전라 해남	손익복, 9명 (사망 3명)		복건-북경-의주	清 禮部	(차통관)
1835	1837	姑米島	전라 강진	이계신, 10명 (사망 6명)		(年貢使)		
1836				(이명덕)				
1841		葉壁山	전라 흑산	이광암, 11명 (사망 3명)				
1849	1851	不明 (德之島)	전라 강진	임상일, 7명				
1853		臺灣 淡水	전라 강진	양세광				
1854	1855	불명 (大次)	전라 강진	양학신, 47명 (사망 41명)				
1855	1857	불명 (葉壁山)	전라 무주리	한치득, 3명				
1856.9.23	1859	불명 (烏島)	전라 강진	김응채, 6명	漁儶	복건-북경		
1860	1861	불명 (葉壁山)	전라 강진	양명득, 9명				
1865	1866	불명 (大島)	전라 해남	문백익, 15명				
1868		久米島	조선국 6명					

이처럼 조선시대에 유구로 표착했던 조선인의 표류 이유는 진상(進上), 어채(漁採), 상업 활동 등을 하다가 연안에서 폭풍을 만나 표류한 경우가 대부분이었다. 이것은 섬이 많아서 해상활동을 많이 했던 전라도에서 유구에 표착한 사람들이 많은 것과도 연계되어서 이해할 수 있다.

2. 조선 표착인 송환방법의 변화

조선시대에 유구에 표착했던 조선인의 표류사례에서 주목되는 점은 조선 표류민의 송환이 조선전기와 후기로 크게 변화가 있었다는 점이다. 먼저 조선전기에 동아시아 여러 나라에서 표류민을 상호 송환하는 통교 체제가 자리 잡기 이전에는 표착지의 점취(占取) 관행이 우선했기 때문에 표류민의 송환 역정이 순탄하지는 않았다.[7] 유구에 표착한 조선인들은 표착지의 주민들에게 구조되는 경우도 있지만, 노예가 되거나 팔리기도 하였다. 설령 구조되었더라도 신분적 · 경제적으로 구속 정도가 심했을 것으로 추측할 수 있다. 그러나 여말선초의 왜구의 성격이 변화된 이후 조선인 표류민을 통교의 계기로 인식하게 된 유구는 1453년에 조선인 표류민을 처음으로 데려 왔지만,[8] 이때부터 바로 표류민 송환에 대한 지침이 마련되지는 않았다.

조선전기에 유구의 조선인 표류민의 송환 방법은 왜구 활동의 변화에 따른 일본의 통합 과정, 위사(僞使) 문제와 관련이 깊었다.[9] 유구는 1410년 이후 한동안 조선에 사자(使者)를 파견하지 못했는데, 이에 유구인으

7) 荒野泰典, 『近世日本と東アジア』, 東京大学出版会, 1988, 119~120쪽.

8) 『단종실록』 권6, 1년 4월 24일.

9) 한일관계사학회, 앞의 책, 2001, 20~21쪽 ; 하우봉 외, 앞의 책, 1999, 206~212쪽.

로 조선까지 오는 뱃길에 익숙한 사람이 없었다. 때문에 1431년 유구 사자가 조선을 방문했을 때에는 대마도 상인 혈랑차랑(穴郎次郎)의 배를 이용해서 조선에 경우 왔으며, 이후 유구가 조선에 사자를 파견하기 위해서는 일본의 선박을 이용하거나 일본인 사자를 고용하게 되었다.[10] 표류민의 경우도 예외가 아니었으므로 대리사절로서 하카다(博多)의 승려나 상인 편에 송환을 의뢰하는 방법을 모색하였다. 위사(僞使)의 성행에 따라 1546년(명종 원년)부터 조선 표류민의 명나라 경유가 시행되었으며, 제주도인 박손(朴孫) 등 12명이 조선 동지사가 북경에 갔을 때, 유구 진공사(進貢使)를 회동관에서 만나 신병을 인도하여 귀국했다.[11] 그러나 유구는 조선 표류민을 송환해 올 때, 명종대를 제외하고는 일본인 사자에게 송환을 의뢰하였다. 이처럼 조선전기에는 조선과 유구가 직접 통교하는 시기였기 때문에, 어느 경우에도 표류민 송환에 관한 문서는 유구 국왕 명의로 작성된 것을 지참하고 왔다.[12]

조선전기에 유구에 표착했던 조선인의 구체적인 송환로는 1479년 김비의(金非衣) 일행의 표류기를 통해서 파악할 수 있다.[13] 이들은 하카다 상인 신시라(新時羅)를 따라 표착지(琉球, 与都國島) → 郡覇(나하) → 隆摩(사츠마) → 博多(하카다) → 壹岐(이키) → 對馬島(쓰시마) → 鹽浦(염포)를 거쳐서 송환되었다. 이때 대마도를 경유한 이유는 대마도에서 도항증명서(渡航證明書, 문인文引)를 발급받기 위해서였다.[14] 이렇게 유구에 표류

10) 양수지, 앞의 논문, 2015, 120~124쪽.

11) 『명종실록』 권3, 1년 2월 1일.

12) 『성종실록』 권105, 10년 6월 10일.

13) 하우봉 외, 앞의 책, 1999, 209쪽.

14) 하우봉 외, 앞의 책, 1999, 209쪽.

했던 조선인 표류민들이 우회로를 거쳐 조선으로 귀국하는 데에는 1년 가까운 시간이 걸렸다.[15] 그것은 표착지에서 바로 나하로 송환되지 않고 기상 조건이 좋을 때를 기다려서 여러 섬을 이동했기 때문이었다. 그만큼 유구가 부담해야 하는 자체 경비도 많았다. 그럼에도 불구하고 유구가 많은 비용과 시간을 들여서 조선인 표류민의 일부를 송환해 왔던 것은 조선과의 통교 및 무역의 기회를 확대할 필요가 있었기 때문이다. 유구는 송환 기회에 조선으로부터 목면이나 불경 등 많은 회례품(回禮品)을 얻어 갈 수 있었다.[16]

다음으로 임진왜란 이후 유구가 조선인을 처음으로 송환해 오는 것은 1594년인데, 명(明)에 파견된 조선의 동지사(冬至使) 편으로 송환해 왔다.[17] 유구는 조선인 표류민을 유구국이 내세운 사자 편을 통하여 조선으로 직접 송환시키지 않고, 명을 경유해서 조선으로 송환하였다. 즉 류큐(琉球)－사쓰마번(薩摩藩)－나가사키(長崎)－쓰시마(對馬藩)－부산왜관(釜山倭館)이라는 복잡한 절차를 거쳐 송환하였다.[18]

임진왜란 이후 유구에 표착한 조선인 송환로의 특징은 두 가지로 요약할 수 있다. 첫째, 조선인의 송환로는 1609년 유구의 사쓰마 복속, 1696년 도쿠가와(德川) 막부 대외정책의 변화에 따른 송환 방침 변경을 계기로 크게 달라졌다.[19] 1609년 이전에는 명을 통해서, 1609~1695년까지는 일본을 통해서, 1696년 이후에는 청(淸)을 통해서 우회 귀국하였

15) 하우봉 외, 앞의 책, 1999, 241쪽.

16) 『세조실록』 권11, 4년 윤2월 14일.

17) 양수지, 앞의 논문, 1994, 170쪽.

18) 이훈, 앞의 논문, 1999, 127쪽.

19) 이훈, 앞의 논문, 1999, 121~123쪽.

다. 이때 어느 나라를 통해서 우회 귀국하느냐에 따라서 송환 방법도 달랐다. 임진왜란 직후부터 1609년까지 명을 통해서 송환되어 올 때는 명에 파견되어 있던 조선 측 외교사행 편에 순부송환(順付送還) 되어 왔으며, 1609 ~ 1695년까지 유구가 사쓰마번에 복속되어 있을 때에는 일본의 대마번이 사자(使者)를 세워서 송환해 왔다.

조선후기에 유구국에 표착한 조선 표착인의 송환은 17세기 이전에는 중국 경유를 원칙으로 하였지만, 1638년에 조선과 유구의 통교가 중단됨에 따라[20] 나가사키(長崎)에서 심문을 받은 다음 대마도를 경유하여 조선으로 송환되기도 했다. 1636년 청이 북경에 들어간 이후, 조선은 병자호란의 결과로 조공사를 보내고 청으로부터 책봉을 받았다. 유구의 경우는 1651년 명으로부터 받은 봉인을 반납하고, 1663년부터 청의 책봉을 받았다. 그런데 두 나라가 모두 청의 책봉을 받은 시기에도 조선과 유구 사이에는 조선전기와 같은 국가 대 국가의 직접적인 접촉은 한 번도 이루어지지 않았다. 다만 간헐적으로 발생하는 표류민의 송환이 양국 사이에 이루어졌다. 그런데 임진왜란 이후 유구에 표착한 조선 표착 사례 20건 중 1662 ~ 1669년의 3차례를 제외하고, 1698 ~ 1856년의 17차례가 모두 복건(福建)을 경유하여 육로로 조선에 송환되었다.[21] 이처럼 조선과 유구국 사이에 제3국 경유의 표류민 간접송환은 지속되었다.[22]

둘째, 1696년 이후 청을 통해서 송환해 올 경우에는 사자를 세우지

---

20) 『同文彙考』 권4, 「報濟州漂迫琉球人轉解咨」, 국사편찬위원회, 3599쪽.

21) 이훈, 앞의 논문, 1994, 121~160쪽.

22) 1530년에 제주도에 표착한 7명의 유구인은 북경 경유로 송환되었으며, 1589년에 진도에 표착한 유구 상인 30여 명도 북경 경유로 송환되었다. 이는 전근대시기에도 제3국 경유의 표류민 송환이 이루어졌던 사례라고 할 수 있다.

않고, 청에 파견되어 있던 조선 측의 외교사행 편에 순부송환(順付送還) 되어 왔다. 유구의 중산왕(中山王)은 1696년 유구에 표착하는 외국의 선박 가운데 남만선(南蠻船)이나 또는 종문(宗門)에 의심이 가는 선박(기독교 여부)은 나가사키로 보내되, 그 밖의 선박은 나가사키를 거치지 않고 곧바로 유구국에서 청의 복주(福州, 福建省)까지 보냈으면 한다는 취지를 마츠다이라(松平) 사쓰마(薩摩) 태수(太守)를 통해 에도막부(江戶幕府)에 문의하였다.[23] 이에 막부는 유구의 청원대로 1696년 외국선을 유구에서 직접 청의 복건으로 송환하는 것을 허락하도록 사쓰마 태수에게 지시하였다. 이러한 조치는 막번제의 표류민 송환절차로부터는 벗어나는 것이었다. 유구는 이 조치로 유구와 일본의 복속관계를 청에 은폐할 수 있었으며, 대외적으로는 독자적인 왕국으로서 청과의 책봉 · 진공관계를 지킬 수 있었다. 이 조치 이후 유구에 표착한 조선인들이 청을 거쳐서 조선에 처음으로 송환된 것은 1698년인데, 외교문서나 송환 경비에도 변화를 가져왔다. 유구는 접공선(接貢船) 편에 조선인 표류민을 먼저 복건으로 데려와서 복건성의 관리에게 이들을 인계한 후 조선에 송환시켜주도록 청원하였다. 이때 송환에 관한 외교문서는 청의 예부(禮部) 명의로 작성되었다.[24] 이후 19세기에 이르면 다시 유구국은 사쓰마번의 통제 아래 있었기 때문에 다시 중국을 경유하여 조선인을 송환하였다.

23) 이훈, 앞의 논문, 1999, 121~123쪽.

24) 『同文彙考』 권4, 「報濟州漂迫琉球人轉解咨」, 국사편찬위원회, 3599쪽.

III. 경상도인의 유구 표착과 해역

1. 1479년 김비의 사례

조선시대에 조선의 경상도에서 유구로 표류하여 표착한 사례는 많지 않다. 그러나 경상도와 유구 사이에 발생한 표류민 문제를 통해서 조선의 경상도와 유구 사이의 관계, 표류민 송환 교섭과 송환 절차, 송환로 등을 통해서 해역 문제를 살펴보고자 한다.

먼저 조선전기에 경상도에서 유구에 직접 표착한 사례는 나타나지 않지만, 울산의 염포로 송환되어 온 1479년(성종 10) 김비의(金非衣) 일행을 통해서 다소나마 추정해 볼 수 있다. 1479년 6월 귀국한 제주도의 주민 김비의 일행의 표류는 추자도 근처에서 해난사고를 당하였기 때문이었다. 김비의 일행은 1479년 2월에 제주도에서 공물인 감귤류를 싣고 전라도를 향해 출선했지만, 추자도 근처에서 동풍을 만나 서쪽으로 밀려서 표류하기 시작하였다. 표류한 이후 7~8일 만에 황해를 통과하고, 다시 서풍에 밀려 남쪽으로 밀려가 유구열도의 윤이도(閏伊島, 句部國島, 요나쿠니지마로 추정)에 표착했다.[25] 당시에 조선인 표류민들은 대개 제주에서 전라도를 오가는 중간에 해난사고를 당하였는데, 계절적으로는 겨울에 많이 발생했다.

조선시대에 추자도 부근이 해난사고가 빈발하는 지역이었다.[26] 추자도는 전라도 주민이 항해나 조업 활동 중 사고를 자주 당하는 해역 가

25) 『성종실록』 권104, 10년 5월 16일; 6월 10일.

26) 李薰, 『朝鮮後期 漂流民과 韓日關係』, 國學資料院, 2000, 80쪽.

운데 한 곳이었다. 추자도에서 해난사고를 당하면 일본의 대마도나 사쓰마 등의 남구주(南九州) 혹은 유구까지 표류하게 되는 경우가 많았다. 이러한 해난사고는 계절적으로는 겨울에 주로 일어났다. 표류 경위를 비교적 자세히 알 수 있는 1479년 김비의 일행이 표류를 당한 2월의 동풍은 겨울에 일본 부근을 통과하는 저기압에 의해 발생하는 풍향 변화에 의한 것이었다.[27] 즉 저기압이 통과하기 전에 동쪽 또는 남쪽에서 바람이 불다가 통과 후에는 다시 강한 북서풍으로 변하는 계절풍이었다. 그런데 이것은 유구인의 조선 표착이 여름의 태풍이 불 때라는 점과 대조되는 현상이다.

1479년 표류민 김비의 일행을 데리고 조선에 온 유구국왕 상덕(尙德)의 사신 상관인(上官人) 신시라(新時羅)와 부관인(副官人) 삼목삼보라(三木三甫羅)는 진위 여부에 다소 문제가 있는 사행이었다. 이들은 일행이 219명이었으며, 세 척의 배에 나누어 타고 울산의 염포에 입항했다.[28] 그들은 유구 표도의 조선인 3명(金非乙介; 金非衣로도 적힘, 姜武와 李正)을 유구국왕명에 따라서 대동하고 있었다. 이들 3명의 유구 표도(漂到) 조선인은 그보다 앞서 제주도에서 감귤 상공(上貢)을 위해 다른 4명과 같이 제주를 떠났다가 풍파로 표류하여 3명만이 유구열도 여러 섬을 전전하다가 유구국에 이르게 되었다. 그때부터 유구국왕의 후한 구휼을 받다가 마침 이때 조선에 가는 왜의 상선에 탑승하여 귀국하게 된 것이었다. 그들이 표류하게 된 사정과 유구국에 관한 자세한 견문 보고가 왕명으로 실록에 자세하게 적혀 있다.[29] 신시라(新時羅, 新四郎, 新伊四郎으로도 기록) 일행

---

27) 小林茂,「15世紀後半の南西諸島南部の土地利用と景観：『李朝実録』所載の漂流記録の分析から」丸山雍成編,『前近代における南西諸島と九州』, 多賀出版, 1996, 163~164쪽.

28)『성종실록』권104, 10년 5월 16일.

이 유구에 무역을 위해 건너갔다가 유구국왕의 부탁으로 이들 표도(漂到) 조선인을 조선으로 대동해 온 것이다. 여기서 알 수 있는 사실은 조선전기에 조선과 유구가 교류가 있었지만, 표류민의 송환은 일본의 상인을 이용한 간접송환이었다는 것이다.

이렇게 유구에 표류했던 조선인 표류민들이 우회로를 거쳐 조선으로 귀국하는 데에는 1년 가까운 시간이 걸렸기 때문에, 그들은 유구에서 유구의 자연환경, 농업과 생산물, 사회제도, 풍속, 국제관계를 경험할 수 있었다. 이와 관련된 자료를 제시하면 아래와 같은데, 조선전기에 유구 표류민 김비의의 사례가 가장 자세하고 풍부한 정보를 담고 있다. 김비의 일행의 표류 계기는 다음의 두 자료에 나타나 있다.

가. 우리들이 정유년 2월 1일에 현세수(玄世修) · 김득산(金得山) · 이청민(李淸敏) · 양성돌(梁成突) · 조귀봉(曹貴奉)과 더불어 진상(進上)할 감자를 배수(陪受)하여 같이 한 배에 타고 바다로 출범하여 추자도로 향해 가다가, 갑자기 크게 불어오는 동풍을 만나 서쪽으로 향하여 표류하였습니다. 처음 출발한 날로부터 제6일에 이르러서는 바닷물이 맑고 푸르다가, 제7일부터 제8일까지 1주야를 가니 혼탁하기가 뜨물과 같았으며, 제9일에 또 서풍을 만나서 남쪽을 향하여 표류해 가니 바닷물이 맑고 푸르렀습니다. 제14일 째에 한 작은 섬을 바라보게 되었는데, 미처 기슭에 대이지 못하여 키가 부러지고 배가 파손되어 남은 사람은 모두 다 물에 빠져 죽고, 여러 가지 장비도 모두 물에 빠져 잃어버렸으며, 우리들 세 사람은 한 판자에 타고 앉아 있었습니다. 표탕(漂蕩)하는 사이에 마침 고기잡이배 두 척이 있어서 각각 네 사람이 타고 앉아 있다가 우리들을 발견하고는 거두어 싣고 가서 섬 기슭에 이르렀습니다.[30]

29) 『성종실록』 권104, 10년 5월 16일; 6월 10일. 이 밖에도 명종 연간에 돌아온 박손도 상세하게 유구의 실상을 보고하였다(『명종실록』 권3, 1년 2월 10일)

30) 『성종실록』 권104, 10년 6월 10일.

나. 김비을개 · 강무(姜茂) · (李正) · 이정은 말하기를, '우리들은 제주 사람으로 지난 정유년 2월 1일에 진상할 감자를 받아 가지고, 그 주(州)의 사람인 현세수 · 이청밀 · 김득산 · 양성돌이(梁成石伊) · 조괴봉(曹怪奉)과 비거도선(鼻居刀船)을 타고, 추자도에 이르러 바람을 만나 서쪽을 향하여 표류하다가, 제7일에는 남쪽으로 향하여 표류하였는데, 제11일에는 김득산이 주리고 병들어 죽었고, 제14일 아침에는 장차 한 섬에 머무르려고 하다가 배가 부서져서 현세수 · 양성석이 · 이청밀 · 조괴봉 등은 익사(溺死)하고, 우리들은 언덕을 더위잡아서 죽지 않았습니다.[31]

위의 두 자료를 통해서 김비의 일행 8명의 표류 이유는 추자도 근처에서 해풍을 만났기 때문이었다. 김비의 일행의 표류기간은 제주도에서 1477년 2월 1일 출발하여 14일간이었음을 알 수 있다.

한편 김비의 일행 표류에서 알 수 있는 사실은 이들이 유구에 표착한 이후 유구열도의 모든 섬을 경유하였다는 점이다. 그들은 유구제도에서 윤이시마(閏伊是麿; 与那國島), 소내시마(所乃是麿; 西表島), 포월로마이시마(捕月老麻伊是麿; 波照間島), 포라이시마(捕剌伊是麻, 新城島), 훌윤시마(欻尹是麻, 黑島), 타나마시마(他羅馬是麿, 多良間島), 이라부시마(伊羅夫是麿; 伊良部島), 멱고시마(覓高是麿, 宮古島)를 거쳐 유구국에 도착하였다.[32] 그러나 김비의 일행이 유구국의 표착지 요나쿠지마(与那國島)에서 나하(那覇)－사쓰마－하카다－이키－쓰시마를 거쳐 조선의 염포에 1478년 5월에 돌아오는 데 1년 정도가 걸렸다.[33]

김비의 일행의 송환과정과 전체 일정을 살펴보면 요나쿠지마에서 6개월을 보낸 후, 이리오모테지마(西表島)에서 5개월, 하루테지마(波照間島)

31) 『성종실록』 권105, 10년 6월 10일.

32) 允伊, 所乃島, 悖突麻島, 勃乃伊島, 脫羅麻島, 伊羅波島, 悖羅彌古島로 기록되어 있기도 하다(『성종실록』 권105, 10년 5월 16일).

33) 『성종실록』 권105, 10년 6월 10일.

에서 1개월, 신성도(新城島)·흑도(黑島)·다량간도(多良間島)·이부랑도(伊良部島)·궁고도(宮古島)에서 각각 1개월씩을 체류하였으며, 1478년 5월경 오키나와 본도에 호송되어 3개월을 체류하였다. 이것은 동지나해에서 발생하는 계절풍과 관련이 있었다.[34] 이후 유구국에 이르러 머물다가 8월 1일 일본 상인 신사이랑(新伊四郞) 등 100여 명이 일본의 사쓰마로 데리고 가서 1개월을 머물렀으며, 9월에 남풍을 가다려 3주야 만에 타가서포(打家西浦)에 이르렀다. 이곳에서 병란이 평정되기를 기다려 6개월을 머문 후 1497년 2월에 식가(軾駕)에 이르렀고, 다음날 이키도에 도착하였다. 여기서 사흘을 머물고 대마도 초나포(草那浦)에 이르러 두 달을 머물다가 4월에 동풍을 만나 사포(沙浦)에 이르렀다. 여기서 이틀을 머물고, 도이사지포(都伊沙只浦)에 도착하여 3일을 머문 후 아침 일찍이 출발하여 1479년 4월 저녁에 염포에 도착했다.[35] 이처럼 김비의 일행의 송환은 일본 상인 편에 대마도를 거치는 간접송환 방식이었다.

그러나 김비의 일행은 1년 반 정도 유구에 체류하면서 9개의 섬을 경유하는 특이한 체험을 하면서 각 섬에 대한 견문 105개를 소개하여 유구에 대한 좋은 정보를 조선에 제공하였다. 자연적 조건을 거스를 수 있는 선박건조와 항해술이 제대로 발달하지 못했던 전근대시기에 표류는 이국문화를 체험하고 소개하는 기회가 되었다.[36] 김비의 일행이 유구국에 표착하여 귀국하기까지 1년 정도를 체류하면서 체험한 풍속과 정보는 다양하였다. 이러한 정보는 조선에 유구를 알리는 소중한 기회

34) 宇田道隆, 『海の探究史』, 1941, 202~207쪽.

35) 『성종실록』 권105, 10년 6월 10일. 한편 유구의 섬 지명에 대해서는 하카마다 미츠야스, 「조선왕조실록 성종조의 류큐 표류에 관한 고찰 : 김비의 일행이 방문한 야에야마열도(八重山列島)의 섬이름과 송환사자에 대하여」, 『연민학지』 24, 2015 참조.

36) 劉序楓, 「표류, 표류기, 해난」, 『해역 아시아사 연구입문』, 민속원, 2012, 305~311쪽.

였다. 대표적인 것을 소개하면 다음과 같다.

가. 그 나라 풍속은 귀를 뚫어 푸르고 작은 구슬로써 꿰어 2~3촌쯤 드리우고, 또 구슬을 꿰어 목에 3~4겹을 둘러서 1재(尺)쯤 드리웠으며, 남녀가 같이 하는데 늙은 자는 안 했습니다.

나. 남자는 머리를 꼬아 곱쳐서 포개어 삼베 끈으로 묶어서 목가에 상투를 틀었는데, 망건을 쓰지 않았습니다. 수염은 길어서 배꼽을 지나갈 정도인데, 혹은 꼬아서 상투를 두어 겹을 둘렀습니다. 부인의 머리도 길어서 서면 발뒤꿈치까지 미치고 짧은 것은 무릎에 이르는데, 쪽을 찌지 않고 머리 위에 둘렀으며, 옆으로 나무빗을 귀밑머리에 꽂았습니다.

다. 밥은 대나무 상자에 담아서 손으로 뭉쳐 덩어리를 만들되 주먹 크기와 같이 하고, 밥상은 없고 작은 나무 궤를 사용하여 각각 사람 앞에 놓습니다. 매양 밥을 먹을 때에는 한 부인이 상자를 맡아서 이를 나누어 주며 사람마다 한 덩어리씩인데, 먼저 나뭇잎을 손바닥 가운데 놓고 밥덩이를 그 나뭇잎 위에 얹어 놓고 먹으며, 그 나뭇잎은 연꽃잎과 같았습니다. 한 덩어리를 다 먹으면 또 한 덩어리를 나누어 주어 세 덩어리로 한도를 삼으나, 먹을 수 있는 자에게 덩어리 수를 계산하지 않고 다 먹는 데에 따라 주었습니다.

라. 술은 탁주는 있으나 청주는 없는데, 쌀을 물에 불려서 여자로 하여금 씹게 하여 죽같이 만들어 나무통에서 빚으며, 누룩을 사용하지 아니하였습니다. 많이 마신 연후에야 조금 취하고, 술잔을 바가지를 사용하며, 무릇 마실 때에는 사람이 한 개의 바가지를 가지고 마시기도 하고 그치기도 하는데, 양에 따라 마시며 주작의 예가 없고, 마실 수 있는 자에게는 더 첨가합니다. 그 술은 매우 담담하며, 빚은 뒤 3~4일이면 익고 오래 되면 쉬어서 쓰지 못하며, 나물 한가지로 안주를 하는데, 혹 마른 물고기를 쓰기도 하고, 혹은 신선한 물고기를 잘게 끊어서 膾를 만들고 마늘과 나물을 더하기도 합니다.

마. 삼(麻) · 목면이 없고, 양잠도 하지 않았으며, 오직 모시(苧)를 짜서 베를 만들고, 옷을 만들되 직령(直領)과 같았으며, 옷깃과 주름은 없고 소매는 짧고 넓으며, 염색은 남청(藍靑)을 쓰고, 속옷은 백포(白布) 세 폭을 써서 볼기(臀)에 매었으며 부인의 옷도 같았으나, 다만 속치마를 입고 속옷이 없으며 치마도 푸른빛을 물들였습니다.

바. 철야(鐵冶)는 있으면서도 쟁기(耒耜)를 만들지 않고 작은 삽을 사용하여 밭을 파헤치고 풀을 제거하여 조(粟)를 심습니다. 수전(水田)은 12월 사이에

소를 사용하여 밟아서 파종을 하고, 정월 사이에 이앙(移秧)을 하되 풀을 베지 않으며, 2월에 벼가 바야흐로 무성하여 높이가 한 자쯤 되고, 4월에 무르익는데, 올벼(早稻)는 4월에 수확을 마치고 늦벼(晩稻)는 5월에 바야흐로 추수를 마칩니다. 벤 뒤에는 뿌리에서 다시 자라나 처음보다 더 무성하며, 7 ~ 8월에 수확합니다. 수확기 전에는 사람들이 모두 근신하여, 비록 말을 하더라도 소리를 크게 하지 아니하고, 입을 오므려 휘파람을 불지 아니하며, 혹 풀잎을 말아서 불면 막대기로 이를 금하다가, 수확을 한 뒤에야 작은 피리를 부는데, 소리가 매우 가늘었습니다. 한번 수확한 벼는 이삭을 연달아 묶어서 누고(樓庫)에 두고, 대나무 막대기로 이를 털어서 디딜방아로 찧습니다.

사. 풍속에 추장(酋長)이 없고, 문자를 알지 못했으며, 우리들은 저들과 언어가 통하지 않았습니다. 그러나 오랫동안 그 땅에 있으니, 조금은 그 말하는 바를 알게 되었습니다. 우리들은 고향을 생각하고 항상 울었는데, 그 섬사람이 새 벼의 줄기를 뽑아서 옛날 벼와 비교해 보이고는 동쪽을 향하여 불었는데, 그 뜻은 대개 새 벼가 옛 벼와 같이 익으면 마땅히 출발하여 돌아가게 되리라는 것을 말함이었습니다.

아. 중국 사람이 장사로 왔다가 계속해서 사는 자가 있었는데, 그 집은 모두 다 기와로 덮었고 규모도 크고 화려하며, 안에는 단수(丹艧)을 칠하였고 당중(堂中)에는 모두 다 의자(交倚)를 설치하였으며, 그 사람들은 모두 감투(甘套)를 쓰고 옷은 유구국과 같았으며, 우리들에게 갓이 없는 것을 보고서는 감투를 주었습니다.

자. 강남인(江南人) 및 남만국(南蠻國) 사람도 모두 와서 장사를 하여 往來가 끊이지 아니하는데, 우리들도 다 보았습니다. 남만인은 상투를 틀어 올렸는데, 그 빛이 매우 검어서 보통 사람보다 특이하였고, 그 의복은 유구국과 같았으나 다만 비단으로 머리를 싸지 아니하였습니다.[37]

한편 김비의 일행의 구호와 송환 절차를 살펴보면, 김비의 일행은 유구에 도착한 후 먼저 문초(問招)를 받았다. 이후 구호 조처를 받았는데, 이를 소개하면 다음과 같다.

---

37) 『성종실록』 권105, 10년 6월 10일.

유구국의 국왕이 호송인을 포상하여 각각 청홍면포(靑紅綿布)를 하사하고, 술과 밥을 후하게 먹이어 종일토록 취해 있었으며, 그 사람들은 하사받은 면포로써 옷을 만들어 입고 한 달을 머물다가 본섬으로 돌아갔습니다. 그 나라 사람과 통사(通事)가 와서 우리들에게 묻기를, '너희들은 어느 나라 사람이냐.' 하므로, 우리들이 대답하기를, '조선 사람이다.'라고 하니, 또 묻기를, '너희들은 고기잡이를 하다가 표류되어 여기까지 이르렀느냐.' 하므로, 우리들은 같이 의논하여 대답하기를, '다 함께 조선국 바다 남쪽 사람인데, 진상할 쌀을 싣고 경도(京都)로 향해 가다가 바람을 만나서 여기에 이르렀다.'라고 하였습니다. 통사는 우리들이 한 말을 써가지고 국왕에게 아뢰었는데, 조금 있다가 두어 관인(官人)을 보내어 와서 우리들을 맞아 한 객관(客館)에 있게 하였습니다.[38]

이후 이곳에서 김비의 일행은 무릇 석 달을 머물다가 통사에게 말하여 본국으로 돌아가게 해주기를 청하였다. 통사가 국왕에게 전달하자, '일본 사람은 성질이 나빠서 너희들이 보전할 수가 없으므로, 너희들을 강남(江南)으로 보내고자 한다.'라고 하였다. 김비의 일행은 이보다 앞서 통사에게 물어서 일본은 가깝고 강남은 멀다는 것을 알았기 때문에, 일본국으로 갈 것을 청하였다. 마침 일본의 패가대(覇家臺) 사람 신이사랑(新伊四郎) 등이 장사하러 와서 국왕에게 청하기를, '우리나라는 조선과 통호(通好)하고 있으니, 이 사람들을 데리고 가서 보호하여 돌려보내기를 바랍니다.' 하였다. 이에 국왕이 이를 허락하고, '도중에 잘 무휼(撫恤)하여 돌려보내도록 하라.' 하였다. 이어 우리들에게 돈 1만 5천 문(文), 호추(胡椒) 1백 50근, 청염포(靑染布)·당면포(唐緜布) 각 3필을 주고, 또 석 달의 양미(糧米) 5백 근, 염장(鹽醬)·어해(魚醢)·왕골 자리[莞席]·칠목기(漆木器)·밥상[食案] 등의 물건을 주었다.[39]

이제 김비의 일행이 조선에서 유구로 표류했던 해역과 송환로를 살펴

38) 『성종실록』 권105, 10년 6월 10일.

39) 『성종실록』 권105, 10년 6월 10일.

보면 아래 〈그림 1〉과 같다. 김비의 일행의 표류에 영향을 준 것은 추자도 근처에서의 바람이었다. 그런데 바다 표층수의 유동 요인으로 해류, 조류, 취송류 및 연안류 등을 들 수 있다. 이 가운데 해류(Sea current)는 바다에서 흐르는 전 지구 규모의 흐름이며, 조류(Tidal current)는 달과 태양의 인력에 의해 발생하는 조석에 의해 생성된 해수의 주기적인 흐름으로 연안해에서는 보통 조류가 해류보다 강하므로 연안 해수유동의 대부분을 차지한다. 취송류는 해수면상에 부는 바람에 의해 일어나는 해수의 흐름이며, 연안류(Longshore current)는 연안으로 진입해 오는 파가 쇄파대 이내로 들어와 깨진 후에 해안선에 평행에게 흐르는 흐름이다.[40]

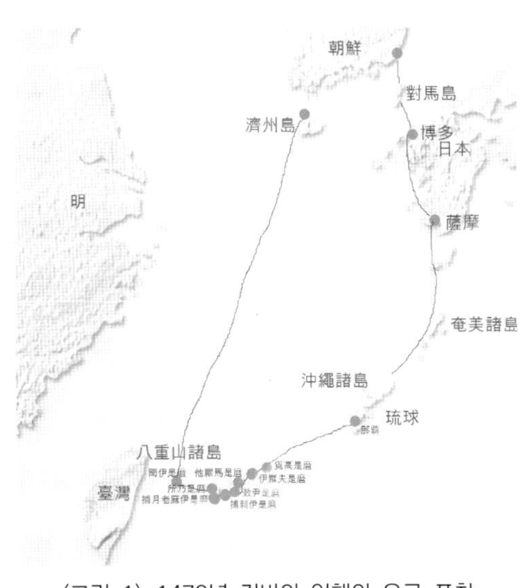

〈그림 1〉 1479년 김비의 일행의 유구 표착 해역과 송환로

이 지도의 밑그림은 『탐라와 유규왕국』(제주박물관, 2007)에서 가져온 것이다.

그런데 경상도의 가야~오키나와 항로를 항해의 관점에서 보면 해류가 주요 요소였다. 이곳에서 밀접한 관계를 갖고 있는 쿠로시오 해류(Kuroshio Current)는 세계 최대의 난류인 멕시코 만류 다음으로 큰 해류로서 태평양 서쪽 끝단 저위도에서 발원하여 오키나와 해곡을 통과하여 일본의 동쪽 연안을 따라 한반도의 남쪽과 북쪽으로 이동한다.[41] 또한

40) 이창희 · 조익순, 「대가야 오키나와 항로에 대한 현대적 재해석」, 2020, 16~30쪽.

41) 宇田道隆, 『海の探究史』, 河出書房, 1941, 202~207쪽.

특히 겨울철 제주해협을 중심으로 쿠로시오 해류의 지류는 황해와 동해로 분파되어 각각 황해 난류(Yellow Sea Warm Current)와 쓰시마 난류(Tsushima Warm Current)가 되어 이동한다. 한편 류큐해류의 경우 류큐열도의 동쪽에서 류큐열도를 따라 흐르는 해류이기 때문에 복귀항로 결정에 중요한 역할을 하였을 것이다. 더욱이 오키나와 남쪽에서 큐슈 남부까지 존재함에 따라 표층 아래에 그 중심이 있지만, 표층에서도 나타남을 주목하여 대가야시대의 소형 선박의 경우 표층해류를 이용하여 일본열도 남부지방인 큐슈까지 이동할 수 있는 주요 수단이었을 것으로 예상된다.

대가야시대 항해자들의 관점에서 겨울철 풍향분포를 살펴보면, 대가야가 위치한 남해는 북풍계열의 북서풍, 표류와 표착의 목적지인 대만 북쪽지역에서는 북풍 내지 북북동풍이 주풍향임을 확인할 수 있다. 대가야시대 항해자들의 관점에서 여름철 풍향분포를 살펴보면, 한반도와 일본열도 주변은 남풍계열의 주풍향이고, 대만 동북부에서는 남서풍이 주풍향을 형성하고 있다고[42] 한다. 조선시대에도 해류와 풍향 등의 자연 조건은 별 차이가 없었을 것이며, 조선전기에 조선에서 유구로 표류했던 사람들도 이런 해류와 풍향의 영향을 받았을 것이다.

2. 1735년 서후정의 사례

조선후기의 1735년(영조 11) 서후정(徐厚廷) 일행의 표착 사례이다.[43] 서후정과 함께 표류했던 일행을 파악하면 다음과 같다.

---

42) 조선시대 조선과 유구의 항로에 대해서는 이창희 · 조익순, 앞의 논문, 2020, 16~30쪽.

43) 『備邊司謄錄』 第18冊, 英祖 11年 乙卯 8月 29日 漂海回還人問情別單.

〈표 2〉 1733년 유구 표착 서후정의 일행[44]

세대	이름	나이	관계	이름	나이	관계	이름	나이
1	金必先	56	子	金重萬	15			
2	徐厚廷	43	妻	姜一梅	32	女	徐玉心	12
3	朴起萬	42	妻	莫進	38			
4	徐厚先	36	妻	命進	26			
5	秋武鶴	26	妻	孝正	27			

서후정(徐厚正) 일행 11명은 남자 6명, 여자 5명이었다. 그들의 유구 표착과 송환에 대해서는 조선후기의 대외관계를 파악하여 상황을 기록한 『비변사등록(備邊司謄錄)』에 비교적 자세하게 파악되어 있다.[45] 이를 인용하여 정리하면 다음과 같다.

표류한 일행은 경상도 거제읍 서면 한산 두룡포에 거주하는 11명이었다. 을묘년(1735) 8월 2일에 북경에서 회환표해인(回還漂海人) 거제에 거주하는 김필선 등이 현(縣)의 처소에서 채송(替送)하고, 본사(本司) 낭청(郎廳)으로 하여 문정(問情)한 후 공초한 내용을 별단서로 들여서 임금이 열람하도록 했다. 다시 심문하여 지나온 경로와 본토로 환송될 때 지급받은 마궤식(馬饋食)을 파악하였다. 이들이 이국에 표박하였다가 생환해 왔으므로, 고휼(顧恤)의 뜻을 본도에 분부하여 그 빌린 통영전(統營錢)은 액수가 많지 않으니, 탕감하는 것이 무방하다. 이에 통제사에게 맡겨서 처분하도록 요청하자, 윤허하였다.[46]

첫째, 서후정 일행이 유구에 표류한 동기는 경상도에 흉년이 들어서

44) 『沖繩縣史料』 前近代 5, 漂着關係記錄, 「朝鮮人拾壱人慶良間島漂着馬艦船を以唐江送越 候日記」. 여기에는 조선인의 호적과 호패 등이 실려 있다. 「朝鮮人拾壱人慶良間島漂着馬艦船を以唐江送越 候日記」는 「慶良間島漂着日記」로 이후에서 표기한다.

45) 정하미, 「표착 조선인의 신원확인 및 류큐왕국의 대응 : 1733년 케라마섬 표착의 경우」, 『일본학보』 104, 2015, 316~318쪽에서 서후정 일행의 신분, 출신에 대해서 자세하게 살피고 있다.

46) 『備邊司謄錄』 第18冊, 英祖 11年 乙卯 8月 29日 漂海回還人問情別單.

살기가 어려워 통영요리전(統營料理錢) 50냥을 장사를 하여 살아가면서 환상(還償)할 목적으로 대출(貸出)하였다. 이에 서후정은 가족을 이끌고 1732년(임자년) 8월 20일 통영을 떠나 전라도 강진현에서 장사를 하고서 통영으로 돌아가기 위해서 1733년(계축년) 11월 초8일에 바람을 기다려 바다로 나갈 때, 이날 밤에 풍우(風雨)가 크게 일어나서 21일 큰바다로 표류하였다고 한다.

서후정 일행이 유구에 표착한 이후 유구는 조선인들이 수용시설에 체재하는 동안 늘 감시인을 붙여서 조선인의 자유 통행을 막고 유구 주민의 접근을 막았다.[47] 특히 유구에서는 일본어, 일본 연호, 화폐를 사용하는 것을 조선인들이 눈치 채지 못하게 했다. 이것은 조선인들이 청나라에 유구와 일본의 복속관계를 누설할 것을 염려하였기 때문이었다.[48] 그러나 서후정 일행이 유구에 머무는 동안 대우는 좋았다.

> 처음부터 끝까지 대우해 준 것이 같았는데, 여러 사람들이 와서 보고 주식을 주었다. 음식 맛은 우리나라와 다른 것이 없었으나, 술맛은 청렬하여 소주와 같았다. 이미 이곳의 사람들과 여러 달 함께 지내다 보니, 약간 방언을 이해하게 되었다. 그 국명을 물으니, 유구국이라 했다. 경과하는 곳의 형승은 산이 높고 들은 좁으며, 밭은 많고 논은 작았다. 의복은 남자는 고(袴)를 입었고 여자는 상(裳)을 입었으며, 남녀는 모두 머리를 묶었는데, 우리나라 남녀와 같았으며, 건척두(巾褁頭)는 망건 같아서 구별하기 어려웠다. 여인들은 머리에 대모(玳瑁)로 만든 비녀를 꼽았다. 농업은 12월에 씨를 뿌려 6월에 수확하고, 6월에 씨를 뿌려 10월에 수확한다. 성지와 군병(軍兵) 등의 일은 왕성은 매우 멀리 있는데, 주위에 하나의 울타리를 두르고, 많은 군인이 지키고 있고 마음대로 나올 수 없어서 채록할 수 없었다. 대저 유구국의 접대 절차는 정성스러웠으며, 국속(國俗)은 순후하였다.[49]

47) 『沖繩縣史料』 前近代 5, 漂着關係記錄, 12월 5일 16번 覺書.

48) 『沖繩縣史料』 前近代 5, 漂着關係記錄, 2월 25일 83번 覺書.

서후정 일행은 유구에서 4삭(朔)을 머문 후 1734년(갑인년) 3월 초8일에 이곳을 떠나 4월 20일에 '후장지(厚場地)'에 도착하였다. 이때 해당 아문에서 황제의 분부로 각기 은 4량을 지급해 주었다. 그 지방 관원이 원흑 3승, 문장(蚊帳) 2건, 양산 6병을 갖추어 지급해 주었으며, 1733년 9월 25일 추무학(秋武鶴)의 처가 아들을 낳았다. 11월 회일(晦日, 그믐날)에 '요주(饒州)'[50] 지방 해도에 도착하여 배를 버리고 육지에 올랐다. 타고 온 배는 모두 파손되었다. 청나라 사람들이 많이 나와서 우리를 이고지고 한 촌장에 들어가서 6일을 머문 후, 12월 초7일에 '요주국'에 들어갔다. 그 나라에서는 남복 각 2반, 여의상 각 3반을 지급했으며, 잘 대접해 주었다. 12월 24일 서후선(徐厚先, 徐厚正)의 처가 아들을 낳았는데, 많은 약물을 주고, 의인(醫人)을 보내어 간호해 주었다. '후장지(厚場地)'에 13삭을 머문 후에 1735(을묘년) 4월 초10일에 출발하여 6월 초4일 북경에 도착했다. 24일 머문 후에 6월 27일 출발하여 생환하여 돌아왔다. '요주'는 유구국이며, 후장지는 남경(南京)이다. '요주'로부터 후장에 이르기까지 선로(船路)로 왔으며, 후장으로부터 압록강변까지는 소를 타고 왔다. 이처럼 서후정 일행이 생환하여 본국으로 돌아온 것은 성상의 덕이고, 당초 통영전(統營錢) 50냥은 이미 대양 속에서 유실하였으므로, 본토에 돌아왔지만 갚을 길이 없으니 탕감해 주도록 하였다.[51]

둘째, 1733년 서후정 일행의 송환과정과 절차를 살펴보면 다음과 같다.[52] 1735년 청으로부터 송환된 경상도 주민 12명은 사실 1733년에 유

49) 『備邊司謄錄』 第18冊, 英祖 11年 乙卯 8月 29日 漂海回還人問情別單.

50) 보통 요주는 중국 江西省 鄱陽縣 일원을 말한다. 그러나 여기서는 유구국을 말한다.

51) 『備邊司謄錄』 第18冊, 英祖 11年 乙卯 8月 29日.

52) 『同文彙考』 권2, 권66, 漂民-我國人, 乙卯 禮部知會福建漂人出送咨.

구의 경량간도(慶良間島)에 표착하여 2년 만에 조선으로 송환되어 왔다.[53] 조선후기에 유구로부터 조선인 표류민 송환은 대개 진공선(進貢船) 편에 이루어졌다. 표선을 청까지 예인하는 것은 낡아서 위험한데다 비용도 많이 들었기 때문에 표류민들이 타고 온 파선은 중국선이건, 조선선이건 수리하지 않고 태워 없애는 경우가 많았다. 1733년 유구에 표착한 조선인들의 배도 검사 결과 너무 낡아서 유구는 결국 중국의 표선을 처리하던 전례에 따라 소지(燒旨) 처리를 지시하였다. 따라서 이 때에도 진공선편에 호송해야 했지만, 1734년에는 진공이 없는 해였으므로[54] 별도로 배(馬艦船, 民間船)를 마련하여 호송하였다.[55]

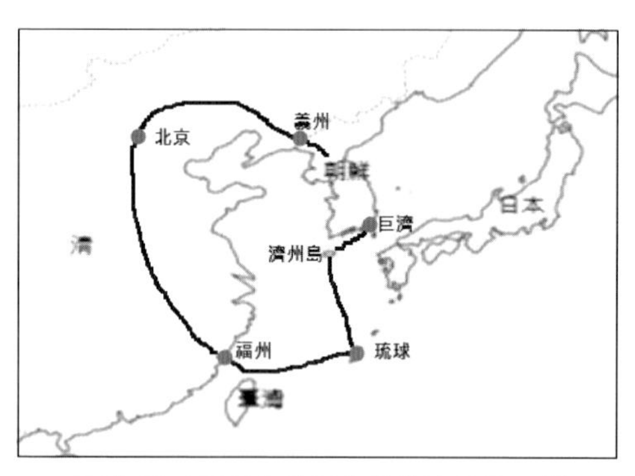

〈그림 2〉 1733년 서후정 일행의 유구 표착 해역과 송환로

표류민들을 송환하기 위해 선발된 선원들(25명)은 유구를 출발하기 전에 사찰에서 무사항해를 기원하는 의식을 치른 뒤, 1734년(갑인년) 3월 9일 나패(那覇, 部屬)를 출발하였다. 3월 10일 조선인들의 수용시설이 있는 경량간도(慶良間島)에 가서 그들을 태우고, 청의 복주(福建省)에 도착한

53) 『沖繩縣史料』 前近代5, 漂着關係記錄, 慶良間島漂着日記, 윤4월 21일 133번 覺書.

54) 馬艦船은 마랑선이라고도 하는데, 1730년대 이후 古琉球式의 전통을 유교 윤리에 따라 중국화를 도모하면서 일본적 요소를 추방하고 있었다. 이런 분위기 속에 유구의 사쓰마 복속 이후 일본선을 모방한 和船도 마함선(地船)으로 대체되어 나갔다(豊見山和行, 「近世中期における琉球王国の対薩摩外交」, 『新しい近世史 2』, 新人物往来社, 1996, 216~220쪽).

55) 『沖繩縣史料』 前近代 5, 漂着關係記錄, 慶良間島漂着日記 윤4월 21일 133번 覺書.

것은 4월 4일이었다. 복건성에 도착한 후 4월 8일에는 복건의 관리에게 조선인을 데려 왔음을 보고하였으며, 5월 8일에서야 조선인을 복건성 관리에게 인계하였다. 이들 조선인들은 북경으로 온 후에는 회동관(會同館)에 체류하였으며, 청에서는 이들을 조선어 통역관(고려통사) 1명을 붙여 육로로 조선 소속 역주(易州, 의주)까지 호송하였다. 호송 도중에는 구피(口被)·의물(食物)·차통(車桶)도 제공하였으며, 관병(官兵)으로 호송케 하였다. 1735년 청이 유구 표착 조선인에게 조선어 통역관을 붙여서 의주까지 호송했던 것은 그 해에 청에 파견한 조선 측의 외교사행이 없었기 때문이었다.[56)]

유구에 표착한 조선인 송환에 관한 외교문서는 조선인 사자 편에 순부송환(順付送還) 되든지, 또는 청의 통역관이 국경까지 호송해 오든지, 청의 예부에서 작성한 자문(咨文)이 조선으로 전달되었다. 유구에 표착했던 조선인이 청의 복건-북경을 경유하여 조선에 송환되었으며, 또 그에 따른 외교문서의 교환이 청과의 사이에서 이루어진 것은 명의 멸망 이후 조선과 유구와는 사교지례(私交之禮)가 없어졌기 때문이었다.[57)]

셋째, 1733년 유구에 표착한 경상도 표류민을 구제·송환하는데,[58)] 든 비용으로 11월 29일부터 12월 4일까지 6일간 체류하는 동안 유구에서 지급한 물건의 물목이 자세하게 파악된다.[59)] 표류민의 구호와 관련하여 중요 자료이다. 1733년 유구 표착 서후정 일행의 구호비용은[60)] 유

56) 이훈, 앞의 논문, 1999, 123쪽.

57) 『同文彙考』 권4, 「報濟州漂迫琉球人轉解咨」, 국사편찬위원회, 3599쪽.

58) 전라도라 알려져 있지만, 실제는 경상도 사람이라고 표기하는 것이 사실에 부합한다.

59) 『沖繩縣史料』 前近代5, 漂着關係記錄, 朝鮮人送越候日記. 이에 대해서는 이훈 앞의 논문, 1999, 133~135쪽에서 자세하게 분석하였다.

60) 『沖繩縣史料』 前近代5, 漂着關係記錄, 慶良間島漂着日記 75번 覺書.

구가 무상(無償)으로 부담하였다.[61]

유구는 1733년 유구에 표착한 경상도 표류민에 대해서 표류민 1인당(1일 기준) 중백미(中白米) 7합 9재(유구 되)를 비롯하여 생선·담배에 이르기까지 11종류에 이르는 물건을 지급하였다.[62] 이 밖에도 조선인은 수시로 의복과 소주(泡盛, 이와모리)·빗·머리기름·우피·갓끈에 쓸 물건 등을 요청하였으며, 그대로 지급받았다.[63] 그리고 유구는 조선인을 유구선 편에 청으로 보낼 때에도 항해 도중 선상에서 소요되는 경비로 중백미 20일분(1일 3번 지급기준) 2석 2두를 비롯하여 야채·신목(薪木) 등 생필품을 지급하였다.[64] 더욱이 1733년 조선인 표류민의 경우 일기가 좋지 않아 곧바로 출선하지 못하고, 얼마간 대기상태로 있었기 때문에 20일간의 식량으로는 부족하였다. 이에 부족분을 추가 신청하고 있다. 조선인 표류민들이 유구에서 수용시설에 격리된 채로 생활했다는 점을 제외하면,[65] 가족의 형태도 그대로 유지하면서 유구에 체제할 수가 있었으며, 대우는 대체적으로 좋았다. 조선인들은 우울한 외국생활을 달래기 위해서인지 소주를 지급해 주도록 요청하기도 하였다. 유구는 조선인들이 청구한 물건들을 거의 대부분 지급해 주었으며, 소주는 남녀가 다 같이 마셨다.[66] 이 밖에 유구에서는 정월의 경우 설빔 비용으로 조선인들에게 백미도 지급해 주었다.[67]

---

61) 이훈, 앞의 논문, 1999, 125쪽; 정하미, 앞의 논문, 2015, 319~322쪽.

62) 『沖繩縣史料』 前近代5, 漂着關係記錄, 慶良間島漂着日記 75번 覺書.

63) 『沖繩縣史料』 前近代5, 漂着關係記錄, 慶良間島漂着日記 21, 58, 59, 71번 覺書.

64) 『沖繩縣史料』 前近代5, 漂着關係記錄, 慶良間島漂着日記 78번 覺書.

65) 『沖繩縣史料』 前近代5, 漂着關係記錄, 慶良間島漂着日記 2월 25일 83번 覺書.

66) 『沖繩縣史料』 前近代5, 漂着關係記錄, 慶良間島漂着日記 78번 覺書.

67) 『沖繩縣史料』 前近代5, 漂着關係記錄, 慶良間島漂着日記 2월 25일 83번 覺書.

한편 유구가 부담해야 하는 경비는 이것만이 아니라 다양하였다. 표류민이 유구에 체제하는 동안 이들을 감시하는 당번의 숙식과 등화에 드는 부대비용도 있었다. 그리고 조선인을 송환하기 위해서는 송환선을 빌리고 선원도 고용해야 했다. 현재 확인이 가능한 것은 선원의 고용비용으로 좌사(佐事) 5명을 고용하는데 은자(銀子) 375관, 수주(水主) 20명을 고용하는데 은자 1관 50목(目)을 부담하였다.[68] 여기에 더하여 선원들이 청에 갔다가 유구에 돌아올 때까지 5개월분의 식량도 유구 부담이었다. 그러나 유구선(마함선, 민간선)의 수리비는 청의 포정사(布政司)에 청구하여 원보은(元寶銀) 546관 8분을 지급받았다.[69]

이처럼 유구의 입장에서 봤을 때 조선인의 표착은 그들을 유구 내에 체류시키는데 드는 비용뿐만 아니라, 이들을 경비하고 송환하는 데에도 적지 않은 부대 경비가 들었다. 그러나 조선에서는 유구의 조선 표류민 송환에 대하여 외교문서나 답례품을 주지 않았다.[70] 1696년 송환 절차가 변경된 후에는 청의 예부(禮部)에서 적성한 자문(咨文)이 조선에 전달되었기 때문에[71] 유구국왕의 이름으로 조선국왕에게 별도의 자문은 없었다.

그리고 1733년에 송환된 경상도 사람들 가운데는 임신부가 1명 있었는데, 유구에서 남아를 출산하였다. 유구에서는 임산부에 대한 배려가 각별하였다. 출산 전의 준비물부터 산후조리에 이르기까지의 모든 비용을 부담하였다.[72] 출산과 산후조리를 위해서 의사와 유모를 불러 왔으

68) 『沖縄県史料』 前近代5, 漂着關係記錄, 慶良間島漂着日記 38번 覺書.

69) 『沖縄県史料』 前近代5, 漂着關係記錄, 慶良間島漂着日記 46번 覺書.

70) 하우봉 외, 『朝鮮과 琉球』, 아르케, 1999, 227~228쪽.

71) 『同文彙考』 권2, 戊寅, 「禮部知會琉球國轉解漂民順付咨官咨」.

며, 산후에는 약용으로 버섯을 지급하고 인삼탕을 달여 먹여 가며 산모의 건강회복에까지 신경을 쓸 정도였다. 인삼은 아주 귀한 약재로 그 대금으로 2관이나 지불하였다. 의사와 신생아에게 젖을 먹일 유모도 유구 측에서 고용하였는데, 유모 3명의 급료는 3일(12월 26일 ~ 12월 28일) 사이에 전(錢) 15관이나 되었다.[73]

1733년 유구에 표착한 조선인들은 1735년에야 조선에 송환되었다. 귀국할 때까지 무려 2년 동안이나 유구에 체류한 셈이 되는데, 과연 유구는 이들이 장기간 체류하는 동안에 모든 체제비용을 무가(無價)로 지급했을까 하는 의문이 생긴다. 『충계현사료(沖繩縣史料)』 가운데는 유구에서 표착 조선인 가운데 남자를 수부(水夫)로 고용할 것을 청원한 각서(覺書)가 있다.[74] 이들의 1인당 임금은 1일을 기준으로 전 1관문(貫文)이었다. 조선인들이 실제로 얼마 동안이나 수부로 고용되었으며, 유구 체제비용을 그들의 임금으로 전액 부담할 수 있었는지의 여부도 알 수 없다.[75] 이처럼 유구는 표착 조선인들의 유구 체재비용을 무상(無償)로 부담하는 것을 원칙으로 하였다. 그러나 표류민들의 임금노동으로 비용의 일부를 변상 받으려는 의도를 가지고 있었기 때문에 유상송환(有償送還)으로의 변화가 있었다고 볼 수 있다.

하지만 유구의 선편(船便)으로 청의 복건(福建)에 도착한 조선인을 북경으로 이송하는 비용은 청(清)이 부담하였다.[76] 다만 이때 청에 들어와

---

72) 이훈, 앞의 논문, 1994, 144쪽.

73) 『沖繩縣史料』 前近代5, 漂着關係記錄, 朝慶良間島漂着日記 26, 29, 31, 32, 36, 37, 39번 覺書.

74) 『沖繩縣史料』 前近代5, 漂着關係記錄, 慶良間島漂着日記 18번 覺書.

75) 이훈, 앞의 논문, 1994, 135쪽.

76) 이훈, 앞의 논문, 1994, 136쪽.

있던 조선정부의 사행이 없어서 청이 조선인들을 북경에서 조선 국경까지 호송해야 하는 경우, 이 구간에 드는 호송비용도 청의 호부(戶部)에서 부담하였다.[77] 이처럼 표착지에서 조선인 표류민의 구제를 비롯하여 유구에 체재하는 동안에 드는 비용과 청의 복건성으로 호송할 때까지의 비용은 유구가 부담하였다. 이후 북경을 거쳐 의주까지의 비용은 청나라가 부담하였다.

Ⅳ. 유구인의 조선 표착과 해역

1. 유구인의 조선 표착 사례

조선시대에 유구는 15세기에 50여 차례 친선 사절단을 조선에 파견하였다. 이 과정에서 양국은 정치 · 외교 · 국방 · 교역 · 표류민 송환에 이르기까지 교류활동을 활발히 전개한 것으로 확인된다.[78] 그런데 16세기에 유구국의 대외관계가 급격히 쇠퇴한다. 그것은 명나라가 해금정책을 완화하면서 중국 무역선이 동남아시아, 일본 등지에 직접 교류를 추진하였기 때문이다.[79] 더욱이 1592년(선조 25)에 일본은 조선을 침략하여 임진왜란을 일으키고, 유구국으로 하여금 전쟁에 협력할 것을 요구하였다. 이때 유구는 일본의 제안을 거절하고, 오히려 조선과 명(明)에 협조하였다. 1609년(광해군 1) 일본 사쓰마번(薩摩藩)이 유구국을 침략하여

77) 하우봉 외, 앞의 책, 1999, 223~224쪽.

78) 손승철, 「朝 · 琉 交隣體制의 구조와 특질」, 『朝鮮과 琉球』, 아르케, 1999, 28쪽.

79) 민덕기, 「琉球의 역사」, 『朝鮮과 琉球』, 아르케, 1999, 17쪽.

일본의 속국으로 삼았다.[80] 이후 유구는 사쓰마의 통제 아래 외국과의 교역활동이 중단되기에 이르렀지만, 조선과는 표류민 송환과 같은 비공식적인 절차를 통해 교류를 지속하였다. 그 내용이 15~19세기 조선에 표착한 유구국 표류민의 송환 사례에서 확인된다.

조선시대에 유구에서 조선으로 표류하여 표착한 경우는 〈표 2〉에 보이는 것처럼 22사례가 기록으로 나타난다.[81] 이 가운데서 유구에서 경상도 해역으로 표착한 사례는 많지 않다. 그렇지만 경상도와 유구 사이에 직접 발생한 표류민 문제를 통해서 조선의 경상도와 유구 사이의 관계, 교섭, 송환 등 해역 문제에 대해 살펴보고자 한다.

〈표 2〉 조선시대 유구인의 조선 표착 사례[82]

표착 시기	송환 시기	표착지	출항지	표착인원	표류 이유	송환방법	송환자	
							문서 명의	송환 사자
1418.8.21		경상도 閑山島	유구	사망 70명 생존자	親善 사절, 禮物 운송	傳遞, 서울 후송		
1429.8.15		강원도 蔚珍縣		包毛加羅 15명 (1명 사망)		通事 金源珍 동행, 일본 薩摩州 등 협조, 서울 후송, 14인 水路 송환		
1452.5.11		寧海 丑山浦	유구	12명 송환		琉球 使者 송환		使者 道安, 聖節使
1497.10.14		제주도	檷也求他羅麻島(也麻老風加音島)	愁可云道老 등 10명	紅花, 布木, 벼 운송	對馬島主 依賴, 也麻老風加音島 經由, 土産物 輸貢		新時羅 僞使

80) 『광해군일기』 권66, 광해군 5년 5월 8일.

81) 조선과 유구의 표류민 송환이 활발하지 못하고, 송환 건수도 적은 이유는 지리적으로 멀고, 임진왜란 이후 일본의 무력에 대한 공포감이 감소하였으며, 남방물산도 대마번을 통해서 확보할 수 있었기 때문이었다.

1530.10.3		우죽도(제주도)	野島	豊加那(部屬) 7명	법씨 헌상	北京 경유 송환, 1531년 正朝使		正朝使 同行
1589.7.23		珍島	琉球	商人 30명	商業	北京 경유		冬至使 同行
1590.1.1			유구	百姓 1명		遼東 압송, 轉奏 송환 요청		
1612.9.9			유구	馬喜富 9명 생존자 구호		承政院 문서, 북경 경유		冬至使 동행
1613.1.28		제주		唐·倭·琉球 상인	黃繭絲, 明珠, 瑪瑙 등 運送	濟州牧使 등 표류선 습격		
1790.7.20(6.13)	1790.6.27	제주 貴一浦	유구 那霸府(西村)	査比嘉 12명	貢物 宮古島(粟米, 말, 書籍)	水路 송환		
1794.8.17(9.11)	1794	제주 大靜縣	유구	11명(4명)	공무(의복, 문서)	陸路 송환 (北京 경유, 福建 경유)		節使 順付(使行 同行)
1794.9.11(7.11)		靈巖(梨津)	유구 八重山島(新川村)	米精兼个段仁也 3명(7명 사망)	공문서(島主), 公船(興那國島)	廣濟院 후송, 京畿監營 체류, 송환 路資 지급		冬至使 동행
1797.윤6.7		제주 대정현	那霸府	7명	通俗三國志, 曆書	水路 송환		유구 선박
	1801		유구	5명				
1820.6.16(7.1)	1820.7	제주 旌義縣	유구	百姓 下賤 5명	목재 벌취	육로 송환 (복건 경유)		時憲曆官 順付
1821.5.20(6.15)	1821.8	제주	유구 大島	5명(6명)	家材 구입	육로 송환 (복건 경유)		時憲曆官 順付
1827.(26)2.29(6.15)	1827	興海(陽)縣(外羅)老島	유구	3명	상인, 薪木 구입	육로 송환 (복건 경유)		時憲曆官 順付
1831.7.1(25)	1831	제주 大靜縣	유구 那霸府	3명		육로 송환 (복건 경유)		節使 順付

1832. 8.13	1832	제주 대정현	유구 那覇	4명		복건 경유		節使 順付
1860. 6.13	1860	제주 대정현	유구 那覇	6명		복건 경유		節使 順付
1861. 10.15		제주 대정현	유구			일본 경유 對馬藩		薩摩藩
1871. 9.23		羅州 可佳島		22명		水路 송환		漕運船 (供饋)

조선시대에 유구에서 조선 해역으로 표착해 온 경우는 22사례를 분석하면 경상도(강원도 포함) 3건, 전라도 진도와 영산의 사례를 제외하면 대부분 제주도였다. 이것은 무엇보다도 제주도가 유구와 지리적으로 가까우며, 해양으로 열려 있었기 때문이었다. 그런데 유구인의 표류 이유는 볍씨 헌상, 상업, 공무 등이었다.

조선시대에 조선과 유구는 교린 상대국으로서 우호적인 입장에서 표류민을 송환해 주었는데, 위사(僞使) 문제가 대두되면서 직접적인 교류가 단절되면서 1530년(중종 25)부터 북경을 우회하여 송환되었다.[83] 조선과 유구는 책봉국 사이의 교린이 전제되어 송환이 이루어졌는데, 조선 국왕과 유구 국왕이 송환자가 되어 교린국 사이의 문서인 자문(咨文)을 교환하면서 표류인 송환을 계속하였다. 1497년(연산군 3)에 제주도에 표착한 유구인은 대마도주를 통하여 송환하였다.[84] 1530년(중종 25)에 제주

---

82) 〈표 2〉는 이훈, 「朝鮮後期 漂民의 송환을 통해서 본 朝鮮 · 琉球관계」, 『사학지』 27, 1994, 123~124쪽; 한일관계사학회, 『조선시대 한일표류민연구』, 국학자료원, 2001, 21쪽; 하우봉 외, 『조선과 유구』, 아르케, 1999, 31~40쪽 ; 김경옥, 「15~19세기 琉球人의 朝鮮漂着과 送還실태 : 『朝鮮王朝實錄』을 중심으로」, 『지방사와 지방문화』 15(1), 역사문화학회, 2012 ; 115~118쪽; 小林茂 · 松原孝俊 · 六反田豊編, 「朝鮮から琉球へ, 琉球から朝鮮への漂流年表」, 財団法人沖縄県文化振興会公文書館管理部史料編集室編, 『歴代宝案研究』 9号, 沖縄県教育委員会, 1998, 86~117쪽 등의 자료를 종합하여 작성 · 보완하였다.

83) 하우봉 외, 앞의 책, 2001, 21~24쪽.

도에 표착한 유구인은 북경을 경유하여 송환하였다.[85] 이후 조선의 표류민 송환은 1589년(선조 22) 진도에 표착한 유구상인 30명을 송환할 때까지 모두 5차례에 걸쳐 이루어졌다. 조선전기 유구와 조선의 대외관계를 고려하면 많은 횟수가 아니다. 이것은 경상도 해안을 장악한 왜구의 활동, 유구에서 조선의 경상도 해역으로 오기 위해서는 일본의 큐슈(九州)와 쓰시마(對馬島)를 지나야 하므로, 왜구 때문에 기회 자체가 줄어들었으며, 또 문제가 발생하면 중간에 돌아가거나 인근 지역으로 표착하였기 때문이었다.

특히 위사 문제가 해결되면서 1530년(중종 25)부터 1668년(인조 16)까지 조선과 유구의 표류민 송환은 북경을 경유하는 간접 방식이었다.[86] 이는 책봉국 사이의 교린이 전제된 송환으로 교린국 사이의 교환문서인 자문(咨文)을 교환하면서 송환을 이어갔다. 1609년 유구가 일본에 복속된 이후로는 조선과 일본 사이의 송환체제에 따라 조선과 유구의 양국인이 나가사키를 경유하여 우회 송환되었다.[87] 이후 청나라에 의해 표류민 송환체제가 확립되면서 유구의 중국인 송환 절차에 따라 부수적으로 청을 통해서 유구로 송환되었는데, 대부분 절사(節使)를 통한 순부송환 방식이었다.

조선에 표착한 유구인은 조선에서 무상으로 송환하였다.[88] 조선은 유구인을 일본을 통해서 송환하는 경우, 조선에 체류하는 동안 5일마다 잡물(백미, 생선, 채소, 땔감, 건어물 등)을 지급하였으며, 귀국할 때는 도해량

84) 양수지, 앞의 논문, 2015, 123~126쪽.

85) 양수지, 앞의 논문, 2015, 123~126쪽.

86) 하우봉 외, 앞의 책, 1999, 62쪽.

87) 하우봉 외, 앞의 책, 1999, 231~232쪽.

88) 하우봉 외, 앞의 책 1999, 228~233쪽.

미(渡海糧米)와 의자목(衣資木)을 1필씩을 지급하여[89] 송환을 도왔다.

2. 유구인의 경상도 표착과 송환

임진왜란 이전에 조선에 표착한 유구인의 송환은 전체 5차례가 있다.[90] 이 가운데서 조선전기에 유구에서 경상도 해역으로 표착해 온 경우는 3차례가 있다.[91] 첫째, 1418년 조선에 표착한 유구국 사신들이 한산도(閑山島)에 표착하자, 이들에게 의복과 음식이 제공되었다.[92]

둘째, 1429년(세종 11) 8월 포모가라(包毛加羅) 등 15명의 유구인이 강원도 울진현에 표착하였다. 이때 보고를 받은 조정에서는 논의 결과 그들이 조선에서 살기를 원하면 경상도 연해에 거주하게 하고, 돌아가기 원하면 송환하도록 하였다.[93] 사망자 이마가라(理馬加羅)는 장례를 치러주고, 나머지 14명은 그들의 소원에 따라 송환해 주기로 하였다. 그러나 조선과 유구는 직항로가 없었기 때문에 경유지 일본의 협조를 얻어야 했다. 송환할 때 조선에서는 통사 김원진(金元鎭)을 동행시켰으며, 유구국왕부 집례관(執禮官) 앞으로 보내는 예조의 서계(書啓)와 함께 일본 규슈(九州) 지역의 휴가(日向)·오스미(大隅)·사츠마(薩摩)에 협조를 요청하는 서계를 보내었다. 이때는 조선과 유구의 직접송환 방식이었다. 이에 대해 유구국에서는 이듬해(1430) 김원진이 귀국할 때 장사(長史) 양회(梁回)

89) 국사편찬위원회 소장, 『薩州山川浦船漂着記錄』, No.2878, 表書札方.

90) 하우봉 외, 앞의 책, 1999, 213쪽.

91) 1418년(세종 즉위년)에 유구국의 사절이 한산도에 표착한 것이 유구에서 조선에 온 처음 사례이다(『세종실록』 권1, 즉위년 8월 21일).

92) 『세종실록』 권1, 즉위년 8월 21일.

93) 『세종실록』 권45, 11년 8월 15일.

를 보내어 감사하고, 앞으로 조선인 표류민이 있을 경우 송환해 줄 것을 약속하였다. 이로써 조선과 유구의 우호적인 표류민 송환의 계기가 되었으며, 양국 사이의 표류민 송환체제는 순탄하게 출발하였다.

실제로 1429년(세종 11) 8월 포모가라(包毛加羅) 등 15명의 유구인이 강원도 울진현에 표착했을 때, 이들이 유구인이라는 것은 유구국 표착인의 인상 착의, 복장 등을 통해서 알 수 있었다고 한다.

> 가. 선덕(宣德) 기유년(1429) 울진현에 수상한 당선(唐船)이 표착되었다. 잡고 보니 모두 열여섯 사람이었는데, 모두 푸른 옷을 입었다. 머리털을 감아 목에다 매었고, 채색 그림이 있는 붉은 무명으로 머리를 쌌으며, 바지도 입지 아니하고 푸른색 큰 옷으로 몸 하부를 쌌는데, 역관이 자세히 살펴보니 유구 사람이었다.[94]
>
> 나. 유구국 사람 포모가라(包毛加羅) 등 15인이 표류하여 강원도 울진현에 이르렀는데, 도적이라고 하여 사로잡아 놓고 보고하니, 명하여 역전(驛傳)하여 서울에 보내게 하고, 여관에 우대하여 이내 옷과 신을 주었다.[95]

셋째, 1452년(문종 2) 축산포에 표착한 유구인 12명을 송환해주자, 유구에서는 1453년에 국왕사 도안(道安)을 통해 감사를 표하며 조선 표류민 4명을 송환하였다. 조선 표류민의 송환과 달리 유구인을 송환할 때는 송환방식이 시기에 따라 다양하였다.[96] 제1형은 직접 보내는 방식, 제2형은 일본인을 통해 보내는 방식, 제3형은 명이나 청의 사행을 통해 송환하는 방식이었다. 조선 조정은 1429년(세종 11) 최초의 유구 표류민부터 후하게 대접해 주었다. 표류민을 송환할 때 배를 수리해 주고 곡식을 주었으며, 사쓰마주(薩摩州) 등 중간의 일본 호족(豪族)들에게 따로

---

94) 『大東野乘』 東閣雜記 上, 本朝璿源寶錄.

95) 『세종실록』 권45, 11년 8월 15일.

96) 양수지, 앞의 논문, 2015, 126쪽.

서계를 보내 협조를 요청하고, 통사 김원진을 동행시켜 안전 송환을 위해 노력하였다.

조선전기에 유구에서 조선에 표착한 사람들의 구호 과정을 1429년의 사례를 통해서 살펴보면 다음과 같다. 1429년 강원도 울진현에 유구 사람들이 표류해오자, 표류민에게 옷과 신발이 지급되었다. 1612년 9월에 비변사로 후송된 표류 유구인의 경우, 본래 따뜻한 기후에서 살았던 사람들이라는 점을 감안하여 곧 닥쳐올 추위에 대비할 수 있도록 겨울옷과 신발, 머리에 착용할 모자 등을 별도로 지급하였다.[97] 또 1820년 제주도 정의현에 표착한 유구 선박에 5명이 승선하고 있었으며, 선적 물품이 양호한 상태였다. 그러나 조선에 표착한 유구인들은 육로 송환을 원칙으로 규정하고 있었기 때문에 바닷길을 따라 본국으로 이동할 수가 없었다. 이에 조선은 유구 표류민들의 소장 물품 가운데 운송 가능한 것은 지방의 관용마를 이용하여 서울까지 운반해 주었고, 운송이 어려운 물품의 경우 조선정부가 후한 값에 매입해 주었다.[98]

이와 같이 표착지에서 1차 구호조처를 받은 유구 표류민들은 서울로 후송되었다. 이 과정을 '전체(傳遞)' 혹은 '역전(驛傳)'이라 한다.[99] 먼저 '전체'는 표착지에서 서울로 이동하는 동안 통과하는 지역의 지방관이 표류민을 관할 구역 경계지점까지 후송한 다음, 인접 지역 지방관에게 표류민을 인계하는 방식이다. 또 '역전'은 표착지를 출발한 표류민이 서울로 이동하는 동안 숙식을 해결하였던 역을 기점으로 하여 관할구역

97) 『광해군일기』 권57, 4년 9월 9일.

98) 『순조실록』 권23, 20년 7월 1일.

99) 유구인의 조선 표착에서 송환에 대한 절차는 김경옥, 앞의 논문, 2012, 129~131쪽에 정리되어 있다.

내 지방관이 타 지역 지방관에게 표류민을 인계하는 방식을 의미한다. 표류민이 서울에 당도하면, 중앙관원이 역관을 대동하고 표류과정을 심문하였다. 이를 '문정(問情)' 또는 '심문(審問)'이라 한다. 유구 표류민의 경우 동평관(東平館)의[100] 왜인이 표류사실을 심문하였다. 이때 왜인들은 가장 먼저 표류민의 외관을 기록하였다. 즉 머리에 쓴 삿갓, 입고 있는 의복, 사용하는 언어 등을 파악하였다. 그 다음 표류민을 상대로 이름, 거주지, 항해목적, 표류과정, 선적물품 등 기본적인 질문을 하였다.[101]

한 예로서 중산왕(中山王)의 사자 도안(道安)이 도착하자 예조(禮曹)에서 연회를 베풀었다. 그때 예조에서 도안의 말을 기록하여서 아뢴 기록에서 유구인이었음을 알 수 있었다고 한다.

> 조선 사람 60여 명이 유구에 표류하여 왔으나, 모두 사망하고 다만 나이 많은 5인이 생존하여 있고, 그들의 딸과 아들들은 모두 그 나라 사람들과 혼인하였고 가산도 부유합니다. 노인들은 조선 말을 조금 알고 있습니다.[102]

한편 조선시대에 유구인들이 표류해 온 해역과 해로를 살펴보면 아래와 같다. 조선전기에 유구인들이 경상도에 표착해 온 이유는 삼포 개항 이후 울산의 염포에 사절 파견, 무역을 위해서 오는 과정에서 발생했다. 유구에서 조선으로 표류하는 경우 계절풍의 영향을 받았는데, 여름철이 많았다. 전근대시기에 조선과 유구 사이에는 제주도에서 유구 사이의 항도가 열려 있었다고[103] 본다.

---

100) 동평관은 조선 초기에 일본 사신들을 대접하기 위하여 건립된 관사이다. 초창기 일본 왜구를 회유하기 위해 동 · 서평관을 설립하였으나, 조선 세종 때 왜구가 어느 정도 진압되자, 서평관은 폐지하고 동평관만 유지하였다(『태종실록』 권17, 9년 2월 26일).

101) 『연산군일기』 권28, 3년 10월 14일.

102) 『단종실록』 권6, 1년 5월 11일.

한반도를 중심으로 한 동북아해역은 계절풍의 영향을 받아 1년을 주기로 변화한다. 특히 시베리아와 북태평양의 기후에 따라 동절기(11월~3월)에 조난사고가 빈번하게 발생하였다. 또 하절기(6월~9월)는 동지나해에서 발생한 태풍이 필리핀과 대만해역을 지나 유구열도를 거쳐 우리나라 남해안에 상륙하는 경우가 많았다.[104] 이런 까닭에 조선 사람이 제주해역에서 표류할 경우 유구국에 표착하는 사례가 발생하였다.

한편 조선후기에 흥해현(興海縣) 외나로도(外羅老島)에 표류해 온 유구국 상인 3명을 육로를 따라 북경(北京)으로 호송하였다고[105] 한다. 그러나 이 기록에서 동해의 경상도 흥해현 외나로도는 아마도 전라도 흥양현 외나로도의 잘못된 기록으로 보인다.[106] 이에 조선후기에 유구에서 경상도 해역으로 직접 표착해 온 사례는 없다고 보아진다. 이것은 임진왜란 이후 일본의 통일정권이 유구를 복속하였기 때문에, 유구는 조선과의 관계를 조선전기처럼 이어갈 수가 없어졌기 때문이었다.

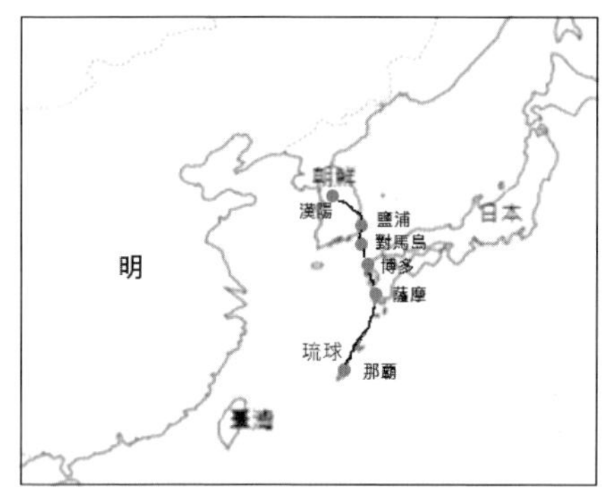

〈그림 3〉 조선전기 유구인의 경상도 표착 해역과 송환로

103) 윤명철, 『해양사연구방법론』, 학연문화사, 2012, 217~217쪽.

104) 김재승, 「한국 유구 간 표류에 의한 문화적 접촉」, 『동서사학』 2, 1996, 142쪽.

105) 『순조실록』 권28, 26년 6월 16일.

106) 흥양현은 현재의 전라남도의 고흥군이다.

V. 맺음말

조선시대에 조선의 경상도 해역에서 유구로 표류한 경우와 유구에서 조선의 경상도 해역으로 표착해 온 사례는 기록으로 남아 있는 것은 아주 제한적이다. 그것은 대부분의 표류가 기록을 남기지 못했기 때문이었다. 전근대시기에 동아시아 해역에서 발생했던 표류는 조공체제의 틀 속에서 국가와 국가 사이에 인도주의에 따른 무상송환이 원칙이었다. 표류는 전형적인 해난사고였지만, 해역에서 새로운 항로를 만드는 계기가 되기도 했다. 해역사에서 표류를 주목하는 주된 이유이다.

조선과 유구로의 뜻하지 않은 표류와 표착은 각각 상대국에 일정기간 체류하면서 다양한 문화와 지식 정보를 체험하고 체득하는 계기가 되었다. 해역에서 멀리 떨어져 있었던 조선과 유구의 관계는 조선 왕조 건국 이후 일본의 정치적 변화에 따라 영향을 받게 되었다. 특히 왜구의 활동과 밀접한 연관이 되었는데, 조선과 유구인의 표류를 둘러싼 문제도 세 단계로 변화하였다. 그것은 경상도와 유구의 직접적 송환 단계, 대마도나 규슈의 일본을 경유하는 단계, 명이나 청을 경유하는 경우였다. 이 가운데 앞의 두 단계는 주로 해로를 이용하였지만, 마지막 단계에는 해로와 육로를 함께 이용하였다.

때문에 경상도와 유구의 직접적인 표류민의 송환은 엄밀하게 본다면, 조선전기의 일정한 시기에만 제한적으로 있었다고 볼 수밖에 없다. 하지만 경상도와 유구로의 표류와 표착의 빈도가 흔하지 않았다고 하더라도, 이렇게 개척되는 해로는 지리적인 해역, 즉 물리적인 해역을 확인시켜 주는 방편이 되었으며, 한 차례 열린 해로는 계속 열려 있게 되었다. 전근대시기에 해역에서는 해류, 조류, 바람이라는 자연현상의 영향을 받으면서 일정한 해로를 거쳐 계속 표착하게 되었던 것이다. 물론 여기에는 바다로 나가려 했던 많은 해양인의 끊임없는 희생이 전제되었을 것이다.

1429년의 김비의 일행의 유구 표착 이후 송환 사례, 1733년의 서후정 일행의 유구 표착은 조선시대에 유구에 표착한 조선인의 전형적인 사례였다. 이러한 표류와 표착을 통해서 양국의 문화교류와 상대국에 대한 이해가 깊어질 수 있었다. 특히 조선전기 두 차례 유국인의 경상도 동해안의 표착 사례도 동일한 시각에서 이해할 수 있으며, 경상도나 유구의 해로를 확인시켜 주는 흔하지 않은 사례로서 주목된다. 또 조선의 경상도와 유구의 송환 해로는 조선전기와 후기가 서로 상이하였다. 그것은 근세 일본의 통일정권 수립과 관련이 있는데, 조선에서는 유구와의 대외관계가 원활할 수 없었기 때문에 명이나 청을 경유하는 간접송환으로 전환될 수밖에 없었다. 그렇지만 조선전기에 열려 있던 해로를 통해서 표류는 계속 이어졌을 것이다.

김강식 | 한국해양대학교

15~19세기 류큐인의 조선 표착과 송환

Ⅰ. 머리말

조선정부는 바다를 통해 출몰하는 이국(異國) 세력과의 접촉과 갈등 속에서 도서정책을 수정하였다. 조선전기의 도서정책은 공도정책(空島政策)이었다. 섬 주민을 육지로 강제 이주시키고, 비어 있는 섬에 목장과 송전을 설치하였다. 섬에서 주민 거주를 금지한 것이다. 그 이유는 끊임없이 출몰하는 왜구들 때문이었다. 급기야 16세기 말에 일본은 조선을 침략하여 임진왜란과 정유재란을 일으켰다. 또 17세기에는 중국의 황당선(荒唐船)이 우리나라 해역으로 몰려왔다. 그들은 고기잡이를 목적으로 출입하였지만, 일부가 해적으로 둔갑하여 섬 주민을 약탈하였다. 이에 조선정부는 섬과 바다에 수군진을 설치하여 해양방어를 강화하였다. 그 결과 섬과 바다가 안정을 되찾으면서 도서지역의 인구가 증가하고 경제기반이 마련되었다. 조선후기 중앙정부는 도서정책을 수정하였다. 즉, 육지의 부속도서로 편제되어 왔던 섬을 면리제(面里制)에 포함시키고, 섬 주민들은 세금 부과 대상자로 편성한 것이다.[1)]

조선후기 서남해 도서지역에 주민들이 입도하여 정착하자, 이국선(異國船)들이 조선 해역에 표착해왔다. 그들은 중국 · 대만 · 류큐 · 일본 등지의 거주민들로, 바다를 항해하다가 풍랑을 만나 우리나라 해역에 표류한 것이다. 물론 동일 해역에 입지한 조선 사람들도 해난 사고에 있어서 예외일 수 없었다. 18세기 동아시아 사람들은 각국에 표착한 표류민들을 구호하여 본국으로 송환하는 절차를 마련하였다. 조선의 경우 비변사에서 각국 표류민들을 송환하는 업무를 담당하였다.

지금까지 표류연구는 표류민의 표착경위, 표류민을 통한 항로 분석, 표류민 송환을 둘러싼 국제관계, 표류민 발생과 관련하여 국제무역, 표류기록의 전산화 등 다양한 측면에서 연구되어왔다.[2] 그러나 지금까지 표류연구는 대부분 한 · 일 간의 표류민 문제에만 집중되어왔다. 따라서 류큐(琉球)를 비롯한 중국 · 대만 · 베트남 · 필리핀 사람들의 표류연구는 지극히 빈약한 실정에 있다.[3] 다행스럽게도 최근 들어 표류 관련 연구

1) 김경옥, 『조선후기 도서연구』, 혜안, 2004, 107~228쪽.

2) 기존 표류 관련 연구논저는 다음의 글이 참고 된다. 이훈, 「조선후기 표민의 송환을 통해서 본 朝鮮 · 琉球관계」, 『사학지』 27, 단국대사학회. 1997; 박진미, 「"표인영래등록"의 종합적 고찰」, 경북대 석사학위논문, 1995; 김재승, 「韓國, 琉球間 漂流에 의한 文化的 接觸」, 『동서사학』 2, 한국동서사학회, 1996; 池內敏, 『近世日本과 朝鮮漂流民』, 臨川書店, 1998; 하우봉 외, 『朝鮮과 琉球』, 아르케, 1996; 이훈, 『朝鮮後期 漂流民과 韓日關係』, 국학자료원, 2000; 한일관계사학회 편, 『조선시대 한일표류민연구』, 국학자료원, 2001; 주성지, 「표해록을 통한 한중항로 분석」, 『동국사학』 37, 동국사학회, 2002; 신동규, 「근세 漂流民의 송환유형과 "국제관계"-조선과 일본의 제3국 경유 송환유형을 중심으로-」, 『강원사학』 17 · 18, 강원대사학회, 2002; 정성일, 「漂海記錄을 통해서 본 朝鮮後期 漁民과 商人의 海上活動-漂人領來謄錄과 漂民被仰上帳을 중심으로-」, 『국사관논총』 99, 국사편찬위원회, 2002; 정성일, 「全羅道 住民의 日本列島 漂流記錄 分析과 데이터베이스화(1592~1909)」, 『사학연구』 72, 한국사학회, 2003; 이훈, 「'표류'를 통해서 본 근대 한일관계-송환절차를 중심으로-」, 『한국사연구』 123, 한국사학회, 2003.

3) 이 가운데 조선과 류큐 관련 표류연구는 1960년대 민병하와 1970년대 이현종에 의해 시도되었다. 이들의 연구는 여말선초부터 임진왜란까지 조선과 류큐의 관계에 주목하였다. 이후 1990년대에 이르러 한일관계사학회의 연구 활동에 힘입어 류큐의 표류민 문제가 집중

대상지역이 동아시아해역까지 확대되면서 표류민의 출항지와 표착지를 연계한 해로(海路), 표류민과의 의사소통, 표류민 송환을 통한 동아시아 교통권, 심지어 위장 표류에 이르기까지 사례연구가 발표되고 있어 주목된다.[4] 그럼에도 불구하고, 아직까지는 표류 연구의 시각이 지나치게 국제 간의 대외관계로 귀결되고 있어서 가장 큰 아쉬움으로 남는다. 전통시대 표류·표류민에 대한 연구는 '이국과 이국문화'에 대한 견문을 넓힐 수 있다는 점에서 주목되는 연구소재라고 생각한다. 따라서 각국 표류민에 대한 보다 구체적인 분석이 요구된다. 예컨대 표류민의 출항시기, 승선자, 승선인원, 출항지, 항해목적, 표착지, 송환 절차와 방법, 그리고 무엇보다도 표류민을 통한 이국문화에 대한 인식 등이 궁금하다.

적으로 검토되었다(河宇鳳 外, 『朝鮮과 琉球』, 아르케, 1999, 6쪽).

4) 최근 표류연구는 한일관계사에서 벗어나 동아시아 해역으로 확대되고 있다. 대표적인 연구 성과로 다음의 논저가 참고 된다. 김경옥, 「근세 동아시아 해역의 표류연구 동향과 과제」, 『명청사연구』 48, 명청사학회, 2017; 김경옥, 「조선의 대청관계와 서해해역에 표류한 중국 사람들」, 『한일관계사연구』 49, 한일관계사학회, 2014; 김경옥, 「18~19세기 서남해 도서지역 漂到民들의 추이-『備邊司謄錄』「問情別單」을 중심으로-」, 『조선시대사학보』 44, 조선시대사학회, 2008; 김나영, 『조선시대 제주도 漂流·漂到 연구』, 제주대 박사학위논문, 2017; 김동전, 「18세기 문정별단을 통해 본 중국 표착 제주인의 표환 실태」, 『한국학연구』 42, 인하대 한국학연구소, 2016; 원종민, 「조선에 표류한 중국인의 유형과 그 사회적 영향」, 『중국학연구』 44, 중국학연구회, 2008; 마츠우라 아키라, 「근세 동아시아해역에서의 중국선의 표착필담기록」, 『한국학논총』 45, 한양대 한국학연구소, 2009; 劉序楓, 「近世東亞海域의 僞裝漂流事件 : 道光年間 朝鮮 高閑祿의 中國漂流事例를 中心으로-」, 『한국학논총』 45, 한양대 한국학연구소, 2009; 이케우치 사토시, 「1819년 충청도에 표착한 일본선 표류기」, 『한국학논총』 45, 한양대 한국학연구소, 2009; 정민, 「표류선, 청하지 않은 손님-외국선박의 조선 표류 관련기록 探討-」, 『한국한문학연구』 43, 한국한문학회, 2009; 진익원, 「韓, 日, 越 사이에 발생한 漂流事件 검토」, 『한국학논총』 45, 한양대 한국학연구소, 2009; 배숙희, 「宋代 東亞 海域上 漂流民의 發生과 送還」, 『중국사연구』 65, 중국사학회, 2010; 정성일, 「日本人으로 僞裝한 琉球人의 濟州 漂着-1821년 恒運 등 20명이 표착사건-」, 『한일관계사연구』 37, 한일관계사학회, 2010; 劉序楓, 「清代 中國의 外國人 漂流民의 救助와 送還에 대하여-朝鮮人과 日本人의 사례를 중심으로-」, 『동북아역사논총』 28, 동북아역사재단, 2010; 최성환, 『조선후기 문순득의 표류와 세계인식』, 목포대 박사학위논문, 2010; 허경진·김성은, 「표류기에 나타난 베트남 인식」, 『淵民學志』 15, 연민학회, 2011.

본고는 15~19세기 조선에 표착한 류큐국 표류민에 대해 주목하고자 한다. 과연 누가, 언제, 어떤 목적으로 바다를 항해하다가 조선에 표착하였는지, 조선에 표착한 류큐인의 송환절차와 방법은 어떻게 이루어졌는가를 재구성하고자 한다. 분석 자료는 『조선왕조실록』에서 검출된 조선 표착 류큐인 표류사례 19건이다. 이를 통해 조선에 표착한 류큐 사람들의 표류과정과 송환실태를 살펴보고자 한다.

Ⅱ. 『조선왕조실록』에서 검출된 류큐인의 조선 표착 현황

『조선왕조실록』에서 '琉球' 관련 기사를 검색해보면, 조선 태조 1년(1392) 8월에 '琉球國 中山王이 使臣을 보냈다.'라는 기록이 가장 먼저 확인된다.[5] 즉 류큐(琉球)는 15세기에 50여 차례 친선 사절단을 조선에 파견하였다. 이 과정에서 양국은 정치 · 외교 · 국방 · 교역 · 표류민 송환에 이르기까지 교류활동을 활발히 전개한 것으로 확인된다.[6] 그런데 16세기에 류큐국의 대외관계가 급격히 쇠퇴한다. 그것은 명나라가 해금정책을 완화하면서 중국 무역선이 동남아시아, 일본 등지에 직접 교류를 추진하였기 때문이다.[7] 더욱이 1592년(선조 25)에 일본은 조선을 침략하여 임진왜란을 일으키고, 류큐국으로 하여금 전쟁에 협력할 것을 요구하였다. 이 때 류큐는 일본의 제안을 거절하고, 오히려 조선과 명(明)에 협조

5) 『태조실록』 권1, 1년 8월 18일.

6) 손승철, 「朝 · 琉 交隣體制의 구조와 특질」, 『朝鮮과 琉球』, 아르케, 1999, 28쪽.

7) 민덕기, 「琉球의 역사」, 『朝鮮과 琉球』, 아르케, 1999, 17쪽.

하였다. 1609년(광해군 1) 일본 싸스마번(薩摩藩)이 류큐국을 침략하여 일본의 속국으로 삼았다.[8] 이후 류큐는 사츠마의 통제 아래 외국과의 교역활동이 중단되기에 이르렀으나, 조선과는 표류민 송환과 같은 비공식적인 절차를 통해 교류를 지속하였다. 그 내용이 15~19세기 조선에 표착한 류큐국 표류민의 송환 사례에서 확인된다. 다음 〈표 1〉은 『조선왕조실록』에서 검출된 조선 표착 류큐 사람들의 표류사례를 정리한 것이다.[9]

〈표 1〉 琉球人의 朝鮮 漂着 事例

번호	年代	漂流民(승선 인원)	出港地(경유)	目的地(선적 물품)	漂着地	航海目的	地方官(보고)	備考
1	1418.08.21.	사절단(70)	류큐국	조선(예물)	한산도(경상도)	친선 사절	경상도 관찰사	• 세종 원년 8월 21일 • 선박 파손 • 禮物 遺失 • 사망 70명 • 생존 : 의복, 음식 • 傳遞, 서울 후송
2	1429.08.15.	包毛加羅(15)			울진현(강원도)			• 세종 11년 8월 15일 • 生捕 : 盜賊誤認 • 생존 : 여관, 옷, 신발 • 驛傳, 서울 후송 • 사망 : 葬禮(棺, 紙 20卷, 墓標) • 14人 水路 送還 • 守山浦萬戶, 判蔚珍縣事 褒賞 論難

8) 『광해군일기』 권66, 5년 5월 8일.

9) 〈표 1〉은 『조선왕조실록』에서 확인된 조선 표착 류큐 표류민 관련 기사만을 정리한 것이다. 따라서 일본 소장 자료를 비롯하여 한국의 국사편찬위원회 소장 자료가 분석대상에서 누락되어 있다. 최근 위장 표류 관련 연구 성과가 발표되면서 각국에 소장된 표류자료의 공유와 공동연구의 필요성이 제기되고 있으나, 모두 섭렵하지 못하였다. 다만 본 연구는 조선과 류큐의 문화를 비교연구하기 위한 전 단계로써 조선시대 류큐 표류민의 실태를 파악하는데 주력하였다.

3	1452.05.11.	불명(12)			축산포			• 단종 1년 5월 11일 • 1453년 琉球國 使者 道安이 禮曺 宴會에서 答禮 • 생존자 : 옷, 식량
4	1497.10.14.	愁加云道老(10)	欄也求他羅麻島(也麻老風加音島)	琉球(홍화, 포목, 벼)	제주	토산물(홍화)을 琉球에 輸貢	예조	• 연산군 3년 10월 14일 • 也麻老風 加音島를 경유(포목과 벼 교환)하여 고향으로 항해
5	1530.10.03.	주민(7)	野島		제주		예조	• 중종 25년 10월 3일 • 正朝使 동행, 중국 경유 송환(논의) • 대마도 왜인 후송
6	1589.07.23.	상인(30)			진도	상선		• 선조 22년 7월 23일 • 동지사 동행, 중국 경유 송환
7	1590.01.01.	백성						• 선조수정 23년 1월 1일 • 遼東 押送, 轉奏 송환 요청
8	1612.09.09.	馬喜富 外(8)					비변사	• 광해군 4년 9월 9일 • 생존: 겨울옷, 신발, 모자 • 승문원 문서 작성, 동지사 동행하여 중국으로 후송
9	1613.01.28.	唐·倭·琉球 商人		黃繭絲(150石), 明珠,瑪瑙 等 1천여 종	제주	상선(唐·倭·琉球)	의금부(제주목사 유배건)	• 광해군 5년 1월 28일 • 제주에 상선 표류 • 제주목사 李箕賓, 判官 文希賢이 공모하여 표류선 습격
10	1790.07.20.	査比嘉(12)	羅覇府(西村)	宮古島(粟米 364석, 말 3필, 개 2마리, 서적 13책)	제주(貴日浦)	공물	제주목사	• 정조 14년 7월 20일 • 水路(희망) • 선박(닻과 키 보수) • 6월 13일(임술) 표류 • 6월 27일(병자) 제주 표착 • 제주목사 李喆模 급보 • 표류민 수로 송환 허용 • 송환 후 결과보고
11	1794.09.11.	(4)		의복, 문서	제주	상인	제주목사	• 정조 18년 9월 11일 • 陸路 福州(희망), 水路(거부) • 표류민 4인(생존), 7인(사망) • 선박 보수, 식량 제공 수로 강제 송환(狀啓)

12	1794. 09.11.	米精兼个段仁也 (3)	八重山島 新川村 (7월 11일 출항)	與那國島 (八重山島 48里, 都邑 380里 거리)	영암 (梨津)	공문서	전라도 관찰사	• 정조 18년 9월 11일 • 3인 생존, 7인 사망 • 公文(島主), 公船 • 홍제원으로 후송(상륙 10여일 소요, 서울 도착) • 京畿監營에서 체류 • 承旨, 京畿觀察使 등이 마중(술, 음식, 의복) • 冬至使 동행, 송환 시 路資 지급
13	1797. 윤06.07.	(7)	羅覇府 (王都 10里 거리)	通俗三國 志, 曆書	제주 (대정현)			• 정조 21년 윤 6월 7일 • 수로 송환(선박 보존) • 류큐 선박 정보
14	1820. 07.01.	百姓, 下賤 (5)			제주 (정의현 狐村浦)		제주목사 →비변사	• 순조 20년 7월 1일 • 陸路 送還(北京) • 선적물품은 관용마로 운반, 일부는 매입
15	1821. 06.15.	(6)			제주			• 순조 21년 6월 15일 • 陸路 送還(北京)
16	1826. 06.16.	商人 (3)			興海縣 (현 고흥) 외나로도			• 순조 26년 6월 16일 • 육로 송환(북경)
17	1831. 07.25.	(3)	那覇府		제주 (대정현)			• 순조 31년 7월 25일 • 육로 송환(北京)
18	1871. 09.23.	(22)			나주 (可佳島)		전라우도 수군절도 사→ 의정부	• 고종 8년 9월 23일 • 선박 파손(韓船 지원 요청) • 水路 送還 • 漕運船(供饋)
19	1891. 07.17.	어민 (6)	那覇府 大村浦		제주 (애월진)	어민	제주목사 →의정부	• 고종 28년 7월 17일 • 선박 파손 • 육로 송환 • 驛路, 일용도구 운반

위의 〈표 1〉에서 보듯이, 조선 표착 류큐인의 표류사례로 총 19건이 확인된다. 시기적으로 구분해 보면, 15세기 4건(21%), 16세기 3건(16%), 17세기 2건(11%), 18세기 4건(21%), 19세기 6건(32%) 순이다. 앞서 언급한 바와 같이, 15세기 조선 표착 류큐인은 교린 친선을 목적으로 조선에 파

견된 사신들의 표류가 확인된다(〈표1〉 ①번). 그런가하면 16~17세기에 류큐인의 해난사고가 조금 줄어든 양상을 보인다. 아마도 16세기 말에 일본이 조선을 침략하여 7년 동안 전쟁 중이었고, 17세기 초에 일본의 사쓰마번이 류큐국을 복속하였기 때문으로 여겨진다. 또 18세기에 이르면 류큐는 여전히 사쓰마의 통제 아래에 있었으나, 조선과는 표류민을 송환하고, 중국 청나라와는 조공무역을 지속하고 있었다.[10] 그러다가 19세기에 류큐는 일본에 이어 네덜란드 · 프랑스 등과 조약을 체결하였다. 이러한 시대적 배경 아래 류큐인의 표류사건 발생배경을 검토할 필요가 있다.

Ⅲ. 류큐인의 표류 발생과 표착 과정

1. 승선자와 항해목적

조선에 표착한 류큐인은 누구일까? 무엇을 목적으로 바다를 항해하다가 조선에 표착한 것일까? 조선에 표착한 류큐인들은 친선(親善) 사절단(使節團), 상인, 그리고 부속도서 주민들이었다. 조선 표착 류큐 표류민들의 유형별 특징을 살펴보면 다음과 같다.

첫째, 조선에 파견된 류큐국 사신(使臣)의 표류이다. 이에 해당하는 사례가 조선 세종 원년(1418) 8월 경상도에서 확인된다. 경상도 관찰사가 보고하기를, "류큐국에서 우리나라에 친선 사절단을 보냈는데, 항해 도

10) 馮鴻志, 「明 · 淸나라와 琉球와의 관계」, 『조선왕조와 유구왕조의 역사와 문화 재조명』, 명지대 개교 50주년 기념 제1회 충승국제학술회의자료집, 1998, 30~32쪽.

중 풍랑을 만나 배가 침몰하고, 예물은 유실되었으며, 죽은 사람이 70여 명이고, 살아남은 사람이 한산도(閑山島)에서 머물고 있습니다."라고 하였다(〈표 1〉의 ①번).[11] 이처럼 15세기 류큐국은 조선에 사신을 파견하고 예물을 보내왔다. 당시 류큐국 사절단의 규모는 대략 70명 이상이었을 것으로 추산된다.[12] 조선 역시 류큐 사신들에게 답례품을 마련하여 환송하였다. 이처럼 15세기 조선과 류큐는 사신 왕래를 통해 양국의 토산물을 교역하는 관계였다.

그렇다면 15세기 류큐국 사신이 조선에 제공한 예물은 무엇이었고, 조선은 어떤 물품으로 답례하였을까? 15세기 류큐에서 준비한 예물은 단목(檀木)·정향(丁香)·호초(胡椒) 등 향료였고, 조선의 답례품은 면포(綿布)·저마(苧麻)·마포(麻布) 등 옷감이었다.[13] 이런 사정은 15세기 류큐국에 표착하였다가, 귀국한 조선 표류민들의 보고에서 확인된다. 조선 세종 32년(1450)에 만년(萬年)·정록(丁錄) 등 6명이 류큐국의 臥蛇島에 표착했다. 이 때 류큐국왕은 조선 표류민들에게 철물(鐵物)·단자(段子)·향목(香木)·동전(銅錢) 등이 보관된 창고를 관리하도록 명하였다. 그리하여 조선 표류민들은 곧장 고향으로 돌아오지 못하고, 류큐국에서 체류하게 되었던 것이다. 훗날 조선으로 돌아온 표류민들이 당시 류큐에서 보고

11) 『세종실록』권1, 세종 원년 8월 21일 무술.

12) 동일한 시기 류큐에서 중국에 파견한 사절단의 경우 약 150~200명 정도로 추산된다. 류큐 사절단은 조공·접공·경축참배·사은·부고 등을 목적으로 중국에 파견되었는데, 이 가운데 약 20여 명이 京城으로 이동하고, 나머지 100여 명 이상이 福州에 체류하였다고 한다(馮鴻志, 앞의 글, 30쪽).

13) 전통시대 胡椒는 일명 후추로, 향료로 쓰이기도 하고 약재로도 사용되었다. 그런데 후추는 본디 류큐에서 생산되지 않았다. 그래서 류큐는 조선에 예물로 후추를 보내기 위해 산지인 南蠻에서 수입하여 조달하였다(정성일, 「朝鮮과 琉球의 交易」, 『朝鮮과 琉球』, 아르케, 2002, 161~162쪽). 南蠻은 류큐에서 순풍이면 3개월 만에 도착할 수 있는 거리에 입지하고 있었다(『세조실록』 권27, 세조 8년 2월 16일). 류큐국이 남만의 후추를 수입하여 조선의 예물로 조달할 만큼, 조선과의 교역이 절실하였던 것으로 이해된다.

들은 바를 전하였는데, '류큐는 삼[麻]과 모시[苧]는 재배하지만, 목면은 없고 양잠은 부실하다.'라고 전하였다.[14] 이로써 보건대, 15세기 류큐국은 향목과 후추 등이 풍부한 반면, 목면과 양잠 등 옷감이 부족하였다. 이런 까닭에 조선은 류큐 사람들이 필요로 하였던 옷감을 사절단이 답례품으로 마련한 것으로 보인다.

그 후 17세기에 이르면, 조선과 류큐의 교역 물산은 더욱 증가 추세로 나타난다. 1609년 조선과 류큐가 주고받은 자문(咨文)을 통해 교역 내역을 살펴보면 다음과 같다.

> a-1) 조선에서 류큐에 보낸 移咨 : "국경이 서로 멀리 떨어져 있어서 의리로 볼 때 사사로이 교제하기 어려우나, 성의가 서로 미더워 피차에 간격이 없습니다. 근년에 우리나라가 進貢하는 年節에 표류한 귀국 사람을 데리고 중국으로 가서 류큐국으로 돌아가기 편리하게 하였더니, 귀국에서도 다시 이와 같이 하였습니다. 이로부터 진공하는 해마다 상호 방문하고 서로 덕을 사모하게 되었으니, 다행스러움이 매우 많습니다. --- 이번 陳賀 때 귀국 사신에게 전달한 물품은 細白苧布 20필, 細紬 20필, 인삼 10근, 虎皮 3장, 豹皮 3장, 粘 6장, 厚油紙 5부, 霜花紙 20권, 花硯 2면, 黃毛筆 50枝, 油煤墨 50錠 등 입니다."[15]

> a-2) 류큐에서 조선에 보낸 回咨 : 연전에 우리 백성을 살리셨으니, 감사하는 마음에 변함이 없습니다. 금년에 또 進貢의 기일을 맞이하여 준비한 물품은 다음과 같습니다. 五色線絹 20필, 五色綠布 20필, 靑藍綠絹 20필, 練光蕉布 20필, 蕉布 20필, 建扇 2백 把, 粗扇 2백 파 등 입니다."[16]

위의 사료에서 보듯이, 17세기 전반 조선은 류큐국의 예물로 옷감·인삼·호피·집필묵 등을 준비하였고, 류큐국은 조선에 명주와 비단, 부채 등을 선물하였다. 그런가하면 17세기 후반 예조판서 조석윤(趙錫胤)

14) 『단종실록』 권6 1년 5월 11일.

15) 『광해군일기』 권14, 1년 3월 22일.

16) 주) 15 참조.

이 류큐국에 보낸 서계(書契)에서도 물품이 확인되는데, 이 때 조선은 옷감 · 서적 · 문방구 · 피혁 · 공예품 등을 보냈고, 류큐는 약재 · 향 · 후추 · 감초 · 향나무 · 등나무 · 야자 등을 답례품으로 준비하였다. 이 가운데 후추의 경우 중앙정부가 조선후기까지 수입에 의존했다.[17]

이와 같이 15세기 이래로 류큐국은 조선에 친선 사절단을 파견하였고, 표류민을 송환할 때는 예물을 교환하였으며, 점차 토산물을 교역하는 단계로까지 발전하였다.

둘째, 류큐국 상인의 조선 표착이다. 류큐 상인이 조선에 표착한 사례는 총 3건이 확인된다. 그 첫 번째 사례가 1589년(선조 23) 7월, 전라도 진도(珍島)에서 확인된다(〈표 1〉 ⑥번). 그런데 이 사례는 표류한 류큐 상인이 30명이라는 사실만 확인될 뿐, 선적 물품이 무엇인지, 목적지가 어디였는지 전혀 알 수 없었다. 다만 16세기 류큐국은 동아시아 해역의 중간지점에 입지한 지정학적인 장점을 활용하여 중계무역에 종사하고 있었음이 확인된다.[18] 두 번째 류큐 상인의 표류사례는 1613년(광해군 5) 제주 해역에서 발견된 상선(商船)이다(〈표 1〉의 ⑨번). 이 사례는 1609년 류큐국이 일본에 복속된 이후에 발생한 사건이라는 점에서 주목된다. 왜냐하면 일본이 동남아시아까지 진출하기 시작한 시기를 1592년 풍신수길(豊臣秀吉)이 권력을 장악한 이후로 보기 때문이다.[19] 그래서일까? 1613년 류큐국 표류선에 승선한 상인들의 국적이 매우 흥미롭다. 이 표류선에는 당 · 왜 · 류큐 등 3국 사람이 함께 승선하고 있었다. 또 선적

17) 제주박물관 편, 『탐라와 유구왕국』, 씨티파트너, 2007, 152~153쪽.

18) 조흥국, 「14~17세기 동남아 - 중국 - 일본 무역관계」, 『동남아시아연구』 11, 한국동남아학회, 2011, 46~47쪽.

19) 조흥국, 위의 논문, 44쪽.

물품도 황망사(黃蟒絲) 150석을 비롯하여 명주(明珠)와 마노(瑪瑙)의 종류가 1천여 개에 달하는 많은 양의 재화가 실려 있었다. 급기야 사단이 발생하고 말았다. 즉 류큐 표류민을 구호 중이던 제주목사 이기빈(李箕賓)과 판관 문희현(文希賢)이 작당하여 표류인들의 물화를 빼앗고, 표류선박을 불태운 사건이 발생한 것이다.[20] 결국 의금부에서 제주 지방관들의 죄상을 밝혀내고, 이들에게 유배형을 선고하는 것으로 류큐 표류선 탈취 사건이 일단락되었다. 마지막 사례는 1826년(순조 26) 6월 전라도 고흥의 외나로도(外羅老島)에 표착한 3명의 류큐 상인이다(〈표 1〉 ⑮번). 이 사례 역시 관련 자료의 한계로 인하여 표류 과정을 자세히 알 수 없다. 다만 이 시기는 일본 명치정부(明治政府)의 출범(1871년) 이전 단계로, 류큐국 사람들이 비록 사츠마의 통제 하에 있었지만, 여전히 바다를 무대로 생업활동에 종사하고 있었음을 알 수 있다.[21]

셋째, 류큐국의 부속도서 주민들이 조선에 표착한 사례이다. 이들은 일반적으로 '백성(百姓)', '어민(漁民)', '하천(下賤)' 등 신분이 기록되어 있고, 실제 표류민의 성씨와 이름이 구체적으로 밝혀져 있었다. 이에 해당하는 사례로 1720년(정조 14) 7월 제주도에 표착한 사례(〈표 1〉 ⑩번), 1794년(정조 18) 전라도 영암 이진(梨津)에 표착한 사례(〈표 1〉 19번) 등이 참고된다. 이를 소개하면 다음과 같다.

> b-1) 제주목사 李喆模가 보고하기를, 제주목에 이국선이 표류해왔는데, 그 배는 앞뒤가 높다. 또 배 앞에는 해를 그리고 뒤에는 달을 그렸으며, 양쪽 가장자리에는 난간을 설치하였다. 난간 밖에는 태극을 그리고, 그 왼편에 '海上安全順風自在'라는 8자를 새겼으며, 돛대 위에는 바람을 가늠하는 깃발을 걸고 태극을

20) 『광해군일기』 권62, 5년 1월 28일.

21) 김재승, 「韓國, 琉球間 漂流에 의한 文化的 接觸」, 『동서사학』 2, 한국동서학회, 1996, 141쪽.

그린 다음 '順風相送'이라는 4자를 썼다. 배 안에는 粟米 364석, 말 3필, 개 2마리를 실었으며, 또 『논어』, 『중용』, 『소학』 각 1책이 실려 있었다. --- 쌀은 공물로 바칠 것이라 하였고, 공문은 종이에 초서로 '墨小鈐'이라 기록되어 있었다. 배 안에 있는 사람 가운데 船主는 査比嘉·慶高江洌·孟國吉·魚多嘉良·楫取芳新城이라 하고, 水主는 季佐久川·行比嘉·桃宮城·衡新·蓮長嶺·全新·平仲里 등 모두 12명이었다. --- 이들 가운데 맹국길이 글로 써서 문답하였다. 그들은 류큐국 사람으로, 중산왕의 도읍 안에 있는 那覇府 西村에 사는 사람들이었다. 그들은 宮古島로 年貢을 납부하러 가다가 6월 임술일(필자: 13일)에 풍랑을 만나 같은 달 병자일(필자: 27일)에 제주도 貴日浦에 닿았다. 닻과 키를 다시 수리하여 하루속히 본국으로 돌려보내줄 것을 애걸하므로 제주목사 이철모가 급히 여쭙니다. 이에 왕이 그들에게 음식과 옷을 후하게 주어 돌려보낼 것을 명하면서 回諭하기를, "이후부터는 표류민들이 바닷길을 수로를 따라 돌아가기를 원하는 자에 대해서는 떠나보내고 나서 장계로 보고하라."고 하였다.[22]

b-2) 전라도 관찰사 李書九가 치계하기를, '류큐에서 표류해 온 사람 3명이 靈巖의 梨津에 상륙하였다.'고 합니다. --- 제주도 통사 李益靑이 '너희들은 어느 나라 사람들인가?' 하고 물으니, 대답하기를 '류큐국 안에 있는 八重山島 新川村 사람들인데 공문을 가지고 與那國島에 가기 위해 7월 11일에 출항하였다가 동풍을 만나 귀국에 당도하였다.'고 합니다. '與那國이란 어느 곳인가?' 하고 물으니, 대답하기를 '섬의 이름이지 국호가 아니고, 島主가 사는 곳이기 때문에 각 섬에서 공문을 올린다.'고 하였다. --- 또 '타고 온 배는 公船인가, 私船인가?' 하고 물으니, 공선이라고 대답하였다. '주로 무슨 일을 하는가?' 하고 물으니, 대답하기를 '시일에 따라 문서를 가져다 바치는 사람들인데, 더러 농사를 짓기도 하고, 배를 타기도 하고, 목수 노릇을 하기도 한다.'고 합니다."[23]

b-3) 의정부에서 아뢰기를, "방금 전 제주목사 趙均夏의 장계를 보니, '涯月鎭 黑沙 바닷가에 외국인 6명이 표착하였다'고 합니다. 그들은 '琉球國 那覇府 大村浦 사람들로, 고기잡이를 하다가 표류되었는데, 배가 파손되었으므로 육로로 돌아가기를 원한다.'고 합니다.[24]

22) 『정조실록』 권30, 14년 7월 20일.

23) 『정조실록』 권41, 18년 9월 11일.

24) 『고종실록』 권28, 28년 7월 17일.

위에 제시되어 있는 바와 같이, 류큐국 표류민들은 주로 부속도서 주민들의 해난사고가 가장 많이 발생하였다. 예컨대 섬주민이 공물을 수송하다가 표류되기도 하고, 반대로 섬 주민에게 공문(公文)을 전달하던 공선(公船)이 조선에 표착하였으며, 섬주민이 해상에서 고기잡이를 하다가 풍랑을 만나 조선에 표착하였다. 이렇듯 바다를 무대로 생업에 종사하였던 류큐국 사람들이 표류 발생의 확률이 높았던 것으로 보인다.

2. 기후와 토산물

류큐 사람들은 1년 중 어느 계절에 가장 많이 표류되었을까? 앞서 살펴본 바와 같이, 조선에 표착한 류큐 표류민들의 유형은 사신과 상인, 그리고 주민들이었다. 이제 류큐 표류민들이 어느 계절에 가장 많이 바다에서 조난되었는가를 살펴보도록 하자.

먼저 앞의 〈표 1〉에 제시된 19건의 류큐 표류민들의 월별 추이를 구분해 보면, 다음 〈그림 1〉과 같다. 〈그림 1〉에서 보듯이, 류큐인의 해난사고는 6~9월에 가장 많이 발생한 것으로 확인된다. 왜 그들은 유독 여름과 가을철에 조난되었을까? 그 원인은 류큐 표류민의 선적물품을 통해 추론이 가능할 것 같다. 왜냐하면 선적물품은 곧 출항지, 출항시기, 항해 목적 등을 대변해주기 때문이다. 조선 표착 류큐 선박 가운데 물품이 확인된 것은 1497년 10월 제주도 사례가 유일하다(〈표 1〉 ④번). 이 사건의 주인공은 류큐국의 부속도서인 이야구타라마시마(檷也求他羅麻時麻) 주민들이었다. 이들이 선적한 물품은 홍화·옷감·식량 등이었는데, 이 가운데 홍화는 표류민들의 고향인 이야구타라마시마의 토산물이었고, 옷감과 벼는 야마로풍가음도(也麻老風加音島)의 산물이었다. 이들은

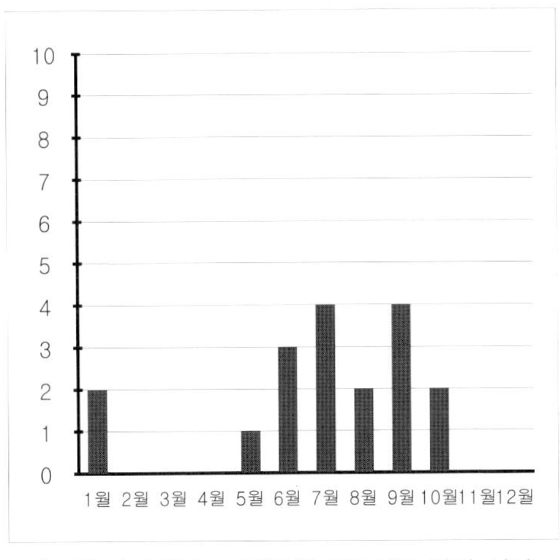

〈그림 1〉 류큐국 사람들의 표류사고 발생 시기

고향에서 수확한 홍화(紅花)를 실고 경도(京都)에 다녀오던 길이었는데, 중도에 양식이 떨어져서 也麻老風加音島를 경유하게 되었다. 그 곳에서 자신들이 갖고 있던 의복을 내어 주고 포목과 벼를 교환한 다음, 다시 고향을 향해 항해하던 중 풍랑을 만나 우리나라 제주도에 표착한 것이다.[25] 이들이 제주에 표착하자, 제주목사가 즉시 중앙에 보고하였다. 이에 예조에서 이들 표류민을 본국으로 어떻게 송환할 것인가를 논의하였다.

그렇다면 류큐국 이야구타라마시마 주민들의 표류발생 원인을 기후와 물품을 통해 추론해보자. 먼저 류큐의 기후에 대한 정보는 조선 표류민들의 증언에서 확인된다. 다음은 류큐의 기후에 대한 조선 표류민의 보고 내용이다.

> c-1) 류큐지방은 항상 따스하고 춥지 않다. 농사는 正月에 씨앗을 심어 5월에 수확하고, 6월에 심어 10월에 수확한다. 10월 이후에는 토란을 심어 年末에 수확한다. --- 밭곡식도 1년에 두 번 수확한다. 11월의 기후가 우리나라의 3~4월과 같아서 본래 氷雪이 없다.[26]
>
> c-2) 류큐국은 따뜻하여 겨울철에 얼음과 눈이 없고, 매년 9월에 파종하였다가 11월에 묘종을 옮겨 심고, 5~6월 사이에 수확하는데, 기름진 땅에서는 두

25) 『연산군일기』 권28, 3년 10월 14일.

26) 『명종실록』 권3, 1년 2월 1일.

번 심어서 결실을 맺고, 척박한 땅에서는 이미 베어낸 뿌리에서 싹이 나서 이삭이 핀다. 또 곡식이 익으면 이삭은 베고, 짚은 그대로 두어서 그 땅의 거름으로 삼는다.[27)]

위의 사료에서 보듯이, 류큐국은 겨울철에 눈을 볼 수 없을 만큼 연중 따뜻한 곳이었다. 이러한 기후조건은 1년에 2모작을 가능케 하였다. 즉 1월에 씨앗을 뿌려 5월에 수확하고, 6월에 파종하여 10월에 거둬들였다. 그래서 류큐사람들은 5월과 10월에 수확한 농산물을 유통하기 위해 바다를 항해하였고, 이 과정에서 풍랑을 만나 조난을 당한 것이다. 따라서 류큐국 사람들의 해난사고가 여름부터 가을에 집중적으로 발생하였다.[28)] 이런 까닭에 1497년 홍화를 싣고 항해하던 류큐 선박이 제주도에 표착하게 된 것이다. 홍화는 7~8월에 꽃이 피는데, 이 꽃을 따서 말리면 부인병과 복통에 효과가 있었다. 또 홍화는 여성들의 연지 원료, 옷감과 종이를 염색하는데 사용되었다. 이처럼 류큐의 연중 따뜻한 기후, 그 곳에서 생산된 토산물을 유통하는 과정에서 표류민이 발생한 것이다.

3. 표착지

류큐 표류민들이 조선에 표착한 지점에 관한 것이다. 앞의 〈표 1〉에서 보듯이, 류큐인들이 조선에 표착한 지점은 경상도의 한산도(閑山島), 강원도의 울진, 전라도의 진도・영암(梨津)・나주(可佳島), 그리고 제주해

27) 『단종실록』 권6, 1년 5월 11일.

28) 류큐의 장마는 일본 본토지역보다 약 1개월 정도 빨라서 5월 중순에서 6월 중순경에 시작되며, 7-8월에는 스콜과 함께 태풍의 발생빈도가 매우 높은 것으로 확인된다(이혜은・성효현, 「오키나와의 지리경관」, 『한국사진지리학회지』 17-1, 한국사진지리학회, 2007, 11쪽).

역 등으로 확인된다. 이 가운데 제주도의 경우 총 19건의 류큐 표류민 사례 가운데 무려 10건(53%)을 점유하고 있다. 그 이유는 무엇일까? 이에 대해서는 조선 중종 때 좌의정 홍언필(洪彦弼)의 보고가 참고 된다. 그에 따르면, "제주해역에서 표류한 어부가 東風에 밀리면 반드시 중국 복건성(福建省)에 이르고, 만약 동북풍을 만나면 조금 비스듬히 남쪽의 류큐국에 표착합니다.[29]라고 하였다. 즉 홍언필이 '조선과 중국', '조선과 류큐'를 연결하는 해로(海路)를 언급하고 있다. 한반도를 중심으로 한 동북아해역은 계절풍의 영향을 받아 1년을 주기로 변화한다. 특히 시베리아와 북태평양의 기후에 따라 동절기(11월~3월)에 조난사고가 빈번하게 발생하였다. 또 하절기(6월~9월)는 동지나해에서 발생한 태풍이 필리핀과 대만해역을 지나 류큐열도를 거쳐 우리나라 남해안에 상륙하는 경우가 많았다.[30] 이런 까닭에 조선 사람이 제주해역에서 표류할 경우 류큐국에 표착하는 사례가 발생하였다. 조선인들의 류큐 표착 사례를 소개하면 다음과 같다.

d-1) 병자년(필자:1456년, 세조 2) 정월 25일에 船軍 梁成 등이 제주도에서 배를 출발하여 2월 초 2일에 표류하였는데, 류큐국의 북쪽에 있는 仇彌島에 표착하였다. 섬의 둘레는 2息 가량 되고, 섬 안에 작은 石城이 있는데, 島主가 혼자 거주하였다. 촌락은 모두 성 밖에 있다. --- 우리들은 公館에 거주하였는데, 공관은 王都로부터 5리 정도 떨어진 곳에 있다. 공관 옆 土城에는 1백 여 가구가 살고 있었는데, 모두 우리나라와 중국 사람들이 거주하고 있었다.[31]

d-2) 정유년(필자:1477년, 성종 8) 2월 1일에 제주사람 玄世修·金得山·李淸敏·梁成突·曹貴奉 등이 進上할 柑子를 싣고 출항하였는데, 楸子島 인근 해역

29) 『중종실록』 권102, 39년 3월 29일.

30) 김재승, 앞의 논문, 1996, 142쪽.

31) 『세조실록』 권27, 8년 2월 16일.

에서 갑자기 불어오는 東風을 만나 서쪽으로 표류하였습니다. 처음 출발한 날로부터 제6일에 이르렀을 때 바닷물이 맑고 푸르다가, 제7일부터 제8일까지 1晝夜를 가니 바닷물이 혼탁하여 뜨물과 같았으며, 제9일에 또 西風을 만나 남쪽을 향하여 표류해가니 바닷물이 맑고 푸르렀습니다. 제14일 째에 한 작은 섬을 바라보게 되었는데, 미처 기슭에 대지 못하여 키가 부러지고 배가 파손되어 남은 사람이 모두 다 물에 빠져 죽고, 장비도 모두 잃어버렸습니다. 우리들 세 사람은 한 판자에 타고 앉아 있었습니다. 마침 고기잡이를 하던 두 척의 뱃사람들이 우리를 발견하여 섬 기슭에 이르렀습니다. 이 섬은 閏伊是麿라고 하였습니다. --- 섬의 둘레는 이틀 길이 될 듯하고, 섬사람 남녀 1백여 명이 풀을 베어다가 바닷가에 여막을 만들어서 우리들을 머물게 하였습니다.[32]

위의 사례에서 보듯이, 조선사람이 제주 인근 해상에서 표류할 경우 류큐국에 표착할 가능성이 매우 높았다. 때문에 제주 표류민 역시 동풍・서풍에 따라 중국과 류큐국에 각각 당도하였고(d-2), 류큐에 표착한 조선 표류민들은 집단 거주지를 형성하여 체류한 것으로 확인된다(d-1). 이처럼 제주도는 중국과 대만, 그리고 일본을 잇는 바닷길의 길목에 입지하고 있었기 때문에 각국 선박들의 피항처로 이용되었다. 심지어 류큐 사람들의 생활양식이나 풍습이 조선과 유사한 부분이 발견된다.[33]

---

32) 『성종실록』 권105, 10년 6월 10일.

33) 류큐문화 관련 연구는 김재승, 앞의 논문, 1996, 143쪽; 津波高志, 「沖縄의 門中과 家譜-한국과의 비교를 위해서-」, 『조선왕조와 유구왕조의 역사와 문화 재조명』, 명지대 개교 50주년 기념 제1회 충승국제학술회의자료집, 1998, 98~104쪽; 조수미, 「오키나와의 門中化 현상」, 『비교문화연구』 7-2, 서울대 비교문화연구소, 2001, 107-140쪽; 이혜은・성효현, 앞의 논문, 2007, 31~38쪽 등이 참고 된다. 그러나 기존의 류큐문화연구는 대부분 인류학・민속학・지리학 전공자에 의해 이루어졌고, 역사학분야의 연구는 극히 소략하다. 따라서 연구영역의 확대가 필요하다.

Ⅳ. 류큐인의 송환 절차와 방법

1. 지방관의 구호조처와 중앙관원의 송환절차

1418년(세종 원년) 8월, 경상도 관찰사가 상계(狀啓)를 올려 이르기를, '표류한 류큐국 사신들이 한산도(閑山島)에서 머물고 있습니다.'라고 보고하자, 중앙정부에서 '의복과 음식을 주고, 전체(傳遞)하여 서울로 올려 보내라.'고 명하였다.[34] 또 1429년(세종 11)에 류큐국 표류민 15명이 강원도 울진현에 표착한 표류민 역시 중앙에 보고하자, '역전(驛傳)하여 서울로 보내라.'라고 하였다.[35] 이와 같이 15세기 외국인이 우리나라 해역에 표류해오면 해당 지역 지방관이 가장 먼저 표류민을 구호한 다음 서울로 후송하였다. 그 후 서울에 당도한 표류민은 표류과정에 대해 심문을 받았다.

그렇다면 이국인이 표착한 지점의 지방관은 표류민을 어떻게 구호하였을까? 1418년 조선에 표착한 류큐국 사신들이 한산도에 표착하자, 이들에게 의복과 음식이 제공되었다. 또 1429년 강원도 울진현에 류큐 사람들이 표류해오자, 표류민에게 옷과 신발이 지급되었다. 그런가하면 1612년 9월에 비변사로 후송된 표류 류큐인의 경우, 본래 따뜻한 기후에서 살았던 사람들이라는 점을 감안하여 곧 닥쳐올 추위에 대비할 수 있도록 겨울옷과 신발, 머리에 착용할 모자 등을 별도로 지급하고 있다.[36] 또 1820년 제주도에 표착한 류큐 선박에 5명이 승선하고 있었고,

34) 『세종실록』 권1, 원년 8월 21일.

35) 『세종실록』 권45, 11년 8월 15일.

선적 물품이 양호한 상태였다. 그러나 조선에 표착한 류큐인들은 육로 송환을 원칙으로 규정되어 있었기 때문에 바닷길을 따라 본국으로 이동할 수가 없었다. 이에 조선은 류큐 표류민들의 소장 물품 가운데 운송 가능한 것은 지방의 관용마를 이용하여 서울까지 운반해주었고, 운송이 어려운 물품의 경우 조선정부가 후한 값에 매입해주었다.[37]

이와 같이 표착지에서 1차 구호조처를 받은 류큐 표류민들은 서울로 후송되었다. 이 과정을 '전체(傳遞)' 혹은 '역전(驛傳)'이라 한다. 먼저 '전체'는 표착지에서 서울로 이동하는 동안 통과하는 지역의 지방관이 표류민을 관할 구역 경계지점까지 후송한 다음, 인접 지역 지방관에게 표류민을 인계하는 방식이다. 또 '역전'은 표착지를 출발한 표류민이 서울로 이동하는 동안 숙식을 해결하였던 '驛'을 기점으로 하여 관할구역 내 지방관이 타 지역 관원에게 표류민을 인계하는 방식을 의미한다. 표류민이 서울에 당도하면, 중앙관원이 역관을 대동하고 표류과정을 심문하였다. 이를 '문정(問情)' 또는 '심문(審問)'이라 한다. 류큐 표류민의 경우 동평관(東平館)[38]의 왜인이 표류사실을 심문하였다. 이 때 왜인들은 가장 먼저 위쪽 동평관 표류민의 외관을 기록하였다. 즉 머리에 쓴 삿갓, 입고 있는 의복, 사용하는 언어 등을 파악하였다. 그 다음 표류민을 상대로 이름, 거주지, 항해목적, 표류과정, 선적물품 등 기본적인 질문을 하였다.[39] 이 과정에서 표류민의 국적, 신분, 표류사실 등이 확인한 연

36) 『광해군일기』 권57, 4년 9월 9일.

37) 『순조실록』 권23, 20년 7월 1일.

38) 동평관은 조선 초기에 일본 사신들을 대접하기 위하여 건립된 관사이다. 초창기 일본 왜구를 회유하기 위해 동·서평관을 설립하였으나, 조선 세종 때 왜구가 어느 정도 진압되자, 서평관은 폐지하고 동평관만 유지하였다(『태종실록』 권17, 9년 2월 26일).

39) 『연산군일기』 권28, 3년 10월 14일.

후에 본격적으로 송환절차를 검토하였다.

이처럼 조선정부는 바다에서 풍랑을 만나 우리 해역에 표착한 사람들을 신속히 본국으로 송환하고자 하였다. 그러나 동아시아 해역 국가 간 표류인 송환 절차가 아직 정립되지 않은 관계로 지연될 수밖에 없었다.

2. 송환방법 : 육로와 해로

1530년(중종 25) 10월, 조선 중종은 표류 류큐인들의 송환방법에 대해 처음으로 논의되었다.[40] 이때 의정부와 예조의 당상들이 2가지 방법을 제시하였다. 하나는 예조에서 '중국을 경유하여 송환하는 것이 온전하다.'라고 하였고, 다른 하나는 좌참찬 조원기(趙元紀) 등이 '전례대로 대마도주(對馬島主)를 통해 송환하자'는 의견으로 나뉘었다. 즉 중국을 경유할 경우 류큐인의 송환이 가장 안전할 것으로 예상되었지만, 선례가 없었다. 더욱이 조선에서 정조사(正朝使)나 동지사(冬至使)의 사행 때 표류인을 동행할 경우 언어 소통의 문제와 소요 경비가 만만치 않았다. 그리고 무엇보다도 중국에 당도하였을 때 류큐국 사신을 만난다는 보장도 없었다. 어쩌면 류큐국 사신이 중국에 당도할 때까지 하염없이 이국땅에서 체류하거나, 최악의 경우 류큐 표류민을 다시 조선으로 후송해야 하는 상황이 발생할 수도 있었다. 때문에 선례가 없는 중국 경유 류큐인의 송환은 거론만 되었을 뿐 실행되지 않았다. 반대로 전례에 따라 왜인에게 류큐인의 송환을 의뢰할 경우 지나치게 청구되는 물품이 많을 뿐만 아니라, 외교문서에서 오류가 발견되면서 신뢰할 수 없었다. 결국 중앙

40) 『중종실록』 권69, 25년 10월 3일.

관원들은 류큐인들의 송환을 중국 경유 방안을 선호하였으나, 실제 왜인들에게 의뢰하여 본국으로 송환하는데 합의하였다.

그 후 조선 선조 때 류큐 표류민들이 중국을 경유하여 송환할 수 있게 되었다. 1589년(선조 22) 7월, 전라도 진도에 표착한 류큐 상인 30명의 송환사례에서 확인된다. 조선은 류큐 표류민을 중국에 파견하는 동지사와 함께 중국으로 후송한 다음, 그 곳에서 류큐국 사신에게 표류민을 인계하는데 성공하였다.[41] 이후 조선 표착 류큐 표류민은 중국을 경유하여 송환하는 것을 원칙으로 삼았던 것 같다. 그 근거가 1609년(광해군 1) 류큐에서 조선에 보낸 자문(咨文)에서 확인된다. 다음은 류큐국왕이 작성한 자문의 일부 내용이다.

> 만력 34년(필자: 1601년, 선조 34년) 8월, 근년에 귀국의 바다에서 표류하던 員役(필자: 조선인)을 명나라로 후송하여 귀국으로 돌아가기 편하게 하였는데, 귀국 또한 이렇게 해주었습니다. 이로부터 매번 進貢과 年節을 통해 서로 騁問하면서 번갈아 陪臣을 교환하니 인정과 의리가 더욱 돈독해졌습니다. --- 이번에 冬至 하례 때 배신 洪遵 등을 명나라에 보낼 때 咨文을 귀국의 사신에게 전달하겠습니다. --- 근년에 폐방(필자:유구)이 명나라로부터 관복을 받고 왕작을 습봉하는 은혜를 받았습니다. 비로소 귀국과 함께 형제의 나라로 관계를 맺게 되었습니다.[42]

위의 사료에서 보듯이, 1601년 조선과 류큐는 중국 명나라에 진공(進貢)하거나 연절(年節)에 사신을 파견할 때 상호 표류민을 송환하는 방식을 정례화하였다. 그러나 1609년에 류큐국이 사츠마의 침공을 받아 일본의 속국으로 전락하면서 급격히 제한되었다.

18세기에 이르자, 동아시아 표류민 문제는 조선 해역에서 더욱 빈번

41) 『선조실록』 권23, 22년 7월 23일.

42) 『광해군일기』 권23, 1년 12월 21일.

하게 발생하였다.[43] 이에 조선정부는 각국 표류민의 심문과 송환을 비변사로 하여금 전담하도록 하였다. 비변사의 소장 사목 가운데 표류민 관련 조항을 소개하면 다음과 같다.

- 異國人이 표착할 경우 뱃길이나 육로를 불문하고 표도민이 원하는 대로 송환한다.
- 뱃길을 통과하는 동안 필요한 피복과 식량을 제공한다.
- 표도민이 만일 육로로 송환을 원할 경우 홍제원으로 후송하여 낭청이 표류과정을 査問한다.
- 단, 전라도의 경우 漂人이 뱃길로 돌아가기를 원하면 공문을 기다릴 것 없이 곧바로 떠나보내고, 뒤에 경과만 보고하도록 정조 3년(1779)에 규례를 정하였다.[44]

위에 제시되어 있는 바와 같이, 18세기 우리나라 해역에 표착한 이국인들의 송환 절차가 간소화되었다. 즉 15세기 조선에 표착한 표류민의 경우 지방관이 구호조처를 한 다음 즉시 서울로 후송하여 역관의 심문을 받았다. 최종적으로 국적과 표류사실이 확인된 다음 비로소 중앙관원들이 표류민 송환절차와 방법을 의논하였기 때문에 상당한 시일이 소요되었다.

그런데 18세기 말엽 전라도(제주해역 포함)에 표착한 표류민의 경우, 해당 지방관의 구호 조처를 받음과 동시에 송환이 가능하였다. 이때 육로와 해로의 구분 없이 표류민이 원하는 방식대로 진행되었다. 더욱이 표류민 표착지역의 지방관은 중앙의 승인을 기다리지 않고 우선적으로 표도민 송환을 진행하였고, 최종적으로 중앙정부에 보고하는 형식으로 바뀌었다. 이러한 표류민 송환방식은 19세기 말까지 지속되었다. 즉 1871

43) 김경옥, 앞의 논문, 2008, 14~17쪽.

44) 『만기요람』, 군정편 1, 비변사, 소장사목.

년(고종 8)에 전라도 나주목 가계도(可佳島, 필자: 현 신안군 흑산면 가거도리)에 표착한 류큐인 22명의 송환사례에서 확인된다.[45] 다음은 전라우수사 이민우(李敏宇)의 장계를 접수한 의정부의 보고 내용이다.

> '羅州 可佳島에 표류해온 외국인 22명을 問情하였습니다. 이들은 폭풍을 만나 표류해 온 류큐국 사람들인데, 선박이 파손되어 우리나라 선박을 얻어서 돌아가기를 바라고 있습니다.'라고 하였다. 성난 파도에 돛이 찢어지고 돛대가 부러지는 와중에 살아남은 목숨인 만큼 속히 돌아가기를 바라는 마음입니다. 얼마 전 신해년(필자:1851년, 철종 2년)에 본 고을 飛禽島에 이와 같은 일이 있었는데, 배를 빌려주어 돌려보내는 조처를 취하였습니다. 이번에도 조운선 가운데 가장 튼튼하고 큰 것을 한두 척 적절히 내주어 순풍을 기다렸다가 출발하게 한 후에 장계로 보고하게 하고, 출발하기 전까지 잡인들의 접근을 금지하는 등 절차를 각별히 거행하여 대우를 제대로 하지 않는 폐단이 없도록 분부하는 것이 어떻겠습니까?"하니, 윤허하였다.[46]

위의 사료는 19세기 전라도 나주목 가거도에 표착한 표류민을 전라우수사의 지휘아래 송환이 추진된 사례이다. 먼저 전라우수사는 표류민에 대한 구호조처를 실시하였다. 그 다음 선박이 파손된 표류민에게 조운선을 내어주고 바닷길을 따라 류큐국으로 귀환할 수 있도록 항해를 허용해주었다. 그런데 19세기 전통 한선을 표류민에게 제공한 사례가 가가도에서만 발생한 일은 아니었다. 위의 사료에서 보듯이, 1851년에 나주목 비금도에 표착한 표류민의 경우도 조운선을 제공하여 역시 해로(海路) 송환을 허용하고 있기 때문이다. 상당히 파격적인 조처라 생각된다. 가거도는 흑산도보다 더 바깥 바다에 입지하고 있기 때문에 이국인의 해로 송환이 오히려 타당하였을 것으로 생각된다. 결과적으로 19세기 조선 표착 이국인의 송환절차법이 대폭적으로 완화되었음을 알 수 있다.

45) 『비변사등록』 고종 8년 9월 23일.

46) 『고종실록』 권8, 8년 9월 23일.

V. 맺음말

이 글은 15~19세기 조선에 표착한 류큐인의 표류과정과 송환실태를 살펴보기 위해 작성되었다. 류큐 표류민의 출항시기와 계절, 기후조건과 토산물, 항해목적, 표착지, 그리고 송환 절차와 방법 등을 재구성하였다.

15세기 조선 표착 류큐인은 교린 친선을 목적으로 류큐국왕이 파견한 사신들의 사례가 확인된다. 류큐국 사신들은 정향(丁香)과 호초(胡椒) 등을 예물로 가져왔고, 조선은 답례품으로 면포와 마포 등 마련하여 류큐국 사신을 환송하였다. 초창기 양국이 주고받은 예물은 각국의 표류민을 송환하는 과정에서 토산물을 교역하는 관계로 발전하였다. 그런데 16-17세기에 이르면 류큐인의 해난사고가 조금 줄어든 양상을 보인다. 이 시기는 일본이 조선을 침략하여 무려 7년 동안 전쟁 중이었고, 일본 사쓰마번(薩摩藩)이 류큐국을 침공하여 복속하였으며, 중국은 명·청 교체기에 해당하였다. 18세기에 류큐국은 여전히 사츠마의 통제 아래에 있었으나, 비공식적이 절차에 따라 조선과 표류민을 송환하였고, 중국 청나라와는 조공무역을 유지하고 있었다. 그런가하면 19세기에 류큐국은 일본에 이어 네덜란드·프랑스 등과 조약을 체결하였다. 이러한 시대적 배경아래 류큐국 사람들의 표류사고가 지속적으로 발생한 것으로 보인다.

조선에 표착한 류큐인들은 대체로 사신, 상인, 그리고 부속도서 주민들이었다. 이 가운데 가장 많이 해난사고를 당한 사람은 섬사람들이었다. 이들은 바다를 생업 기반으로 삼아 생활하였기 때문에 표류사고 발생 빈도가 높았던 것으로 보인다. 이들이 바다에서 조난을 당한 계절은 여름에서 가을철에 집중적으로 발생하였다. 그 이유는 류큐국의 기후조건과 산물에서 찾아진다. 류큐국의 기후는 겨울철에도 눈을 볼 수 없을 만큼 연중 따뜻하여 1년에 2모작이 가능하였다. 즉 1월에 씨앗을 뿌려 5월에 수확하고, 6월에 파종하여 10월에 농산물을 수확하였다. 이렇게 생산된 수확물을 유통시키기 위해 류큐국 사람들은 바다를 항해하였고, 풍랑을 만나 조선에 표착한 것이다.

류큐 사람들이 조선에 표착한 지점은 경상도의 한산도, 강원도의 울진, 전라도의 진도 · 영암(梨津) · 나주(可佳島), 그리고 제주해역 등이었다. 이 가운데 제주도의 경우, 류큐인들이 가장 많이 표착한 곳으로 확인된다. 그 이유는 제주도가 중국과 대만, 일본을 연결하는 바닷길의 길목에 입지하고 있기 때문이다. 마찬가지로 제주해역에서 조선의 어부가 동풍을 만나면 반드시 중국(복건성)에 이르렀고, 동북풍을 만나면 조금 비스듬히 남쪽의 류큐국에 표착하였다. 이런 까닭에 조선 사람이 제주해역에서 표류할 경우 류큐국에 표착하는 사례가 많았고, 류큐 사람들 역시 마찬가지였다.

조선시대 이국인이 우리나라 해역에 표착해오면 가장 먼저 해당 지역 지방관이 구호활동을 전개하였다. 지방관에 의한 1차 구호조처는 표류민에게 의복과 식량을 지급하는 정도였다. 그 다음 지방관을 표류민을 서울로 후송하였다. 지방관이 표류민을 서울로 후송하는 것을 '전체' 혹은 '역전'이라 칭하였다. 즉 해당 지역 지방관이 표류민을 관할 구역의 경계지점까지 후송하면, 그 다음 지역 지방관에게 표류민을 인계하는 방식이었다. 대체로 표류민은 서울로 후송되는 동안 각 지역에 분포하고 있는 역(驛)을 기점으로 하여 새로운 지방관에게 인계되었다. 표류민이 서울에 당도하면, 역관은 표류민을 상대로 하여 표류과정에 대해 심문하였다. 최종적으로 표류사실이 확인되면, 표류민 송환절차가 본격적으로 추진되었다.

조선전기 류큐 표류민은 왜인을 따라 해로로 송환되었다. 왜인들은 류큐 표류민의 송환 조건으로 지나치게 많은 물품을 요구하였지만, 다른 대안이 없었다. 왜냐하면 류큐 표류민을 중국을 경유하여 송환할 경우 조선에서 중국으로 이동하는 경비, 표류민과의 언어 소통문제, 중국에서의 체류, 류큐국 사신과의 접견 등 여러 가지 문제가 만만치 않았다.

조선에 표착한 류큐인을 중국을 경유하여 송환하기 시작한 것은 16세기 말엽이다. 조선은 중국에 파견하는 동지사 편에 류큐 표류민을 동행하도록 한 다음, 중국에서 류큐국 사신에게 표류민을 인계하는 방식이었다. 그러나 17세기 초에 류큐국이 사츠마의 침공을 받아 일본의 속국으로 전락하면서 변화되었다. 그럼에도 불구하고 류큐국은 비공식적인 방법으로 조선과 표류민 송환을 지속하였다.

18세기에 조선 해역으로 더 많은 표류민이 표착해왔다. 조선은 표류민 송환을 비변사로 하여금 전담하도록 하였다. 특히 전라도의 경우 육로와 해로의 구분 없이 표착지에서 표류민의 송환을 허용해주었다. 그리하여 해당 지방관은 중앙정부의 승인 없이 우선적으로 표도민을 본국으로 송환한 다음 중앙에 보고하는 형식으로 바뀌었다. 이러한 양상은 19세기까지 지속되었다. 특히 전라도 서남해역의 경우 류큐국 표류민에 대한 송환절차가 파격적으로 변화되었다. 일례로 1871년에 선박이 파손된 류큐국 표류민이 해로를 따라 본국으로 돌아가기를 소원하자, 조선은 조운선을 내어주어 표류민의 해로 송환을 허용해주었다. 19세기 각국 표류민 송환절차가 대폭적으로 변화된 것이다.

김경옥 | 목포대학교

18세기 전기의 조선과 류큐
- 조선인의 류큐 표류 기록을 중심으로 -

Ⅰ. 머리말

조선과 류큐(琉球) 사이의 왕래는 1609년 일본 사쓰마번(薩摩藩)이 류큐를 침입한 이후부터 단절되었다. 그 후 동아시아 정세의 혼란과 명청왕조의 교체가 이어지며 양국 간에는 조공을 위해 중국에 파견 나갔던 때를 이용한 사절들의 짧은 접촉 외에 직접적인 외교왕래는 없었다. 다만 우발적인 표류 사건으로 발생한 양측 난민들에 대한 구조 활동을 통해서 양국 간에 일정 정도의 우호관계와 상호인식을 유지하고 있었을 따름이다.

조선과 류큐 관계에 대한 기존의 연구는 대체로 17세기 이전에 편중되어 있다.[1] 17세기 중엽 이후 청대 조선인이 류큐에 표착했던 문제와

---

1) 小葉田淳,「琉球, 朝鮮の關係について」,『田山方南先生華甲記念論文集』, 東京: 田山方南先生華甲記念會, 1963. 楊秀芝,「朝鮮·琉球關係研究 - 朝鮮 前期를 中心으로」, 城南: 韓國精神文化研究院附屬大學院博士學位論文, 1993. 李炫熙,「朝鮮漂流人對琉球的瞭解 - 以朝鮮, 中國, 琉球三國關係為主」,『第3屆中琉歷史關係國際學術會議論文集』, 台北: 中琉文化

관련해서는 이훈(李薰)과 손승철(孫承喆), 고바야시 시게루(小林茂) 등의 종합적 연구가 있었고,[2] 가스야 마사카즈(糟谷政和)는 1733년 서후정(徐厚廷) 등 12인의 사례에 대해 저술한 바 있다.[3] 또한 나가모리 미쓰노부(長森美信)는 천리대학(天理大學) 소장본 『증보탐라지』(增補耽羅志)를 중심으로 1739년 제주 사람 강세찬(康世贊) 등 21인이 류큐에 표착했던 사례에 대해 논술했다.[4] 그리고 필자는 가경(嘉慶) 7년(1802) 정월 태풍으로 류큐에 표착한 다음 같은 해 류큐의 호송선을 타고 복건(福建)으로 이동하던 중 다시 루손(Luzon) 섬까지 표류했던 조선인 문순득(文淳得) 등 6인의 귀국 사건을 사례로, 타국 표류민에 대한 환중국해역 각국의 구조와 송환 문제에 대해 분석한 바 있다.[5] 그러나 본문에서는 조선인의 표류기 속에 묘사된 류큐의 풍속습관 등에 대해서는 분석이 이루어지지 않았다.

본고에서는 상술한 연구성과들을 바탕으로 18세기 전기 동아시아 해역의 난민 송환 시스템이 아직 완전히 확립되기 전인 1726년(雍正 4년, 조

經濟協會, 1991. 張存武, 「朝鮮人所知的盛世琉球」, 『中央研究院近代史研究所集刊』, 30期, 1998. 渡邊美季, 「朝鮮人漂着民の見た「琉球」: 1662 - 63年の大島」, 『沖繩文化』, 46卷 1號, 2012 등.

2) 李薰 著, 松原孝俊 · 金明美 譯, 「朝鮮王朝時代後期漂民の送還を通してみた朝鮮 · 琉球關係」, 財團法人沖繩縣文化振興會 等 編集, 『歷代寶案硏究』, 第8號, 1997. 河宇鳳 · 孫承喆 · 李薰 · 閔德基 · 鄭成一 著, 『朝鮮과 琉球』, 서울: 아르케, 1999에 수록된 모든 논문. 小林茂 · 松原孝俊 · 六反田豊 編, 「朝鮮から琉球へ, 琉球から朝鮮への漂流年表」, 『歷代寶案研究』, 第9號, 1998. 孫承喆, 「朝 · 琉交隣關係と史料研究」, 科研成果報告書, 『8~17世紀東アジア地域における人 · 物 · 情報の交流—海域と港市の形成, 民族 · 地域間の相互認識を中心に(下)』, 東京: 東京大學大學院人文社會系研究科, 2004.

3) 糟谷政和, 「1730年代朝鮮船の琉球漂着と中國経由送還に關する事例研究」, 『地域社會の歷史と構造』, 東京: 御茶の水書房, 1998.

4) 長森美信, 「1739年朝鮮漂着民が見た琉球 - 天理大學附屬天理図書館所蔵 『增補耽羅志』の漂流關係記錄をめぐって」, 『南島史學』, 68號, 2006.

5) 劉序楓, 「清代環中國海域的海難事件研究 - 以嘉慶年間漂到琉球, 呂宋的朝鮮難民返國事例為中心」, 福建師範大學中琉關係研究所 編, 『第9屆中琉歷史關係國際學術會議論文集』, 北京: 海洋出版社, 2005, 65~85쪽.

선 英祖 2년) 류큐의 오키노에라부시마(沖永良部島)에 표류한 조선인 손응선(孫應善 또는 孫應星)[6] 등 9인의 표류기록을 중심으로, 18세기 전기 다른 조선인 표류기록들과 비교하여 조선난민에 대한 류큐의 구조문제 및 조선인이 송환되어 귀국하는 과정 중에서 겪었던 류큐와 중국에 대한 견문과 인식을 고찰하고자 한다.

II. 조선인의 류큐 표류기록

조선과 류큐는 14세기 말 조선 1392년(太祖 원년)부터 직접적인 사절 왕래가 있었다. 그러나 1520년대 후반 류큐 측의 위사 등의 문제로 인해 직접 왕래가 단절되었다. 그러나 1630년(嘉靖 9) 이후, 명나라를 경유하여 쌍방의 표착난민을 송환하였던 까닭에 피차간에 비교적 빈번한 왕래가 시작되었다.[7] 명나라에 파견한 사절을 통해 북경(北京)의 회동관(會同館)에서 쌍방은 외교공문인 자문(咨文)과 예물을 주고받았다. 1609년 류큐가 사쓰마번에 정복된 이후에도 계속 사절을 북경에 파견했으며, 류큐와 조선 사이에는 여전히 사절의 접촉과 문서의 교환이 이루어졌다.[8]

---

6) 史料에는 "孫應善", "孫應星"이 혼재해 있다. 中國 官方의 보존기록과 『同文彙考』 등에 기록된 대표인물은 "孫應星"이지만 朝鮮 備邊司의 기록은 "孫應善"이다. 朝鮮 官方 조사기록의 신뢰도가 더 높다고 보고, 본문에서는 "孫應善(星)"의 방식으로 표기하기로 한다. 상세 내용은 본문에서 후술.

7) 孫承喆, 「朝·琉交隣關係と史料研究」, 앞의 논문, 2004.

8) 沈玉慧, 「清代北京における朝鮮使節と琉球使節の邂逅」, 『九州大學東洋史論集』, 37號, 2009 참조.

양국 간 표착민의 송환으로 인해 왕래했던 외교문서 중 현재 확인할 수 있는 가장 늦은 자료는 1628년(崇禎 원년) 7월 11일 조선국왕이 류큐국왕에게 보냈던 답신이다.[9] 그 외 일반적인 교린(交鄰)과 사례(謝禮)의 자문 왕래는 청 태종(太宗)이 조선을 침략하기 전인 1636년(숭정 9), 류큐국왕이 조선국에 보낸 문서가 마지막이다.[10] 1715년(康熙 54년, 조선 肅宗 41년), 조선난민 김서(金瑞) 등 9인이 류큐에 표착했는데, 이들은 류큐에서 복건을 거쳐 다시 북경으로 송환되어 조선의 동지사(冬至使)에 넘겨져 1716년 12월에 귀국했다. 당시 조선 내부에서는 명 만력(萬歷) 때의 전례를 좇아 북경에 진공 가는 사절 편에 자문을 보내 류큐의 공사(貢使)에게 전할 것인지, 아니면 예부(禮部)에 위탁해 류큐에 치하(致賀)할 것인지에 대해 토론을 했고 그 결과, 조선과 청조의 관계가 명조보다 친밀하지 못하고 또한 "번복(藩服)이 스스로 서로 서신을 통하는 것이, 외교의 경계(警戒)를 범하는" 것이라는 이유를 들어 류큐에 서신을 보내 치하하는 행위를 중단하였다.[11]

명조가 멸망한 이후 청조가 해금(海禁)을 실시한 기간(1644~1683) 동안, 류큐에 표착한 조선인들의 대부분은 일본을 경유하여 송환되었는데,[12] 이 기간 류큐국왕과 조선국왕 사이에 직접적인 외교문서의 왕래가 없었

---

9) 『歷代寶案』(2), 臺灣大學影印本, 1972, 1267~1269쪽.

10) 『歷代寶案』(2), 1328~1329쪽. 『歷代寶案』(譯注本), 第2册, 沖繩縣教育委員會, 1997, 419~420쪽. 『歷代寶案』에는 崇禎 11年(1638) 류큐국왕이 조선국에 보낸 咨文을 수록하고 있는데, 앞서 제시한 小葉田淳의 논문 「琉球, 朝鮮の關係について」 주석 28에서는 이것은 崇禎 9年 咨文의 草案 중 하나가 틀림없으니 이는 『歷代寶案』 편집자의 誤記라고 지적했다. 게다가 崇禎 10年(1637) 正月 조선은 청나라에 정복당했으니, 使者를 다시 명나라로 파견하는 일은 있을 수 없는 것이다.

11) 『朝鮮王朝實錄』 卷59, 肅宗 43年(1717) 丁酉 正月 丁巳(2日)條.

12) 李薰, 「朝鮮王朝時代後期漂民の送還を通してみた朝鮮, 琉球關係」, 1997, 3~6쪽 참조.

다. 1684년(강희 23) 청조가 해금을 해제하며, 중국에 표착한 선박에 대해 구조 및 본국 송환 조치할 것을 연해 각국에 널리 알린 이후, 류큐를 통해 일본 측으로 전해진 요청에 더불어, 류큐와 일본의 관계를 청조가 알아챌 것을 걱정했던 사쓰마번의 상황이 더해지며 1696년(元祿 9년, 康熙 35년) 일본 막부(幕府)는 결국 나가사키(長崎) - 쓰시마(對馬)를 경유해 조선난민을 송환했던 기존의 방식을 복주(福州) - 북경 경유 방식으로 변경하였고,[13] 이 방식이 청조 말까지 지속되었다. 이를 종합하면 류큐의 조선난민 송환방식은 기본적으로 다음의 세 가지 시기로 나눌 수 있다. 첫째, 1609년 이전의 명 경유 시기. 둘째, 1609 ~ 1695년의 일본 경유 시기. 셋째, 1696년 이후의 중국 경유 시기.

조선에 표착한 류큐인이 중국을 경유해 송환되었다는 기록은 1794년(건륭 59년)에 처음 보인다.[14] 이때 역시 북경에 파견된 사절에 덧붙어 이동하였으며, 청나라 예부에 보냈던 자문도 존재한다. 예부는 류큐난민에게 복건 경유의 송환 조치를 내리면서 류큐국왕에게 자문을 발송하였다. 조선과 류큐는 중국을 경유해 상호 표착민을 송환하였지만, 명나라 멸망 이후 양국이 모두 청나라 책봉체제의 영향 아래에 놓이면서 '남의 신하 된 자는 함부로 외국과 교류할 수 없다'(人臣無外交)는 대원칙에 따라 양국 간에는 공식적인 관방(官方)의 왕래가 없었다.[15]

【부록】의 통계에 따르면 1661 ~ 1871년 사이 류큐에 표착했던 조선

13) 豊見山和行, 「近世琉球の外交と社會 - 册封關係との關連から」, 『歷史學硏究』, 586號, 1988. 豊見山和行, 「17世紀琉球王國對外關係 - 漂着民の處理問題を中心に - 」, 藤田覺 編, 『17世紀の日本と東アジア』, 東京: 山川出版社, 2000. 李薰, 「朝鮮王朝時代後期漂民の送還を通してみた朝鮮, 琉球關係」, 7~9쪽.

14) 『同文彙考』(4), 서울: 國史編纂委員會影印, 1978, 3599쪽.

15) 상동.

선박의 기록은 모두 30건으로, 그 중 26건이 중국을 경유해서 송환된 것이다.[16] 일본 쇄국체제의 영향으로 인해 류큐에 표착한 외국선박에 대한 처리 원칙 또한 일본 국내와 대체로 동일했고, 여전히 에도(江戶) 막부와 사쓰마번의 제재를 받았다. 본 섬의 각지와 구메지마(久米島) 모두 왕부(王府)에서 파견된 '재번'(在番, 즉 海防官)이 표착한 외국선박에 대한 사무를 전문적으로 담당했고, 각 이도(離島)에도 역시 담당하는 지방관원이 있었다. 청나라에서 해금을 해제한 이후, 정세 변화에 적응하기 위해서 18세기 초인 1704년(寶永 원년) 각지에서는 외국선박 관련 사무를 처리하는 규정인 '어조목'(御條目, 즉 異國方御條書)을 반포(頒布)했고, 이는 1840년에 이르기까지 류큐에 표착한 외국선박을 처리하는 기본원칙이 되었다.[17] 그 대체적인 처리 방식은 아래와 같다.

연해지역을 경계하는 번초(番哨, 즉 遠見番)는 표착한 외국선박을 발견한 즉시 각지의 해방관(海防官) 또는 지방관리에게 이를 통지하고 관원의 지시에 따라 처리하는데, 기본규정은 다음과 같다. 현지 주민들과 격리된 땅에 울타리를 두르고 목조 건물을 지어 표류해온 외국인과 선박화물을 수용한다. 주위의 경계를 삼엄히 해 일본인의 접근을 금지하고, 난민들의 임의적인 행동도 불허한다. 난민들에게는 적당한 음식물을 제공하고, 실종인원과 화물에 대한 인양과 수색을 실시한다.

---

16) 주요 참고문헌은 李薰, 「朝鮮王朝時代後期漂民の送還を通してみた朝鮮, 琉球關係」, 4~5쪽. 小林茂 等, 「朝鮮から琉球へ, 琉球から朝鮮への漂流年表」.

17) 관련 연구로는 豊見山和行, 「17世紀琉球王國對外關係 - 漂着民の處理問題を中心に」. 豊見山和行, 「近世琉球における漂流・漂着問題 - 漂着民救護と日本漂着事例から」, 『第八回琉中歷史關係國際學術會議論文集』, 那霸: 琉球中國關係國際學術會議, 2001. 糸数兼治, 「漂着關係の取締規程について」, 『琉球王國評定所文書』, 第1卷, 浦添市教育委員會, 1991, 渡邊美季, 「近世琉球における對「異國船漂着」体制—中國人, 朝鮮人, 出所不明の異國人の漂着に備えて」, 『琉球王國評定所文書』(補遺別卷), 浦添市教育委員會, 2002. 渡邊美季, 「清に對する琉日關係の隱蔽と漂着問題」, 『史學雜誌』 114-11, 2005.

다른 한 편으로는 왕부 관원 → 국왕 → 사쓰마 재번봉행(在番奉行)의 순서로 신속히 보고한 후, 명령을 받아 후속사항을 처리한다. 상황의 상이함에 따라 왕부에서는 때로는 관원, 통사(通事), 의사, 배 목수 등을 현지로 보내어 처리하기도 한다. 사쓰마 재번봉행 역시 관원을 보내어 감시하고, 사쓰마번을 통해 에도 막부에 보고한다. 관원이 사무를 처리함에 있어 가장 중요한 사항은 일본이 류큐를 통치한다는 사실에 대한 은폐이다. 따라서 외국선박, 특히 중국선박이 류큐에 표착하는 경우 일본과 관계있는 선박, 문자, 화폐 등 모든 사물에 대해 은폐 처리하고, 엄격한 감시와 격리 하에 중국인의 임의적인 행동과 현지인의 접근을 불허한다. 선박이 수리가 가능하다면 수리 후 즉시 출항을 명령하고, 만약 항해가 불가능할 정도로 파손되었다면 다른 선박을 준비해 관선의 감시와 호송 하에 선원을 나하(那霸)의 도마리촌(泊村)으로 보내 수용한다. 파손된 선박은 대개 현지에서 불살라 폐기한다. 아래에서 논의할 1726년 오키노에라부시마에 표착한 조선선박 역시 기본적으로 이와 동일한 방식으로 처리되었다.

Ⅲ. 1726년 조선선박의 류큐 표류 사례

1726년(雍正 4년, 조선 英祖 2년) 2월, 조선 제주도민 손응선(성) 등 9인의 배는 본국 해남 지방으로 교역을 떠났다. 배는 풍랑을 만나 아마미오시마(奄美大島) 남부의 오키노에라부시마까지 표류하였는데, 구조되어 류큐 본섬으로 보내졌고 이후 진공선에 태워 복건까지 호송된 다음 다시 북경으로 보내졌다. 그리고 1728년 4월 조선으로 송환되었다. 이 사례에 대한 류큐와 중국의 처리방식은 기본적으로 기타 조선인 표류 사건을 처리하는 방식과 다를 바 없다. 그러나 『조선왕조실록』에는 이 사건에 대한 기록이 전혀 없고, 중국의 사료[18], 일본의 사료[19]와 류큐의 『역대보안』(歷代寶案)[20], 『중산세보』(『中山世譜』)[21], 조선의 『동문휘고』(同文彙考)[22], 『승정원일기』(承政院日記)[23], 『통문관지』(通文館志)[24] 등에 간단한 기록만이 있을 뿐 상세한 내용은 많이 알려지지 않았다. 본문은 조선 동지겸사은사(冬至兼謝恩使)의 연행(燕行) 기록인 『상봉록』(桑蓬錄)[25]과 귀국 후 손응선(성) 일행에 대한 비변사(備邊司)의 조사기록[26] 및 고향에 도착한 다음 당시 지식인에 의해 진행되었던 탐방 기록인 『탐라문견록』

18) 乾隆 이전의 관련 보존기록은 많지 않다. 中國第一歷史檔案館 編, 『淸代中琉關係檔案四編』, 北京: 中華書局, 2000, 58, 66쪽 등에 雍正 5년(1727) 4월 24일, 福建 巡撫 毛文銓와 雍正 6년 2월 6일 禮部尙書 常壽 등이 황제에게 올린 題本이 기록된 『禮科史書』의 기록이 수록되어 있다.

19) 「沖永良部島代官系圖」, 『道之島代官記集成』, 福岡大學研究所, 1969, 321쪽.

20) 『歷代寶案』(4), 臺灣大學景印本, 1988~1998쪽. 『歷代寶案』(校訂本), 第4冊, 16쪽, 25~31쪽.

21) 『中山世譜』, 伊波普猷 等編, 『琉球史料叢書 第4』, 東京: 井上書房, 1962, 138쪽.

22) 『同文彙考』(2), 原編卷66, 1257 ~ 58쪽에 「禮部知會福建漂人交與年貢使帶回咨」이 수록되어 있다. 이 咨文의 내용은 앞서 언급했던 『禮科史書』에서 禮部尙書 常壽 등이 題本한 내용과 완전히 동일하다

23) 『承政院日記』, 英祖4年(1728), 戊申 4月 初6日.

24) 『通文館志』(下冊), 卷10, 英宗大王 4年 戊申, 京城: 朝鮮総督府景印本, 1944.

25) 당시 朝鮮 使節의 수행원 姜浩溥(1690-1778)의 使行記 『桑蓬錄』에는 濟州의 표류민을 인도받은 경위가 상세히 기술되어 있다. 『桑蓬錄』 참조 (成均館大學校 大東文化研究院 · 東亞學術院 編, 『燕行錄選集補遺』(上), 首爾: 成均館大學校出版部, 2008에 수록)

26) 『備邊司謄錄』, 英祖 4년(1728), 戊申 4月 初5日條. 『備邊司謄錄』과 아래의 『耽羅聞見錄』의 기록은 小林茂 等編, 「朝鮮から琉球へ, 琉球から朝鮮への漂流年表」에서는 언급되지 않았다.

(耽羅聞見錄)[27]을 주요 대상으로 삼아, 손응선(성) 일행의 표류과정 및 류큐와 중국에 대한 견문을 고찰하고자 한다.

손응선(성) 일행의 표류 및 송환 과정을 시간 순에 따라 정리하면 아래와 같다.

(월일은 음력. 【 】 안은 참고한 사료의 약칭. 예: 【상】 =『상봉록桑蓬錄』, 【비】 =『비변사등록備邊司謄錄』, 【탐】 =『탐라문견록耽羅聞見錄』, 【예】 =『예과사서禮科史書』, 【동】 =『동문휘고同文彙考』, 【보】 =『역대보안歷代寶案』, 【충】 =『충영량부도대관계도沖永良部島代官系圖』, 【승】 =『승정원일기承政院日記』)

– 1726년 옹정(雍正) 4년, 조선 영조 2년, 일본 교호(享保) 11년

· 2월 9일: 제주 출항, 일행 9인, 쌀을 구매하기 위해 해물(海物)을 싣고 해남으로 향함. 【비】 【탐】

· (2월 7일 【상】 【예】 【동】)

· 3월 28일: 류큐국의 속도(屬島)인 오키노(烏岐奴) 지역에 표류(오키노에라부시마 요시미도촌喜美留村)에 표류, 선박은 암초에 부딪혀 파손됨. 【상】 【보】 【충】 【예】 【동】

· 4월 2일: (3일 거주 후) 새로 지은 가옥으로 이동. 대나무로 울타리를 엮고, 문지기를 보내어 외부출입을 막음. 【비】 【탐】

· 4월 말: (24 ~ 25일 거주) 가라시마(加羅島, 즉 寶島)의 상선을 타고 왕도로 이동. 【비】 【탐】

· (4월 27일 【상】)

· 5월 초: (승선 3일째) 국도(國都)에 정박. 첫날은 사찰에 거주, 다음 날은 새로 지은 세 칸짜리 가옥으로 옮김, 왕성에서 5리 거리. 【비】 【탐】

· 7월 14일: 국왕이 술을 하사, 풍성한 대접 받음. 【비】

---

27) 鄭運經의 『耽羅聞見錄』(1732年序)은 朴趾源이 펴낸 『三韓叢書』에 수록되어 있다. 이 책은 鄭運經(1699-1753)이 1731년 濟州 牧使로 부임하는 부친을 따라갔을 때, 제주도민이 해외로 표류한 기록에 자신이 취재한 내용을 정리해서 만든 것이다. 全書는 1687~1730년까지 모두 14건의 표류기를 소개하고 있는데, 베트남, 대만, 일본, 류큐 등지를 포함하고 있다. 본고에서는 「第9話」를 분석하였다. 원본을 보지 못한 관계로, 본고에서는 鄭珉의 한국어 번역본 말미에 있는 漢文 원문을 참고하였다. 鄭運經 저, 鄭珉 역, 『탐라문견록, 바다 밖의 넓은 세상 : 18세기 조선 지식인의 제주 르포』, 서울: 휴머니스트, 2008, 244~248쪽.

· 12월 9일: 공사선(貢使船) 타고 중국으로 향함. 【비】 (【탐】 11월 9일?)
· 12월 11일: 공선(貢船) 2척(正使 毛汝龍, 副使 鄭廷極)이 출항. 구메지마 도착 후 순풍을 기다림. 【보】 (12월 12일 【상】)

– 1727년 옹정 5년, 조선 영조 3년, 일본 교호 12년
· 1월 5일: 구메지마에서 출항. 【보】 (【비】 4일)
· 1월 8일: 풍랑을 만나 두 척의 배가 흩어짐. 【보】
· 1월 15일: (副使船, 82인) 이산원(怡山院)에 정박. 【보】
· 1월 22일: 복주(福州) 내항(內港)에 입항. 【보】
· 1월 26일: 조사 및 확인 【보】 (복주에 도착. 【상】 【예】 【동】)
· 1월 27일: 하선. 사신과 함께 관역(館驛)에 숙박.
· (1월 27일: 복건 천해진天海鎭(또는 정해진定海鎭?)에 도착. 30일에 강어귀에 들어선 후, 3일 운행 후 복건에 도착. 류큐관에 숙박. 【탐】)
· 3월 23일: (正使船, 118인) 이산원에 정박. 【보】
· 3월 28일: 복주 내항에 입항. 【보】
· 윤3월 3일: 조사 및 확인. 관역에 숙박. 【보】
(윤3월, 상사선上使船이 입항. 【탐】)
· 9월 26일: 소무현승(邵武縣丞) 양조해(梁潮海)가 동행. 류큐의 공사(貢使)를 따라 복건에서 북경으로 출발. 【상】 【예】 【동】 (9월 30일 【비】 . 10월 2일 【탐】)
· 10월 24일: 포성현(浦城縣)에 도착. 【탐】

– 1728년 옹정 6년, 조선 영조 4년, 일본 교호 13년
· 1월 9일: 북경 도착. 류큐 사신과 옥하관(玉河館?)[28] 숙박. 【상】 【예】 【동】 【비】
· 1월 17일: 예부의 조사 【상】

28) 雍正 6년 琉球 使節團은 北京의 館舍에 묵었는데, 『桑蓬錄』에는 '三官廟'라고 기록되어 있고, 『備邊司謄錄』에는 '玉河館'으로 기록되어 있다. 會同館의 소재지인 '玉河館'은 당시 이미 俄羅斯〔러시아〕 사절단이 묵고 있었다. 雍正 5년 12월 28일 北京에 도착한 朝鮮 사절단은 乾魚 胡同에 묵었다. 『燕行錄選集補遺』(上), 578~579, 622~623쪽 참조. 청대 외국 사절의 北京 관사에 대해서는 陳碩炫, 「清代琉球進貢使節の北京における館舍の変遷について」, 『第11回琉中歷史關係國際學術會議論文集』, 那霸: 琉球中國關係國際學術會議, 2008에서 상세히 논의하고 있다.

· 2월 9일: 황제의 봉지(奉旨)를 받아 조선 난민을 사신 낙창군(洛昌君) 이탱(李樘)에게 인도해 본국으로 송환토록 함. 【예】 【동】
· 2월 13일: 예부에서 이문(移文) 작성, 표민(漂民)을 조선 사신의 관소(館所)로 이송. 【상】 【비】
(*역주: 移文은 관서 사이에 행정적으로 주고받던 일종의 협조공문)
· 2월 19일: 예부에서 표민에게 회자(回咨)를 보냄. 【상】
(*역주: 回咨는 명령이나 요청에 대해 회답하는 咨文)
· 2월 22일: 사신과 동행해 귀국하도록 함. 황제가 통관(通官)에게 위문케 함. 하사품은 없음. 【상】 【비】
· 3월 23일: 책문(柵門)을 지남. 【상】
· 3월 24일: 압록강을 건너 의주에 도착. 【상】 【비】
· 4월 4일: 한성 도착. 【상】 【비】 【승】
· 4월 5일: 비변사의 조사. 【상】 【비】
· 4월 28일: 제주로 귀환. 【탐】

표류경과를 간단히 정리한 위 연표에서 알 수 있는 것은, 손응선(성) 일행이 조선에서 표류를 시작해 다시 고향으로 돌아가기까지 모두 2년 2개월 정도의 시간이 지났으며, 경과지에서 모두 후한 대접을 받았다는 점이다. 현존하는 몇 종의 기록 중 『예과사서』, 류큐의 『역대보안』과 조선의 『동문휘고』는 모두 중국 관방문서의 계통에 속하고, 『승정원일기』와 『비변사등록』은 조선 관방문서의 계통에 속한다. 『상봉록』은 사절의 일기로 당시 북경에서 표류민을 직접 호송하며 송환했던 과정 및 중국관방과의 교섭과 송환 행적이 기록되어 있어 신뢰도가 비교적 높다. 『탐라문견록』은 민간 지식인의 기록에 속하는 문헌으로, 저자 정운경(鄭運經)의 부친 정필녕(鄭必寗, 1677 ~ 1753)이 제주 목사(牧使)로 재직했던 만큼, 송환된 표류민에 대한 제주관아의 조사기록을 참고했을 가능성이 있으며, 여기에 표류민의 구술과 각종 서적을 참고한 후 종합하여 만들

었을 것으로 보이지만 지금으로서는 확인할 수가 없다.[29]

상술한 여러 기록 중 표류의 경과 및 류큐에서의 견문에 대한 서술이 가장 상세한 것은 『비변사등록』과 『탐라문견록』이다. 그러나 앞서 말했듯이, 『비변사등록』은 표류 후 송환된 9인에 대한 관방 측의 조사기록이며, 송환 후 즉각 진행되었던 만큼 난민들의 기억도 생생하였으니 그 신뢰도가 비교적 높지만, 『탐라문견록』은 1731 ~ 32년, 즉 손응선 일행의 송환 3년 후에 저술된 만큼 기억이 모호했던 부분도 없지 않았을 것이다. 게다가 이들 난민들은 "문자도 모르고 방언도 이해 못하며, 자신들이 거쳐 갔던 곳의 지명이나 현지 사정에 대해 전혀 아는 바가 없던"[30] 상황이다. 위에서 제시한 연표의 내용과 대조해보면, 시간이 일치하지 않는 부분이 일부 있긴 하지만, 그럼에도 이 사료 속에는 류큐와 중국의 사실과 연관된 중요기록들이 상당히 많은 편이다. 아래에서 이

---

29) 李萬維(1674~?)은 『耽羅聞見錄』의 「序言」에서 다음과 같이 말했다. "鄭道常(즉, 정윤경)이 耽羅로 부임하는 부친을 따라와서, 책 한 권을 엮어 이름을 『耽羅聞見錄』이라 했다. 上篇은 산천과 풍속을 서술하였고, 中篇은 바다를 돌아 유람한 것을 기록하였으며, 下篇은 제주도민이 외국에 표류한 것을 수록하였는데 대체로 기이한 볼거리와 신기한 들을 거리가 많다. (중략) 이 책을 쓴 鄭道常은 정밀한 생각을 가다듬고 글 쓰는 수고를 마다하지 않았다. 그 글은 간결하나 요령이 있고, 소략한 듯하나 상세하다. 이른바 「소승小乘」, 「남사록南槎錄」, 「풍토록風土錄」 등의 여러 책도 이 책에 포함되어 있다. 외국에 대한 사실은 그 땅을 직접 밟고, 그 일을 직접 목격한 표류민들이 전한 것이니 그 믿을만한 바가 어찌 馬端臨의 『文獻通考』와 利瑪竇마테오 리치의 『職方外紀』처럼 풍문으로 전해들은 의심스러운 것들에서 나온 것과 비교할 수 있겠는가"(鄭斯文道常, 隨其家大人耽羅任所也, 纂一册子名曰耽羅聞見錄. 上篇敘山川謠俗, 中篇記循海勝遊, 下篇錄島人漂至他國, 大概奇觀異聞. (中略) 今道常研精思役占畢, 其書簡而要, 略而詳. 如所謂小乘南槎風土錄等諸書, 包括於其中. 至如外國事實, 得於漂人親履其地, 目擊其事者之所傳, 其所取信, 亦豈(馬)端臨之通考, 利瑪(竇)之外紀, 一出於風聞傳疑者比哉). 『耽羅聞見錄』, 230쪽.

30) 『備邊司謄錄』, 英祖 4年(1728) 戊申 4月 初5日條. 그리고 『桑蓬錄』의 저자는 원래 朝鮮難民 중에서 문자를 아는 자가 기록한 일기를 수집해서 使行의 日錄 속에 수록하고자 했지만, 일기를 읽어보고는 "문장은 되지 않고 기록한 바도 없다. 도처에 하늘을 향해 고통만 토하는 말만 적었을 따름이니, 볼만한 것이 없다"라 했다."(不能成寫, 別無所錄, 只記到處呼天痛苦之辭而已. 無可觀矣) 『燕行錄選集補遺』(上), 640쪽.

기록들에 대해 잠시 고증해보기로 하자.

우선 표류자 9인의 성명 문제를 살펴보자. 이 9인은 문자를 겨우 아는 정도라 문장을 지을 수 없었으니, 류큐에 표착한 이후 한자 필담으로 현지인들과 소통할 수 없었다. 선박에 휴대했던 조선의 『언해천자문』(諺解千字文)을 꺼내 그 중 '조'(朝)와 '선'(仙)을 가리키자 그제야 이들이 조선인이라는 것을 알게 되었다.31) 『동문휘고』의 기록에 따르면, 북경의 예부에 도착해 고려 통사의 조사를 거친 후, 이 9인의 성명은 "손응성(孫應星), 고시열(高時悅), 부기선(傅起善), 한후신(韓後信), 성이성(星二成), 김만선(金萬善), 김익(金益), 김일환(金日煥), 고차웅(高次雄)"이 되었다. 그러나 귀국 후, 비변사가 작성한 「표해회환인문정별단」(漂海回還人問情別單)에 기재된 정확한 성명과 연령은 "손응선(孫應善) 61, 고시열(高始說) 58, 부기선(夫起先) 51, 한후신(韓厚信) 46, 성이선(成二先) 32, 김만선(金萬先) 35, 김익이(金益伊) 35, 김일한(金一漢) 29, 부차웅(夫次雄) 25"이었다. 양자를 비교하면 상당한 오차가 있지만, 대체로 동음자로 사용되는 한자가 달랐기 때문일 것이다. 『동문휘고』, 『통문관지』(通文館志)에 기재된 대표인물은 모두 "손응성"(孫應星)이지만, 조선 비변사의 기록에는 "손응선"(孫應善)으로 되어 있다. 조선 본국의 관방 조사기록이 신뢰도가 더 높은 것으로 보인다. 그러나 제주 고향으로 돌아간 후의 구술을 받아 적은 『탐라문견록』에는 "병오(丙午) 2월 초 아흐레, 북포(北浦) 사람 김일남(金日男)과 부차웅(夫次雄)이 교역을 위해 배를 띄웠는데, 동행이 모두 9인이었다"로 기재되어 있다. 『탐라문견록』의 표류기는 김일남(金日男), 부차웅(夫次雄) 두 사람의 구술이 주된 내용인데, 여기에서의 '김일남'(金日男)을 앞서 언급

---

31) 『耽羅聞見錄』, 245쪽.

했던 사료들에서 찾을 수 없는 것은, 아마 이 이름이 '김일환'(金日煥) 또는 '김일한'(金一漢)의 별자(別字)이기 때문일 것이다. 이를 통해 알 수 있는 사실은, 각지의 표류 기록 중에서 표류민이 한자를 이용한 필담이 불가능하거나, 언어가 소통되지 않거나, 또는 허위의 공술을 했다면, 표착한 이향, 이국에서는 그 정확한 신분을 확인할 수가 없기 때문에, 결과적으로 본국의 기록과 상당히 큰 오차가 발생할 수도 있다는 점이다.

이들 난민은 지나는 곳마다 기본적으로 모두 후한 대접을 받았다. 『비변사등록』의 「문정별단」(問情別單)에 따르면 오키노에라부시마에 표착했을 때, "한 사람당 한 때(1일) 1되 정도의 양식을 주었고, 반찬으로 매일 닭 1마리, 계란 18개, 장 1되, 마늘, 미나리 등을 주었으며, 3일마다 소주 1병을 주었다"(每名一時(日)給糧一升許, 饌則每日雞一首, 雞卵十八介, 醬一升, 蒜, 芹等物. 每三日又饋燒酒一瓶)라 했다. 류큐의 본섬으로 보내진 뒤에도 제공된 음식은 전과 같았으며, "매일 한 사람당 생선 2근, 두부 큰 2조각을 더 지급해 주었으니 배불리 먹기 충분했다. 의복도 수시로 가져다주어 추위와 더위를 면할 수 있었다. 시종일관 한결같이 대우해 주었다"(而加給之物, 每日每名生鮮二斤, 豆泡二大片, 以此足以飽食, 衣服則隨時備給, 得免寒暑, 自初至終, 見待如一)고 했다. 이들이 외국인이었기에 류큐 본섬 사람들은 이들의 거주지 근처에 자주 모여 구경을 했고, 수시로 술과 음식을 제공해 주었다. "7월 14일은 류큐의 큰 명절이라, 국왕이 술을 하사하고 지극히 풍성한 음식을 대접하였으니, 나라의 풍속이 양순하고 인정이 두터움을 알 수 있다."(七月十四日以彼中大名日, 其國王賜給瓶酒, 極其豐盛, 國俗之醇厚可知) 8개월 여의 체류 기간 동안, 류큐인들이 보여준 친절한 도움은 조선 표민들에게 깊은 인상을 남겼다.

복건으로 이송된 후, 건륭(乾隆) 연간의 규정에 따라 복주 유원역(柔遠

驛)에 머물렀고, 한 사람당 매일 쌀 1되, 염채은(鹽菜銀) 6리(厘), 기타 의복, 생활용품 등을 규정에 따라 지급 받았다.[32] 복건부(福建部) 정사사(政使司)의 자문에 따르면, 1716년(康熙 55) 조선국 백성 9인이 풍랑을 만나 류큐에 표류한 후 접공선(接貢船)을 타고 복건으로 이송된 사례와 비교하여, 한 사람당 매일 일정한 양식과 은미(銀米)를 제공해줌으로써 성조(聖朝)의 두터운 은혜가 지극하다는 뜻을 분명히 드러내고 있다.[33] 이는 1715년 류큐에 표착한 조선인 김서(金瑞) 일행 9인의 사례와 비교했던 것이다.[34](【부록】 No.6) 그리고 북경으로 호송될 때에도, 전문위원인 반송관(伴送官) 1명과 이를 수행하는 근역(跟役) 2명이 장거리 호송을 맡았다. 이들이 지나는 각 성에서는 길마다 별도의 관원을 보내어 호송했고 일일 식량과 관련 경비를 부담했다. 또한 반송관에게는 일꾼 4명, 근역에게는 각 일꾼 2명, 난민에게는 각 짐꾼 1명을 붙여 주었고, 병자에게는 1명을 더 주었다.[35] 이번 호송은 류큐의 조공사절단과 함께 입경하는 것이기에 그 규모가 더 컸다. 복주에서 8개월여 머무른 이후, 류큐의 조공 사절 모여룡(毛汝龍) 등과 함께 소무현(邵武縣) 현승(縣丞) 양조해(梁潮海)의 반송(伴送) 하에 9월 26일 복건에서 북경을 향해 출발했다. 수로에서는 배를 탔고, 산길에서는 산길 전용 가마인 남여(籃輿)를 탔는데 장정 2명이 이를 짊어졌다. 평지에서는 수레를 타거나 말을 탔고, 가는

32) 同治『欽定戶部則』, 卷90(蠲恤), 臺北: 成文出版社, 6140쪽. 이 밖에 渡邊美季,「清代中國における漂着民の處置と琉球」(1),『南島史學』, 54號, 1999. 劉序楓,「清代中國對外國遭風難民的救助及遣返制度—以朝鮮, 琉球, 日本難民為例」,『第8回琉中歷史關係國際學術會議論文集』, 那霸: 琉球中國關係國際學術會議, 2001 참고.

33) 同治『欽定戶部則』, 6138~6139쪽.

34) 상세 내용은 일일이 서술하지 않겠다. 개요는 小林茂 等編,「朝鮮から琉球へ, 琉球から朝鮮への漂流年表」, 93~94쪽 참조.

35) 同治『欽定戶部則』, 6138~6139쪽.

길마다 관원들이 접대하였다. 이러한 까닭에, 본국으로 송환된 후의 「문정별단」에서 “나라의 은혜가 여기에 이르니, 더욱 망극하나이다”(國恩到此, 尤為罔極)라고 감사의 마음을 표현했던 것이다.

다음 해인 1728년 1월 9일, 일행이 북경에 도착해 숙소가 정리된 후, 조선 표민들은 먼저 예부의 조사를 받았다. 조사가 끝난 후에도 즉시 조선 사절단에게 인계된 것이 아니라 여전히 류큐 사절단과 함께 관사에 머물렀다. 예부에서 청지(請旨)를 올리고 황제의 비준이 떨어진 후인 2월 13일에 비로소 공문을 발송해 조선 사절단의 관소로 이송되었으며, 22일 동지겸사은사인 낙창군(洛昌君) 이탱(李樘) 등과 함께 귀국길에 올랐다. 전술했던 바와 같이, 조선 사절과 류큐 사절 간에는 청 왕조가 들어선 이후 직접적인 외교문서의 왕래가 없었다. 쌍방의 난민을 돌려보내는 절차는 모두 청의 예부를 거쳐서 이루어졌다. 그러나 이번의 경우 마침 조선 사절단도 같은 시기 북경에 도착하였기에, 청나라 관원을 통해 이 소식을 접한 조선 사절이 청나라 관원이 마련해 준 특별한 자리를 통해 류큐의 사절에게 감사를 표시했다. 그러나 양측은 간단한 대화만을 나누었을 뿐 깊이 있는 교류는 하지 못한 듯하다.[36]

조선사절은 귀국 후 4월 4일 한성에 도착했고, 난민들은 비변사에 넘겨져 조사를 받았다. 조사 내용은 조선국왕이 열람했다. 조선은 국외로 표류했던 본국 난민들이 불법행위를 저지르지 않았다면 모두 우대하여 고향으로 보내주었다. 『승정원일기』 영조 4년 4월 6일의 기록을 보자.

> 북경에서 귀환한 표해인(漂海人)으로 제주 사는 손응선(孫應善) 등 9인이 고을에서 고을로 차례로 이송되어, 어제 비로소 올라왔습니다. 그런 까닭에 본사

36) 『燕行錄選集補遺』(上), 622~623쪽.

(本司) 낭청(郎廳)으로 하여금 상세히 정황을 물은 후 공술한 내용을 별단(別單)에 적어 넣어 성상(聖上)께서 예람(睿覽) 하실 수 있도록 갖추어 두었습니다. 지금은 남겨 두어 더 물을 일이 없기에 연로(沿路)의 각 도(道)에 분부하여 말을 주고 음식을 먹여 본토로 환송토록 하겠습니다. 이들은 만 리를 표박(漂泊)하다 만 번 죽을 고비에서 살아 돌아왔으니, 송환 출발에 임해 해당 조(曹)로 하여금 술과 안주를 한 차례 먹이고, 지나는 길의 각 고을로 하여금 각별히 보살펴 잘 대우하고 잘 먹이게 하여, 굶주리고 지쳐 쓰러질 염려가 없도록 하겠습니다. 귀가한 후에도 해당 고을에서 특별히 두텁게 은혜를 베풂이 의당(宜當)하오니, 이대로 본도(本道)에 분부하겠습니다.

自北京回還漂海人, 濟州居孫應善等九名, 縣次替送, 昨始上來. 故使本司郎廳, 詳細問情後, 所供辭緣, 別單書入, 以備睿覽. 而今無留置更問之事, 分付沿路各道, 使之給馬饋食, 還送本土. 此人等漂泊萬里, 萬死生還, 臨當發遣, 令該曹, 一饋酒饌, 一路各邑, 各別顧恤, 善待善饋, 俾無饑困顚頓之患. 還家後, 本邑亦為別樣優恤, 宜當, 以此分付本道.

경유지의 각 지방관에게 명하여 특별히 후대하여 고향으로 돌려보내게 하니, 난민 일행이 만 리의 표박에서 다행히 생환할 수 있었던 업적을 표창함으로써 동시에 국왕의 인정 역시 잘 드러내고자 했던 것이다.

Ⅳ. 조선 표류민의 류큐 견문

조선 표류민의 류큐 견문기록은 조선왕조 전기의 『조선왕조실록』에 상당히 상세히 기록되어 있다.[37] 하지만 청나라로 진입한 이후, 조선

37) 『朝鮮王朝實錄』의 世祖 7年(1461) 6月 丁丑條, 世祖 8年(1462) 2月 辛巳條, 成宗 10年(1479) 6月 己未條 등이 있다. 小林茂 等編, 「朝鮮から琉球へ, 琉球から朝鮮への漂流年表」, 86~89쪽 참조.

표류민이 국외에서 본국으로 송환된 사례는 증가하였지만, 『조선왕조실록』 중 '표류기'에 관한 상세한 기록은 도리어 감소하였다. 본문에서 다루고 있는, 1728년 중국을 통해 송환된 손응선(孫應善) 등 9인의 사례 역시 『조선왕조실록』에서는 전혀 찾을 수 없다. 그러나 북경 예부에서 조선 역관을 대동해 표류민을 조사한 기록의 대략이 사행일기(使行日記)인 『상봉록』에 실려 있고,[38] 송환 후 비변사가 작성한 「문정별단」이 『비변사등록』에 보존되어 있어, 비록 조선 전기와 같은 상세한 기록은 아니지만 류큐 견문에 대한 인식에 참고자료를 제공해 주고 있다. 그 밖에, 손응선 일행이 제주로 귀환한 후 1731년 정운경(鄭運經)이 그 중 2인의 구술에 따라 다시 재정리해 저술한 표류기 『탐라문견록』 또한 관방 기록과 비교해 볼 만하다.

류큐에 표착한 외국인의 처리방식은 상술한 바와 같다. 이 업무에서 가장 중요한 사항은 일본이 류큐를 통치한다는 사실을 은폐하는 것이었다. 기본규정은 다음과 같다. 현지 주민과 격리된 땅에 울타리를 두르고 목조 건물을 지어 표류해온 외국인과 선박화물을 수용한다. 주위의 경계를 삼엄히 해 일본인의 접근을 금지하고, 난민들의 임의적인 행동도 불허한다. 중국과 조선난민의 경우, 만약 선박이 파손되었다면 관원의 호송 하에 나하의 도마리촌(泊村)에 수용한다. 1726년 표류한 손응선 일행의 처리방식도 이와 같았다. 「문정별단」의 기록을 보면, 먼저 해안가의 바위 동굴에 데려갔는데, "동굴에서 3일을 머문 후에야 데려갔습니다. 방 세 칸짜리 집에 머물게 했는데, 대나무를 엮어 울타리를 만들었고, 사람을 시켜 수직(守直)을 세워 함부로 나가지 못하게 했습니다."

---

38) 『燕行錄選集補遺』(上), 624~625쪽 참조.

(留岩六三日後, 始為率去. 使處於三間之屋, 編竹為籬, 差人守直, 使不得出外)라 했다. 난민들은 그곳에 24일을 머문 뒤 나하로 보내졌다.

> 배에 오른 지 3일 후 큰 섬에 정박했습니다. 날이 아직 포시(晡時)가 되지 않았는데, 뭍에 내려주지 않았습니다. 기다렸다가 밤이 어두워서야 비로소 배에서 내렸는데, 이는 아마도 우리가 섬을 자세히 살피지 못하게 하려는 뜻인 것 같사옵니다. 뭍에 내리자 병사들을 많이 보내어 진(陣)을 갖춰 대열을 에워쌌습니다. 원래 병기는 없었고, 각자 지팡이를 들었습니다. 몇 개의 마장(馬場)을 지났고, 첫날에는 사찰에 머물렀사오나, 다음날 새로 지은 세 칸짜리 집으로 옮기게 했습니다. 왕성(王城)에서 불과 5리 정도 떨어진 곳이었습니다.
>
> 而乘船三日, 到泊大島, 則日尚未晡, 而不為下陸, 留待夜黑, 始為卸下. 此則似是使矣徒等, 不能詳察島中之意是白乎於. 下陸之時, 多發軍丁, 結陣擁衛以行, 而元無兵器, 各持棱杖是白乎於. 可過數馬場, 先處於寺刹是白如可, 翌日新造三間屋, 使之移置, 此距王城不過五里之地.

엄중한 호송 하에 나하에 도착했다. 날이 아직 어두워지지 않았기 때문에, 조선인들이 부근의 경관을 관찰하지 못하도록 날이 어두워지기를 일부러 기다린 후 하선하였다. 호송길에는 많은 위병(衛兵)을 파견해 경계를 세웠다. 첫날에는 사찰에 머물게 하더니, 다음날이 되어서야 '왕성'에서 5리 정도 떨어진 새로 지은 세 칸짜리 가옥으로 옮겼다.

관방의 조사기록보다 『탐라문견록』에 조선인들이 나하로 이송되는 과정이 더 상세히 기술되어 있다.

> 이곳에서 25일을 지낸 후에, 왕도에서 호송 문서를 보내왔다. 마침 왕도로 향하는 가라시마(加羅島)의 상선(商船) 있어 우리 일행을 태우고 갔다. 가라시마는 둘레가 수백 리로, 본래는 일본 땅이었는데 근래 류큐로 소속을 옮겼다. 이곳 사람들의 복색과 언어는 왜와 크게 비슷했고, 일본의 고토(五島), 나가사키와 아주 가까웠다. 배에는 나가사키에서 장사하는 자가 있었는데, 예전에 조선의 표류민을 만난 적이 있어 조선의 언어를 이해할 수 있다고 말했다.

居此二十五日, 自其王都有起送文書, 適有加羅島商船向王都, 乃載我人行. 加羅島幅員數百里, 本以日本地, 近季移屬琉球. 其人之服色言語, 大類倭, 與日本之五島, 長崎甚邇. 船中人有商賈長崎者, 曾見朝鮮漂人, 能解朝鮮言語云.

호송선은 '가라시마'의 상선으로 통칭 '다카라지마'(寶島)를 가리키는 것으로 보인다. 선박에 조선어에 능한 자가 있어, 조선난민들도 대략 '가라시마'의 정황을 알게 되었다. 이와 동시에 선박에 탄 호송인원의 복장이나 말이 모두 일본과 유사하다는 것도 알아차리게 되었다. 선박이 나하에 도착한 후의 호송 경계는 앞에서 말한 것과 같다.

서남쪽으로 3일을 가서, 포시(晡時)에 배가 국도(國都)에 정박했다. 길을 따라 몇 개의 섬이 있었는데 매우 작았다. 밤이 되자 우리를 풀어주어 뭍에 내리게 했다. 군대가 세모나게 깎은 지팡이를 들고서 좌우로 나뉘어 늘어섰고, 우리를 그 가운데로 가도록 하였고, 사등(紗燈)으로 길을 인도했다. 병사들과 남녀 구경꾼들이 겹겹이 에워쌌으나, 조용하여 시끄럽게 떠들지 않았다. 몇 리를 가서 관사에 들어갔다. 돌벽이 높게 쌓여 있어 넘겨다 볼 수가 없었다. 문을 하나만 두어 사람을 시켜 지키게 했는데, 관계자 외에 출입을 금한 것이 아주 엄중했다.

西南行三日, 晡時泊船國都. 沿路有數島, 島甚小. 至夜解我人下陸. 軍隊荷三隅杖, 分左右簇立, 使我人從中行, 以紗燈導之. 軍兵及男女觀者重匝, 而寂不喧嘩. 行數里, 入館舍, 石牆高築, 不可窺瞰. 存一門使人守之, 所以防閑者甚嚴.

관사 안에 구금되어 경비는 삼엄했고 자유로운 출입이 불가능했다. 따라서 표민들은 일반적으로 외부의 소식을 알 수가 없었으며, 그들이 류큐를 관찰하는 것 또한 제한되었다. 이 전후의 조선인 표류민의 관련 기록으로 1715년 김서(金瑞) 등 9인, 1733년의 김필선(金必先)과 서후정(徐厚廷) 등 12인, 1739년 강세찬(康世贊) 등 20인의 귀국 후 조사기록 등이 있는데 모두 이와 유사하다. (【부록】 No.6~9).[39] 1741년 귀국 후 강세찬의 기록을 보자.

멀지 않은 곳의 성 밖 5리 정도 가서는 처음에는 사찰에 머물게 하였고, 군인들이 감시하였습니다. (중략) 사흘 머문 뒤, 4월 18일에 우리를 다른 곳에 지어진 다섯 칸짜리 초가집으로 이동시켰는데, 4명이 짝을 이루어 초소를 지어 감시했는데, 따로 우두머리를 두어 관리하지는 않았습니다.

往於不遠之地城外五里許, 初置於寺刹, 軍人守直. (中略) 留宿三日後, 四月十八日為矣徒等, 別構五間草屋, 使之移置, 而四偶結幕守之, 別無官長主管者.

나하에 있었던 수용지, 즉 근교에 위치한 도마리촌에 관한 가장 이른 기록은 1718년에 보이는데,[40] 위 기록에 따르면 도마리촌은 성 밖 5리 정도 되는 곳에 있다. 1718년 이전, 즉 1715년 김서 일행의 기록에 적힌 곳은 같은 지점이 아닌 것으로 보인다. 물론 "대나무를 엮어 울타리를 삼았고, 4인이 지키며, 바깥출입을 막았다"(編竹為籬, 四人守直, 使不得出外)는 비슷한 기록이 있지만, 왕성과의 거리가 "십 리 정도"(十里許) 떨어져 있으니 말이다. 그들은 "비록 직접 눈으로 본 것은 아니지만, 종소리가 은은하게 귓가에 들리는 것으로 추측건대, 10리라는 설이 허망한 소리는 아닌 듯하다"(雖未目覩, 以其鐘聲之隱隱在耳者推之, 則十里之說, 似不虛罔)라 했다.[41]

외국인에 대한 경계는 조공선에 승선해 복건으로 향하는 길에서도 여전히 삼엄했다. 이송할 때는 역시 밤을 이용했다. "어두운 밤을 이용해 배에서 내렸고, 문을 닫아 선창에 가두어 놓았다. 먼 바다로 나가면 선창을 열어 우리를 내보내 주었다. 대개 그 나라에 작은 섬들이 많아서

39) 『備邊司謄錄』의 肅宗 42年(1716) 丙申 12月 23日條, 英祖 11年(1735) 乙卯 8月 29日條, 英祖 17年(1741) 辛酉 2月 16日條 참조.

40) 渡邊美季, 「近世琉球における對「異國船漂着」体制―中國人, 朝鮮人, 出所不明の異國人の漂着に備えて」, 22~23쪽. 渡邊美季, 「漂流・漂着と近世琉球」『沖繩縣史 各論編 第4卷 近世』, 沖繩縣教育委員會, 2005.

41) 『備邊司謄錄』, 肅宗 42年(1716) 丙申 12月 23日條.

외국인이 땅의 크기를 가늠하거나 그 강약을 엿볼까 두려워한 듯하다"(以昏夜下船, 閉之藏中, 出洋然後開藏出我人. 蓋其國以海中小島, 畏人之見幅員大小, 窺其強弱也)[42] 배가 먼 바다로 나가고 나서야 조선 표류민들을 선창 밖으로 나오게 했으니, 이는 나하항 부근의 정황을 관찰할 수 없도록 하기 위해서였다.

이 밖에 류큐의 경관에 대한 묘사는 비변사의 「문정별단」 속에 기록되어 있는데 대체로 비슷하다. 예컨대, 토지의 경관이나 물산의 기록들이 그러하다. "땅은 낮은 산에 넓은 평야가 있었고, 밭은 많으나 논은 적었다. 대저 우리나라와 별로 다를 바가 없었다. 상마, 백곡, 소와 말, 개, 돼지 등등 역시 우리나라와 다를 바가 없었다."(土地則山低野闊, 田多畓小, 而大抵與我國別無異同. 桑麻, 百穀, 牛馬, 狗, 彘等屬, 亦與我國無異是白乎旀) 농업과 기후에 대한 서술은 다음과 같다. "정월에 파종하고, 2월에 이앙하며, 5월에 수확한다. 남초(南草), 갖은 채소 등 물이 사시사철 푸르렀다. 엄동의 계절이라도 추위가 우리나라의 8~9월 정도에 불과해 서리나 눈이 없다"(正月播種, 二月移秧, 五月收穫是白乎旀. 南草雜菜等物, 四時長靑是白遣. 雖嚴冬之節, 寒不過我國八九月, 元無霜雪是白乎旀) 모두가 1715년과 1739년 표민의 기록과 대동소이하다.[43] 그러나 『탐라문견록』 중 류큐의 토산품에 대해서는 새로운 내용이 있다.

> 토산품은 백은(白銀), 유석(鍮石), 주석(朱錫), 유황(硫黃)으로, 특히 유황이 아주 많은데, 토산품으로 북경에 공물로 바치는 것은 오직 유황이 쓰였다. 후추와 등(藤) 나무는 지천에 널렸다. 등나무는 칡이 덩굴처럼 자랐고 계절마다 뿌리가 나와 땅에 퍼지므로 수시로 캐었다. 인가(人家)에서는 광주리나 돗자리 같은 것

42) 『耽羅聞見錄』, 246쪽.

43) 『備邊司謄錄』, 肅宗 42年(1716) 丙申 12月 23日條. 그 외 앞서 제시한 長森美信의 논문 참조.

들을 모두 등나무로 만들었다. 덩굴로 자라는 채소가 있는데, 한 번 덩굴이 지면 반드시 우거져서 몇 이랑씩 퍼져 나간다. 계절마다 땅에 심으면 서너 뿌리가 자라는데, 뿌리는 무와 비슷하고 큰 것은 술잔만 하다. 그 맛은 달고 물러서 사람이 먹기에 아주 적합하다. 반드시 껍질을 벗기고 쪄서 먹었는데, 이것으로 끼니를 대신한다. 곳곳에 이것을 심었는데, 덩굴 하나에 몇 백 뿌리를 수확할 수 있어 사람들이 이를 통해 굶주림을 해결했다. 속칭 '임위'(林委)라 부른다.

土產白銀, 鍮, 錫, 硫黃, 硫黃極多, 以土物貢北京, 專用硫黃. 胡椒及藤至賤, 藤則如葛之蔓生, 每節生根著地, 採無時. 人家凡筐筥簟席之屬, 皆以藤為之. 有一菜蔓生, 一蔓必蕃, 延數畝, 每節著地生三四根, 根似蘿菖(葍), 大者如酒鍾, 其味甘脆, 最宜人. 必剝皮, 蒸食之, 以代時食. 處處種之, 一蔓可收數百根. 人以此無饑, 俗名曰林委.[44]

주요 토산품은 백은, 유석, 주석, 유황으로, 그 중 유황이 주요한 진공품이었다. 그 외 등나무와 '임위'가 있는데, 임위는 고구마로 추정되며,[45] 고구마는 류큐에서 대량으로 생산된다. 그리고 그 나라에서 사용되는 물품은 "화폐는 옹정통보(雍正通寶)를 사용한다. 자기(瓷器)는 토산품이 아니라 중국에서 교역해 온 까닭에 매우 비쌌다. 여염(閭閻)에서는 나무 그릇과 대나무 젓가락만 사용할 따름"(錢用雍正通寶. 磁器非土產, 貿用於中國, 故甚貴. 閭閻惟木碗竹箸而已)이라 하였다. 자기는 대부분 중국에서 수입했으므로 고급품에 속했다. 그러나 "화폐는 옹정통보를 사용"(錢用雍正通寶)한다는 구절은 고증이 필요하다. 아마도 류큐 측의 은폐정책에 따라 표류민들에게 일본과 관계된 물품, 특히 연호, 화폐, 문자 등을 보지 못하

---

44) 『耽羅聞見錄』, 246쪽.

45) 확정할 수는 없고, 고증이 필요하다. 앞서 언급한 渡邊美季, 「朝鮮人漂着民の見た「琉球」─1662~63年の大島」의 논문에서 인용한 표류민 金麗輝의 見聞에도 역시 이와 유사한 기록이 있다. "牛毛라 부르는 채소가 있는데, 껍질은 붉고 안은 하얀 것이, 쪄서 먹으면 맛이 고구마와 같다. 이 물건은 오랜 배고픔을 달래기에 적당하고, 오래 두고 먹어도 사람을 상하게 하지 않는다"(有一菜名曰牛毛, 皮赤肉白, 蒸食之味如薯蕷. 此物最宜於久飢, 雖過時而不傷人云). 渡邊美季는 이 '薩摩芋'가 바로 '고구마'라 고 보았다.

도록 하면서 생긴 일인 듯하다. 이에 조선 표류민들이 보았던 것이 당시 통용되던 일본의 '관영통보'(寬永通寶)가 아니라 청나라의 '옹정통보'가 되었을 것이다.

류큐의 기후에 대해서는 "기후가 매우 따뜻하여, 겨울에도 홑옷을 입고 여름이라 해도 더 뜨겁지 않다. 여름과 가을 사이에 늘 큰 바람이 많이 분다"(氣候極暖, 冬著單衣, 雖夏不加熱. 夏秋之交, 恒多大風)는 기록이 있다. 따라서 "집에는 방구들이 없고, 실내에 휘장을 드리워 모기와 파리를 막는다. 나무 침상에서 잠을 잔다"(家舍無房堗, 室內垂綿帳, 障蚊蚋, 眠於木榻)라 했으니, 관방의 기록과 비교하면 더 자세하고 생동적이다.

복습과 습속의 묘사에 대해서 「문정별단」에는 간단한 기록만 있다. "의복은 남녀가 모두 긴 옷을 입었는데, 긴 옷 아래에 남자는 바지를 입었고 여자는 치마를 입고 바지는 입지 않았다. 남녀 모두 머리를 묶었는데, 우리나라 남자처럼 천으로 머리를 싸맨 것이 마치 망건(網巾)의 모양이었다. 여인들은 머리에 대모잠(玳瑁簪) 비녀를 꽂아서 이로써 남녀를 분별했다"(衣服則男女皆著長衣, 而長衣之下, 男著袴, 女著裳, 而無袴. 男女皆束髮, 與我國男子以巾裹頭, 如網巾狀. 而女人段, 頭揷玳瑁簪, 故可以辨別) 음식에 대한 기록은 더 간단해서, "우리나라와 다르지 않다"(與我國無異)는 한 마디로 요약했다.

1715년의 「문정별단」과 비교하면, 내용을 압축해 요점만 있을 뿐 새로운 관찰과 이해는 보이지 않는다.

「문정별단」과 비교했을 때, 『탐라문견록』에서는 류큐의 의복과 제도에 다음과 같이 기술하고 있다.

> 그 의복 제도를 보면 관작(官爵)이 높은 사람은 반드시 가마를 탔다. 가마의

네 모서리에 기둥을 세워 만들었는데, 가운데 한 사람을 태울 수 있었다. 곧은 받침목과 문발, 창문은 모두 등나무로 가늘게 엮어 만든 것이, 멀리서 보면 예쁘게 비치는 것이 아낄 만 했다. 좌우의 깃대목은 가마 위 반쯤 되는 곳에 있었다. 가마꾼은 둘 또는 넷이었는데, 관품(官品)의 높낮이에 따라 정해졌다.

의복은 긴 옷은 복사뼈까지 드리웠으며, 소매는 반소매로 가로폭이 몹시 넓었다. 비단띠는 너비가 몇 치 정도로, 세 번 둘러 허리를 묶었다. 무릇 몸에 지니고 다니는 패물은 모두 옷자락과 옷섶에 숨겼다. 여인들은 머리카락을 자르지 않고, 비단 천으로 귀밑머리까지 홀쳐서 높은 상투를 만들어 반쯤 늘어뜨렸다. 의복은 남자와 같으나 허리띠가 없고 치마가 있다. 무릇 의복은 귀천의 구분이 없고, 비단옷과 솜옷을 섞어 입었다. 여러 색이 뒤섞여 알록달록하며 무늬가 있었다. 다만 비녀는 등급의 높이에 따라 차이가 있었다. 높은 사람은 금비녀를 쓰고, 낮은 사람은 은비녀를 쓰며, 서인(庶人)은 주석 비녀를 쓰는데, 빈천(貧賤)한 자는 혹은 대나무로 대신한다. 여인의 대모잠(瑇瑁簪)은 길이가 한 자 남짓이다. 버선과 신발을 모두 신었는데, 아전들이 높은 관리를 만나면 반드시 버선과 신발, 두건을 벗어 허리 사이에 거두어 놓는 것을 예의로 여겼다.

見其衣服制度, 官爵高者, 必乘轎. 轎制立柱四隅, 中可容一人. 廉桷簾櫳, 皆以藤細織, 望之嫩映可愛. 左右杠木, 在半轎上. 擔夫或二或四, 從其官品高下.

衣服則長衣垂踝, 袖半臂, 橫幅甚廣. 錦帶廣數寸, 三匝束腰, 凡隨身佩用, 皆袚衽藏之. 女人則髮不剃, 以錦巾掠鬓, 高髻半嚲, 衣服如男子而無帶有裙. 凡衣服貴賤無章, 繒綿衣雜, 五采斑爛有文. 惟釵簪分等差高. 高用金簪, 卑用銀, 庶人錫, 或貧殘者以竹為之. 女人瑇瑁簪, 長尺餘. 襪與鞋皆有之, 吏胥見官長, 必脫襪鞋及頭巾, 扱之腰間, 以為禮.[46]

관원이 타는 가마와 남녀의 의복, 두발형태, 머리장식과 상관을 만났을 때의 예의범절 등에 대해 상세히 기록되어 있어 복식제도를 연구함에 있어 참고할 만하다. 귀족의 품계는 비녀의 종류로 높고 낮음을 구분하니, 가장 높은 품계는 금비녀를, 다음으로는 은비녀를, 그 아래는 주석(구리)비녀를, 빈민은 대나무 비녀 등을 사용했다. 관직에 대해서는 "외방(外方)에서 국토를 지키는 신하는 모두 세습으로 녹을 받아 자손에

46) 『耽羅聞見錄』, 245쪽.

게 이어진다. 큰 죄가 아니면 그 직위를 폐하지 않는다"(外方守土之臣, 皆世祿, 子孫相繼. 無大罪, 不廢其職). 왕족인 왕자(王子)나 안사(按司) 등의 상급 귀족은 영지를 분봉 받고 그 자손 역시 지위를 세습할 수 있었다. 왕부(王府)의 관리는 "조정에서 벼슬하는 자는, 과거를 통해 입신한다. 지극히 높은 관직이라도 그것을 세습할 수 없다"(入仕王朝者, 以科擧發身. 致位雖崇極, 而無世守之法.) 주로 과거와 유사한 시험을 통해 인재를 선발 등용하였는데, 이들에게는 세습의 제도가 없었다.

그 외 제도, 예를 들어 장례와 묘제의 형태도 다른 사료와 비교해 더 상세히 기술되어 있다. 그 예는 아래와 같다.

> 장례는 승려가 좋은 묏자리를 점치면, 돌로 뫼 구덩이(壙中)를 쌓고 잔디와 흙으로 그 위를 덮는다. 뫼 구덩이 앞에는 돌문을 만들어 여닫을 수 있다. 그 안은 넓기가 방과 같고, 사면을 돌로 쌓았는데, 쌓은 무늬가 반들하고도 촘촘하다. 땅의 높고 낮음과, 공력(功力)의 많고 적음에 따라 가격을 매기는데 많게는 수백 금에 이른다. 상을 당한 자는 집의 재력에 따라 산다. 관을 들어 뫼 구덩이에 안치한다. 만약 자손이 이어서 죽으면 차례대로 안치한다. 뫼 구덩이 안이 좁아져서 관을 더 이상 수용하기 어렵게 되면, 다른 묏자리를 점친다. 명절에 돌문을 열고 다과를 준비해 제사를 지낸다. 문기둥에는 성(姓)과 호(號)를 새겨 표시해둔다. 천민들은 화장하기도 한다.
>
> 葬則僧人行占吉地, 以石築壙, 用莎土覆其上. 壙之前面作石門, 可以開閉. 其內廣豁如房屋, 四面築石, 文理膩而致. 以地理高下, 功力多少計價, 多至數百金. 有喪者, 稱家力買之, 擧柩置壙內. 若子孫繼死, 則以次第置之. 至壙隘窄難容柩, 然後更占他地. 節日開石門, 用茶果祭之. 門扇刻姓號以志之. 賤人或用火葬.47)

묘지와 묘제와 관한 이 묘사가 가리키는 것은, 오키나와 전통의 '문중

47) 『耽羅聞見錄』, 246쪽. 『桑蓬錄』에도 비슷한 기록이 있다. "사람이 죽으면 산을 뚫어 굴을 만들고, 돌을 쌓아 올려 방으로 삼는데, 그 가운데가 넓다. 가문의 일원이 죽으면 모두 그 굴 속에 안치한다. 앞에는 돌문을 만들어 닫아 두고 있다가, 제사 때에 그 문을 열어 제사를 지낸."(人死則鑿山為窟, 築石為屋, 寬廣其中. 其族党死者皆納其窟中, 前設石門而閉之, 祭時則啟其門而祭之).

묘'(門中墓) 또는 '동족묘'(同族墓), 즉 가메코바카(龜甲墓, 귀갑묘)임이 틀림없는 듯하다. 묘지를 선택할 때는 풍수지리에 능통한 승려를 모셔와 지세(地勢)를 살폈는데, 공력(功力)이 높을수록 모시는 가격도 비싸서 일반 평민은 부담할 수가 없었다. 위의 묘제는 조선과 전혀 달랐기에 조선 표민들에게 깊은 인상을 남겼던 것 같다.

끝으로 류큐의 형벌에 대한 기록을 보자. 『탐라문견록』의 서술은 아래와 같다.

> 벼와 곡식이 넉넉하여 천민도 굶주리는 일이 없다. 풍속이 도둑질하지 않는다. 간혹 작은 죄를 지으면 대나무를 쪼개어 곤장으로 삼았는데, 그 형벌은 아프게 하려는 것이 아니라 수치를 느끼게 하려는 것이다. 만약 큰 죄를 지으면 반드시 이름을 죄인 명부에 기록한다. 한 사람이 두 번 세 번 죄를 범하면, 그 죄의 경중을 가늠해 곤장 사형에 처하거나, 혹은 먼 섬으로 추방해 죽을 때까지 사면하지 않는다. 이름이 만약 죄인 명부에 오르게 되면, 관청에서 비록 형을 가하지 않는다 하더라도 부모와 친족들이 모두 내쳐서 사람의 수에 포함하지 않았다. 본인 또한 스스로 숨어 지내니 죽은 것과 다를 바 없었다. 그래서 나라법에 잔혹한 형이나 무거운 벌이 없어도 백성들이 이를 범하지 않는다.
>
> 稻粟饒, 賤民不饑饉. 俗無竊偷. 或有小罪, 剖竹為杖, 其刑不使痛, 而使羞. 若犯大罪, 必記名於罪籍中. 一人再犯三犯, 則參量其罪狀輕重, 或直置之大辟, 或竄遠島, 終身無赦. 名若一在罪籍, 官雖不施刑, 父母親族皆擯斥之, 不齒之人數, 渠亦自廢, 與死無異. 故國法無酷刑重罰, 而民不犯之.[48]

일반적인 범죄의 경우 엄격한 처벌 방식을 취하는 것이 아니라, 죄인 명부에 기록해 수치심이 들도록 하였으니, 사회 제재의 방식으로 백성들이 법을 준수하도록 만들었다. 『탐라문견록』에는 실제 사례도 제시하고 있다. 조선 표민을 복건으로 이송한 후 일행을 수행하던 종자(從者)가 짐 속에서 은량을 훔친 사실이 발각되었다. 그러나 사절단은 형벌을 집

48) 『耽羅聞見錄』, 246쪽.

행하지 않았고 다만 그 죄상을 기록해두고는 귀국 후 죄인 명부에 옮겨 적으려 하였다. 그러자 죄인은 "밥도 먹지 않고, 밤낮으로 참회하며 근심스레 울었다"(其人不食, 晝夜懺悔, 憂泣之)[49]고 하니, 형벌을 집행하지 않아도 다스려지는 목적을 이루었다 하겠다. 이러한 까닭에 조선 표민들에게 류큐 사회는 매우 좋은 인상을 남겼고, 『상봉록』에도 "인심이 어질고 후하며, 법이 너그럽고 커서, 백성이 도적질하지 않으며, 나라에 매질하는 형벌이 없다"(人心仁厚, 法令寬弘, 民無盜竊, 國無刑杖)고 기록하고 있다.[50]

V. 조선 표류민의 중국 견문

조선인이 중국을 경유해서 본국으로 송환되었다는 내용을 가진 현존하는 표류기록의 대부분은 류큐를 위주로 서술되어 있고, 중국에 대한 기록은 상대적으로 간략하다. 어쩌면 조선 사절단이 해마다 중국을 왕래했기 때문에 중국에 대한 정보가 풍부했었기에, 조선 관방의 조사가 류큐의 정황에 대한 탐문에 주로 집중되어 있었을 수도 있을 것이다. 또 다른 가능성은, 중국 땅이 대단히 거대한 탓에 조선 표민들이 복건에 비교적 길게 머무른 외에는 북경으로 이동하는 여정 동안 바삐 서둘러 길을 가야 했기에 명승(名勝)에 대해 세심히 관찰할 여가가 없었던 것일 수도 있다. 게다가 이들 난민들 대부분은 "문자도 모르고 방언도 이해 못하며, 자신들이 거쳐 갔던 곳의 지명이나 현지 사정에 대해 전혀 아는

49) 『耽羅聞見錄』, 247쪽.

50) 『燕行錄選集補遺』(上), 640쪽.

바가 없었으니"(不識文字, 又不解方言, 所經地名及彼中事情, 專不聞知) 기록을 남길 수가 없었던 것이다. 1728년과 1735년에 중국을 경유해 송환된 손응선과 서후정 일행의 「문정별단」 기록에는 중국에 대한 견문이 거의 없다. 그리고 1716년 김서 일행의 「문정별단」 기록 역시 복건과 북경에 대해 살짝 언급한 것을 제외하면 다른 내용은 찾아볼 수 없다. 1741년 강세찬 일행이 복건에 대해 서술한 내용은 1716년 김서 일행이 서술한 내용과 거의 동일하다. 그들이 복건(복주)에서 느낀 인상은 다음과 같다.

> 집과 의복은 지극히 화려했으며, 사람과 물건의 꾸밈새가 황도(皇都, 즉 북경)와 다르지 않았다. 전후좌우로 시장이 늘어섰고, 신기한 물건과 진귀한 노리개가 끝없이 펼쳐져 있다. 밤에도 등촉을 밝혀 마치 대낮처럼 휘황찬란하다.
>
> 家舍, 衣服極其侈麗, 而人物制樣, 與皇都無異. 而前後左右, 布列市肆, 奇物玩好, 無不畢陳. 夜燃燈燭, 炯煌如晝.[51]

당시 복주의 번화했던 모습을 보여주는 기록이다. 조선 표민들은 복주로 이송된 후, 류큐 사절과 함께 류큐관 내에 머물렀다. 그러나 행동이 상당히 자유로웠으며, 출입에도 제한이 없었다. 이에 복주를 구석구석 돌아다닐 수 있었던 것이다. 중국에 대한 조선인들의 인상은, 백성들의 민풍(民風)에 대해 말하자면 "풍속으로 보아하니 류큐의 순박하고 두터움만 못한"(以其風俗觀之, 則不如琉球之醇厚) 것이었다.

중국 부녀자들의 모습에 대해 조선인들이 상세히 묘사한 단락이 있는데, 바로 '전족'(纏足)에 대해 큰 호기심을 가졌음을 알 수 있다. 복주 성내의 현지인에게 물었다. "여인들이 그 발을 싸맨 것은 무엇 때문이오?"(女子之裹其足, 何也?) 대답하기를, "나라의 오랜 풍습이오."(國之古俗也) 조선인이 또 묻기를, "지금은 새로운 나라가 섰고, 이미 옛 제도를 고쳤는데,

51) 『備邊司謄錄』, 肅宗 42年(1716) 丙申 12月 23日條. 英祖 17年(1741) 辛酉 2月 16日條.

어찌 발 싸맨 것을 풀어 편하게 걸어 다니지 않는 게요?"(今則新國, 已改古時制度, 何不解其裹, 以便行步?) 답하길, "나라는 비록 새롭다 하나, 땅은 옛 나라의 남겨진 터이니, 옛 풍습을 차마 버리지 못하는 겁니다."(國雖新, 而地則故國遺墟, 不忍棄舊俗也) 다른 이가 또 말하기를, "옛 나라의 자손들이 혹여 다시 나라를 일으킨다면, 오랑캐들은 모두 북쪽으로 갈 수도 있지요. 옛 나라의 유민들은 응당 다시 그 백성이 되겠지요. 지금 옛 풍속을 고치지 않는 것은 이것으로써 옛 나라의 백성임을 드러내는 것이라오"(故國子孫, 或復創業, 則胡人皆可以北去. 而故國遺民, 當復為之民也. 今古俗之不改, 所以表舊民也)라 하였다.[52] 이 문답은 아마도 『탐라문견록』의 편찬자인 정운경(鄭運經) 개인의 주관적인 관점이 포함되었을 가능성이 대단히 높다. 한인(漢人)들이 옛 풍속을 지키는 것을 명나라를 그리워하며 언젠가 다시 부흥의 날이 도래할 것을 기다린다는 것으로 은유하고 있는 것이다. 이는 뒤의 단락과 내용이 서로 호응한다. 『탐라문견록』은 아래의 대화로 이어진다.

> 하루는 한 노인이 조용히 우리나라의 법제와 풍속, 의관에 대해 묻더니 탄식하며 말했다. "우리 조상들도 당신네 나라의 의관과 같았다오. 대모(大帽)를 쓰고, 단령(團領)을 입고, 각대(角帶)를 두르고 나라에서 벼슬을 했지요. 청인(清人)이 천하를 빼앗은 후, 우리가 호복(胡服)을 입은 것이 지금까지 70여 년이구려."
> 一日有一老人, 從容問我國法制風俗衣冠, 喟然曰: "俺等祖先, 亦如爾國之衣冠. 以大帽團領角帶, 仕宦王朝. 自清人之奪天下, 俺等胡服, 於今七十餘年耳.

한인(漢人) 노인의 말을 빌어 '화이'(華夷)의 분별에 대해 명확히 표시하는 동시에, 조선인들이 전통적인 중화 풍속을 잘 보존하고 있다는 귀한 사실을 지적하고 있는 것이다. 그러나 위 내용을 "문자가 통하지 않는"

52) 『耽羅聞見錄』, 247쪽.

(不通文字) 제주 상인이 표현하고 이해할 리는 만무하니, 당연히 편저자인 정운경 개인의 생각과 관점으로 보아야 할 것이다.

북경으로 호송되어 가는 길에 비록 여정에 대한 상세한 기록은 없지만, 항주(杭州) 서호(西湖) 부근을 지날 때 조선인들은 거대한 수차(水車)를 눈여겨보았고, 이에 대해 자세히 묘사하였다.

> 항주에 이르러 서호(西湖) 어귀로 들어갔다. 강의 한가운데에 누각이 하나 있었다. 누각 가운데에는 돌을 촘촘히 깔아 놓았고, 돌 위에는 가로로 방아 찧는 들보를 걸쳐 놓았다. 들보 둘레 허리 부분에는 절구 공이 12개가 부착되어 있고, 들보의 양 끝에는 버팀목을 어지럽게 꿰어 놓았다. 버팀목은 길이가 4~5자인데, 수가 20여 개나 되었다. 버팀목 끝에 나무로 만든 표주박을 달아 놓고는 이것을 물에 담가 거꾸로 흐르는 물결을 길어 올린다. 물의 형세가 내뿜으며 차올리므로 나무 표주박이 엎어지면서 차례로 물을 길어 차례로 엎는다. 이에 방아의 들보는 빙빙 돌면서 뒤집어져 잠시도 멈추지 않는다. 게다가 누각 가운데는 돌을 깔고 절구 네 개를 파서 공이를 받아 쌀을 찧는다. 잠깐 만에 10여 석의 쌀을 정미(精米)했다. 멀리서 그 누각을 보니 흔들리며 떠있는 것이 마치 물결을 따라 떠내려갈 것만 같았다.
>
> 至杭州, 入西湖口. 江之正中, 有一樓. 樓中以石緊鋪, 石上橫架舂梁. 環梁腰附杵十二, 梁之兩端, 錯貫杠木, 木長四五尺, 數二十餘, 杠端繫木瓢, 沈水逆擔流波. 因水勢之噴踢, 木瓢翻翻, 迭酌迭覆, 於是舂梁迴旋翻覆, 不暫停. 且於樓中鋪石, 鑿臼數四. 受杵舂米, 頃刻精鑿十余石. 遠見其樓, 幢幢浮如隨波流去.[53]

수차(水車)의 구조와 운행방식 및 쌀 찧는 과정을 세밀하게 묘사하고 있다. 당시 조선인들에게 수차는 신기한 볼거리였음에 틀림없다. 서호 부근에 들어선 이후의 풍경은 "멀리 바라보니 물빛이 아득하고, 긴 방죽과 키 작은 언덕에는 누각들이 들쭉날쭉했다. 안개 낀 호수 물은 뱃부리에 기대있어 바라보매 마음이 어리 취하고 눈이 기뻐서, 나그네의 근

53) 『耽羅聞見錄』, 247쪽.

심을 문득 잊었다"(水色一望渺然, 長堤短隴, 樓閣參差, 煙水依繞, 見之心醉目悅, 頓忘羈愁) 작가는 아름다운 글귀를 빌어 표류민의 심정을 잘 표현해 내었다. 서호에서 본 것은 아름다운 풍경만이 아니었다. "호수 안에는 대나무 울타리로 에워싸서 주위의 물을 가두어 놓은 것이 수없이 많았다. 사람들이 말하기를 돈 많고 권세 있는 집안에서 수리(水利)를 죄다 차지했기 때문이라고 한다"(湖中以竹笆籬, 周圍限水者無數. 人云豪勢家所以專水利也) 지방의 호족들이 수리를 독점하기 위해 대나무 울타리로 호수면을 점유한 것이다. 이 단락은 역사연구에 또 다른 연구 소재를 제공하는 것이라 하겠다.

1727년(옹정 5) 정월, 손응선 일행이 2호 공선을 타고 복주에 도착한 이후에도 1호 공선은 풍랑을 만나 표류한 탓에 아직 항구에 입항하지 못했다. 류큐관 내에서 정사선(正使船)의 도착을 기다리는 동안, 마침 소록국(蘇祿國. 인도네시아)의 공사 또한 복주를 경유하는 터라 특별히 류큐관에 들러 류큐 사절단을 방문했다. 양측 사절단의 복주에서의 해후(邂逅)는 기존 사료에서는 전혀 찾을 수가 없는 터라, 소록국 공사에 대한 이 기록은 매우 가치가 있다. 아래는 『탐라문견록』의 기록이다.

> 하루는 관소(館所)에 있는데, 소록국 사신이 류큐 사람과 우리 일행을 만나고자 방문했다. 류큐 부사가 뜰에 나누어 서서 예를 갖추고 교의(交椅)에 앉았다. 사신은 비단옷을 입고 있었는데, 소매는 몹시 넓었고 긴 옷자락은 땅에 끌렸으며, 가슴 앞에는 단주(團珠)를 매달아 옷에 묶었다. 머리를 깎았는데 몇 치가량 남겨 이마를 덮었고, 금관을 쓴 모양새가 마치 부처님 머리의 소라상투 같았다. 치아는 옻칠한 듯 했고, 얼굴에는 때가 많았다. 부리는 하인 세 명이 뒤를 따르는데, 모두 두건으로 머리를 묶었고, 목면으로 만든 의복에 채색꽃을 섞어서 수놓아 어지러이 번쩍이며 사람을 비추었다.
>
> 一日在館所, 有蘇祿國使臣, 欲見琉球人及我人, 來訪之. 琉球副使分庭抗禮, 坐之交椅上. 其使臣衣錦線衣, 袖甚廣, 長裾曳地, 胸前懸團珠結衣. 剃髮而餘數寸覆

額, 著金冠狀, 如佛首螺髻. 齒如漆, 面多垢. 徒隸三人從後, 皆以巾束髮, 木綿衣雜繡彩花, 炫耀照人.[54]

먼저 소록국의 공사가 자발적으로 류큐관을 방문했고, 류큐의 부사는 교의에 앉아서 그를 접대하였다. 그리고 그의 외모, 복식과 수행원의 차림새에 대한 묘사가 이어졌다. 내방 시기는 아마도 류큐의 정사선이 복주에 입항하기 전인 1727년 2~3월 사이였을 것이다.

1726년(옹정 4) 소록국의 공사가 진공한 일은 중국 사료에도 기록이 있다. 『궁중당옹정조주접』(宮中檔雍正朝奏摺)에 있는 절민총독(浙閩總督) 고기탁(高其倬)이 옹정 4년 9월 초이틀에 올린 상주문[55]이 그것이다. 소록국 국왕이 복건사람 공정채(龔廷彩)를 정사로, 소록국 사람 아석단(阿石丹)을 부사로, 화인 양패녕(楊佩甯)을 통사로 해서, 수행원과 선원 42인을 대동해 국왕의 표장(表章)과 진주(眞珠), 대모(玳瑁), 연와(燕窩) 등의 공품을 싣고 7월에 소록 군도에서 출항했다. 원래 계획은 절강(浙江) 영파(寧波)에서 상륙하는 것이었으나, 계획을 변경해 7월 25일 천주만(泉州灣)의 석호항(石湖港)에 정박하여, 진강(晉江)의 지현(知縣)에게 이를 보고했다. 진강 지현 섭조렬(葉祖烈)은 즉시 절민총독 고기탁에게 이 사실을 보고했고, 총독은 옹정황제에게 이를 상주했다. 소록국 사신 일행은 북경으로 가는 길에 복주를 경유하였고, 이참에 류큐 사절을 방문했던 것이다. 여기에서 묘사한 류큐의 사절은 정사 공정채가 아니라 부사 아석단일 것이다. 그 외모와 차림새를 "비단옷을 입고 있었는데, 소매는 몹시 넓었고 긴 옷자락은 땅에 끌렸으며, 가슴 앞에는 단주(團珠)를 매달아 옷에 묶었

54) 『耽羅聞見錄』, 247쪽.

55) 『宮中檔雍正朝奏摺』, 6輯, 臺北: 故宮博物院, 1978, 515~516쪽.

다. 머리를 깎았는데 몇 치가량 남겨 이마를 덮었고, 금관을 쓴 모양새가 마치 부처님 머리의 소라상투 같았다. 치아는 옻칠한 듯 했고, 얼굴에는 때가 많았다"(衣錦線衣, 袖甚廣, 長裾曳地, 胸前懸繡團珠結衣. 剃髮而餘數寸覆額, 著金冠狀, 如佛首螺髻. 齒如漆, 面多垢)고 했으니, 이는 응당 소록국 토착민의 용모와 차림새로 보인다. 진강 지현 섭조렬의 상주문에도 소록국 부사에 대한 묘사가 있다. "그 번관(番官)의 이름은 아석단이고 약 40여 세로 보이며, 각사(刻絲)와 금삼(錦衫)을 입고, 금관을 쓰고 짚신을 신었으며, 행동거지가 실로 변방의 우두머리 같습니다. 조선 표민의 묘사와 비교해보면 동일 인물을 가리키는 것이 틀림없다. 그러나 조선의 기록이 더 상세하고 구체적이다. 류큐관에서의 양측 만남의 내용에 대해서『탐라문견록』은 이렇게 서술하고 있다.

> 소록국의 통사가 우리와 류큐 사람을 가리키며 말했다. "이 사람이 아무개 아무개입니다." 그 나라 사신과 수행원은 고개를 끄덕일 뿐이었다. 통사가 스스로 말하기를, 자신은 복주의 해상(海商)으로 풍랑을 만나 소록국에 표착한 후 왕이 간택하여 부마(駙馬)가 되었으며, 8년을 살다가 고국으로 돌아가기를 간절히 청하였고, 왕이 사신과 함께 중국으로 돌아갈 것을 허락하자, 배를 타고 석 달 만에 복주에 도착했다고 말했다. 또 말하길, "소록국은 서양국(西洋國)의 남해 가운데에 있소." 우리가 묻기를, "나라가 서쪽 끝에 있다면, 그곳은 해가 지는 곳인데, 중국과 다름이 있습니까?" 대답하길, "다를 바 없다오." 이에 천지의 넓음을 알게 되었다. 차를 다 마시자 사신은 바로 떠났고, 다른 말은 없었다.
>
> 有蘇祿通事, 指示我人及琉球人曰: 此某某人也. 其使臣與從人, 惟點頭而已. 通事自言以福州海商, 遭風漂到蘇祿國, 其王揀為駙馬. 居八季, 懇乞歸故國. 其王使同使臣還中國. 乘船三月, 抵福州云. 又曰: 其國在西洋國南海中. 我人問曰; 國既在極西, 其處日入, 有異於中國乎?曰: 無異也. 可知天地之廣也. 茶罷, 其使臣即去, 無他語.

여기서 등장한 통사는 양패녕으로 추측되며, 가운데 서서 아석단에게 류큐의 부사와 조선 표민들을 소개했을 것이다. 그리고 양패녕은 자신을 소개하며, 자신은 본래 복주의 해상이었는데 풍랑을 만나 소록국으로 표류했고 국왕의 딸을 아내로 맞아 그곳에서 8년을 살았으며, 국왕에게 귀국을 간곡히 요청한 결과 통사의 신분으로 사신을 모시고 함께 온 것이라 했다. 다른 한 명의 사신인 공정채는 천주 사람으로, 1712년(강희 51) 루손에 가서 상업에 종사하다가 1725년(옹정 3) 루손에서 소록으로 갔다. 이 때 소록국의 왕은 중국에 사절을 파견해 명대 이래로 중단된 양국의 관계를 회복하려 하였는데, 마침 공정채가 바닷길에 익숙한 것을 보자 그를 정사로 삼아 소록국 사신 아석단과 함께 중국길에 동행할 것을 명령하였다.[56] 그러나 이번 류큐관에서의 회동에는 공정채가 자리하지 않았던 것 같다.

소록국은 남해 가운데 위치해 있기 때문에 조선과는 왕래가 없었다. 조선의 표민들이 소록국에 대해 전혀 아는 바가 없었기에 해가 지는 것이 중국과 다른가 여부를 물었던 것이다. 간단한 만남 후 소록국 사신은 곧 자리를 떠났고 이 짧았던 해후도 끝이 났다. 소록국 사신은 그 후 복건 관원의 호송을 받아, 동년(1727) 6월 북경에 도착했고, 황제에게 표문(表文)을 올려 조공의식을 마쳤다.[57] 그리고 류큐 정사 모여룡(毛汝龍)의 배는 금문(金門)까지 표류하는 바람에, 동년 윤3월이 되어서야 복주에 입항해 류큐관에 도착했다. 그 후 9월 조선 표민들과 함께 북경으로 출발했고, 이듬해 정월 북경에 도착한다.

56) 『宮中檔雍正朝奏摺』, 6輯, 臺北: 故宮博物院, 1978, 515~516쪽.

57) 『清世宗實錄』, 卷58, 雍正 5年 6月 丙申條.

Ⅵ. 맺음말

본문은 1726년 류큐에 표착한 조선인 손응선 일행의 표류기록을 중심으로, 1715년, 1733년, 1739년 등 그 전후 4건의 표류기록을 참고하여, 1683년 청나라가 해금을 해제한 이후 류큐의 조선난민 처리방식의 변화 양상 및 송환 이후 조선난민에 대한 관방의 조사기록과 민간지식인의 표류기 내용의 비교에 대해 고찰하고 있다.

1609년 이전 류큐에 표착했던 조선인들은 자유롭게 활동하며 현지인들과의 교류가 가능했다. 조선 관방 또한 해외정보의 수집을 중시했기에 『조선왕조실록』에는 상세한 류큐 견문기록이 보존되어 있다.

그러나 청나라가 들어서면서, 조선과 류큐 간에는 직접적인 왕래가 중지되었다. 설령 양측의 사절이 북경에서 만났다 하더라도 내외적인 조건의 영향으로 인해 임의로 왕래할 수 없었기에 쌍방 간의 관계는 점차 소원해졌다.

또한 류큐는 사쓰마번의 통치를 받게 되면서, 일본과의 관계를 은폐하기 위해 외국 표류민들에게 거주제한 및 격리정책을 시행했다. 이로 인해 조선 표류민들 역시 관찰에 제약을 받게 됨에 따라 송환 이후 관방의 조사기록 또한 대체로 상대적으로 간단해졌다. 많은 내용이 과거의 기록을 베낀 것이었고, 조사 또한 형식에 지나지 않았으며, 심지어 실록에도 기록되지 않은 경우도 있었다. 관방의 내용과 비교했을 때, 난민들이 고향에 돌아간 이후 지방의 지식인이나 학자들이 그들의 견문을 듣고 재정리한 표류기록들은 대체로 내용이 충실했다. 비록 편집자의 개인적인 주관이 간혹 개입될 때도 있었지만, 당시 풍속습관이나 사회제도 등을 연구함에 있어 참고 가치가 대단히 크다. 예컨대, 본문에서도 소개한 것과 같이 중국에 대한 조선 표민의 묘사라든지 복주에서 류큐와 소록국 사절이 만난 기록 등은 관방 문헌기록의 부족한 점을 보충해주는 자료들이라 할 수 있다.

【부록】

풍랑을 만나 류큐에 표착한 청대 조선선박 연표(1661 ~ 1871)

연번	표착·발견 시기	표착지	선주 대표인	인원	선적·출항지	출항 시기	귀국방식·경과지역	귀국 시기	귀국 인원	비고
1	1661 順治18	琉球		18	全羅道 務安 士島	順治18	薩摩-長崎-對馬-釜山	康熙元	18	
2	1662 康熙元	永良部島	金麗輝	32	全羅道 海南	康熙元	薩摩-長崎-對馬	康熙2	28	
3	1669 康熙8	永良部島		21	全羅道 海南	康熙8.2	薩摩-長崎-對馬	康熙8.7	21	
4	1697 康熙36	古米山	安民男	18	全羅道 靈岩	康熙36.9	琉球 接貢船 福建-北京-義州 領曆官	康熙37	18	
5	1704 康熙43	永良部島		39	全羅道 靈岩	康熙43.1	薩摩-長崎-對馬-釜山	康熙43.6	37	
6	1715 康熙54	國頭安田浦	金瑞	9	全羅道 珍島	康熙53.9 (琉球 某島 표착) 康熙54.3 (那覇로 轉送)	琉球-福建-北京-義州 冬至使	康熙55.12	9	萬曆 40년(1612) 琉球사람 馬喜富가 濟州에 표착한 후 중국을 거쳐 송환된 예를 인용해 琉球에서 崇禎 원년(1628) 回咨로 감사표시. 近年에는 없었음.
7	1726 雍正4	(沖永良部島) 烏岐奴地方	孫應善 (星)	9	全羅道 濟州	雍正4.2	進貢船 福建-北京-義州 冬至使	雍正6.3	9	
8	1733 雍正11	慶良間島 (馬歯山)	徐厚廷	12	慶尚道	雍正11	琉球 護送船 福建-北京-義州 差通官	雍正13	12	男兒 1명 출산. 선박 소각. 寶永 원년의 御條目과 康熙 57년의

										송환사례에 따라 護送船 출발.
9	1739 乾隆4	德之島	康世贊	21	全羅道 靈岩 所安島		琉球 接貢船 福建-北京-義州 齎咨官	乾隆6	20	『德之島前錄帳』에는 25인으로 기록.
10	1779 乾隆44	琉球(大島)	李再晟	12	全羅道 靈岩	乾隆44.11	琉球 接貢船 福建-北京-義州 差通官	乾隆45	12	선박 소각.
11	1794 乾隆59	國頭安田村	安太丁	10	全羅道 康津	乾隆59.1	琉球 接貢船 福建-北京-義州 差通官	乾隆60	10	
12	1795 乾隆60	琉球	張二乭	7	黃海道 長淵		琉球 接貢船 福建-北京-義州 年貢使	嘉慶元	7	
13	1796 嘉慶元	琉球 (大島)	李唱寶	15	全羅道 康津	乾隆60.11	琉球 進貢船 福建-北京-義州 領曆官	嘉慶2	10	
14	1802 嘉慶7	琉球 (大島)	文順德	6	全羅道 牛耳島	嘉慶7.1	琉球 進貢船 (1)呂宋-福建-北京-義州 年貢使 (2)呂宋-澳門-廣東-北京-義州 齎咨官	嘉慶8 嘉慶10	4 2	進貢船 2척. (1척 실종, 1척 臺灣에 표류) 護送船은 루손에 표류.
15	1814 嘉慶19	宮古諸島 (太平山)	千一得	7	全羅道	嘉慶19.11	護送船 廣東-福建-北京-義州 差通官	嘉慶21	6	선박 소각. 護送船은 廣東에 표류.
16	1825 道光5	大島笠利郡	黃勝巾	5	全羅道 海南 (濟州)	道光.4.9	護送船 福建-北京-義州 節使	道光6	5	선박 소각.
17	1828 道光8	勝連津堅島	孫勝得 金光顯	12	全羅道 海南 (濟州)	道光7.12	福建-北京-義州 節使	道光9	12	선박 소각.
18	1831 道光11	琉球伊江島	高成尙	33	全羅道 靈岩 (濟州)	道光11.11	福建-北京-義州 節使	道光13	26	
19	1832 道光12	八重山平久保 (石垣島)	李寅秀	12	全羅道 全州	道光12.11	福建-北京-義州 差通官	道光14	3	선박 소각.

20		八重山 川平(石垣島)	安順敬	8	全羅道 海南	道光13.1	福建-北京-義州 差通官	道光14	6	선박 소각.
21	1834 道光14	八重山與那國	孫益福	9	朝鮮	道光14.9	接貢船 福建-北京-義州 差通官	道光17	6	선박 소각.
22	1836 道光16	姑米島	李季信 李明得	10	朝鮮	道光16.9	進貢船 福建-北京-義州 年貢使	道光17	4	
23	1841 道光21	葉壁山 (伊平屋島)	李光岩	11	全羅道 黒山	道光21.3	護送船 福建-北京-義州		8	
24	1849 道光29	不明 (德之島)	任尚日	7	全羅道 康津	道光29.8	進貢船 福建-北京-義州	咸豐元2	7	
25	1854 咸豐4	不明 (大島)	梁鶴信	47	全羅道 康津	咸豐3.12	進貢船 福建-北京-義州 領曆官	咸豐5.12	6	李良德 등이 日本의 女島에 표류. 長崎-對馬로 귀국.
26	1855 咸豐5	不明 (葉壁山)	韓致得	3	全羅道 無注里	咸豐5.9	進貢船 福建-北京-義州	咸豐7.1	2	선박 소각.
27	1856 咸豐6	不明 (鳥島)	金應彩	6	全羅道 康津	咸豐6.9	接貢船 福建－北京－義州	咸豐9	6	
28	1860 咸豐10	伊是名島 (葉壁山)	梁明得	9	全羅道 康津	咸豐9.9	進貢船 福建-北京-義州	咸豐11	9	선박 소각.
29	1865 同治4	不明 (大島)	文白益	15	全羅道 海南	同治4.11	進貢船 福建-北京-義州	同治6.5	15	선박 소각.
30	187 同治9	久米島	高才淑	6	全羅道 海南	同治9.1	進貢船 福建-北京-義州 通官	同治10.7	6	선박 소각. 貢船은 廈門 도착 후 福州 도착.

류쉬펑(劉序楓) | 대만 중앙연구원

1733년 조선인의 류큐 표착기록의 검토

-호패와의 관련을 중심으로-

Ⅰ. 들어가며

류큐와 조선의 관계가 쇠퇴기에 들어서던 근세시기에는 표류와 표착에 관련된 양국의 관계가 조선과 류큐의 관계사를 잇는 실마리가 된다. 당시의 표류민에게 있어서 표류는 바다를 통해 이민족, 이문화를 접하는 새로운 경험을 제공해주었다.

지금까지 조선인의 표류민연구에서는 『조선왕조실록』이나 『비변사등록』, 『동문휘고』 등의 국가편찬사료가 주요한 사료로서 사용되어 왔다. 이러한 가운데 일본에서는 조선왕조실록의 기록 중에서 조선과 류큐에 관련된 사료를 모아 번역한 연구의 성과로서 『조선왕조실록유구사료집성(朝鮮王朝実録琉球史料集成)』[1]이 간행되었다. 한국에서는 조선과 류큐 간의 사료를 모은 『조선 · 유구관계사료집성(朝鮮 · 琉球関係史料集成)』[2]이 편

1) 池谷望子, 内田晶子, 高瀬恭子, 『朝鮮王朝実録琉球史料集成』, 榕樹書林, 2005.

2) 손승철, 『조선 · 류큐관계사료집성』, 국사편찬위원회, 1998.

찬되었다. 중요한 연구성과임에는 틀림없으나 국가편찬사료 중심의 사료집성의 한계 또한 존재한다. 개인의 표류기나 표해록의 검토의 여지가 남아있는 것이다. 그렇기 때문에 표류민연구는 개별사까지 범위를 넓혀 연구할 필요가 있다. 또한, 류큐와의 관계사 속에서도 조선의 사료에 기반을 둔 연구가 다수를 차지하고 있어 류큐왕국의 사료와의 다면적인 검토가 필요하다. 조선과 류큐관계에 관한 연구는 사료의 양이 적어 연구에 어려움이 많은 상황이다. 그러나 근세시기에 있어서 표류기록은 양국의 교류를 명확히 하는 기록임에 틀림없다. 때문에 본 논고에서는 1733년에 행해진 조선인의 류큐표착에 관한 사료를 대상으로 하려고 한다. 『류큐평정서문서(琉球王国評定所文書)』(『류큐평정서문서』를 이후 『평정서문서』로 통일)에 기록되어 있는 「朝鮮人十一人慶良間島漂着馬艦船を以唐江送越候日記」(「케라마섬표착조선인 11명을 마란선을 통해 청에 송환한 일기」 이후 「케라마일기」로 통일)를 사용한다. 필자는 사료 속에 나타나는 표류민의 관한 기록을 분석하여 보고자 한다.

Ⅱ. 류큐평정서문서 속 조선표류민

평정서문서는 류큐왕부의 행정문서이다. 1660년대에서 1870년대를 아우르는 문서로 류큐왕부의 국가대응과 당시 상황을 파악할 수 있는 사료이다. 본 논고에서 사용하는 케라마일기 이 평정서문서는 우라소에시 교육위원회에 의해 1988년부터 2003년까지 현존하는 사료만을 집성

한 서적이다. 현존사료 이외에 분실 및 소실된 류큐왕부 시기 평정서문서는 그 목록을 통해 짐작해 볼 수 있다. 1989년에 출판된 『구류큐번평정서서류목록(旧琉球藩評定所書類目録)』에서는 조선의 명칭이 확실히 나타나는 기사 목록 10건이 남겨져 있다. 그러나 10건 중 케라마일기(1733년)와 「鳥島ヨリ送来候漂着朝鮮人介抱日記(1857년)」(「토리시마에 표착한 조선인 간호일기」), 「朝鮮人十人国頭間切安田村へ漂着泊お蔵屋敷へ囲置介抱致接貢船ヨリ唐へ送届候日記(1794년)」(「조선인 11명 쿠니가미아다무라에 표착하여 토마리에서 간호, 접공선을 통해 청에 돌려보내진 일기」)만이 원본이 남겨져 간행되었다. 현재 위 3건을 류큐 국가편찬사료로서 사용할 수 있다. 평정서문서에 남겨져 있는 3건의 사료는 지금까지 연구 논문에서도 사용되어 왔지만[3], 면밀히 사료를 검토한 연구는 아직 부족한 실정이다. 최근, 케라마일기에 대하여 분석한 정하미[4]의 연구가 있으나 표착 시의 류큐 국가의 대응에 초점이 맞추어져 있다. 때문에 불명확한 부분(류큐측이 제공한 식품, 조선어(한글해석)) 등의 검토는 되어있지 않다. 이처럼 아직까지 평정서문서를 명확히 분석한 연구는 답보상태에 가깝다 할 수 있다. 우선, 본 논고에서는 케라마일기에 대하여 사료를 인용하며 사건의 경위, 표류민의 신상분석을 이어 나가고자 한다.

---

3) 논문에서 처음 평정서문서를 언급한 것으로 확인되는 것은 이훈의 연구로 보여진다(이훈, 「조선후기의 표류민 송환을 통해 본 조선 류큐관계」, 『史學誌』 27, 단국대학사학회, 1994.

4) 정하미, 「표착조선인의 신원확인 및 류큐왕국의 대응-1733년 케라마섬 표착의 경우」, 『한국일본사학회』 104, 한국일본사학회, 2015, 313~324쪽.

Ⅲ. 조선인의 류큐표착 일람표에 대하여

1733년의 사건에 바로 들어가기 전에 조선인의 류큐표착사건은 어느 정도 일어났었는지 알아보자. 필자는 조선과 류큐에서 일어난 표류민의 실태를 파악하기 위해서 현재까지 일본의 연구자와 한국의 연구자에 의하여 작성되어 온 표류인 연표를 정리하고 새롭게 조선과 류큐의 표류민을 작성하였다.

대만의 중앙 연구원의 류서풍(劉序楓)의 통계에 의하면 류큐에 표착한 조선배는 1697년부터 1884년까지 26건에 해당한다고 한다. 그러나 배만이 아니라 표류민에 중점을 두면 그 수는 달라진다. 코바야시 시게루(小林茂), 마츠바라 타카토시(松原孝俊), 록탄다 유타카(六反田豊)의 연구를 보면 1661년부터 1871년 사이에 일어난 조선과 류큐의 표류민의 건수를 확인할 수 있다.[5] 류큐에 표착한 조선인은 44건으로 확인된다. 이 연구는 조선사료와 류큐사료의 검토를 동시에 진행한 귀중한 연구이다. 위 연구 성과에 더해 필자는 표류민연표를 새롭게 정리, 작성하였다.

〈표 1〉 조선인의 류큐표착 일람표

	이름	출신지	표착지역	표착시기	송환시기	출전
1	탐라국(제주도) 貞一 일행 21명		極遠島		1029년	『節要』
2	金允厚 일행 37명				1391년 추정	『中宗実録』

5) 小林茂・松原孝俊・六反田豊 編, 「朝鮮から琉球へ, 琉球から朝鮮への漂流年表」, 財団法人沖縄県文化振興会公文書館管理部史料編集室 編, 『歴代宝案研究』 9号, 沖縄県教育委員会, 1998.

3	被虜人 및 遭風人 9명				1397년	『太祖実録』
4	萬年 · 丁禄 · 乭石 · 石今 · 德萬 · 康甫 외 6명		臥蛇島 (토카라열도)		1453년	『端宗実録』
5	불명		류큐		1455년	『世祖實錄』
6	梁成 · 錦山在住의 사노비 高石壽 외 10명		쿠메섬	1456년 2월 2일	1461년	『世祖実録』
7	韓金光 · 金新 · 乭伊 · 升同 · 陽成과 사노비 卜山 · 吾之 · 得山 · 卜世 · 良女의 之内와 그 노비 陽莊	済州島	류큐		1457년	『世祖実録』
8	남성 1명		류큐		1458년	『世祖実録』
9	孔佳 등 2명		류큐		1461년	『世祖実録』
10	肖得誠 및 姜廻 외 8명	전라도 나주	彌阿槐島	1461년 2월 4일	1461년	『世祖実録』
11	金非乙介(金非衣) 일행	제주도	允伊島 (요나구니섬)	1477년 2월 14일	1479년	『成宗実録』
12	불명	제주도				『中宗実録』
13	朴孫 일행 12명	제주도	류큐		1546년	『明宗実録』
14	불명		류큐		1594년	『宣祖實錄』
15	어업자의 선주인 難同 일행, 남녀 18명	전라도 무안	류큐	1661년 8월 13일	1662년	『謄錄』
16	金麗輝 외 32명	전라도 해남	오오시마		1663년	『韓国国史宗家』
17	선인 李男 및 남녀 21명	전라도	오키에라부섬	1669년 3월 15일	1669년	『同文彙考』
18	薩厄 외 남자 12명, 여자 6명	전라도 영안촌 남면	쿠메섬	1669년 9월 11알 또는 16일	1697년	『歴代宝案』
19	安世好 등 39명	제주도	쿠치노에라부섬	1704년 1월 27일	1704년	『韓国国史宗家』
20	불명		미야코섬	1715년		『宮古島在番記』
21	金端 등 9명	전라도 진도	아다촌	1714년 9월 19일	1716년	『歴代宝案』
22	孫應星 일행 9명	제주도	오키에라부섬	1726년 3월 28일	1728년	『沖永良部島代官系図』
23	徐厚丁 일행 11명	경상도 해남	케라마섬	1733년 11월 29일	1735년	『評定所文書』
24	남녀 26명		오키에라부섬, 토쿠노섬, 오오시마	1734~1735년 중		『徳之島前録帳』
25	康世贊 등 20명	나주	토쿠노섬	1739년 1월 3일	1741년	『歴代宝案』

26	張漢哲 등 29명	제주도	류큐	1770년 12월 28日	1770년	『漂海錄』
27	李再晟 일행 12명	추자도	오오시마	1779년 12월 6日	1781년	『票來之朝鮮人書文集』
28	安太丁 일행 10명	전라도 강진	아다촌	1794년 2월 2日	1795년	『評定所文書』
29	張三乭 등 7명	황해도 장연	류큐	1795년	1796년	『同文彙考』
30	李唱宝 등 15명	전라도 해남	오오시마	1795년 12월 30日	1797년	『歴代宝案』
31	文順得 등 6명	전라도 우이도	오오시마	1801년 1월 28日	1805년	『歴代宝案』
32	千一得 등 7명	전라도	타라마섬	1814년 11월 15日	1816년	『宮古島在番記』
33	黃聖巾 등 5명	제주도	오오시마	1824년 9월 28日	1826년	『歴代宝案』
34	金光顯등 12명	제주도	류큐		1829년	『同文彙考』
35	孫聖得 등 12명	전라도 해남	츠켄섬	1828년 2월 16日	1829년	『中山世譜』
36	高成尙 등 33명	제주도	이에섬	1831년 12월 7日	1833년	『中山世譜』
37	李寅秀 등 12명	전라도 전주	이시가키섬	1832년 12월 6日	1834년	『中山世譜』
38	安順敬 등 8명	전라도 해남	이시가키섬	1833년 2월 13日	1834년	『中山世譜』
39	孫益福 등 9명	전라도 해남	야에야마	1834년 10월 5日	1837년	『中山世譜』
40	李季信 등 10명	전라도 강진	쿠메섬	1836년 10월 12日		『歴代宝案』
41	李光嚴 등 11명	전라도 흑산부	이헤야섬	1841년 3월 4日	1841년	『歴代宝案』
42	任尙日 일행 7명	제주도	토쿠노섬	1849년 9월 4日	1851년	『徳之島前録帳』
43	梁鶴信, 李子汀 등 6명 (47명 승선 선박)	전라도 강진, 제주도	오오시마	1854년 1월 3日	1856년	『徳之島前録帳』
44	韓致得 등 3명	제주도	류큐	1855년 9월 16日	1857년	『濟州啓錄』
45	金応彩 등 6명	제주도	이리오모테섬	1856년 9월 23日		『濟州啓錄』
46	梁明得 등 9명	불명	이제나섬	1860년 10월 4日		『歴代宝案』
47	文白益 일행 14명(15명?)	제주도	오오시마	1865년 11월 25日	1867년	『琉球世譜』
48	高才淑, 李大有 등 6명	전라도 해남, 제주도	쿠메섬	1870년 1월 26日	1871년	『琉球世譜』

표류민 일람표를 보면 기존의 44건의 사건이 48건으로 늘어났음을 알 수 있다. 일람표에서 나타나는 특징을 다음과 같이 번호를 매겨 정리하였다.

1. 새로이 추가된 사건은 2, 14, 26, 34번의 사건이다.
2. 5번의 사건 기사를 통해 전례에 대하여 설명할 수 있게 되었다.
3. 자력회황의 사례가 나타난다.
4. 류큐사료에 등장하는 표류민 기술이 확인 된다.
5. 표류민 사건이 평정서문서에서도 기록되었음을 알 수 있다.

위와 같이 5가지를 확인 할 수 있다. 먼저 2번의 특징에 대하여 설명해 보자. 5번의 사건은 1455년의 사건이다. 다음은 『세조실록』의 기록을 인용하였다.

> 戊辰御勤政門, 受朝參. 琉球國使者倭僧道安隨班. 上國王尙泰久書契, 仍獻花錫, 蘇木各千觔. 上曰,本國漂流人口, 再度刷還,甚喜. 道安曰, 願得藏經以歸. 命饋之.[6]

위는 류큐국의 사신인 승려 도안이 조례에 참가하여 류큐국 왕의 서계를 헌상하며 조선의 왕과 대담하는 장면이다. 조선왕이 조선의 표류민을 두 차례에 송환한 것에 대하여 상당히 기뻐하고 있다며 치하하고 있다. 재도쇄환(再度刷還)이 2차례의 송환을 의미하고 있다. 이는 1455년에 이전에도 이미 표류민송환이 성립했다는 것을 사료를 통해 확인 할 수 있다. 그러나 2번째 이루어진 사건은 『세조실록』 이외의 기록에서는

---

6) 『世祖実録』 권77, 1455년 8월 25일.

기록을 찾아 볼 수 없었다. 일람표에서는 하나의 사례로서 판단하여 기재했으나, 표류민의 이름과 표착시기 등이 불명확 하다는 점에서 주의를 요한다. 그렇다면, 전례가 된 첫 번째 사건은 언제에 해당하는 표류민 송환을 의미하는 것일까. 표를 통해 보면 2번의 경우 1391년에 송환이 이루어 졌음으로, 1392년에 조선이 건국되었음을 생각해보면 시대적으로 맞지 않다. 『세조실록』의 기록에서 조선왕이 고려시대의 일을 언급하면 전례를 들었을 것이라 보기는 어렵다. 결국, 여기서 언급하고 있는 사건은 4번의 사건을 의미하고 있다고 보인다. 표류민 만년 일행은 도안에 의해서 조선에 송환되었기 때문에 더욱더 이에 신빙성이 있다. 당시, 류큐의 중산왕은 3년간 류큐에 체재했던 표류민을 해방시키며 도안에게 그들의 송환업무를 맡겼다.[7] 즉, 조선의 왕과의 대화는 이 2사건을 가리키고 있음을 알 수 있다.

다음으로, 3번의 자력회황의 사례는 어떻게 확인 가능 한가. 이는 26번의 장한철의 표해록의 기술을 통해 확인할 수 있다. 1770년 12월 25일에 표류한 장한철 일행은 1770년 12월 28일 류큐의 무인도에 표착한다. 그는 표착하자 바로 사람이 살고 있지 않은 장소임을 눈치 챈다. 왜냐하면 해안선의 모래사장에는 어선이 보이지 않았고 해안가 풀숲에는 사람이 지나다닌 흔적이 전혀 보이지 않았기 때문이다.[8] 그들은 그 후 안남국(베트남)의 사람들과 마주하여 필담을 교환하고 그들의 배에 승선하여 조선에 돌아갔다. 그들의 송환방법은 통상의 송환절차와는 달랐다.

---

7) 『端宗實錄』 권6, 1453년 5월 11일. "留三年間, 道安等入歸, 王曰, 常欲解送, 然無知路人, 汝其帶去. 若朝鮮喜之, 則諸處漂來朝鮮人等, 亦皆刷還".

8) 張漢哲, 刊寫者未詳, [刊寫年未詳] 25쪽. 「国立中央図書館電子図書館」. URL:http://www.dlibrary.go.kr/JavaClient/jsp/wonmun/search_gan.jsp?menu=1&sub=1(2018년 1월 16일 열람)

이에 그들의 방법은 자력회황의 일종이라고 생각할 수 있다. 이 외에도 자력회황으로 보이는 사건은 더 있다. 24번의 경우가 그에 해당한다. 24번의 사건은 자력회황을 꾀했으나 1735년의 에라부섬에 표착을 시작으로 토쿠노섬과 오오시마를 포함하여 3번이나 표착을 반복했던 기록이다. 이들의 표착은 일본과 여러 외국의 외교관계의 사료를 모아 편찬한 『통항일람(通航一覽)』에 기록되어 있다.[9)]

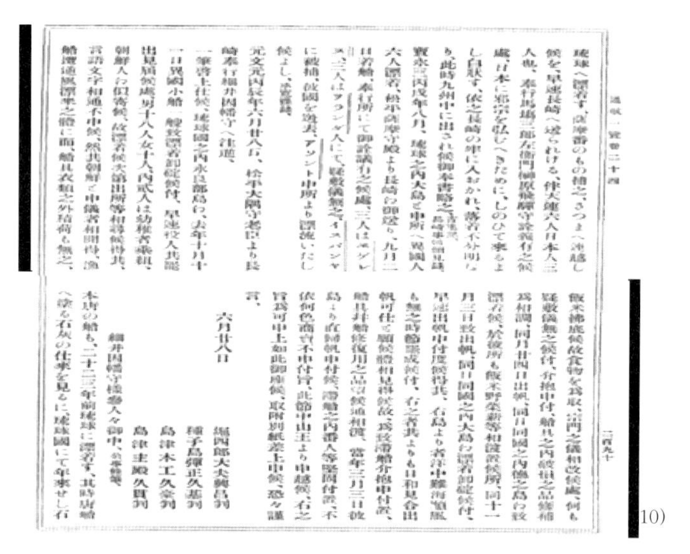

通航一覧巻二十四

琉球へ漂着す、薩摩番のもの捕之、さつまへ連越し候を、早速長崎へ送られける、件夫連六人日本人三人也、奉行馬場三郎左衛門榊原飛騨守詮議有之候處、日本に邪宗を弘むへきために、しのひて来るよし白状す、依之長崎の牢に入おかれ、落着不分明なり、此時九州中に出され候御奉書略之、長崎事蹟

寛永廿三丙戌年八月、琉球之内大島え申所へ異國人六人漂着、松平薩摩守殿より長崎え御送ら、九月二日着船、奉行所にて御詮議有之候處、三人はヱゲレス、三人はヲランダ人にて、疑敷儀無之、イスパンヤに被捕、故國を逃来、アンシト申所より漂流いたし候よし、長崎實錄

元文元丙辰年六月廿八日、松平大隅守老臣より長崎奉行細井因幡守へ注進、

一筆啓上仕候、琉球國之内永良部島江、去年十月十一日異國小船一艘致漂着罷候付、早速役人共認出見届候處、男十八人女十人、内弐人は幼稚者乗組、朝鮮人ニ而御座候、故漂着候次第出所等相尋候得共、言語文字相通不申候、然共朝鮮ニ而申儀者相聞得、漁船漂流風漂来之體ニ而、船具衣類之外積荷も無之、飯米鍋底候故食物を爲取、言語之儀相改候處、何も疑敷儀無之候付、介抱申付、船具之内破損之品修補爲相調、同月廿四日出帆、同日同國之内徳之島江致漂着候、於彼所も飯米野菜薪等相渡置候處、同十一月三日致出帆、同日同國之内大島江漂着即破候付、早速出帆申付度候得共、右島より者洋中難海第風も無之時節罷成候付、右之者共よりも日和見合出帆可仕と願候體相見得候故、爲致滞船介抱申付置、船具并船修復用之品皆候通相渡、當年三月三日致島より直歸帆申付候、滞船之内番人等堅固付置、不依何色商賣不申付旨、此節中山王より申越候、右之旨爲可申上如此御座候、取所別紙差上申候、恐々謹言、

六月廿八日

堀四郎大夫興昌判
種子島彈正久基判
島津木工久余判
島津主殿久貫判

細井因幡守様参人々御中、長崎實錄

本山の船も、二十三年前琉球に漂着す、其時唐船へ積る石灰の往来を見るに、琉球國にて卑來せし石

二百九十

[10)]

〈사료 1〉 자력회황을 꾀하여 3번의 표착을 반복한
조선인에 대한 기록이 『통항일람』에 나타난다.

다음으로 류큐사료를 통해 알 수 있는 표류민 기록을 살펴보자. 이는 일람표 35, 19, 40, 41, 45, 46번에 해당한다. 41번과 46번[11)]은 『중산세

9) 『通航一覧』 24巻, 「国立中央図書館電子図書館」. URL:http://www.dlibrary.go.kr/JavaClient/jsp/wonmun/search_gan.jsp?menu=1&sub=1,(2018년 1월 16일 열람)

10) 「国立中央図書館電子図書館」より転載. URL:http://www.dlibrary.go.kr/JavaClient/jsp/wonmun/search_gan.jsp?menu=1&sub=1,(2018년 1월 16일 열람)

11) 『中山世譜』 교정본(中国文史出版社, 2016), 256쪽. 『歴代宝案』에도 같은 기술이 남겨져

보(中山世譜)』에 기록이 남겨져 있다. 표류민의 이름과 표착지가 기재되어 있으며 조선인의 표착을 확인할 수 있다.

앞서 정리한 필자의 표류민 일람표 이외에 현재도 다양한 연구자에 의해 표류민일람표가 작성되고 있다. 한국의 최근 연구로는 이수진의 연구가 있다.[12] 이수진은 조선인일람표를 송환시기별로 정리했다. 조선시대에 발생한 표류사건이 기록된 『조선왕조실록』과 『변례집요』, 『표인영래등록』, 『제주계록』 등의 고문서를 검토하고 조선표류민의 류큐표착상황을 찾아냈다. 송환에 기준을 두고 일람표를 작성하였기 때문에 필자의 일람표와는 다른 부분이 발견된다. 필자의 일람표 중 1, 2, 8, 12, 24, 35, 38, 40, 41, 45, 46번의 사건은 생략되어 있음을 알 수 있다. 그 중 38번에 해당하는 1832년에 표착한 안순경의 경우 1834년이 되어 송환 되었으나 이수진의 일람표에는 제외되어 있다. 이외에 10건은 송환시기가 불명하지만 안순경의 경우 기재에 의해 송환시기가 남겨져 있다.[13] 『동문휘고』와 『통문관지』에서는 안순경의 이름이 나오지 않기 때문에 한국사료만을 확인한다면 안순경의 송환시기는 알 수 없게 됨으로 사료의 쌍방 확인이 필요해 지는 순간이라 할 수 있다.

다음으로 보고자 하는 것은, 평정서 문서에 남겨진 조선인의 기록이다. 앞서 말한 것과 같이 『구유구번평정소서류목록(旧琉球藩評定所書類目録)』에는 10건의 조선인 이름이 포함된 사건이 기록되어 있다고 말하였다. 그 중 3건이 남겨져 있으나 7건의 발생년도와 〈표 1〉의 표착시기를 비교해

있다. 校訂本, 中国史出版社, 2016, 256頁.

12) 이수진, 「조선표류민의 유구 표착과 송환」, 『열상고전연구』 48, 2018년 1월 16일.

13) 『歴代宝案』 2集, 巻158. 『中山世譜』 巻11. 『同文彙考』 原続, 漂民我国人, 15丁. 『通文館志』 巻11.

보니 추측 가능한 표착민의 사례가 있음이 확인 되었다. 이는 필자가 〈첨부자료 1〉에 목록과 〈표 1〉을 통해 추측 가능한 번호를 남겨 두었다. 이를 통해 알 수 있는 것은 류큐에서 18세기경 어느 정도의 수로 국가편찬사료에 표류민 관련 기록이 작성되었음을 알 수 있다. 위 7건의 귀중한 사료가 관동대지진으로 인해 불타 원본을 볼 수 없는 것은 무엇보다 안타까운 일이라 할 것이다.

Ⅳ. 케라마일기 속 조선인

1. 1733년 케라마섬일기의 경위

앞서 보았듯이 지금까지 필자는 조선인의 류큐표착을 48건으로 정리하였다. 그 중 케라마일기의 사건은 일람표 23번에 해당한다. 케라마일기는 타이틀에서 나타나는 것과 같이 1733년 11월 29일에 케라마섬에 표착한 11인의 조선인 일행의 송환에 관한 일기형식의 사료이다. 다음은 서후정 일행의 표류경위를 류큐측의 관리인이 슈리왕부에 보고한 내용이다.

一朝鮮国かあしやい与申所之者, 彼地米少キ所ニ而, 同国之内, はいなん並馬尾を似, 米仕替用, 去年八月十九日かあしやい与出船, 同廿日はいなん参着為仕由候事.

(中略)

かあしやい与はいなんと之間, 海路一夜相込罷渡申候. 右, はいなん商売用ニ罷渡候砌, 女列ニ而も罷渡申候. 殊, しやいくはん兄弟女房弐人ハ, はいなん

之生ニ而，商売用二罷渡候序而，親類見舞之為列渡為申由，相尋承候間，此旨首尾申上候．以上.[14]

기록에 의하면 그들의 출신지역인 かあしやい(해남)은 쌀이 많이 나지 않는 지역으로 はいなん(해남)에 ばいやん(미역)과 말총을 쌀과 교환하기 위해 1733년 8월 17일 거제에서 출항하였고 8월 20일 해남에 도착했다고 한다. 또한 거제와 해남은 하룻밤이면 왕래 가능한 거리이기에 해남에서 상업활동을 하기 위해 떠났으며 그때에 여성 2명을 데리고 갔다. しやいくはん(서후정) 형제의 부인들이 해남 출신이기에 상업활동과 함께 친척을 만나기 위해 동승했다고 한다. 이를 관리인은 류큐왕부측에 보고하였다는 내용이다.

서후정 일행은 그 후 11월 8일에 해남에서 고향으로 돌아가기 위해 회황 하지만 도중에 해상에서 북풍을 만나 표류하고 말았다. 그들은 11월 29일에 케라마섬에 표착하게 된다. 케라마섬에 다다랐을 때 류큐의 관리인과 조우한 그들은 가지고 있던 호적을 보여준다. 또한 승선하고 있던 사람들의 이름을 제출하였거나 써보였다. 기록에 남겨져 있는(한글서체) 사람들의 이름이 실제 조선인이 쓴 것인지 관리인이 보고 쓴 서체인지 정확히 알 수 없으나 서체의 형태를 보면 관리인의 것으로 보인다. 그렇다면 이에 해당하는 그들의 기록에 대하여 분석을 해보자.

14) 「朝鮮人拾壱人慶良間島漂着馬艦船を以送越候日記」(琉球王国評定所文書編集委員会編，『琉球王国評定所文書』第1巻，浦添市教育委員会，1988) 84頁.

2. 조선인의 신상 – 호적사료와 현지조사

케라마일기에서는 조선인의 호적이 기록되어 있다. 이를 다음과 같이 인용하고자 한다.

> 考癸酉成籍啓帳内屯〔忄+屯〕德面閑山住第頭億浦里第士統第四戸良人統募軍徐厚正年二十七丁丑本大丘父良人尚民祖良人明吉曽祖不知外祖良人金貴男本金海後妻私婢日每年二十五己卯本密陽文[15]私奴朴日望祖私奴時望曽祖不知外祖良人朴弘日本密陽母班婢助是主咸安居幼学安興同姓叔統射夫徐尚万叔母良女金助是四寸妹阿只四寸妹召史等辛丑逃〔十外〕亡庚子啓相准給者
>
> 准朴以儉
>
> 行都護府使[16]

호적을 보면 서후정의 주소, 연령, 가족관계가 기록되어 있다. 서후정의 주소는 「屯[忄+屯]德面閑山住第頭億浦里第士統第四戸」이다. 또한 「良人統募軍徐厚正年二十七」은 그가 양인이며 통보군에 속해 있음을 알 수 있다. 그리고 당시 그의 나이가 호적의 발급년도 기준으로 27살이었음을 나타낸다. 이후의 기록은 가족에 대하여 서술하고 있다. 그의 후처의 이름이 일매인 것이 적혀져 있으며 이는 승선했던 여성의 이름이지 않을까 추측해본다.

주소에서 알 수 있듯이 서후정의 본적(출신)은 한산이라 되어 있다. 그렇다면, 여기서는 그의 출신지인 한산도에 대하여 설명을 이어나가 보고자 한다. 한산도는 완만한 산지에 초목이 우거지고 들로 이루어져 있으며 말의 사육이 국영으로 이루어지고 있어 한산도의 목장이라 불리고

15) 정하미는 父의 오자라고 지적하였다.「표착 조선인의 신원확인 및 류큐왕국의 대응 : 1733년 케라마섬 표착의 경우」,『일본학보』104, 2015, 316쪽.

16)「朝鮮人拾壱人慶良間島漂着馬艦船を以唐江送越候日記」(琉球王国評定所文書編集委員会編,『琉球王国評定所文書』第1巻, 浦添市教育委員会, 1988) 65쪽.

있었다. 이곳의 주원방포는 고려 말 이후 왜구의 극심한 약탈행위를 방지하기 위해 1418년 대마도 정벌로 향한 대장정을 시작한 출발지였다. 임진왜란시에는 한산도대첩이 일어났으며 최초의 한국 삼도수군통제영의 한산진이 설치되었다고 알려져 있다. 서후정이 군에 속해 있었다고 한다면 그가 수군과 밀접했을 것이라고 생각해 볼 수 있다. 또한, 한산도는 이순신 장군의 업적과 연결되어 성지로서 구분되어 왔다. 그렇기에 임진왜란 이후의 지역명칭이 그의 사적을 기리기 위해 그대로 사용되어져 왔다. 때문에 조선시대 후기의 행정구역 변경에 따른 명칭변경(주소변경)에 의해, 표류민의 실제 거주지(출신지)의 정확한 장소를 확인하는 데에 더욱 어려움이 따른다. 이에 케라마에 표착한 서후정 일가의 출신지를 확정할 때에도 현지조사를 병행하지 않으면 장소 추정이 힘들어 지는 것이다.

필자가 알아본 것에 의하면 서후정의 주소인 두억포리(頭億浦里)의 경우, 현재 사용하고 있지 않은 지명으로 비슷한 지명의 두억리(頭億里)[17]가 존재하고 있음을 확인했다. 이에 〈사진 1〉을 볼 필요가 있다.

〈사진 1〉 두억포 전경

17) 필자가 직접 촬영한 현재 두억포의 전경(2018년 2월 22일 촬영).

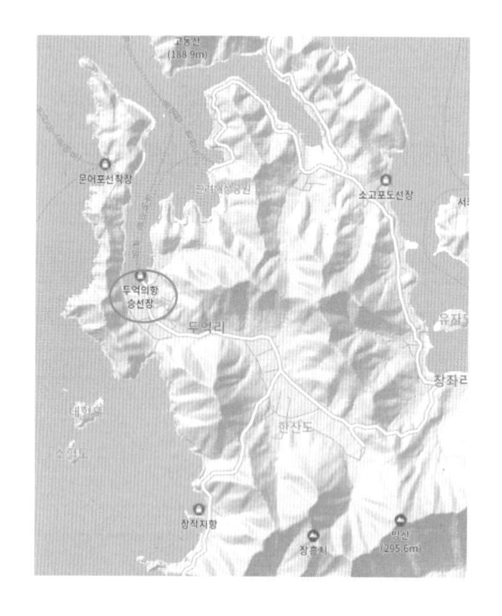

두억리의 범위는 현재 상당히 커 세세한 지역의 확정이 어렵다. 따라서 현지조사를 통해 면사무소의 도움을 받아 보았다. 주소지의 두억포리는 현재 의항마을로서 구두억포에 속하는 것을 알게 되었다. 당시의 두억포는 현재 두억의항[18]으로 명칭이 변경되어 사용되고 있다. 면사무소에 의하면 두억포리라는 지명은 없어졌으며 두억포가 있는 의항촌이 두억포리라고 판단되며 서후정의 호적을 현재의 주소로 판단하고 두억포리4통을 추측해 보면 이곳이 아닐까 추측된다고 한다.[19]

3. 조선인의 신상 – 한글 서체분석과 호패

다음의 〈사료 2〉는 앞서 언급한 기록 속의 조선인의 이름을 남긴 한글서체이다. 필자는 이것이 류큐의 관리인에 의하여 쓰였을 것이라 추측하였다. 서체의 형태가 불안정한 것과 형태가 알기 쉽지 않게 이어지고 있어 이는 문자를 묘사한 서체라고 보았다. 지금까지 이 서체는 여

18) https://map.naver.com/v5/search?c=14298692.6961665,4135114.2427428,13,0,0,3,dh 2018년 3월 19일 검색.

19) 2018년 3월 7일, 한산면사무소에서 청취.

성의 이름을 기록하였다고 알려져 왔다. 평정서문서 1권의 「편자주(編者注)」에서는 사료에 기재된 한글서체에 대하여 해설하였다. 이것이 여인(노파) 5명의 이름이라 해석되어 있다. 그러나 이 해석은 단지 〈사료 2〉에 5명의 이름이 쓰였기에 기록에 남겨 있는 여성인 인수가 이와 동일한 인원수라는 데에 착안한 이유에 그치고 있다(부인 4명과 딸 1명으로 총 5명). 이에 필자는 해석을 재검토하기 위해 여성이나 남성의 이름을 알 수 있는 사료가 있다면 표기의 실체가 보일 것이라고 판단하였다. 그렇기 때문에 호적과 한글서체, 류큐측의 표기, 『역대보안(歴代宝案)』의 기재내용을 검토할 필요가 있다고 보았다.

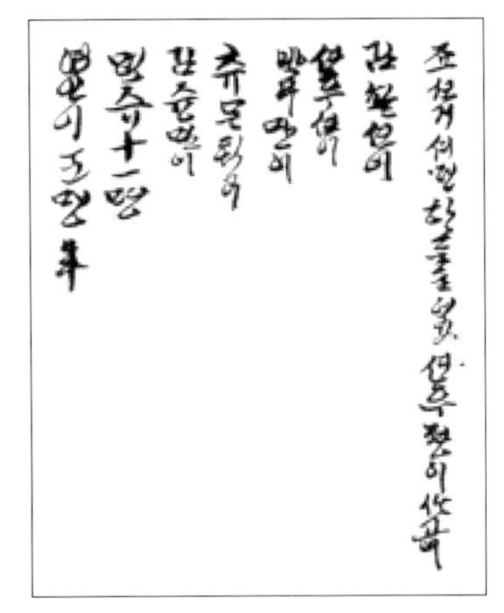

〈사료 2〉

『역대보안』 20권에는 복건시의 정사신으로부터 류큐국왕인 쇼케이왕에게 보낸 자문에 류큐에서 송환한 조선국의 난민의 처우에 관하여 전달한 내용이 남아있다. 이는 다음과 같다.

> 随即に伊の四人, 解開するに, 三人は木牌有り. 統募軍・秋舞鶴・金必先, 是れ伊の名字なり. 一人は字有らず, 紙一張なり. 亦た徐厚明の名字有り. 更に二人, 一は十四歳に係り即ち金必先の子, 一は琉に在りて産する所に係り即ち徐厚明の子, 名字無し. 女五口, 四口は乃ち徐厚丁・徐厚明・統募軍・秋舞鶴の妻なり. 更に一口は十一歳, 乃ち徐厚丁の女なり.
>
> 本年三月初九日に琉球国に在りて開船す.[20]

20) 財団法人 沖縄県文化振興会史料編集室編, 『歴代宝案』 訳注, 本第4册, 沖縄県教育委員会, 2017, 193頁.

이에 따르면 남성은 총 7명으로, 그들 중 3명이 목패를 가지고 있었다고 기록된다. 3명의 이름은 통모군(統募軍)・추무학(秋舞鶴)・김필선(金必先)이다. 여기서도 한가지 해석의 오류가 나타난다. 통모군은 이름이 아닌 신분을 나타내는 단어로 해석의 오류라고 보여진다. 5명 중 한 명의 이름은 없으며 그 한명은 종이 한 장을 가지고 있었다고 한다. 또 다른 한 명은 서후명의 이름이었다고 확인된다. 또한, 나머지 남성 2명 중 김필선의 아들(14살)이 있었고, 나머지 한 명은 류큐에서 태어난 서후명의 아들이었다. 여성 5명 중 4명은 서후정・서후명・통모군・추무학의 아내로 나머지 1명은 서후정의 딸(11살)이였다고 한다. 『역대보안』의 사료를 통해 승선했던 사람들에 대한 정보가 확실히 나타난다. 여기서 나타나는 남성의 이름을 정리해보자면, 통모군・추무학・김필선, 서후명이 있다. 이 중 3명(통모군・추무학・김필선)의 목패(호패)가 있다는 기록에 주목해보자, 이는 다행히도 케라마일기에 그 기록이 남겨져 있다. 호패의 사본이 사료에 남겨져 있다는 자체가 드문 일이라 할 수 있다. 다음은 케라마일기에 남겨져 있는 호패 사본과 이를 필자가 호패의 형식으로 편집한 것이다.

正月廿二日
朝鮮人所持之手札, 裏表委曲相記可差出旨申渡候付, 書出申候間, 左ニ記。
　　　　　兄
　　当歳四拾弐　　　しやいくばん
此弐行表　　　　　此弐行裏
巨閑山頭億浦里第　　已統射夫良人
済四統五戸 焼印有　　西徐厚丁美酉生
　　当歳四拾弐　　　はけしやいくばん
此弐行裏　　　　　此弐行表

丁長四尺五寸而暫縛拜始　巨閑山頭億浦里第
酉統募軍　焼印有　　　済朴已第年二十四
当歳二拾六　　　ちうしやいばん
此弐行表　　　　　裏
土去済漢山　　　秋舞鶴射手庁
己丑生
令第三統一戸
当歳五拾壱　　ち「き」みしやいばん
此弐行表　　　此弐行裏
丙閑菫億浦　　　巨松奴金必兇甘二至味長三尺五寸
子第八統二家 焼印有　　済無主順二人正 而◯年疤
上丕三春[21]

〈필자 편집본〉

兄
当歳四拾弐　　　しやいくばん
此弐行表　　　　此弐行裏

巨閑山頭億浦里第　　已統射夫良人
済四統五戸 焼印有　　酉徐厚丁美酉生　……號牌 1

当歳四拾弐　　はけしやいくばん
此弐行裏　　　此弐行表

丁長四尺五寸而暫縛拜始　巨閑山頭億浦里第
酉統募軍　焼印有　　済朴已第年二十四　……號牌 2

当歳二拾六　　ちうしやいばん
此弐行表　　　　裏

21) 「朝鮮人拾壱人慶良間島漂着馬艦船を以唐江送越候日記」(前掲, 『琉球王国評定所文書』) 第1巻, 83頁.

土去済漢山　　　秋舞鶴【射手庁己丑生】
令第三統一戸　　……號牌3

当歳五拾壱　　　ち「き」みしやいばん
此弐行表　　　　此弐行裏

丙閑韮億浦　　　巨松奴金必兇甘二至味長三尺五寸
子第八統二家 焼印有　済無主順二人正【而年疤上丕三春】
……號牌4

우선 사각선으로 위에 기록되어 있는 정보는 4명의 이름이 류큐인에 의해 히라가나로 적혀져 있는 것이다. 이들의 이름은 호패에 쓰여 있다. 이름을 확인해 보면 다음과 같다. 호패1은 서후정(徐厚丁), 호패2는 통모군(統募軍, 앞서 이름이 아님을 설명해 두었다), 호패3은 추무학(秋舞鶴), 호패4는 김필(金必)이라 적혀져 있다. 앞서 살펴본 역대보안에서 나타난 이름(統募軍·秋舞鶴·金必先)과 비교해 보면 호패 3의 정확한 이름은 김필선(金必先)으로 추측할 수 있다. 그렇다고 한다면 통모군의 이름은 무엇일까. 이는 최종적으로 한글서체의 검토를 통해 추측해 볼 수 있다. 지금까지의 사료검토와 함께 한글서체를 다시 한 번 확인해 보면 한글의 이름은 여성의 이름이 아닌 남성들의 이름임을 명확하게 알 수 있다. 마지막으로 한글 서체를 해석하면 다음과 같이 나타낼 수 있다.

> 조선거제민해남조난여인서후정이□□/김필선이/서후정이/박후만(박무만)이/추무학(추매학)이/김순만(김준만)이/인수십일명/여인이오명事[22]

22) 前掲『琉球王国評定所文書』第1巻, 65頁. □는 판독이 불가능한 부분이다.

4. 조선인의 신상 - 류큐인의 표기와 호패

앞에서 필자가 편집한 호패기록에서 류큐인이 표기한 히라가나 이름을 확인해 볼 수 있었다. 히라가나 이름은 위 사료 외에 다음과 같은 사료가 더 남아 있다.

覚
当歳四拾弐　男かあじやい生
　　しやいくはん
同三十壱　女房はいなん生
　　くゑいけい
同拾　女子かあしやい生
　　わうこしめい
同四拾弐　男かあしやい生
　　ばきしやいばん
同三拾七　女房かんきん生
　　まあきいにい
同五拾壱　男かあじやい生
　　きみしやいはん
同拾四　男子同村生
　　ちうんまあに
同三拾四　男同村生
　　しやいくばん
同弐拾四　女房はいなん生
　　ちやうせい
同弐　男子琉球国ニ而出生
　　しやいさい
同弐拾六　男かあじやい生
　　ちうしやいはん
同弐拾八　女房ちんでい生
　　ふりやあにい[23]

23) 『琉球王国評定所文書』第1巻, 83-84쪽.

이는 류큐의 관리인이 기록한 것이다. 승선했던 사람들 전원의 이름을 연령과 함께 남겨 놓았다. 흥미로운 점은 히라가나 이름에 어떠한 패턴이 보이며 이는 호칭으로 보인다는 것이다. 또한 류큐에서 태어난 아이의 이름이 기록되어 있다는 점도 위 사료를 통해 알 수 있다. 아이의 이름은 しやいさい로 아이의 이름은 조선과 중국의 사료에서 찾아볼 수 없던 것에 반해 독특한 형태로 남아 있다는 것이 눈에 들어온다.

히라가나 이름에 패턴이 보인다는 것은 무엇을 의미하는 것일까. 류큐인이 조선인의 발음을 듣고 가장 닮은 문자로 표현했다고 보인다. 이 발음의 패턴은 전원의 이름에 「―しやいくばん・―しやいばん」으로 반복됨을 통해 알 수 있다. 이러한 패턴을 통해 이는 이름이 아닌 이름 뒤에 붙는 어떠한 명칭이라고 추측된다. 이를 뒷받침하는 것은 역대보안에 기록된 그들의 가족관계를 참고해서 생각해 볼 수 있다.[24] 4명의 여성이 그들의 아내라고 한다면 「―しやいくばん・―しやいばん」은 조선어로 서방(書房)과 닮은 발음으로 읽힌다. 서방의 의미는 남편을 부르는 명칭, 성에 붙여 사용하며 사위나 처제 시동서등을 가리키는 단어, 혹은 관직이 없는 사람의 성 뒤에 붙여 사용하는 단어라는 의미가 있다. 일상적으로 가족 안에서 사용하는 단어라고 할 수 있다. 이는 현재 한국사회에서도 사용되고 있는 일상용어이다. 서방은 여성이 남성을 향해 부르는 명칭이었기 때문에 서방의 호칭은 여성이 동행했던 당시의 상황과 일치하다. 그렇기에 이러한 패턴은 호칭이었음을 추측해 볼 수 있다. 물론 당시의 언어사용을 추측하기란 무척 어려운 일이지만 여성의 승선이 갖는 특징의 측면에서 접근한다면 가능한 이야기라 할 수 있다. 또

24) 財団法人 沖縄県文化振興会史料編集室編, 『歴代宝案』 訳注, 本第4册, 沖縄県教育委員会, 2017, 193頁.

한 서방의 몇 가지 의미중 하나인 관직이 없는 사람의 성 뒤에 붙이는 단어라는 것을 생각해 보고자 한다. 이에 호패가 가지는 의미를 한층 더 말해보고 싶다.

호패3의 경우 다른 3명의 호패와 형식이 다르다. 기록에 의하면 속해 있는 군청(射手庁)이 나타난다. 사수(射手)는 훈련도감과 속오군에 속하여 활을 쏘던 군인이었다. 군인은 양민이었으니 이 호패의 주인의 신분을 알 수 있다. 다른 3명의 호패와는 달리 이 주인은 해당 군청에서 호패를 발급 받았을 것으로 보인다. 다른 3인의 호패 속에도 신분이 나타나는데 사노비, 양인으로 나타난다. 이를 통해 이들의 신분이 당시에 양반이 아닌 신분으로 서방의 의미에 부합하였다고 본다. 이 당시의 호패는 이렇듯 신분을 증명하는 중요한 정보를 나타냄으로 그 가치가 귀중하다 할 수 있다. 그러나 당시의 호패를 확인하는 것은 좀처럼 쉽지 않다. 이 외에 호패가 어떤 형태였는가 알기 위해서 안용복(安龍福)의 호패에 대해 살펴볼 수 있다.

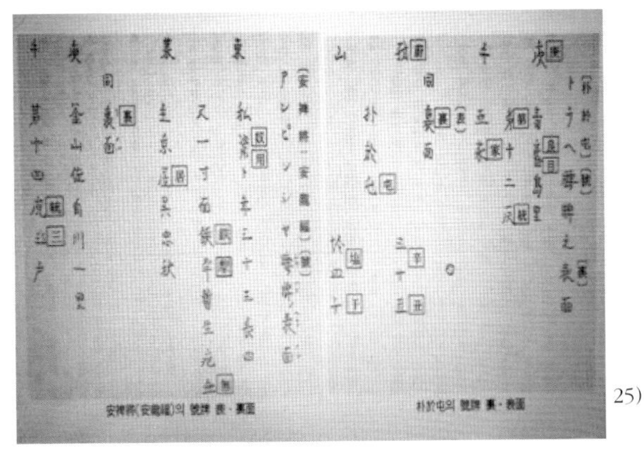
25)

〈사료 3〉 이는 송병기의 논문에서 발췌한 자료이다

25) 송병기, 「안용복의 활동과 울릉도쟁계」, 『역사학보』 192, 2006의 사본. 사각은 송병기가

안용복의 호패의 경우, 소속마을(동래), 신분(사노비), 이름(用卜), 연령(33), 신장(4척1치), 용모와 신체상의 특징, 주인의 이름등이 호패에 남겨져 있음이 확인된다. 호패의 뒷면에는 호패의 발급년도(1690년)과 거주지주소(부산 좌천1리 14통 3호)가 기록되어 있다 .이는 류큐인의 호패와 형태가 닮아 있다. 또한 안용복 이외에 박어둔의 호패 또한 남겨 있는데, 소속 마을(울산), 이름(朴於屯), 연령(30), 용모와 신체상의 특징 등의 정보가 있으며, 뒷면에는 호패의 발급년도와 거주지주소(청량면 면목도리산 12통 5가)가 적혀 있다. 여기서 이들의 호패와 비슷한 시기에 지급된 호패를 좀 더 확인해 보자. 이는 첨부자료 2번의 사진 자료이다.

내용을 보면 신분에 의해 호패의 기재가 달랐음을 알 수 있다. 기존의 호패연구에서는 양반의 호패의 비교연구가 이루어져 왔다. 이는 호패의 실태가 양반의 호패 위주로 남겨 있으며 비교가능한 호패의 수가 적기 때문이다. 특히 안용복, 박어둔과 같이 백성(양인, 천민, 노비)들의 호패는 그 수가 더욱 적다. 때문에 귀중한 자료가 된다. 케라마일기에서는 한국에서도 귀중하게 여겨지는 호패 사료가 필사되어 있는 것이다. 또한 케라마일기에 동일 인물의 정보가 담긴 한글서체와 호적, 호패가 같이 남겨져 있는 것은 희귀하다. 근세시기 호패의 연구 및 당시 사료의 수집을 위해서도 반드시 검토해야 할 사료임에 틀림없는 것이다.

보충한 글자를 뜻한다.

V. 마치며

필자는 조선인의 류큐표착사건에 대하여 가능한 일람표를 작성하여 다양하게 사용할 수 있도록 작성하여 보았다. 연구자에 따라선 어디에 초점을 두느냐에 의해 일람표 작성은 변동될 수 있다고 생각한다. 하지만, 이번 일람표 작성에서는 어느 정도 류큐와의 관계가 보이는 사료라면 사건으로 인지하여 추가해 두었으며 사료를 모아두는 것에 의의를 두었다. 그러나 위 자료 또한 국가편찬사료에 중심을 두었기 때문에 개인의 기록인 표류기의 검토에 관한 연구의 여지가 남아 있음을 적어둔다.

이번 논고에서는 무엇보다 류큐측의 사료의 중요성을 강조하기 위한 보고였음을 말하고 싶다. 사료의 해독의 문제나 알려져 있는 연구사료의 부족의 문제가 있으나 평정서문서와 같은 기록이 있는 한 조선과 류큐관계사의 연구는 재검토를 이어갈 필요가 있다. 케라마일기 속에 나타나는 조선인의 기록에서 당시의 언어나 신분에 대하여 고찰해볼 수 있듯이 다른 사료의 면밀한 검토 또한 이루어져야 할 것이다.

또한 본 논고에서 소개하고 싶었던 것 중 또 다른 부분은 표류민 개인의 신상에 대한 연구에 있다. 특히, 호패의 기록이 류큐에 남겨져 있는 것은, 본문에서 말했듯이 귀중한 자료임에 틀림없다. 근세시기의 호패가 왜 희귀한 것인가. 종래에 알려진 호패 중에 제작시기를 알 수 있는 사례로 본 논문에서 다룬 안용복과 박어둔의 호패를 들 수 있다. 최근 연구로는 양윤정에 의해 고고학에서 본 초보적인 연구로서 호패의 연구가 진행되고 있다.[26] 호패를 제작시기로 분류하여 정리하고 호패의 실태를 살펴본 연구이나 호패의 지역별 특징이나 상세한 분석은 위 논문에서도 이후의 과제로 남겨져 있다. 표류민의 연구에 있어 그들 개인의 이야기에 좀더 가까이 다가가기 위해서는 복수 지역의 사료를 검토해야 함이 더욱 절실해진다. 그들의 여행을 더듬어 가며 근세시기의 조선과 류큐 사이의 인적교류의 연구를 진행해 나갈 수 있기를 바란다.

---

26) 장윤정, 「고고학으로 본 호패에 관한 초보적인 연구 : 경남대박물관소장품을 중심으로」, 『가라문화』 27, 경남대학교 박물관 가라문화연구소, 2015.

〈첨부자료 1〉

① 第三百二十号, 一朝鮮人十一人慶良間島漂着馬艦船, 雍正十一年(1733年)
→일람표23번에 해당.
② 第千七百七十一号, 一 唐人并朝鮮人異国方御用帳, 享保十一年(1726年)
→22번.
③ 第千五百五十五号, 一 鳥島ヨリ送来候漂着朝鮮人介抱日記, 安政三年(1856年)
→45번.
④ 第千六百九十六号, 一久米島ヨリ送来候漂着朝鮮人六人泊明屋敷江囲置致介抱小唐船ヨリ唐へ送越候日記, 明治三年(1870年)
→48번.
⑤ 大善五百二十八号, 一伊平屋島ヨリ送来候漂着朝鮮人三人泊村人家一軒明除召置致介抱接貢船ヨリ唐江送届候日記, 安政二年(1855年)
→44번.
⑥ 第千百十七号, 一朝鮮人十二人津堅島へ漂着泊お蔵敷江囲置致介抱進貢船ヨリ唐へ送届候日記, 文政十一年(1828年)
→35번.
⑦ 第千百九十六号, 一朝鮮人介抱日記, 同天保六年(1835年)
→불명
⑧ 第八百九十九号, 一八重山ヨリ送来候漂着唐人并大島ヨリ送来候朝鮮人唐へ送届候楷船帰帆改日記, 文化元年(1804年)
→불명
⑨ 第千三十四号, 一宮古島ヨリ送来候漂着唐人朝鮮人福州へ送届候馬艦戦帰帆日記, 文化十四年, 嘉慶二十二年(1817年)
→불명
⑩ 第八百号, 一朝鮮人十人国頭間切安田村へ漂着泊お蔵屋敷へ囲置介抱致接貢船ヨリ唐へ送届候日記, 寛政六年(1794年)[27]
→28번.

27) 浦添市教育委員会, 『旧琉球藩評定所書類目録』, 1989.

〈첨부자료 2〉[28)]

조은지 | 류큐대학교

28) 장윤정, 「고고학으로 본 호패에 관한 초보적인 연구: 경남대 박물관 소장품을 중심으로」, 『가라문화』 27권, 2015년 논문에서 발췌한 호패사진.
ジャンユンジョン「考古学で見た號牌に関する初歩的な研究 - 慶南大博物館所蔵品を中心に - 」に載せている写本。

3부

제주도와 오키나와의 문화와 민속

오키나와 문화를 이해하기 위하여

Ⅰ. 오키나와 문화란

규슈(九州) 남쪽에서 타이완(臺灣)의 동쪽까지 태평양과 동중국해를 나누듯 이어져 있는 섬들을 류큐호(琉球弧, RYUKYU ISLAND ARC)라 부른다. 이곳의 자연과 문화도 남과 북으로 나누어진다. 먼저 자연적 환경을 살펴보자. 아마미제도(奄美諸島)보다 남쪽의 기후는 온대 기후가 아닌 아열대 기후이다. 예를 들어 허브나 맹그로브만 보아도 생물학적으로 아열대 기후에 속한다고 할 수 있다. 그리고 역사적으로 아마미제도 남쪽은 류큐 왕국(琉球王国)의 영역이었으며, 문화의 중요한 한 측면이라 할 수 있는 언어도 류큐어(琉球語)를 사용하였다. 아마미제도로부터 남쪽에 있는 섬들은 사실 정확하게 호칭하자면 남(南) 류큐호라 해야 하지만 여기에서는 단순히 류큐호라 부르기로 한다.

이 류큐호는 행정적으로 둘로 나누어져 있다. 아마미제도는 가고시마현(鹿児島縣) 오시마군(大島郡)이며, 이곳을 제외한 다른 제도(諸島), 즉 오키나와제도(沖縄諸島) · 미야코제도(宮古諸島) · 야에야마제도(八重山諸島)는 모두 오키나와현(沖縄縣)이다. 통상적으로 연구자들이 오키나와 문화라고 하는 경우 이중적인 의미가 있으므로 주의할 필요가 있다. 좁은 의미로는 오키나와현의 문화만을 가리키지만, 넓은 의미로는 아마미제도의 문화까지 포함해서 말하는 것이다. 예를 들어, 오가와 도루(小川徹)의 『근세 오키나와의 민속사(近世沖縄の民俗史)』[1]나 와타나베 요시오(渡邊欣雄) 등이 편찬한 『오키나와 민속사전(沖縄民俗事典)』[2] 등에서 등장하는 '오키나와'는 아마미제도까지 포함한 넓은 의미의 오키나와를 말한다.

이에 반하여 아마미제도에 출신 연구자들은 대부분 넓은 의미로 오키나와 문화를 파악하고자 하는 시각에 반대한다. 예를 들면, 센다 미쓰노부(先田光演)는 오키나와에 아마미가 포함되지 않기 때문에 '오키나와학(沖縄學)'이 있으면 '아마미학(奄美學)'도 있어야 타당하다는 취지의 발언을 하였다.[3] 필자도 여기에 찬성한다. 만약 아마미제도까지를 시야에 넣어 오키나와 문화를 이야기하고자 하면, 아마미 · 오키나와 문화라고 하는 정확한 표현을 쓰거나, 혹은 줄여서 아마오키(奄沖文化) 문화라고 해야 할 것이다.[4]

아마미 문화와 오키나와 문화를 병기하지 않고 하나로 지칭하기도 한다. 예를 들면, 사카이 우사쿠(酒井卯作)는 그의 저서에서 "도카라열도(トカラ列島)를 경계로 류큐 문화와 야마토 문화 둘로 나뉜다"고 기술하였다.[5] 이처럼 '류큐 문화'라는 표현에서 보이듯 아마미 문화와 오키나와

1) 小川徹, 『近世沖縄の民俗史』, 弘文堂, 1987.

2) 渡邊欣雄 · 岡野宣勝 · 佐藤壮広 · 塩月亮子 · 宮下克也編, 『沖縄民俗事典』, 吉川弘文館, 2008.

3) 「奄美学」刊行委員会編, 『奄美学 - その地平と彼方 - 』, 南方新社, 2005, 67~69쪽.

4) 津波高志, 『沖縄側から見た奄美の文化変容』, 第一書房, 2012, 238~244쪽.

5) 酒井卯作, 『柳田国男と琉球『海南小記』をよむ』, 森話社, 2010, 86쪽.

문화를 하나로 묶어 사용하고 있다. 또한, '남도문화(南島文化)'라는 표현도 있다. 오키나와 국제대학 남도문화연구소라는 명칭에서 볼 수 있듯이 일반적으로 자주 이용되고 있다.

이러한 일부 문제점만 보더라도 오키나와 문화연구는 단순하지 않고 복잡한 측면이 있음을 알 수 있을 것이다. 한마디로 오키나와 문화라고 하더라도 오키나와 문화를 이해하기 위해서는 류큐호의 역사 등 기본적인 사전지식이 어느 정도 필요하다. 이 글에서는 류큐호의 배경 지식을 간략하게 언급한 후, 구체적인 사례로 류큐호의 문화적 특징이라 할 수 있는 공적인 종교의례 담당자에 관해서 살펴보고자 한다.

Ⅱ. 문화의 배경

류큐호에서 가장 북쪽에 위치한 아마미오시마에서 타이완에 가장 가까운 요나구니섬(与那国島)까지의 거리는 약 800km이며, 그 사이에는 사람들이 사는 섬들만 해도 크고 작은 50여 개의 섬들이 있다. 가고시마현의 아마미제도는 8개 섬으로 구성되며, 오키나와현 3개 제도는 49개의 섬으로 구성되어 있다. 인구는 아마미가 65,806명, 오키나와가 1,455,799명이다.[6]

---

6) 아마미제도에 관해서는 '2019년 4월 조사 시정촌(市町村)별 인구 및 세대수(일본인 주민+외국인 주민)'(https://www.kokudo.or.jp/service/data/map/kagoshima) 자료에 의한 것이다. 오키나와제도에 관해서는 2019년 12월 1일 현재 '오키나와현 추계인구'(https://www.pref.okinawa.jp/toukeika/estimates/estimates_suikei)를 바탕으로 작성하였다(조사일시, 2020년 1월 2일).

고고학자인 다카미야 히로에(高宮廣衛)에 따르면, 12세기 이전까지의 류큐호는 선사시대라 할 수 있고 문화적으로 모든 지역을 연결하는 연속성은 없었다. 아마미제도와 오키나와제도는 규슈 부근 북쪽 문화의 영향권에 있었다. 미야코제도와 야에야마제도는 필리핀 부근 남쪽 문화의 영향권에 있었다.[7]

12세기경부터 각지에 호족이 발생하였으며, 14세기에는 오키나와 본섬을 무대로 호쿠잔(北山)·주잔(中山)·난잔(南山) 왕국이 정립(鼎立)되었다. 각각의 왕국이 중국 명과의 조공 관계를 100년 정도 계속하였지만 15세기에 전역이 통일되어 류큐 왕국이 탄생[8]한다.[9]

통일 이전 혹은 이후 '야에야마군도(八重山群島)의 주민과 타이완의 오스트로네시아 어족(Austronesia語族)과의 민족적 접촉이나 왕래, 사회·문화의 유연한 관계'가 사료를 바탕으로 한 민족학적 분석에 의해 밝혀졌다.[10] 또한, 14세기에는 미야코제도(宮古諸島)의 젊은이 20명을 오키나와 본섬에서 통역으로 양성했다는 기록도 있다.[11] 이러한 미야코제도와 야에야마제도의 문화도 류큐 왕국에 의해 동화되어 갔다.

류큐 왕국은 중국의 책봉체제하에 있었고 조공을 중심으로 한 교역국

7) 高宮廣衛, 『先史古代の沖縄』, 第一書房, 1990, 36쪽.

8) 高良倉吉, 『琉球王国の構造』, 吉川弘文館, 1987, 2~4쪽.

9) 류큐 역사의 대표적 시대구분 방법은 다음과 같다. ① 수만 년 전부터 12세기 무렵까지를 선사시대, ② 12세기~1609년 시미즈(島津) 침입까지를 고대 류큐, ③ 시마즈 침입부터 1879년의 류큐처분, 폐번치현(廃藩置県)까지를 근세 류큐, ④ 폐번치현부터 1945년 오키나와전까지를 근대 오키나와, ⑤ 오키나와 전쟁 이후부터 현재까지를 전후 오키나와라고 구분한다.

10) 黄智慧, 「移動と漂流史料における民族の接触と文化の類縁関係」, 津波高志編, 『東アジアの間地方交流の過去と現在』, 彩流社, 2012.

11) 仲宗根將二, 「『先島』とは何か」, 『第一回先島文化交流会議報告書』, 先島文化交流会議実行委員会, 1993.

가로 번창하였다. 통시적으로 이를 지탱해 준 것이 14세기에 명나라 황제로부터 주잔에 파견되었던 빈진산쥬로쿠세이(閩人三十六姓)로, 그 거주지는 현재 나하시 구메초(那覇市久米町)이다.

1609년 류큐 왕국은 사쓰마번의 무력침략을 받았다. 그 결과 아마미 제도는 사쓰마번의 직접적인 지배를 받았고, 나머지 지역은 류큐 왕국을 존속시킨 채 간접 지배를 받았다. 1871년 일본 정부는 아마미를 가고시마현 오시마군(鹿児島県 大島郡)으로 편입하였고, 오키나와는 이듬해 류큐번(琉球藩)이 되었다. 그리고 8년 뒤인 1879년 류큐번을 폐지하고 오키나와현을 설치했다.

태평양전쟁 말기 오키나와 본섬은 일본 내에서 유일하게 지상전이 펼쳐진 무대가 되었다. 1945년 일본의 패전으로 아마미제도에서 야에야마제도까지는 미군의 지배하에 놓였다. 하지만 아마미는 8년 뒤인 1953년 일본에 복귀해 다시 가고시마현 오시마군이 되었다. 반면 오키나와는 27년간 미군의 지배를 받았으며 1972년 일본으로 복귀하였다.

오키나와 문화를 어떠한 지리적 범위에서 어떻게 이해하든 류큐호가 걸어온 기구한 역사적 경위를 염두에 두어야 할 것이다. 류큐 왕국에 의해 통일된 미야코제도와 야에야마제도, 사쓰마번에 의해 왕국으로부터 분리된 아마미제도, 왕부(王府)의 소재지이며 태평양전쟁 시 일본 국내 유일의 지상전 무대가 된 오키나와제도 등과 같이 적어도 개략적으로 각지를 나누어 살펴봄으로써 전체 지역의 공통점과 함께 지역적인 차이점도 이해할 수 있을 것이다.

III. 여성사제(女性司祭)

류큐호의 섬들은 문화의 여러 측면 혹은 여러 요소마다 모든 지역에 걸쳐 공통점이 보이는 동시에 지역적인 차이도 결코 무시할 수 없을 정도로 현저하다. 그 대표적인 사례가 촌락 이상 규모에서 보이는 공적인 종교의례 시행자인 사제이다. 여기서는 이 사제에 관하여 이야기해 보겠다.

일본문화에서 신사(神社)의 신사(神事)를 주관하는 사제는 신주(神主)라고 불리는 남성이다. 그러나 류큐호의 경우 촌락을 지키는 신이 모셔진 우타키(御嶽)나 그 외의 제사 장소에서 의례의 주도적인 역할을 담당하고 있는 것은 노로(ノロ)나 쓰카사(ツカサ) 등으로 불리는 여성이다. 남성 사제인 신주에 대해 여성 사제인 노로나 쓰카사 등의 존재는 류큐호 전역을 통해 보이는 명확한 공통점이다.

이는 류큐 왕국의 종교 정책에 기인한다. 1477년부터 1527년까지 재위한 쇼신왕(尚真王)은 국가적 규모로 여성 사제를 조직화하였다. 국왕의 자매(姉妹)를 기코에오기미(聞得大君)라 칭하여 왕국에서 가장 높은 지위의 사제로 두었다. 이를 정점에 두고 바로 그 아래에 오아무시라레(大アムシラレ)라 불리는 여성 사제 세 명을 두었다. 그리고 그 세 명에게 관할 지역을 나누어 주고, 아마미제도와 오키나와제도의 각지에 노로라고 하는 사제를 배치하였다. 노로는 오직 여성만이 될 수 있었으며 이들에게는 사령서(辭令書)와 토지를 지급하였다.[12]

---

12) 鳥越憲三郎, 『琉球宗教史の研究』, 角川書店, 1965, 314쪽. 高良倉吉, 앞의 책, 1987, 167~177쪽.

오늘날까지 알려진 사령서 중 가장 오래된 것은 1569년에 기카이지마(喜界島)의 아덴 노로에게 발급된 것이다. 다만 1667년 이후에는 노로 사령서가 발급되지 않았다.13) 아마미제도나 오키나와제도와는 달리 미야코제도와 야에야마제도에서는 각 전역을 관할하는 여성 사제 한 명을 두었을 뿐이다.14)

1879년 폐번치현(廢藩置縣)의 결과, 기코에오기미는 국왕을 대대로 계승해 온 "쇼가(尚家) 국왕 일가의 사적인 제사를 지내는 사적 무녀(巫女)로서 존재할 뿐"이었다. 또한, 기코에오기미에게 직속되어 "각 마을의 노로를 감독하는 임무를 맡았던 고급 여신관(女神官)인 오아무시라레"도 존재 의의를 잃고 그 직제와 제사장(祭司場) 등도 폐지되었다.15) 기코에오기미와 미히라(三平等) 오아무시라레가 폐지된 것은 폐번치현 5년 후인 1884년의 일이었다.16)

그러나 각 지역의 노로는 기코에오기미처럼 "정치적인 의미를 가진 존재는 아니었고, 일반 마을 사람들의 신앙생활과 밀접하게 관계한 존재였기 때문에 … 새로운 정치적 주권자를 대행한 현지사(縣知事)의 감독하"에 놓이게 된다.17) 노로의 취급에 대해 우여곡절이 있었지만 1910년 "우타키 예배소(御嶽拜所)는 … 신사와 동일한 취급을 받았고", 각지의 노로에게는 사록(社祿)으로 국채 또는 현금이 지급되었다. 이러한 과정을 거쳐 결국에는 "우타키 예배소는 정규 신사로 편입되고 노로 등의 여성

13) 高良倉吉, 위의 책, 1987, 50쪽.

14) 鳥越憲三郎, 앞의 책, 1965, 314쪽.

15) 高良倉吉, 앞의 책, 1987, 386쪽.

16) 宮城栄昌, 『沖縄のノロの研究』, 吉川弘文館, 1979, 153쪽.

17) 鳥越憲三郎, 앞의 책, 1965, 386쪽.

신관은 정규 신직(神職)으로 편입"할 방침이었다.[18] 그러나 그 방침은 결실을 거두지 못하였고, 노로는 각지의 '예배소 관리자'라는 명목으로 오늘날에 이르고 있다.[19]

즉, 메이지 정부는 국가 차원에서 류큐 왕국의 여성 사제 조직을 해체하였지만 각지의 노로 제도, 다시 말해 노로를 중심으로 한 사제 조직 및 촌락 제사에 관해서는 바꾸지도 없애지도 않고 '남겨두었던' 것이다. 이후에 바뀌거나 없어진 경우는 사회변화에 대응하는 촌락 구성원의 판단으로 이루어진 것이라고 이해해야 할 것이다.

이러한 역사적 배경으로 인해 아마미제도와 오키나와제도에서 촌락 제사의례의 주도적인 역할은 노로가 담당하고 있다. 또한, 노로 제도의 영향권 밖에 놓여 있던 미야코제도와 야에야마제도에서는 쓰카사라고 불리는 여성이 촌락 내지 촌락적인 제사의례를 담당하고 있다. 따라서 위와 같이 여성사제인 노로를 중심으로 살펴보면 류큐호는 크게 둘로 나눌 수 있다.

하지만 이는 그렇게 단순하지 않다. 어떤 관점에서 보느냐에 따라 그 양상은 더욱 복잡해지는 것이다. 우선, 노로나 쓰카사가 '세대적으로 어떻게 계승되는가'라는 점과 관련해서는 네 지역 모두 차이가 있다. 개략적으로 살펴보면, 아마미제도는 부계 가계[20], 오키나와제도는 부계 혈통[21], 미야코제도는 일정 나이가 된 사람들을 대상으로 한 오미쿠지(神籤)[22], 야에야마제도는 특정 혈통을 축으로 한 관계자들의 오미쿠지[23]

18) 위의 책, 1965, 597쪽.

19) 宮城栄昌, 앞의 책, 1979, 153쪽.

20) 津波高志, 앞의 책, 2012, 171~231쪽.

21) 津波高志, 『沖縄民俗社会ノート』, 第一書房, 1990, 182~186쪽.

등 네 지역 모두 서로 다르게 계승된다.

나아가 사제의 역할과 지위의 세대적 계승이라는 관점에서는 전임자의 사후 계승 혹은 생전 계승에 따라 크게 양분된다. 위에서 인용한 문헌들을 통해 밝혀진 바와 같이, 아마미 · 오키나와 두 제도에서는 전임자의 사후에 계승되는 반면, 미야코 · 야에야마 두 제도에서는 전임자의 생존 중에 계승된다.

또한, 노로 제도에 관해서는 사쓰마번의 침략으로 아마미제도가 류큐 왕국에서 분리된 점도 간과해서는 안 될 것이다. 위에서 기술한 것처럼 1667년 이후 노로에 대한 사령서는 발급되지 않았지만, 아마미제도의 노로는 그보다 전인 사쓰마번 직할령이 된 1609년 이후에 이미 발급되지 않았다.[24] 가령 아마미제도 각지의 노로가 주관적 관념 세계에서 왕국과의 관계가 계속되길 바란다고 하여도 제도적으로는 왕국과의 관계가 아닌 섬의 관행으로만 존속 혹은 소멸해 간 것이다.

그리고 미야코제도와 야에야마제도의 쓰카사나 우타키가 반드시 촌락과 정합성을 갖추었던 것은 아니었다는 측면도 등한시되어서는 안 될 것이다. 예를 들면, 나카마쓰 야슈(仲松弥秀)는 미야코제도와 야에야마제도의 "우타키는 마을을 구성하는 집단(원래는 하나의 마을이라고 생각됨)을 수호하는 신(鎭守)의 숲이라는 성격"을 가지고 있으며[25], "우타키마다 쓰카사"가 있었다고 한다.[26]

---

22) 平井芽阿里, 『宮古の神々と聖なる森』, 新典社, 2012.

23) 阿利よし乃, 『八重山諸島における女性神役の継承 - 波照間島と石垣島の事例から - 』, 琉球大学学術リポジトリ, 2013.

24) 高良倉吉, 앞의 책, 1987, 50쪽.

25) 仲松弥秀, 『神と村』, 梟社, 1990, 52쪽.

26) 위의 책, 1990, 50쪽.

덧붙이자면, 오키나와제도 중에서도 노로제도의 영향권 밖에 놓인 유일한 예외 지역이 있었다. 명나라 때 보낸 빈진산쥬로쿠세이(閩人三十六姓)가 사는 도에이(唐栄), 즉 현재의 나하시 구메마치(那覇市久米町)이다. 왕국 시대부터 공자묘가 있어 유교 교육의 메카가 되었다.

Ⅳ. 맺음말

류큐호의 여성사제에 관하여 개략적으로 살펴보았다. 각 지역 역사의 차이는 큰 틀에서 보이는 공통점 속에 새겨진 복잡한 차이에 있다. 그것을 고려하지 않고서는 류큐호의 문화, 오키나와 문화의 특징적인 요소로서 여성사제를 논할 수 없다.

여성사제는 단지 하나의 사례에 불과하지만 '하나를 보면 열을 알 수 있다'고도 한다. 다른 어떤 문화의 측면이나 요소를 다루더라도 여러 측면에서 지역의 차이를 충분히 배려할 필요가 있다.

각각의 지역차를 낳은 요인은 당연히 역사적 차이만은 아닐 것이다. 또 역사를 안다고 해서 문화의 모든 것을 알 수 있는 것도 아니다. 그러나 앞으로의 연구에서 중요한 한 가지 과제를 꼽는다면 역시 여러 측면에서 살펴본 역사를 강조해야 한다고 점이다.

쓰하 다카시(津波高志) | 류큐대학교
번역: 김윤환 | 한국해양대학교

류큐·오키나와의 항해 수호 신앙

Ⅰ. 머리말

일본 규슈(九州) 남단에서 타이완(台湾)까지의 해역에는 크고 작은 수많은 섬들이 흩어져 있는데, 그것들은 난세이 제도(南西諸島) 혹은 류큐코(琉球弧) 등으로 불린다. 늘어선 섬들은 약 1,200㎞에 달하며, 그 길이는 일본 혼슈(本州)에 필적할 만큼 장대하다. 난세이 제도 중에서 남쪽의 절반, 즉 아마미 제도(奄美諸島)·오키나와 제도(沖縄諸島)·사키지마 제도(先島諸島)를 포함한 영역은 과거 류큐 왕국(琉球王国)의 영토로서 시대에 따라 영향 관계의 변화는 있었지만 중국, 일본, 한반도 어디와도 다른 독자적인 정치권력에 의해 다스려져 그 안에서 독특한 문화를 형성해 왔다.[1)]

---

1) 오키나와의 역사에 대해 간략하게 설명하고자 한다. 류큐열도에 언제부터 인류가 살기 시작하였는지 아직 확실치 않지만, 현재까지 약 3만 2천 년 전의 것으로 보이는 인골이 출토되었다. 7~8세기 무렵에는 일본 측 기록 속에 류큐열도도 포함된다고 여겨지는 남방인 기술이 나온다. 본격적인 농경의 시작은 12세기 무렵으로, 이때부터 중국 대륙과의 교역, 호족의 출현, 돌담을 갖춘 구스쿠라 불리는 구조물의 건조가 보인다. 14세기에는 각지 호족의 세력 다툼 끝에 남산(南山), 중산(中山), 북산(北山)의 세 세력이 정립된다. 그 후 이

류큐 왕국의 왕성인 슈리성(首里城)의 정전에는 예로부터 범종 하나가 걸려 있었다. 그 범종에 새겨진 '만국진량(万国津梁)'이라는 문자는 "모든 나라들의 가교가 된다"라는 의미로, 무역입국 · 해양국가였던 류큐 왕국의 기개를 드러내고 있다. 또한 주위가 바다로 둘러싸인 자연 환경으로 인해 류큐 왕국의 외교와 국내 통치, 물류, 경제활동 심지어 일반 백성의 일상생활 등에서도 다양한 수준에서 항해가 필요했다. 하지만 과학기술이 발달하지 않은 시대에 바다에 나가는 일은 조난이나 죽음의 위험이 항상 동반되었다. 그러한 두려움을 이겨내기 위해 그리고 실제로 위험이 닥치는 것을 피하기 위해 사람들은 초자연적인 존재의 가호를 기원했다. 그런 의미에서 항해 수호 신앙은 해양국가로서 류큐 왕국의 존립을 정신면에서 지탱하고 있었던 것이다.

본론에서는 류큐 왕국에 어떤 항해 수호 신앙이 존재했으며 또한 현재의 오키나와에 존재하고 있는지에 대해 몇 단계로 나누어 개관한다. 이를 통해 류큐와 오키나와 사람들의 정신세계의 일단을 엿보는 한편, 그것이 계층별로 어떤 차이를 보이는지, 제도적으로 정비된 신앙과 민속적 신앙의 각각의 특징은 무엇인지에 대해 논하는 것을 목적으로 한다.

어진 항쟁의 결과, 15세기 전반에 삼산(三山)에 의해 통일되어 류큐 왕국이 성립하였다. 류큐 왕은 명(明) · 청(清)의 황제와 책봉관계를 맺고 조공무역을 하였는데 17세기에 들어서 일본의 사쓰마번의 침략을 받아 우여곡절의 결과, 19세기에 이르기까지 명청과 일본과의 사이에서 실질적인 양속상태에 놓이게 된다. 19세기에 일본에서 메이지유신(明治維新)이 일어나자, 그때까지의 양속상태를 고치기 위해 류큐 왕을 폐하고 오키나와현이 설치되어 일본국에 편입되었다. 그 후 일본은 태평양전쟁에 돌입, 1945년 패전을 계기로 오키나와는 일시적으로 미군정 하에 있었고, 1972년에 일본에 복귀되어 현재에 이른다.

Ⅱ. 왕부(王府)가 주도한 항해 수호 신앙

1. 왕이 직접 관여한 항해 안전 기원 의례

류큐 국왕은 조선 국왕 등 다른 동아시아 왕권과 마찬가지로 중국 황제와 책봉관계를 맺고 있었다. 국왕을 봉하기 위해 류큐를 방문한 책봉사는 삼산(三山) 시대부터 1866년까지 23회를 헤아리며, 류큐 측에서는 초기에는 일 년에 여러 번, 나중에는 2년에 한 번 꼴로 조공선을 파견하였다. 조공 시에는 실질적인 교역도 이루어졌는데 조공무역을 통해 류큐는 중국의 선진적인 문물을 받아들이는 동시에 문화적으로도 다양한 영향을 받았다. 또한 사쓰마번(薩摩藩)이 류큐를 침공한 이후, 류큐 왕국은 중국 황제의 책봉체제 아래 있으면서도 사쓰마번의 간접통치를 통해 일본의 막번체제 안으로 자연스럽게 편입되는 양속상태였다. 이러한 사정 때문에 중국과 일본 사이의 항해는 중국 황제의 책봉에 의한 왕권의 정통성 확보와 안전 보장의 면에서 왕부에게는 무엇보다 중요했다. 그 때문에 연중행사의 일환으로, 특히 조공선 출범 전에는 왕이 직접 슈리 주변의 성소(聖所)를 돌면서 공용 선박의 항해 안전을 기원하게 되었다.[2] 이를 상술하면 다음과 같다.

1) 벤가다케(弁ケ嶽)

벤가다케는 슈리성에서 1㎞ 정도 떨어진 동쪽의 작은 봉우리에 있다. 류큐 재래의 성지인 '우타키(御嶽)'[3]의 하나로 빈누우타키라고도 불린다.

---

2) 豊見山和行, 「航海守護神と海域－媽祖 · 観音 · 聞得大君」, 『海のアジア 5 越境するネットワーク』, 岩波書店, 2001, 191쪽.

벤가다케는 슈리에 있는 우타키 중에서 가장 신성이 높은 우타키로서 봉우리 전체가 성지로 간주된다(사진 1).

〈사진 1〉 벤가다케의 문

벤가다케는 우후타키(大嶽)와 구타키(小嶽)로 나누어지며, 우후타키(大嶽, 弁之大嶽-빈누우후타키)는 구다카지마(久高島)를 향한 요배소(遙拝所), 구타키(小嶽, 弁之小嶽-빈누구타키)는 세후우타키(斎場御嶽)를 향한 요배소였다고 한다.[4] 벤가다케

〈사진 2〉 벤가다케 정상에서 본 슈리성과 동중국해

---

3) 오가미산, 숲, 구스쿠, 우간, 온, 스쿠 등으로 불리는 성지의 총칭. 우타키라고 호칭된 성지를 『琉球国由来記』를 통해 보면, 마을을 수호하는 신령신(祖霊神), 도립신(島立神), 도수호신(島守護神)과 축복을 가져오는 니라이카나이신, 항해수호신 등과 관계된 성지에 한정되어 있는 듯하다. 그 대부분은 혈연적인 고대 마키요와 하카 부락에서 보인다. 특히 왕부 관련 항해 수호를 겸한 우타키는 헤도(辺戸)의 아스무이(安須森), 나키진(今帰仁)의 구보다케(久芳嶽), 이헤야(伊平屋), 구메지마(久米島), 게라마(慶良間)에서 보이며, 해양을 멀리 바라볼 수 있는 산 정상에 설치되어 있다. 仲松弥秀, 「御嶽」, 『沖縄大百科事典』 上巻, 沖縄タイムス社, 1983, 294쪽.

4) 세우하우타키(斎場御嶽)와 구다카지마(久高島)는 오키나와 본섬 남부 치넨 반도(知念半島, 현재 난조시 치넨)와 그 건너편에 위치하고 있다. 세우하우타키는 류큐 최대의 영지(霊場)로 왕국의 최고 신녀인 기코에오오기미의 취임식 '오아라오리(御新下り)'에서 중요한 의례가 행해지는 장소였다. 또한 구다카지마는 류큐의 창세신 마마미키요가 이 세상에 처음으로 내려와서 나라를 만들기 시작한 장소인 동시에 류큐의 곡물 발상지로도 전해지고 있으며, 왕국 초기에는 국왕이 직접 섬으로 건너와 신에게 의례를 행하였다. 두 곳 모두 류큐 왕국에 있어 왕가의 정통성을 뒷받침하면서 국가의 번영을 기원하는 중요한 성지였다. 또한 난조시 일대는 왕도 슈리에서 보았을 때 태양이 떠오르는 동쪽에 있었기 때문에 류큐 왕국 시대부터 '아가리우마이(東御廻り)'라 불리는 성지순례가 이루어지던 지역으로 현재도 많은 사람들이 성지순례를 하고 있다.

는 표고 165m에 있는 오키나와에서 가장 높은 봉우리의 하나로 멀리서도 잘 보였다(사진 2).

전전(戦前)에는 고목이 우거진 울창한 숲이었으며 푸르른 봉우리는 해상을 지나는 배의 항해의 표적이 되었다고 한다. 류큐 왕국 시대에는 일 년에 세 번 벤가다케에서 국왕이 의례를 행하여 항해 안전을 포함한 국가의 안녕과 풍년 등을 기원했다. 조공선 출항 전에도 국왕이 직접 방문하여 항해의 안전을 기원했다고 한다.

2) 슈리관음당(首里観音堂)

류큐 시대에는 관음이 항해수호신으로 활발하게 믿어졌다.[5] 17세기 초반에는 왕도 슈리와 교역항이었던 나하(那覇)의 많은 불사에 관음이 모셔져 있었다. 특히 중국과 일본으로 여행을 떠날 때에 항해 안전을 기원하는 대표적인 절로 슈리관음당이 있었다. 슈리관음당은 임제종(臨済宗, 린자이슈) 묘심사파(妙心寺派, 묘신지하)에 속하는 사원으로, 정식 명칭은 자안원(慈眼院, 지겐인)이며, 오키나와 제일의 관음 신앙의 성지이다. 그 창건은 류큐의 역사와 깊은 관계가 있다. 게이쵸(慶長) 14년(1609년) 사쓰마 침공으로 의해 류큐는 사쓰마번의 간접 통치하에 들어갔으며, 이때 사쓰마번에 인질로 왕족과 왕부 고관을 보내는 것이 의무화되었다. 1616년 국왕의 넷째 아들 사시키(佐敷) 왕자(후에 쇼호왕-尚豊王)가 인질의

5) 1603-1606년까지 류큐에 체재한 정토종(浄土宗) 승려 다이추 쇼닌(袋中上人)이 기록한 『류큐신도기(琉球神道記)』에는 당시 류큐에 있던 관세음보살(観世音菩薩)의 도장으로 소겐지(崇元寺), 지온지(慈恩寺), 고토쿠인(五徳院), 류쇼지(竜翔寺), 다이토쿠지(大徳寺), 세이라이인(西来院), 세이타이지(清泰寺), 게이린지(桂林寺), 후쿠주지(福寿寺) 등이 있었고, 천수관음(千手観音)의 도장으로 료가지(楞伽寺), 센주인(千住院)이 있었다고 한다. 弁蓮社袋中, 原田禹雄 訳注, 「琉球神道記」, 『琉球神道記 · 袋中上人絵詞伝』(全二册), 榕樹書林, 2001, 121, 125쪽.

한 명으로 사쓰마로 보내질 때, 아버지 쇼큐왕(尙久王)은 아들의 무사 귀환을 천수관음보살에게 기원하며 왕자가 무사히 귀환하는 날에는 사원을 세워 모실 것을 서원하였다. 후에

〈사진 3〉 슈리관음당에 모셔져 있는 천수관음상

왕자는 류큐로 무사히 귀국하게 되었고, 쇼큐왕은 약속한대로 슈리의 만세령(萬歲嶺-반자이레이)이라는 언덕에 관음당을 세우고 천수관음을 봉안하고 그 남쪽에 자안원을 건립했다(1618년)(사진 3). 만세령은 고지대인 슈리에서도 한층 높은 장소에 있어서 그곳에서는 나하의 마을과 항구, 나하의 바다를 오가는 배가 잘 보였기 때문에 항해의 안전을 기원하는 장소로도 이상적이었다. 1645년부터는 류큐 국왕이 직접 국가의 안전과 선박의 항해 안전을 기원하기 위해 참배하게 되었다.[6)]

3) 벤자이텐당(弁財天堂)

슈리성 부근에도 항해 안전을 기원하는 종교시설이 있었다. 슈리성

6) 관음신앙은 왕부와 관계가 깊은 슈리와 나하 뿐만 아니라 농촌과 본섬 주변 낙도로도 퍼져나갔다. 오랜 역사를 가진 것으로는 나고시(名護市) 구시(久志)의 관음당, 아구니지마(粟国島) 하마지구(浜地区)의 관음당, 난조시(南城市) 오우지마(奥武島)의 관음당 등을 들 수 있다. 또한 미야코(宮古) · 야에야마 제도(八重山諸島)에도 관음당이 세워졌다. 미야코지마에서는 1699년 이 섬의 주항인 하리미즈항(張水港, 현재의 히라라항-平良港)에 근접한 장소에 관음당이 세워져 이후 미야코지마의 관음신앙의 거점이 되었다(豊見山和行, 앞의 논문, 2001, 192쪽). 한편, 야에야마 제도에서는 18세기 초반부터 이시가키지마(石垣島)에 있는 도린지(桃林寺)에서 십일면관음(十一面観音)이 항해수호신으로 믿어지고 있었다(豊見山和行, 위의 논문, 2001). 1742년에는 이시가키지마의 후사키(富崎)에 관음당이 건립되었다.

〈사진 4〉 벤자이텐당

정전(正殿)에서 200m 정도 떨어진 북쪽에 위치한 원각사(円覚寺, 엔가쿠지)의 정면 원감지(円鑑池, 엔칸치), 그 안에 세워진 벤자이텐당이 그것이다(사진 4).

본래 이 건물은 조선 국왕이 보내온 불교 경전을 보존하기 위한 것이었다. 쇼토쿠(尚德) 7년(1467년) 조선 국왕이 류큐국에 대장경을 보내왔고, 쇼토쿠 26년(1502년)에 원감지가 만들어져 그 안에 당을 세워서 대장경을 보관했다.[7] 그러나 반레키(万歷) 37년(1609년) 사쓰마 침공을 받아 대장경은 건물과 함께 잿더미가 되었고, 그 후 벤자이텐상(弁財天像)을 모시는 시설로 재건되었다고 한다.[8] 그리고 1681년 이후에는 매년 정월과 5월, 9월에 국왕이 성지와 종교시설을 순례하여 봉행할 때 코스에 편입되어 벤자이텐당에서도 국토 안녕을 기원하게 되었다.

4) 후텐마궁(普天間宮)

후텐마궁은 류큐팔사(琉球八社) 가운데 하나로 꼽히는 영험한 신사이다.[9] 창건은 그 옛날 후텐마의 동굴에서 류큐 고대 신도의 신을 모신

7) 島尻勝太郎, 「方册藏経」, 『沖縄大百科事典 下巻』, 沖縄タイムス社, 1983, 445쪽.

8) 17세기 초 이후 왕부의 내부개혁의 여파로 벤자이텐(弁財天)의 공덕이 선전되었고, 벤자이텐이 기존의 신녀 조직을 중심으로 하는 종교정책에 편입되면서 17세기 중엽에는 류큐 제일의 수호신=벤자이텐설이 활성화되었다고 한다. 이러한 상황 속에서 기코에오오기미(聞得大君聞得, 후술)와 벤자이텐이 동일시되었기 때문에 벤자이텐에 항해신으로서의 공덕이 부여되었을 가능성을 지적하고 있다. 木村淳也, 「琉球の守護神・航海神としての「弁財天」 - その重奏と変奏を薩琉関係からよむ - 」, 『立教大学日本学研究所年報』 12号, 立教大学日本学研究所, 2014, 50쪽.

것에서 시작되어, 쇼킨푸쿠왕(尚金福王)에서 쇼타이큐왕(尚泰久王) 시대(15세기 중반)에 구마노곤겐(熊野權現)을 합사하였다고 전해진다. 또한 전해지는 유래에 따르면 옛날 슈리도원(首里桃原)에 여신이 출현하여 후에 후텐마의 동굴로 들어갔다. 그 후 동굴에서 신선이 나타나서 "나는 구마노곤겐이다"라고 하였다고 한다(사진 5).[10] 유래에 관해서는 이 외에도 다양한 후텐마 관현 설화가 있으며, 그 중에는 천비(天妃, 媽祖-마소)와 같은 이야기도 있기 때문에[11] 항해수호신으로서의 성격도 가지고 있었다는 것을 엿볼 수 있다. 슈리에서 북서쪽으로 15㎞ 정도 떨어진 장소(현 기노완시-宜野湾市)에 위치한 후텐마궁이지만 예전에는 슈리에서 후텐마궁으로 가는 길이 정비되어 있어서 매년 9월에 국왕이 직접 후텐마를 참배하였다고 한다.

〈사진 5〉 후텐마궁 동굴 내부

5) 스에요시궁(末吉宮)

현재 나하시 슈리 스에요시(末吉)에 있는 스에요시궁도 국왕이 직접 참배한 코스에 포함되어 있었다(사진 6). 1648년에 만들어진 『류큐신도

9) 류큐 왕국에 의해 관리되던 유서 깊은 신사를 의미한다. 팔사는 아래와 같다. 긴궁(金武宮, 国頭村金武-구니가미손 긴), 후텐마궁(普天満宮, 宜野湾市 普天間-기노완시 후텐마), 아메쿠궁(天久宮, 那覇市泊-나하시 도마리), 나미노우에궁(波上宮, 那覇市若狭-나하시 와카사), 오키노궁(沖宮, 那覇市奥武山-나하시 오우노야마), 아사토하치만궁(安里八幡宮, 那覇市安里-나하시 아사토), 시키나궁(識名宮, 那覇市繁多川-나하시 한타가와), 스에요시궁(末吉宮, 那覇市首里末吉町-나하시 슈리 스에요시쵸).

10) 후텐마궁(普天間宮) 입구의 안내문 '후텐마궁약기(普天間宮略記)'에서 인용.

11) 弁蓮社袋中, 原田禹雄 訳注, 앞의 책, 2001, 169쪽.

〈사진 6〉 스에요시궁

기(琉球神道記)』에 의하면 류큐 제7대 국왕 쇼타이큐 시대에 천계사(天界寺, 텐카이지)의 전 주지였던 가쿠오 오쇼(鶴翁和尚)가 일본에 수행에 갔을 때 구마노(熊野)를 향해 "제가 학문을 성취하면 귀국하여 본의를 이룬 뒤에 참배하겠습니다"라고 기원하였는데, 귀국한 뒤 여러 번 왕부에 탄원하여 꿈에서 계시 받은 대로 창건이 실현되었다.[12] 스에요시궁도 류큐팔사 중 하나이다.

6) 시키나궁(識名宮, 시키나구)

시키나궁은 나하시 한타가와(繁多川)에 있다. 후텐마궁과 마찬가지로 동굴이 성지가 되었다. 『유로설전(遺老說伝)』에 따르면, 옛날 시키나무라(識名村)에 한밤중에 광명이 보여 찾아보니 동굴 안에서 석신(석체) 하나가 발견되어 그것을 모시니 영험하였다. 당시 류큐 제5대 국왕 쇼겐(尚元)의 장남이 병을 앓고 있었는데, 그 질병이 완치되는 영험을 보았다하여 시키나궁으로 모셔지게 되었으며 그 뒤 동굴 밖에 신전을 세웠다고 한다.[13] 한편,

〈사진 7〉 시키나궁

12) 弁蓮社袋中, 原田禹雄 訳注, 위의 책, 2001, 169~170쪽.

13) 嘉手納宗徳編訳, 『球陽外巻 遺老説傳:原文読み下し』, 沖縄文化史料集成 6, 角川書店, 1978, 163쪽.

『류큐신도기(琉球神道記)』에는 유래는 분명하지 않지만 구마노곤겐(熊野權現)인 것으로 적고 있다.[14] 시키나궁도 류큐팔사 중 하나이며 조공선의 출범 전에 국왕이 직접 방문하여 항해 안전을 기원했다고 한다(사진 7).

2. 신녀 조직에 의한 항해 수호 의례

류큐 왕국에서는 남성 중심의 관료 조직이 나라의 정치를 맡는 한편, 여성 중심의 신녀 조직은 종교적 측면을 맡고 있었다. 신녀 조직은 국왕의 자매와 왕비 등이 취임한 최고위 '기코에오오기미(聞得大君)'를 정점으로 왕족 여성들로 구성된 고급신녀인 '기미(君)'와 하급 노로를 총괄하는 미히라(三平等)인 '오오아무시라레', 고급사제인 '오오아무' 그리고 지역의 세가 출신으로 각 지역의 의례를 담당하는 '노로'로 구성되어 왕국 전역을 커버하는 조직을 이루고 있었다(그림 1). 신녀들은 매일 국왕의 건강과 나라의 안녕을 기원하였고 농경의례를 비롯한 각지의 연중행사에 참여하여 국가의 번영을 기원하였다(사진 8).

〈사진 8〉 노로의 촌락제사

14) 弁蓮社袋中, 原田禹雄 訳注, 앞의 책, 2001, 167쪽.

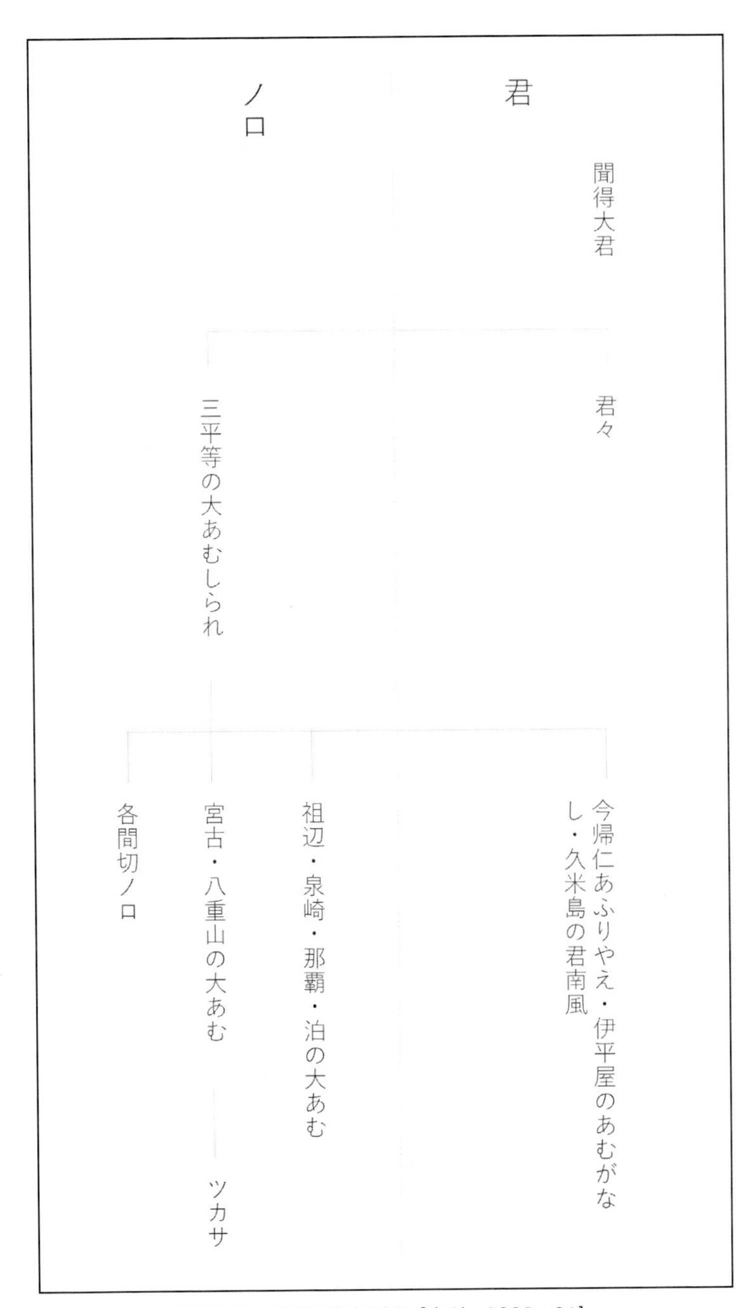

〈그림 1〉 신녀조직의 개요 [高梨 2009 : 21]

1) 항해수호신으로서의 기코에오오기미(聞得大君)

기코에오오기미가 매일 행하는 의례 중에 외치는 '聞得大君御殿毎日之御たかべ'[15] 중에는 "당으로 가는 배, 오는 배. 야마토로 가는 배, 오는 배. 섬들 여러 나라로 가는 배, 오는 배. 평안하고 무사하여라, 평안하고 무사하여라"라는 구절이 있다. 이는 중국과 일본, 그 외 류큐의 섬들을 포함하여 해상을 왕래하는 모든 선박의 안전을 기원하는 내용으로 되어있다. 그런 점에서는 기코에오오기미는 모든 류큐 선박의 항해를 국가 차원에서 정신적으로 수호하고 평안 무사를 기원하는 제사자였음을 나타내고 있다.[16]

항해 수호자로서의 기코에오오기미의 존재는 표류와 난파 등 선박에 위기가 닥쳤을 때 더욱 명료해졌다. 예를 들어 1819년, 류큐에서 사쓰마로 사신으로 파견된 운텐아지쵸에이(運天按司朝英)의 사례가 있다.[17] 운텐 일행은 7월 15일 나하 항을 출발하여 도중에 바람을 기다리기 위해 오키나와 본섬 북부의 운텐(運天) 항에 기항하고 있었는데, 세 차례 출항을 시도하였다가 드디어 8월 27일에 순풍을 만나 외양으로 나왔다. 그런데 이오토리시마(硫黄鳥島) 근해에서 맹렬한 비바람을 만나 돛이 손상되어 침몰을 피하기 위해 화물을 포기하였다. 8월 30일, 선원 전원이 머리카락을 잘라 하늘에 기도하였지만 풍파는 격렬하기만 하였다. 그래서 9월 1일 운텐은 향을 피우고 기코에오오기미 어전을 향해 망배하고 "배 위의 모두는 기코에오오기미의 신우에 의해 무사 귀국할 수 있다면 류히(龍樋)의 물을 전 앞에 헌상하자"라고 기원했다. 여기서 류히는 슈리에

15) 『聞得大君御殿并御城御規式之次第』, 琉球大学付属図書館所蔵.

16) 真栄平房昭, 「近世琉球における航海と信仰 -「旅」の儀礼を中心に -」, 『沖縄文化』 第28号 1巻(通巻77号), 沖縄文化協会, 1993, 6쪽.

17) 이하 運天按司朝英의 사례는 豊見山和行, 앞의 논문, 2001, 194~195쪽을 참조.

있는 우물을 말한다. 그러나 다음날이 되어도 날씨가 회복하지 않았기 때문에 운텐은 이번에는 후텐마곤겐(普天間権現)에게 망배하고 무사귀환할 수 있다면 7일간 참배하고 분향하겠다고 기원했다. 9월 5일에는 풍랑이 더욱 맹위를 떨쳤기 때문에 돛대를 절단하여 배의 전복을 방지하였다. 배는 마침내 표류하게 되었다. 9월 8일 운텐은 다시 향을 피워 벤자이텐(弁財天)에게 망배하며 구명을 기원하고, 다음날에는 천존(天尊, 텐손)에게 망배하며 무사히 귀국하는 날에는 종일 분향하겠다고 기원하였다. 9월 17일이 되자 겨우 날씨는 회복되었지만, 돛을 잃은 배는 바다를 전전해 결국 9월 24일에 요나구니지마(与那国島)에 표착하여 구조되었다고 한다. 이처럼 항해 중 위기 시에는 여러 신들에게 조력을 기원하였는데 기코에오오기미도 여러 신들과 같이 동렬의 기원 대상이었던 것이다. 조난 시에 기코에오오기미의 어전을 향해 망배하고 기원하는 것은 류큐 선박뿐만 아니라 사쓰마번과 류큐국을 왕래하는 야마토 선박도 마찬가지였는데, 무사히 고난에서 벗어난 야마토 선박의 선장들이 후에 류히의 물을 기코에오오기미 어전에 헌상하였다는 사례가 사료 여러 곳에서 발견된다.[18](사진 9)

〈사진 9〉 슈리성 내의 우물

18) 豊見山和行, 위의 논문, 2001, 198쪽.

2) 미히라(三平等)의 기원(御願)

기코에오오기미 이외의 신녀도 항해 안전을 기원하는 의례에 관계하였다. 예를 들어 중국으로 조공선이 파견되는 경우에는 '미히라의 기원'이라는 의례가 열렸다.[19] 조공선의 경우, 고위 관직자에서 말단의 승조원까지 승선자는 총 200여 명에 이르는데, 미히라의 기원에는 일동 모두가 출석했다고 한다. 승조원들은 먼저 기코에오오기미가 있는 기코에오오기미 어전을 방문했다. 기코에오오기미 어전 앞뜰에 일동이 착석하면 기코에오오기미가 제사용 흰색 의상을 입고 모습을 드러낸다. 다이쿠리(大庫裏)는 기코에오오기미가 모시는 네 종류의 향로와 불의 신을 안치한 방인데, 그곳에 기코에오오기미가 나타나 '미오스지노오마에(美御すじ御前)'라는 향로 옆에 마련된 자리에 앉는다. 일동이 헌상한 공물을 다이쿠리 담당 여관이 향로와 불의 신에게 바치고 기원하면, 승무원 일동은 앞뜰에서 정중하게 배례를 반복한다. 배례가 끝나면 돗자리를 미오스지노오마에의 정면에 깔고 어렴(御簾)을 내리고, 기코에오오기미는 색이 있는 의상으로 갈아입고 자리에 앉는다. 승조원으로부터 축하 선물이 헌상되고 기코에오오기미는 술을 따라 일동에게 준다.

미히라의 기원의 후반은 공용의 여행을 떠나는 사람들이 슈리의 세 지역을 순례하는 의례이다. 류큐 왕국 시대, 왕도 슈리는 하에누히라(南風之平等), 마지누히라(真和志之平等), 니시누히라(西之平等)의 세 개의 행정구역으로 나누어져 있었고, 각각 고급 신녀인 슈이오오아무시라레(首里大あむしられ), 마칸오오아무시라레(真壁大あむしられ), 시부오오아무시라레(儀保大あむしられ)가 관할하고 있었다. 승조원들은 각각의 구역의 전지(殿地,

19) 이하 '三平等の御願에 관해서는 高梨一美, 「航海の守護 - 琉球王国の祭司制度の一側面 - 」, 『文化史の諸相』, 吉川弘文館, 2003, 182~185쪽 참조.

오오아무시라레의 거주지)를 돌면서 그곳에 모셔져 있는 불의 신에 참배하였던 것이다. 원주(願主)가 선향(仙香)과 화미(花米), 술 등의 공물을 지참하여 전지의 불의 신 앞에 바치고 기원하면 원주 일동이 배례하였다. 그것이 끝나면 오오아무시라레로부터 다과 접대가 있었다고 한다. 그 후 배가 나하 항을 출항하여 다시 무사히 귀항했을 때는 오오아무시라레가 슈리의 고지대 선단에서 나하 항이 내려다보이는 관음당에 가서 환송과 환영의 기원을 했다고 한다.

3) 신녀 조직의 네트워크

기코에오오기미와 오오아무시라레 뿐만 아니라 다양한 지역의 신녀도 항해의 기원에 관여했다. 앞서 기술한 바와 같이 조공선의 승조원들은 전원이 미히라의 기원을 행하였는데 그 중에서도 외교, 무역의 실무담당자와 선장 이하의 항해사와 선원 등은 나하에서 별도의 기원을 하였다고 한다. 예를 들어 하급승무원의 대표자(사공, 총관. 잡역부)는 나하의 세 지역인 소헨(祖辺) · 이즈미자키(泉崎) · 나하(那覇)의 노로의 전 안을 순례하며 각 지역의 담당 사제인 '오오아무'를 통해 불의 신에게 항해안전을 기원했다. 출항 시 세 명의 오오아무는 항구의 선단에 지어진 미구스쿠(三重城)에 가서 서쪽을 향해 항해의 무사를 기원했다고 한다.[20) 나하 항을 출항한 조공선은 본섬 서해상의 게라마(慶良間) 제도와 구메지마(久米島)를 표적으로 항해했는데, 구메지마에서도 배가 나하 항을 출발한 시간을 가늠하여 구메지마의 신녀 기미하에(君南風)[21)와 노로들이 각

20) 高梨一美, 위의 논문, 2003, 187쪽.

21) 전근대의 범선 항해에서는 바람이 가장 중요했다. 복주(福州)로 향하는 배는 겨울의 북풍을 이용해서 음력 9월부터 1월까지 나하를 출항했다. 순풍이 없는 경우에는 자마미지마(座間味島)의 아고노우라(阿護の浦), 또는 구메지마(久米島)의 가네구스쿠(兼城)에 정박

각의 참배소에서 조공선의 항해 안전을 기원했다고 한다.[22](사진 10) 다시 말해 조공선이 나하 항을 출항할 때는, 미히라의 오오아무시라레는 슈리의 관음당에서, 나하의 오오

〈사진 10〉 구메지마의 기미하에 참배소

아무는 나하 항에서, 구메지마의 기미하에와 노로들은 구메지마의 참배소와 우타키에서 같은 시각에 같은 선박을 위해 기원했던 것이다. 이처럼 각 지역을 주관하는 신녀를 연결함으로써 왕국의 공용 선박의 항해를 수호하는 네트워크가 형성되어 있었던 것이다.[23]

3. 개인과 친족 층위의 항해 수호 의례

개인과 친족 층위의 항해 수호 의례에 대해 간단히 살펴보자. 『가덕당규모장(嘉德堂規模帳)』 속에 규정되어 있는 당으로 떠날 때의 여행 기원 의례 수순은 다음과 같다.[24] 먼저 여행을 떠나기 전에 길일을 잡아서

하여 바람을 기다렸다. 순풍이 오면 4, 5일 만에 단번에 바다를 건넜다고 한다(渡口真清, 「渡唐の航程」, 『沖縄大百科事典 中巻』, 沖縄タイムス社, 1983, 951쪽). 귀국 시에도 구메지마(久米島)·게라마 제도(慶良間諸島)를 목표로 항해했다. 구메지마 봉화대에는 파수꾼이 있어서 귀국하는 배를 발견하면 봉화를 올렸다. 봉화는 도나키지마(渡名喜島), 자마미지마(座間味島), 오로쿠(小禄)로 차례로 이어져 조공선이 돌아온 것을 슈리에 전했다(渡口真清, 위의 논문, 1983, 951쪽). 또한 나하에서 사키시마(先島. 미야코지마, 이시카키지마)로 향하는 경우에도 항구를 나서면 일단 구메지마를 목표로 서진하고 그 후에 사키사마를 향해서 남하하는 항로를 이용했다. 이처럼 구메지마는 류큐 왕국 시대의 해상 교통의 요충지이며, '기미하에(君南風)'는 구메지마에 있어서 특별한 사제였다.

22) 高梨一美, 앞의 논문, 2003, 187~188쪽.

23) 高梨一美, 위의 논문, 2003, 188쪽.

불의 신과 관음, 선조의 영전에 여행의 평안을 기원한다. 승선일 4, 5일 전에는 대종(大宗, 本家)에 분향하여 승선 예정일을 고하고 배례하며 그 외의 분향소를 찾아 여행 인사를 한다. 승선 당일에는 불의 신, 관음, 선조의 영전에 분향하여 오늘 승선할 것을 보고하고, 가족과 잔을 교환하며 여행의 평온을 기원한다. 여행에서 무사히 귀환하면 그날 중에 불의 신, 관음[25], 선조의 영전에 분향하여 무사히 공무를 마치고 돌아온 것을 보고하고 배례한다. 대종가(大宗家) 이외의 분향 의례와 귀임 보고는 5일 이내에 마쳐야 한다고 한다. 이처럼 당으로 가는 관료는 국가 층위의 기원 의례와는 별도로 개인적으로도 항해 안전을 기원하는 의례를 행하고 있었는데, 그 대상은 불의 신 등과 같은 집안의 신과 역대 선조에까지 이르렀다. 무사 귀환을 바라는 마음은 당으로 떠나는 관료의 가족과 친족도 같았기 때문에 여행자의 생일과 길일 등에 가족과 친족이 모여서 항해 안전을 신에게 기원하고 '여행 춤'을 추며 북을 두드리면서 밤 새워 노래를 부르는 관습이 있었다고 한다.[26] 이것은 일종의 주술적인 행위로 볼 수 있다. 죽음의 위험이 동반된 여행을 목전에 두고 온갖 영적 존재의 가호를 얻으려 하거나 초자연적인 힘을 통해 여행자를 지키려 노력했던 것을 엿볼 수 있다.[27]

24) '旅立并帰帆之事'의 내용은 真栄平房昭, 앞의 논문, 1993을 참조했다.

25) 『嘉徳堂規模帳』은 구닌다(久米村) 테이우지(鄭氏) 이케미야구스쿠케(池宮城家), 도래계 류큐인의 집에 전하는 책이기 때문에 여기서 말하는 '관음'은 천비신앙, 즉 마조신앙과의 습합일 가능성을 생각할 수 있다. 真栄平房昭, 위의 논문, 1993, 9쪽.

26) 真栄平房昭, 위의 논문, 1993, 10쪽.

27) 다만 이러한 관료의 가족, 친족 층위에서의 민속적인 의례는 1667년에 교부된 '旅行衆之祝儀定' 등으로 점차 금지되었다고 한다. 真栄平房昭, 위의 논문, 1993, 10쪽.

Ⅲ. 촌락 층위의 항해 수호 신앙

앞장까지의 내용을 통해 류큐 왕국 시대에는 공용 선박에 한해서도 다양한 항해 수호 신앙이 있었던 것이 명확해졌다. 그러나 류큐가 일본에 편입되면서 류큐 왕국은 멸망했고 그것을 계기로 류큐에서 중국과 일본으로 향하는 공용 선박 파견의 필요성이 없어졌다. 동시에 왕국을 종교적인 면에서 지탱하고 있던 신녀 조직도 해체되었기 때문에 왕부가 주도하던 항해 수호 신앙은 필연적으로 쇠퇴해 갔다. 한편, 신녀 조직의 해체에도 불구하고 촌락 층위의 항해 수호 신앙은 존속되었다. 왕부가 주도했던 항해 수호 관련 신앙과 의례가 중국과 일본으로 향하는 공용 선박의 안전 기원을 목적으로 하고 있었다면, 촌락 층위에서 행해진 항해 수호와 관련된 신앙과 의례는 어업과 교통 등 생활과 밀착된 선박 항해 안전을 목적으로 하였다. 또한 이러한 촌락 층위에서 이루어진 항해 수호와 관련된 의례는 풍어와 마을 번영과 같은 마을 주민에게 있어 중요한 바램과 불가분하게 결합하면서 실행되었다는 특징이 있다. 이하에서는 오키나와현(沖縄県) 난조시(南城市) 다마키(玉城) 오우지마(奥武島)에서 매년 열리고 있는 오우지마 해신제를 사례로 들어 논해보도록 하자.

1. 조사지 개황

오우지마는 난조시 성립(2006년) 이전인 다마구스쿠손(玉城村) 시절에는 촌내(村内) 최대의 인구를 수용하고 있었다. 1970년 시점에 200여 세대, 인구는 천명이 넘었다.[28] 2018년 12월말 현재, 섬의 인구는 360세대, 인구 936명(남성: 476명, 여성: 460명)이다.[29] 앞서 기술한 것처럼 섬의 토양이 농업에 적합하지 않기 때문에 농지는 섬 건너편의 본섬 측, 시켄바루(字志堅原)와 시나카야마(字中山), 시타마키(字玉城)에 흩어져 있어서,[30] 다리가 없던 시절 섬사람들은 배로 경작하러 다녔다고 한다. 그러나 그것만으로는 먹고 살기에는 부족하여 특히 남성들 가운데는 어업에 종사하는 사람이 많았다. 1950년 이전까지는 섬의 대부분의 남성이 어업에 종사하여 약 3분의 1이 전업 어업자였으며, 겸업하는 사람들의 생계도 약 70%가 어업에 의해 성립하고 있었다고 한다.[31] 그 후 점차 어업 종사자의 수는 줄어들고 대신 최근에는 제2차 산업, 제3차 산업 종사자가 증가하고 있다. 어업 종사자 중에서도 바다포도와 파래 양식업에 종사하는 사람이 늘어나고 있다. 더욱이 최근에는 오우지마를 방문하는 관광객이 늘어나면서 이에 따라 관광객을 대상으로 하는 음식점과 소매업, 숙박업소도 증가하는 추세여서 섬 경제에서 관광객의 중요성이 커지고 있다.

2. 오우관음당(奥武観音堂, 오우칸논도)의 유래

오우지마 중심부 언덕 기슭에는 오우관음당이 세워져 있다(사진 11). 오우지마는 난조시 안에서도 민속행사가 많이 남아있는 섬으로 알려져 있으며, 촌락 층위에서도 연간 수십 회의 연중행사가 행해지고 있는데[32]

28) 金城繁正, 『玉城村誌』, 玉城村役場, 1977, 718쪽.

29) 난조시(南城市) 홈페이지에서 인용.

30) 『字誌』編集委員会, 『奥武島誌』, わらべ書房, 2011, 174쪽.

31) 『字誌』編集委員会, 위의 책, 2011, 139쪽.

32) 자세한 내용은 伊藤芳枝, 「沖縄県玉城村奥武の聖地と年中行事」, 『山口女子大学文學部紀要』, 山口女子大学, 1992 참조.

대부분의 행사에서 처음 의례가 행해지는 곳이 오우관음당이다. 촌락의 연중행사 외에도 도민이 여러 가지 이유로 개인적으로 참배 오는 경우도 많다. 또한 오우관음당 주변에는 나카노타케(中之嶽), 나키진우타키(今帰仁御嶽), 오우구스쿠(奥武グスク), 다카라구스쿠(タカラグスク) 등 성지가 점재되어 있어서 오우지마 전체에서도 이 일대가 특히 신성한 장소로 여겨지고 있는 것을 알 수 있다.

〈사진 11〉 오우지마 관음당

오우관음당에는 다음과 같은 이야기가 전해진다. 17-18세기 무렵, 한 척의 당나라 배가 풍랑을 만나 오우지마에 표착했다. 선원들이 낯선 섬에 상륙하는 것을 주저하고 있었는데 섬의 산 위에 백의를 입은 미녀가 나타나 손짓을 했기 때문에 '하늘의 도움'이라고 기뻐하며 상륙했다. 그러자 섬 주민들이 모여들어서 선원들을 극진히 보호했다. 선원들은 도민의 지원에 깊이 감사하였고 도민의 협력을 얻어 배를 군나토(小港)의 바위에 정박시켰다.[33] 선박 수리를 마친 선원들은 고향으로 돌아가게 되었고 이전 백의의 미녀가 나타났던 산에 들어가서 "우리들은 이제 귀국합니다. 무사히 귀국할 수 있도록 지켜주십시오. 무사 귀국하게 되면 부처님을 이 땅에 모시겠습니다"라고 기원하고 귀국하였다. 그 후, 선원들이 류큐 왕부를 통해 오우지마에 황금 관음상 일체(一體)와 불구 세트를 보내 왔기 때문에 당을 건립하여 관음상을 안치하게 되었다. 왕국

33) 이 바위는 '미시라기'라고 불리며 현재도 남아있는데 후술하는 바와 같이 해신제 행사와도 깊은 관련이 있다.

시대에는 왕부가 공물을 담당하였지만 그 후에는 오우 마을의 소유가 되었기 때문에 세가인 우후야(大屋)에서 담당하고 있다고 한다.[34]

3. 오우지마 해신제(奥武島ハーリー, 오우지마 하리)

전술한 바와 같이 오우지마에서는 연간 수많은 행사가 행해지는데 음력 5월 4일에 열리는 '오우지마 해신제'는 1년간의 항해 안전과 풍어, 섬 주민의 건강과 화합, 섬의 번영을 기원하는 오우지마 연중행사 중에서 가장 큰 행사이다.[35]

1) 전날 행해지는 의례

오우지마 해신제가 열리기 전날에 의례가 행해진다.[36] 오우지마의 촌락 층위의 연중행사의 의례를 담당하는 것은 각 친족 집단에서 차출된 '구딩구'라는 여성들로, 그 중에서도 섬의 세가인 우후야(大屋)와 다마구스쿠(玉城) 양가의 구딩구가 중요한 역할을 한다.

오전 9시 이전, 구역의 서기를 맡은 여성이 공물을 가지고 관음당을 찾는다. 조금 늦게 구역장이 도착하고 손에는 빈시(瓶子)를 쥐고 있다. 이 빈시는 평소에는 공민관에 보관되며, 구역장의 중요한 역할은 촌락의 제사가 있을 때 빈시를 휴대하고 구딩구와 함께 배례소를 순례하며 술을 따르거나 향에 불을 붙이는 등 의례의 심부름을 하는 일이다. 그

34) 이상의 내용은 오우지마관음당(奥武観音堂) 내 『오우지마관음당의 유래(奥武観音堂の由来)』를 필자가 요약한 것이다.

35) 이하 기록한 내용은 2016년 6월 7일~6월 8일의 필드워크에 기반.

36) 섬 내의 참배소 순례는 이전에는 해신제 당일에 행하였다고 한다. 그러나 그러기 위해서는 밤이 새기 전부터 참배소를 돌지 않으면 안 되기 때문에 참가자의 부담이 크다는 이유로 전날 행하기로 했다고 한다.

후, 구딩구 여성들[37]과 우미가시라(海頭) 남성 두 명[38]이 도착하면 의례가 시작된다. 구딩구와 구역장, 서기가 관음당 안으로 들어가서 불단 앞에 놓인 탁자 앞에 앉는다. 우미가시라들은 그 뒤편 관음당 밖에서 대기한다. 불단에는 관음상과 거울 하나, 화병, 촛대, 찻잔, 공기그릇이 한 쌍씩, 술잔 하나가 늘어서 있다. 탁자 위에는 커다란 향로 하나와 헌대(献台), 촛대가 한 쌍씩, 새전함과 꽃병이 놓여있다. 구역장과 서기 그리고 또 한 사람의 여성이 공민관에 보관하던 빈시와 공물인 과일, 놋쇠 빈시 한 쌍, 생쌀, 술잔, 우차누쿠(흰떡) 3개를 담은 쟁반(이후 '다마구스쿠의 빈시'라고 표현함)[39]을 향로 앞에 가지런히 놓는다. 또한 하얀 종이(和紙, 일본 전통 종이)가 몇 장 놓여 있다. 그다음 구역장은 향에 불을 붙여 구딩구에게 전달한다. 향로에 향을 세우고 나서 전원 손을 모아 관음상에 절한다(사진 12). 그리고 나면 구

〈사진 12〉 오우지마 관음당의 의례

37) 1980년대의 연중행사 사진을 보면 십 수 명의 구딩구가 보이는데 그 후 후계자 부족으로 인하여 2016년 현재 구딩구는 4명(그 중 1명은 임시역)으로 감소하였다.

38) 우미가시라는 바다와 관련된 마을 제사가 열릴 때 마을 어부를 대표하여 제사에 참가한다. 우미가시라는 "정원 2명, 임기 3년"이며 "어업과 관련해서 구민을 지휘 감독하는 직무"를 맡고 있었는데(『字誌』編集委員会, 앞의 책, 2011, 109쪽), 현재는 어민을 대표하여 마을 제사에 참가하는 것이 주된 직책이다. 동(아가리)·서(이리) 마을에서 한 사람씩 배출되지만, 특정한 가계가 정해져 있는 것은 아니다. 현재는 어협 조합원 중에서 선출된다.

39) 이 빈시는 평소에는 오우(奥武)의 구가(旧家) 다마키구스쿠가(玉城家, 다마키구스쿠문중, 성은'치넨-知念')의 신당의 불단에 보관되어 있으며, 마을 제사 때에 지참한다. 의례 장면에서는 공민관에 보관된 빈시와 나란히 공물 중앙 맨 앞에 배치되기 때문에 오우의 마을 제사에서 중요한 의미를 가지고 있다고 여겨진다.

역장이 놓여있던 하얀 종이에 불을 붙여 태운다. 이 종이는 장부(帳簿)와 같은 것으로 이것을 태움으로써 구딩구의 말을 하늘에 전한다고 한다. 마지막으로 술잔의 술을 향에 뿌려 의례는 끝난다.

관음당의 의례가 끝나면 관음당 바로 서쪽에 있는 '도웅(殿)'으로 이동한다.[40] 현재 도웅은 콘크리트로 만든 빨간 기와지붕 건물이다. 내부에는 커다란 금속제 향로 2개와 석재 향로 4개가 줄지어 서 있다. 석재 향로는 각각 이리누우타키(西ヌ御獄), 나카누우타키(中ヌ御獄), 히가시누우타키(東ヌ御獄), 류우구우신(竜宮神)에게 망배하기 위한 향로이다. 정면의 금속제 향로 앞에 다마구스쿠의 빈시를 놓고 그 옆에 공민관에서 보관하는 빈시와 제물(과일)을 늘어놓는다. 구역장이 향에 불을 붙이고 서기 여성에게 건넨다. 서기 여성은 중앙의 금속제 향로에 향을 세우고, 4개의 석제 향로에도 각각 향을 세운다. 또한 도웅의 동쪽 구석에 놓여있는 또 하나의 금속제 향로에도 향을 세운다. 그리고 정면의 금속제 향로와 석제 향로를 향하여 다 같이 절한다(사진 13). 그 뒤 정면의 금속제 향로 앞에 놓인 다마구스쿠의 빈시와 공민관 보관 빈시와 공물을 또 하나의 금속제 향로 앞으로 이동시켜서 다시 한 번 전원이 손을 모으고 절한다. 여기에서도 역시 마지막으로 종이를

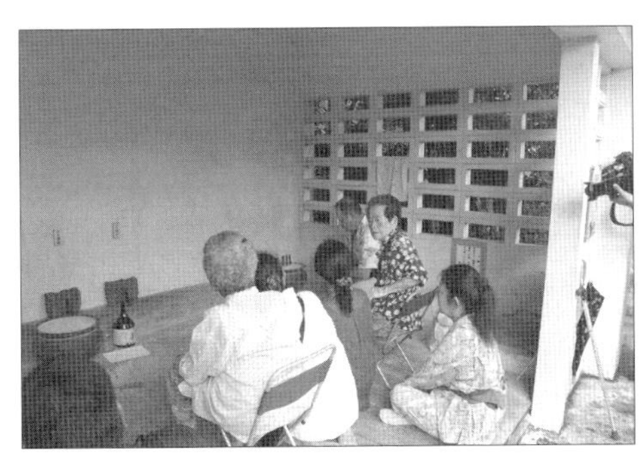

〈사진 13〉 도웅 의례

40) 제사가 행해지는 곳을 의미한다. 지역에 따라서 도웅(오키나와 본섬 남부와 주변 낙도), 도우누(오키나와 본섬 북부), 도노(아마미)라고 발음한다. 도웅 외에 '가미아사기'(오키나와 본섬 북부에서 아마미), 자(座, 미야코, 야에야마 제도)라고도 한다. 仲松弥秀, 「殿」, 『沖縄大百科事典』 中巻, 沖縄タイムス社, 1983, 911쪽.

태우고 도웅에서의 의례는 종료 한다.

다음은 차를 나누어 타고 '용궁신(竜宮神)에게 의례를 행하러 간다. 의례 장소는 섬 남동쪽, 고지를 도는 차도에서 가파른 계단을 내려간 곳에 있는 작은 모래해변이다. 원래 참배소인 용궁신은 이 모래해변에서 왼쪽 암벽을 따라 20m 정도 떨어진 곳에 있는 마야가마라는 동굴 안에 있었는데, 만조가 되면 그곳까지 가기 어렵기 때문에 1970년대에 현재의 장소로 이동했다고 한다.[41] 물가에 다마구스쿠의 빈시를, 그 옆에 공민관 보관 빈시를 놓고 그 앞에 공물을 늘어놓는다. 이 의례부터는 과일 이외의 제물도 바칠 수 있다. 내역을 들자면 밥(2그릇), 씻은 쌀(2그릇), 뭉친 떡가루(2접시), 독가시치 젓갈(2접시), 차(2잔), 쌓은 소금(1접시), 구운 생선(2마리), 생선회(2접시) 등이다.[42] 공물을 늘어놓은 후 구역장이 향에 불을 붙여서 공양한다. 여기서는 특별히 향로 등이 놓여 있지 않기 때문에 적당한 평석을 향로 삼아서 그 위에 향을 둔다. 그 후 바다를 향해

〈사진 14〉 용궁신 의례

41) 『字誌』編集委員会, 앞의 책, 2011, 348쪽.

42) 이러한 공물은 구역장이나 서기가 중심이 되어 준비한다. 자신들이 준비 할 수 있는 것(밥이나 쌀, 차 등)은 직접 준비하고, 생선회나 구운 생선 등은 섬 내의 업자에게 부탁한다고 한다. 생선회 중에는 연어 등도 들어 있으며 어종 등에 특정된 것은 없는 것 같다. 한편, 야치데(구운 생선)는 배를 칼등으로 갈라서는 안 된다는 규칙이 있으며, 이 때문에 내장을 처리할 때에는 생선 입이나 아가미를 통해 내장을 긁어내는 방법을 취한다고 한다. 여기에는 숙련된 기술이 필요한데 섬에서도 믿을만한 업자가 줄어들고 있다고 한다.

전원이 손을 모아 절한다(사진 14). 그리고 종이를 태우고 술잔의 술을 향에 뿌리는 것으로 의례는 끝난다.

다음은 '하나히치누누시'의 의례로 이동한다. 하마히치누누시는 섬의 동쪽, 오우 신어항(奧武新漁港)의 입구에 있으며, 풍어와 항해 안전을 기원하는 참배소로 알려져 있다. 이전에는 '하마히치'라 불린 섬의 동쪽으로 뻗은 모래해변에 있었는데 무라우미(공동어로)로 잡은 생선을 여기에서 나누어 각 가정에 분배했다고 한다.[43] 2011년 신어항 확장공사를 하면서 지금의 위치로 옮겨졌다. 현재, 차도 옆 한 쪽에 자연석이 돌출한 부분이 있는데 거기에 콘크리트제 향로와 '하마히치누누시'라고 새긴 비석이 세워져 있다. 참배소에 도착하면 향로 앞에 다마구스쿠의 빈시, 공민관 보관 빈시, 공물을 늘어놓는다. 공물은 용궁신의 의례에 사용한 것을 그대로 바친다. 흰 종이도 늘어놓는다. 그리고 구역장이 향로에 불을 붙여서 향로에 세운다. 또한 향로를 향하여 좌측(제장의 북쪽)에도 여러 개의 향을 늘어놓고 종이를 둔다. 그리고 전원 향로를 향하여 손을 모아고 절한다(사진 15). 배례가 끝나면 이번에는 전원이 제장 북측에 놓인 향을 향해 방향을 바꿔 다시 절하기 시작한다. 향이 놓인 방향(북)의 끝에 다마키구스쿠가 있어 그 안의 우타키에 망배하는 것이라고 한다. 배례 후, 구역장이 종이를 태우고 술잔의

〈사진 15〉 하마히치 의례

43) 『字誌』編集委員会, 앞의 책, 2011, 348쪽

술을 항에 뿌림으로써 의례를 마친다.

마지막으로 일행은 '하마누누우시지(浜ぬ御獄)'로 향한다. 하마누누우시지는 '유이문(해초, 어개류)의 신'으로 알려져 있다.[44] 패전 이전 하마누누우시지의 주변은 '오나구바마'라 불리는 해변으로, 눈앞에 펼쳐진 이노(礁湖, 초호)는 당시 사람들의 중요한 어장이자 채집 장소였다고 한다. 1970년대 구 어항 준설공사 시 나온 토사를 이용하여 매립공사를 한 뒤 바닥과 어협 건물이 지어졌다. 그 결과 현재 하마누누우시지는 오우지마의 동쪽, 주택가의 모퉁이에 위치하게 되었다. 아스팔트 도로 위에 평평하게 콘크리트를 깔고 그 위에 블록과 평석으로 만든 사당과 돌 향로가 놓여있다. 사당 앞에 지참한 다마구스쿠 빈시, 공민관 빈시, 공물 등을 하마히치누누시에게 한대로 나열하고 참배자 전원이 손을 모아서 절한다(사진 16). 구역장이 종이를 태운 후 구딩구의 한 사람이 모든 접시에서 공물을 조금씩 들어서 태운 종이 재 위에 놓는다. 하마누누우시지에서 의례가 종료되는 시점은 오전 10시 반 무렵이다. 그 후, 공민관으로 이동하여 의례 참가자 전원이 공물을 둘러싸고 우산데(공물을 다 같이 먹음)를 함으로써 해신제 전날의 기원은 종료한다.

〈사진 16〉 하마누누우시지 의례

2) 해신제 당일의 모습

해신제 당일, 아침 7시 이전부터 관음당 앞 광장에 차츰차츰 사람들

44) 『字誌』編集委員会, 위의 책, 2011, 349쪽

이 모여든다. 해신제를 앞두고 관음당에서 행하는 의례에 참가하는 동서(東西)의 파룡선(爬竜船)에 타는 청년들과 초등학생, 구경꾼 등이다. 청년들은 모두가 분담하여 공민관에서 징과 에쿠(노)를 옮겨 내거나 파룡선에 동·서의 깃발을 세우는 등 마지막 준비를 한다. 동·서는 깃발과 머리띠 색깔로 구분되는데 동은 빨간색, 서는 흰색이다. 7시가 지날 무렵, 머리에 띠를 두른 초등학생들이 관음당 앞에 늘어선 파룡선에 탄다.

〈사진 17〉 관음상을 향해 절하는 사람들

그리고 구호에 맞춰 에쿠를 휘저어 파룡선을 젓는 흉내를 낸다. 그 후, 초등학생들은 관음당 앞 광장에 정렬하여 봉 대신 에쿠를 이용한 봉술의 봉납연무를 한다. 그 다음 배에 탑승하는 청년들이 합피(法被)를 입고 의례 준비를 한다. 합피를 입은 초등학생 2명이 청년들 사이에 섞여있는데, 그들은 '하리빈시'를 드는 역할을 담당하는 소년들이다.[45] 8시경 구딩구가 관음당에 도착하면 구역장과 동·서 파룡선 선장을 선두로 배를 타는 청년들과 하리빈시를 든 소년, 연무를 한 초등학생들이 모두 관음당 앞에 늘어선다. 구딩구는 관음상을 향해 이제부터 레이스를 거행한다고 고하고 사고가 일어나지 않을 것과 섬의 번영을 기원한다. 거기에 맞춰서 청년들과 초등학생들도

45) 하리빈시는 기원레이스에서 동·서 각각의 파룡선에 실린다. 후술하는 것처럼 하리빈시는 관음당과 도웅의 제장에서 중심에 놓이며, 마을 구딩구의 기원을 받을 뿐만 아니라 기원레이스 후 참배소에 기원할 때도 마을 구딩구와 함께 참배소를 순례한다. 현재 오우지마 해신제에서는 기원레이스를 포함해서 동·서가 일곱 번 승부를 내는데, 하리빈시가 파룡선에 실리는 것은 기원레이스를 할 때뿐이다.

손을 모아 절한다(사진 17). 관음당에서의 의례가 끝나면 이번에서 전원 도웅으로 이동하여 같은 방법으로 배례한다. 관음당과 도웅의 의례에서는 다마구스쿠의 빈시, 우후야의 빈시, 공민관 보관 빈시가 각 제장의 향로 앞에 정렬되는데 그 외 하리빈시도 놓인다. 의례 후 다마구스쿠의 빈시는 다마키의 구딩구가, 우후야의 빈시는 우후야의 구딩구가, 공민관 보관 빈시는 구역장이, 하리빈시는 동·서의 하리빈시를 담당한 소년이 각각 운반한다(사진 18).

〈사진 18〉 하리빈시를 담당하는 소년

관음당 및 도웅에서의 의례를 마치면 드디어 파룡선을 항구(구 어항)까지 이동시킨다. 이때 하리빈시를 든 소년과 징을 치는 소년, 깃발을 흔드는 역할의 소년을 파룡선에 태우고 이동한다. 파룡선은 수레에 태워진 상태로 청년들이 인력으로 밀어서 이동시키는데, 동·서에서는 다른 길을 통과해서 항구로 향한다(사진 19). 즉 동쪽 파룡선은 동쪽 마을 사이를 통과하는 길(구 아가린조로 이어지는 길)을 지나고, 서쪽 파룡선은 서쪽 마을 사이를 통과하는 길(구 이린조로 이어지는 길)을 지나서 항으로 향한다. 한편, 구딩구와 구역장, 서기, 우미

〈사진 19〉 동서 각 마을을 지나 바다로 향하는 파룡선

가시라들은 동·서 마을 사이를 통과하는 길(구 나칸조로 이어지는 길)을 걸어 항구로 향한다.46)

항구에 도착하면 청년들은 수레에서 파룡선을 내려 노를 저을 준비를 한다. 잠시 후, 한 척의 어선이 항구에 댄다. 구딩구들이 이 배에 타고 이제부터 '미시라기'로 가서 의례를 행하는 것이다(사진 20). 배에는 구딩구 이하 구역장, 서기, 우미가시라가 탑승한다. 그리고 선수 좌현 측의 평평한 곳에 다마구스쿠 빈시와 우후야 빈시, 공민관 보관 빈시, 지참한 향과 쌀이 들어있는 그릇과 술, 술잔, 과일을 놓고 임시 제단을 설치한다. 전원을 태운 배는 오우 다리(奧武橋) 아래를 지나 미시라기로 향한다. 이 미시라기가 관음당 유래에서 중국 난파선이 계류되었다고 전해지는 암초이다. 미시라기는 만조시 해수면 아래로 숨어 버리기 때문에 의례는 선상에서 이루어진다. 미시라기 부근에 접근하면 닻을 내려 배가 흘러가지 않도록 한다. 구딩구를 태운 어선이 정박했을 무렵을 가늠하여 동·서의 청년들이 탄 파룡선이 연이어서 미시라기로 온다. 여기가 기원레이스(御願バーリー)의 출발점이다. 도착한 파룡선은 어선 우현 측에 댄다. 그 다음 동·서의 하

〈사진 20〉 어선으로 미시라기로 이동하는 구딩구들

46) 아가린조와 이린조는 그 이름대로 동과 서 마을 각각의 오래된 주요 도로의 입구에 해당한다. 나칸조는 동·서 마을 사이를 통과하는 길의 입구에 해당하며, 오우지마는 현재도 이 길을 경계로 동과 서로 나누어진다.

리빈시가 파룡선에서 어선으로 옮겨지고 제단 위에 놓인다. 그리고 구딩구, 구역장, 우미가시라, 파룡선에 승선한 전원이 미시라기를 향해 손을 모으고 절한다(사진 21, 사진 22). 배례가 끝나면 2명의 구딩구와 구역장 이렇게 세 사람이 술잔에 든 술을 바다에 붓는다. 그 다음 제단에 바친 쌀이 든 그릇을 가지고 구역장이 동·서의 파룡선 쪽으로 다가간다. 이 그릇 속에는 제비뽑기가 들어있는데 그것을 추첨하는 것으로 기원레이스에서 동·서 파룡선의 코스가 결정되는 것이다.[47](사진 23)

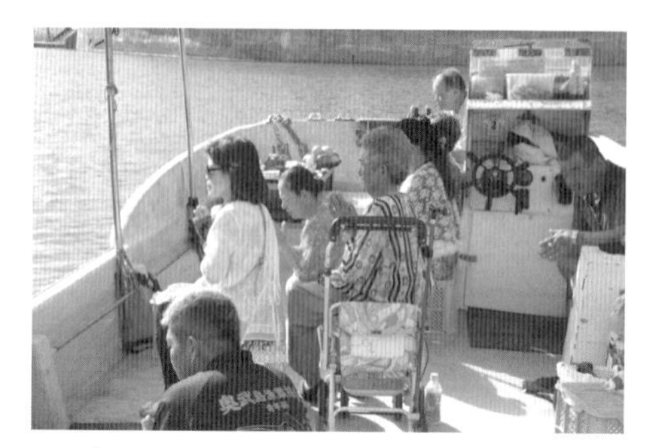

〈사진 21〉 미시라기를 향해 절하는 일동

〈사진 22〉 구딩구에 맞춰 절하는 사람들

〈사진 23〉 제비뽑기

코스가 정해지면 드디어

47) 오우지마 해신제는 오우지마의 북쪽, 구 오우어항(奧武漁港) 앞 바다를 무대로 펼쳐진다. 오우지마와 오키나와 본섬 사이를 관통하는 바다 길인 이 해역에서는 계절과 시간대에 따라 오우지마 측과 오키나와 본섬 측에서 조류의 흐름이 달라지기 때문에, 그 차이가 레이스에 영향을 미친다고 한다. 조류의 흐름에 따른 조건의 유불리가 분쟁의 씨앗이 되지 않도록 파룡선의 코스는 직전에 제비뽑기를 통해 결정된다.

기원레이스가 시작된다. 구역장이 에쿠를 들고 어선 뱃머리에 선다. 파룡선은 파도에 흔들려서 그대로 두면 의도하지 않게 앞뒤로 흘러버리기 때문에 출발 시에는 구역장이 지시를 내려 동·서 파룡선의 어느 쪽도 앞으로 나오지 않도록 엄격하게 조사한다. 타이밍을 가늠하여 구역장이 에쿠를 흔들어 내리는 것을 신호로 동·서의 파룡선은 일제히 노를 젓기 시작한다.[48] 파룡선은 징소리에 맞춰 노 젓는 사람들의 에쿠 소리가 소란스러워질 때마다 파도를 가르며 앞으로 나아간다(사진 24). 어선 안에서는 구역장과 우미가시라, 마을의 구딩구들이 박수를 치면서 동·서 파룡선의 노 젓는 방식의 좋고 나쁨이나 승패의 향방에 대해 이야기하면서 쌍방을 응원한다. 파룡선이 오우 다리 밑을 통과하여 동·서 주민들이 모여 텐트를 친 구 어항 앞으로 접어들자 더욱 큰 성원이 파룡선에 보내진다. 경주에서는 방향 전환을 포함해 배를 조종하는 기술 전체가 승부와 관련된 요소가 된다. 그 때문에 미시라기에서 동쪽을 향해 노 젓는 파룡선은 구 어항을 지나 근처에 설치된 부표를 반환점으로 하여 되돌아서 다시 서쪽으로 돌아가는 코스를 취한다. 그리고 해상에서 대기하는 심판선 앞을 통과하는 것으로 결승점이 된다. 승부를 마친 파룡선은 구 어항에 귀항하고, 탑승한 청년들은

〈사진 24〉 목표로 향하는 파룡선

48) 기원레이스에서 파룡선 승선자의 구성은 징치기(초등학생) 1명, 깃발수(초등학생) 1명, 하리빈시 담당(초등학생) 1명, 사공(청년) 10명, 조타수(청년) 1명으로 총 14명이다. 기원레이스 이외의 경조의 경우에는 하리빈시 담당이 줄어 13명 구성이다.

동·서 각각의 주민들로부터 박수와 격려, 농담 섞인 질타를 들으며 환영을 받는다. 그 후 이긴 쪽은 가에(기쁨의 시위와 장단)를 행하고, 진 쪽도 거기에 대항하는 형태로 가에를 행하여 다음 경기를 향해 기세를 올린다(사진 25).

〈사진 25〉 가에를 행하는 사람들

한편, 구딩구들을 태운 어선은 구 어항을 통과하여 신 어항 측의 부두에 정박한다. 배에서 내린 구딩구, 구역장, 우미가시라들은 걸어서 '하마히치누누시'로 향한다. 기원레이스의 무사 종료를 보고하고 감사를 표하는 것이라고 한다. 하마히치누누시에 도착하면 향로 앞에 다마구스쿠의 빈시, 우후야의 빈시, 공민관 보관 빈시를 놓는다. 이때 동·서 파룡선에 실었던 하리빈시도 향로 앞에 늘어놓고, 하리빈시를 든 초등학생 2명도 의례에 참여한다. 공물로는 미시라기 의례 때 제단에 바쳤던 과일 외에 공물로 올렸던 찬(밥 2그릇, 씻은 쌀 2그릇, 뭉친 떡가루 2접시, 독가시치 젓갈 2접시, 차 2잔, 쌓은 소금 1접시)이 새로이 추가된다. 또한 공물과 향로 사이에 하얀 종이가 놓여진다. 먼저 향에 불을 붙여 향로에 바친다. 다마키구스쿠 방향에도 마찬가지로 향과 종이를 바친다. 그리고 전원 동쪽 방향을 향해 손을 모아 절

〈사진 26〉 무사 종료를 감사하는 사람들

한다(사진 26). 다마키구스쿠 방향으로도 절한다. 배례가 끝나면 다마구스쿠의 빈시, 우후야의 빈시, 공민관 보관 빈시, 동 · 서 파룡선의 빈시의 각 술잔의 술을 향에 부어 의례를 종료한다. 마지막으로 일행은 구어항 근처의 부두에 설치된 향로로 향한다.[49] 구 어항은 레이스에서 사용된 파룡선의 계류지인데, 동 · 서 주민들의 텐트가 설치되어 있거나 섬 외부로부터 방문한 구경꾼들로 혼잡하다. 오우지마 해신제의 중심지이지만 그런 축제의 한가운데서 조용히 의례는 행해진다. 우선 향로 앞에 다마구스쿠의 빈시, 우후야의 빈시, 공민관 보관 빈시와 하마히치누누시에 바쳤던, 같은 공물이 차려진다. 종이도 준비된다. 그리고 향에 불을 붙여 향로에 올리고 마을 구딩구와 우미가시라가 향로를 향해 절한다. 한동안 손을 모은 후 빈시 술잔의 술을 향에 뿌린다. 그리고 상에 놓인 접시에서 공물을 조금씩 집어 바다 속으로 던진다. 여기에서의 의례를 마지막으로 기원레이스와 관련된 모든 의례가 끝난다.

이상 오우지마 해신제에 대해 살펴보았다. 이 사례에서 알 수 있는 것은 오우지마 해신제 속에서 공동체의 연중행사의 영역이 비교적 잘 유지되고 있다는 점이다. 기원레이스의 탑승자와 섬 주민에 한정하여 동 · 서의 청년들은 각각의 리더를 중심으로 경조(競漕) 종목에 따른 파룡선 탑승자를 결정한다. 탑승자 구성에 실수가 없는지 서로 확인도 한다. 경조의 승패에 대해서는 예전만큼 구애받지 않게 되었지만 그래도 실전에서는 진지하다. 주민들도 최근 몇 년간의 레이스의 승패를 기억

49) 이 참배소에 대해서는 다른 참배소와의 차이가 그다지 알려지지 않았는데 『奧武島誌』의 '참배소나 유적 등'에도 기재되어 있지 않다. 이름도 명확하지 않아서 구딩구에게 물어도 "아가린조 근처에 있기 때문에 '아가린조 참배소'라고 밖에 들은 것이 없다"고 말한다. 하지만 예전부터 기원레이스의 마지막에 배례하도록 되어 있다고 한다. 덧붙이면 오우지마 내에는 이 외에도 유래 불명의 성지가 몇 개 존재한다.

하고 있거나 레이스를 구경할 때는 사공의 에쿠 다루는 솜씨나 조타의 좋고 나쁨에 대해서 평가하는 등, 레이스에 대한 관심이 높다. 또한 행사 내에서 의례가 정성껏 행해진다는 점도 중요하다. 기원레이스는 구딩구의 참배소 순례를 시작하여 관음당에서 동·서의 파룡선 탑승자 일동이 함께 배례하고, 미시라기에서도 배례하고, 기원레이스 종료 후 구딩구가 참배소를 순례하는 등, 실로 배례에서 시작하여 배례로 끝난다. 코스를 고를 때 행하는 제비뽑기도 단순한 추첨이 아니라 참배소 및 성지 배례를 마친 후에 실시하기 때문에 그런 의미에서는 신탁이라고 이해하는 편이 옳을 것이다. 승패를 좌우할 수도 있는 조건의 결정은, 적어도 표면적으로는 신의 뜻인 것이다. 오우지마 해신제에서는 동·서 마을의 대항 승부와 오락으로서의 측면과 제사로서의 측면이 혼연일체가 되어있다. 그러므로 오우지마 해신제는 시대 변화의 파도를 넘어 현재에도 도민의 열정과 믿음을 모으면서 섬의 중요한 연중행사로 숨 쉬고 있는 것이다.

Ⅳ. 맺음말

본론에서는 류큐 왕국 시대 왕부와 신녀 조직이 주도했던 항해 수호 신앙, 그 중에서도 중국과 일본으로 파견되던 공용 선박과 관련된 신앙과 류큐 왕국 시대에 기원을 두면서도 현재까지 유지되고 있는 촌락 층위의 항해 수호 신앙에 대해서 논하였다. 이하 밝혀진 것을 정리하며 논을 마무리하고자 한다.

첫 번째, 중화제국의 책봉체제하에 있으면서 동시에 1609년 사쓰마 침공 이후 일본의 막번체제에 자연스럽게 편입되었던 류큐 왕국에서 중국과 일본에 파견하는 공용 선박의 무사 운항은 왕권의 정통성 확보와 국가의 안전보장과 직결되는 중요한 사항이었다. 따라서 공용 선박의 출항 시에는 왕이 직접 공용 선박의 항해 안전을 기원하기 위해 성지를 순례하였다. 순례의 대상이 되는 성지는 우타키(御嶽), 관음(観音), 벤자이텐(弁才天), 류큐팔사(琉球八社) 신사 등 여러 곳이었다. 하나의 신격에 한정되지 않고 류큐의 토착 신앙부터 중국 유래 신앙, 일본 유래 신앙에 이르기까지 항해 수호에 영험한 신들에게 가호를 기원했다는 사실을 알 수 있다.[50)]

두 번째, 류큐 왕국의 체제를 종교 면에서 지탱하던 신녀 조직도 항해 수호를 위한 역할을 담당하고 있었다. 신녀 조직의 정점이었던 기코에오오기미(聞得大君)는 류큐 해역을 항해하는 모든 선박의 항해 안전을 매일 기원했다. 당시 선원들 사이에서는 표류나 조난과 같은 위기에 처했을 때 기코에오오기미에게 가호를 기원하는 풍습도 있어서, 기코에오오기미는 단순한 제사자가 아니라 항해수호신 그 자체로서 기원의 대상이 되었다. 또한 기코에오오기미 이외의 신녀들도 항해 수호를 위한 의례를 담당하고 있었다. 중국으로 건너가는 조공선에 대해서는 몇 단계에 걸쳐 정성스럽게 항해 수호를 위한 의례가 행해졌을 뿐만 아니라 신녀 조직의 네트워크를 이용하여 조공선 항로상의 각 지역의 신녀들이

50) 항해 신앙의 성지인 류큐팔사의 유래를 보면 일본 본토의 구마노신앙(熊野信仰)과의 관계가 드러난다. 한편, 류큐팔사의 내실을 자세히 살펴보면 최성지가 동굴 안에 있거나 빈두로(賓頭盧)가 존재하는 등, 류큐 고유의 신앙적 요소도 있어서 일본 본토계 신앙과 류큐 토착 신앙의 혼합을 엿볼 수 있다.

협력하여 항해 수호를 기원하는 체제가 갖추어져 있었다. 이러한 제도적인 항해 수호 의례뿐만 아니라 조공선의 승조원들과 그 가족들은 사적으로도 항해 수호를 기원하는 의례를 행하였다. 당시 중국으로의 선박 여행을 얼마나 어려운 것으로 생각하고 있었는지 엿볼 수 있는 대목이다.

세 번째, 촌락 수준에서 행해진 항해 수호에 대한 신앙과 의례에서는 어업과 교통 등 생활에 밀착한 선박의 항해 안전을 목적으로 하면서 풍어와 마을 번영과 같은 주민의 중요한 소원과 불가분하게 결합하여 실행되었다는 점이 왕국 주도의 제도적 항해 수호 신앙이나 의례와 크게 다른 특징이다. 본론에서 언급한 오우지마 해신제의 사례에서 명확해진 것처럼 촌락 층위에서 행해진 항해 수호 의례에서는 이름과 유래가 명백한 신격보다 더 토착적이고 민속적인 성지가 기원의 대상으로 많이 편입되었다. 주로 연중행사로서 행해지는 촌락의 항해 수호를 위한 의례는 대항 승부나 오락으로서의 측면도 가지고 있어서, 그것이 현재까지 항해 수호와 관련된 신앙과 의례가 존속되는 커다란 요인이 되었다. 역사적인 변화에 유의하면서도 현재 행해지고 있는 항해 수호와 연관된 신앙과 의례를 단서로 문헌사학의 연구 성과와 연결시킴으로써 류큐와 오키나와의 항해 수호 신앙의 전체상이 명료해질 것이라고 생각된다.

난세이 제도(南西諸島) 섬들에서는 이 외에도 주로 구메(久米) 계열의 사람들이 신앙한 천비(天妃, 媽祖) 신앙, 어촌에서 많이 보이는 용궁 신앙(竜宮信仰), 선령 신앙(船霊信仰), 배를 만드는 목재에 얽힌 수령 신앙(樹霊信仰) 등 직간접적으로 항해 안전과 관련된 신앙이 존재한다. 이를 포함해서 아마미와 오키나와, 조선 반도 양 지역의 항해 수호 신앙을 비교 연구함으로써 양 지역 간의 공통점, 혹은 각 지역의 특수성이 부상할 것이다.

또한 비교 연구를 통해 양 지역의 직접적인 교류와 일본, 중국을 매개로 한 간접적인 교류의 흔적을 볼 수 있을 것이다. 이는 향후의 과제로 하고 싶다.

가미야 도모아키(神谷智昭) | 류큐대학교
번역: 황진 | 부경대학교

도서 사회의 무속세계

- 제주도와 오키나와를 중심으로 -

I. 들어가며

샤머니즘의 개념을 한 마디로 정의하는 것은 어려운 문제이다. 20세기 중반에 이르러 세계 각지의 샤머니즘에 대한 체계적인 연구가 진행되어 왔지만, 아직도 샤머니즘의 성격 규정에는 많은 문제점이 따르고 있다. 그것은 지금까지도 샤머니즘의 전모가 확실히 밝혀지지 않은 채, 샤머니즘에 대한 사회학자, 종교학자, 심리학자 및 민족학자 등 다양한 분야의 연구자들의 견해 차이에서 생긴 혼란의 결과에서 비롯되고 있음을 알 수 있다.[1] 櫻井德太郎는 「현대 샤머니즘의 행방」에서 샤머니즘의 연구는 아직도 하나의 기로에 서 있다고 말하고 있다.[2]

우선 샤머니즘을 종합적 · 포괄적으로 그 개념을 살펴보려고 한다. 샤

---

1) 櫻井德太郎, 『日本のシャーマニズム』 下巻, 吉川弘文館, 1977, 407~414쪽.
미르치아 엘리아데 저, 이윤기 역,『샤머니즘-고대적 접신술』, 까치, 1992.

2) 櫻井德太郎, 「現代シャーマニズムの行方」, 櫻井德太郎 編, 『シャーマニズムとその周邊』, 第一書房, 2000, 2쪽.

머니즘은 샤먼을 중심으로 한 세계관, 의례, 신자 및 의뢰자 집단으로 이루어진 종교 형태이다. 샤먼이란 신이나 정령으로부터 그 능력을 얻어 그들과 직접 교류하여 탁선(託宣), 예언, 치병의례 등을 행하는 주술 종교적 직능자를 말한다. 샤먼이라는 말은 퉁구스어로 그 지역의 전형적인 주술 종교적 직능자를 칭하는 '샤먼'(saman)에서 유래되었고, 19세기 이후 북아시아 일대의 주술 종교적 직능자에게 적용되어 그 후 세계 각지의 유사 직능자를 넓은 의미로 적용해서 사용되어 왔다.[3)]

샤먼은 신이나 정령과 직접 교류하거나 그들과 접촉할 수 있는 능력을 갖고 있다는 점에서 다른 모든 직능자, 예를 들면 사제(司祭)나 주술사 등과는 크게 다르다. 샤먼은 특이한 정신력으로 신이나 정령의 모습을 보기도 하고, 소리를 들을 수도 있고, 스스로 신이나 정령으로 변신하고, 타계로 비행하여 신이나 정령과의 교류가 가능한 존재이다. 이와 같은 행위는 일반적으로 사제나 주술사는 불가능하다고 여겨지고 있다. 그러므로 샤머니즘은 초자연적 존재에 대한 신앙을 기반으로 성립되고 있으며, 엘리아데에 의하면 그것은 원초적 · 태고적인 요소를 포함하고 있는 하나의 종교 현상이다.[4)]

샤먼이 행하는 무속의례는 초자연적 존재를 토대로 한 주술 · 종교적 관념 신앙이 문화적으로 조직 정형화된 종교 행위이다. 이러한 의례는 구체적으로 예배 · 공희 · 기도 · 무용 · 주문 · 가창 등의 형태를 취하며, 이것들이 각각 단독으로 행해지는 경우도 있으나 일반적으로 몇 개의 요소들이 결합되거나 연쇄되어 복합적 형태를 이루는 경우가 많다.

---

3) 石川榮吉 編, 『文化人類學事典』, 弘文堂, 1987, 344쪽.
미르치아 엘리아데 저, 이윤기 역, 앞의 책, 1992, 24쪽.

4) 石川榮吉 編, 위의 책, 1987, 344쪽.

샤머니즘의 양상은 각 민족마다 주술적 · 종교적 관념에 토대를 두고 독특한 개념을 지니면서 여러 의례 형태로 전개되며, 또한 한 민족 내에서도 지역별로 의례의 전개 양상이 다르게 나타나는 경우가 있다. 이는 샤머니즘이 해당 민족이나 특정 지역의 자연적 · 역사적 · 문화적 그리고 사회적 바탕에서 이루어지는 종교 행위로서, 그 민족 또는 특정 지역의 영혼관 · 정령관 · 타계관 등 모든 관념의 지식 체계와 구조에 상응하여 전개되고 있기 때문이다.

세계 각지에서 유사한 특성을 보이고 있는 샤머니즘 중에서 그 비교 연구가 시도되어 왔다. 중국과 한국 그리고 동남아시아 등의 한자문화권에 있어서, 예를 들면, 櫻井德太郎의 『일본의 샤머니즘』에서 제시한 바와 같이 '환중국(環中國) 해역의 제민족(諸民族)' 간의 무속의 비교 연구가 행해져 왔다.[5] 특히 한국과 일본의 도서부인 제주도와 오키나와에 시점을 한정시켜 보면, 그곳에 고유의 유사성을 나타내는 일련의 무속 의례를 파악할 수 있을 것이다. 본 글은 이와 같은 시점에서 무속세계를 통해 제주도와 오키나와의 문화 비교 연구에 대한 하나의 시론으로서 제시하는 것이며, 또한 동북아시아의 도서 사회의 전통 문화를 이해하려는 시도에서 비롯되고 있다. 이 두 지역은 각각 본토로부터 상당한

---

5) 櫻井德太郎, 앞의 책, 1977, 506쪽.
櫻井德太郎에 의하면, 무(巫)는 신들림(神がかり)에 의해 창출되는 주술-종교적 직능자를 말하며, 무속(巫俗)은 무술(巫術)에 의해 전개되는 종교 직능을 말한다. 그것을 국제적 용어로 표시하면, 전자는 샤만(shaman, shamanen)이고, 후자는 샤머니즘(shamanism)이 된다고 한다.(櫻井德太郎, 「巫俗の地域性」, 五木重 · 櫻井德太郎 · 大島建彦 · 宮田登 編, 『講座 日本の民俗宗教4 巫俗と俗信』, 弘文堂, 1979, 43쪽.)
한편, 佐々木宏幹은 일본 학계에서 '무자(巫者) · 무녀(巫女)'의 카테고리에 속하는 제직능자(諸職能者) 또는 유사한 인물을 '샤먼' 혹은 '샤만적 인물'이라고 지정하는 경향에 대해서 여러 종교적 직능자의 특질과 역할에 대한 분석이 결여되었다고 지적하고, 이러한 직능자 모두를 샤먼으로 볼 수 있는지에 대한 논의가 필요하다고 제시하고 있다.(佐々木宏幹, 『シャーマニズムの人類學』, 弘文堂, 1984, 183~192쪽.)

거리로 떨어져 있는 도서 사회로서 각 지역의 문화는 본토의 문화와 구분되는 독특한 지역 문화를 형성해 왔다. 그런데 동북아시아의 여러 사회 간에는 고대부터 긴밀한 문화 교류가 있었다는 것은 잘 알려진 사실이다.

이바노프(S.V. Ivanov)는 「시베리아 샤머니즘의 연구」 논문에서 포타포프는 '샤먼의 신앙과 의례 · 의식에는 지금은 사회 변화 때문에 사라진 물질적이고 사회적인 조건 속에서 발전해 왔던 고대적인 관념과 습관의 흔적이 잘 간직되어 있다'고 제시했음을 밝히고 있다.[6] 본 글에서는 이러한 견해를 고려하면서 제주도와 오키나와의 무속의례의 특성을 각각 살피고, 다른 문화적 · 사회적 토대 위에 전개해 온 무속의례를 통해서 문화 양상의 유사점과 상이점을 비교 검토하려고 한다.

연구 방법은 주로 두 지역의 샤머니즘에 관한 선행문헌 자료를 참고했다. 이러한 연구 방법을 택한 것은 현재의 샤머니즘의 현상을 파악하기 보다는, 두 지역의 전통사회의 무속문화를 검토함으로써 문화적 유사점과 상이점을 밝힘에 의해 두 지역의 문화 교류의 가능성을 이끌어내고 싶기 때문이다. 다른 한편으로는 현대 사회에서 두 지역 모두 사회 변동에 따른 샤머니즘의 모든 양상이 소멸되거나 새로운 종교적 양상이 더해지면서 중층적이고 복합적인 샤머니즘 현상이 일어나고 있어서 파악하기 어려운 측면이 많기 때문이다.

여기서 미리 밝혀두고 싶은 것은 제주도는 필자의 고향이며 참여 관찰자로서 현지 조사의 경험적 지식을 갖추고 있다는 점이다. 또한 오키나와는 약 2년에 걸쳐 집중적인 현지조사를 행한 후 계속 현지 조사를

6) 이바노프, S.V., 「시베리아 샤머니즘의 연구」, V.디오세지 · M.호팔 저, 최길성 역, 『시베리아의 샤머니즘』, 民音社, 1988, 27쪽.

하고 있다는 점이다. 그러므로 두 지역의 샤머니즘 세계에 대해서는 문헌 연구뿐만 아니라 현지 조사의 실증적 지식과 자료 또한 많은 측면에서 이용하고 있음을 밝혀 둔다.

Ⅱ. 제주도의 무속세계

1. 환경적 · 역사적 배경

제주도는 서남 해상에 위치한 한반도의 최대의 섬으로서 제주 본도의 주변에는 8개의 유인도와 71개의 무인도가 산재해 있다. 제주도는 남북보다는 동서가 긴 타원형의 섬으로 총면적은 1,825㎢이며 화산 활동의 결과로 형성되었고, 총인구는 약 696,857명(2019년 11월 현재)명을 이루고 있다. 제주도는 동경 126도 8분~126도 58분, 북위 33도 6분~34분 사이에 위치하고 있어서 일본의 후쿠오카현(福岡縣) · 오이타현(大分縣)의 남단, 중국 본토의 서안과 거의 같은 위도상에 있다. 섬의 중앙부에는 한라산이 솟아 있으며 이를 중심으로 비교적 완만한 경사로 들판이 바다와 접하고 있다.

취락은 해발 500m 이하에서 바다에 이르는 지대에 형성되고 있으며, 취락 구조를 보면 해촌, 중산간촌, 산촌으로 구분된다. 해촌은 해안선 가까이 일주도로 연변에 발달한 마을이며 주민들은 농업을 주로 하면서 어업을 겸하고 있다. 중산간촌은 해발 100m~200m의 사이의 구릉 평야에, 산촌은 해발 300m 이상의 준평야에 발달한 마을로서 이 두 지역의

마을 주민은 농업과 축산업을 겸해왔다.[7)]

제주도는 한국에서도 해양성 기후가 뚜렷한 곳으로서 가장 추운 날도 영하로 떨어지는 날이 거의 없을 정도로 온화한 날씨를 보여주고 있다. 그러나 도서라는 환경적 특성으로 바람이 거세게 불기 때문에 체감온도는 이보다 훨씬 차게 느껴진다. 강수량은 연평균 2,044mm로 한국에서는 최다우지에 속한다. 더욱이 제주도는 '강풍다풍(强風多風)'의 섬이라고 말해 왔듯이, 비와 바람에 의한 기후의 영향이 현저한 섬이다. 하절기의 7~10월 사이에 발생하는 폭우와 태풍은 농작물 생산과 어로 활동에 심각한 피해를 주고 주민들의 생활에 악영향을 끼치고 있다.

도민의 주산업은 농업인데 지형적 특성으로 대부분의 경지가 전작 농경지를 이룬다. 1960년 이후 감귤이 환금 작물로 성황리 재배되었다. 어업은 주로 연안어업에 의존하고 있으며, 축산은 소와 말을 한라산 주위의 넓은 목장에서 방목해 왔으나 근래에는 이 목장이 기업 목장으로 변했다.

조선시대 말엽까지 제주도는 가장 교통이 불편한 절해고도(絶海孤島)의 섬이었다. 일제 강점기를 걸치고 1960년대 이후 도서지역 개발정책에 의해 다른 지역을 연결하는 여객선과 항공편이 많아지면서 교통이 편리해졌고, 또한 1980년대 이후 섬의 천연자원을 이용한 관광산업이 발전해 왔다.

제주도에 사람들이 거주한 시기는 아직까지 정확히 확인되지 못하고 있다. 그러나 구석기 유물들과 고인돌과 패총 그리고 토기류 등의 신석기 유물과 유적들이 해안마을 곳곳에서 발굴되고 있어서 신석기 시대에

7) 玄容駿, 『濟州島 巫俗 硏究』, 集文堂, 1986, 31쪽.

는 많은 사람들이 본도에 거주하고 있던 것으로 추정되고 있다.[8)]

문헌 기록에 나타난 제주도의 역사는 삼성신화로부터 출발하고 있다.[9)] 이 신화에 의하면 태초에 제주도는 삼성(三姓)의 신인들에 의해 개국된 후 탐라(耽羅), 섭라(涉羅), 탐부라(耽浮羅), 모라(毛羅) 등 여러 명칭으로 불렸던 독립국가가 일찍부터 세워졌던 것을 알 수 있다. 이러한 고대 국가의 형태는 한반도가 고려에 의해 통일된 12세기 초까지 그 명맥을 이어왔다.

고대의 탐라는 독립국가로서 고구려와 백제, 신라와의 조공 무역을 비롯하여, 일본과 당(唐)과의 외교 관계를 전개하면서 해상 활동을 펼쳐왔는데, 고려왕조가 한반도를 통일하자 탐라왕국은 고려왕조의 지배하에 놓이게 된다. 1105년에 탐라라는 국호가 폐지되고 고려의 탐라군(耽羅郡)으로 편성되어 고려의 관리에 의해 통치를 받게 되었다. 탐라는 고종(1214~1259)때에 '제주'로 개칭되었고, 이것이 지금 본도의 호칭이 되고 있다.[10)]

그런데 고려 원종 11년(1270)에 삼별초군이 몽고군에 저항하여 제주도에 들어오면서 제주도는 몽고의 지배하에 들어갔다. 즉 고려 조정에서는 몽고의 원조를 받아 여 · 몽 연합군을 파견하여 삼별초를 토벌하였다. 이 계기로 1275년에 원은 제주를 탐라국이라 복호시켜 고려로부터 분리시켜 원에 예속시켰다. 이로 부터 제주도는 약 1세기 동안 원의 지배를 받았고, 이 때 목축의 기술과 불교와 민간신앙 등 사회적 · 문화적

8) 濟州道, 『濟州道誌』 第1卷, 1993, 620~627쪽.
李起旭, 『濟州道 農民經濟의 變化에 관한 硏究』, 서울大學校大學院 人類學科 博士學位論文, 1995, 26~27쪽.

9) 濟州道, 앞의 책, 1993, 668~676쪽.

10) 金泰能 著, 梁聖宗 譯, 『濟州島略史』, 新韓社, 1988, 54쪽.

으로 상당한 영향을 받았다고 한다.

제주도의 불교는 고려시대에 보급되었는데, 불교 이전의 주민들의 신앙은 거의 무속 신앙에 의존해 있었다고 해도 과언이 아니다. 그런데 몽고의 불교가 들어 온 이후부터 토속신앙과 불교와의 습합 현상이 일어나 양쪽 다 변화의 길을 걸어왔다고 한다.[11] 원의 세력은 고려 공민왕 23년(1374)에 완전히 소탕되어 제주는 고려의 중앙집권체제 하에 놓이게 되었다.

그 후 1392년에 조선이 건국되고 조선왕조는 제주도에 제주목, 대정현, 정의현을 설치하여 삼현의 행정체제를 정비하는 한편, 삼현에 향교를 설치하여 유교 이념을 펼쳤다. 그 후부터 제주의 남성 사회에 유교 교육이 보급되었는데, 유교 정책은 불교 또는 무속을 미신으로 간주하여 신당이나 불사의 파괴를 적극적으로 추진하였다. 그럼에도 불구하고 무속은 여성 사회의 비공식적 신앙으로 그 명맥을 이어왔다.

1629년(인조 7)에 약 2세기(1629~1830) 동안 제주에는 국법으로 출륙 금지가 내려져 외부 지역으로부터 고립되어 절해고도의 상태에 놓였었다. 출륙 금지령에서 벗어난 후, 제주도는 일제의 지배하에 놓이게 되며, 해방 후 1946년 전라남도에 속해 있던 제주도는 하나의 '도(道)'로 승격되어 오늘날에 이르고 있다.

2. 전통사회의 종교양상

제주도의 가족제도는 조선중기 이후의 가계 계승과 부계혈연집단의 조직을 바탕으로 하는 전통적인 한국 가족과는 다소 차이점을 지니고

11) 玄容駿, 앞의 책, 1986, 28~29쪽.

있다. 한국의 전통적인 가족은 직계가족의 형태를 중시하는 반면, 제주도에서는 장남을 분가시키고 부부와 미혼 자녀들로 구성되는 부부가족 혹은 핵가족의 형태를 이룬다. 철저한 분가주의를 원칙으로 삼고 있기에 재산 상속에 있어서도 조상제사와 관계있는 재산을 제외하고는 자식 모두에게 균등하게 나눠주는 경향을 보인다. 제사상속은 장남이 조상제사를 전담하는 장남봉사와 직계 자손이 제사를 나누어 봉행하는 제사분할 관행이 공존하고 있다.[12)]

혼인에 있어서는 마을집단에서의 내혼 형태의 비율이 높게 나타나고 있다. 같은 마을이나 이웃 마을에 친가, 외가, 처가쪽 친척이 함께 거주하여 이들과 호혜적인 지역 공동체 생활을 영위하고 있다. 이와 같은 장남 분가, 부부 중심의 가족생활, 마을내혼, 균분상속과 제사분할 등의 전통은 제주도의 가족제도의 특징으로 지적되고 있다.

제주도의 민간사회의 신앙체계는 마을과 가정별로 다양한 의례가 행해지고 있는데, 남성과 여성으로 구별되는 이중구조의 원리가 나타나고 있다. 즉 유교식 의례는 남성이 중심이 되고, 무속의례는 여성이 중심이 되어 집행되는 전형적인 형태를 지니고 있다. 예를 들면, 가정신앙에서도 정월이 되면 남성은 집안의 안녕을 비는 토신제를 유교식으로 지내고, 주부는 같은 목적의 의례를 심방에 의뢰하여 무속식으로 거행한다. 또한 마을제도 남녀 구별을 하여 두 가지 형태로 행해지고 있다. 하나는 남성들에 의해 행해지는 '포제'인데, 정월에 '정포제'라는 신년마을제와 7월에 풍년을 비는 '농포제'를 각각 유교식으로 지낸다. 또 다른 하나의 의례는 여성들에 의해 거행되는 당제이다. 당제일에는 마을의 당에

12) 濟州道, 『濟州道誌』 第2卷, 1993, 1236~1271쪽. 李昌基, 『濟州島의 人口와 家族』, 영남대학교 출판부, 1999, 299쪽.

서 당골 심방이 당굿을 행하는데, 각 가정의 주부들이 각자 제물을 마련하여 당에 가서 기원을 한다.

이처럼 제주도의 민간신앙에는 남성의 유교식 제의와 여성의 무속의례가 병존하고 있는데, 이것은 서로 상반 관계에 있는 것이 아니라 상호보완적 성격을 갖고 있다. 사회적으로 공인되어 있는 의례는 유교식으로 하는 반면, 그렇지 않은 것은 무속식으로 행하고 있는 것이다. 외형적으로는 남녀의 이중신앙 구조로 보이고 있지만 내면적으로는 쌍방이 결합하여 하나의 완결된 민간신앙 체계를 이루고 있다.[13]

3. 무속의례

1) 초자연적 존재

제주도의 무속 의례의 대상이 되는 신들은 일만팔천에 달하는 신들로서 그 수를 일상적으로 헤아릴 수 없을 정도로 다신다령이라 한다. 이 신들은 직능상 일반신, 당신, 조상신으로 구분되며, 이들 신들은 자연 및 인문의 모든 사상을 지배하는 초자연적 존재들로서 각각의 신들과 관련된 신화가 의례 때에 암송되고 있다.[14]

먼저 일반신은 자연 현상이나 인간 생활의 일반적인 사상을 관장 지배하는 신들로서 일반적으로 전도민이 공통으로 섬기는 신들이다. 천상을 지배하는 옥황상제(玉皇上帝), 땅을 관장하는 지부사천대왕(地府四天大王), 산신대왕(山神大王), 용왕(龍王), 삼승할망, 가옥신인 성주 등 이외에 많은 신들이 여기에 속한다.

---

13) 玄容駿, 앞의 책, 1986, 33쪽.

14) 玄容駿, 앞의 책, 1986.

다음으로 당신(堂神)은 각 마을에 위치하고 있는 성소인 당에 거주하며 마을과 주민을 수호하는 신들, 즉 마을 수호신을 말한다. 제주도에서는 마을 수호신이 머무는 성소인 당을 일반적으로 '본향당'이라 부르며, 각 자연마을에는 이러한 성소가 반드시 1곳 이상은 있다. 그런데 마을에 따라서는 본향당 이외에도 매월 매7일, 즉 7일, 17일, 27일에 의례를 행하는 '일뤳당'이라 칭하는 당이 있다. 이곳은 소아가 병에 걸리지 않고 튼튼히 성장할 수 있도록 기원하는 성소로 여기고 있다. 그러므로 일뤳당신을 마을 수호신으로 섬겨 모시는 마을이 적지 않다.[15] 또한 해안 마을에는 '해신당' '개당(浦堂)' '돈짓당'이라고 부르는 성소가 있다. 이곳의 신은 어부, 해녀, 어선 등 해상의 일들을 관장하여 수호함으로 어촌에서는 해상의 안전과 풍어를 기원하는 마을 수호신으로 모시고 있다. 반면, 산간 마을에서는 산신이나 수렵신을 모신 '산신당'이 있다. 이처럼 마을의 당신들은 조령적 · 생업적 수호신적 성격, 산육신, 치병신의 성격, 재앙신적 성격, 토지신적 성격을 지닌다고 말한다.[16]

끝으로 조상신은 '조상' '일월조상' '군농' 등으로 부르는 신으로 일가(一家) 내지 일족 수호신(一族守護神)이다. 여기서 말하는 조상이라는 것은 혈연 조상이 아니고 심방에 의해 무속의례인 굿을 하면서 모셔지는 신을 뜻한다. 이 수호신은 모시는 집안과 그렇지 않는 집안이 있으며, 또한 집안에 따라서 신도 다르다. 이 신을 모시는 집안은 여러 가지 행복하고 불행한 일에 관여하는 신으로 일가일족의 번영, 특히 생업의 수호에 관여한다고 믿고 있다. 이 조상신도 조령적 · 생업적 수호신적 성격, 재앙신적 성격을 지닌다고 말한다.[17]

---

15) 文武秉, 「巫俗」, 『濟州文化叢書 5 濟州의 民俗 V: 民間信仰 · 社會構造』, 濟州道, 1997.

16) 玄容駿, 앞의 책, 1986, 173~182쪽.

위에서 언급한 이외의 신령으로는 인간의 사령(死靈)인 '영혼'과 '혼백'이 있으며, 이 사령도 역시 선한 것이라 생각하고 생시와 같은 인격을 가진다고 관념된다. 따라서 정성껏 받들어 모시면 집안이나 마을에 번영을 가져다주지만, 소홀히 모시면 재앙을 가져온다고 생각되고 있다.

그 밖의 신령으로는 어떤 원한을 품은 채 죽거나 비명에 죽어간 사령인 잡귀와 새(邪)·메(魔) 등의 요괴가 있다. 이 신들은 악한 신령들로서 인간에게 질병과 재해를 주기 때문에 의례의 대상에서 제외되는 신들이다.

2) 의례의 양상

제주도에서는 주술 종교적 직능자인 샤먼을 '심방'이라 부른다. 여기서는 제주도 심방의 성무과정, 심방이 주관하는 무의(巫儀)와 무업을 통하여 나타나는 영혼관·사령관·타계관 그리고 심방의 직능 등 제주도 무속의 전반적인 양상을 살펴보고자 한다.

심방이 보통 사람과는 다른 특수한 능력의 소요자로서 사회적으로 인정받을 때까지는 일정한 조건과 성무과정을 걸쳐야 한다. 먼저 제주도의 심방의 입무 동기는 다양하다. 대체로 세습, 무구인 멩두 습득, 병 등 신의에 의해서와 심방과의 결혼, 경제적 생활의 수단 등 자의에 의해 입무하는 경우가 있다. 이러한 이유로 입무하여 여러 가지 무의의 기능과 신앙체계에 대한 지식을 습득하는 과정을 걸친다. 그 다음 무녀 사회에서 승인 받기 위해 '신굿'이라는 성무의례를 걸쳐 한 사람의 심방으로 독립된 의례 직능자가 된다. 신의의 소명이나 질병으로 어쩔 수 없이 입무한 무당과 세습무는 '신의무'라 할 수 있고, 자신이 그 길을 택하여

17) 玄容駿, 앞의 책, 1986, 165~173쪽.

입무한 혼인무와 경제무는 '자의무'로 볼 수 있다.[18)]

제주도의 무속의례는 대체로 일반제와 당제 두 가지 유형으로 구분되고 있다. 일반제란 '개별적 · 가정적 · 임시적인 의례' 로서의 특성을 띠는 의례이다. 그러므로 일반제란 '일반 가정에 생사, 질병, 생업 등을 차지하고 있는 일반신을 청하여 기원하는 무의'를 뜻한다. 이것은 개인적 가족 단위의 의례이므로 제장도 제주(祭主)의 집이거나 제주가 지정한 해변 혹은 들녘 등이 된다. 반면에 당제란 마을을 관장하는 당신(堂神)에게 드리는 무의이다. 당제에서는 마을 전체의 길운을 기원함으로 집단적 혹은 사회적 의례라 볼 수 있다.[19)]

이와 같은 두 종류의 무의는 집행되는 시기에 따라 연중행사와 같은 정기적인 의례와 부정기적으로 행해지는 임시적 의례로 구분된다. 또한 어떤 의례이든지 그 규모에 따라 '비념'과 '굿'으로 나눠진다. 비념이란 심방 일인이 무악기도 사용하지 않고 가무도 없이 요령만을 흔들면서 기원하는 소규모의 의례이며, 굿이란 몇 명의 무당들이 무악기를 울리면서 가무로써 집행해 나가는 규모가 큰 의례이다.

심방이 거행하는 의례는 그 대상에 따라 인간의 혼을 다루는 의례와 신령을 다루는 의례로 크게 나눌 수 있다.[20)] 혼에 대한 무의는 영혼관에 기초를 둔 의례로서 혼의 이탈로 인해 일어난 병을 이탈한 혼을 찾아내어 다시 육체에 들여 넣음으로써 치료하는 '넋들임'을 들 수 있다. 이외의 무의는 신령관에 기초한 의례로 여러 형태의 의례들이 있다.

---

18) 玄容駿, 「濟州島의 巫覡」, 『濟大學報』第7號, 濟州大學校, 1965.

19) 張籌根, 「濟州島 巫俗의 地域性에 관하여」, 『제주도』 제15집, 제주도, 1964, 100~111쪽. 玄容駿, 앞의 책, 1986, 232쪽.

20) 玄容駿, 앞의 책, 1986, 305~390쪽.

첫째, 기원유화의례로 신령을 청해 들여 간절히 기원함으로써 신의를 유화시키고 소원을 성취시키는 의례이다. 둘째, 협박구축의례는 질병이나 재앙의 원인이 되는 사악한 신의, 요괴를 협박하여 쫓아내는 의례이다. 셋째, 유감주술의례로 현실적으로 기대되는 소망과 같은 것을 의례 속에서 전개하고 그것이 실재의 생활에 실현될 것을 기원하는 의례이다. 넷째, 무혼의례로 사자의 영혼을 위무하여 저승의 좋은 곳으로 보내는 사령공양의례이다. 한국의 민간사회에서는 사자의 공양의례는 대부분 유교식으로 행하는 경향이 있으며, 이것은 사령관·타계관에 기초를 둔 신앙적 의미가 짙은 의례라 볼 수 있다.

그런데 유교식 제의 이외에 무속식의 공양의례가 행해지는 경우도 있다. 예를 들면 장례식을 치르고 난 그날 밤에 상가에서 행해지는 귀양풀이가 있다. 이 귀양풀이는 지금도 제주도의 각 가정에서 흔히 행하는 사자공양의례라 할 수 있다. 이러한 의례에서 볼 수 있듯이 심방은 사제적 직능, 영매적 직능, 주의적(呪醫的) 직능, 점사적(占師的) 직능 그리고 연예인적 직능을 지니고 있음을 알 수 있다.[21)]

3) 사회 변화와 무속

위에서 언급했듯이, 제주도 사회는 주변과의 대외 관계, 또한 국내의 다른 지역과의 관계 속에 끊임없이 험난한 시련을 겪으면서도 그 시련을 극복하며 지탱해 온 도서 사회이다. 이러한 시련을 극복하는데 중요하게 작용했던 요소들은 여러 가지로 지적할 수 있는데, 그 중의 하나가 바로 무속신앙이라 할 수 있다.

현용준은 다른 지역에 비해서 제주도에서 무속신앙이 성행했던 것은

21) 玄容駿, 앞의 책, 1986, 232쪽. 文武秉, 앞의 논문, 1997.

자연적 조건에 의한 주민들의 생활고에 한 요인이 있다고 지적하고 있다.[22] 제주도는 화산회토 때문에 척박한 토지와 강한 바람으로 인한 농작물의 피해가 많아서 주민들의 생활은 언제나 빈궁한 상태를 벗어나지 못했다. 거기에다 한발이 닥치는 경우에는 주민들은 기아의 고통에서 헤어날 수가 없었다.

역사적으로 볼 때 조선시대의 빈번한 왜구의 출몰과 탐관오리들에 의한 각종 부역과 과다한 세제(稅制)의 강요에 의해서 자연적 재해보다 큰 인재의 피해에 시달려야 했다. 이러한 상황에서 벗어나기 위해 주민들은 육지로 이동하는 경우가 많았다. 그러나 출륙 금지령으로 인하여 무려 200년 동안 제주 도민들은 다른 지역과 완전히 고립된 채로 섬에서 생존을 강요당하기도 했다. 주민들은 자신들에게 주어진 질곡의 상황을 극복하는데 있어서 인간의 한계를 절감하고 초월적인 존재의 힘에 의탁할 수밖에 없었다. 주민들은 생활 속에서 무속의 신통력에 의존하여 병을 고치고 행운을 얻을 수 있고 또 재난을 면할 수 있다는 신념을 갖고 정서적 불안을 해소하고 생활의 희망을 구했던 것이다. 그러므로 도민들의 생활에 뿌리 깊게 내리고 있었던 무속은 조선시대의 유교 정책 이후 오늘날에 이르기까지 미신타파라는 명목 하에 끊임없이 박해를 받아왔음에도 불구하고 주민 생활의 저변에서 끊임없이 이어져 왔음을 알 수 있다.

조선시대의 치국이념이었던 유교 사상은 고유사상 시대의 무속적 민족 신앙에 큰 변화를 초래했다. 다시 말하자면, 불교 또는 무속을 미신시하는 유교 정책은 고유의 무속의례를 금하고, 사대부층이 성황제 등

22) 玄容駿, 앞의 책, 1986, 30쪽.

무속의례를 행하는 것을 장벌로 규제하고 또한 무녀에 대해서도 그 의례 행위를 하지 않도록 단속을 강화하면서 탄압을 해왔다. 더욱이 절이나 무속신앙의 성소인 당을 파괴하는 정책을 적극적으로 실시해 왔다. 제주도에서도 유교의 영향으로 '향교'가 설치되어 무속의례의 민간신앙은 심한 탄압을 받았다. 한 사례를 들면, 조선 시대의 명종 21년(1566) 제주 목사 곽흘이 불사를 파괴한 것을 비롯하여, 숙종 28년(1702) 제주 목사 이형상은 제주 · 대정 · 정의의 삼읍의 음사와 불사 약 130 개소를 태우고 또한 무당 400여 명에 대해서도 무속의례의 행위를 규제하면서 억압했다는 보고가 있다.[23] 이러한 탄압에 의해 제주도의 불사는 대부분 소멸되었고, 그 후 약 200년 지나서 1908년 제주도에 불교가 새로 포교되어 오늘날에 이르고 있다. 이처럼 제주도에서 불사의 파괴 정책이 다른 지역에 비해 엄격하게 진행된 이유는 제주도의 불교에는 토속신앙의 무속적인 요소가 많아서 무속과 같은 것으로 간주되었기 때문이라고 생각된다. 또한 무속 탄압의 역사적 · 사회적 변동에 의해 일어난 일은 유교가 남성 사회에 보급됨에 따라 관의 유교식 제의 형식과 신기(神祇)가 도입되어 남녀 양성의 신앙구조와 당 의례가 분리되는 결과를 초래했다. 말하자면, 남성은 토속신앙의 토대 위에 유교식 제사를 구축하고, 여성은 종래의 무속적 의례를 계속 행하면서 무속은 여성 사회의 비공식적 신앙으로 현재까지 이어지고 있다고 할 수 있다.

19세기 말 전후에는 외래종교인 기독교가 전래되어 고유 무속신앙과 충돌하였다. 또한 일제 강점기에는 총독부의 권력자에 의해 민족문화적 일원화의 일환으로써 미신타파 정책이 추진되어 다시 탄압의 고통을 받

23) 玄容駿, 앞의 책, 1986, 29쪽. 李杜鉉 · 張籌根 · 李光奎 共著,『韓國民俗學概論』, 一潮閣, 1991, 184쪽.

아야만 했다. 그러나 이러한 탄압은 외부 세력에 의해서만 취해진 것은 아니었다. 해방 후, 탄압은 국내의 좌익계, 기독교, 신생활추진위원회, 새마을 운동의 관리자 등 국내의 여러 권력자와 사회단체에 의해 실시 강요되었다. 이와 같은 미신타파 정책에 의해 1969년 제주도에서는 135 개소의 신당과 제단이 파괴되었는데, 시 · 군별로 보면 제주시 22, 북제주군 45, 남제주군 68 개소로 나타나고 있다.[24] 이러한 상황에서 보면, 전국에서 얼마나 무속신앙의 성소가 많이 파괴되었는지 추정할 수 있을 것이다. 특히 1970년대 새마을 운동의 생활 정책에 의해 한층 더 많은 신당과 제단이 파괴되었고, 개인 단위의 무속의례는 물론 마을 단위에서 행해지는 마을제마저도 폐지하여 근절하려고 했다.

이러한 상황에도 불구하고, 긴 역사와 함께 보존 전승되어 온 무속신앙은 도서 환경에서 살아 온 주민들은 무시하지 못하고 탄압을 받으면서도 사회의 저변에 뿌리를 내리고 오늘날까지 계속 이어지고 있는 것이다. 도서 사회의 주민들은 무속의례를 통해서 생활고를 극복하고, 주민들의 집단적 소속감은 물론 지역민의 심적 유대를 강화하는 공동체 의식을 고양시키는 결과를 초래하기도 했다.

한국의 경제적 발전과 더불어 서구 문화의 도입이 심해지면서 현대 사회의 마을공동체는 해체의 심각한 위기를 맞이하고 있다. 이러한 상황에서 전통문화에 대한 인식이 새롭게 제기되면서 1980년대 후반에 이르러 전통문화를 재인식하고 재평가함으로써 전통의 민간신앙은 새롭게 부활되고 강화되고 있는 실정이다. 더욱이 마을제는 도 · 시 · 읍 등의 행정적인 차원에서 지원이 이뤄지면서 재창조되는 상황이 나타나고

24) 韓國文化公報部文化財管理局, 竹田旦 · 任東權 譯,『韓國民俗大系: 韓國民俗總合調査報告書: 濟州道編』第5卷, 國書刊行會, 1992, 118~120쪽.

있다.[25)]

이처럼 사회적 · 문화적 변동에 의해 무속의례의 행위는 과거의 탄압을 받았던 상황에서 벗어나, 중요한 문화 전통으로서 재평가되고 공공연한 사회적 활동의 한 영역으로서 자리 잡고 있다. 특히 심방은 특수한 능력을 지닌 직능자로서 사회적으로 공인되고, 무속의례는 재생산의 기회를 맞고 있는 것으로 보인다. 그러나 현재 심방과 당골 관계에 있는 사람들이 모두 연로한 사람들이라는 점이 무속의례를 둘러싼 세대단절이라는 사실을 단적으로 보여주고 있어서 앞으로 제주 무속의 전망은 그리 밝은 편은 아니라고 생각된다.

Ⅲ. 오키나와의 무속세계

1. 환경적 · 역사적 배경

일본열도의 최남단에 위치한 류큐열도(琉球列島)는 일본 규슈와 대만 사이의 태평양상의 광대한 해역에 산재한 섬들을 말한다. 이 섬들은 동경 123~132도, 북위 24~27도의 해역에 흩어져 있으며, 류큐열도는 오키나와 제도(沖繩諸島), 야에야마 제도(八重山諸島), 미야코 제도(宮古諸島) 이외에, 동남쪽의 다이토 제도(大東諸島), 남서쪽의 무인도인 센카쿠 열도(尖閣列島)로 구성되어 있다.

---

25) 강경희, 「제주도 어촌의 근대화와 종교 변화:가파리 사례를 중심으로」, 『濟州島研究』 제14집, 濟州學會, 1997, 81~156쪽.

크고 작은 모두 160여 개의 섬으로 이루어진 류큐열도의 총면적은 2,388㎢이다. 이 중에서 오키나와 본도가 전체 면적의 53%를 차지하는 가장 큰 섬으로서 류큐왕조시대에는 류큐열도의 정치적 · 문화적 중심지였다. 다음으로는 야에야마 제도에 속하는 이리오모테지마(西表島)와 이시가키지마(石垣島)가 각각 13%와 11%이며, 그 나머지 작은 섬들이 합하여 20% 정도의 면적을 차지하고 있다. 총인구는 약 145만 명(2019년 11월 현재)에 이르고 있는데, 오키나와 본도에 약 135만 명이 모여 살고 있다.

오키나와의 기후는 아열대성 기후로 연간 온난 현상을 나타내고 있다. 7~10월까지 4개월 사이는 태풍 시즌이라 할 만큼 예기치 않은 태풍이 불어 닥치는 경우가 많고, 강수량은 연평균 2,000mm 정도로 많고 습도 또한 높은 지역이다. 경제 산업은 태평양 전쟁 이후, 농 · 임업 등 제1차 산업이 현저히 줄어들고 관광산업에 의한 제2 · 3차 산업이 발전하고 있다.

류큐열도에 언제부터 사람들이 살기 시작했는지는 명확히 밝혀지지 않았지만, 고고학적 연구에 의하면 AD 2 ~ 3세기부터 5 ~ 6세기까지 거슬러 올라갈 수 있다. 역사적 시대 구분을 보면, 오키나와는 선사시대의 구석기시대, 패총시대를 걸쳐 10세기 전후 구스쿠(グスク) 시대로 접어들면서 역사시대를 맞고 있다. 이러한 사실은 선사시대로부터 철기 사용과 벼농사, 스에키(須恵器)[26] 등에 나타나듯이 농경사회로 변화하면서 생활의 변화가 일어나고 있는 데서 알 수 있다.[27]

---

26) 일본 고분 시대 중기에서 평안 시대에 걸쳐 제작된 토기의 하나임. 회색 또는 회갈색으로, 단단하며 모양이 정연하고 치밀한 것이 특징으로 가야 토기의 직접적인 영향을 받았다고 함(네이버 사전).

10~12세기경부터 농경사회의 변화와 더불어 오키나와 각지에서는 아지(アヂ, 按司)라고 부르는 족장적 성격을 지닌 공동체 수장의 지배층이 발생하였다. 이때부터 혈연사회에서 지연사회로 이행이 되었고, 마을의 니-야(ニーヤ, 根屋)[28]의 주인인 닛츄(ニーッチュ, 根人)와 종교적 사제인 니-간(ニーガン, 根神)[29]이라고 부르는 유력자가 공동체의 평화와 질서를 지키는 직능을 떠맡고 있었다. 아지라는 신분을 지닌 닛츄는 역사적 발전과 더불어 정치적 지배자로서의 힘을 키워 나갔다. 여러 마을의 아지들은 서로 투쟁하면서 14세기 중엽에 오키나와 본도에는 중산·북산·남산이라는 3개의 독립국가가 성립되었다. 이 삼산(三山)의 지배자들은 중국과의 외교를 시작했고, 이후 오키나와의 문화적·사회적 발전이 급격히 진행되었다.

15세기에 들어서서 오키나와 동남부 사시키(佐敷)의 아지였던 쇼하시(尚巴志)가 삼산(三山)을 멸망시켜 통일왕국의 제1 쇼시왕조(尚氏王朝, 1429~1469)를 세웠다. 그러나 제1 쇼시왕조는 1469년 우치마 가나마루(內間金丸)를 중심으로 일어난 쿠데타로 무너지고, 다음 해에 우치마 가나마루(內間金丸)가 즉위하여 쇼엔왕(尚圓王)이 되면서 제2 쇼시왕조(第二尚氏王朝, 1470~1879)가 성립되었다. '류큐왕국(琉球王國)'을 확립한 제2 쇼시왕조의 쇼신왕(尚眞王, 1477~1526)시대는 중앙집권적인 통치체제가 확립되었고, 사회·정치제도와 종교 조직이 정비되어 류큐문화가 형성된 '황금시대(黃金時代)'라고 말해진다.[30]

---

27) 外間守善, 『沖縄の歴史と文化』, 中公新書, 1986, 27~28쪽.

28) 오키나와 본도 지역에서 마을 창시자 가계로 마을 제사의 중심이 되는 집을 말한다.

29) 니가미(ニガミ)라고도 한다. 니-야(根屋)의 장남이 닛츄(根人)가 되고, 그 자매(특히 장녀)가 니-간(根神)의 역할을 담당했다.

30) 高良倉吉, 『琉球王國』, 岩波新書, 1993, 58쪽.

당시 류큐왕국(琉球王國)은 일본 · 중국 · 조선뿐만 아니라, 타이 · 말레이시아 · 인도네시아 · 베트남 · 필리핀 등의 남방제도와도 활발하게 교역을 전개했다. 그 때 오키나와 본도의 나하항(那覇港)은 조선, 일본, 중국과 동남아시아를 잇는 요충지였다.[31] 특히 중국의 명과의 무역에서 받은 문화적 영향은 오키나와의 문화 발전에 중요한 의미를 지닌다. 즉 명과의 교역 관계를 맺었던 오키나와는 유학생을 파견함으로써 중국으로부터 정치적 · 경제적 · 사회적 · 문화적인 영향을 받았고, 또한 유교와 도교가 전해져 오키나와 주민들의 사상과 관습, 문화 형성에 커다란 영향을 미쳤다.

그러나 16세기 이후 중국이 남방제도를 비롯하여 일본과 직접 교역을 하고, 일본도 중국 및 남방제도와 직접 교역을 개시하자, 오키나와는 중계 무역의 기반을 잃고 해상 활동이 점차 약화되다가 16세기 중반에 쇠퇴하였다.

류큐왕국은 1609년 '시마즈 침입(島津侵入)' 사건의 계기로 일본의 봉건국가체제로 편입되었다. 그 후 류큐는 중국과의 조공 무역을 하고 있었지만, 정치적으로는 사쓰마(薩摩)와 에도막부(江戸幕府)의 엄격한 통제를 받았다.

일본이 메이지(明治) 유신에 의해 근대 국가를 형성하는 과정에서 메이지 정부는 류큐의 왕족과 상층사족(士族[32])의 저항을 억압하면서 1879년 류큐번(琉球藩)을 폐지하고 오키나와현(沖縄縣)을 설치하였다. 이것이 바로 '류큐처분(琉球處分)'이며, 이로 인해 오키나와는 메이지 정부의 관할

31) 沖縄縣教育委員會, 『概説 沖縄の歴史と文化』, 2000, 26~27쪽.

32) 근세기의 지배 신분을 나타내는 용어로, 메이지 유신 후 옛 무사 계급에게 주어진 신분계층의 호칭

하에 편입하게 되었다. 그 후 오키나와는 1945년 태평양 전쟁의 패배로 미국의 통치하에 놓였다가, 1972년 다시 일본에 복귀되는 등 격렬한 역사적 변화를 경험한 도서 사회이다.

2. 전통사회의 종교양상

오키나와의 전통적인 사회제도는 마을공동체에서 비롯된다. 하나의 마을은 '문츄(門中)'라는 부계혈연집단이 몇 개 모여서 이루어진다. 현재 아자(字)[33]라고 칭하는 마을은 명치 40년(1907) '오키나와현 및 도서정촌제(沖繩縣及島嶼町村制)'가 시행될 때까지는 무라(村)라고 불렸다. 전통적으로 마을은 농업에 의존해서 생활을 유지하는 '기본적 사회공동체' 이었다.[34] 해변의 마을이나 작은 섬에 사는 사람들은 반농반어를 행했지만, 그 밖의 지역 대부분의 마을에서는 농업을 생활의 근본으로 삼아 전념해 왔다. 대부분의 마을은 혈연적 공동체 사회로서 동족 집단으로 구성되어 있었고, 마을 공동으로 토지를 소유하여 공동 노동으로 공유지를 이용하였다. 그러므로 마을 사람들은 일심동체 의식을 갖고 사회협동체의 구성원으로 결속되었다.

이러한 부계집단으로 이루어진 마을공동체를 형성하고 있는 오키나와에서 도서 사람들의 종교 양상은 '노로(ノロ)'[35]와 '유타(ユタ)'[36]라는

---

33) 일본의 市·町·村을 세분한 구획으로 가장 말단 행정 단위

34) 比嘉春潮, 「沖繩の村落組織」, 馬淵東一·小川徹 編著, 『沖繩文化論叢 3』, 平凡社, 1974, 137쪽.

35) 노로는 누루(ヌル), 누-루(ヌール, 神女), 니-간(ニーガン, 根神), 쓰카사(ツカサ, 神司), 오코데(オコデ) 라고도 칭하는 여성 신직(神職)이다.

36) 오키나와에서는 하나의 민속용어에 대해서도 그 개념의 다양성을 주의할 필요가 있다고

두 유형의 종교적 직능자를 중심으로 한 상이한 신앙의 형태로 구분된다. 이 두 종교적 직능자를 간결하게 구분해 보면, 노로는 사제에 해당되며 유타는 샤먼이라 할 수 있다. 유타는 '신령 · 정령, 그 밖의 신들과 직접 접촉 · 교류 · 대응하는 것'이 가능한 존재이기에 샤먼적 직능자로 간주할 수 있다.[37] 노로와 유타의 직능에 따라서 오키나와의 민간신앙은 서로 다른 형태를 지니고 있는데, 이들은 각각 지배적인 성격 · 생태 · 기능 등 여러 면에서 대조를 이루고 있다.[38]

먼저, 노로는 (1)우타키(御嶽)나 구스쿠(城), 우간쥬(御願所) 등 마을 단

지적하고 있는 것처럼(津波高志,「對ヤマトの文化人類學」,『民族學研究』61-3, 日本民族學會, 1996, 449~462쪽.), '유타'라는 명칭은 오늘날 오키나와의 샤머니즘 연구자들은 일반적으로 사용하고 있다고 생각하는데, 오키나와의 여러 지역에 따라 다양한 호칭이 있음을 알 수 있다. 예를 들면, 오키나와 본도에서는 유타(ユタ), 미야코지마(宮古島)에서는 간카카리-(カンカカリャー, 神憑り), 야에야마 제도(八重山諸島)에서는 니게-비-(ニゲービー, 願い人 즉 祈願者), 이시카키(石垣)에서는 무누스-(ムヌスー), 요나구니(与那國)에서는 무누치-(ムヌチー) 등 여러 명칭이 있다. 더욱이 이러한 명칭 이외에, 의례에 따라서 보다 구체적인 다른 명칭이 사용된다. 미야코에서는 뿌소-즈(プソーズ)라는 사자의례를 행하는 무자(巫者)를 순간카카리(スンガンカカリャ)라고 부른다(櫻井德太郎,「巫俗の地域性」, 五木重 · 櫻井德太郎 · 大島建彦 · 宮田登 編『講座 日本の民俗宗教4 巫俗と俗信』, 弘文堂, 1979. 佐々木宏幹,『シャーマニズムの人類學』, 弘文堂, 1984).
또한 오키나와의 마을에는 '우간사-(ウグァンサー)' 혹은 '우간우사기야-(ウグァンウサギヤー)'라고 부르는 우간(御願, 즉 祈願)을 전문으로 하는 여성이 있다. 우간사-는 유타와 같이 한지(ハンジ, 즉 判斷)를 할 수 있는 능력은 없지만, 각종의 우간(기원)이 가능하며 그 기원을 의뢰자의 조상신에게 전할 수 있다고 한다. 더욱이 우간사-에게는 가미다-리(カミダーリィ)라는 무병을 경험하는 경우가 많아서 자질적으로는 유타와 구별이 어려운 면이 있다(大橋英壽,『沖繩シャーマニズムの社會心理學的研究』, 弘文堂, 1998). 유타가 역사적 · 사회적으로 탄압 · 멸시 당한 사실(史實)에서 알 수 있듯이 유타라는 호칭은 당사자들이 좋아하지 않는 용어이며, 공공사회에 드러내지 않고 무업을 행하는 경향이 있음은 확실한 것 같다. 필자가 조사한 오키나와 본도의 남부지역에서는 이러한 종교적 직능자를 가민츄(カミンチュ, 신을 모시는 사람) 또는 무누시리(ムヌシリ)라고 칭하고 있다. 유타라는 호칭은 많은 문제가 있지만, 본고에서는 일반적으로 학술용어로서 정착되어 있으므로 샤먼적 직능자로서의 유타라는 용어를 그대로 사용했다.

37) 佐々木宏幹,『シャーマニズムの人類學』, 弘文堂, 1984, 243쪽.

38) 櫻井德太郎,『沖繩のシャーマニズム』, 弘文堂, 1973.
佐々木宏幹, 위의 책, 1984, 241쪽.

위의 성소를 중심으로 제사 집단에 관여하고 (2)공동체를 대표하여 감사, 기원 등의 행사를 공적으로 주최하며 (3)사예(死穢), 월경, 출산 등의 부정을 기피하고 (4)그 지위 계승의 형식은 다양성을 나타내지만 주로 혈연관계를 기반으로 한 상속이 이루어지며 (5)대체로 유타에 비해 종교적 · 사회적 지위가 높다는 등의 특징을 지니고 있다.

이에 반해, 유타는 (1)개인적인 교감 또는 일종의 계시에 의해 접촉하게 된 신령 · 정령 등을 수호신으로 모시고 의례를 행하며 (2)개인 · 가족 단위의 다양한 문제에 관한 판단, 탁선(託宣), 기원 등의 일을 사적으로 집행하고 (3)사자공양의례에 관여하며 (4)직능자로서의 지위는 가미다-리(カミダーリィ, 憑靈)와 같은 입무의 시련을 걸쳐 개인적으로 취득되어지며 (5)노로에 비해 열등한 지위로 흔히 여겨지는 등의 특징을 나타내고 있다.

이처럼 사제인 노로는 우타키 · 배소(拜所) 등에서 종교적 의례를 집행하거나, 마을의 공적 제의나 공동체의 기원 행사의 주역을 담당한다. 반면 샤먼인 유타는 공동체 내의 개별 가정이나 가족에 관한 운세, 길흉 판단, 질병 기원 등 민간의 개별적인 주술 신앙의 영역을 통괄하고 있다.

상술했던 것과 같이, 노로와 유타의 제반 특징과 성격이 모든 지역에서 항상 명료하고 정연하게 구별되는 것은 아니다. 모든 문화 현상이 다양한 요소들에 의해 구성되어 나타나듯이, 노로와 유타도 지역에 따라서 중복되거나, 경우에 따라서는 상호 복합적인 양태를 보이기도 한다.[39] 그러므로 두 종교적 직능의 구분이 명확치 않고 노로 혹은 유타의 특징 몇 가지가 결락되어 나타나는 경우도 있다. 메이지 유신 이후,

39) 佐々木宏幹, 앞의 책, 1984, 241쪽.

오키나와에서는 노로의 세습이 어려워 사라져감에 따라서 그 직능을 유타가 대신 떠맡는 지역이 있는 것도 사실이다.

3. 무속의례

1) 초자연적 존재

의례 행위에서 신앙의 대상인 초자연적 힘과 존재에 대한 개념을 고찰하는 것은 중요하다. 그와 같은 존재의 분류와 성격 및 능력뿐만 아니라, 그들과 인간과의 상호 관계 등을 이해하고 그 배후에 감추어져 있는 의미 체계를 찾아냄으로써 의례 행위의 본질이 해명되리라 생각되기 때문이다.

오키나와의 전통적인 사고 양식에 있어서는 생물계와 무생물계를 포함해서 전 우주에 무수히 많은 정령이 있는데, 그 중에서도 가장 중요한 정령은 신(神)이라고 여겨지고 있다. 이러한 신은 만물을 지배 가능한 초자연적인 힘을 갖고 있는 존재라 생각하여 사람들은 이 신에 대한 의례를 거행하고 소원이 이루어지기를 기원한다. 오키나와의 신은 명확히 인격화 되어 있지 않지만, 각각 개별적인 존재로서 독자적인 행동의 영역을 지닌다고 믿고 있다. 그래서 이들은 자신들이 전담하고 있는 영역 내에서 사람들에게 자신들의 의사를 전달하는 것은 물론, 사람들의 눈에 보이기도 하고, 사람들에게 상벌을 내릴 수도 있는 존재라고 여겨지고 있다. 오키나와의 종교를 연구한 Lebra(1974)는 오키나와의 신들을 다섯 가지의 일반적 범주로 분류하여 제시하면서 그 계층적 서열과 권능을 인식하는 것이 가능하다고 말하고 있다.[40]

---

40) Lebra,W.P., 崎原 貢・崎原正子 譯, 『沖縄の宗教と社會構造』, 弘文堂, 1974.

제1의 범주는 하늘 및 자연 현상을 지배하는 신이다. 그 중에서도 '딘누카미(ティンヌカミ)'는 천상을 지배하는 신으로서 최고신으로 숭배된다. 또한 '운자미(ウンジャミ)'는 해신(海神)으로, '디-다가미(ティーダガミ)'는 태양신으로, '미지가미(ミジガミ)'는 수신(水神)으로 역시 숭상된다. 제2의 범주로 분류되는 신은 일정한 장소와 관계되는 신들을 말한다. 예를 들면, '가-누카미(カーヌカミ)'는 우물의 신이며, '히-누카미(フィーヌカミ)'는 화신(火神) 혹은 조왕신으로 일상생활에서 제일 중요한 신이다. '후-루카미(フウールカミ)'는 돈사 혹은 변소의 신이며, '다-누카미(ターヌカミ)'는 밭신이고, '야시치가미(ヤシチガミ)'는 가옥신으로 여겨지고 있다. 제3의 범주의 신은 직장 또는 지위와 관련된 신들을 칭한다. '푸-치누카미(フウーチヌカミ)'는 단야(鍛冶)의 수호신으로 부르고, '우니누카미(ウニヌカミ)'는 배의 신으로 배를 건축하는 사람에게 신앙되어진다. '시-쿠누카미(シークヌカミ)'는 세공신으로서 목공의 신으로 숭배되며, '누루가미(ヌルガミ)'는 마을의 여사제인 '누루(ヌル)'의 신으로 받들어진다. 제4의 범주에는 신 중에서도 하급에 속하는 조상신인 '후투키(フトゥキ)'가 존재한다. 후투키는 남계의 선조와 그 부인들을 칭하며, 살아있는 자기의 자손과 초자연을 연결하는 중요한 역할을 담당하는 신이다. 제5의 범주의 신은 '가민츄(カミンチュ)'이다. 즉 가민츄는 신령이 빙의된 사람이다. 인간에게는 '사아(サア)'라고 부르는 영적 지위와 가치와 같은 것이 있는데, 가민츄의 경우는 보통 사람들과는 다른 '사아다카츄(サアダカチュ, 영적 지위가 높은 사람)'라고 해서 '사아다칸마리(サアダカンマリ, 영적 지위가 높게 태어남)'라고 말해진다.

이와 같은 일반 범주 이외에도, 오키나와의 사람들의 종교적 신념에 기초를 둔 악령이라고 말해지는 초자연적 존재가 있다. '야나문(ヤナム

ン)'이라는 악령은 모든 악의의 힘을 나타내는데, 제일 대표적인 것은 유령이다. 또한 '마지문(マジムン)'이나 '마지무나아(マジムナア)'라는 유령은 인간에게 폐를 끼친다고 믿고 있다. 이것은 비업의 임종을 맞이했거나, 부자연스런 죽음을 당하거나, 자기 집에서 임종을 맞이하지 못했을 때 일반적인 장례식을 치르지 못하여 사자(死者)가 가족과 문중 묘에 들어가지 못할 경우에 마지문이라는 유령이 된다고 생각한다. 유령은 자기가 쉴 장소를 찾지 못하고 자유자재로 모습을 변화시켜 인간에게 나타나 해를 끼치기 때문에 살아있는 사람에게 있어서는 귀찮은 것이며 잠재적으로 위험하기도 하다.

'기지문(キジムン)' 혹은 '기지무나아(キジムナア)'는 시골 마을의 나무에 머물고 있는 남성의 혼령이다. 이것은 장난을 좋아하는 혼령으로 사람들을 속이는 재미로 즐거워하거나, 경우에 따라서는 변덕을 부려 인간과 친구가 되어 사람들을 도와주기도 한다고 전해지고 있다.

신들은 초자연적인 힘으로 인간을 도와주기도 하며, 또한 그러한 힘으로 사람들에게 해를 끼치기도 한다. 그러나 신들은 본래 선한 존재도 악한 존재도 아니며 정서적으로 중립적인 성격을 갖추고 있다. 따라서 오키나와의 사람들은 신들과 호혜적인 관계를 유지함으로써 재앙에서 벗어날 수 있다고 믿으며 신들에게 의례를 거행하는 것을 중요시 여기고 있다. 의례를 행할 때에는 신의 전능한 힘이 기원자에게 이롭게 작용하거나 자신들의 소원을 신들에게 전하고 그러한 소망을 신들의 힘으로 달성하고자 기원한다. 샤먼인 유타는 이러한 의례에서 신과 인간 사이의 매개자로서의 역할을 담당하고 있으며, 자신의 수호신이나 보조령이 되는 신령을 지닌 인물이다.

2) 의례의 양상

오키나와 사회에서 의례는 노로와 니-간(根神), 그 밖의 신역에 의해 행해지는 공동체 의례와 농경의례, 그리고 유타를 중심으로 이루어지는 치병의례와 사령의례 등이 있다. 이 두 분류의 의례는 대부분의 경우 상이한 유형으로 구분될 수 있는데, 전자는 유교적 의례의 성격이 강하고 후자는 무속적 의례의 속성을 보이고 있다. 본고에서는 유타를 중심으로 이루어지는 의례에 한정하여 오키나와의 무속의례를 설명하고자 한다.

우선 의례의 직능자인 유타의 생태와 역할과 기능을 파악하는 것이 지역의 종교 현상을 이해하는 데 중요한 지름길이 되리라 생각한다. 유타의 입무 동기나 성무과정 또한 무의(巫儀)·무업(巫業) 등에 관해서는 오키나와 본도와 그 주변의 여러 섬 지역에서 약간의 상이점을 보여주고 있지만 대체로 공통점을 더 많이 갖고 있다. 먼저 유타의 입무 과정의 특징과 의례 과정을 통하여 유타의 사회적 기능을 살펴보고자 한다. 또한 유타가 거행하는 의례는 지역의 자연적·문화적·사회적 배경 하에 이뤄지므로, 의례를 관찰함으로써 일정 지역의 문화적 요소인 영혼관·타계관·사령관 등을 이해할 수 있으리라 생각한다.

유타의 입무 동기와 성무과정에 대한 연구 논문[41]에 의하면, 약간의 차이는 있지만 일정한 유형을 파악할 수 있다. 유타의 입무 동기로는 우선 무병을 들 수 있다. 어떤 분명한 이유도 없이 무병의 증후를 보이는 사람은 식욕부진, 체력감소, 불면 등에 시달리게 되며 환각이나 환청 등의 꿈을 보기도 한다. 그런 와중에 조상신이나 신령이 나타나 환자에

41) 櫻井德太郎, 앞의 책, 1973. 加藤九祚 編, 『日本のシャーマニズムとその周邊』, 日本放送出版協會, 1984. 大橋英壽, 앞의 책, 1998.

게 유타의 길을 권유한다. 오키나와의 샤머니즘 세계에서는 이러한 현상을 '가미다-리(カミダーリィ)'라고 부른다. 입무하기로 결정하면 환자는 우타키, 배소 등의 각 성지를 순례하는 도중에 신의 계시를 받는다. 그런 후 집으로 돌아와 제단을 만들고 계시를 준 신령을 자신의 수호신으로 삼아 의례를 행할 수 있는 능력을 부여받게 된다. 이 때 지역의 주민들은 그에게 한지(ハンジ, 判斷)나 의례를 의뢰하게 되는데, 여기에서 효험이 있을 경우 그 명성이 널리 알려져 자연스럽게 유타의 지위를 획득하게 된다.

佐々木宏幹는 가미다-리에 관해 '어떤 인물이 세속적 존재에서 성스런 영역의 전문가로의 이행, 전신(轉身)하는 과정을 의미한다. 따라서 가미다-리 과정은 그 속에 오키나와 지역에 전개되는 주술-종교적 현상의 모든 특질과 조건을 많이 함축하고 있다'고 말하면서, 오키나와 지역에 전개되는 종교 현상에서 가미다-리의 구명에 가치가 부여되는 것은, 그 지역의 중요한 주술 종교적 직능자인 유타 및 그 유사한 직능자들의 종교적 입무 과정을 구성하고 있기 때문이라고 지적하고 있다.[42]

오키나와의 지역에서 개인적인 주술 종교적 의례를 집행하는 유타를 중심으로 의례를 분류해 보면 다음과 같다.[43]

(1) 치병의례는 영혼관 · 타계관에 기초를 둔 의례로서 육체에서 이탈한 혼을 찾아내어 혼을 환자의 육체에 들여 놓음으로써 병을 치유하는 의례를 말한다. 오키나와의 민간사회에서는 인간의 영혼을 '마부이(マブイ)'라 부르며, 인간의 체내에 머물고 있다고 생각한다. 이 마부이에 의해 인

42) 佐々木宏幹, 앞의 책, 1984, 202~203쪽.

43) 櫻井德太郎, 앞의 책, 1973. 伊藤幹治, 『沖縄の宗教人類學』, 弘文堂, 1980. 加藤九祚 編, 앞의 책, 1984.

간은 생명을 유지하고 모든 기능이 원활하게 작용된다고 믿고 있다.

마부이는 현세의 '이치마부이(イチマブイ, 生魂)'와 명계의 '시니마부이(シニマブイ, 死靈)'의 두 영혼으로 구분되고, 이 두 영혼은 상호 교류가 가능한 것으로 생각하고 있다. 유타는 전자의 영혼을 위해서 '마부이구미(マブイグミ, 魂込め 즉 넋들임)'라는 무의를, 후자를 위해서는 '마부이와카시(マブイワカシ, 靈分り 즉 혼 분리)'라는 무의를 거행한다. 의례 과정에서 유타는 이러한 생혼이나 사령과 접촉 교류가 가능한 존재이다. 생혼의 이치마부이가 육체에서 이탈하면 병이 걸리거나 사고 당하거나 또한 그러한 상태가 장기간 계속되면 죽음에 이르게 되는 '마부이우티-(マブイウティー, 혼 이탈)', '마부이누기(マブイヌギ, 혼 빠짐)'의 상태가 일어난다고 여긴다. 마부이구미는 유타가 영혼과의 직접 교류 과정에서 빙의되어 이탈된 생령을 환자의 육체로 돌아오게 함으로써 병이나 사고 등으로부터 인간을 구하는 무의인 것이다.

(2) '마부이와카시'라는 사자의례를 집행한다. 이것은 '마부야-아하-리(マブヤーアハーリ, マブイ離れ)', '마부야-와하-시(マブヤーワハーシ, マブイ分れ)'라고도 말하며, 일반적으로 구치요세(口寄せ)라고 부르는 무의이다. 이 무의는 사후 7일째 혹은 49일 내에 거행되며, 이 과정이 끝나면 사령은 '이치미(イチミ, 現世)'와 결별하여 명계의 '구소-(グソ-, 後世)'로 향한다고 생각하고 있다. 말하자면, 유족과 사자와의 결별을 뜻하는 의례인 것이다.

(3) 공양의례 및 기원의례를 행한다. 이 의례에서 유타는 사령을 불러내어 영매로서 사령이 전하는 바를 듣고 그것을 의뢰인에게 전하는 구치요세(口寄せ), 이묘(移墓) 등의 택일과 묘 축조 시에 처음 손 댈 사람을 선정하거나, 세골, 신묘 축조 후, 49제 및 기일 등의 의례를 행한다.

(4) 화신제를 행할 경우 유타를 조왕에 불러들여 조왕신에게 제를 지

낸다.

(5) 점술의례로서의 운기의례는 일종의 운명 판단에서 가족에게 흉사가 지속될 때 행하는 점(占)이다. '호시마쓰리(星祭り)'라고도 하며, 의례 시 팥밥이나 과자 등을 올리고 유타가 기원을 행한다.

이상과 같이 유타를 중심으로 한 무의의 기술적 특징은 무악기와 가무 없이 향만을 피우고 주문을 외우면서 영혼과 교류하면서 의례를 행하는 것이다. 즉 유타가 빙의되어 영매 · 치병 · 점복 · 기타의 의례를 행하는 주술 종교적 행위를 영위하고 있다. 유타는 개인적인 치병의례, 시술을 하는 주의적(呪醫的) 직능과 사령의 영매적 직능, 그리고 길흉 판단의 점사적 직능을 수행할 수 있는 인물이라 할 수 있다.

오키나와의 지역 주민들은 유타와 긴밀한 관계를 맺으면서 문제에 직면할 경우 유타에게 판단을 의뢰하거나 의례를 부탁하고 있다. 따라서 유타는 지역의 모든 관습 · 관행에 현저한 영향을 미치고 있으며, 지역민의 일상생활에 깊이 관여하고 있다고 말할 수 있다.

3) 사회 변화와 무속

사회 변화는 항상 일어나고 있으며 오키나와도 긴 역사 속에 끊임없이 급격한 사회 변동의 물결에 휩쓸려 왔다는 것은 말할 필요도 없을 것이다. 이러한 변화 속에서 오키나와의 민간사회에서 커다란 종교적 직능을 수행해 왔던 의례 전문가인 유타의 사회적 지위나 직능에서도 변화의 양상을 주목할 수 있다. 유타는 주민들의 신앙생활에 주도적인 역할을 수행해 옴으로써 지역에 영향력을 미쳐왔고, 또한 오늘날까지 무속이 성행되고 지속될 수 있었던 것은 지역 주민들이 유타의 존재의 중요성에 대한 인식을 공유하고 있었기에 가능했다고 본다. 그러나 오늘날 오키나와 사회에서 유타의 사회적 지위와 그 존재의 중요성은 항상 인정되어 보장받아 왔던 것만은 아니다. 그것은 유타에 대한 비난과 금압의 역사적 사실로부터 확인할 수 있다.

大橋英壽는 최고의 자료인 『羽地仕置』(하네지시오키)[44]의 「口上覺」(1673년)으로부터 최근 사회 문제가 된 '도-토-메-(トートーメー)문제'[45](1980년)까지의 자료를 검토하여, 약 300년간에 걸친 유타의 탄압사를 개관하고 있다.[46] 특히 오키나와 사회에서 역사적 · 정치적 · 사회적 변동을 고려하여 유타가 탄압받아 온 시대사를 크게 류큐왕조기(15세기~19세기 중반), 명치 · 대정기(明治 · 大正期, 19세기 중반~20세기 초), 소화기(昭和期, 20세기 초~20세기 후반) 등 세 시대로 구분하고 있다. 이러한 시대를 중심으로 유타가 대두되어 비난 · 탄압을 받았던 시기를 더욱 세분해 다음과 같이 여섯 시기로 구분하여 설명하고 있다.

(1) 17세기 후반 쇼죠켄(向象賢)의 정치개혁에 의한 유타 탄압

(2) 18세기 초반 사이온(蔡溫)의 정치개혁에 의한 유타 탄압

(3) 19세기 말 지사의 통달과 마기리(間切)[47] · 마을(村)내법에 의한 유타 탄압

(4) 20세기 초반 대정 초의 근대화 추진화로 이루어진 '유타 정벌'

---

44) 쇼죠켄(向象賢)(羽地朝秀)의 섭정기(1666~1673)에 포달되어진 법령집. 이것은 류큐왕부 기능의 합리화, 사족층의 위계질서 재편, 고유 제사에 대한 통제, 농촌에 횡행하는 지두층(地頭層) · 역인(役人)의 쇄신, 토지 개간에 의한 생산 증진 등 쇼죠켄(向象賢) 정치의 핵심을 전하는 사료이다.

45) 도-토-메-(トートーメー)는 선조를 의미하는데, 선조의 위패의 별칭임.

46) 大橋英壽, 앞의 책, 1998.

47) 고류큐(古琉球)로부터 1907년(명치 40)까지 존속해 있던 오키나와 독자적인 행정 구획 단위. 현재 시정촌(市町村)의 구획에 상당된다고 볼 수 있다.

(5) 소화 10년대(1935~1945)의 전시(戰時) 체제 하의 '유타 사냥(ユタ狩り)'
(6) 소화 55년(1980)부터의 '도-토-메-(トートーメー)문제'

이와 같은 유타 탄압의 시기를 보면, 유타에 대한 비난과 탄압이 오키나와 사회 내부의 권력자들에 의해, 특히 오키나와 사회가 외부 사회 즉 일본 본토와의 접촉으로 격렬한 정치적 · 사회적 변동 속에 일어나고 있음을 알 수 있다. 그러면 유타 탄압의 내용을 구체적으로 고찰해 보고자 한다.

제1기: 류큐왕국에 이미 중앙집권이 이루어져 정교일치(政敎一致) 체제가 확립되어 있었는데, 사쓰마(薩摩) 침입에 의해 사회 전체가 동요와 불안에 휩싸여 왕국의 체제 재편이 이루어졌다. 그래서 쇼죠켄(向象賢)에 의해 국가 정립을 바로 잡고 정책의 일환으로서 민간사회의 유타 탄압 및 신자들에게 경고가 내려졌는데, 이것은 오키나와 본도로부터 지방과 낙도까지 영향을 미쳤다. 탄압의 이유는 유타의 거짓말이 사회 혼란과 불안을 초래하고, 또한 미야코(宮古) · 야에야마(八重山)에서는 많은 비용으로 주민의 생활이 궁핍하게 되었다는 경제적 측면에서 이뤄졌다.

그러나 유타에 대한 탄압과 그 이전부터, 즉 류큐왕조가 모든 섬 내의 종교 조직을 통제하고 정신적 · 사상적 측면에서 중앙집권체제를 강화하기 위해서 관제적인 축녀조직(祝女組織)을 강압적으로 구성한 이래, 민간사회의 주술 종교적 신앙을 담당했던 유타는 한때 심한 탄압을 받았다. 그리하여 많은 유타는 사회의 표면에 나타나는 것을 두려워했고, 민간의 저변에 깊이 잠복하게 되었다. 그러나 이러한 탄압에도 유타가 사회에서 사라진 것은 아니고, 한결같이 사회의 저변층에서 고유성을

지닌 채 활동해 왔던 것이다.[48)]

제2기: 정교분리책에 의해 정치 기구가 확립된 근세 오키나와에서 질병의 원인을 생령 · 사령과 관련지어 그것을 퇴치할 수 있다는 유타에의 의존은 일반 서민층뿐만 아니라, 상층 계급 특히 왕조 내의 중신들에게도 영향을 미쳐 유타와 그 의존자 쌍방의 처벌 규정이 정해졌다.

제3기: 폐번치현(廢藩置縣)[49)] 전후, 류큐왕국의 제정일치 체제가 붕괴되어 오키나와는 근대화의 출발점에 서게 된다. 당시 유타는 그 행위의 합리성이 강조되어 종래의 왕조의 방침이었던 유타 금지가 실시되었다. 그에 따라 행정 말단의 각 마기리(間切)와 마을의 불문율의 내법이 성문화되어 집행되었던 것이다.

제4기: 명치로부터 대정에 걸쳐서 오키나와의 일본으로의 동화 정책과 근대화의 추진과 더불어 신문 캠페인 등 사회적으로도 구관습 타파 운동이 퍼져, '이종이양(異種異樣)의 관습' '구관(舊慣)'을 담당하는 자로서의 유타가 거론되어 비난받았다.[50)] 다시 말하자면, 메이지(明治) 정부는 일본 본토와 다른 풍속 관행을 멸시하는 경향이 강했고 본토와 같이 개변할 것을 명했던 것이다. 동시에 유타 등의 민간 종교자도 종교법인의 조직 내에서 규제하고, 그 방침에 따르지 않으면 여론을 혼란시키는 이단 사교자로 간주하여 치안유지의 명목 하에 관헌의 힘으로 검거 처벌을 집행했던 것이다. 즉 이것이 당시의 '유타 정벌'이었다.[51)]

---

48) 櫻井德太郎, 앞의책, 1973, 5~6쪽.

49) 1871년(明治4) 일본 전국의 번(藩)을 폐지하고 부(府) · 현(縣)으로 개혁했다. 이로써 봉건적인 지방분권이 막을 내리고 지방행정의 중앙집권화가 이루어졌다. 말하자면 천황을 중핵으로 하는 중앙집권적 국가를 창출한 획기적인 정치개혁이었다.

50) 大橋英壽, 앞의 책, 1998, 102쪽.

51) 櫻井德太郎, 앞의 책, 1973, 6쪽.

제5기: 소화 10년대에 들어서서 전시(戰時) 체제가 추진됨에 따라 특별 고등검찰에 의해 대규모적인 탄압이 전개되었는데, 이것을 '유타 사냥'이라고 부른다.[52] 이와 같은 배경에는 전시 체제 하에서 정부의 종교 통제, 여론 통일, 정보 일원화정책에 의해 유언비어로 정보 통제를 교란시키는 자로서 유타의 금지가 실시되었다. 이러한 상황에서 종교 정책·사상 대책이 시행되었다. 그것은 오키나와 각 지역의 성소 입구에 도리이(鳥居)[53]를 세우고 신사(神社)로 재편성됨에 따라 오키나와 고유 신앙이 국가 신도로 개편·통합되어 가는 과정에서 찾아 볼 수 있을 것이다.

제6기: 전후 미군 지배로부터 1972년 일본 본토로의 복귀 후, 1980년 '도-토-메-(トートーメー)문제'가 사회적으로 문제화되어 다시 거론되고 비난의 대상이 되었다. '도-토-메-(トートーメー)'라는 것은 '선조의 위패'를 말하며, 오키나와의 습관으로는 조상의 위패 제사권은 장남이 독점적으로 계승하는 것을 원칙으로 삼고 있다. 동시에 재산 상속권도 주어진다.

그러나 유타는 전통적인 계승법·상속법 등 전통적 가치 기준을 사람들에게 교시하고 강제적으로 지시한다는 이유로, 신민법에 대항하는 관습법의 유지자로서 비판에 휩쓸리게 되었다. 즉 유타가 표면에서 직접적으로 비난 받았던 것이 아니라, 도-토-메-문제와 관련해서 이면에서 유타라는 존재가 거론되어 비난을 받았던 것이다. 이러한 사실로부터 유타를 중심으로 행해지는 토착적인 민간신앙이 오늘날 오키나와 사회에 있어서 얼마나 광범위하게 영향력을 유지해 왔는가를 예측할 수 있을 것이다. 이러한 도-토-메-남계 상속법에 관한 사회문제는 급속한 산

52) 大橋英壽, 앞의 책, 1998, 105쪽.

53) 신사 입구에 세웠던 문.

업구조의 변동, 도시화, 생활공간의 확대 등에 따른 사람들의 생활 구조와 가치·태도의 변용을 초래한 사회문화 구조의 변동과도 관련되는 문제라 할 수 있다. 유타의 탄압사에서 보면, 유타의 탄압은 예전에는 류큐왕조의 지배 관리층, 근대 이후는 경찰과 보도기관, 부인회·변호사회 등 여러 사회단체로부터 행해지고 있다. 그러므로 大橋英壽[54]가 지적한 것처럼 유타는 공공사회에 대해 은폐성과 방위적 태도를 취하고 있으며, 더욱이 유타를 방문하는 지역 주민들 사이에도 이러한 태도를 찾아볼 수 있다고 생각한다. 이러한 역사적 사건은 정치적·사회적·문화적 변동과 함께 일반 서민들의 전통적인 고유 생활 자체가 지배와 탄압을 받았다는 것을 시사해 주고 있다.

오키나와의 역사를 뒤돌아보면, 오키나와는 일본과 중국의 강대국과의 사이에서 주변의 약소민족으로서, 항상 이들의 종속적 지배를 받아야 할 불안한 입장에 놓여 있었다. 이러한 불안감과 위기감 속에서 주민들은 초자연적인 신에 의존함으로써 구원될 수 있다는 신념을 갖거나, 종교적 직능자의 의례에서 안정을 얻으려고 유타의 존재를 절대적으로 필요시 했을 것이다. 이 뿐만 아니라, 열악한 도서 환경의 조건 하에서의 자연력에 의한 피해, 재난에 의한 농업의 취약성, 그리고 산호초라는 지질 특성으로 생계활동에서 자급자족을 위협하는 낮은 생산성 때문에 어쩔 수 없이 거친 바다에 출어하여 위험한 작업을 수행해야 하는 도서의 사람들에게 무속의례는 생존을 위한 불가피한 행위의 하나였을 것이다.

또한 전후 미국의 통치 하에서의 사회적·정신적 혼란과 불안, 다시

---

54) 大橋英壽, 앞의 책, 1998, 54쪽.

일본 본토로의 복귀 등과 같은 역사적 시련 속에서 경제적으로는 물가고와 인플레이션 등의 충격을 감수해야 했던 주민들은 계속 이어지는 도서 지역의 생활고와 고립의 고통을 극복하기 위해 초자연적인 힘을 통한 민간신앙에 의존하여 극복하려고 노력했을 것이다. 그러므로 지역 주민들은 가내에 조그만 불상사가 발생해도 유타누야(ユタヌヤー, 巫家)를 찾고, 유타의 판단을 구하고 의례를 부탁하고 가족과 일가의 운명을 점치는 경우가 많았다. 먼 곳에 가 있는 가족의 무사 안녕을 기도하고 일가를 재액에서 보호하여 유지하기 위한 기원 등, 도서 사람들은 신들의 절대적인 영험력에 의존하여 위기를 극복해 왔다.[55)]

따라서 민간 무녀인 유타의 탁선(託宣)이나 복점(卜占), 무의는 격렬한 변동의 역사 속에서 살아 온 오키나와의 사람들이 당면한 어려운 상황이나 문제들을 해결하려는 하나의 생활 행위 자체였다고 여겨진다. 그러므로 오늘날까지 유타를 중심으로 한 민간신앙 생활의 근본적 태도는 소멸되지 않고 항상 재생산·재창조가 이루어지며 생활 저변에서 유지되고 있음을 알 수 있다.

Ⅳ. 도서 사회의 무속세계의 비교 고찰

1. 의례와 환경

제주도와 오키나와는 모두 본토와 멀리 떨어져 있는 도서로서 본토의 문화와는 다른 독특한 문화 요소를 지니고 있는 지역이다. 역사적으로

55) 櫻井德太郎, 앞의 책, 1973.

두 지역은 독립국가 형태를 유지해 오다가 본토의 중심부 국가에 통합된 역사적 배경을 공유하고 있다.

제주도는 고려시대의 12세기 초에 중심부 국가체제에 예속된 반면, 오키나와는 제주도보다는 5세기 정도 뒤늦게 17세기에 일본의 봉건국가체제로 편입되었다. 제주도는 한반도 내의 국가 조직의 하부지역으로 편성되기 이전부터 중국과의 교류의 흔적을 보이고 있다. 더욱이 한국의 고대 · 중세의 국가가 중국의 문화적 영향을 받아왔고 제주도까지도 그 중국 문화의 영향이 미쳤다.

한편 오키나와는 오랜 기간 동안의 독립국가 체제를 갖추고 일본 본토보다는 중국과의 문물 교류를 빈번히 이루어 왔다. 이러한 상황에서 보면, 오늘의 제주도와 오키나와의 문화적 특성을 이해하는데 있어서 중국과의 교류를 고려하는 것은 중요하리라 여겨진다. 이러한 제반 요인들이 두 지역의 문화적 유사성을 이루는 요소를 구성할 수 있었던 하나의 요인으로 작용했던 것이 아닌가 생각된다.

우선 오키나와의 종교 형태를 보면 전통적 종교 조직은 국가, 마을공동체, 친족집단과 가족이라는 네 개의 사회조직과 연관되어 구분되고 있다. 이러한 사회조직을 갖추고 있는 오키나와는 부계혈연을 중시하는 사회로서 종교의례의 양상에도 이러한 사회 현상이 반영되고 있다. 말하자면, 부계사회의 사제의 역할을 담당하는 노로와니 - 간(根神), 그 외의 신역은 마을 단위에서 우타키와 성소를 중심으로 제사집단에 관여하는 여성 사제이다. 노로는 마을공동체를 대표하여 우타키의 신들에게 감사나 기원을 드리는 행사를 공적으로 집행한다. 예를 들면, 마을제로서 1월 신년제인 '하치우간(初御願)'을 비롯하여 연중행사로 풍어제, 해신제, 기우제와 같은 의례를 노로가 집행한다. 이러한 의례는 농사나 어업과 관련해서 생활 영위를 위해 풍요로운 수확을 기원하는 도서 주민들의 일상생활과 밀접한 관계를 맺고 있는 생산의례라고 말할 수 있다.

이와 마찬가지로, 제주도에서도 유교식 제법에 따라 남성들이 거행하는 조상숭배와 관련된 각종 제사나 마을제를 지내고 있다. 정월에 집안에서 풍년과 무사와 안녕을 기원하는 토신제와 신년 마을제인 정포제, 7월에 풍년을 기원하는 농포제 등은 모두 유교식으로 남성들에 의해 거행되는 의례들이다. 이와 달리 여성들은 무속의례를 행하고 있는데 본향당제를 비롯하여 마을에 따라서 생업과 긴밀히 연관된 각종 의례들, 이를 테면 '영등굿'을 비롯하여 '잠수굿' 등의 풍어를 기원하거나 안전한 조업을 기원하는 의례들이 거행된다.

도서 두 지역의 이러한 의례는 자연 환경의 특성에 따라 농경이나 어업 등의 경제적인 생산 과정과 관련되어 개인들이 자발적으로 참여하여 행해지는 집단적 의례의 성격을 갖고 있다고 생각된다. 이러한 의례는 주민의 사회적 · 경제적 기반이 되는 생계활동과 밀접한 관계가 있는 생산의례라 볼 수 있다. 그러므로 이들 의례는 생산 활동의 주기와 일력(日曆)에 따라서 주기적으로 행해지는 '연주의례(年周儀禮, calendrial ritual)' 혹은 '강화의례(强化儀禮, rites of intensificaiton)'와 같은 특성을 지닌다. 또한 재난이나 병 등의 위기적 상황에 직면했을 때 그 원인을 제거하고 상황을 타개하기 위해 행해지는 '위험의례(危機儀禮, critical ritual)' 혹은 '상황의례(狀況儀禮, rites of circumstance)'와 같은 특성이 있다.[56]

이와 같이 개인과 집단의 사회조직은 자신들이 놓여있는 다양한 환경에 대응하기 위해 여러 지식을 이용하여 그 위기적 상황에서 벗어나려

56) 佐々木宏幹 · 村武精一 編, 『宗教人類學』, 新曜社, 1994, 116~117쪽.

고 한다. 말리노프키는 이러한 위험적인 상황에 대처하는 방법으로써 하나는 경험적 지식과 노동에 의해서, 또 하나는 주술에 의해서 가능하다고 제시하고 있다. 그에 의하면 종교와 주술은 인간이 기술과 실제적 지식의 한계에서 예측할 수 없는 불확실한 환경에 직면했을 때 심리적 불안과 혼란에 대처하기 위한 장치라고 말하고 있다.[57]

제주도와 오키나와의 주민들은 도서 환경을 이용하여 생활을 영위하기 위해 말리노프스키가 연구한 트로브리안드 제도의 주민들처럼 경험적 지식과 이성이 제공하는 노동에 의해 경제적 생산을 이끌어내면서, 한편으로는 보다 안전을 확보하고 좋은 결과를 성취하기 위해서 의례를 행하고 있다. 말하자면, 그들은 자연과 운명과의 관계 하에 자연의 힘과 초자연적 힘 모두를 인식하고, 이 두 힘을 자신들에게 이익이 될 수 있도록 이용하고 있는 것이다. 경험에 의해 확실한 지식에 기초를 둔 노력은 유효하다는 것을 알고 있으나, 자연의 지식과 합리적인 기술의 무력함을 알았을 때는 항상 초자연적 존재에 대한 의례에 의존하며 생활을 영위해 왔던 것이다.

그런데 두 지역의 의례의 양상은 상당히 유사한 점을 보이고 있으면서도 세부 사항을 고찰해 보면 여러 가지 상이성을 드러내고 있다. 우선 의례를 주관하는 직능자에서 두 지역 사이의 차이점을 볼 수 있다. 오키나와의 노로의 경우는 부계혈연집단에서 세습으로 이어지는 여성 사제인 반면, 제주도에서는 사제라는 직능자를 따로 두지 않고 집안의 가장이나 마을의 남성이 주관하고 있는 점이다. 그러나 제주도의 마을 단위의 의례에서 의례 시마다 새로 선정되거나 가정의례에서 제관이 되

57) Malinowski, B.K., 宮武公夫 · 高橋巖根 譯,『呪術 · 科學 · 宗教 · 神話』, 人文書院, 1997.

는 남성과, 오키나와에서 사회적으로 공인된 노로는 모두 부계혈연 사회의 문화적 전통을 잇는 중요한 역할을 담당하는 공통점을 지니고 있다. 그렇지만 오키나와에서 사제직이 일시적인 것이 아니고, 제주도보다는 노로라는 고정된 전문 직능자를 따로 구분하여 둔 점으로 보아 제주도보다는 좀 더 부계혈연집단의 기능과 역할이 강화되어 있었다는 점을 헤아릴 수 있다.

2. 신들의 속성에 대한 여러 양상

제주도와 오키나와에는 셀 수 없을 정도의 무수히 많은 신들이 존재하고 있어서 두 지역의 신들의 양상은 공통적으로 다신다령이라는 점을 제시할 수 있다. 제주도의 무속세계에서 숭상되는 신들은 '일만팔천도'로 부르고 있듯이 수많은 신들이 무속의례의 대상이 되고 있다. 이러한 현상은 생물계뿐만 아니라 무생물계를 포함한 전 우주에 무한한 신이 있다고 여기는 오키나와의 무속세계에도 그대로 적용되는 현상이다.

두 지역에서 볼 수 있는 수많은 신들은 그들마다 전담하는 영역을 갖고 있다는 점도 유사하다. 예를 들면, 오키나와의 경우 하늘과 자연 현상을 통괄하는 최고신은 '딘누카미'이며 바다의 신은 '운자미'이다. 그리고 화신(火神), 우물신 등 장소와 관련된 신이나 '후투키'라는 조령 등의 일반적 범주 이외에도 악신적인 초자연적 존재 등 다양한 신들이 각자 담당하는 영역에서 독특한 직능을 맡는다고 생각하고 있다.

제주도의 신들 역시 천상계를 지배하는 옥황상제, 지하계를 담당하는 사천대왕 등을 비롯한 일반신과 마을의 당에 정좌하고 있는 당신, 조상신 등은 자연계나 인간계의 모든 면을 각각 지배하고 있다. 심지어 인간의 사령인 영혼이나 혼백을 지배하는 신들은 물론 정처 없이 떠돌며 인간에게 불행을 가져오는 잡신들까지 신들이라면 제각기 독자적인 행동 영역을 지니고 있다. 이 신들은 자신들이 전담하는 영역이 나눠져 있고 역할 또한 구분되어 있어서 다른 신들의 영역과는 중첩되지 않고 있다.

제주도에서 마을 수호신인 당신(堂神)은 오키나와의 '우타키(御嶽)' 신과 같은 초자연적인 존재라고 생각해도 좋을 것이다. 이 두 신은 마을의 수호신으로서 우타키와 당에 해당하는 성소인 숲에 모셔져 있다.

그리고 신들에 대한 관념세계에는 정성껏 모시면 마을이나 집안에 행운과 번영을 가져 오지만, 소홀히 모시면 재앙을 가져온다고 여기는 인식도 두 지역에서 공통적으로 나타나고 있다. 단순히 신에 대한 의례를 행하는 것이 아니라 신을 모시는 사람들의 무속 신앙에 대한 생활 행위 자체가 유사성을 갖고 있다고 할 수 있다.

독자적인 직능이 분명히 명시되어 있는 신들은 그 지역 주민들의 세계관이나 영혼관 그리고 타계관 등을 반영하고 있다. 다시 언급해 보면, 두 지역에서 신들의 관념세계에 의해 우주와 만물의 속성이 표현되고 있으며, 신들의 상호 관계 속에서 인생의 진리와 운명이 나타나고 있다. 지역 주민들에게 번영과 건강과 행복을 갖다 주는 선한 신들이라도 그 신들을 소홀히 대접하거나 노여움을 사는 행위를 했을 경우에 신들은 가차 없이 병이나 재앙을 가져온다는 관념을 두 지역의 주민들이 공유하고 있다. 그러므로 두 지역의 신들은 상이점을 뚜렷하게 나타내기 보다는 비슷한 양상의 속성과 직능적 역할의 구분을 지니고 있다고 볼 수 있다.

3. 무의의 양상

여기서는 제주도와 오키나와의 무의의 양상을 살펴보면서, 두 지역의 무속세계에 대한 의미 체계를 비롯하여 그 행위의 관련성을 살펴보고자 한다. 제주도와 오키나와에는 무속의례를 집행하는 샤먼인 '심방'과 '유타'라는 종교적 직능자가 존재한다. 제주도에서는 심방이라는 샤먼적 직능자가 일반제와 당제를 주관한다. 일반제는 일반 가정에서 생사, 질병, 생업과 관련된 일반신을 대상으로 행해지는 의례이고, 당제는 마을을 수호하는 성소인 당에서 당신을 대상으로 행하는 의례이다. 제주도의 무속의례에는 규모의 대 · 소에 따라서 굿과 비념으로 구분된다. 굿에서는 무악기가 동원되고 가무로서 의례 과정이 이루어지나, 비념에서는 무악기와 가무 없이 기원만으로 간단히 행해진다.

오키나와의 유타는 개인이나 가족 단위에서 발생하는 다양한 문제를 해결하기 위해서 기원하고 판단을 내리고 탁선(託宣) 등을 행하고 개인적 · 사적인 의례를 행한다. 유타의 무의는 향을 피우고 축문을 외면서 거행된다. 유타는 가내의 불행의 원인을 찾기 위해 조상과 이야기를 하거나, 갑자기 죽은 사람이 남기고 싶은 이야기를 듣는 영매의례와 혼이 빠져 나간 병자를 치료하기 위한 '마부이구미(マブイグミ, 魂込め)'라는 치병의례, 운명 판단으로 가족들의 일들을 예언하는 점술의례 및 죽은 사람을 공양하는 사령공양의례 등 다양한 의례를 주관한다. 이러한 의례들은 개별의례이며 가족의례의 형태를 띠고 있다고 볼 수 있다.

두 지역에서 행해지는 의례 중에서 그 의미체계에서 보면 같은 양상의 관념세계를 지닌 의례가 있다. 예를 들면, 치병의례의 경우 제주도 심방은 병자의 육체에서 이탈한 혼을 찾아내어 병자의 체내에 들여놓아

치료하는 '넋들임'이라는 의례를 행하는데, 이는 오키나와의 '마부이구미'의 치병의례와 유사한 의미체계를 지닌다. '넋'과 '마부이'는 혼을 의미하며, '들임'과 '구미'는 혼을 병자의 체내에 들여놓는 것을 말하고 있다. 그리고 병의 원인을 혼의 이탈에 의한 것으로 해석하여 그 혼을 찾아내 환자의 체내에 들여 놓으면 병이 낫는다는 영혼관에 바탕을 둔 관념세계를 볼 수 있다. 또한 오키나와의 '마부이와카시(靈分れ)'와 제주도의 '귀양풀이'의 사령공양의례는 사자의 영혼을 위무하여 저승의 좋은 곳으로 안내한다는 타계관·사령관에 기초한 관념의 의미체계가 두 지역에서 같은 양상을 보이고 있다.

두 지역에서 무속의례의 의미체계의 관념세계는 유사한 양상을 보이고 있음은 사실이지만, 그러한 의례의 집행 방법에서는 차이점을 엿볼 수 있다. 오키나와의 유타가 무악기와 가무를 곁들이지 않고 향을 피우고 축문을 외우면서 의례를 주관하는 반면, 제주도의 심방은 격렬한 가무와 요란한 무악기를 동반하여 의례를 행하는 점이다.

이러한 사실을 고려하여 무속의례에서 나타나는 유사점을 고찰해 보면, 두 지역에서 지니고 있는 영혼관·타계관·사령관에 대한 관념세계는 비슷한 양상을 갖고 있음을 지적할 수 있다. 그러나 Murdock(1965)이 문화 변화의 견해에서 제시한 것처럼, 외부 지역과의 문화 교류로 어떤 문화 요소들이 받아들여질 경우, 똑같은 형태로 이루어지기보다는 각 지역에 알맞게 변형되거나 기존의 몇 개의 요소들과 습합·적용되어 통합되면서 지역마다의 독특한 문화 양상이 창출된다고 할 수 있다.[58)]

58) Murdock, George P., "How Culture Change" in Murdock, Culture and Society, University of Pittsburgh Press, 1965, pp.113~128.

V. 나오며

지금까지 동중국해의 주변 도서부에 속하고 있는 두 지역인 제주도와 오키나와의 무속의례를 비교 검토해 보았다. 두 지역은 바다라는 거대한 장벽에 의해 본토와 상당한 거리로 격리되어 있고, 일찍부터 독립국가체계를 형성하여 본토의 문화와 상이점이 강하게 나타나고 있는 도서지역이다. 이러한 시점에서 볼 때, 오키나와는 독립국가 형태를 제주도도 보다 훨씬 오래 유지함으로써 본토의 문화와 문화적 상이성을 더 많이 보이고 있는 지역임을 지적할 수 있다.

그런데 역사적으로 보면 제주도와 오키나와는 중·근세의 동북아시아와의 교류에서 해상의 요충지였음을 알 수 있다.[59] 더욱이 제주도와 오키나와는 해양 루트를 통한 중국과의 교류를 통하여 공통적인 문화요소들을 수용할 수 있었던 환경에 있었기 때문에 상이한 두 지역에서 문화적 공통점을 발견할 수 있을 것이다. 또한 제주도와 오키나와의 관계도 해양 루트를 통한 문화적 교류의 가능성을 배제하지 못 할 것이다. 이는 제주도와 오키나와의 상호 표류 상황에 대해서 조선왕조실록에 기록되어 있는 역사적 실증에서도 명확히 밝혀지고 있기 때문이다. 즉 과거에 제주도의 사람들이 오키나와에, 오키나와의 사람들이 제주도에 표류했다는 표해록 등이 두 지역의 문화 교류의 가능성을 뒷받침해 주고 있다. 이러한 빈번한 교류가 있었기에 제주도에서는 류큐어(琉球語)를 말

59) 比嘉政夫 編,『環中國海の民俗と文化1 : 海洋文化論』, 凱風社, 1993.
藤田明良, 「島嶼から見た朝鮮半島と他地域の交流: 濟州島中心」, 『靑丘學術論集』 第十九集, 2001, 5~77쪽.

할 수 있는 사람이 있어서 조정의 부름을 받아 통역을 한 적도 있으며, 제주도에는 류큐어학소가 설치해 있었다고 한다.[60)]

민간사회의 무속의례는 원시종교적 양상이 내포된 행위로서 해당 지역의 자연적 · 사회적 · 문화적 요소들을 가장 잘 함축하고 있기 때문에 지역 문화의 속성을 어느 분야에서 보다도 잘 반영하고 있다고 말할 수 있다. 지금까지 살펴본 제주도와 오키나와의 무속의례는 의례 대상인 신들의 속성을 비롯하여 의례 직능자들의 기능에 이르기까지 상당한 유사성을 보이고 있다. 다시 말하자면, 두 지역의 신들이 다신다령이라는 점뿐만 아니라, 직능별로 분류되어 있는 점, 그리고 신들의 속성이 선과 악으로 구분된 것이 아니라 중립적인 면을 띄고 있다는 점을 제시할 수 있다. 이는 두 지역의 신들이 똑같이 인간에게 이로움과 해로움을 일방적으로 주는 것이 아니라, 그 신들을 제대로 섬기지 않았을 때 신들이 인간들에게 상벌을 준다는 주민들의 관념의 지식체계가 반영되고 있다.

이러한 신들은 두 지역의 유사한 도서 환경에서 자연적 여러 양상을 해석하고, 인간관계의 기본적인 행동윤리가 강조되는 도서 사람들의 우주관이나 세계관 그리고 인생관의 중요한 내용을 함축하고 있다고 사료된다. 이 두 지역의 신들은 한편으로는 도서 사람들이 환경에 적응하는 과정에서, 다른 한편으로는 문화적 교류를 통한 상호 유사성을 보이고 있는 것으로 파악된다.

앞에서 살펴 본 두 지역의 의례의 양상에서도 역시 상이점과 공통점을 모두 갖고 있는데, 커다란 맥락에서 보면 상이점보다도 공통점을 더 많이 드러내고 있음을 알 수 있다. 즉 두 지역에서 똑같이 무속의례가

---

60) 金泰能 著, 大口里子, 「琉球と濟州との關係」, 『南島史學』 第20號, 南島史學會, 1982, 86~95쪽.

정책적으로 박해를 받아 온 점과 여성들에 의해서 그 전통이 단절되지 않고 이어올 수 있었다는 점도 공통적인 현상의 하나이다. 또한 동북아시아에 있어서 유교사상이 사람들의 행동 양식을 규정하는 가치관과 종교적 이념에 큰 영향을 미치고, 부계사회의 사회구조에 반영되어 문화전통을 구축해 왔다고 말할 수 있을 것이다.

제주도에서는 공적인 유교적 의례와 사적인 무속의례가 명확히 구분되는 반면, 오키나와에서는 그와 같지는 않다. 그러나 오키나와에서도 노로 계승의 부계적 존재 형태와 유타가 행하는 한지(판단)에서 비롯되는 강한 부계적 관념이 존재함을 인정할 수 있다. 그러한 점은 종래에 지적되지 않았지만, 유교와의 관계를 검토해 볼 중요성을 제시한다. 덧붙여 말하면, 무속의례에서는 의례의 절차와 과정은 다르지만 의례의 의미체계는 상당히 유사성을 지니고 있다. 예를 들면, 오키나와의 '마무이구미'와 제주도의 '넋들임'이라는 치병의례는 의례의 의미체계의 유사성을 제시해 주는 좋은 사례라 할 수 있다. 이러한 유사점 등을 재고하여 두 지역의 무속세계를 더욱 자세히 고찰해야 할 점은 앞으로의 과제로 남겨 둔다.

강경희 | (사)제주역사문화진흥원

참고문헌

1부 : 대가야시대 한반도와 류큐의 해양교류

▌한반도와 류큐열의 교류·교역에 대하여
: 물질문화 자료를 중심으로 _ 이케다 요시후미(池田榮史)

安里進,「王のグスクと王陵」,『沖縄県史』各論編 3(古琉球), 沖縄県教育委員会, 2010.

奄美市教育委員会, 「奄美大島名瀬市小湊フワガネク遺跡群I - 学校法人日章学園「奄美看護福祉専門学校」拡張事業に伴う緊急発掘調査報告書 - 」, 『奄美市文化財調査報告書』 1, 2007.

奄美市教育委員会, 「鹿児島県奄美市史跡小湊フワガネク遺跡総括報告書」, 『奄美市文化財叢書』 8, 2016.

池田榮史, 「物質文化研究からみた韓国済州島と琉球列島 - 高麗時代を中心として-」, 『琉大アジア研究』 第2号, 琉球大学法文学部アジア研究施設, 1998.

池田榮史,「物質文化研究からみた韓国済州島と琉球列島」,『耽羅文化』 第20号, 済州大学校耽羅文化研究所, 1999.

池田榮史,「琉球列島と韓半島 - 物質文化交流・交易システムの解明 - 」,『人の移動と21世紀のグローバル社会』 V (東アジアの間地方交流の過去と現在 - 済州と沖縄・奄美を中心にして-), 彩流社, 2012.

伊藤忠太・鎌倉芳太郎,『南海古陶瓷』, 宝雲社, 1937.

鎌倉芳太郎,『セレベス沖縄 発掘古陶瓷』, 国書刊行会, 1976.

伊波普猷,『古琉球』, 1911.

伊波普猷著・外間守善校訂,『古琉球』, 岩波書店, 2000.

上原靜,『琉球古瓦の研究』, 榕樹書林, 2013.

大川清,「琉球古瓦調査抄報」,『琉球政府文化財要覧』, 1962.

沖縄県伊江村教育委員会, 「伊江島ナガラ原西貝塚緊急発掘調査報告書 - 概報篇・自然遺物篇 - 」,『伊江村文化財調査報告書』 第8集, 1979.

沖縄県教育委員会,「北原貝塚発掘調査報告書」,『沖縄県文化財調査報告書』 第123集, 1995.

沖縄県具志川村教育委員会, 「清水貝塚発掘調査報告書」, 『具志川村文化財調査報告書』 第1集, 1989.

沖縄考古学会編,『南島考古学入門 - 掘り出された沖縄の歴史・文化 - 』, ボーダーインク社, 2018.
神谷正弘,「新羅王陵・大伽耶王陵出土の夜光貝杓子(貝匙)」,『古文化談叢』第66号(古墳時代特集), 2011.
神谷正弘, 「〈新羅王陵・大伽耶王陵出土の夜光貝杓子(貝匙)〉の再論と複製品の製作について」,『古文化談叢』第68号(『7世紀史研究』特集(2)「各地域の一般の集落」), 2012.
韓国文化公報部文化財管理局,『天馬塚発掘報告書』, 1975.
韓国文化公報部文化財研究所,『慶州市皇南洞98号墳:北墳発掘調査報告書』, 1985.
木下尚子, 「古代朝鮮・琉球交流史論 - 朝鮮半島における紀元前1世紀から7世紀の大型巻貝使用製品の考古学的検討」,『青丘学術論集』 第18集, 財団法人韓国文化研究振興財団, 2001.
国分直一・盛園尚孝,「種子島南種子町広田の埋葬遺跡調査概報」,『考古学雑誌』第43巻3号, 1958.
国立済州博物館・国立羅州博物館・江華歴史博物館, 『三別抄と東アジア』(高麗建国1100周年記念 2017 - 2018年企画特別展図録), 2017.
高梨修,「小湊・フワガネク(外金久)遺跡の概要」,『サンゴ礁の島嶼地域と古代国家の交流 - ヤコウガイをめぐる考古学・歴史学 - 』資料集, 第2回奄美博物館シンポジウム, 1999.
高梨修,「ヤコウガイの考古学」,『ものが語る歴史』 10, 同成社, 2005.
田中健夫訳注,『海東諸国紀 - 朝鮮人の見た中世の日本と琉球 - 』, 岩波書店, 1991.
中世学研究会編,「琉球の中世」,『中世学研究』 2, 高志書院, 2019.
名瀬市教育委員会, 「奄美大島名瀬市小湊フワガネク遺跡群 - 遺跡範囲確認発掘調査報告書 - 」,『名瀬市文化財調叢書』 4, 2003.
名瀬市教育委員会, 「奄美大島名瀬市小湊フワガネク遺跡群I - 学校法人日章学園「奄美看護福祉専門学校」拡張事業に伴う緊急発掘調査報告書 - 」,『名瀬市文化財叢書』 7, 2005.
西谷正,「高麗・朝鮮王朝と琉球の交流」,『九州大学九州文化史研究施設紀要』第26号, 1981.
河宇鳳・孫承喆・李薫・閔徳基・鄭成一,『朝鮮과琉球』, 아르케, 1999.
浜田耕作・梅原末治,「慶州金冠塚と其之遺宝」,『古跡調査特別報告書』第3册, 朝鮮総督府, 1924.
東恩納寛惇,『黎明期の海外交通史』, 帝国教育会出版部, 1941.

広田遺跡学術調査研究会・鹿児島県立歴史資料センター黎明館, 『種子島廣田遺跡』, 2003.
福永伸哉・杉井健・橋本達也・朴天秀, 「4・5世紀における日韓交渉の考古学的検討 - 地域間相互交流の観点から - 」, 『青丘学術論集』 第12集, 1998.
朴天秀, 「加耶と倭 - 韓半島と日本列島の考古学 - 」, 『講談社メチエ』 398, 2007.
三島格, 「韓国慶州芬皇寺のイモガイ」, 『アジア文化』 第11巻13号, 1975.
三島格, 「琉球の高麗瓦」, 『古文化論攷』, 鏡山先生古稀記念論文集委員会, 1980.
宮代栄一, 「いわゆる貝製雲珠について」, 『駿台史学』 第76号, 1989.
山崎信二, 「Ⅲ 沖縄における瓦生産」, 『奈良国立文化財研究所学報』 第59册(中世瓦の研究), 2000.

▌도쿠노시마의 요업 생산에서 본 류큐열도와 한반도의 교류

_ 신자토 아키토(新里亮人)

青崎和憲・伊藤勝徳 編, 『カムィヤキ古窯支群 Ⅲ』, 伊仙町埋蔵文化財発掘調査報告書 11, 伊仙町教育委員会, 2001.
赤司善彦, 「研究ノート 朝鮮産無釉陶器の流入」, 『九州歴史資料館研究論集』 16, 九州歴史資料館, 1991.
赤司善彦, 「徳之島カムィヤキ古窯跡採集の南島陶質土器について」, 『九州歴史資料館研究論集』 24, 九州歴史資料館, 1999.
赤司善彦, 「カムィヤキと高麗陶器」, 『カムィヤキ古窯支群シンポジウム』, 奄美群島交流推進事業文化交流推進事業文化交流部会, 2002.
赤司善彦, 「高麗時代の陶磁器と九州および南島」, 『東アジアの古代文化』 130, 大和書房, 2007.
安里 進, 「グスク時代開始期の若干の問題について-久米島ヤジャーガマ遺跡の調査から-」, 『沖縄県立博物館紀要』 1, 沖縄県立博物館, 1975.
安里 進, 「琉球-沖縄の考古学的時代区分をめぐる諸問題(上)」, 『考古学研究』 第34巻第3号, 考古学研究会, 1987.
安里 進, 『考古学から見た琉球史 上』, ひるぎ社, 1990.
安里 進, 「沖縄の広底土器・亀焼系土器の編年について」, 『交流の考古学 三島会長古稀記念号』, 肥後考古学会, 1991.
安里 進, 「カムィヤキ(亀焼)の器種分類と器種組成の変遷」, 『吉岡康暢先生古稀記念

論集 陶磁の社会史』, 吉岡康暢先生古稀記念論集刊行会, 2006.
池田榮史, 「類須恵器出土地名表」, 『琉球大学法文学部紀要 史学・地理学篇』 30, 琉球大学法文学部, 1987.
池田榮史, 「南島の類須恵器」, 『季刊考古学』 第42号, 雄山閣出版, 1993.
池田榮史, 「須恵器からみた琉球列島の交流史」, 『古代文化』 52, 古代學協會, 2000.
池田榮史, 「東アジア中世の交流・交易と類須恵器」, 『第四回 沖縄研究国際シンポジウム 基調報告・研究発表要旨』, 沖縄研究国際シンポジウム実行委員会, 2001.
池田榮史, 「増補・類須恵器出土地名表」, 『琉球大学法文学部人間科学科紀要 人間科学』 12, 琉球大学法文学部, 2003.
池田榮史, 「類須恵器とカムィヤキ古窯跡群」, 『肥後考古』 13, 肥後考古学会, 2005.
池田榮史 編, 「南島出土須恵器の出自と分布に関する研究」, 平成14年度~平成16年度科学研究費補助金基盤研究(B)-(2) 研究成果報告書, 琉球大学法文学部, 2005.
池田榮史, 「第二節 カムィヤキの生産と流通」, 天野哲也・池田榮史・臼杵勲 編, 『中世東アジアの周縁世界』, 同成社, 2009.
牛ノ浜修・井ノ上秀文, 『ヨヲキ洞穴』, 伊仙町埋蔵文化財発掘調査報告書 6, 伊仙町教育委員会, 1986.
大西和智, 「南島須恵器の問題点」『南日本文化』 29, 鹿児島短期大学附属南日本文化研究所, 1996.
鼎 丈太郎, 「瀬戸内町出土の完形品カムィヤキ」, 『瀬戸内町立図書館・郷土館紀要』 第2号, 瀬戸内町立図書館・郷土館, 2007.
株式会社古環境研究所, 「カムィヤキ古窯跡群の放射性炭素年代測定」, 『カムィヤキ古窯跡群 Ⅳ』, 伊仙町埋蔵文化財発掘調査報告書 12, 伊仙町教育委員会, 2005.
木下尚子, 「貝交易と国家形成 - 9世紀~13世紀を対称に - 」, 『先史琉球の生業と交易』, 平成11~13年度科学研究費補助基盤研究(B) 研究成果報告書, 熊本大学文学部, 2002.
金武正紀, 「沖縄の南島須恵器」, 『南島の須恵器シンポジュウム』, 1986.
義 憲和・四本延宏, 「亀焼古窯」, 『鹿児島考古』 18, 鹿児島県考古学会, 1984.
久貝弥嗣, 「宮古島のグスク時代の様相」, 『第6回鹿児島県考古学会・沖縄考古学会合同学会研究発表資料集 鹿児島・沖縄考古学の最新動向』, 鹿児島県考古学会・沖縄考古学会, 2013.
具志堅亮 編, 『中組遺跡』, 天城町埋蔵文化財発掘調査報告書 6, 天城町教育委員会, 2013.
国分直一・河口貞徳・曾野寿彦・野口義麿・原口正三, 「奄美大島の先史時代」, 九学会連合奄美大島共同調査委員会 編,『奄美－自然と文化 論文編』, 日本学術振興会, 1959.
国立歴史民俗博物館,『中世食文化の基礎的研究』, 国立歴史民俗博物館研究報告 71, 1997.
佐藤一郎,「朝鮮半島陶磁器」,『中世都市・博多を掘る』, 海鳥社, 2008.
佐藤伸二,「南島の須恵器」,『東洋文化』 48・49, 東京大学東洋文化得研究所, 1970.
白木原和美,「陶質の壺とガラスの玉」,『古代文化』第23巻9・10号, 古代學協會, 1971.
白木原和美,「類須恵器集成」,『南日本文化』 6, 鹿児島短期大学附属南日本文化研究所, 1973 ;『南西諸島の先史時代』, 龍田考古学会, 1999 재수록).
白木原和美,「類須恵器の出自について」,『法文論叢』36, 熊本大学法文学部, 1975;『南西諸島の先史時代』, 龍田考古学会 재수록).
新里亮人,「徳之島の発掘調査史」, 新里貴之 編,『徳之島トマチン遺跡の研究』, 鹿児島大学, 2013.
新里亮人,『琉球国成立前夜の考古学』, 同成社, 2018.
新里亮人・三辻利一,「P-090 徳之島, カムィヤキ窯群出土陶器, 粘土, 岩石の蛍光X線分析」,『日本文化財科学会 第25回大会』, 2008.
新里亮人・三辻利一,「P-091 徳之島の遺跡出土軟質土器の考古科学的研究」,『日本文化財科学会 第25回大会』, 2008.
新里亮人 編,『カムィヤキ古窯跡群 Ⅳ』, 伊仙町埋蔵文化財発掘調査報告書 12, 伊仙町教育委員会, 2005.
新里亮人 編,『川嶺辻遺跡』, 伊仙町埋蔵文化財発掘調査報告書 13, 伊仙町教育委員会, 2010.
新里亮人 編,『史跡徳之島カムィヤキ陶器窯跡保存管理計画書』, 伊仙町教育委員会, 2015.
新里亮人・常未来 編,『前当り遺跡・カンナテ遺跡』, 伊仙町埋蔵分k材発掘調査報告書 17, 伊仙町教育委員会, 2018.
新東晃一・青崎和憲 編,『カムィヤキ古窯跡群Ⅰ』, 伊仙町埋蔵文化財発掘調査報告書 3, 伊仙町教育委員会, 1985.
新東晃一・青崎和憲 編,『カムィヤキ古窯跡群Ⅱ』, 伊仙町埋蔵文化財発掘調査報告書 5, 伊仙町教育委員会, 1985.
第40回日本貿易陶磁器研究集会鹿児島実行委員会 編,『南九州から奄美群島の貿易陶磁』, 日本貿易陶磁研究会, 2019.
多和田眞淳,「琉球列島の貝塚分布と編年の概念」,『琉球政府文化財要覧』, 那覇出版社, 1956.
主税英徳,「高麗陶器大型壺の分類と編年 - 生産からみた画期 -」,『古文化談叢』第70集, 九州古代文化研究会, 2013.
主税英徳,「九州出土の高麗陶器」,『考古学は科学か 下 田中良之先生追悼論文集』, 田中良之先生追悼論文集編集委員会, 2016.
出合宏光, 「下り山窯跡研究ノート - 下り山１号窯跡出土品の製作工程を復元する」,『肥後考古』10, 肥後考古学会, 1997.
出合宏光, 「カムィヤキ窯と下り山窯 - カムィヤキ窯の操業に下り山窯の工人が参加したのか -」,『琉球大学考古学研究集録』4, 琉球大学法文学部考古学研究室, 2003.
當眞嗣一,「西原町内間散布地No.1出土の須恵器について」,『南島考古だより』24, 沖縄考古学会, 1981.
友寄英一郎,「沖縄考古学の諸問題」,『考古学研究』11-1(通刊41号), 考古学研究会, 1964.
中島恒次郎,「大宰府と南島社会-グスク社会形成起点-」, 池田榮史 編,『古代中世の境界領域』, 高志書院, 2008.
西谷 正,「高麗・朝鮮両王朝と琉球の交流 - その考古学的研究序説 -」,『九州文化史研究所紀要』26, 九州大学九州文化史研究施設, 1981.
廣瀬祐良,『昭和9年 郷土史研究 徳之島ノ部』, 1933.
松村順一・得能壽美・島袋綾野,『石垣市史考古ビジュアル版 第5巻 陶磁器から見た交流史』, 石垣市, 2008.
三島 格,「南西諸島土器文化の諸問題」,『考古学研究』13-2(通巻50号), 考古学研究会, 1966.
三辻利一,「徳之島カムィヤキ窯跡, および2・3の遺跡出土類須恵器の胎土分析」, 新東晃一・青崎和憲 編,『カムィヤキ古窯跡群Ⅰ』, 伊仙町埋蔵文化財発掘調査報告書 3, 伊仙町教育委員会, 1985.
三辻利一,「徳之島カムィヤキ窯群出土須恵器の蛍光X線分析」, 青崎和憲・伊藤勝徳 編,『カムィヤキ古窯跡群 Ⅲ』, 伊仙町埋蔵文化財発掘調査報告書 11, 伊仙町教育委員会, 2001.
三辻利一,「徳之島カムィヤキ古窯跡群出土陶器の化学的特性」, 新里亮人 編,『カムィヤキ古窯跡群 Ⅳ』, 伊仙町埋蔵文化財発掘調査報告書 12, 伊仙町教育委員会, 2005.
三辻利一,「川嶺辻遺跡出土陶器片の蛍光X線分析」, 新里亮人 編,『川嶺辻遺跡』, 伊

仙町埋蔵文化財発掘調査報告書 13, 伊仙町教育委員会, 2010, 72-76쪽.
山崎純男, 「鴻臚館をめぐる諸問題」, 『鴻臚館跡 Ⅲ』, 福岡市埋蔵文化財調査報告書 第355集, 福岡市教育委員会, 1993.
吉岡康暢, 「南島の中世須恵器」, 『国立歴史民俗博物館』 94, 国立歴史民俗博物館, 2002.
吉岡康暢, 「カムィ焼きの型式分類・編年と歴史性」, 『カムィヤキ古窯跡群シンポジウム』, 奄美群島交流推進事業文化交流推進事業文化交流部会, 2002.

▌대가야의 묘제와 왜계고분 _ 김규운

국립가야문화재연구소, 『가야고분 축조기법 Ⅰ』, 2012.
국립중앙박물관, 『갈대밭 속의 나라 茶戶里 : 그 발굴과 기록』, 2008.
權龍大, 「玉田古墳群 木槨墓의 分化樣相과 位階化에 대한 一考察」, 慶尙大學校大學院 史學科 碩士學位論文, 2005.
金奎運, 「考古資料로 본 5-6세기 小加耶의 變遷」, 慶北大學校大學院 考古人類學科 碩士學位論文, 2009.
김규운, 「고분으로 본 6세기 전후 백제와 왜 관계」, 『한일관계사연구』 제58집, 한일관계사학회, 2017.
金奎運・金俊植, 「泗川 船津里 石室墳」, 『嶺南考古學』 48號, 嶺南考古學會, 2009.
金洛中, 「榮山江流域 古墳 硏究」, 서울大學校大學院 考古美術史學科 博士學位論文, 2009.
金世基, 「竪穴式墓制의 硏究 : 가야지역을 中心으로」, 『韓國考古學報』 17・18合輯, 韓國考古學會, 1985.
金秀桓, 「金官加耶의 殉葬 : 金海 大成洞古墳群 殉葬樣相을 中心으로」, 『嶺南考古學』 第37號, 嶺南考古學會, 2005.
金龍星, 『新羅의 高塚과 地域集團-大邱・慶山의 例』, 춘추각, 1998.
김준식, 「가야 횡혈식석실의 성립과 전개」, 慶北大學校大學院 考古人類學科 碩士學位論文, 2013.
김준식, 「경남 남해안 일대 倭系石室 被葬者의 성격과 역할」, 『야외고고학』 제23호, 韓國埋藏文化財協會, 2005.
김준식・김규운, 「가야의 묘제」 『가야고고학개론』, 진인진, 2016.
김준식, 「가야 세장방형 횡혈식석실의 출현배경과 발전양상」, 『한국고고학보』 102,

한국고고학회, 2017.
김준식 · 권준현 · 김도영, 「晉州 院堂1號墳」, 『韓國上古史學報』 第74號, 韓國上古史學會, 2001.
대가야박물관, 『고령 지산동 대가야고분군』, 2015.
朴廣春, 「伽耶의 竪穴式石槨墓 起源에 대한 硏究」, 『考古歷史學誌』 8, 東亞大學校博物館, 1992.
朴天秀, 「任那四縣과 己汶, 帶沙를 둘러 싼 百濟와 大加耶」, 『第12回 加耶史國際學術會議』, 金海市, 2006.
朴天秀, 「榮山江流域 前方後圓墳에 대한 硏究史 檢討와 再照明」, 『집중해부, 한국의 전방후원분』(대한문화유산센터 창립 2주년 기념 학술세미나), 대한문화유산센터, 2010.
朴天秀, 「토기로 본 대가야권의 형성과 전개」, 『대가야의 유적과 유물』, 대가야박물관, 2014.
李瑜眞, 「한반도 남부 출토 有孔廣口壺 연구」, 釜山大學校大學院 考古學科 碩士學位論文, 2007.
李在賢, 「嶺南地域 木槨墓의 構造」, 『嶺南考古學』 第15號, 嶺南考古學會, 1994.
李在賢, 「弁 · 辰韓社會의 考古學的 硏究」, 釜山大學校大學院 史學科 文學博士學位論文, 2003.
李知禧, 「統一新羅時代 鉛釉陶器 硏究」, 忠北大學校大學院 考古美術史學科 碩士學位論文, 2012.
정인성 외 編著, 『영남지역 원삼국시대의 목관묘』, (재)세종문화재연구원 학술총서2, 학연문화사, 2012.
조수현, 「함안지역의 수혈식석곽묘」, 『咸安博物館圖錄』,咸安博物館, 2004.
曺永鉉, 「三國時代 橫穴式石室墳의 系譜와 編年硏究 - 漢江 以南 地域을 中心으로 - 」, 忠南大學校 碩士學位論文, 1990.
曺永鉉, 「古冢墳 築造에서 보이는 倭系古墳의 要素」, 『第10回 加耶史國際學術會議』, 金海市, 2004.
조영현, 「고령 지산동 제73~75호분의 축조양상과 기술」, 『대가야의 고분과 산성』, 대가야박물관 · (재)대동문화재연구원, 2014.
조효식 · 장주탁, 「가야의 성곽」『가야고고학개론』, 진인진, 2016.
崔景圭, 「加耶 竪穴式石槨墓 硏究」, 東亞大學校大學院 考古美術史學科 博士學位論文, 2013.
崔秉鉉, 『新羅古墳硏究』, 一志社, 1992.

河承哲, 「伽倻지역 石室의 受用과 展開」, 『伽倻文化』 第18號, 伽倻文化研究院, 2005.
河承哲, 「山淸 中村里古墳群에 대한 小考」, 『慶南研究』 2, 2010.
河承哲, 「외래계문물을 통해 본 고성 소가야의 대외교류」, 『가야의 포구와 해상활동』, 인제대학교 가야문화연구소, 2011.
洪潽植, 「竪穴式石槨墓의 型式分類와 編年」, 『伽耶古墳의 編年研究Ⅱ』, 第3回 嶺南考古學會學 術發表會 發表 및 討論要旨, 嶺南考古學會, 1994.
洪潽植, 『新羅 後期 古墳文化 研究』, 춘추각, 2003.
홍보식, 「韓半島 南部지역의 倭系 要所-紀元後 3~6世紀代를 中心으로-」, 『韓國古代史研究』 44, 韓國古代史學會, 2006.
홍보식, 「수혈식석곽과 조사방법」, 『中央考古研究』第6號, (財)中央文化財研究院, 2010.
홍보식, 「6세기 전반 남해안지역의 교역과 집단 동향」, 『嶺南考古學』 第65號, 嶺南考古學會, 2013.
홍지윤, 「원삼국시대 목관묘에서 목곽묘로의 전환」, 제17회 고분문화연구회 발표자료집, 2012.
古城史雄(杉井健編), 「肥後の横穴式石室」, 『九州系横穴式石室の傳播と擴』, 日本考古學協會2007年度 熊本大會分科會Ⅰ記錄集, 北九州中國書店, 2009.
吉井秀夫, 「대가야계 수혈식석곽분의 "목관"구조와 성격 -못·꺾쇠의 분석을 중심으로-」, 『慶北大學校 考古人類學科 20周年 紀念論叢』, 慶北大學校 人文大學 考古人類學科, 2000.
柳澤一男, 「日本における横穴式石室受容の一側面」, 『淸溪史學』 16·17, 韓國精神文化研究院 淸溪史學會, 2002.
柳澤一男, 「5~6世紀韓半島と九州-九州系埋葬施設を中心として」, 『加耶, 洛東江에서 榮山江으로』, 金海市, 2006.
山本孝文, 「伽倻地域 横穴式石室의 出現背景-墓制 變化의 諸側面에 대한 豫備考察-」, 『百濟研究』第34輯, 忠南大學校 百濟研究所, 2001.
野守健·神田惣藏, 「公州宋山里古蹟調査報告」, 『昭和2年度古蹟調査』 第2冊, 朝鮮總督府, 1935.
河上邦彦, 「6世紀の日本の古墳」, 『古自國(小加耶)의 타임캡슐 松鶴洞古墳群』 제3회 국제심포지엄 발표요지, 東亞大學校博物館, 2001.

▮ 고고학으로 본 대가야와 왜의 교섭 양태 _ 다카타 칸타(高田貫太)

박천수, 『새로 쓰는 고대 한일교섭사』, 사회평론아카데미, 2007.

이희준, 『신라고고학연구』, 사회평론아카데미, 2007.

이희준, 「지산동고분군과 대가야」, 『고령 지산동 대가야고분군』, 대가야박물관, 2015.

조영제, 「소가야(연맹체)와 왜계유물」, 『한·일교류의 고고학』, 영남고고학회·구주고고학회, 2004.

하승철, 「거제 장목고분에 대한 일고찰」, 『거제 장목 고분』, 경남발전연구원 역사문화센터 조사연구보고서 제40책, 2006.

하승철, 「외래계문물을 통해 본 고성 소가야의 대외교류」, 『가야의 포구와 해상활동』 제17회 가야사학술회의 김해시학술위원회, 2011.

李成市, 「新羅の国家形成と加耶」, 『日本の時代史 2　倭国と東アジア』, 吉川弘文館, 2002.

井上主税, 『朝鮮半島の倭系遺物からみた日朝関係』, 学生社, 2014.

諫早直人, 『東北アジアにおける騎馬文化の考古学的研究』, 雄山閣, 2012.

大橋信弥·花田勝広編, 『ヤマト王権と渡来人』, サンライズ出版, 2005.

小田富士雄·申敬澈 외, 『伽耶と古代東アジア』, 新人物往来社, 1993.

高田貫太, 『古墳時代の日朝関係 - 百済·新羅·大加耶と倭の交渉史 - 』, 吉川弘文館, 2014.

高田貫太, 『海の向こうから見た倭国』, 講談社現代新書, 2017.

高田貫太, 「考古学からみた日朝交渉と渡来文化」, 『日本古代交流史入門』, 勉誠出版, 2017.

田中俊明, 『大伽耶連盟の興亡と「任那」』, 吉川弘文館, 1992.

田中俊明, 『古代の日本と加耶』(日本史リブレット70), 山川出版社, 2009.

朴天秀, 「渡来系文物からみた伽耶と倭における政治的変動」, 『待兼山論叢』 29 史学篇, 大阪大学文学部, 1995.

朴天秀, 『伽耶と倭』, 講談社, 2007.

濱下武志, 「歴史研究と地域研究 - 歴史にあらわれた地域空間」, 『地域史とは何か』, 山川出版社, 1997.

山尾幸久, 『古代の日朝関係』, 塙書房, 1989.

若狭　徹, 『東国から読み解く古墳時代』, 吉川弘文館, 2015.

김태식, 『사국시대의 한일관계사 연구』, 서경문화사, 2014.

나행주, 「6세기 한일관계의 연구사적 검토」, 『임나 문제와 한일관계』, 景仁文化社, 2005.

백승옥, 『가야 각국사 연구』, 혜안, 2003.

백승옥, 「己汶·帶沙의 위치비정과 6세기 전반 대 加羅國과 百濟」, 『5~6세기 동아시아의 국제정세와 대가야』, 도서출판 서울기획, 2007.

백승옥, 「辰·弁韓의 始末과 內部構造」, 『博物館研究論集』 17, 부산박물관, 2011.

백승옥, 「廣開土太王陵碑文 辛卯年條에 대한 新解釋」, 『東洋學』 58, 단국대학교 동양학연구원, 2015.

백승옥, 「가야와 중국·왜」, 『가야사 총론』(가야고분군 연구총서 1권), 가야고분군 세계유산등재추진단, 2018.

양기석, 「5世紀 後半 韓半島 情勢와 大加耶」, 『5~6세기 동아시아의 국제정세와 대가야』, 고령군 대가야박물관·계명대학교 한국학연구원, 2007.

李基東, 「研究의 現況과 問題點」, 『韓國史市民講座』 3, 一潮閣, 1988.

李基東, 「4세기 韓日關係史 연구의 문제점」, 『韓國上古史』, 民音社, 1989.

이문기, 「大伽耶의 對外關係」, 『加耶史研究 - 대가야의 政治와 文化』, 경상북도, 1995.

이연심, 「임나일본부의 성격 재론」, 『지역과 역사』 14, 2004.

이주헌, 「가야지역 왜계 고분의 피장자와 임나일본부」, 『안라국(=아라가야)과 '임나일본부'』, 경상남도 함안군, 2014.

定森秀夫, 「陶質土器로 본 倭와 大加耶」, 『大加耶와 周邊諸國』, 고령군·한국상고사학회, 2002.

한일관계사연구논집 편찬위원회편, 『임나 문제와 한일관계』, 경인문화사, 2005.

한일관계사연구논집 편찬위원회편, 『왜5왕 문제와 한일관계』, 경인문화사, 2005.

森浩一 編, 『倭人の登場』, 中央公論社, 1985.

仁藤敦史, 「"日本書紀"の'任那'觀」『國立歷史民俗博物館研究報告』 179, 國立歷史民俗博物館, 2013.

末松保和, 『任那興亡史』, 大八洲出版, 1949.

武田幸男, 『高句麗史と東アジア -「廣開土王碑」研究序說』, 岩波書店, 1989.

笠井倭人, 『研究史 倭の五王』, 吉川弘文館, 1973.

山尾幸久, 『古代の日朝關係』, 塙書房, 1989.

西谷正, 「四~六世紀の朝鮮と北九州」, 『東アジアの古代文化』 44호, 1985.

申敬澈, 「加耶地域出土倭系遺物の歷史的意義」, 『伽耶および日本の古墳出土遺物の比較硏究』, 國立歷史民俗博物館, 1994.
神保公子, 「七支刀銘文の解釋をめぐつて」, 『東アジア世界における日本古代史講座』 3, 學生社, 1981.
鈴木靖民, 「廣開土王碑文の「倭」關係記事 -最近の硏究成果をめぐって-」, 『東アジア古文書の史的硏究』, 刀水書房, 1990.
田中俊明, 「大成洞古墳群と'任那'論」, 『東アジアの古代文化』 68號, 1991.
田中史生, 「倭の五王と列島支配」, 『岩波講座 日本歷史』 1, 岩波書店, 2013.
佐伯有清, 『七支刀と廣開土王碑』, 吉川弘文館, 1977.

고고학으로 본 가야와 왜 _ 박천수

김도영, 「三國時代 龍鳳文環頭大刀의 系譜와 技術傳播」, 『中央考古硏究』 14, 大田, 中央文化財硏究院, 2014.
김준식, 『加耶 橫穴式 石室 硏究』, 慶北大学校 大学院 博士学位論文, 慶北大学校 大学院, 2019.
김혁중, 『新羅 加耶 甲胄 硏究』, 慶北大学校 大学院 博士学位論文, 慶北大学校 大学院, 2018.
鈴木廣樹, 「對馬출토 須惠器 및 도질토기로 본 한·일교류」, 『中央考古硏究』 29, 중앙문화재연구원, 2019.
朴智惠, 「4~6世紀 嶺南地方 出土 鐵鋌의 變遷과 地域性」, 慶北大学校 大学院 碩士学位論文, 慶北大学校 大学院, 2013.
朴天秀, 『새로 쓰는 고대한일교섭사』, 사회평론, 2007.
朴天秀, 「5~6세기 大伽耶의 發展과 그 歷史的 意義」, 『高靈 池山洞44號墳 - 大伽耶王陵 - 』, 慶北大學校博物館·考古人類學科·大伽耶博物館, 2009.
朴天秀, 『日本列島속의 大加耶文化』, 慶北大學校·大伽耶博物館, 2009.
朴天秀, 『가야토기 - 가야의 역사와 문화』, 진인진, 2010.
朴天秀, 『일본 속의 고대 한국문화』, 진인진, 2011.
朴天秀, 『日本 속 古代 韓國 文化-近畿지방-』, 東北亞歷史財團, 2012.
박천수, 「가야사 연구 서설」, 『가야고고학개론』, 중앙문화재연구원 학술총서 29, 진인진, 2016.
朴天秀, 『加耶文明史』, 진인진, 2018.

朴天秀, 『非火加耶』, 진인진, 2019.
박천수 · 임동미, 「新羅 · 加耶의 玉 : 硬玉製 曲玉을 중심으로」, 『한국 선사 고대의 옥문화 연구』, 복천박물관, 2013.
선석열, 「신라 지방통치과정과 연산동고분군」, 『연산동 고총고분과 그 피장자들』, 부산광역시연제구청, 2016.
諫早直人 · 李炫姃, 「고령 지산동44호분 출토 마구의 재검토」, 『경북대학교박물관 年報』, 慶北大學校 博物館, 2007.
이지희, 『한반도 출토 須惠器의 시공적 분포 연구』, 慶北大学校 大学院 碩士学位論文, 慶北大学校 大学院, 2015.
李政根, 『咸安地域 古式陶質土器의 生産과 流通』,(嶺南大学校 大学院 碩士学位論文), 嶺南大学校 大学院, 2006.
이한상, 「대가야의 장신구」, 『大加耶의 遺蹟과 遺物』, 大加耶博物館, 2004.
이한상, 「裝飾大刀로 본 百濟와 加耶의 交流」, 『百濟研究』 第43輯, 忠南大學校百濟研究所, 2006.
이한상, 「가야의 장신구」, 『가야 고고학개론』, 진인진, 2016.
우병철, 「영남지방 출토 4~6세기 철촉의 형식분류」, 『영남문화재연구』 第17集, 영남문화재연구원, 2004.
우병철, 『新羅 加耶 武器 研究』, 慶北大学校 大学院 博士学位論文, 慶北大学校 大学院, 2018.
유병록, 「창녕 계성리마을 사람들, 그들은 누구일까?」, 『창녕 계성리에 찾아온 백제 사람들』, 昌寧博物館, 2013.
조성원, 「영남지역 출토 4~5세기대 土師器系土器의 재검토」, 『韓國考古學報』 99, 韓國考古學会, 2016.
趙榮濟, 「三角透窓高杯에 대한 一考察」, 『嶺南考古学』 7, 嶺南考古学会, 1990.
趙榮齊, 「小加耶(聯盟體)와 倭系文物」, 『嶺南考古學會 九州考古學會 제6회 合同考古學大會-韓日交流의 考古學-』, 嶺南考古學會 九州考古學會, 2004.
趙晶植, 『洛東江 中流域 三國時代 城郭 研究』, 慶北大学校 大学院 碩士学位論文, 慶北大学校 大学院, 2005.
정주희, 『咸安樣式 古式陶質土器의 分布定型에 관한 研究』, 慶北大学校 大学院 碩士学位論文, 慶北大学校 大学院, 2008.
柳澤一男, 「5~6世紀韓半島西南部と九州」, 『가야, 낙동강에서 영산강으로』, 제2회가야사학술회의, 김해시, 2006.
井上主税, 「嶺南地域 출토 土師器風土器의 재검토」, 『韓國上古史學報』 48, 韓國上古

史學會, 2005.
井上主稅,『嶺南地域 출토 倭系遺物로 본 한일교섭』, 慶北大学校 大学院 博士学位論文, 慶北大学校 大学院, 2006.
井上主稅,「창녕 계성리유적 출토土師器系 토기」,『昌寧 桂城里遺蹟』, 우리문화재연구원, 2008.
中村大介,「韓半島 玉文化의 研究 展望」,『한국 선사 고대의 옥문화 연구』, 복천박물관, 2016.
細川晋太郎,「한반도 출토 통형동기의 제작지와 부장배경」,『한국고고학보』85, 한국고고학회, 2012.
천관우,「復元加耶史」,『文學과 知性』1977;『加耶史研究』, 一潮閣, 1991.

金跳咏,『三國古墳時代の金工品をめぐる日韓交渉に関する考古学的研究』, 總合大學院大學博士學位論文, 千葉, 總合大學院大學, 2018.
金宇大,『金工品から読む古代朝鮮と倭』, 京都, 京都大學學術出版會, 2017.
田中俊明,『古代日本と加耶』, 東京, 山川出版社, 2008.
申敬澈, 「伽耶地域における4世紀代の陶質土器と墓制－金海礼安里遺跡の發掘調査を中心として」,『古代を考える』34, 古代を考える會, 1983.
申敬澈,『伽耶古墳文化の研究』, 筑波, 筑波大学文学博士論文, 1993.
朴天秀, 「韓半島からみた初期須恵器の系譜と編年」,『古墳時代における朝鮮系文物の傳播』, 第34回 埋葬文化財研究集會, 埋葬文化財研究會, 1993.
朴天秀,「渡來系文物からみた加耶と倭における政治的變動」,『待兼山論叢』史學編29, 大阪大學文學部, 1995.
朴天秀,「考古学から見た古代の韓・日交渉」,『青丘学術論集』第12集, 財團法人韓国文化研究振興財團, 1998.
朴天秀,「装飾鐵鉾の性格とその地域性」,『國家形成期の考古學』, 大阪, 大阪大學文學部考古學研究室, 1999.
朴天秀,「大加耶と倭」,『国立歴史民俗博物館研究報告』第110集, 国立歴史民俗博物館, 2004.
朴天秀,「5~6世紀金工品の系譜と移入の背景」,『王者の装い』, 西都原博物館, 2007.
朴天秀,『加耶と倭』, 講談社, 2007.
朴天秀,「韓国からみた古墳時代像」,『古墳時代の考古学9-21世紀の古墳時代像-』, 同成社, 2014.
朴天秀,「古代韓日交渉史の新たな展望と課題」,『発見・検証日本の古代-騎馬文化と古代のイノベーション-』, 角川文化振興財團, 2016.
内山敏行, 「古墳時代後期の朝鮮半島甲冑(1)」, 『研究紀要』 1, (財)栃木縣文化振興事業団, 1992.
内山敏行, 「古墳時代後期の朝鮮半島系冑(2)」, 『研究紀要』 9, (財)栃木縣文化振興事業団, 2001.
定森秀夫, 「韓国慶尚南道釜山金海地域出土陶質土器の検討」, 『平安博物館研究紀要』 7, 平安博物館, 1982.
定森秀夫, 「陶質土器からみた近畿と朝鮮」, 『ヤマト王権と交流の諸相』, 名著出版, 1994.
定森秀夫, 「日本出土の陶質土器－新羅系陶質土器を中心に－」, 『MUSEUM』 No.503, 東京國立博物館, 1993.
白井克也, 「日本出土の朝鮮産土器・陶器 - 新石器時代から統一新羅時代まで -」, 『日本出土の舶載陶磁 - 朝鮮・渤海・ベトナム・タイ・イスラム - 』, 東京国立博物館, 2000.
鈴木敏則, 「静岡縣内における初期須恵器の流通とその背景」, 『静岡縣考古学研究』 No31, 静岡縣考古学会, 1999.
野上丈助, 「日本出土垂飾附耳飾」, 『藤澤一夫先生古稀記念古文化論叢』, 藤澤一夫先生古稀記念論叢刊行委員會, 1982.
小田富士雄, 「西日本発見の百済系土器」, 『古文化談叢』 第5集, 九州古文化研究会, 1978.
李永植, 『加耶諸國と任那日本府』, 吉川弘文館, 1993.
井上主税, 『朝鮮半島の倭系遺物からみた日朝関係』, 学生社, 2014.
諫早直人, 『東北アジアにおける騎馬文化の考古学的研究』, 雄山閣, 2012.
山尾幸久, 『古代の日朝關係』, 東京, 塙書房, 1998.
米田敏幸, 「古式土師器に伴う韓式系土器について」, 『韓式系土器研究 Ⅳ』, 韓式系土器研究會, 1993.
橋本達也, 「4~5世紀における韓日交渉の考古學的檢討-竪矧板・方形板革綴短甲の技術と系譜-」, 『青丘學術論集』 12, 財團法人韓國文化振興財團, 1998.
橋本達也, 「甲冑からみた蓮山洞古墳群と倭王権の交渉」, 『友情의 考古學』, 진인진, 2015.
藤田和尊, 「日韓出土の短甲について - 福泉洞10墳・池山洞32號墳出土例に關連して-」, 『末永雅雄先生米壽記念獻呈記念論文集』, 大阪, 末永雅雄先生米壽記念會, 1985.

土屋隆史, 『古墳時代の日朝交流と金工品』, 雄山閣, 2018.
高田貫田, 『古墳時代の日朝関係』, 吉川弘文館, 2014.

대가야 – 오키나와 항로에 대한 현대적 재해석 _ 이창희·조익순

김성준, 『해사영어의 어원』, 문현출판, 2015.
김성준, 「고대 동중국해 사단항로에 대한 해양기상학적 고찰」, 『해양환경안전학회지』 제19권 제2호, 2013.
Santosh K. Gupta, 「한 · 인 외교사에서의 아유타국과 김해」, 제23회 가야사국제학술회의, 2017.
이동희, 「후기 가야 고고학 연구의 성과와 과제」, 2016년 한국고대사학회 기획 학술회의.
문성배, 전승환, 「지문항해학 학술용어 개념정립에 관한 연구 - 침로와 선수방향을 중심으로 - 」, 『항해항만학회』 제36권 제8호.
이동근 · 한철환 · 엄선희, 「역사와 해양의식-해양의식의 체계적 함양방안 연구-」, 『한국해양수산개발원 기본연구』 2003-20, 2003.
김중관, 「한국과 아랍의 교역관계사 연구 : 비단길과 해상로를 중심으로」, 『한국중동학회논총』 39권1호, 한국중동학회, 2018.
최창묵 · 고광섭, 「항법전에 대응한 항법시스템 발전방향에 관한 연구」, 『한국정보통신학회논문지』, 제19권 제3호, 2004.
이수진, 「조선 표류민의 유구 표착과 송환」, 『열상고전연구』 48, 열상고전연구회, 2015.
김경옥, 「근세 동아시아 해역의 표류연구 동향과 과제」, 『명청사학연구』, 명청사학회, 2017.
이도학, 「백제의 해외활동 기록에 관한 검증」, 『충청학과 충청문화』 11, 충청남도역사문화연구원, 2010.
노중국, 「고대 동아시아의 문화교류와 백제의 위치」, 『충청학과 충청문화』 11, 2010.
윤용혁, 「환황해권 시대의 역사적 맥락과 현재적 의미 : '해양강국 백제'의 전통과 충남」, 『충청학과 충청문화』 11, 2010.
홍석준, 「동아시아 해양 네트워크의 형성과 변화」, 『해양정책연구』 제20권 1호, 2005.

2부 : 조선시대 한반도와 류큐의 해양교류

▮조선시대 경상도와 류큐 표류민의 표류와 해역 _ 김강식

김강식, 「이방익 표해록 속의 표류민과 해역 세계」, 『역사와 세계』 55, 2019.

김강식, 『조선시대 표해록 속의 표류민과 해역』, 선인, 2018.

김경옥, 「15~19세기 琉球人의 朝鮮漂着과 送還실태 : 「朝鮮王朝實錄」을 중심으로 」, 『지방사와 지방문화』 15(1), 역사문화학회, 2012.

김경옥, 「18~19세기 서남해 도서지역 漂到民들의 추이 - 『備邊司謄錄』「問情別單」을 중심으로 - 」, 『조선시대사학보』 44, 2008.

김경옥, 「근세 동아시아 해역의 표류연구 동향과 과제」, 『명청사연구』 48, 2017.

김경옥, 「조선의 대청관계와 서해해역에 표류한 중국 사람들」, 『한일관계사연구』 49, 2014.

김나영, 『조선시대 제주도 漂流 · 剽到 연구』, 제주대 박사학위논문, 2017.

김동전, 「18세기 문정별단을 통해 본 중국 표착 제주인의 표환 실태」, 『한국학연구』 42, 인하대 한국학연구소, 2016.

김재승, 「韓國, 琉球間 漂流에 의한 文化的 接觸」, 『동서사학』 2, 한국동서사학회, 1996.

민덕기, 「朝鮮 · 琉球를 통한 에도바쿠후(江戶幕府)의 對明 접근」, 『한일관계사연구』 2, 1994.

민병하, 「고려말 조선초의 류큐국과의 관계」, 『국제문화』 3, 1966.

민병하, 「이조전기 대일무역의 연구」, 『한국사연구』, 1969.

손승철, 「朝鮮 · 琉球關係史料에 대하여」, 『사림』 12-13권, 성균관대학교 사학회, 1997.

신동규, 「근세 漂流民의 송환유형과 "國際關係" - 조선과 일본의 제3국 경유 송환유형을 중심으로 - 」, 『강원사학』 17 · 18, 2016.

양수지, 「琉球王國의 對外關係에 관한 一考察 : 朝鮮朝의 事大交隣과 관련하여」, 『한일관계사연구』 3, 1995.

원종민, 「조선에 표류한 중국인의 유형과 그 사회적 영향」, 『중국학연구』, 2008.

劉序楓, 「清代 中國의 外國人 漂流民의 救助와 送還에 대하여 - 朝鮮人과 日本人의 사례를 중심으로 - 」, 『동북아역사논총』 28, 2010.

이수진, 「조선 표류민의 유구 표착과 송환」, 『열상고전연구』 48, 2015.

이원순, 「『歷代宝案』을 통한 조선전기의 조류관계 - 직접통교기를 중심으로 - 」, 『国史館論叢』 65, 1995.
이혜은 · 성효현, 「오키나와의 지리경관」, 『한국사진지리학회지』 17-1, 한국사진지리학회, 2007.
이훈, 「朝鮮後期 漂民의 송환을 통해서 본 朝鮮 · 琉球관계」, 『사학지』 27, 1994.
李薰, 『朝鮮後期 漂流民과 韓日關係』, 國學資料院, 2000.
정성일, 「日本人으로 僞裝한 琉球人의 濟州 漂着 - 1821년 恒運 등 20명이 표착사건 - 」, 『한일관계사연구』 37, 2010.
정하미, 「표착 조선인의 신원확인 및 류큐왕국의 대응 : 1733년 케라마섬 표착의 경우」, 『일본학보』 104, 2015.
馮鴻志, 「明 · 淸나라와 琉球와의 관계」, 『조선왕조와 유구왕조의 역사와 문화 재조명』, 명지대 개교 50주년 기념 제1회 충승국제학술회의자료집, 1998.
하우봉 외, 『朝鮮과 琉球』, 아르케, 1999.
하우봉, 「조선전기의 대류큐 관계」, 『国史館論叢』 59,1994.
하카마다 미츠야스, 「조선왕조실록 성종조의 류큐 표류에 관한 고찰 : 김비의 일행이 방문한 야에야마열도(八重山列島)의 섬이름과 송환사자에 대하여」, 『연민학지』 24, 2015.
한일관계사학회 편, 『조선시대 한일표류민연구』, 국학자료원, 2001.

增田勝機, 「朝鮮に漂着した琉球船」, 『鹿児島短期大学起要』 22, 1978.
荒野泰典, 「近世日本の漂流民送還体制と東アジア」, 『歴史公論』 400, 1983.
袴田光康, 「朝鮮王朝実録成宗条の琉球漂流に関する考察 - 金非衣らが訪れた八重山列島の島名と送還の使者について - 」, 『淵民學志』 24, 2015.
荒野泰典, 『近世日本と東アジア』, 東京大学出版会, 1988.
池内敏, 『近世朝鮮と朝鮮漂流民』, 臨川書店, 1998.

15~19세기 류큐인의 조선 표착과 송환 _ 김경옥

『태조실록』, 『태종실록』, 『세종실록』, 『단종실록』, 『세조실록』, 『성종실록』, 『연산군일기』, 『중종실록』, 『명종실록』, 『선조실록』, 『선조수정실록』, 『광해군일기』, 『정조실록』, 『순조실록』, 『고종실록』, 『비변사등록』, 『만기요람』
김경옥, 『조선후기 도서연구』, 혜안, 2004.
김경옥, 「18~19세기 서남해 도서지역 漂到民들의 추이 - 『備邊司謄錄』 「問情別單」을 중심으로-」, 『조선시대사학보』 44, 조선시대사학회, 2008.
김경옥, 「조선의 대청관계와 서해해역에 표류한 중국 사람들」, 『한일관계사연구』 49, 한일관계사학회, 2014.
김경옥, 「근세 동아시아 해역의 표류연구 동향과 과제」, 『명청사연구』 48, 명청사학회, 2017.
김나영, 『조선시대 제주도 漂流·漂到 연구』, 제주대 박사학위논문, 2017.
김동전, 「18세기 문정별단을 통해 본 중국 표착 제주인의 표환 실태」, 『한국학연구』 42, 인하대 한국학연구소, 2016.
김재승, 「韓國, 琉球間 漂流에 의한 文化的 接觸」, 『동서사학』 2, 한국동서사학회, 1996.
신동규, 「근세 漂流民의 송환유형과 "國際關係" - 조선과 일본의 제3국 경유 송환유형을 중심으로-」, 『강원사학』 17·18, 강원대사학회, 2016.
李 薰, 『朝鮮後期 漂流民과 韓日關係』, 國學資料院, 2000.
馮鴻志, 「明·淸나라와 琉球와의 관계」, 『조선왕조와 유구왕조의 역사와 문화 재조명』, 명지대 개교 50주년 기념 제1회 충승국제학술회의자료집, 1998.
河宇鳳 外, 『朝鮮과 琉球』, 아르케, 1999.
한일관계사학회 편, 『조선시대 한일표류민연구』, 국학자료원, 2001.
김재승, 「韓國, 琉球間 漂流에 의한 文化的 接觸」, 『동서사학 2, 한국동서학회, 1996.
마츠우라 아키라, 「근세 동아시아해역에서의 중국선의 표착필담기록」, 『한국학논총』 45, 한양대 한국학연구소, 2009.
閔德基, 「琉球의 역사」, 『朝鮮과 琉球』, 아르케, 1999.
배숙희, 「宋代 東亞 海域上 漂流民의 發生과 送還」, 『중국사연구』 65, 중국사학회, 2010.
孫承喆, 「朝·琉 交隣體制의 구조와 특질」, 『朝鮮과 琉球』, 아르케, 1999.
원종민, 「조선에 표류한 중국인의 유형과 그 사회적 영향」, 『중국학연구』 44, 중국학연구회, 2008.
劉序楓, 「近世東亞海域의 僞裝漂流事件-道光年間 朝鮮 高閑祿의 中國漂流事例를 中心으로-」, 『한국학논총』 45, 한양대 한국학연구소, 2009.
劉序楓, 「淸代 中國의 外國人 漂流民의 救助와 送還에 대하여-朝鮮人과 日本人의 사례를 중심으로-」, 『동북아역사논총』 28, 동북아역사재단, 2010.
이케우치 사토시, 「1819년 충청도에 표착한 일본선 표류기」, 『한국학논총』 45, 한양대 한국학연구소, 2009.
이혜은·성효현, 「오키나와의 지리경관」, 『한국사진지리학회지』 17-1, 한국사진지리학회, 2007.
이 훈,「朝鮮後期 漂民의 송환을 통해서 본 朝鮮·琉球관계」,『사학지』 27, 단국대사학회, 1994.
정 민,「표류선, 청하지 않은 손님 - 외국 선박의 조선 표류 관련기록 探討 -」,『한국한문학연구』 43, 한국한문학회, 2009.
정성일,「朝鮮과 琉球의 交易」,『朝鮮과 琉球』, 아르케, 2002.
정성일,「日本人으로 僞裝한 琉球人의 濟州 漂着 - 1821년 恒運 등 20명이 표착사건 -」,『한일관계사연구』 37, 한일관계사학회, 2010.
조수미,「오키나와의 문츄화(門中化) 현상」,『비교문화연구』 7-2, 서울대 비교문화연구소, 2001.
조흥국,「14 - 17세기 동남아 - 중국 - 일본 무역관계」,『동남아시아연구』 11, 한국동남아학회, 2011.
진익원,「韓, 日, 越 사이에 발생한 漂流事件 검토」,『한국학논총』 45, 한양대 한국학연구소, 2009.
津波高志,「沖繩의 門中과 家譜-한국과의 비교를 위해서-」,『조선왕조와 유구왕조의 역사와 문화 재조명』, 명지대 개교 50주년 기념 제1회 충승국제학술회의자료집, 1998.
허경진·김성은,「표류기에 나타난 베트남 인식」,『淵民學志』 15, 연민학회, 2011.

18세기 전기의 조선과 류큐
: 조선인의 류큐 표류 기록을 중심으로 _ 류쉬펑(劉序楓)

小林茂·松原孝俊·六反田豊 編,「朝鮮から琉球へ, 琉球から朝鮮への漂流年表」,『歷代寶案研究』, 9號, 1998.
李薰 著, 松原孝俊·金明美 譯,「朝鮮王朝時代後期漂民の送還を通してみた朝鮮, 琉球関係」,『歷代寶案研究』, 8號, 1997.

1773년 조선인의 류큐 표착기록의 검토
: 호패와의 관련을 중심으로 _ 조은지

하우봉,「조선전기의 對琉球관계」,『국사관논총』 59, 1994.

이훈, 「조선후기 표민의 송환을 통해서 본 조선유구관계」, 『사학지』 27, 단국대사학회, 1994.
이원순, 「『歷代寶案』을 통해서 본 조선전기의 朝琉관계 - 직접교통기를 중심으로 -」, 『국사관논총』 65, 1995.
손승철, 「조선 · 유구 관계 사료에 대하여」, 『성대사림』, 1997.
김종혁, 「朝鮮時代 行政區域의 變動과 復元」, 『문화역사지리』 15, 2003.
송병기, 「安龍福의 活動과 鬱陵島爭界」, 『역사학보』 192, 2006.
이준구, 「17세기말, 울산 어부 朴於屯의 생애와 신분적 지위 - 蔚山帳籍을 중심으로 -」, 『인문연구』 58, 2010.
정하미, 「표착조선인의 신원 확인 및 류큐왕국의 대응 : 1733년 케라마섬 표착의 경우」, 『일본학보』 104, 2015.
이수진, 「조선표류민의 류큐표착과 송환」, 『열상고전연구』 48, 2015.
松原孝俊, 「朝鮮への漂着と琉球への漂着」, 『Museum Kyusyu』 15号, 1984.
本部和昭, 「近世期における朝鮮漂流民と民衆」, 『山口県史研究』 4, 1996.
池内敏, 『近世朝鮮人漂着年表』 私家版, 1996.
豊見山和行, 「近世中期における琉球王国の対薩摩外交」, 『新しい近世史 2, 国家と対外関係』, 新人物往来社, 1996.
小林茂 · 松原孝俊 · 六反田豊編, 「朝鮮から琉球へ, 琉球から朝鮮への漂流年表」, 財団法人沖縄県文化振興会公文書館管理部史料編集室編, 『歴代宝案研究』 9号, 沖縄県教育委員会, 1998.
池内敏, 『近世朝鮮と朝鮮漂流民』, 臨川書店, 1998.
李薫, 『朝鮮後期漂流民と日朝関係』, 法政大学出版局, 2008.
河宇鳳 · 孫承喆 · 李薫 · 閔徳基 · 鄭成一, 『朝鮮と琉球 - 歴史の深淵を探る -』, 榕樹書林, 2011.
渡辺美季, 「朝鮮人漂着民の見た「琉球」 - 1662~63年の大島 -」, 『沖縄文化』 111号, 2012.
袴田光康, 「朝鮮王朝実録成宗条の琉球漂流に関する考察 : 金非衣らが訪れた八重山列島の島名と送還の使者について」『淵民學志』 24, 2015.
赤嶺守, 「朝鮮に漂着した琉球漂流民の送還について : 清代中国の送還システムに見る撫恤事例」 琉球アジア文化論集 : 琉球大学法文学部紀要 3, 2017.

3부 : 제주도와 오키나와의 문화와 민속

▮오키나와 문화를 이해하기 위하여 _ 쓰하 다카시(津波高志)

阿利よし乃,『八重山諸島における女性神役の継承 - 波照間島と石垣島の事例から - 』, 琉球大学学術リポジトリ, 2013.

「奄美学」刊行委員会編,『奄美学 - その地平と彼方 - 』, 南方新社, 2005.

小川徹,『近世沖縄の民俗史』, 弘文堂, 1987.

渡邊欣雄・岡野宣勝・佐藤壮広・塩月亮子・宮下克也編,『沖縄民俗事典』, 吉川弘文館, 2008.

黄智慧,「移動と漂流史料における民族の接触と文化の類縁関係」, 津波高志編,『東アジアの間地方交流の過去と現在』, 彩流社, 2012.

高宮廣衛,『先史古代の沖縄』, 第一書房, 1990.

高良倉吉,『琉球王国の構造』, 吉川弘文館, 1987.

津波高志,『沖縄民俗社会ノート』, 第一書房, 1990.

津波高志,『沖縄側から見た奄美の文化変容』, 第一書房, 2012.

仲宗根将二,「『先島』とは何か」,『第一回先島文化交流会議報告書』, 先島文化交流会議実行委員会, 1993.

平井芽阿里,『宮古の神々と聖なる森』, 新典社, 2012.

宮城栄昌,『沖縄のノロの研究』, 吉川弘文館, 1979.

▮류큐·오키나와의 항해 수호 신항 _ 가미야 도모아키(神谷智昭)

『字誌』編集委員会,『奥武島誌』, わらべ書房, 2011.

伊藤芳枝,「沖縄県玉城村奥武の聖地と年中行事」,『山口女子大学文學部紀要』, 山口女子大学, 1992.

嘉手納宗徳編訳,『球陽外巻 遺老説傳：原文読み下し』, 沖縄文化史料集成 6, 角川書店, 1978.

木村淳也,「琉球の守護神・航海神としての「弁財天」- その重奏と変奏を薩琉関係からよむ - 」,『立教大学日本学研究所年報』12号, 立教大学日本学研究所, 2014.

金城繁正,『玉城村誌』, 玉城村役場, 1977.
島尻勝太郎,「方冊蔵経」,『沖縄大百科事典 下巻』, 沖縄タイムス社, 1983.
高梨一美,「航海の守護 - 琉球王国の祭司制度の一側面 - 」,『文化史の諸相』, 吉川弘文館, 2003.
高梨一美,『沖縄の「かみんちゅ」たち : 女性祭祀の世界』, 岩田書院, 2009.
渡口真清,「渡唐の航程」,『沖縄大百科事典 中巻』, 沖縄タイムス社, 1983.
豊見山和行,「航海守護神と海域 - 媽祖・観音・聞得大君」,『海のアジア 5 越境するネットワーク』, 岩波書店, 2001.
弁蓮社袋中(原田禹雄訳注),「琉球神道記」,『琉球神道記・袋中上人絵詞伝』(全二册), 榕樹書林, 2001.
仲松弥秀,「御嶽」,『沖縄大百科事典』 上巻, 沖縄タイムス社, 1983.
仲松弥秀,「殿」,『沖縄大百科事典』 中巻, 沖縄タイムス社, 1983.
真栄平房昭,「近世琉球における航海と信仰 - 「旅」の儀礼を中心に - 」,『沖縄文化』 第28号 1巻(通巻77号), 沖縄文化協会, 1993.
南城市홈페이지,「南城市人口統計(h30行政区別人口)」(http://www.city.nanjo.okinawa.jp/about-nanjo/introduction/population.html), 2019年 12月 16日 검색.

▌도서 사회의 무속세계 : 제주도와 오키나와를 중심으로 _ 강경희

강경희,「제주도 어촌의 근대화와 종교 변화 : 가파리 사례를 중심으로」,『濟州島硏究』 제14집, 濟州學會, 1997.
文武秉,「巫俗」,『濟州文化叢書5 濟州의 民俗 V : 民間信仰·社會構造』, 濟州道, 1997.
미르치아 엘리아데 저, 이윤기 역,『샤머니즘-고대적 접신술』, 까치, 1992.
李起旭,『濟州道 農民經濟의 變化에 관한 硏究』, 서울大學敎 大學院 人類學科 博士學位 論文, 1995.
李杜鉉·張籌根·李光奎 共著,『韓國民俗學槪論』, 一潮閣, 1991.
이바노프,S.V.,「시베리아 샤머니즘의 연구」, V.디오세지·M.호팔 저, 최길성 역,『시베리아의 샤머니즘』, 民音社, 1998.
李昌基,『濟州島의 人口와 家族』, 영남대학교 출판부, 1999.
濟州道,『濟州道誌』 第1卷, 1993.
濟州道,『濟州道誌』 第2卷, 1993.
玄容駿,「濟州島의 巫覡」,『濟大學報』第7號, 濟州大學校, 1965.

현용준, 『濟州島 巫俗 研究』, 集文堂, 1986.

石川榮吉 編, 『文化人類學事典』, 弘文堂, 1987.
伊藤幹治, 『沖縄の宗教人類學』, 弘文堂, 1980.
大橋英壽, 『沖縄シャーマニズムの社會心理學的研究』, 弘文堂, 1988.
沖縄縣教育委員會, 『概說 沖縄の歷史と文化』, 2000.
加藤九祚 編, 『日本のシャーマニズムとその周邊』, 日本放送出版協會, 1984.
韓國文化公報部文化財管理局, 竹田旦・任東權 譯, 『韓國民俗大系 韓國民俗總合調査報告書: 濟州道編』 第5卷, 國書刊行會, 1992.
金泰能 著, 大口里子 譯, 「琉球と濟州との關係」, 『南島史學』 第20號, 南島史學會, 1986.
金泰能 著, 梁聖宗 譯, 『濟州島略史』, 新幹社, 1988.
櫻井德太郎, 『沖縄のシャーマニズム』, 弘文堂, 1973.
櫻井德太郎, 『日本のシャーマニズム』 下卷, 吉川弘文館, 1997.
櫻井德太郎, 「巫俗の地域性」, 五木重・櫻井德太郎・大島建彦・宮田登 編, 『講座 日本の民俗宗教 4 巫俗と俗信』, 弘文堂, 1976.
櫻井德太郎, 「現代シャーマニズムの行方」, 櫻井德太郎 編『シャーマニズムとその周邊』, 第一書房, 2000.
佐々木宏幹, 『シャーマニズムの人類學』, 弘文堂, 1984,
佐々木宏・幹・村武精一 編, 『宗教人類學』, 新曜社, 1994.
高良倉吉, 『琉球王國』, 岩波新書, 1993.
津波高志, 「對ヤマトの文化人類學」, 『民族學研究』 61-3, 日本民族學會, 1996.
比嘉春潮, 「沖縄の村落組織」, 馬淵東一・小川徹 編著, 『沖縄文化論叢 3』, 平凡社, 1974.
比嘉政夫 編, 『環中國海の民俗と文化 1: 海洋文化論』, 凱風社, 1993.
藤田明良, 「島嶼から見た朝鮮半島と他地域の交流: 濟州島中心」, 『青丘學術論集』 第十九集, 2001.
外間守善, 『沖縄の歷史と文化』, 中公新書, 1986.
Malinowski, B.K., 宮武公夫・高橋巖根 譯, 『呪術・科學・宗教・神話』, 人文書院, 1997.
Lebra,W.P., 崎原 貢・崎原正子 譯, 『沖縄の宗教と社會構造』, 弘文堂, 1974.
Murdock, George P., "How Culture Change" in Murdock, Culture and Society, University of Pittsburgh Press, 1965.

【출전(出典)】

※ 이 저서는 다음 논문들을 수정, 번역, 전재하였음을 밝힙니다.

▌1부 : 대가야시대 한반도와 류큐의 해양교류

대가야의 해상 활동과 야광패의 길 | 이영식

2019년 10월 대가야해양교류사 재조명사업 국제학술대회에서 「대가야의 해상 활동과 야광패의 길」이라는 제목으로 발표한 원고를 수정하여 게재.

한반도와 류큐열도의 교류·교역에 대하여
: 물질문화 자료를 중심으로 | 이케다 요시후미(池田榮史)

『해항도시문화교섭학』 22(한국해양대 국제해양문제연구소, 2020), 1~20쪽에 「韓半島と琉球列島の交流・交易について : 物質文化資料を中心に」라는 제목으로 일본어로 게재한 것을 국문으로 옮겨 게재.

도쿠노시마의 요업 생산에서 본 류큐열도와 한반도의 교류
| 신자토 아키토(新里亮人)

『해항도시문화교섭학』 22 (한국해양대 국제해양문제연구소, 2020), 21~46쪽에 「徳之島の窯業生産からみた琉球列島と韓半島の交流」라는 제목으로 일본어로 게재한 것을 국문으로 옮겨 게재.

대가야의 묘제와 왜계 고분 | 김규운

『가야고고학개론』(진인진, 김규운 · 김준식, 2016)에 게재한 「가야의 묘제」 및 『소가야의 고분문화와 대왜 교류』(국립가야문화재연구소, 2018)에 게재한 「소가야의 왜계고분 수용과 전개」의 내용을 일부 수정 · 가필하여 게재.

고고학으로 본 대가야와 왜의 교섭 양태 | 다카타 칸타(高田貫太)
『가야고분군 연구총서 V』(가야고분군 세계문화유산등재추진단, 2018)에 게재한「考古学からみた倭と加耶の交渉様態」및『한반도에서 바라본 고대일본』(진인진, 2019, 김도영 역)에 게재한 것을 수정하여 게재.

문헌 자료로 본 가야와 왜 | 백승옥
『가야사 총론』가야고분군 연구총서 1권, (가야고분군 세계유산등재추진단, 2018), 129~153쪽에 게재한「가야와 중국 · 왜」제Ⅲ장을 보충 · 정리하여 게재.

고고학으로 본 가야와 왜 | 박천수
『일본 내 가야자료 편』(국립문화재연구소, 2019)에 게재한 논문을 일부 수정하여 게재.

대가야 – 오키나와 항로에 대한 현대적 재해석 | 이창희·조익순
신고(新稿).

▌2부 : 조선시대 한반도와 류큐의 해양교류

조선시대 경상도와 류큐 표류민의 표착과 해역 | 김강식
2019년 10월 대가야해양교류사 재조명사업 국제학술대회에서「조선시대 경상도와 류큐 표류민의 표착과 해역」이라는 제목으로 발표한 원고를 수정하여 게재.

15~19세기 류큐인의 조선 표착과 송환 | 김경옥
『지방사와 지방문화』15-1(역사문화학회, 2012), 111~141쪽을 수정하여 게재.

18세기 전기의 조선과 류큐
: 조선인의 류큐 표류 기록을 중심으로 | 류쉬펑(劉序楓)
『第十二屆中琉歷史關係國際學術會議論文集』(曲金良・修斌編, 香港, 北京圖書出版社, 2010), 88~104頁에 「近代前期的朝鮮與琉球 - 以朝鮮人的琉球漂流紀錄中心 -」라는 제목으로 중국어로 게재한 논문을 국문으로 옮겨 게재.

1733년 조선인의 류큐 표착기록의 검토
: 호패와의 관련을 중심으로 | 조은지
2019년 10월 대가야해양교류사 재조명사업 국제학술대회에서 「류큐에 표착한 조선인 기록의 검토」라는 제목으로 발표한 원고를 수정하여 게재.

3부 : 제주도와 오키나와의 문화와 민속

오키나와 문화를 이해하기 위하여 | 쓰하 다카시(津波高志)
신고(新稿).

류큐・오키나와의 항해 수호 신앙 | 가미야 도모아키(神谷智昭)
『해항도시문화교섭학』 22(한국해양대 국제해양문제연구소, 2020), 47~81쪽에 「琉球・沖縄の航海守護信仰」이라는 제목으로 일본어로 게재한 것을 국문으로 옮겨 게재.

도서 사회의 무속세계 : 제주도와 오키나와를 중심으로 | 강경희
『濟州島史硏究』 12 (제주도사연구회, 2003), 73~106쪽을 수정하여 게재.

저자 소개(가나다 순)

편저자
김강식 | 한국해양대 국제해양문제연구소 인문한국 교수, 한국사 전공

가미야 도모아키(神谷智昭) | 琉球大学 国際地域創造学部 准教授

강경희 | (사)제주역사문화진흥원 연구원

김강식 | 한국해양대 국제해양문제연구소 인문한국 교수

김경옥 | 목포대 도서문화연구원 인문한국 교수

김규운 | 강원대 사학과 조교수

다카타 칸타(高田貫太) | 日本 国立歴史民俗博物館 准教授

류쉬펑(劉序楓) | 臺灣 中央研究院 人文社會科學研究센터 教授

박천수 | 경북대 고고인류학과 교수

백승옥 | 국립해양박물관 해양교육문화센터 센터장

신자토 아키토(新里亮人) | 熊本大学 埋蔵文化財調査センター 助教

쓰하 다카시(津波高志) | 琉球大学 名誉教授

이영식 | 인제대 인문문화융합학부 교수

이창희 | 한국해양대 해사글로벌학부 조교수

이케다 요시후미(池田榮史) | 琉球大学 国際地域創造学部 教授

정문수 | 한국해양대 해사글로벌학부 교수, 국제해양문제연구소 소장

조은지 | 琉球大學 人文社會科學研究科 博士後期課程

조익순 | 한국해양대 해사글로벌학부 부교수